평균의 함정

평균의 함정

지은이 샘 L. 새비지
옮긴이 김규태
펴낸이 박문규
펴낸곳 경문사
펴낸날 2014년 7월 1일 1판 1쇄
등 록 1979년 11월 9일 제313-1979-23호
주 소 121-818, 서울특별시 마포구 와우산로 174
전 화 (02) 332-2004 팩스 (02) 336-5193
이메일 kyungmoon@kyungmoon.com

값 33,000원

ISBN 978-89-6105-702-8
ISBN 89-7282-390-2 (세트)

평균의 함정

의사결정 오류와 확률경영분석

The Flow of Averages

샘 L. 새비지 지음
김규태 옮김

KM 경문사

일러두기

- 책명이나 원어를 밝혀야 하는 경우는 병기하였다.
- 본문에 사용한 부호의 뜻은 다음과 같다.
  - 저서 · 신문 · 잡지 : 《 》
  - 기사 · 논문 : 〈 〉
  - 강조와 인용 : ‘ ’, “ ”

옮긴이의 글

"의사결정은 과학이다"라고 한다. 그래서 우리들은 합리적이고 올바른 의사결정을 내리기 위해서 당면한 의사결정과 관련된 여러 형태의 가정들을 수립할 필요가 있고, 이러한 가정하에서 이루어지는 최종 의사결정들이 항상 불확실성을 포함하고 있음을 주지할 필요가 있다. 이와 같은 측면에서 이 책은 평균이라는 개념에 초점을 맞추어 의사결정과 관련된 다양한 문제점들을 보여주면서, 동시에 좀 더 바람직한 의사결정을 내릴 수 있는 여러 가지 방법들을 우리들에게 제시해 주고 있다.

역자는 원제 "The Flaw of Averages"를 "평균의 오류"라고 번역하지 않고 "평균의 함정"으로 번역해서 본 역서의 제목으로 결정을 하였다. 그 이유는 이 책의 내용이 단순히 "평균의 오류"를 기술하는데 머무르지 않고, 이러한 오류가 의사결정에 적용되었을 경우 우리들이 큰 함정에 빠져 겪게 되는 어려움과 그리고 우리들이 그 함정에서 빠져나오는 방법들을 보여주고 있다고 생각하였기 때문이다.

우리들은 일상생활에서 평균(average)이라는 용어를 자주 접하면서도 이에 대한 올바른 이해가 부족해서 자주 왜곡된 의사결정을 내리고 있는데, 그 동안 이를 올바르게 수정할 수 있는 아이디어를 제공해 주는 책이 없었다. 그러나 우연한 기회에 샘 새비지(Sam Savage)의 "The Flaw of Averages"를 찾아서 번역하게 되어 역자는 개인적으로 기쁘고 다행스럽게 생각한다.

이 번역본의 독자들 중에는 평균(average)의 개념에 대한 이해가 필요할 것 같아서, 우리들이 일반적으로 알고 있는 평균(mean)과 평균

(average)의 차이에 관해서 먼저 간단하게 이곳에서 기술하려고 한다. 전자의 평균은 여러 형태들이 있는데, 그 중에서 우리들이 일상생활에서 자주 접하는 산술평균이 평균(average)으로 자주 인용되고 있다. 산술평균은 먼저 여러 숫자들을 합하고, 이를 샘플 수로 나누어서 얻는 값이다. 그러나 후자의 평균은 산술평균(arithmatic mean), 중앙값(median), 그리고 최빈도값(mode) 중 하나를 취하게 된다. 그러므로 전자의 평균과 후자의 평균은 다를 수도 있고, 같을 수도 있다. 카이저 펑(Kaiser Fung)이《숫자가 지배하는 세상(Numbers Rule Your World)》에서 밝혔듯이 벨기에 통계학자 아돌프 케틀레(Adolpe Quetelet)가 1831년 최초로 후자의 평균 개념을 제시하여 사회적 물리학(social physics) 개념을 확립하였다고 한다. 이런 점을 고려해 보면, 이 평균 개념은 우리들이 생각하듯이 그리 오래되지 않았다는 사실을 알 수 있다.

그리고 원서의 저자 샘 새비지는 우리들이 후자의 평균 개념을 투자계획수립, 기업경영 계획수립, 국가경제 정책수립, 군사전략수립, 보건정책수립 등 다양한 분야의 의사결정 문제에 잘못 적용했을 경우, 우리들이 얼마나 자주 왜곡된 의사결정을 내리고 있는지를 여러 예제들을 통하여 보여주면서, 우리들이 올바른 의사결정을 내리기 위해서 어떻게 해야 하는지를 각 예제마다 그 방법론을 기술하고 있다. 이러한 예제들은 우리들이 현장에서 직접 체험하면서 느끼듯 이해하기 쉽게 기술되어 있고, 그 내용 하나하나가 흥미로워서 한 번만 이러한 예제들을 접하게 되면, 이 책 읽기를 끝낸 후에도 그 잔영들이 기억 속에 오랫동안 지속되어서 우리들이 일상생활에서 마주치게 되는 다양한 의사결정문제에 즉시 이들 방법론들을 큰 어려움이 적용할 수 있을 것이다.

이 책을 정확하게 이해하기 위해서는 잘못 계산된 함수 평균값과 올바르게 계산된 함수 평균값의 차이가 무엇인지 먼저 알아둘 필요가 있다. 예를 들어, 함수 $y=x^2$이고 $x=1$, 2, 3인 경우를 고려해 보기로 하자. 일반적으로 우리들은 독립변수 x의 평균값 3을 사용하여 함수 평균값 9를 얻게 된다. 그러면 이러한 함수 평균값이 맞는가라는 질문에 샘 새비지는 이 책을 통해서 무엇이 정답인지에 관해 그의 강력한 경고성 메시지를 전달해 주고 있다. 즉 이 질문에 대한 샘 새비지의 답이 이 책의 주제가 되고 있다. 샘은 어떤 함수의 올바른 평균값은 그 함수를 구성하고 있는 독립변수들의 모든 값들 하나하나씩을 함수에 대입해서 얻은 값들의 평균값이어야 한다고 주장하고 있다. 즉 위 예제의 경우, $x=1$를 함수 $y=x^2$에 대입하면 $y=1$이 되고, $x=3$이면 $y=9$가 되고, 그리고 $x=5$이면 $y=25$가 되어서, 이 함수의 정확한 평균값은 위에서 구한 9가 아닌 11.6이 되어야 한다.

샘 새비지는 현재 스탠포드 대학교의 교수로 재직하면서 시뮬레이션 기법과 스프레트시트 소프트웨어에 확률 통계이론과 최적화 이론을 접목시켜서 다양한 산업분야의 의사결정문제를 기업들에게 컨설팅을 해 주고 있는 세계적 경영 컨설턴트이다. 샘은 위와 같은 올바른 평균값을 계산할 수 있는 방법으로 우리들이 시뮬레이션기법과 스프레트시트 패키지를 사용할 것을 제안하면서, 옌센의 부등식(Jensen's Inequality)이라는 개념을 이 책에서 자세하게 소개하고 있다. 본 역자는 독자 여러분들이 평균의 개념을 정확하게 이해하기 원한다면 옌센의 부등식이 기술된 이 역서의 '12장'을 주의 깊게 읽어 보기를 권하고 싶다.

물론 우리들이 올바른 평균값을 구해 이를 의사결정에 사용한다고 우리들이 항상 바람직한 의사결정을 내리는 것은 아니다. 그럼에도 불구하고 샘 새비지는 이 책을 통해서 우리들이 올바른 평균 개념과 평균값을 구해서 의사결정에 반영하는 것만으로도 우리들이 빠지기 쉬운 의사결정 함정의 덫에서 상당히 자유로울 수 있음을 보여주고 있다.

"이 세상에 존재하는 모든 현실은 불확실하고, 만약 확실한 것이 이 세상에 존재한다면, 그것은 현실이 아니다"라고 아인슈타인이 지적했듯이, 우리들이 마주하는 의사결정문제들 중 확실한 것은 이 세상에 하나도 없다. 그러므로 우리들이 크건 작건, 중요하건 그렇지 않건, 모든 의사결정문제들에 두려움과 불안감을 갖게 되는 것은 어쩔 수 없는 일이다. 그러나 우리들이 이러한 두려움과 불안감을 최소화시킬 수 있는 나름대로의 합리적인 의사결정 해결 방법을 마련할 수 있다면, 이것만으로도 독자 여러분은 이 책을 통해서 원하는 것을 얻었다고 할 수 있을 것이다.

본 역자는 본인의 의사결정 과목을 수강하는 학생들과 개강 첫 시간에 함께 생각해 보는 아래와 같은 아놀드 베네트의 시를 독자 여러분들과 나누어 보고자 한다.

논리로 성공을 꿈꾼다

하루하루의 생활은 끊임없는 선별의 연속이다.
아침에 일어나면 무슨 옷을 입을 것인가에서도 선택을 해야 하고,
집을 나서서 버스를 탈 것인가 전철을 탈 것인가,
직장에서도 먼저 일을 시작하기에 앞서 어떤 일을 먼저 처리해야 할 것인가에 대해서 선택을 해야 한다.
시험공부를 하는 학생이나 입사준비생들도 책을 보면서 어떤 문제가 나올 것인가에 대해서
선별을 하면서 책을 읽는다.
이렇게 보통사람들의 사소한 선택이 있는가 하면
크게는 대통령도 정책 결정을 하는데 있어 끊임없는 선택을 해야 한다.
우리가 하고 싶은 일을 모두 다 하려다가는 하루가 48시간이라고
해도 아마 모자랄 것이다.
그러나 적절하게 선별의 기준을 적용한다면
우리는 도리어 24시간으로 나름대로의 여유를 가질 수 있다.
이렇게 사람들은 조금씩 더 중요한 위치에 서게 되면 될수록 선택의
문제는 중요한 과제가 된다. 그러므로 지위가 높은 사람일수록
만나기도 어렵고 도장받기도 힘든 것이다. 만나기 어려운 만큼 그는 책임 있는 사람이기 때문에 쉽게 시간을 낼 수도 없을 뿐더러 그의 시간은 매우 값비싼 것이기에
자기 자신도 함부로 시간을 낼 수가 없다.
그만큼 그는 그가 있는 자리에 책임져야 하기 때문이다.

마찬가지 논리로 성공을 꿈꾸는 사람이라면 현재의 지위에 관계없이
선별의 지혜를 터득해야 한다.
미래의 성공과 완벽한 자기실현을 위해서는 해야 할 일이 너무도 많다.
이렇게 많은 일들 중에서 그 중에서도 무엇을 먼저 해야 할 것인가를 선택하고,
그 선택을 행동에 옮기는 데 따라서 그 사람의 미래가 결정된다.
아침에 눈을 뜰 때, "5분 있다 일어날까? 지금 일어날까?"부터 우리는 잠들 때 까지,
그리고 모든 일에 있어서 계획하는 초기단계에서부터 마무리 단계, 완성
단계까지 끊임없이 적용되는 선택의 원리이다.
지금 당장 해야 될 일을 못한다고 안타까워 할 필요는 없다

논리적으로 따져본다면 이 세상에서
'꼭 해야 할 일'보다는 어떤 일에 있어서
조금 더 중요한 일과 조금 덜 중요한 일이 있을 뿐이지
결코 하고 못하고는 문제는 아니다.

다만 내가 하는 일에 있어서 의미 부여를 한다면,
"내가 하는 일은 매우 중요한 일이기에 정확히 해야지"
하고 생각하고 있다면 당신의 확신은 적중하게 된다.
아무리 사소한 일이라도 중요한 일 중의 하나이기 때문이다.

- 아침의 차 한잔이 인생을 바꾼다, 아놀드 베네트 저, 윤선원 편역

마지막으로 독자 여러분들에게 당부하고 싶은 것은 본 역자의 생각으로는 최선을 다했다고 생각하고 있음에도 불구하고, 영어를 우리말로 자연스럽게 번역하고 표현한다는 것이 본 역자에게는 거의 실현 불가능한 일이라서, 독자 여러분들이 본 역서를 읽으면서 여러 곳에서 불편한 마음이 생길 수 있을 것이다. 이 점에 관해서 본 역자는 독자 여러분들의 넓은 이해를 구하고자 한다. 그리고 또한 독자여러분들이 자연스러운 번역이나 표현보다는 원 저자 샘 새비지의 멋들어진 아이디어와 재미있는 예제들에 집중해서 이 책을 읽어 간다면 독자 여러분들이 이 책을 통하여 훨씬 더 값진 독서의 즐거움과 교훈을 얻게 될 것이라고

믿어 의심치 않는다.

이 책의 출판을 허락해 준 경문출판사 모든 관련 직원님들과 사장님에게 감사드린다. 특별히 번역 초반부터 끝까지 무한한 인내와 수고로 이 작업이 성공적으로 출판될 수 있도록 도와준 경문사 편집부 그리고 이 책의 번역을 적극적으로 추천해 주신 양정완 상무님에게 고마운 마음을 표한다.

김규태

지은이의 글

이 책은 불확실성하에서 위험을 측정할 때, 우리들이 조금만 주의하면 의사결정 과정에서 피할 수 있는 여러 오류들을 기술하고 있다. 다시 말해 이 책은 미래에 발생하는 위험을 측정하는 전통적인 방법들이 왜 의사결정자들에게 빈번히 잘못된 측정치를 제공하고, 그리고 최근의 경제 붕괴가 발생하는데 일조하는 요인이 되었는지를 설명하고 있다. 독자 여러분이 이 책에 기술된 '평균의 함정'을 이해하면서 이를 피할 수 있는 여러 아이디어들을 갖게 된다면, 예전보다 독자 여러분은 미래 예측과 의사결정을 더 효과적으로 할 수 있을 것이다. 전통적으로 이러한 주제들은 확률과 통계학의 영역이었다. 나는 이 책에서 독자 여러분이 확률과 통계학 분야에 관한 사전지식을 갖고 있지 않다고 가정하고 이 책의 내용을 기술해 나갈 것이다. 그러나 확률과 통계학에 대한 사전적 지식을 가지고 있는 독자들이라면 이 책의 몇 장만 읽어보아도 평균의 함정으로부터 받게 되는 손실을 상당히 피할 수 있을 것이다.

확률과 통계학에 관한 내 지식은 의심할 여지없이 전적으로 내 아버지 레오나드 지미 새비지(Leonard Jimmie Savage)의 영향으로 형성된 것이다. 그는 중고등학교 시절 평균 이하의 학생이었음에도 불구하고, 밀턴 프리드먼(Milton Friedman)을 포함한 당대의 여러 유명한 학자들과 공동으로 연구를 한 훌륭한 수학자이시다. 내 아버지와 밀턴 프리드먼의 제자이며 현대 포트폴리오의 창시자인 해리 마코위츠(Harry Markowitz)에 의하면, 내 아버지가 그에게 이성적 기대이론(rational expectation)을 가르쳐 주었다고 한다. 그래서 이러한 환경에서 자라온 나는 진정 시카고 대학교 경제학부의 아이라고 할 수 있을 것이다.

내 학창시절 초기를 되돌아보면, 나는 아버지의 특성 중 하나를 확실하게 전달받았다고 할 수 있다. 그 특성이란 나 역시 아버지와 마찬가지로 운동이나 공부에 재능을 보이지 못했던 평균 이하의 학생이었다. 내 고등학교 시절 가장 고통스러웠던 순간은 시카고 대학교의 실험학교에서 실시한 방과 후 수업을 받던 2학년 때 여자 영어 선생님으로부터 내 학습능력에 관해 평가를 받았을 때이다. 그 여 선생님은 내가 수강한 영어 과목이 그 시점을 기준으로 보면 낙제 점수가 될 수 있지만, 내가 앞으로 두 번째 학기까지 피나는 노력을 하면 D학점은 받을 수 있을 것이라고 충고를 해주었다. 더불어 그 여 선생님은 고맙게도 이 실험학교는 대학교를 가려는 고등학생들을 위한 것이지, 나를 위한 프로그램은 아니라고 친절하게 설명해 주면서, 내가 가장 고민해 오던 문제를 단숨에 해결해 주었다. 그러면서 그 여 선생님은 나에게 연관공이나 자동차 정비사와 같은 실용적 직업훈련을 받을 수 있는 학교를 추천해 주기도 했다.

그러므로 그 여 선생님은 나에게 내 진로에 관한 의사결정을 진지하게 충고해준 첫 번째 조력자였던 것이다. 영어 과목에서 받은 D학점 때문에 죽도록 힘든 잡일만 하거나 혹은 즉흥적으로 박수를 받기 위해서 기타를 치는 것과 같은 일이 그때 내가 가야 할 유일한 길이었던 것이다. 이 두 대안 중 하나를 선택해야 하는 시점에서, 나는 음악을 선택해서 나 스스로 기쁨과 위안을 찾을 것이라고 마음을 먹었다. 결국 나는 영어 과목에서 D학점을 받게 되었고, 그래서 음악을 선택해서 삶의 기쁨과 위안을 동시에 얻는 한 번에 꿩 먹고 알도 먹는 격이 되었다. 돌이켜보면, 나는 고등학교 4년 동안 다른 영어 선생님들로부터도 3번이나 D학점을 받았었기 때문에 내 진로에 결정적인 충고를 해준 이 여선생님의 개인적 판단에 지금까지도 어떤 의문이나 불만을 절대로 갖고 있지는 않다.

내 아버지도 역시 디트로이트에서 고등학교를 졸업할 때 "그의 선생님으로부터 대학교에 갈 만한 학습능력이 없는 학생으로 분류되어 결국 미시간 대학교에서 불합격을 받았으니" 내 아버지가 위와 같은 내 처지에 대해서 불만을 가질 수 없었다. 그때 내 조부모께서는 아버지를 웨인 주립대학교(Wayne State University)에 입학이라도 시키기 위해서 절망스러운 마음으로 그가 개인적으로 알고 있는 사람들에게 아버지의 가입학을 부탁했다. 내 아버지와 함께 나중에 시카고 대학교의 통계학과를 창립한 앨런 월리스(Allen Wallis)는 내 아버지가 웨인 주립대학교에 가입학을 한 후 발생한 사건에 대해 다음과 같이 나에게 전해 주었다. "그는 웨인 주립대학교 시절에 미시간 대학교에 가입학할 수 있을 정도로 좋은 학점을 받았었다. 그러나 그는 가입학한 미시간 대학교 화학실험실에서 실수로 불을 내어서 쫓겨났다."

다시 한 번 나도 아버지의 대학시절 발자취를 똑같이 따르게 되었는데, 내 경우는 아버지와 같이 실화 때문이 아니고 학점 때문에 미시간 대학교에서 쫓겨났었다.

아버지와 나는 청소년 시절의 학습 부적응자로 선생님들이 기대하는 정도의 정상적인 학습능력을 보여줄 수 없었다. 그래서 평균 이하 그 자체가 우리 집안의 가치가 되어 버렸고, 이러한 집안 내력이 어느 면에서 나로 하여금 이 책을 쓰도록 한 자극제가 되었던 것 같다. 그러나 미시간 대학교에서 쫓겨난 나와 아버지의 경력은 통상적인 경우와 다르다. 내 아버지는 미시간 대학교로 돌아가기 위해 싸워서 결국은 미시간 대학교 수학과에서 박사학위를 취득하여 세계적인 훌륭한 통계학자가 되었다. 그러나 나는 자동차 정비공으로 먼저 일을 시작하였고, 잠시 동안 스포츠 카레이서 활동을 한 후 나에게 대학진로 포기를 충고해 준 그 영어 선생님의 뜻을 존중한다는 뜻에서, 물 대신에 정보 비트로 배관공 역할을 하는 컴퓨터과학 분야에서 박사학위를 취득하였다.

내가 앞으로 이 책에서 통계학과 경제학 측면에서 평균의 함정 개념들을 기술하겠지만, 나는 이 두 학문 분야에 대해서 정식교육을 거의 받지는 않았다. 이 분야들에 관한 나의 지식이라는 것이 어릴 때 저녁 식탁에서 약간 주워들었던 지식 정도가 전부이다. 그러므로 나는 통계학자 혹은 경제학자의 관점에서 이 책을 쓴 것이 아니고, 이 두 학문 분야의 학자들에게 둘러싸여 성장해 온, 예전에는 정보 분야의 정비사였으며, 현재는 연관공인 관점에서 이 책을 집필한 것이다.

나는 이 책을 집필하기 이전인 1999년 이 책의 주제에 관해 몇 가지 아이디어를 갖고 책 제목을 결정하고, 그런 후에 이 책을 쓰기 시작하였다. 당시 나는 내 아이디어의 잠재적 실현가능성이 있음을 알고는 있었지만, 어느 면에서 이 책은 희망적이지 못한 것으로 판단을 했다. 그리고 내가 평균의 함정이라는 주제로 이 책을 집필하는 동안 모든 집필 스케줄이 예상 이하로 진행되어, 계획했던 것보다 예산이 훨씬 더 많이 발생되었다. 그래서 나는 이 책의 집필이 성공적으로 끝날 것이라고 기대를 하지 않았었다.

그럼에도 불구하고 이 책의 집필을 성공적으로 마무리하기 위해서 이 책의 주제인 평균의 함정 문제를 다양한 측면에서 강의하고, 컨설팅하고, 논문을 쓰는 작업을 계속하였다. (내가 이 책의 집필을 성공적으로 끝내는 경우) 나는 이 책에 대한 나의 지적 재산권을 주장할 필요를 느껴서 2008년 10월 《새너제이머큐리뉴스(San Jose Mercury News)》에 평균의 함정에 관한 기사를 기고했다. 이 기사가 《새너제이머큐리뉴스》에 실렸을 때, 놀랍게도 이 기사에 유명한 만화가 제프 댄지거(Jeff Danziger)가 평균 깊이가 3피트인 강의 한가운데서 통계학자가 익사하는 장면을 그린 그림이 함께 장식되었다. 이 그림은 이 책의 1장에 실려 있다.

내가 위와 같은 활동을 하는 동안, 나는 평균의 함정을 이해하고 있는 학계와 산업계의 여러 사람들과 교류할 수 있는 행운을 얻게 되었다. 이런 행운 덕분에 나는 기업경영의 의사결정에 다양한 불확실한 형태의 문제들을 해결할 수 있는 방법들을 제공하는 새로운 경영기법인 '확률경영'을 탄생시킬 수 있었다. 그래서 나는 2006년 이 책의 집필이 해피엔딩으로 끝날 수 있다는 가시적인 희망을 가지고 본격적으로 이 책에 대한 집필 노력을 새롭게 다짐을 하고, 1999년 이후 하루에 평균 21마디씩을 작성하였다.

내 이복형제인 존 피어스(John Pearce)가 나로부터 이 책의 집필 프로젝트에 관해서 처음 들었을 때, 그는 내가 돌아가신 우리 아버지를 등장인물로 해서 사이코드라마와 같은 종류의 글을 쓰고 있는 것으로 착각했다고 한다. 그러나 그의 생각과 달리 내 집필 작업은 내 고등학교 영어여 선생님을 등장인물로 하는 사이코드라마로부터 시작된 것이다.

캘리포니아 팔로 알토
2009년 4월
샘 L. 새비지

감사의 글

나는 확률경영을 발전시키는데 직접적으로 참여한 사람들에게 시간 순서에 따라서 감사의 글을 이 책을 통해 전하고자 한다. 나는 MIT 대학교의 벤 볼(Ben Ball)에게 많은 도움을 받았었다. 그에게 받은 첫 번째 도움은 1980년대 말 유전개발 프로젝트들의 포트폴리오들에 대한 그의 관심 때문에 내가 확률경영 문제를 처음 접하게 된 것이고, 두 번째 도움은 이 문제와 관련하여 앞으로 발생될 문제들을 해결하기 위하여 그와 공동으로 작업한 것이다. 1992년에는 콜롬비아 대학교의 마크 브로디(Mark Broadie) 교수가 확률적 모델링 세상을 여는데 중요한 열쇠가 된 단순한 스프레드시트 모델을 나에게 건네준 것이었다. 나는 상호교환 작용이 가능한 시뮬레이션 모델 개발과 관련된 중요한 아이디어들을 최초로 탄생시킨 은퇴 설계모델에 관하여 베세머 트러스트의 앤디 파커(Andy Parker)와 2003년 공동으로 수행한 작업을 매우 기쁘게 생각하고 있다. 2004년에 나는 케임브리지 대학교의 스테판 스콜츠(Stefan Scholtes), 다니엘 즈와일더(Daniel Zweidler), 그리고 쉘 정유사와 함께 감동적인 3자간 공동 작업을 시작하였다. 이러한 3자간 공동 작업의 결과 상호교환작용이 가능한 대규모 시뮬레이션 응용프로그램을 성공적으로 개발해 쉘 정유사에 전달해 주게 되었고, 이로 인하여 확률경영을 정상궤도에 올려놓게 되었으며, 《ORMS Today》 학술지에 이들과 공동으로 확률경영과 관련된 논문을 게재할 수 있었다. 이 기간 동안 프론트라인사의 댄 필스트라(Dan Fylstra)는 내가 꿈꾸었던 상호교환 작용이 스프레드시트에서 가능한 시뮬레이션을 현실화시켜 이 분야에서 혁신적인 업적을 이룩하였다.

다음에 언급할 그룹도 내가 이 책을 집필하는데 지대한 역할을 해주었다. 내 아버지 레오나드 지미 새비지, 그리고 그의 동료들인 밀턴 프리드먼과 앨런 월리스는 나의 어린 시절부터 나에게 영향을 많이 준 나의 지적 모델 역할을 해주었다. 그 다음 나는 나를 경영과학자로 다시 태어나게 만들어주고 "What'*sBest*"를 공동으로 작업한 시카고 대학교의 리누스 슈레이지(Linus Schrage)에게 감사의 마음을 전하고자 한다. 시카고 대학교 경영대학원의 원장이었던 잭 굴드(Jack Gould)는 내가 스프레드시트로 경영과학에 관해 세미나를 할 때 적극적으로 나를 지원해 주었고, 내가 평균의 함정을 발견하여 긴 여정을 가는데 물심양면으로 도움을 주었다. 내가 1990년부터 근무한 스탠포드 대학교의 경영과학 엔지니어링학과는 이 책의 근간이 되는 아이디어들을 실험하고 강의할 수 있었던 가장 이상적인 환경을 제공해 주었다. 나에게 개인적으로 도움을 주고, 내가 이 책을 집필할 수 있도록 도와준《자본의 아이디어(Capital Ideas)》의 저자인 피터 번슈타인(Peter Bernstein)에게 특별히 감사한다. 1999년 당시 존와일리앤선스 출판사의 편집책임자였던 미나 사무엘스(Mina Samuels)는 내가 이 책을 쓰도록 집필 초기에 나에게 동기부여를 해준 사람이었는데, 내가 2007년 그녀를 찾았을 때 그녀는 이미 중년의 여인이 되어 있었으나, 그럼에도 불구하고 그녀는 전보다 더욱 열정적으로 나에게 많은 지원을 해주었다. 이러는 동안 존와일리앤선스 출판사에서 나의 9년짜리 프로젝트를 물려받은 빌 펄룬(Bill Falloon)은 가장 참을성 있는 세기의 편집책임자 상을 받을 만한 자격이 있다고 나는 생각한다. 이 점에 대하여 그에게 감사한다. 스탠포드 대학교의 빌 페리(Bill Perry)는 내가 이 책을 집필하는데 많은 영감을 주었고, 확실한 지원자로써 도움을 주었다. 제너앤블록 법률회사의 마크 반 앨런(Mark van Allen)은 평균의 함정이 미국의 회계기준의 근간이 되어야 한다는 사실을 깨닫고 나와 이와 관련된 연구를 해서 함께 논문을 발표하였다. 이 책의 몇 장은 하워드 와이너(Howard Wainer)와의 토론과 내가 이 책의 독자들이 반드시 읽어보기를 추천하고 싶은 그의 저서 《확실성 세계의 도식화: 그래프 디스플레이를 통하여 불확실성을 이해하고 소통하며 조절하는 방법(Picturing the Uncertain World: How to Understand, Communicate and Control Uncertainty Through Graphical Display)》이 출간되기 전에 작성된 초안에서 얻은 영감을 토대로 작성되었다. 마지막으로 프로그래밍 지원을 수년 동안 지원해 주고, 특별히 쉘 정유사의 응용문제를 실행해 주었으며, DIST 데이터 형의 후속 모델 개발을 해준 데이비드 엠피(David Empey)와 로날드 로스(Ronald Roth)에게 감사한다.

9년 동안 이 책을 쓰면서 나는 위에 언급한 사람들 외에 다른 많은 사람들로부터도 유익한 여러 아이디어들과 한 절로 표현하기에는 부족한 도움, 기고, 그리고 코멘트들을 받았다. 그들에게 나는 아래의 테이블을 사용하여 내 감사의 마음을 전하기로 하겠다. 확률법에 따르면 여기에 반드시 속해야 할 사람들이 분명히 더 있을 텐데, 만약 이 자리에 그들의 이름이 빠져 있다면, 나는 이 지면을 통해 그들에게 내 사과의 말을 전하고 싶다.

Dick Abraham	Bob Ameo
Ted Anderson	Matthias Bichsel
Adam Borison	Jerry Brashear
Stewart Buckingham	Mike Campbell
David Cawlfield	Kevin Chang
Terri Dial	Mike Dubis
Ken Dueker	David Eddy
Brad Efron	Martin Farncombe
Roland Frenk	Chris Geczy
Bob Glick	Peter Glynn
Joe Grundfest	Deborah Gordon
Kevin Hankins	Ward Hanson
Warren Hausman	Wynship Hillier

Gloria Hom
Ron Howard
John Howell
Doug Hubbard
Darren Johnson
Martin Keane
Gary Klein
Michael Kubica
Paul Kucik
Andrew Levitch
Bob Loew
David Luenberger
Jeff Magill
Harry Markowitz
John Marquis
Michael May
Rick Medress
Robert Merton
Mike Naylor
Abby Ocean
Greg Parnell
John Pearce
Mark Permann
Bill Perry
Tyson Pyles
Matthew Raphaelson
Andrew Reynolds
John Rivlin
Aaron Rosenberg
The late Rick Rosenthal
Mark Rubino
Sanjay Saigal
John Sall
Jim Scanlan
Karl Schmedders
Myron Scholes
Michael Schrage
Randy Schultz
Adam Seiver
William Sharpe
Rob Shearer
John Sterman
Stephen Stigler
Jeff Strnad
Steve Tani
Janet Tavakoli
John Taylor
Carol Weaver
Bill Wecker
Roman Weil
Justin Wolfers

내가 감사의 말을 전할 또 다른 그룹으로는 DIST 데이터형 명세서 작성에 기여한 사람들이다. 이들 중 Dave Empey, Dan Fylstra,

Harry Markowitz, Ivo Nenov, John Rivlin, Ron Roth, John Sall, Stefan Scholtes, Eric Wainwright, 그리고 Whitney Winston 등에게 감사한다.

특별히 아이슈와라 바슈데반(Aishwarya Vasudevan)의 그래픽 작업, 이 책 원고의 모든 부분에 대한 데비 아사카와(Debbie Asakawa)의 제안, 그리고 제프 댄지거(Jeff Danziger)의 그림 도움에 감사의 마음을 전하고 싶다.

마지막으로 이 책의 편집에 처음부터 도움을 주고 끊임없이 재미있는 에피소드를 만들어준 내 아내 다릴(Daryl)과 함께하는 삶이 없었다면 나는 결코 이 책을 성공적으로 끝낼 수 없었을 것이다.

S. L. S.

차례

제 4 부 평균 계산을 할 때 7가지 치명적인 오류

응 용 편

제 5 부 금융투자에서 발생하는 평균의 함정

제 6 부 실물 투자와 금융

제 7 부 공급망에서 발생하는 평균의 함정

글을 시작하며

지적능력을 직관과 연결

오직 확실한 것은 어느 것도 확실한 것이 없다는 것이다
—대 플리니우스(Pliny the Elder, 23—79년경), 로마학자

2008년 전 세계적으로 발생한 금융위기에서 알 수 있듯이, 플리니우스의 말은 2000년이 지난 지금에도 정확하게 맞는 말이라고 할 수 있다. 정보화 시대의 모든 기대와 희망에도 불구하고, 정보화 시대라는 말이 무색하게 정치, 경제, 기술 등 모든 분야가 불확실성으로 가득 차 있다. 그러나 다른 한편으로 정보화 시대가 디지털 세상에서 우리들이 불확실성이나 위험을 체험을 할 수 있도록 새로운 장을 열어 주고 있기도 하다.

먼저 일상생활에서 발생하는 단순한 예로 우리들이 인식하지 못하는 불확실성에 대하여 생각해 보기로 하자. 만약 독자 여러분이 어느 날 부부 동반으로 중요 인사들과 함께 하는 호화로운 파티에 초대되었다고 해보자. 이 파티 장소에 늦지 않고 약속 시간에 도착하기 위해서 당신 부부는 오후 6시에 당신 집을 나서야 한다. 그렇지 않으면 당신 부부는 파티 장소에 늦게 도착해야 하는 위험을 감수해야 한다. 그런데 당신 부부의 직장은 당신 집을 기점으로 서로 반대편에 있고, 출퇴근에 소요되는 시간은 각각 평균 30분 정도가 걸린다. 그러면 당신 부부가 각자 직장에서 5시 30분에 출발하여 집에 도착해서 6시에 함께 파티 장소로 출발할 수 있는 확률은 50 대 50이 된다. 이렇게 생각하는 것이 이성적일 수 있지만, 한편 이를 직관적으로 생각해 보면 당신 부부가 파티 장

소에 늦을 수도 있을 것이라는 걱정이 생길 수 있다. 그러면 여러분은 이 두 가지 생각 중 어느 것이 맞다고 생각하는가? 이성적 사고인가, 아니면 직관인가?

이 문제를 논리적으로 증명하기는 매우 어렵다고 할 수 있지만, 이 경우 이성적 사고보다는 직관에 의지한 판단이 더 맞다고 할 수 있다. 그래서 당신 부부는 이 문제를 이성적 사고가 아닌 직감에 의지해서 파티 장소에 늦게 도착할 가능성이 매우 높다는 결론에 도달하게 된다.

또 다른 한편 당신 부부가 집에 6시까지 정확하게 도착할 확률이 정말로 50 대 50이라고 가정해 보자. 그러면 이 경우 당신 부부의 퇴근 시간에 걸리는 시간은 동전의 앞면과 뒷면이 발생하는 사건과 같다고 할 수 있다. 즉, 집에 6시까지 도착을 하면 이 사건을 동전의 앞면이 발생하는 사건이라고 하고, 그리고 6시 이후에 도착하면 이 사건을 동전의 뒷면이 발생하는 사건이라고 하자. 이와 같이 당신 부부를 각각의 동전이라고 가정하면, 이 경우 다음과 같이 네 가지 사건이 발생하게 된다.

- 동전의 앞면과 뒷면: 당신이 6시까지 집에 도착하고, 당신 부인은 6시 이후에 도착하는 경우
- 동전의 뒷면과 앞면: 당신이 6시 이후에 집에 도착하고, 당신 부인이 6시까지 도착하는 경우
- 동전의 뒷면과 뒷면: 당신 부부 모두가 6시 이후에 집에 도착하는 경우
- 동전의 앞면과 앞면: 당신 부부 모두가 6시까지 집에 도착하는 경우

위 네 가지 경우 중에서 당신 부부 모두가 집에 6시까지 도착해서 파티 장소로 6시에 출발할 수 있는 경우는 당신 부부 모두가 6시까지 집에 도착하는 경우이므로, 이러한 경우가 발생할 확률은 1/4이 된다.

위 예에 또 다른 조건을 고려해 보기로 하자. 당신 부부와 함께 당신 동생도 함께 파티 장소에 가려고 하는데, 이 동생의 직장도 역시 당신 집에서 출퇴근 시간이 평균 30분이 걸린다. 이 경우 당신들 세 사람이

6시에 파티 장소로 함께 출발할 수 있을 확률은 1/8이 된다. 그러면 만약 당신 부부와 당신 친구 다섯 명이 함께 당신 집에서 모여서 6시에 파티 장소로 출발하려고 하는 경우는 어떠할까? 당신 친구들의 직장도 역시 당신 집을 기점으로 해서 출퇴근 시간이 30분 걸린다. 이 경우 당신 부부를 포함해서 7명 모두가 당신 집에 6시까지 도착할 확률은 1/128(2^7)이 된다. 이와 같은 확률적 모형을 고려해 볼 때, 사람들이 약속 장소에 자주 늦는다는 사실은 결코 놀라운 일이 아니다.

만약 우리들이 불확실성과 위험성에 대해 좀더 명확하게 이해하기 원한다면, 지적인 학습방법과 직관적 학습방법을 반드시 올바르게 인식할 필요가 있다. 이 상황을 이해하기 위한 준비 차원에서 우리들이 어릴 때부터 이해하고 있는 것으로 시작해 보기로 하자. 그것은 아래와 같은 수학 공식들일 수 있다.

$$\dot{x}_b = V\cos(\theta(t)) \quad (1)$$

$$\dot{y}_b = -V\sin(\theta(t)) \quad (2)$$

$$\dot{\theta}_b = \frac{V}{L}\tan(\delta(t)) \quad (3)$$

$$y_a = y_b - L\sin(\theta(t)) \quad (4)$$

$$\dot{y}_b \approx -V\theta \quad (5)$$

$$\dot{\theta} \approx \frac{V}{L}\delta(t) \quad (6)$$

$$\dot{y}_a \approx \dot{y}_b - L\dot{\theta} = -V\theta - L\dot{\theta} \quad (7)$$

위 수식들은 자전거 운동법칙에 대한 복잡한 미분방정식들이다. 우리들은 논리적 지적능력을 동원해서 이렇게 복잡한 미분방정식을 풀어서 자전거 타기를 배우는 것이 아니라, 경험을 통한 직관을 이용해서 자전거타기를 배우고 있다.

확률론과 통계학 이론도 이 식들과 유사하게 수리적으로 매우 복잡하게 표현되어 있는데, 이와 같이 복잡한 수식들을 학생들이 강의실에서 배우고 있는 것이다. 이러한 교육방법으로 인하여 확률론과 통계학 분야에서 오랫동안 연구해 온 사람들조차도 매일같이 발생하고 있는 불확실성에 직면하게 되면 여지없이 많은 실수를 범하고 있다는 사실이 행동경제학 분야의 연구로 노벨 경제학상을 받은 수상자들의 논문들에서 밝혀지고 있다.[1, 2]

애플 컴퓨터사의 창업자 중 한 명인 스티브 잡스는 한때 "개인용 컴퓨터는 마음의 자전거"라고 표현했다. 개인용 컴퓨터는 우리들이 컴퓨터 시뮬레이션이라는 기법을 불확실성과 위험의 문제에 응용할 수 있게 하여 이와 관련된 특정한 주제를 전통적인 복잡한 통계학 이론이 아닌 경험을 토대로 이해하는데 도움을 주고 있다. 나는 지난 여러 해 동안 현장에서 이와 같은 시뮬레이션 기법들을 발전시키고 응용할 수 있는 연구를 학계와 산업계의 여러 동료들과 함께 할 수 있는 행운을 가졌다. 이러한 접근방법을 '확률경영(Probability Management)'이라고 하며, 나는 이 확률경영 기법을 은행의 동기부여 프로그램, 유전개발 투자 프로젝트, 은퇴 포트폴리오 등과 같은 다양한 분야의 문제들을 해결하기 위해 적용해 오고 있다. 이 확률경영 기법과 관련된 연구는 앞으로도 계속될 예정인데, 이는 나에게 있어서 즐거우면서도 어려운 작업이 될 것이다.

이 책은 다음과 같이 세 부분으로 구성되어 있다. 첫 번째 부분에는 '서론'으로 다트 게임이나 주사위 게임과 같은 일상적인 단순한 소품을 이용하여 불확실성과 위험을 마음속에서 구체적으로 그려볼 수 있도록 확률경영과 관련된 기초적인 지식들이 기술되어 있고, 불확실한 숫자를 평균값 하나로 대체할 경우에 지속적으로 발생되는 문제들(평균의 함정)이 주로 논의되어 있다. 두 번째 부분에는 '응용'편으로 현실에서 주로 발생되고 있는 평균의 함정에 대한 고전적인 사례들이 기술되어 있다. 마지막으로 세 번째 부분에는 '확률경영'편으로 다양한 각도에서 평균의 함정 문제들을 해결할 수 있는 방법들이 논의되어 있다.

서론

서론에는 독자 여러분이 직관을 이용하여 불확실성과 위험의 결과를 자연스럽게 마음속으로 그려 보고 이해할 수 있는 방법과, 그리고 응용편과 확률경영편을 이해할 수 있도록 평균의 함정에 관한 기본적인 내용들이 기술되어 있다. 즉 여기에 기술된 내용들은 자전거를 배우기 위해 사용되는 훈련용 자전거와 같다고 할 수 있다.

어! 그런데 이론적 지식만으로는 자전거 타기를 배울 수 없다고 방금 전에 주장하지 않았나? 물론 그렇게 주장했다. 그러나 모순된 이야기이지만, 나는 이 책에서 내가 불가능하다고 주장한 내용들을 가능하도록 시도해 볼 것이다. 나는 아래와 같이 자전거 모양으로 표시한 곳에서 이 내용들과 그리고 필요한 관련 정보들을 자세하게 기술할 것이다.

독자 여러분이 이 책을 읽는 중에 자전거 표시를 보게 되면 책을 잠시 내려놓고, 'FlawOfAveages.com'을 방문하여 이곳에 기술되어 있는 내용을 숙지하면, 여러분이 어려워하던 내용을 쉽게 이해할 수 있을 것이다. 그리고 이곳에서 여러분은 관련 주제에 관한 직관적 통찰력을 향상시킬 수 있는 다양한 형태의 동영상, 시뮬레이션, 그리고 체험 데모들을 볼 수 있을 것이다.

응용

응용편에서는 서론에서 기술한 개념들을 먼저 금융시장에 응용해 보기로 한다. 그 이유는 평균의 함정 모델이 금융투자의 수익과 위험을 관리하기 위해 가장 먼저 사용되었기 때문이다. 2008－2009년에 발생한 세계적 금융파국 사태를 고려해서 나는 현재 평균의 함정 모델들을 다시 수정하고 있으며, 이 모델들은 기존 모델들과 비교해서 큰 차이는 없으나 투자수익과 위험을 관리하는 측면에서 훨씬 더 뛰어난 성능을 보여줄 것으로 기대되고 있다. 특히 현재 개발중인 이 모델들은 아직까지도 평균의 함정 문제가 산재해 있는 정부와 산업체 등의 여러 분야에서 폭넓게 사용될 수 있는 잠재적 가능성을 가지고 있다. 이를 구체적으로 기술하면, 이 모델들이 공급 사슬망 관리, 프로젝트 포트폴리오,

국방, 건강관리, 기후변화, 심지어는 섹스 등의 예제들에 응용되면 그 효과가 매우 클 것으로 기대되고 있다.

확률경영

이 책은 확률경영편으로 결론을 내리게 될 텐데, 확률경영이란 최근의 획기적인 기술 발전, 새로운 데이터 구조론, 경영관리 프로토콜 등을 활용하여 평균의 함정 문제를 해결하는 일반적인 경영방법론이라고 할 수 있다. 현재 많은 세계적 기업들이 확률경영 방법론을 채택하고 있는데, 나는 앞으로 더 많은 기업과 다른 여러 조직들이 이 새로운 경영기법을 채택하여 사용할 것으로 추정하고 있다.

말콤 글래드웰(Malcolm Gladwell)은 그의 저서 《블링크(Blink)》[3]에서 즉흥적인 판단력을 "생각이 없는" 생각인 것으로 기술하고 있다. 그는 우리가 논리적이고 신중하게 생각할 수 있도록 우리 자신을 훈련시키는 것처럼 즉각적이면서도 올바른 판단을 할 수 있도록 우리자신을 훈련시킬 수 있다고 한다. 나는 이를 "지적능력을 직관과 연결하는 과정"이라고 부르고 싶다. 이 책에서 내가 달성하려는 주된 목적은 독자 여러분이 불확실성과 위험을 내포하고 있는 의사결정 문제를 신중하게

생각할 수 있을 때나 그렇지 않을 때를 막론하고, 여러분이 직면한 의사결정 문제에 관하여 올바른 판단을 할 수 있는 능력을 갖추도록 하는 것이다.

잠깐! 나는 독자들에게 중요한 내용을 알려주기 위해 잠시 여기서 멈추었다 가기로 하겠다. 이 책의 어느 특정 부분은 약간의 수학적 지식을 필요로 하기 때문에 경우에 따라서는 독자 여러분이 이 내용을 이해하는 것이 도전적일 수 있을 것이다. 이 문제의 해결방법으로 나는 각 논증의 요지를 유지하면서 여러분이 이를 쉽게 이해할 수 있도록 노력할 것이다. 이제 여러분이 해야 할 것은 건전한 학습태도를 지속적으로 유지하고 사전적 지식을 동원하는 것이다. 그리고 여러분은 투자, 테러전쟁 등과 관련된 다양한 내용들에 스스로 익숙해지도록 노력하기만 하면 된다.

서 론

서론 부분에는 독자 여러분이 직관을 이용하여 불확실성과 위험의 결과를 자연스럽게 마음속으로 그려보고 이해할 수 있는 방법들이 기술되어 있고, 그리고 여러분이 응용편과 확률경영편을 효과적으로 이해할 수 있도록 평균의 함정에 관한 기본적인 내용들이 기술되어 있다. 즉 이 서론 부분은 자전거를 배우기 위해 사용되는 훈련용 자전거와 같다고 할 수 있다.

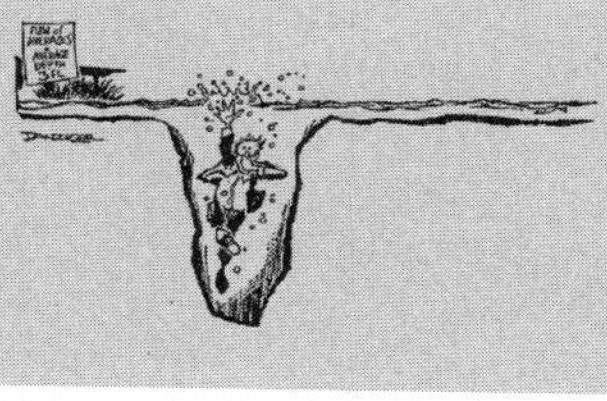

제1부

평균의 함정에 관한 조감도

1부에서 나는 대략적으로 평균의 함정이 어떻게 해서 중요한 문제가 되었고, 새로운 기술과 경영기법이 어떻게 이 문제를 해결할 수 있는 가능성을 제공해 주고 있는지에 관하여 알아보기로 할 것이다. 그리고 1부의 마지막 부분에서 나는 분석적 경영모델들의 사용법과 이점들에 관하여 기술할 것이다.

제1장

평균*의 함정

> 우리의 역사는 불확실한 사건의 편차를 무시하거나 부주의하게 기록하는 경향이 강한 반면, 사건의 중심경향측정에만 관심을 갖고 이 값에 과도한 의미를 부여하는 큰 오류를 범해 왔다.
>
> – 스티븐 제이 굴드(Stephen Jay Gould, 1941 – 2002), 고생물학자

굴드가 말한 중심경향측정이란 일반적으로 평균값 혹은 기댓값이라고도 하는데, 그가 지적한 오류들은 지구가 평면으로 구성되어 있다는 믿음과 근본적으로 차이가 없는 평균값에 대한 믿음의 결과로 발생되는 실수들을 지칭하고 있는 것이다. 이러한 평균값을 기준으로 하여 기업 경영전략, 정부정책, 그리고 군사 작전들이 계획되고 있음은 주지하는 바이다. 평균의 오류는 최근에 세계 경제 위기를 발생시킨 서브프라임 모기지 사건이 뒤늦게 표면으로 부상하는데 일조하였으며, 만약 앞으로도 계속해서 이런 평균의 오류에 집착하면서 위와 같은 경제위기 문제를 해결하려는 조직이 있다면, 그 조직은 더 큰 재앙을 맞이하게 될 것이다. 심지어 이러한 평균의 오류를 기준으로 회계장부가 기록되고 있

* 이 책에서 평균값은 두 가지 의미에서 해석되어야 한다. 첫 번째, 평균값이 부정적인 의미로 사용된 곳에서는 함수를 구성하고 있는 독립변수의 평균값을 이용해서 구한 함수의 평균값을 지칭하고, 두 번째, 평균값이 긍정적인 의미로 사용된 곳에서는 가능한 모든 독립변수의 값을 이용해서 구한 모든 함수값들을 고려한 함수의 평균값을 지칭한다.

는 것이 현실이다. 나는 이러한 잘못된 관행들을 "평균의 함정"[1, 2]이라고 부르고 있다. "평균의 함정"은 평균에 대한 가정을 토대로 해서 수립된 계획들이 평균적으로 잘못되었음을 의미하고 있다.

작자 미상인 예이기는 하지만, 아래에 있는 제프 댄지거의 그림에서 보는 바와 같이 평균의 함정은 어느 통계학자가 강의 평균 깊이가 단지 3피트(0.91m)라고 믿고 강을 건너면, 그가 강을 건너가는 도중 어느 곳에서인가 익사한다는 사실로 극명하게 설명될 수 있다.

일상생활에서 빈번하게 발생하는 평균 수요량, 평균 작업 완료 시간, 평균 이자율, 그 외의 불확실성을 기준으로 수립된 많은 계획들은 예측 수요량에 못 미치게 되고, 예측 완료 시간을 넘기게 되고, 예측 예산보다 더 클 수밖에 없게 된다.

그러므로 지난 2000년 동안 우리 인간들은 불확실성 문제에 직면할 때마다 혼란스러울 수밖에 없었던 것이다. 현재 불확실성 문제와 관련된 새로운 상황은 소프트웨어, 데이터 구조론, 탁월한 경영기법 등의 기술과 기법들이 엄청나게 발전되었다는 사실에서 찾을 수 있다. 이러한 기술과 기법들 모두가 우리들로 하여금 불확실성과 위험하고 명쾌하게 소통을 할 수 있게 해주는 확률경영의 근간이 되고 있다. 전구 발견이 어둠에 대한 우리의 인식을 완전히 바꿔 놓았듯이, 확률경영은 불확실성과 위험에 대한 우리들의 인식을 확실하게 변화시켜 줄 것이다.

숫자 하나로 요약해 달라고

평균의 함정 문제가 사회 전반에 얼마나 심각하게 산재해 있는지를 알아보기 위해 신세대 마이크로칩의 수요량을 예측하는 업무를 담당하고 있는 마케팅 매니저의 경우를 생각해 보기로 하자.

> "신세대 칩의 수요량을 예측하는 것은 너무 어려운 일이지만, 내 생각으로 연간 수요량은 50,000~150,000개가 될 것임을 확신한다"고 마케팅 매니저가 그의 상사에게 보고했다.
>
> 그러자 그의 상사는 "그러지 말고 생산 현장 작업자들에게 전해 줄 숫자 하나를 달라고. 난 자네가 준 연간 수요량 정보로 생산을 하라고 그들에게 말할 수 없지 않은가?"라면서 이 매니저를 큰소리로 힐책하였다.

위와 같이 특정한 한 숫자인 평균값에 의지하는 것은 평균의 함정에 대한 올바른 지식이 없는 사람들이 빈번히 사용하는 의사결정 방법이기는 하지만, 그의 상사 요구에 충실히 맞추어서 이 마케팅 매니저는 "만약 당신이 특정한 한 숫자를 원한다면, 나는 당신이 수요량 100,000개를 사용하기를 제안하고 싶다"라고 하였다.

그러면 이 상사는 신세대 칩 수요량 100,000개와 이에 상응하는 원가 자료들을 스프레드시트에 기록하여, 스프레드시트에 나타나는 1,000만 달러의 예측 이익을 보게 될 것이다. 이 경우 수요량만이 불확실한 변수이고 기대 수요량으로 100,000개가 고려되었다면, 기대이익이 1,000만 달러가 될 것은 분명하다. 이렇게 계산된 기대이익이 맞다고 생각하는가?

평균의 함정에 의하면, 실질 이익은 평균 수요량을 토대로 계산된 이익보다 평균적으로(일반적으로, 대개, 보통은－역주) 적을 수밖에 없다. 그 이유로는 실질 수요량이 만약 90,000개가 되면, 이 상사는 1,000만

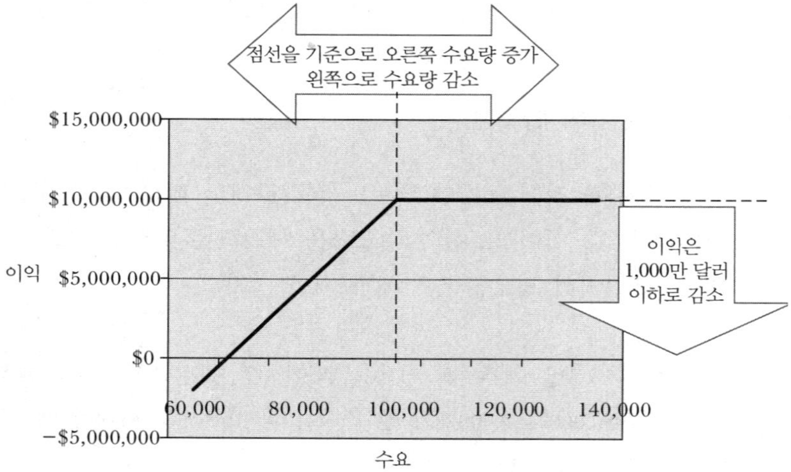

그림 1.1 평균이익이 평균 수요량과 관련된 이익보다 적음

달러의 이익을 예측하지 않았을 것이고, 80,000개였다면 이익을 이보다 훨씬 더 적게 예측하였을 것이기 때문이다. 이와 같이 실질수요량이 적어지면, 이익도 점차적으로 감소하게 된다. 다른 한편, 신세대 칩의 수요량이 110,000개이거나 120,000개라면, 이러한 수요량을 현재의 생산능력으로는 도저히 만족시킬 수 없어서 110,000개나 120,000개의 수요량 중에서 단지 100,000개만을 생산하여 판매할 수밖에 없다. (이 회사에서는 평균 수요량 100,000개를 토대로 생산시설을 준비하였기 때문에, 이 시설의 최대생산능력은 100,000개가 된다. – 역주) 그러므로 예측된 기대이익 1,000만 달러는 이 경우 최대이익이 되고 만다. 즉 〈그림 1.1〉에서 보듯이 신세대 칩의 평균 수요량 100,000개를 고려하면 감소하는 이익을 상쇄시킬 만한 이익 상승분은 존재하지 않기 때문에 평균적으로 모든 실질 이익은 예측 이익보다 적게 발생하게 된다.

그러면 왜 모든 실질 이익이 예측된 이익들보다 평균적으로 적게 발생되는 것일까? 이에 대한 답을 찾기 위해 앞에서 기술한 파티초대 예제를 다시 상기해 보기로 하자. 여러분은 이 예제에서 당신 부부가 파티장소에 정시에 도착하지 못하는 경우의 수 얼마였는지 기억하고 있는가? 이러한 논리가 산업현장에 적용되면, 사실 그 결과는 우리가 상상하는 상황보다 훨씬 더 고약스럽다. 나는 이에 대한 독자 여러분의 이해를 돕기 위해 10개의 서브루틴이 동시에 개발되고 있는 소프트웨어 프로젝트 예제를 들어 보기로 하겠다. 이 프로젝트의 책임자가 첫 번째 서브루틴을 개발하는 데 시간이 얼마나 걸리는지를 이 프로그래밍 개발 매니저에게 물어 본다고 하자.

> 이 질문에 대해 프로그래밍 매니저가 "대략 3~9개월 정도가 소요될 것이 분명하다"고 답을 하자,
>
> 이 프로젝트 책임자가 "그런 답 말고 특정한 한 숫자를 내게 주어야지. 그렇지 않으면 내가 COO(chief operating officer: 최고업무집행책임자, CEO 밑의 실무 총책 – 역주)에게 현재 개발 중인 소프트웨어가 언제 완성될지를 알려줄 수 없지 않나." 라면서 프로그래밍 매니저에게 되묻자,
>
> 프로그래밍 매니저는 "굳이 당신이 특정한 한 값을 원한다면, 이와 같은 서브루틴을 개발 완료하는 데 걸리는 평균시간은 6개월이다"라고 대답을 하였다.

논지를 단순화하기 위해, 이 책임자가 다른 9개의 서브루틴을 개발하고 있는 프로그래밍 매니저들에게도 위와 유사한 질문을 하고 위와 똑같은 답을 얻었다고 가정해 보자. 모든 서브루틴을 개발 완료하는데 소요되는 시간은 불확실하고, 서로 독립적으로 실행되며, 평균 개발 완료 시간 범위는 3~9개월이다. 그러면 모든 서브루틴이 동시에 개발되기 때문에 이 상사는 COO에게 가서 이 소프트웨어 프로젝트는 앞으로 6개월 후에 완성될 것이라고 보고할 것이다.

이와 같은 계산은 서브루틴 개발 완료 시간만이 불확실하다고 가정하고, 각 서브루틴 개발 완료 평균시간을 6개월로 추정하고, 서브루틴 개발 매니저가 프로젝트 책임자에게 모든 서브루틴이 완성되는 시점을 6개월 후로 보고한 것이다. 여러분은 이 예측 시간이 맞다고 생각하는가?

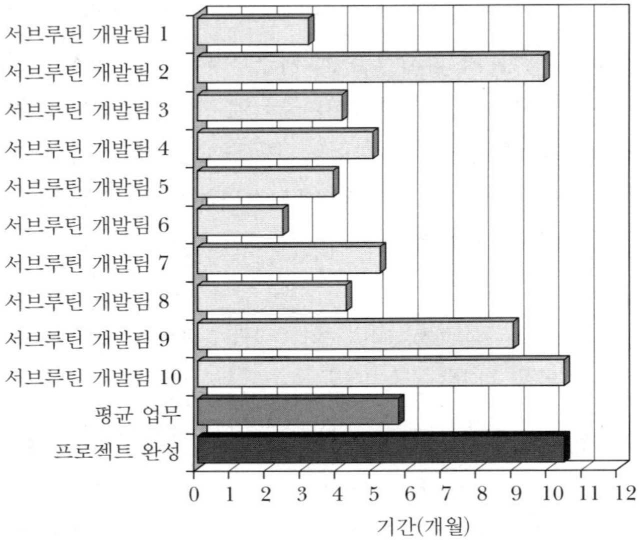

그림 1.2 7개의 서브루틴 개발 완료시간은 6개월 미만이고, 가장 긴 시간은 10.4개월임.

여러분이 이 장의 초반부분에 기술된 파티장소로 가는 출발시간 예제에서 불확실성 문제를 이해하였다면, 6시간의 예측 완료시간이 왜 틀렸는지를 알 수 있을 것이다. 10개의 서브루틴 모두가 6개월 후에 완성되는 상황은 파티장소에 6시에 출발하기 위해 당신의 10명의 친구들 모두가 당신의 집에 6시까지 도착하는 경우와 같다고 할 수 있다. 이러한 경우가 발생할 확률은 동전 10개를 계속 던져서 모든 동전의 앞면이 나오는 확률과 같은 1/1,024이다. 〈그림 1.2〉는 10개의 서브루틴 중 7개의 서브루틴 완성시간이 모두 6개월 미만인 시나리오를 보여주고 있다. 이 경우 7개의 모든 소프트웨어 프로젝트들이 완성되기 위해서 10.4개월의 시간이 걸렸다.

여러분은 왜 평균적으로 많은 예산들이 초과 집행된다고 생각하는가? 이 질문에 대한 이해를 돕기 위해 체내에서 소멸되는 항생제를 판매하는 제약회사를 가정해 보자. 항생제의 단기적인 수요량은 불확실하지만, 장기 평균 수요량은 일관되게 다섯 상자이다. 물류부서를 담당하기 위해 새로 부임한 부사장이 이 제품 매니저에게 다가와서 다음 달의 수요량이 얼마인지를 물어보면, 이 매니저는 월별 수요량의 변화가 아주 심하기는 하지만, 새로 부임한 부사장이 원한다면, 각 수요량이 발생할 확률을 제공할 수 있을 만큼 완벽하게 준비가 되어 있다. 그래서 새로 부임한 부사장에게 약간의 두려움을 갖고 있었던 이 제품 매니저는 부사장과의 첫 대면에서 그에게 완전 정보를 제공할 수 있다는 편안한 마음으로 그에게 확률분포함수로 보고를 했다.

그러자 새로 부임한 부사장이 "만약 내가 확률분포를 원했다면, 내가 당신에게 먼저 요구했을 것이다"라면서 제품 매니저에게 핀잔을 주고는 "제품원가를 계산할 수 있도록 특정한 한 수치를 주시오"라고 매니저에게 다시 요구해서, 이들은 결국 평균값 하나로 문제의 해결점에 도달하였다.

그러면 이 부사장은 월별 평균 수요량 다섯 상자가 정확하다고 믿고 이제 다음과 같은 비용들을 고려해서 총 재고운영비용을 추정할 것이다.

- 만약 재고량이 수요량보다 많다면, 판매되지 않은 항생제 한 상자당 손실은 50달러가 된다.
- 만약 재고량이 수요량보다 적으면, 요구 수요량을 충족시키기 위해 수요량과 재고량 차이만큼 각 상자당 150달러의 비용을 들여 항공기로 배달해야 한다.

만약 현재 다섯 상자의 재고량이 있고, 이 재고량만큼 즉시 수요량이 발생하면, 손실비용이나 항공 배달비용은 발생하지 않는다. 이러한 계산을 토대로 부사장은 평균 재고 운영비용이 전혀 발생하지 않는다고 결론을 내릴 것이다. 여러분은 부사장의 이러한 결론이 맞다고 생각하는가?

그러면 다음과 같은 주장을 되새겨 보도록 하자. 재고량이 수요량보다 많으면 손실비용이 발생하고, 그 반대이면 추가 항공배달 비용이 발생하게 된다. 그러나 이와 같은 비용을 상쇄할 만한 이익은 발생되지 않기 때문에 실질 재고비용은 평균 수요량과 관련된 재고비용보다 평균적으로 더 클 수밖에 없다.

나는 이 책의 후반부에서 평균의 함정의 약형과 강형에 관한 내용을 자세하게 기술할 것이고, 이 장의 나머지 부분에서는 우리들이 일상생활에서 자주 마주치게 되는 몇 가지 사례들을 더 보여주도록 하겠다.

통계학자가 구세주가 될 수 있을까?

사람들이 계획을 세우기 위해 잘못 사용하고 있는 평균값은 도대체 어디서 계산되는 것인가? 독자 여러분이 이미 추측하고 있듯이, 이 값들은 통계학자들과 다른 여러 분석가들에 의해 제공되고 있고, 이러한 값들을 계산하기 위해 그들이 사용한 복잡한 모델 때문에 평균에 대한 오해가 사라지지 않고 있다.

〈그림 1.3〉은 경제성장률에 관한 자료를 보여주고 있다. 통계학자들은 이 그림에서 검은 선으로 표시된 과거의 실질 데이터에 대하여 회귀분석을 실시해 미래의 기대 성장률을 측정한다. 이를 좀더 구체적으로 기술하면, 통계학자들은 일반적으로 점선으로 표시된 직선의 기울기(평균값－역주)값을 사용해서 미래의 기대성장률을 추정하고 있다. 이러한 평균값(기댓값)은 전문가가 수리적 모델을 사용해서 도출한 값들이기

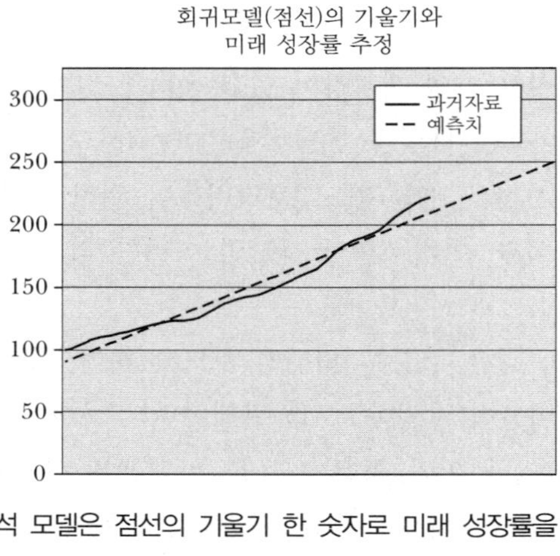

그림 1.3 회귀분석 모델은 점선의 기울기 한 숫자로 미래 성장률을 측정하고 있음.

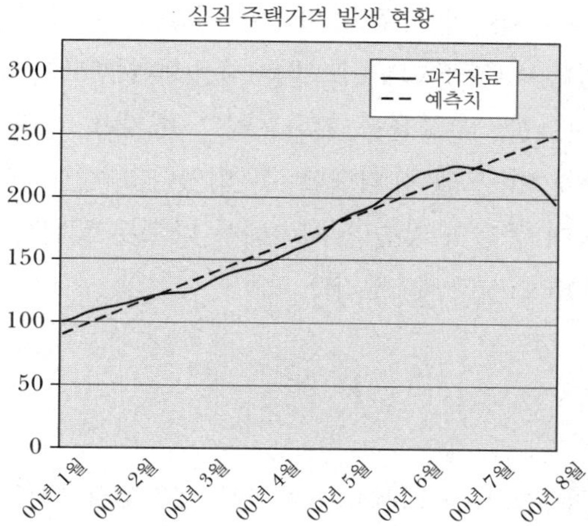

그림 1.4 2000년 1월부터 2005년 사이의 주택 가격 자료

때문에 대부분의 일반인들은 그들에게 제공된 이 평균값을 아무런 의심 없이 믿고 사용한다.

패트릭 리치(Patrick Leach)는 그의 저서 《내게 숫자 하나를 줄 수 없습니까?(Why Can't You Just Give Me the Number?)》[3]에서 사람들이 평균값에 왜 그토록 얽매이는지를 명쾌하게 설명하고 있다. 그의 지적에 의하면 일단 평균값이 계산되면, 사람들은 이 평균값을 거의 절대적으로 신뢰하면서 이를 기록하고 그들의 사업계획에 적용하고 있다고 한다.

〈그림 1.3〉에 사용된 자료는 S&P/Case-Shiller Home Price Index[4]에서 얻은 자료로써, 이 자료는 2000년 1월부터 2005년 12월까지 발생한 미 전국 주택가격을 보여주고 있다. 이 기간 동안 미국 내에서 이루어진 주택 투자가 얼마나 참담한 것이었는지를 알아보기 위해 이 그림에서 회귀분석과 유사한 다양한 모델들이 적용되었다.

〈그림 1.4〉도 역시 미 전역에서 발생했던 주택가격을 보여주고 있는데, 놀랍게도 경제활동과 추세를 모니터링 하는 모든 리스크모델들이 이러한 주택 가격 변화를 반영하고 있지 않았었다는 것이다. 마이클 루이스(Michael Lewis)는 2008년 12월호 《Portfolio.com》에 게재한 그의

논문 〈종말(The End)〉에서 주택 가격이 대폭적으로 하락해 가는 현상을 기술하고 있다. 그는 S&P의 모델을 사용해서 주택가격의 하락에 의하여 발생될 수 있는 부도율을 알아보려고 했지만, 주택 가격 하락이 발생하는 상황을 이 모델에 입력할 수 없었다고 한다. 이러한 모델은 동전을 던졌을 때 동전의 앞면만 계속해서 나오는 동전과 같이 매우 비현실적인 모델이라고 할 수 있다.

레드 롭스터

2003년 레드 롭스터(Red Lobster) 해산물 레스토랑에서는 삶은 대게를 마음껏 먹을 수 있는 '무한대 대게 서비스'라는 프로그램을 광고했다. 이 광고가 나간 후 바로 이 회사의 사장이 물러나게 되었는데, 《세인트 피터스버그 타임스(St. Petersburg Times)》[5]에 의하면, 이 회사에서 판매 전략을 이렇게 수립한 이유는 고객들의 알래스카 대게 예측 소모량이 실질 소모량보다도 훨씬 적게 추정되었기 때문이었다는 것이다. 더욱이 이 회사의 각 체인점들은 올라만 가는 대게의 도매가격 때문에 큰 어려움을 겪게 되었다고 한다.

나는 이 회사의 매니저가 이와 같이 잘못된 판매 전략을 세울 때 분명히 대게를 주문하는 평균 고객수를 관련 매니저에게 요구했을 것이라고 믿고 있다. 그리고 이 매니저는 이 프로그램을 계획하기 위해 한 고객당 대게 소모량과 대게의 평균가격을 역시 관련 매니저에게 요구하였을 것이 분명하다. 이 세 가지 평균값을 토대로 하여 이 프로그램 매니저는 '무한대 대게 서비스'라는 판매 전략의 기대이익을 계산하였을 것이지만, 이 접근방법은 매우 잘못된 방법이라고 할 수 있다.

한 고객당 대게 실질 소모량이 이 매니저가 추정한 대게 소모량 기대치보다 많게 되면, 이 회사의 체인점들은 그 차이만큼 손실을 보게 된다. 이 프로그램과 관련해서 이 회사의 회장인 조 리는《세인트 피터스버그 타임스》와의 전화통화에서 "두 번째 접시까지는 이익이 발생했지만, 세 번째 접시부터는 손해가 발생되었다"라고 하였다. 더욱 바람직하지 않은 상황은 고객 수, 고객 당 대게 소모량, 그리고 대게 가격 모두가 불확실성을 포함하고 있었다는 것이다. 예를 들어, 대게 소모량이 기대치보다 커지는 순간부터 대게 가격은 상승할 수밖에 없어서 이 판매 전략은 큰 손실을 입게 되었던 것이다.

결과적으로 평균 대게 수요량, 평균 대게 소모 접시 수, 그리고 평균 가격을 고려해서 추정된 이익이 실질 평균 이익보다 크게 발생하는 것으로 나타나게 된 것이다.

레드 강

1997년 미국 기상청에서는 레드 강의 최고 수위가 대략 50피트(15미터)에 도달할 것이라고 예보했다. 《뉴욕타임스》는 기상전문가의 말을 인용해서 기상청 예측 문제는 정확하게 예보하기보다 정밀한 수치로 예보하려는 경향이 있다고 기상청 예보태도를 비난했다. '그랜드 포크' 시의 커뮤니케이션 책임자인 톰 멀런은 "기상청이 그렇게 예보하였기 때문에 시민들은 그 예보를 믿을 수밖에 없었다"라고 하였다.[6] 《타임스》는 "실질적으로는 최고 수위점에 도달할 확률분포가 기상 예측치보다 훨씬 더 광범위하였는데도 하나의 수치로만 예보해서 시당국에서 홍수 방지 대책을 잘못 수립하게 되었다"라면서 기상청의 잘못된 예보시스템을 지적하였다. 《타임스》는 계속해서 "시민들이 말하기를 이것은 수학자이고 철학자인 화이트헤드(Alfred North Whitehead)가 한때 지적한 잘못된 구체성과 같다"고 보도하였다. 그러면서 《타임스》는 기상청 근무자들이 기후 변화, 지진, 가뭄 혹은 홍수 등이 발생하는 경우에도 불확실성, 오차 범위, 그리고 사건 발생 확률 등을 고려해서 예보하지 않기 때문에 궁극적으로 돌이킬 수 없는 잘못된 판단을 내리는 경향이 강하다고 지적하였다.

이러한 사례가 평균의 함정에 관한 대표적인 예라고 할 수 있다. 레드 강의 최고 수위가 50피트가 될 것으로 예측되었지만, 실질 수위는 불확실하다고 가정해 보자. 그러면 이러한 상황에서 기상 변화는 만물

(a)

(b)

그림 1.5 (a) 강 수위가 평균 이하일 경우(무손실)
(b) 강 수위가 평균 이상일 경우(재앙)

주가 동전을 던져서 날씨를 결정하는 것과 같다고 생각하면 된다. 동전의 앞면이 강의 최고 수위를 55피트에 도달하게 하는 대홍수를 발생시키는 사건이라고 하고, 뒷면은 45피트가 되게 하는 보통 수준의 비가 오는 사건이라고 하면, 강의 제방은 강의 최고 수위 50피트 정도까지만 감내할 수 있도록 설계되었기 때문에 동전의 뒷면이 나오면 홍수 피해가 전혀 발생되지 않는다. 그러나 동전의 앞면이 나올 확률이 50%이기 때문에 이 사건이 발생하면 대홍수로 인하여 20억 달러의 손실이 발생하게 된다.

이를 정리하면, 강의 최저 수위 45피트와 최고 수위 55피트의 평균값 50피트를 고려하면 홍수피해에 의한 손실이 전혀 발생하지 않지만, 손실액 측면에서 이 문제를 고려해 보면, 최저 손실액 0달러와 20억 달러의 평균값 10억 달러의 손실이 발생한다고 판단하는 것이 현실적으로 타당한 것이다.

사실 그랜드 포크 시에서는 50,000명으로 추정되는 시민들이 안전한 장소로 피신해야만 했다. 《뉴욕타임스》는 만약 기상 예보 시에 불확실성이 고려되었다면, "이 시에 어떠한 상황이 전개되었을지는 알기 어려운 문제이다"라는 견해를 보였다. 그러나 멀런은 "불확실성 문제를 고려해서 기상 예보가 되었다면, 홍수가 시내로 들어오지 못하게 충분히 넓게 그리고 높게 제방 작업을 하였을 것이고, 그러면 시민들은 집안에서 살림살이를 더 많이 꺼내 올 수 있었을 것이다"라고 했다. 그가 말했듯이 "어떤 시민들은 강물이 넘쳐 시가지로 들어 올 때에서야 안전한 장소로 피신하기 시작했다"고 한다. 〈그림 1.5〉는 강 수위량이 평균 이

하일 때와 이상일 때 홍수 차이를 보여주고 있다.

필요한 관련 정보들을 얻어서 평균 이상의 자연 재해가 발생하는 사건에 대한 방지계획을 수립할 다음과 같은 예제를 고려해 보기 바란다. 지진 강도를 고려해서 건축한 빌딩이 많은 선진국의 어느 시에 진도 7의 지진이 발생하면 수백 명의 시민들이 죽을 수 있다. 하지만 이러한 지진이 후진국에서 발생하면 수백 명이 아닌 수만 명이 죽을 수 있다.

FlawOfAverages.com을 방문하여 이 장의 여러 예제에 관한 동영상과 시뮬레이션을 찾아서 보기 바란다.

캘리포니아 주 오렌지카운티의 파산

1994년 여름, 당시 이자율은 낮았었고, 그 이후로도 현상 유지가 되든지, 아니면 더 낮아질 것으로 기대되었다. 이러한 기대 이자율을 토대로 오렌지카운티는 소방관과 교사들의 연금 펀드를 마련하기 위해 투자포트폴리오를 발행하였다. 투자포트폴리오를 발행한 후 초기에 오렌지카운티 재무담당자인 로버트 시트론이 운영한 이 투자포트폴리오의 수익은 다른 지방정부에서 운영하는 펀드의 수익률보다 훨씬 더 높았다. 그러나 이 세상에 공짜는 없는 것이므로 당시 투자 전문가들은 이 투자포트폴리오를 매우 위험한 투자로 간주하였다. 1994년 시트론에 대항해서 선거에 출마해 패배한 존 물라흐는 이 선거 유세에서 "시트론은 항상 금융시장의 움직임을 정확하게 예측할 수 있고, 그래서 다른 모든 투자 운영자들보다 더 높은 수익을 올릴 수 있다고 믿고 있다. 그러나 시트론의 믿음은 현실적으로 절대 실현 불가능한 것이다"[7]라면서 시트론을 공격했다. 그럼에도 불구하고 많은 투자자들이 큰 손실을 입게 될 이 투자포트폴리오를 매입하려고 긴 줄을 서고 있었다. 사실 이 펀드는 차입투자(자기 투자자본에 대출을 더하여 투자하는 경우 – 역주)로까지 이어져 결국 매우 위험한 펀드가 되면서 1994년 겨울에 파산되고 말았다.

1995년 캘리포니아대학교 어바인 캠퍼스에 근무하는 필립 조리온 교수는 만약 오렌지카운티 공무원들이 포트폴리오의 수익성을 분석할 때 단 하나의 숫자인 평균 이자율 대신에 불확실성 시나리오를 고려했다면, 이들은 투자포트폴리오에 다가올 사고 위험의 가능성을 쉽게 감지할 수 있었을 것이라고 했다.[8]

사실 오렌지카운티에 전적으로 이러한 야심찬 연금펀드는 필요가 없었던 것이었다. 더욱이 만약 카운티 정부 직원들이 그들에게 다가올 투자위험을 적시에 이해하고 있었다면, 그들은 파산을 피하기 위해 틀림없이 좀더 보수적인 투자전략을 수립하였을 것이다.

영국군

1775년 봄 미 식민지 거주자들은 영국군이 매사추세츠 주의 렉싱턴과 콩코드를 공격하기 위해 세운 계획에 대해 노심초사하고 있었다. 보스턴에 살고 있었던 이들 애국 투사들은(영국에 있는 내 친구들은 그들을 애국 투사라고 부르지 않지만) 영국군이 해상으로 침공할 수도 있고, 아니면 육지로 침공해 올 수도 있는 두 경우의 불확실성을 확실하게 고려해서 그들의 군사계획을 세우고 있었다. 현대 의사결정 분석에 기여한 무명의 이 선구자들은 위 두 가지 경우를 고려하여 적절한 군사계획을 신속하고도 올바르게 세웠던 것이다. 만약 폴 리비어와 민병대원들이 영국군이 해상으로 공격해 올 것이라는 가상 시나리오 하나만을 고려해서 그들의 군사계획을 어설프게 세웠었다면 아마 우리 미국인들은 지금과 다른 식의 영어 발음을 하고 있을 것이다.

예측이 항상 빗나가는 이유는 무엇인가?: 딜버트의 비율 문제

기업의 매니저들이 불확실한 변수의 예측값을 요구할 때, 그들은 대개 평균에 대한 오해를 야기하는 수치 하나만을 요구한다. 예를 들어, 새로운 마이크로칩의 제품 매니저는 그의 상사에게 올바른 평균수요 예측량을 주었다. 그러나 이 상사는 매니저로부터 받은 평균값을 이용해서 평균 이익을 잘못 추정하였다. 소프트웨어 개발 프로젝트에서 열 개의 서브루틴의 프로그래밍 매니저들은 그들의 상사에게 올바른 평균 완료시간을 제공해 주었으나, 그들의 상사는 이 평균값들을 사용해서 소프트웨어 개발 완료시간을 잘못 추정하였다. 제약회사의 제품 매니저는 부사장에게 올바른 평균수요 예측량을 주었으나, 부사장은 이 평균값을 이용해서 재고 운영비용을 잘못 추정하였다.

이러한 사례에서와 같이 직장 상사들은 실제로 부하 직원들로부터 올바른 평균값을 제공받음에도 불구하고, 그들의 예측치가 빗나갈 경우 그들은 부하들로부터 잘못된 예측치를 제공받았다고 믿으면서 부하 직원들을 비난하는 것이 일반적이다. 이러한 경영관행을 우리들에게 잘 알려진 딜버트의 비율 문제(Problem of Dilbertian Proportion)라고 한다.

대니얼 핑크(Daniel H. Pink)는 그의 저서 《완전히 새로운 사고방식(A Whole New Mind)》[9]에서 앞으로는 좌뇌적 분석가들보다 큰 그림으로 사물을 생각할 줄 아는 우뇌적 분석가들이 경제활동에서 더 우월할 것이라고 예견하였다. 통계학과 확률론은 전통적으로 논리적 구조가 지배하는 좌뇌가 주된 역할을 해왔던 학문 분야이다. 그럼에도 불구하고, 사실 확률에 대한 오해는 하나의 정밀한 숫자에만 완고하게 집착하는 좌뇌 활동의 결과로 야기된 것이다. 좌뇌의 역할과 반대로 우뇌는 불확실성에 내재된 패턴을 잘 해석하도록 구조화되어 있다.

나는 다음 장에서 이러한 패턴들을 맨눈으로 볼 수 있는, 즉 우뇌가 위와 같은 패턴(pattern) 게임장에 다시 돌아오게 하는 새로운 기술들을 토론해 보도록 할 것이다.

제2장

대수학의 종말과 평균 함정의 득세

1973년 나는 최적화기법에 컴퓨터를 응용하는 주제로 박사학위를 취득하였다. 요즘은 이를 OR(Operations Research: 최적화 기법)이라고 간략히 일컫는데, OR이라는 학문은 2차 세계대전 때 군사작전에서 발생하는 새로운 문제들에 관한 최적해를 찾기 위해 의사결정론에 수학을 응용해서 개발된 학문분야로 현재와 같이 발전해 왔다(여기서 언급한 OR을 선거에 출마한 후보자들이 상대편 후보자들의 신뢰를 떨어뜨리기 위해 타 후보자들의 뒷조사를 하는 방해공작(opposition research)과 혼동해서는 안 된다). 나는 박사학위 취득 후 마케팅에서부터 최적 생산문제까지 다루는 일로 GM 자동차 회사 연구소에서 일 년 반 동안 근무를 했는데, 나는 내가 학교에서 공부할 때보다 이때 현장 문제에 훨씬 더 많은 관심을 가지게 되었다. 만약 GM에서 나를 내가 희망한 이탈리아의 리비에라로 전근시켜 주었다면, 아마 나는 지금도 그곳에서 근무하고 있었을 것이다.

경영과학자가 되다

1974년 나는 시카고 대학교 경영대학원의 교수로 합류하여 경영과학을 강의하기 시작했는데, 지금은 이 과목을 OR이라고 부르고 있다. 그 당시 나는 경영과학 과목을 강의하는 것이 내 생애에서 매우 행복한 기회였다고 생각했지만 곧 실망하게 되었다. 왜냐하면 내 과목을 수강한 학생들 중 오직 10%만이 그 강의를 이해했고, 그리고 그들 중 오직 10%만이 그들이 습득한 지식을 현장에 적용할 수 있었음을 알게 되었기 때문이다.

이 과목의 가장 큰 훼방꾼은 선형계획법이라고 불리는 자원할당기법이었다. 이론적으로 이 기법은 이익을 최대화시키기는 해를 찾기 위해 사용되기는 하지만, 현장에서는 모든 문제, 그 중에서도 대규모 프로그래밍을 요구하는 문제들의 해를 찾기 위한 기법으로는 매우 부담스럽고 성가신 것이었다. 이 과목의 선수과목들은 자전거 운동법칙 방정식과 같이 수리적으로 매우 복잡한 내용들로 구성되어 있다.

경영과학을 포기하다

나는 경영 현장의 매니저와 경영과학을 분리시키는 대수학의 장막이 있다고 판단하여 1976년 경영과학을 이론적으로만 가능한 학문이라고 판단하고 이 학문을 포기했다. 그러나 직장을 유지하기 위해 경영대학원에서 기초경영수학과 컴퓨터학을 강의하면서 나는 시카고의 링컨가에 있는 작은 술집에서 포크 가수가 되기를 시도했지만 결국 실패했다. 내가 음악계에서 쌓으려 했던 경력을 포기한 두 가지 이유가 있었는데, 첫 번째는 링컨가에서 활동하는 대부분의 가수들이 나보다 뛰어난 실력을 지녔었고, 두 번째는 그들 역시 그곳에서 성공하지를 못했다는 것이다.

이렇게 어려운 상황에서도 나는 대학에서 전적으로 강의만 하는 교수가 되고 싶지가 않아서, 1979년 네덜란드 미술가 에셔의 모자이크(혹은 격자) 미술품을 사용해서 새로운 형태의 퍼즐게임을 개발해서 판매했다. 이 퍼즐게임은 잘 팔렸지만, 이익을 창출할 정도로 생산비용을 충분히 절감할 수 없었다. 그때 나는 이 소규모 회사를 경영하기 위한 도구로 “TRS-80 Radio Shack”에서 판매하는 소형컴퓨터를 구입하였는데, 이로써 나는 컴퓨터 관련 분야에서 박사학위를 취득한 6년이 지나서 다시 컴퓨터와 관련된 첫 번째 의미 있는 작업을 할 수 있게 되었다.

> "FlawOfAverages.com"를 방문하면, 이 시점 이후에 구성된 서너 개의 오디오레코딩과 상호교환 작동이 가능한 전자식 버전 퍼즐게임을 볼 수 있다.

경영과학자로 다시 태어나다

1985년 마이크로컴퓨터 혁명이 절정에 다다르고 있었다. 이 당시 TRS-80으로 나의 컴퓨터 프로그래밍 작업을 도와주고 있었던 마이크 캠벨이 개인용 컴퓨터에서 사용할 수 있는 선형계획법 소프트웨어 개발을 함께 하자고 나에게 제안했다. 그는 퍼듀 대학교에서 선형계획법을 공부해서 이 기법에 대한 이해와 응용능력이 매우 뛰어난 엔지니어였다. 나는 시카고 대학교의 경영대학원에서 선형계획법 강의를 거절하였기 때문에 마이크의 제안에 대해 "마이크, 선형계획법은 학교에서나 가르치는 과목이지 현장에서는 어느 누구도 사용하지 않는다"라고 그에게 핀잔을 주었다. 그러나 시카고 대학교의 동료 교수인 리누스 슈레지는 프로그래머인 케빈 커닝햄과 함께 한 세계 최초로 개발된 스프레드시트인 'VisiCalc'에 데이터 파일을 저장하고, 'LINDO LP' 소프트웨어를 이용해서 선형계획법 문제의 답을 구하는 프로그램을 그 당시 바로 개발하였다. 마이크와 나는 이들과 함께 팀이 되어 그 당시 가장 많이 사용되었던 스프레드시트 '로터스 1-2-3'에 슈레지의 프로그램 기술을 응용하여 새로운 소프트웨어를 개발해서 시장에 판매하였다. 이 프로그램을 사용하면, 스프레드시트에 익숙한 사람들은 10개 정도의 자판기 키를 사용하는 방법을 익혀 이 프로그램에 내장된 선형계획법을 컴퓨터에서 쉽게 실행시킬 수 있었다. 우리들은 이 소프트웨어를 "What'*sBest*!"라고 이름을 붙였고, 아직도 이 제품은 시장에서 잘 팔리고 있는 중이다.

나의 학문적 관점 때문에 내가 선형계획법 강의를 포기한 후 필수과목인 선형계획법 과목이 시카고 대학교 경영대학원의 동료 교수들로부터 좋은 반응을 얻지 못하고, 하나의 기능적 학문으로 천대를 받은 때도 있었다. 사실 선형계획법에 많은 경험이 있는 사람들조차도 'What'sBest!'를 처음으로 사용하면, 우리들이 이 프로그램을 설계할 당시 가장 피하고 싶었던 지루한 실행 과정들을 이들 경험자들이 정확하게 다시 반복하곤 해서, 이들로 하여금 이 프로그램에 익숙해지도록 하기 위해 처음에는 많은 시간이 걸렸다. 그래서 'What'sBest!'가 처음 판매될 때는 일반인들로부터 많은 관심을 받지 못했지만, 《PC 매거진》으로부터는 1986년에 "기술 우수상"을 받게 되었다.[1] 이 스프레드시트 때문에 OR분야에서 대수학의 장막이 걷히게 되었고, 나는 경영과학자로 새로 태어나게 되었다.

리누스와 케빈은 'LINDO' 시스템을 통해 'What'sBest!'를 아직도 판매하고 있다.[2] 현재 마이크는 분석적 경영 모델을 제공하면서 개인 신용 평가시스템으로 가장 유명한 '페어 아이작(Fair Isaac)' 회사의 COO로 활동하고 있다.

경영과학자로 다시 살아가다

나는 1990년 당시 시카고 대학교 경영대학원장이었던 잭 굴드의 도움으로 스프레드시트로 경영과학 세미나 시리즈를 실행하게 되었고, 그 후 수년 동안 전국을 순회하면서 이를 강연하였다. 지금 나는 10년 전에 시카고 링컨가에서 음악활동을 할 때 얻은 인적자본을 활용하고 있는 것이나 다름없다고 할 수 있다. 그러나 이제 나는 비용을 지불하는 관객을 갖게 되었고, 기타를 치는 사람에서 키보드를 연주하는 사람으로 변해 있다. 그래서 지금은 최적화, 시뮬레이션, 예측 등에 관심을 갖고 강의를 하고, 세미나 참석자들이 질문을 하면 상호작용이 가능한 스프레드시트로 그들의 질문에 즉시 답을 주고 있다.

이 기간 동안 나는 수천 명의 스프레드시트 사용자들을 만났었는데, 이 새로운 매혹적인 도구가 사용자들에게 잘못된 결과를 제공하고 있다는 사실을 알게 되었다. 즉, 이 도구가 기업의 수백만 매니저들이 불확실성을 표시할 때 한 숫자만을 사용하도록 해서 평균의 함정 문제를 확대시키는 주범이 되었던 것이다. 그 후부터 지금까지 나는 평균의 함정 문제를 해결하기 위해 계속 노력하고 있는 중이다.

OR부터 PR로 그리고 다시 OR로 돌아가다

1990년 초 내가 평균의 함정 문제에 관심을 갖기 시작했을 때, 시장에 출시된 몇몇 기술들로 인하여 평균의 함정 문제를 이론적인 측면에서 거론할 수 있게 되었다. 그러나 그 당시 가장 큰 문제는 사람들이 평균의 함정과 같은 문제를 올바르게 인식하지 못하고 있었다는 것이다. 사실 지난 몇 년 전까지만 해도 나는 홍보활동 분야(PR)에 많은 노력을 기울였다. PR은 내가 전공한 OR보다 알파벳 순서에서 한 자 바로 뒤에 있는 것이기 때문에 홍보활동은 나에게 그리 어려운 일이 아니었다(이 문장은 별 의미 없이 영어 알파벳 O와 P의 순서로 자신의 역할 수행의 수월성을 강조하는 것－역주).

그러나 홍보활동 분야에는 그 자체로 큰 제약이 존재하고 있었다. 내가 PR 분야에서 컨설팅하고 강의를 한 지난 10년 동안, 나는 정보기술이 여러 혁신적인 측면에서 불확실성을 효과적으로 관리할 수 있는 접근방법을 제공해준다는 사실을 깨닫게 되었다. 그래서 요즘 나는 컴퓨터를 이용해서 의사결정 분야에 도움이 되는 방법론을 개발하기 위해 열중하고 있는 중이다. 이를 간략히 정리하면, 나는 이제 다시 OR 분야로 돌아와서 강의, 연구, 그리고 컨설팅 작업을 계속하고 있는 중이다.

제3장

평균의 함정을 완화시키다

이 장은 평균의 함정 문제를 해결하는 데 도움이 되는 기술들을 논하고 있다. 이 기술들은 내가 처음으로 평균의 함정 문제에 관심을 갖기 시작했을 때인 1990년도 초부터 많은 발전을 해왔고, 대부분 진보된 기술들이 그렇듯이 이 기술들도 서로 상호간에 연관성을 갖고 있었으며, 또한 진화해 가는 경영관행과도 밀접한 연관성을 갖고 있었다. 이 장은 정보기술 발전의 과거와 현재 상황을 먼저 비교하고, 그런 다음 백열전구와의 유사성을 이용해 이를 좀더 구체적으로 기술해 보도록 하겠다.

확률경영

마이크로컴퓨터 혁명(Microcomputer Revolution))은 1976년에 워드프로세서와 함께 시작되었다고 해도 지나친 말은 아닐 것이다. 활자화하기 이전에 전자적으로 작문을 할 수 있는 워드프로세스로 편지나 원고를 타이핑하고, 수정하고, 편집하는 싫증나는 일들이 하룻밤 사이에 간편하고 쉽게 이루어지게 되었다. 워드프로세스가 이와 같이 문서작업에 변화를 일으켰듯이 1979년에는 스프레드시트의 원조인 "비지칼크(VisiCal)"이 회계와 비즈니스 모델 분야에 큰 변화를 일으켰다.

1980년대 후반까지 기업이나 병원, 금융계 등의 산업 분야에서 소유한 대형 중앙 데이터베이스는 데스크톱에 설치된 스프레드시트와 일방적으로 숫자들을 서로 주고받는 데이터 관리시스템을 사용하고 있었다. 그래서 이러한 시스템들이 여러 이점들을 가지고 있음에도 불구하고 평균의 함정 문제는 기업 전반에 걸쳐 더욱 증대되어 왔다.

확률경영의 관리 대상은 숫자가 아니고 불확실성, 즉 확률분포함수이다. 그리고 확률경영에서 사용하고 있는 중앙 데이터베이스는 미래에 발생할 수 있는 불확실한 비즈니스 모수(parameter)들 수천 개를 포함하고 있는 시나리오 라이브러리이다. 이 라이브러리는 대형 중앙 데이터베이스와 달리 워드프로세서로 문서화되고 스프레드시트로 수치화된 확률분포함수를 생성하는 데스크톱 분포 프로세서와 상호간에 필요한 정보를 주고받는다.

이 책을 집필하고 있는 시점에도 확률경영은 아직 초기 단계에 머무르고 있지만, 쉘(Shell), 머크(Merck), 그리고 올린(Olin) 회사 등의 기업체들이 확률경영을 도입해서 사용하고 있다. 그래서 이 기업들의 선구자적 역할 덕분에 다른 많은 기업들의 매니저들도 몇 년 전에는 불가능하다고 생각했던 불확실성 문제들을 이제는 현실에서 실현해 볼 수 있게 되었다. 즉, 기업의 매니저들은 이제 불확실성과 위험을 형상화하고, 이들과 의사소통을 하고, 상호교환 작용을 할 수 있게 된 것이다.

몬테카를로 시뮬레이션

건물 옆면에 페인트를 칠하기 위해 사다리를 이용할 경우 마지막으로 점검해야 할 일은 사다리가 흔들리지 않는지를 확인하는 것이다. 즉, 사다리에 임의적으로 힘을 가해서 올라갈 때, 사다리가 얼마나 안정적인지를 시뮬레이션해 볼 필요가 있다. 그렇게 함으로써 사다리 이용자는 그가 사다리를 올라갈 때 위험을 최소화해서 사다리가 무너지지 않도록 적절한 조치를 취하게 된다.

사다리의 흔들림을 사전에 시뮬레이션하는 것과 같이 컴퓨터 기술을 이용하여 불확실한 비즈니스 계획, 엔지니어링 디자인, 혹은 군사작전

계획 등의 확실성 혹은 안정성을 사전적으로 테스트해 볼 수 있다. 우리들이 잘 알려져 있는 몬테카를로 시뮬레이션 기법을 이용하면 시뮬레이션 결과를 지속적으로 축적해 갈 수 있고, 그리고 기업의 매니저들은 비즈니스, 교량, 그리고 전쟁 등의 모델들을 수천 수만 경우의 다른 데이터들을 사용해서 다양하게 시뮬레이션해 볼 수 있다. 이러한 시도로 우리는 전쟁에서 패배하고, 교량이 무너져 내리고, 비즈니스가 파산할 확률을 추정할 수 있다. 시뮬레이션 모델의 입력분포함수로는 사다리를 흔들기 위해 사용한 힘, 제품의 불확실한 수요수준, 지진의 진도, 혹은 전쟁에서 적의 파괴력 등이 될 수 있다. 그리고 사다리의 흔들림, 비즈니스에 있어서 이익, 교량의 휘어짐, 혹은 여러분이 당할 수도 있는 재난은 시뮬레이션 모델의 출력 분포함수가 될 수 있다.

이 몬테카를로 시뮬레이션 기법은 1946년 폴란드 수학자인 스타니스슬라브 울람(Stanislaw Ulam)이 맨해튼 원자폭탄 개발을 위해 수립된 한 프로젝트를 수행한 결과뿐이다. 지금은 마이크로소프트 엑셀 환경에서 몬테카를로 시뮬레이션 기법을 사용할 수 있는 모듈이 내장된 여러 소프트웨어들이 시장에 출시되어 있다. 뉴욕 주 이타카에 소재한 팰리세이드 회사는 1987년 엑셀환경에서 몬테카를로 시뮬레이션 기법이 구동되기 전에 로터스 1-2-3(현재는 MS엑셀에서 구동되고 있음－역주) 환경에서 이 기법이 구동되는 "@RISK"를 개발해서 시판하였다.[1] 1970년대 내가 대학원에서 공부하고 있을 당시 포트란(FORTRAN)으로 프로그래밍해서 이러한 작업을 실행하려면 서너 달씩 걸리던 것이 "@RISK"를 사용하기 시작한 1990년대 초에는 한 시간밖에 걸리지 않게 되었다. 지금 팰리세이드 회사는 "@RISK" 제품으로 전 세계적으로 유명해졌고, 거의 모든 영역에 컨설팅 및 교육서비스를 제공하고 있다.

디시전니어링(Decisioneering) 회사는 1986년에 매킨토시 컴퓨터에서 엑셀로 작동되는 크리스털 볼(Crystal Ball®)을 개발해서 시장에 소개하였고, 곧바로 윈도우 환경에서도 작동되도록 개발하였다.[2] 크리스털 볼은 "@RISK"와 함께 몬테카를로 시뮬레이션 기법을 활용한 새로운 의사결정 기법 소프트웨어로 이 제품시장에서 단연 독보적인 존재가 되었다. 몬테카를로 시뮬레이션 기법이 위험모델링 분야에서 주요한 의사결정기법으로 자리매김함으로써 오라클 회사는 최근에 디시전니어링 회사를 합병하였다. 그 후 오라클 회사는 몬테카를로 시뮬레이션 기법이 장착된 크리스털 볼을 전사적 정보시스템과 더욱 밀접하게 통합될 수 있도록 개발하여, 예전보다 더 많은 고객을 확보하고 있다. 최근에는 산업체, 정부기관, 그리고 군 조직 등에서 크리스털 볼을 구입하는 사용자 수가 10만 명을 넘어서고 있다.

"@RISK"와 크리스털 볼 같은 소프트웨어의 사용성이 더욱 증대되고 강력해짐에 따라서 나는 이러한 소프트웨어를 사용하여 강의할 수 있는 단순한 소프트웨어가 필요하다고 생각했다.[3] 그래서 1998년 이러한 필요를 충족시키기 위해서 내가 저술한 교과서와 함께 판매된 "XLSim®"이라는 패키지를 개발하였다. 이 패키지는 사용하기가 매우 편리하고, 이 패키지를 이용하면 몬테카를로 시뮬레이션 기법의 기본적인 개념을 쉽게 강의할 수 있고, 그리고 소규모 애플리케이션을 개발하는 도구로써 매우 큰 장점을 가지고 있는 것으로 사용자들에게 인식되었다.

2007년에는 프런트라인시스템(Frontline System) 회사에서 리스크 솔버(Risk Solver)라는 새로운 패키지를 개발하여 시뮬레이션의 새로운 장을 열었다.[4] 이 소프트웨어를 사용하면 스프레드시트 상에서 "what-if" 시나리오를 쌍방향으로 작동시켜 신속하게 연속적인 시뮬레이션을 실행할 수 있고, 쌍방향 시뮬레이션 스프레드시트를 사용하기 원하는 사용자들이 이 소프트웨어를 이용하면 숫자를 간단히 처리하는 것처럼 확률분포함수를 처리해서 시뮬레이션을 실행할 수 있고, 확률분포함수들을 쉽게 합할 수도 있고, 수식을 이용해서 확률분포함수들을 운용할 수도 있고, 그리고 다른 확률분포함수들과 통합해서 모델을 운영할 수 있는 등 여러 방법으로 시뮬레이션 작업을 수행할 수 있다. 우연하게도 리스크 솔버는 1970년대 후반에 스프레드시트 혁명의 창시자 중 한 사람인 댄 필스트라가 개발한 소프트웨어이다.

요즘 사용되는 가장 일반적인 시뮬레이션 형태는 위에서 기술한 애드온(Add-On: 웹브라우저 표준에 없는 기능을 추가하기 위한 소프트웨어로 플러그인, 툴바, 확장 기능으로도 불림 – 역주) 제품들 중 하나를 사용하여 작성된 엑셀 스프레드시트 모델이다. 이와 같은 소프트웨어를 사용하면 불확실성 입력 자료는 난수로 대체되고, 그 결과는 누적되어 기록되고 분석된다. 이러한 시뮬레이션 형태는 사다리를 사전에 흔들어 보는 실험과 유사하다고 할 수 있다.

이보다 더 복잡한 다른 형태의 시뮬레이션 모델은 공장에서 수행되고 있는 작업, 비행기 날개의 공기저항력, 혹은 동맥 혈류 등과 같이 시간이 지남에 따라서 상황이 변하는 프로세스를 모델링하는 것들이다. 이러한 시뮬레이션들은 당구공을 때리는 진자를 당겼다 놓으면 당구공들이 연쇄반응으로 서로 때림을 주고받는 현상과도 같다고 할 수 있다.

여러분이 엑셀 기능에 익숙해지기만 하면, 위와 같은 시뮬레이션 모델을 실행하기 위해 여러분이 할 일이란 단지 서너 개의 자판기 키를 더 치는 것뿐이다. 시간을 종속변수로 하는 시뮬레이션 기법은 노련하고 익숙한 기술과 노력을 필요로 하는데, 이 정도 수준의 시뮬레이션 모델이 아니라면 사다리를 흔들어보는 정도의 시뮬레이션 모델을 먼저 단순히 실행해 보는 것이 바람직하다.

"FlawOfAverages.com"을 방문하면 시뮬레이션 모델에 관한 좀더 많은 참고할 만한 내용들과 시뮬레이션 소프트웨어 공급자들의 목록을 볼 수 있다. 또한 무료 평가판도 다운로드해서 받아볼 수 있다.

어둠을 해소한 전기와 같이

전구 발명으로 어둠 문제가 해결되었듯이, 시뮬레이션은 불확실성 문제를 해결하는데 일조하고 있다. 우리들이 알고 있듯이, 전구가 어둠문제를 완벽하게 없애지 못한 것처럼 시뮬레이션도 불확실성을 완전히 배제하지 못하고 있다. 그러나 지하로 내려가는 계단에 전구가 있어 부상당할 위험이 감소되는 것과 같이 의사결정 분야에서 시뮬레이션이 평균의 함정 문제를 부각시키고 있다. 이러한 장점만으로도 시뮬레이션은 사용할 만한 충분한 동기가 있다고 할 수 있다. 그리고 쌍방향으로 상호 작용이 가능한 시뮬레이션의 탄생은 전구가 탄소 아크등에서 즉시 주위를 밝게 해주는 백열전등으로 발전한 것과 같은 것이다. 그러나 시뮬레이션도 아직 해결되어야 할 많은 문제점들을 가지고 있음은 확실하다.

전력망

전력망을 먼저 이해하기 위해서 어느 한 시민이 에디슨이 새로 발명한 전구 한 상자를 들고 뉴욕 매디슨 가를 걸어가고 있다고 상상해 보자. 아마 독자 여러분은 당시 많은 사람들이 에디슨의 이 발명품을 바로 구입했을 것이라고 생각하겠지만, 사실은 그렇지가 않았다. 그 이유는 무엇이었을까? 답은 그 시절 뉴욕시에 전기 배전망이 많이 설치되어 있지 않았었기 때문이다. 비유법을 더 사용하자면, 전기 공급이 전구에 필요한 것처럼 입력 확률분포함수가 시뮬레이션 모델의 중요한 입력 자료가 되고 있다. 발전소에서 생산되는 전기를 사용하는 사람들은 그들이 사용하는 전기의 생산방법에 관한 지식을 갖고 있지 않으면서도 발전된 전기를 훌륭하게 사용하고 있다. 마찬가지로 기업매니저들도 입력 확률분포함수가 만들어지는 방법을 이해할 필요 없이 단순히 확률분포함수를 사용하는 소비자로 충분하다. 단순히 확률분포함수를 사용하는 이들과 상관없이 독립적으로 확률분포함수의 생성과정과 방법에 관한 해박한 지식을 갖고 있는 통계학자, 엔지니어, 그리고 계량경제학들이 있다. 즉, 이들이 기업매니저들을 위한 확률분포함수의 공급자들이 되고 있다.

그러면 어떤 산업 분야가 아직 토론되지 않았는가?

분포 분포(이해가 되는가? 분포를 조달하는 것)

확률분포함수를 조달해 주는 것이 앞에서 언급한 시나리오 라이브러리의 역할이라고 했다.

이 라이브러리들은 불확실성에 대한 회사의 지적 보관소인데, 나는 3장에서 이에 대하여 자세하게 알아보기로 할 것이다. 지금 독자 여러분은 단지 시나리오 라이브러리를 전구에 전기를 공급해 주는 공급망이라고 이해하고 있으면 된다.

전력 공급 커미셔너

2005년 나는 샌프란시스코에서 런던으로 가는 비행기 안에서 우연히 동승한 런던 바클레이스 투자회사의 투자전략가인 케빈 창과 위에서 논한 아이디어들에 관하여 많은 이야기를 나누었다. 케빈은 “이러한 문제는 CPO(chief probability officer: 최고확률경영자)가 다루어야 할 문제인 것 같다”라고 하였다. 이러한 인연이 또한 확률경영이라는 개념을 탄생하게 하는데 일조하였다. 시뮬레이션이 전구라 하고, 확률분포함수의 데이터베이스가 전력 공급망이라고 하면, CPO는 표준화된 전력을 모델 사용자들에게 안전하게 공급해 주는 전력공급망 커미셔너라고 할 수 있다. 만약 헤어드라이를 사용하고 있는데 2만 볼트의 전력이 공급된다면, 여러분의 생사문제와 상관없이 그 커미셔너는 당장 해고되어야 한다. 마찬가지로 CPO가 주택가격의 하락상황을 반영시키지 못하는 모델과 같이 모델사용자에게 비현실적인 확률을 제공한다면, 그는 전력공급망 커미션너와 동일한 운명에 처해야 한다.

시뮬레이션은 더할 수 없다

단 하나의 거대한 스프레드시트를 사용하여 회사의 여러 재무제표들을 하나로 통일하고자 하는 대기업을 가정해 보기로 하자. 이러한 작업은 수백 명의 매니저들이 순차적으로 필요한 데이터들을 입력하게 하므로 엄청난 시간이 소모될 것이고, 또한 이러한 파일은 엄청 크기 때문에 파일 관리가 무척 힘들 것이다. 그렇기 때문에 회사의 재무제표들은 소단위 조직에서 대단위 조직으로 이동하는 상향식 병합이 일반적으로 바람직하다.

최근까지 위와 같은 작업이 시뮬레이션으로 쉽게 이루어지지도 않았으며, 물론 시뮬레이션 결과들도 서로 통합되지 않았었다. 시뮬레이션의 특성에 관한 상세한 설명은 다음 장에서 하기로 하고, 잠시 사다리의 흔들림을 시험하는 예제로 다시 돌아가 보기로 하자. 그리고 불확실성에 직면하고 있는 두 부서를 두고 있는 회사를 고려해 보자. 두 부서를 각각 하나의 독립적 사다리라고 간주하고, 그리고 두 부서를 널빤지로 연결한 사다리 모델로 생각하자. 이제 두 사다리 중 한 사다리를 흔들어서 그 사다리가 허물어질 확률이 10%라면, 두 사다리가 동시에 허물어질 확률은 10% 곱하기 10%의 결과인 1%가 된다. 그러나 두 사다리가 널빤지로 서로 묶여 있을 경우에는 이와 같은 확률이 맞지 않는다. 만약 한 사다리가 허물어지게 되면 다른 한 사다리도 허물어져서, 이 경우 두 사다리가 동시에 허물어질 확률은 1%가 아닌 20%가 된다.

전사적으로 시뮬레이션 결과를 얻기 위해 각 부서에서 독립적으로 시뮬레이션을 실행해서 얻은 결과를 단순히 합하는 것으로는 바람직한 결과를 얻을 수 없다. 그래서 이러한 경우에는 〈그림 3.1〉과 같이 각 사다리들을 널빤지로 묶은 것처럼 두 부서들을 병합해서 이를 전체 모델로 하여 시뮬레이션을 실행해야 한다.

다시 말하지만, 하나의 거대한 재무제표 스프레드시트 그 자체로는 대기업에 그다지 실용적이지 않다. 더그 후버드는 그의 저서 《리스크 관리의 실패: 리스크 관리 실패의 이유와 교정방법(The Failure of Risk Management: Why it’s Broken and How to Fix It)》에서 다음과 같이 위 문제를 언급하고 있다. 그는 “사내의 협력 부족 상태가 발생하게 되면 위험관리[5]의 다음 중요한 단계인 조직의 경계선을 넘나드는 산업적, 경제적, 그리고 전 세계적으로 퍼져 있는 위험에 대한 모델을 수립하기 위해 요구되는 솔선수범형 협력 단계가 거의 실현 불가능하게 된다”라고

그림 3.1 부서별 시뮬레이션 실행 결과의 단순한 합은 전사적 시뮬레이션의 결과가 될 수 없다.

주장하고 있다.

전사적 차원에서 위험을 측정하기 위한 대표적인 모델로 "위험가치(Value at Risk: VaR)"라는 것이 있다. 그러나 "위험가치" 모델은 최근에 발생한 여러 금융위기들을 예측하는 데 완전히 실패하고 말았다. 나는 "위험가치" 모델에 관한 내용을 나중에 자세히 다루겠지만, 이것 또한 대수의 장막 뒤에서 이루어지는 막대한 양의 계산이나 혹은 널빤지로 묶인 사다리들로 구성된 거대한 집합체를 흔들어서 얻은 한 숫자만을 투자자들에게 제공하고 있을 뿐이다. "위험가치" 모델은 주어진 확률조건과 주어진 시간 내에 회사가 입게 될 손실의 최소 크기를 의미하고 있다. 예를 들어, 만약 투자자본에 대하여 5%의 "위험가치" 10만 달러가 다음 주에 발생할 것으로 추정되었다면, 이 투자가 다음 주에 최소한 10만 달러의 손실을 볼 확률이 5%가 된다는 의미이다.

통합 위험관리서

위험관리 측면에서 확률경영이 기여하는 중요한 점은 이 기법이 통합 시뮬레이션을 가능하게 하는 방법론을 제공하고 있다는 것이다. 즉, 회사에서 확률경영 기법을 실행하면 널빤지로 모든 사다리들을 연결하는 대신에 대형 재무제표와 같이 다양한 시뮬레이션 모델을 실행하는 부서들이 스스로 필요한 시뮬레이션 모델들을 개발해서 이 시뮬레이션 모델의 결과들을 단순히 합하기만 하면 된다. 그래서 회사에서 한 부서가 변하면, 그 부서만을 시뮬레이션한 결과를 다른 부서의 결과들과 합하면 된다. 확률경영은 "위험가치" 모델의 역순으로 호환 가능한 전사적 위험모델링에 관한 새로운 확률적이며, 협업적인 방법론으로, 경우에 따라서는 이보다 더 일반적이고 투명한 직관적인 기업경영관리 기법으로 개발될 수 있다.

확률경영을 실행하기 위해 중요한 요소는 일반 숫자와 같이 확률분포함수들을 합하고 저장하는 "확률분포함수 군(Distribution String: DIST)"이라고 부르는 새로운 컴퓨터 데이터 시스템이다. 최근 오라클, SAS 인스티투트, 프런트라인회사 등을 비롯한 여러 세계적 기업들이 이와 같은 데이터 형태를 표준화하는 방법에 관한 형식을 제정하였다. 시나리오 라이브러리에 있는 "DIST"을 생각해 보아라. DIST는 다른 플랫폼에서 실행되고 있는 다른 응용문제들의 확률분포함수들을 생성하고, 처리하고 그리고 합하기도 한다.

로열 더치 쉘 정유회사에서는 지난 수년 동안 전략적 투자프로젝트의 분석을 위해 확률경영 기법을 적용해 오고 있다.[6, 7] 이 회사에서는 많은 유전 개발 프로젝트들을 개별적으로 시뮬레이션해서 전사적 개발 프로젝트의 시뮬레이션으로 통합했는데, 이런 경우 여러 종류의 리스크들이 결과물로 나타나게 된다. 그리고 최근에 머크 제약회사는 이와 유사한 기법을 신약개발 R&D프로젝트를 관리하기 위해 사용해 오고 있다. 이 프로젝트들과 다른 예제들은 다음 장에서 자세하게 논하기로 하겠다.

지금까지 기술된 내용을 요약하면, 확률경영 기법은 아직 해결되어야 할 많은 문제점들을 지니고 있기는 하지만, 평균의 함정으로 발생되는 문제들을 극복할 수 있는 가능성을 우리들에게 보여주고 있다. 만약 산업계에서 확률경영 기법을 도입하여 사용하면, 이들은 2008년에 발생했던 금융위기와 같은 사건들에 효과적인 사전경고를 해줄 수 있는 통합적이면서도 검증할 수 있는 위험관리서를 작성할 수 있을 것이다. 여러분은 이와 관련된 지속적인 개발 과정과 결과들을 "www.ProbabilityManagement.org"에서 찾아볼 수 있다.

제4장
라이트 형제 대 웡 형제

나는 어렸을 때부터 라이트 형제를 나의 영웅으로 여겨왔다. 그런데 내가 1970년대 후반 글라이더 비행을 어렵게 배웠을 때는 오빌(Orville)과 윌버(Wilbur) 형제가 내게 더 큰 우상으로 다가왔다. 그들은 비행기를 최초로 만들었을 뿐 아니라, 비행 교관의 도움 없이 비행하는 방법을 스스로 터득한 최초의 사람들이었다.

라이트 형제가 비행에 성공하기 전에 많은 사람들이 비행에 실패했는데, 이 형제들은 어떻게 해서 비행에 성공할 수 있었을까? 간단히 말하자면, 이 형제의 성공 비밀은 그들이 만들었던 비행기 모델에 있었던 것이다. 윌버가 무심코 양쪽 끝이 닳아서 찢어져 있는 길고 얇은 자전거 내부 튜브 박스를 손으로 만지작거리면서 이를 비트는 순간, 그는 비행기 구조에 결정적인 변화를 주게 될 중요한 아이디어를 얻게 되었다. 즉, 윌버는 이 원리를 비행기 구조에 이용하면 날개가 비틀려서 비행 방향을 좌우로 바꿀 수 있다는 사실을 알게 되었다. 라이트 형제는 연을 만들어서 비행기 설계에서 가장 중요한 요소 중 하나인 이와 같은 원리를 실험해 보았는데, 이 실험의 성공으로 이들의 최초 비행기 모델이 자전거 내부 튜브 박스로부터 탄생하게 되었다.

이 형제들은 최초로 대서양 횡단 비행을 시도하기 이전에 시험 비행을 위해 그들이 제작한 여러 개의 무동력 글라이더를 포함해 여러 가지 형태의 비행기 모델들을 제작했다. 오빌은 그의 편지에서 윌버와 함께 그들의 목적을 실현하기 위해 아침이 오기만을 기다리는 것이 너무나도 힘들었다고 한다. 이것이 진정한 행복이 아니던가![1] 오빌의 편지 내용을 상상해 보면 여러분의 머릿속에 이들 형제들이 노스캐롤라이나 주의 키티 호크라는 해변 도시 모래밭 위를 글라이더로 날고 있는 장면이 생생하게 그려지지 않는가! 그러나 사실은 그렇지 않은 것이고, 그 편지 내용은 이 형제들이 제작한 비행 날개 모델로 중요한 풍력 터널 실험을 한 장면을 기술한 것이다. 이 형제들은 이곳에서 다른 경쟁자들과 확실하게 차별이 될 수 있는 비행기 날개 구조에 관한 혁신적인 아이디어를 발견하고는 그해 겨울 오하이오 주로 돌아왔다.

이들 형제들과 달리 이제 가상적인 두 기업가가 있다고 가정해 보자. 이들을 웡 형제라고 부르기로 하고, 이들이 처음으로 비행기를 개발하려는 방법론에 대하여 생각해 보기로 하자. 이 프로젝트를 수행하기 위해 이들이 가장 먼저 할 것으로 추측되는 일은 벤처자본을 마련하는 것일 것이고, 그 다음 이 벤처자본을 기반으로 해서 이들 회사를 주식시장에 상장하는 것일 것이다. 이 목적을 달성하기 위해 웡 형제들은 가능하면 많은 승객들을 태우고 먼 거리를 비행할 필요가 있다는 사실과 이 승객들이 장시간의 비행 시간 동안 기내에서 편안하게 즐기기를 원한다는 사실을 알고는, 이들은 이들의 첫 번째 야심작으로 기능적으로

완벽한 기내 화장실을 만들어서 이를 화려하게 준비된 홍보 이벤트에서 공개하는 것일 것이다.

라이트 형제의 제작 비행기와 관련된 하나의 아이러니한 교훈은 현재 운행되고 있는 비행기들 중 어느 모델도 자전거 튜브박스를 닮은 비행기가 없다는 것이다. 그러나 웡 형제의 기내 화장실 기능은 요즘 비행기 기내에서 쉽게 볼 수 있다. 라이트 형제가 개발한 비행기 모델과 같이 성공한 초기 모델들은 그 후속 모델들과 그 형태가 같지 않을 수 있지만, 이러한 초기 이 모델들은 태아기반과 같은 것으로써 미래에 개발되는 모든 비행기 제작 응용기술의 요체가 되는 DNA와 같은 역할을 하고 있다.

비즈니스 계획을 위한 풍력 터널

내가 알고 있는 평균의 함정을 인지하는 가장 확실한 방법은 비즈니스 계획을 작은 스프레드시트 모델로 작성하여, 이 비즈니스 계획에 내재되어 있는 불확실성을 시뮬레이션해 보는 것이다. 이와 같은 시뮬레이션 실행은 라이트 형제가 비행기 설계를 할 때 사용했던 풍력 터널에 비즈니스 계획을 집어넣어 보는 것과 유사하다고 할 수 있다. 나는 앞으로 이 책의 중간 부분 여러 곳에서 여러분이 "FlawOfAverages.com"에서 다운로드 받아서 직접 관찰해 볼 수 있는 엑셀 소프트웨어와 동영상들을 보여줄 것이다. 이 중에서 첫 번째 그룹의 예제들은 1장에서 보여 준 동영상들이다. 만약 스프레드시트에 익숙하지 않은 독자라면 편안한 마음으로 관련 내용들을 머릿속에서 실험해 보기를 바란다. 그러나 먼저 여러 모델 개발자들이 지적한 다음과 같은 몇 가지 일반적인 모델 개발과 관련된 충고들에 관해 알아보도록 하자.

> 대부분 모델은 잘못된 것이고, 단지 몇 가지 모델만이 유익할 뿐이다.
>
> – 조지 박스(George Box), 산업통계학자

위 인용 글은 현대 품질관리의 아버지라 불리는 에드워드 데밍(Edward Deming)의 말이기도 하다. 조지 박스의 충고는, 사실에 가장 근접한 모델들일지라도 이러한 모델들은 단지 우리들로 하여금 현재 고려중인 문제를 깊게 생각하도록 하기는 하지만, 그 이상 더 정확할 수 없다는 의미를 내포하고 있는 것이다. 어떤 모델이든지 절대로 복음서와 같지는 않다.

> 누구나 약간의 거짓말을 하게 되지만, 절대로 그 거짓말로 사람들을 잘못된 곳으로 인도해서는 안 된다.
>
> – 폴 할모스(Paul Halmos), 수학자

할모스는 내 아버지의 친한 친구였는데, 그는 유명한 수학자이면서 글을 명쾌하게 쓰는 작가이기도 하였다. 내가 수학적 관점을 이해시키고자 할 경우, 약간의 거짓말이 필요하다는 그의 충고를 처음 접하였을 때, 그것은 나에게 큰 충격이었다. 그러나 약간의 작은 거짓으로 일단 교육적 목표가 달성되면 그때는 진실을 말해야 한다는 것이 이 충고에 담겨진 주장이다. 할모스의 주장은 모든 모델들이 이러한 역할을 갖추고 있어야 한다는 것이다. 즉, 어떤 모델도 전적으로 시스템에 관한 사실이나 진실만을 우리에게 제공해 주지는 않는다. 그러나 단 하나의 숫자인 평균값을 계속해서 사용하면 얼마나 더 많은 오해들이 발생하는지를 생각해 보기 바란다.

> 성공적인 모델이란 당신이 알고자 하는 내용을 전달해 주는 것이다.
>
> – 제리 브래셔(Jerry P. Brashear), 워싱턴 D.C. 컨설턴트

브래셔의 충고는 우리들이 모델을 개발할 때 우리들이 그 모델에 관해 이해하고 있는 내용들보다 이해하지 못하고 있는 내용들을 모델링하는 데 도움을 주고 있다. 즉, 비행기 기내 화장실이 아닌 튜브의 비틀림 현상을 비행기 날개 구조 설계에 응용한 아이디어 같은 것들이 브래셔의 모델 개발의 충고에 관한 예라고 할 수 있다.

모델 개발의 다섯 단계.

–도날드 크누스(Donald Knuth), 스탠퍼드 대학교 컴퓨터 과학자

크누스는 컴퓨터 프로그램을 개발할 때 다음과 같은 다섯 단계가 있다는 사실을 알아냈다. 이 다섯 단계는 시뮬레이션 모델들을 개발하는 데도 적용되기 때문에 나는 기업 컨설팅 작업을 할 때 이 다섯 단계를 적극적으로 활용하고 있다.

1. 모델의 업무 수행이 무엇인지를 결정하여라.
2. 모델을 어떻게 개발할 것인지를 결정하여라.
3. 모델을 개발하여라.
4. 모델을 수정하고 보완하여라.
5. 당신이 처음 무엇을 정말로 원했는지를 알기 위해 단계 1부터 4까지를 완전히 잊어버리고 새롭게 시작하여라.

단계 5가 피할 수 없는 단계라는 사실을 인식하게 되면, 오류를 포함하고 있는 모델들을 지속적으로 수정하기보다, 이러한 모델들을 초기에 발견해서 없애 버리는 편이 바람직할 것이다. 그러나 사실 나는 여러분이 지속적으로 개선해 갈 수 있는 여러 시제품 모델들을 만들어서, 가능하면 단계 5를 많이 거쳐 가기를 원한다. 이러한 모델 개발 체계는 현재 부상하고 있는 "극단 프로그래밍(Extreme Programming: XP는 소프트웨어 개발 방법으로 비즈니스에 관한 모델 사용자들의 요구가 수시로 변하는 경우에 적합하다–역주)"이라고 알려진 시스템 개발 스타일과 일치하고 있다.[2]

대규모 모델을 작동시키기 위해서는 먼저 작동되는 작은 모델부터 시작해야지 작동되지도 않는 대규모 모델로 시작해서는 안 된다.

–앨런 맨(Allen Manne), 스탠퍼드 대학교 에너지 경제학자

맨의 모델 개발에 관한 충고를 시현해 보기 위해 두 가지 비행기 모델을 고려해 보기로 하자. 첫 번째 모델은 레고로 만든 날지 못하는 보잉 드림라인(Boeing Dream Line: 보잉사에서 개발한 최신의 여객기－역주)이고, 두 번째 모델은 종이 비행기이다.[3] 항공역학 측면에서 보면 종이비행기는 항공역학의 기초 원리를 효과적으로 시험해 볼 수 있는 모델이기 때문에 레고로 만든 대형 보잉 드림라인 비행기 모델보다는 훨씬 더 실용적이다.

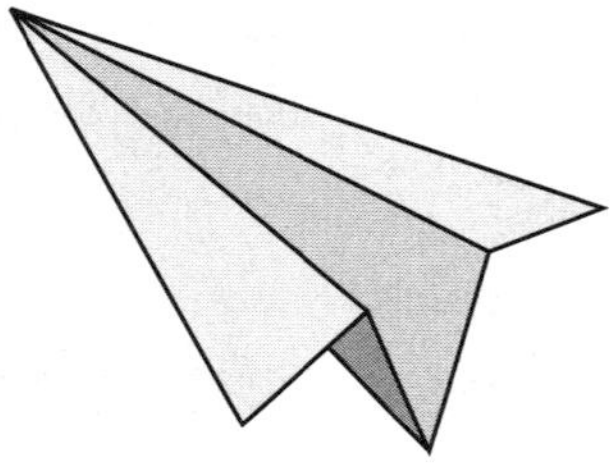

연필이 목발이라면, 계산기는 휠체어이고, 컴퓨터는 앰뷸런스이다.

－진 울시(Gene Woolsey), 콜로라도 광산학대학 교수

훌륭한 모델은 인간의 이성을 감성으로 연결시켜 인간의 직관적 통찰력을 향상시킨다. 그러므로 차후에 동일한 상황이 발생하게 되면 굳이 모델을 이용하여 이를 다시 이해할 필요는 없다.

사물을 명확하고 세밀하게 관찰해야 명확하고 세밀하게 생각을 할 수 있다.

－에드워드 터프츠(Edward Tufte), 정보 디자인 겸 저술가

터프츠는 효과적인 시각 전시회를 연구하고 발전시켜 온 훌륭한 경력의 소유자이다. 성공적인 모델이라면 최소한 하나 이상의 멋진 그래프에 형상화되기 마련인데, 나는 아직까지 그렇지 않은 성공적인 모델을 보지 못했다.

정확한 질문에 대한 대략적인 답(애매모호하긴 해도)이 잘못된 질문에 대한 정확한 답(항상 자세하긴 해도)보다 훨씬 훌륭하다.

－존 터키(John W. Tukey), 화학자, 통계학자, 푸리에 변환 고안자

터키는 20세기의 르네상스적 과학자이며 현대 시각화 통계학 분야의 선구자적 역할을 하였다. 위와 같은 그의 다양한 아이디어들이 내가 경영과학에 대해 느끼는 바를 요약하고 있는데, 경영과학에서 중요한 사항은 정확한 답을 찾으려고 노력하는 것보다 올바른 질문을 찾아 나가도록 노력해야 하는 것이다.

모델링 할 수 없는 것들을 가장 먼저 판별해 내도록 항상 주의해야 한다.

－마이클 슈레지(Michael Schrage), MIT 연구자 겸 저술가

슈레지는 그의 저서 《진실 게임(Serious Play)》에서 실질 모델 개발과 시현성에 관한 타당한 이유와 방법론을 잘 보여주고 있다. 슈레지는 이 저서에서 조직의 구성원들이 모델링하지 못하는 것을 관찰해 보면 조직에서 금기시 여기는 것들이 무엇인지를 알 수 있다고 주장하고 있다. 아이러니하게도 사실 모델화되지 않는 내용은 조직 스스로 변화를 시도할 때 조직 발전에 도움이 되는 것이기 때문에 이러한 내용은 반드시 모델화되어야 한다. 내 경험에 비추어 본다면 각 조직에서 "불확실성"에 관한 내용들을 명확하게 모델화하는 작업은 어려울 수밖에 없다.[4]

우리가 복잡하다고 생각해 온 계량경제학이나 위험관리모델에 세계경제의 현상들을 유발시키는 변수들을 완벽하게 반영하기에는 아직 이러한 모델이 너무 단순하다고밖에 할 수 없다.

－앨런 그린스펀(Allan Greenspan), 미 연방준비은행 전 의장

위 구절은 그린스펀이 2008년 당시 심각해져 가는 세계 금융위기를

논한 5월 16일자 《파이낸셜 타임스》지에 실린 그의 기사 내용 중 일부이다. 그리고 아래 구절은 그린스펀의 주장에 대한 스콜츠의 답변이다.

> 나는 그린스펀의 주장에 동의하지 않는다. 현재 사용되고 있는 모델들은 당신이 생각하듯이 그렇게 단순한 것이 아니고, 반대로 그보다 더 복잡하다.
>
> – 스테판 스콜츠(Stefan Scholtes),
> 케임브리지 대학교 경영대학원 경영과학 교수

스콜츠는 제트 엔진을 통해 기류를 모델화하는 방법과 동일한 방법으로 엔지니어링 기법들을 응용해서 리스크를 모델화하려는 시도는 근본적으로 매우 잘못된 처사라고 주장하고 있다.

> 지나치게 똑똑함은 바보와 같다.
>
> – 샘 새비지(Sam L. Savege), 본 저서의 저자

나는 이 점에 있어서 스콜츠의 의견에 전적으로 동의한다. 왜냐하면 현장에서 모델 설계자들은 그들의 실체보다도 더 능력 있는 자들로 보이기 위해서 필요 이상으로 모델을 복잡하게 만들려는 유혹에 끊임없이 빠지는 경향이 있기 때문이다. 모델은 사실적인 실체가 아님을 주지할 필요가 있다. 만약 독자 여러분이 모델을 통해서 여러분이 가지고 있는 요점들을 명확하게 이해할 수 있다고 믿는다면, 그것은 큰 오해이다. 그리고 경제적 리스크를 모델링하기 위해 복잡하게 설계된 대부분의 모델들은 이미 오류를 포함하고 있는 다른 모델들을 더 왜곡시키고 있다. 단순한 거짓말보다 더욱 질이 나쁜 거짓말은 복잡한 거짓말이다.

제5장

조종실에서 가장 핵심적인 계기

쉘 정유회사의 부사장인 마이크 네일러(Mike Naylor)는 석유탐사 사업을 글라이더 조종과 비교하곤 한다. 그는 "이 두 경우 필요한 에너지를 찾는 과정에서 리스크를 감수해야 하는데, 어느 경우든 학교에서 배운 지식이 합당하지가 않다"라고 주장하고 있다. 또한 네일러는 "물리학 박사 학위가 비행기 날개가 비행기를 어떻게 날게 하는지를 이해하는데 도움을 주기는 하지만, 물리학 박사가 훌륭한 비행 조종사가 되지는 못한다"라고 주장하고 있다.

나는 개인적으로 비행기 조종과 기업경영의 유사성을 비교하기를 좋아한다. 그리고 〈그림 5.1〉에서 보는 것과 같이 나는 이 두 경우가 서로 이성과 감성의 연속적 관점에서 매우 밀접한 관계성이 있다고 믿고 있다.

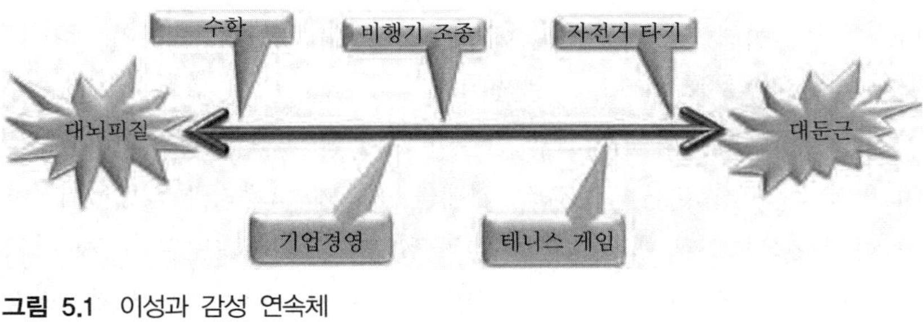

그림 5.1 이성과 감성 연속체

나는 이 장에서 분석적 비즈니스 모델에 관한 이해를 돕기 위해 네일러의 비행기 조종과 비즈니스 경영의 유사성을 비교해 보도록 하겠다. 이 경우 비행기 조종실의 계기가 두 모델의 유사성을 비교하기 위한 모체가 될 것이다. 많은 기업 경영자들이 분석적 경영 모델들에 관해서 의문점을 가지고 있는데, 이는 아주 바람직스러운 현상이라고 할 수 있다.

이러한 비교에 관해서 독자 여러분의 이해를 돕기 위해 비행 시뮬레이터에서의 비행시간과 간단한 비행 훈련과정을 독자 여러분에게 제시해 보기로 하겠다.

교훈을 통해 배움

소형 비행기로 50달러 정도의 연료가 소모되는 가까운 공항에 가기 위해 단순한 비행을 준비하면서도 이 비행기 조종사는 비행하기 전에 일상적으로 여러 사항들을 점검한다. 그러나 글라이더 조종자들은 그렇지가 않다. 이들에게 있어서 가장 큰 관심사는 출발점으로 다시 돌아오는 비행시간을 가능하면 길게 연장하는 것이다. 이렇게 순수한 비행 형태인 라이더나 세일플레인 같은 무동력 비행기들은 다른 동력 비행기로 수천 피트 상공의 지상으로 옮겨진 후, 그곳에서 비행을 시작해 더 높이 올라가서는 몇 시간씩 비행을 시도한다.

네일러는 "나는 글라이딩으로부터 기업경영을 위한 교훈을 배웠다"라고 말하곤 하는데, 나는 이러한 그의 말에 전적으로 동감한다. 만약 우리가 신중하게 생각하고 행동을 할 수 있다면, 등산과 스쿠버 다이빙 등과 같이 위험한 스포츠를 즐기는 것은 매우 스릴이 있어서 좋을 것이다. 그러나 이러한 스포츠 활동에서 만약 잠시라도 부주의하면, 우리는 산과 바다의 희생물이 되고 말 것이다.

어린이들처럼 모형 비행기를 만들어 날려 본 후 나는 비행이라는 것이 나에게 자연스러울 것이라고 기대를 했는데 그렇지가 않았었다. 나는 이 경험으로부터 내가 얻은 지식과 달리 실제 상황은 빈번하게 서로 어긋나곤 해서 이 두 가지를 자연스럽게 서로 연계시켜 작동시키기까지는 상당한 시간이 필요했다.

비행기 조종과 기업 경영을 연관시켜 이해하면서 얻은 교훈은 일반적으로 의사결정이 시기적으로 때늦은 정보를 토대로 이루어진다는 것이다. 나는 세일플레인의 속도를 조절하는 관점에서 이 내용을 기술해 보도록 하겠다. 듣기에는 매우 단순해 보이는 내용이다. 비행기 기어를 앞으로 밀면 비행 속도가 증가하면서 비행기 선수가 지상으로 향하게 되고, 이와 반대로 기어를 뒤로 당기면 비행 속도가 느려지면서 비행기 선수가 하늘을 향하게 된다. 세일플레인 조종사는 이렇게 기어를 앞으로 밀고 뒤로 당기면서 세일플레인의 속도를 조절해 공중에서 그가 원하는 대로 롤러코스터와 같은 비행을 창출해 낼 수 있다. 비행 속도가 너무 느리면 세일플레인은 갑자기 고도를 잃으면서 엔진이 멈추게 되고, 반대로 비행 속도가 너무 빠르면 비행기 날개가 망가질 수 있다. 이러한 두 상황은 비행 속도계기에만 집중하는 초보 조종사들의 뇌리를 완전히 사로잡게 된다. 그러나 불행하게도 속도계기 바늘은 기어 작동을 적시에 반영하지 못하기 때문에 결국에 원하지 않은 비행 결과가 초래되고 있다.

만약 조종사가 시속 50마일의 비행을 원하는데 비행 속도가 시속 45마일로 줄어들고 있다고 가정해 보자. 이러한 상황에서 비행 속도 조절기는 점점 더 비효율적으로 작동되고, 바람소리 또한 점점 더 약해져 가게 된다. 이 경우 비행 조종사는 기어를 앞으로 밀어 넣으면서 비행 속도가 시속 50마일에 이를 때까지 속도계기를 계속해서 모니터링하게 된다. 그러면서 이제 이 비행기 조종사는 창밖을 뒤돌아보면서 비행이 정상으로 진행되고 있다고 생각하며 안심을 한다. 그러나 비행기 기어를 앞으로 밀어 넣어 속도를 증가시키는 동안 이 비행기의 하향 정도가 계속 증가했기 때문에 비행기 속도계기 바늘이 시속 50마일을 가리키는 순간에 이 비행기 선수 부분은 지상과 매우 위험한 지점까지 근접하게 되고, 비행기 속도는 계속해서 증가하게 된다. 이때 조종사는 갑자기 큰 바람소리를 듣게 되고 속도계기가 시속 65마일을 가리키고 있음을 알게 된다. 그래서 조종사는 기어를 뒤로 잡아당기면서 비행속도가 시

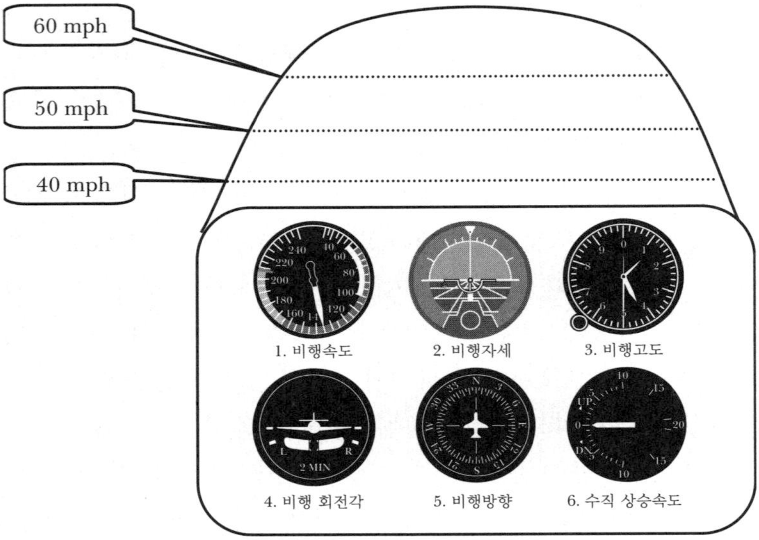

그림 5.2 비행속도와 창 밖 수평선과의 일치성

속 50마일이 될 때까지 속도계기판을 바라보면서 기다린다. 비행 속도계기가 다시 50마일을 가리킬 때는 이미 이 비행기 선수는 높은 하늘을 바라보면서 올라가는 중이며, 이때 조종사는 실질 비행 속도가 시속 40마일로 떨어져 있음을 알게 된다. 이러한 속도 조절 과정은 계속해서 반복되지만 세일플레인 조종사는 그럴 때마다 비행 속도가 자기가 원하는 시속 50마일에서 점점 더 멀어져 가고 있음을 알게 된다.

위와 같은 상황을 조종사 유도 변동(pilot-induced oscillation: PIO)이라고 하는데, 상황에 따라서는 이 경우 비행기가 완전히 파괴될 수도 있다. 아이러니하게 들리겠지만, 이렇게 불안정한 비행을 안정시키기 위한 단기적인 수정방법으로는 비행기 기어에 의존하는 것이겠지만, 장기적으로는 비행기 계기판에 의지하지 않고 비행기의 선수 방향에 따른 고도 변화에 집중해야 한다. 즉 장기적인 수정방법은 〈그림 5.2〉에서 보는 것과 같이 조종사가 비행 속도에 따라 변화는 수평선의 위치와 일치하는 비행기 앞 창가에 가상 선을 만들어서 훈련하는 과정을 통해 실현된다.

> PIO를 시현한 실질 비행기에 관한 비디오와 연결된 단순한 피치(비행 선수의 고저)조절 비행 시뮬레이터는 “FlawofAverages.com”에서 얻을 수 있다.

궁극적으로 이러한 훈련은 창밖의 수평선을 조정하여 비행 속도를 조절하게 하는 감각적인 능력에 의존해서 비행 조종을 하도록 하는 것이다. 이러한 훈련이 완성되면, 비행 속도계기판이 더 이상 필요 없게 된다.

그러면 비행 조종실에서 가장 중요한 계기판은 무엇일가? 창유리! 사실 비행 조종 교관들은 훈련생들이 비행기 창밖을 볼 수 있도록 교과 과정 중에 비행기 계기판에 관한 설명을 먼저 하는 것이 일반적이다. 이를 달리 표현하면, 비행 교관들은 훈련생들이 비행 중 비행기 창밖을 쳐다보고, 감각에 의지해서 비행기를 조종할 수 있는 방법을 배우기를 원하고 있다.

비행기 조종을 효과적으로 하기 위해 조종실 내의 계기판보다 비행기 창밖에서 필요한 정보를 얻어야 하듯이 기업, 정부, 군대와 같은 조직들을 효율적으로 경영하기 위해 가장 중요한 정보 제공처는 어디일까? 이러한 정보는 컴퓨터 모니터에 있는 것이 아니라, 조직 밖 세상에 존재하고 있다. 예를 들어, 기업의 고객, 정부의 구성원, 경쟁자들은 조직 밖에 있으면서 모두 기업의 효율적인 경영을 위해 지속적으로 관찰해야 할 대상들이다.

그리고 분석 모델에 관하여 언급하자면, 비행기 조종사들은 비행 상황을 파악하기 위해 초기 비행 때는 계기판이 제공해 주는 정보에 의지하지만, 이러한 훈련 과정이 반복되면 어느 시점부터는 더 이상 계기판에 의지하지 않고 비행 상황을 감각적으로 파악할 수 있게 된다. 비즈니스 분석 모델은 기업 경영자들에게 비행기의 계기판과 같은 역할을 해주고 있다. 이러한 과정이 진 울시(Gene Woolsey)가 말한 “연필은 목발이고, 계산기는 휠체어이며, 컴퓨터는 앰뷸런스이다”라는 것이다.

계기에 의존한 비행: 육감이 충분히 작동하지 않을 때

새들조차도 구름이 많아 기상조건이 안 좋은 날 날기를 싫어하듯이 이런 날 비행은 화창한 날 비행보다 훨씬 더 어렵고 위험하다. 그래서 이런 날 조종사가 비행 계기판에 의존하지 않고 육감에만 의존해서 비행하면 큰 실수를 할 수 있다. 미국 계기비행규칙 조건에 의하면, 기상 조건이 안 좋을 때 직관에 의지해서 비행을 하면 조종사는 비행기가 지속적으로 하강하는 상황을 상승하는 상황으로 잘못 인식할 수 있다고 경고하고 있다. 이러한 상황에서는 육감을 믿을 수 없기 때문에 계기판에 더 많이 의존해야만 하고, 더 정교한 계기판을 이용하는 것이 바람직하다. 노련한 조종사 교관인 프레드 에이브럼스는 그가 훈련생이었을 때 훈련 비행 중 계기판 이용에 관한 자신의 경험을 다음과 같이 기술하고 있다. 비행 훈련 중 그가 현기증을 느끼기 시작했을 때, 그는 이미 구름 속에서 한 시간 이상을 계기판에 의지하면서 비행을 하고 있었던 중이었다고 한다. 그때 그는 계기판 상에 나타난 가상의 수평선에 대한 균형 감각이 전혀 없었고, 이실직고하자면 어느 쪽이 위쪽인지조차도 파악할 수 없었다고 한다. 프레드가 혼란에 빠져 있음을 알아차린 그의 교관이 말하기를, 눈을 가상 수평선에 주목하고 비행기 조종키를 작은 동작으로 빠르게 밀었다 당겼다를 서너 번 반복 시도하라고 하였다고 한다. 이러한 교관의 지침에 따라서 기어를 반복적으로 시도한 덕분에 날카롭지만 낮은 수준의 관성력으로 비행지침교훈과 직관에 의한 비행을 재연결할 수 있어서 남은 시간 동안 그는 정상적인 비행을 할 수 있었다고 한다.

여러분에게 올바른 질문을 제공해 주는 대신 정확한 답을 제공해 주는 분석 모델에 여러분이 의지하면 여러분은 계기판에 집중하면서 비행을 하는 상황과 같다고 할 수 있는데, 이런 경우에는 여러분이 무엇을 하고 있는 중인지 정확하게 인식하고 있는 것이 그 무엇보다 중요하다. 기업이 대규모 분석 모델을 개발하기 위해서 수백만 달러씩 투자하기는 하지만, 기업 내의 어느 누구도 CEO의 경영감각과 분석 모델을 연결해

주는 방법을 알지 못하기 때문에 이렇게 엄청난 시간과 자본이 투자되어 개발된 대규모 모델들이 쓸모없게 되는 경우가 흔히 발생하고 있다. 이런 문제를 해결하기 위해 필요한 것은 프레드가 구름 속을 비행할 때 시도했던 예에서와 같이 모델 사용자들이 서로 모델 조종키를 함께 작동시킬 수 있는 상호교환 작용이 가능한 입력시스템이다. "이 모델이 정답을 줄 것이니 나를 믿어 보시오"라고 어떤 모델 개발자가 말을 한다면, CEO는 그의 말을 절대로 믿어서는 안 된다. 2008년 세계 금융위기가 발생하기 전 2006년과 2007년에 금융 산업 종사자들이 계기판에 있는 "위험가치" 모델을 의심하지 않았다는 사실은 매우 유감스러운 일이다.

최고의 비행조종사는 시계가 좋을 때는 계기판만을 쳐다보지 않는다. 그러나 구름 속에서는 1~2분 이상 계기판 없이 비행하면서 생존할 수 있는 확률은 거의 없다. 만약 기업 경영이 비행기 조종과 같다면, 경영분석 모델들은 비행기의 계기판과 같다고 할 수 있다. 경영환경이 좋을 때는 분석모델을 이용하여 여러분의 통찰력을 조정하고, 갑자기 경영환경이 불확실한 안개 속으로 빠져 들면 조심스럽게 분석모델들을 사용해야 한다.

제2부
불확실성에 대한 다섯 가지 기본 마인들

대화에서 가장 큰 문제는 이 문제가 그동안 지속적으로 발생해 왔다고 잘못 생각하고 있다는 것이다.

—조지 버나드 쇼(George Bernard Shaw, 1856—1950), 아일랜드 극작가

확률과 통계학에도 버나드 쇼의 말과 같은 현상이 발생하고 있다. 전통적인 확률과 통계학이라는 학문은 증기 기관차와 같이 강력하고 우아한 고전적인 이론들로 구성되어 있고, 거의 대부분의 관련 이론들이 증기기관 시대에 개발되어서 이제는 단지 낡아빠진 이론에 불과하다. 2부에서 나는 이에 대해 다른 접근법을 시도해 볼 것이다.

여기에서 나는 손으로 어떤 개체를 잡아서 조종할 수 있도록 핸들이 우리에게 도움을 주는 것과 같이 확률, 통계학과 관련된 인간의 사고(mind) 활동에 이와 유사한 역할을 하는 마인들(mindles)*이라는 개념을 정의하고, 여러분이 다양한 측면에서 불확실성을 이해할 수 있도록 다섯 가지 근본적인 마인들을 앞으로 6장부터 13장에서 기술할 것이다. 비록 여러분이 과거에 이러한 개념들에 관하여 배웠을지 몰라도 그것들은 **분포**나 혹은 **표준편차** 등과 같은 것들로 이러한 개념들은 이제 시대착오적인 개념이 되었다. 나는 이러한 전통적인 학술용어들을 사어(Red Word)라 하고, 이러한 사어들을 표시하기 위해 **특정한 글자체**("**특정한 글자체**"와 같은 글자체—역주)를 사용할 것이다.

---

* mindle의 영어식 발음은 [min-dəl]이지만 handle과 유관성을 유지하기 위해서 '마인들'로 발음하기로 함.

가능하면 나는 앞으로 위와 같은 시대착오적 학술용어 사용을 자제하겠지만, 내가 평범한 영어로 쓴(신조어: Green Word) 용어와 여러분이 오래 전에 강의실에서 들었을지도 모를 전통적인 용어들을 연상시키기 위해 때때로 사어적 학술용어를 사용하는 경우도 있을 것이다.

독자 여러분이 2부에 기술된 내용을 이해하고 확률과 통계에 관한 새로운 감각을 갖추게 되면, 어느 누구도 앞으로 사어로 여러분을 더 이상 괴롭히지는 못할 것이다. 여러분의 이해를 돕기 위해 〈표 P2.1〉에 기본적인 마인들에 관한 내용이 요약되어 있고, 사어에 관한 용어 해설은 이 책의 부록편에 요약되어 있다.

표 P2.1 불확실 이해를 위한 다섯 가지 기본 마인들

신조어	마인들		
이미 알고 있는 것	이해력 향상 위한 것	기억해야 할 것	잊어버려야 할 것
불확실성 대 위험	위험은 제 눈에 안경	위험 태도	효용 이론
불확실한 수	SHAPE 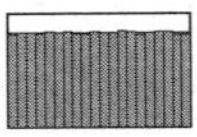	분포, 히스토그램, 누적 분포, 백분의 수	임의변량
불확실한 수 조합	$\mathrm{S^{H^{A}}P_{E}}$ 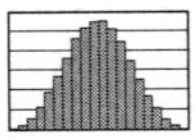	분산투자정책, 평균의 함정 (약형: weak form)	시그마, 분산(Variance), 표준편차, 중심극한치이론
불확실한 수에 의한 계획	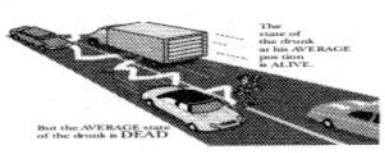	평균의 함정 (강형: strong form)	확률변수 기능, 옌센의 부등식
상호작용하는 불확실성	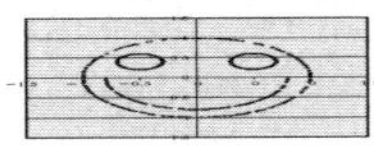	산포도	통계적 의존성, 상관관계, 공분산

제6장

핸들과 같은 마인들 개념

나는 여러 해 동안 불확실성과 위험을 모델링하는 기본적인 원칙들로 대학생들과 기업의 중견 간부들을 테스트해 왔다. 그리고 이러한 테스트를 통해 나는 확률과 통계 강의가 매우 쉽다는 사실을 알게 되었다. 하지만 이런 과목들 강의에서 어려운 점은 수강생들이 내 강의 내용을 이해하도록 창의적이고 효율적인 강의방법을 고안해 내는 것이다. 강의 목적을 달성하기 위해서 수강생들에게 상식 수준의 이해가 선행되어야 하기 때문에 내가 강의실에서 하듯이 먼저 인간의 문명역사에 관하여 다음과 같은 내용을 독자 여러분에게 제시해 보겠다.

1. 인간은 먼저 읽고 쓰기를 배운다. 그러므로 지식이 대대로 전해져 내려오고 있다.
2. 인간은 기계를 창조해 낸다. 이러한 인간의 특성은 물리력을 동력

화하는 다양한 기계들이 고안된 산업혁명 시대에 절정에 이르렀다. 이 시대의 정점에는 수학과 물리학이 있었고(수학자나 물리학자에게 질문하기에 따라 다르기는 하지만), 그 뒤를 이어 공학이 있었다. 공학 분야에서 흔히 무시되는 곳이 산업디자인 분야이다. 산업디자인은 우리가 손으로 물리적 동력을 조정할 수 있도록 개발된 핸들과 같은 것들을 다루는 분야이다. 이 분야에 종사하는 산업디자이너들은 노벨상 수상자가 될 수 없지만 산업혁명이 성공될 수 있도록 큰 도움을 준 사람들이다.

3. 기계가 읽고 쓰기를 배운다. 2차 세계 대전 중에 기계가 전자신호를 사용하여 읽고 쓰기를 배우기 시작했고, 이로써 컴퓨터 과학의 이론적 토대가 마련되었다. 나는 이러한 기술혁신을 정보혁명의 시작이라고 부르고 싶다. 그리고 어느 면으로 보나 우리는 아직 정보혁명의 초기 단계의 기술혁신들을 목격하고 있다.

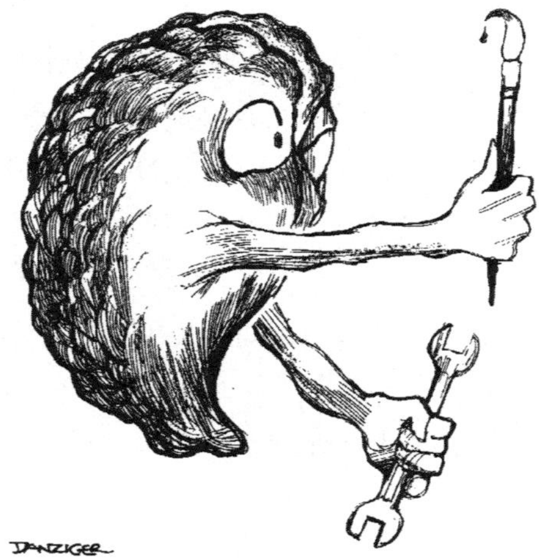

현재와 같은 정보화 시대에서 우리는 산업혁명 시대와 같이 물리적 동력화를 이용해서 기계를 대대적으로 개발하고 있지 않기 때문에 정보화 시대의 발전을 피부로 직접 느끼지 못하고 있지만, 마음으로는 그

발전 과정을 감지하여 알고는 있다. 그러므로 산업디자인 분야와 같이 정보 디자인 인지(information design cognition)[1] 분야에서 우리들이 아직 피부로 직접 느낄 수 있는 핸들을 개발하지 못하고 있었기 때문에 내가 앞에서 부른 것처럼 마인들이라는 개념을 독자 여러분에게 제시한 것이다. 나는 마인들 개념이 우리들로 하여금 정보를 이해하는 데 많은 도움을 주는 개념이 될 것이라고 믿고 있다.

1976년에 출간된 《이기적 유전자(The Selfish Gene)》의 저자인 리처드 도킨스(Richard Dawkins)는 밈(meme: dream과 운이 같음)을 "재현, 모방을 되풀이하면서 생성된 유전인자의 사회적 관습"이라고 정의하였다.[2] 그 예로써 영어의 알파벳, 농업기술, 그리고 자동차 등과 같은 개념 등을 들 수 있다.

유전인자는 세대를 거치면서 우리들의 육체를 통해서 이어져 내려오는 반면, 밈은 동시대 사람들의 마음에서 마음으로 전해지고 있다. 이러한 두 현상은 그 자체의 근본적인 특성을 잃지 않으면서 변화하는 환경에 적응하기 위해 지속적으로 진화하지만, 그 성공 여부는 광범위하게 복제가 가능한 능력에 의하여 결정된다. 대부분의 밈은 자연적으로 진화하지만, 마인들은 우리들의 의식적인 활동인 정보디자인의 결과이기 때문에 특별히 나는 이를 디자인 밈이라 부르기로 했다.

증기기관 시대의 통계: 잊어야 할 것

비제이 고빈다라잔(Vijay Govindarajan)과 크리스 트림블(Chris Trimble)은 《전략적 혁신가들을 위한 10가지 법칙: 아이디어 창안에서 실행까지(Ten Rules for Strategic Innovator)》에서 혁신에서 중요한 사항은 전통적인 방법으로 사물을 생각하는 습관을 버리는 것이라고 주장하고 있다.[3] 그래서 나는 독자들이 불확실성에 관한 전통적인 사고방식을 하루속히 버리고 불확실성을 새로운 각도에서 이해하도록 도움을 주도록 노력할 것이다.

여러분은 통계학 과목을 수강한 적이 있는가? 만약 그렇다면 통계학 수강 시간이 일주일 수업 시간 중 가장 중요한 시간이었다고 생각하는가? 나는 여러분이 그렇게 생각하지 않을 것이라고 짐작한다. 독자 여러분이 나를 오해하지 말기 바란다. 나의 아버지, 삼촌 등도 통계학자였다. 지금은 어느 누구도 증기 기관차에 관한 지식을 더 이상 가르치지 않는다. 그럼에도 불구하고 우리들은 아직도 복잡한 자전거 수식들과 같고 이제는 잊는 편이 훨씬 더 유익한 컴퓨터 시대 이전의 마인들로 구성되어 있는 증기기관 시대 통계학을 배우고 있다.

증기기관 시대 통계학으로 훌륭한 업적을 달성했던 스탠퍼드 대학교의 통계학 교수인 브래드 애프런은 증기기관 시대의 통계학을 대체한 현대 계산통계학(Computing Statistics)학파의 선구자이다. 그는 학생들에게 가르치는 현재의 증기기관 시대 통계학은 이미 1950년에 죽은 것이나 마찬가지라고 주장하고 있다.[4]

제7장

마인들 1 : 불확실성 대 위험

여러분은 스카이다이빙을 하는가? 아니면 공장에서 잃어버린 면도날을 찾기 위해 아침에 먹는 오트밀을 휘저어 보는가? 아마도 여러분은 이 두 가지 모두 하지 않을 것이다. 경제학의 한 분야인 **효용이론**(첫 번째 사어)은 보상받기 위한 위험에 대한 우리들의 개인적인 태도를 수리적으로 접근한 이론이다. 모든 사람들은 각자 특정한 위험에 대한 태도를 가지고 있기 때문에 나는 앞으로 효용이론을 "위험에 대한 태도"라고 부를 것이다. 위험에 대한 태도는 돈이 많은 부자부터 거지에 이르기까지 그 범위가 매우 넓고도 다양하다.

"딜 혹은 노딜(Deal or No Deal)"이라는 TV 인기 게임 쇼가 긴장감 있는 이유는 이 게임 쇼의 시청자와 게임 참가자가 위험에 대해 서로 대비되는 태도를 보이기 때문이다. 독자 여러분이 게임 참가자라고 가정해 보자. 그러면 이 쇼는 다음과 같이 진행된다. 지금 여러분 앞에 매우 매력적인 여자 모델 두 명이 각기 밀폐된 서류 가방 하나씩을 가지고 나와 있다. 두 가방 중 하나는 100달러로 채워져 있고 다른 하나는 빈 가방으로 여러분은 이 두 가방 중 어느 가방이 100달러로 채워져 있는지 모른다. 그러면 게임 참가자인 여러분은 두 가방 중 하나를 게임에서 제거하고 다른 남은 가방을 차지하면 된다. 이 게임에서 100달러를 차지할 수 있는 확률은 50 대 50이고, 평균 수입은 50달러가 된다.

그런데 여러분이 가방 하나를 선택하기 이전에 이 게임 진행자는 여러분에게 현금 30달러를 제시하면서 여러분이 이 현금 30달러를 받고 게임을 포기할 것인지, 아니면 이를 거절하고 게임에 계속해서 참여할 것인지를 제안한다. 문제는 여러분이 게임 진행자의 제안에 대해서 신속하게 의사결정을 내려야 한다는 것이다. 내 추측으로 이 제안에 대해 많은 게임 참가자들이 100달러를 받을 수 있는 50 대 50의 성공 확률이 있는 게임에 참여하고선 결국에 그들 대부분이 빈손으로 집으로 돌아가는 위험을 감수할 것이라고 본다. 그러나 이 게임 쇼에 우범지대에서 빈둥대고 있는 빈털터리인 술주정뱅이가 참가했다고 상상해 보자. 그러면 그는 확실하게 현금 30달러로 3일 동안 술을 실컷 마실 수 있는 대안과 불확실하게 100달러로 10일 동안 술을 실컷 마시든지 아니면 전혀 그렇지 못할 수도 있는 대안 중 하나를 선택해야 하는데, 이러한 경우 대부분의 주정뱅이들은 확실하게 3일 동안 술을 실컷 마실 수 있는 대안을 선택할 가능성이 여러분보다 훨씬 더 높을 것이다.

위 상황과 달리 이제 100달러가 아닌 1백만 달러를 가정해 보자. 이 예의 평균 수입은 50만 달러가 될 것이고, 게임 진행자는 이제 아마도 여러분한테 현금 30만 달러를 제안할 것이다. 위 예와 달리 이제 만약 여러분이 확실한 상금 30만 달러를 현금으로 받고 나오지 않고, 계속해서 게임에 참가하여 결국 빈손으로 집에 돌아가면, 여러분은 30만 달러 상금을 받아서 멋진 새로운 집을 살 수 있는 돈을 포기하고 왜 계속 게임에 참가했는지 그 이유를 아마도 여러분이 죽을 때까지 여러분의 아내나 애인에게 설명하면서 살아가야 할 것이다. 그러나 만약 여러분이 빌 게이츠라면 아마도 스스로 말하기를 "30만 달러는 푼돈에 지나지 않아."라고 할지도 모르겠다. 그는 또 "만약 1백만 달러의 여유 돈이 있으면 회사의 연구실을 1년 동안 유지할 수 있고, 아니면 이 상금으로 새로운 질병을 치료할 수 있는 신약을 개발할 수 있을 것이야."라고 말할 수도 있을 것이다.

이 쇼의 시청자들은 그들 자신의 위험에 대한 태도에 따라서 게임 참가자들에게 말하기를 "이 바보야, 현금을 갖고 나오라고" 하든지, 혹은

"게임에 계속 참가하라고" 할 것이다. 위 두 예에서 알 수 있듯이 게임의 불확실성에 대한 태도는 개인의 부에 따라 달라진다.

위험은 제 눈에 안경이다

불확실성과 위험이라는 용어는 서로 동일한 의미로 사용되기도 하지만 사실은 그렇게 사용해서는 안 된다. 예를 들어, 거지와 빌 게이츠가 동일한 불확실성에 대해서 서로 다른 위험을 부과할 수 있다. 내가 생각하기로 불확실성은 우주의 객관적 특성이고, 위험은 제 눈의 안경처럼 매우 주관적인 특성을 지니고 있다.

《메리엄-웹스터 대학 영어 사전(Merriam-Webster Collegiate Dictionary)》 11판에 의하면 불확실성을 "불확실한 상황의 정도나 상태: 의혹"으로 정의하고 있다.

동전이나 혹은 주사위를 던지는 경우가 아니면 내일의 날씨를 예측할 경우 어느 누구도 미리 그 결과를 정확하게 예언할 수 없다. 사실 하이젠베르크의 불확정성 원리(Heisenberg's Uncertainty Principle)에 의하면 심지어 물리학자들조차 가장 기본적인 미세 입자들의 움직임이 궁극적으로는 불확실하다고 인정하고 있다. 아인슈타인이 "신이 우주와 주사위 놀음을 한다"라는 사실을 믿지는 않았지만, 그도 신이 인간들에게는 확실하지 않은 그 무엇을 할 수 있다는 사실을 시인하지 않을 수 없었을 것이다. 나는 어느 날 한 친구 가 나에게 말했던 것처럼 불확실성이란 "웅대한 종합 디자인(GOD: Grand Overall Design, GOD는 신[God]의 창조물인 우주－역주)"에서 피할 수 없는 현상이라고 믿는다.

어느 설을 믿든지 불확실성은 우주의 객관적인 특성을 말하고, 위험은 전혀 그렇지 않다는 것이다.

《메리엄-웹스터 대학 영어 사전》 11판은 위험을 "손실이나 손상을 입을 가능성"으로 정의하고 있다.

내일 XYZ회사의 주가가 하락할 위험이 있는가? 나에게 그런 위험은 전혀 없다. 왜냐하면 나는 그 동안 XYZ회사 주식을 공매(주식을 매입하지 않은 상태에서 관심주식을 매도하는 주식투자의 한 방법으로 공매도자는 주가가 하락할 것으로 기대하면서 공매 투자를 실행함－역주)해 왔거든…, 즉, 나는 XYZ회사의 주가가 하락해야만 이익을 볼 수 있단 말이지… 그렇지 않고 이 주가가 상승하면 나는 큰 손해를 보게 되고….

불확실성은 XYZ주가의 변동성이고, 반면에 위험은 이 주식을 구매했는지 아니면 공매했는지에 따라 다르다. 위험은 이처럼 그야말로 제 눈에 안경인 것이다. 이것이 불확실성을 다루는 5가지 기본 마인들 중 첫 번째이다.

여러분은 지금까지 "내 모든 것을 걸었다"라는 말을 수없이 들었을 것이다. 이렇게 자신이 넘치는 사람들은 과도하게 자신을 믿고 불확실한 사건에 그들의 모든 것을 걸고 도박을 한다. 하지만 이는 "나는 1백만 분의 1달러까지 걸었다"라는 말보다 더욱 설득력이 있어 보이기는 한다. 매번 1달러를 베팅하는 게임에서일지라도 이들은 확실히 위험에 대한 태도가 다른 사람들과 다르다.

그래서 만약 숲속의 나뭇가지 위에 있는 동전이 떨어지고, 그 결과에 아무도 베팅할 사람이 없는데도 그곳에 위험이 있다고 할 수 있는가? 그렇지가 않다. 그 이유는 떨어진 동전의 앞면이 보일지, 아니면 뒷면이 보일지에 관한 불확실성은 있어도, 아무도 동전의 결과를 알지 못하고 관심도 없기 때문에 그곳에 위험이 있다고 할 수 없기 때문이다.

기억해야 할 사항

- 위험이란 제 눈에 안경이다(마인들 1).
- 위험은 불확실한 결과가 어느 특정한 개인이나 집단에게 손실이나 손상을 어떻게 입히는지를 반영하는 것이다.
- 위험에 대한 태도는 보상을 받기 위해 위험을 감수하려는 의지를 측정한 것이다.

잊어야 할 사항

- **효용이론** : "위험에 대한 태도"를 대신한 용어이다.

제8장

마인들 2
: 불확실한 숫자는 형태가 있다

다음 달 판매량, 내일 매입할 주식 가격, 혹은 공항에 도착하는 데 소요되는 시간 등은 우리가 매일같이 일상생활에서 함께하는 불확실한 숫자들이다. 이전에 기술한 바와 같이 위험은 불확실성과 관련이 있지만, 주관적인 개념이다. 만약 우리 회사의 판매량이 관심 대상이면, 판매량이 떨어지는 상황이 위험이지만, 만약 그것이 경쟁사의 관심대상이라면, 우리 회사의 판매량이 올라가는 상황이 경쟁사의 위험이 된다. 만약 주식을 매입하였다면 주가가 하락하는 것이 위험이고, 반대로 주식을 공매하였다면 주가가 상승하는 것이 위험이다. 그리고 공항으로 가는 도로의 교통 사정이 예상보다 좋지 않으면, 이 경우 위험은 환불이 불가능한 유럽행 비행기를 놓치는 것이다. 그러나 교통 사정이 예상보다 좋으면, 이 경우 위험은 항공사가 대기 중인 배낭 여행객에게 여러분의 자리를 팔고 여러분의 비행기 티켓 값을 챙기지 못하는 것이다.

이 장은 불확실한 숫자들을 시각화하고, 이 숫자들과 소통하기 위해 일반적으로 사용되는 마인들을 소개하려고 한다. 이 마인들이란 특정한 패턴을 가지고 있는 형태로 우뇌를 사용하여 쉽게 감지할 수 있는 것들이다.

뉴브런즈윅 홀덤(New Brunswick Hold'Em: 포커의 한 종류로 텍사스 홀덤 이라는 도박 게임이 있는 데 이를 비유한 말-역주)

어느 회사가 기업을 인수하기 위해 5억 달러를 투자하려고 한다. 만약 인수 시나리오대로 모든 상황이 전개되면, 이 인수회사는 이 투자로부터 순 현재가치로 10억 달러를 벌 수 있다. 여러분이라면 이러한 베팅을 하겠는가? 밥 에미오(Bob Ameo)가 뉴저지 주 뉴브런즈윅 시에 위치한 존슨앤존슨 회사의 일반 의료 장비 및 진단 장비 부서의 비즈니스 개발 이사로 재직할 때 이 회사 경영진들을 위한 새로운 비즈니스 평가 세미나를 다음과 같이 시작하였다고 한다. 내게 숫자를 달라는(평균값을 지칭함-역주) 사고방식을 가진 경영자들은 새로운 벤처사업이 도박이라는 사실을 명백하게 알아차리지 못 할 수 있다. 위와 같은 질문에 밥은 스스로 답하기를 "베팅을 하느냐 아니면 포기하느냐는 성공 확률에 달려 있다"고 한다.

심리학 박사인 밥은 항상 통계학을 즐기는 사람이다. 그러나 그는 박사 학위 취득 후 제일 먼저 개인, 결혼한 부부, 그리고 일반 가정 등의 일상적인 삶에 건설적이면서도 필요한 변화가 오도록 도움을 주는 심리학자로 개업을 했다. 밥에 의하면 기업과 같은 조직들도 일반 사람들과 같이 타성적 행동방식을 타파할 필요가 있다고 한다. 밥은 사람들이 운동을 하고 건강식품을 먹어 장기적으로 건강을 유지하는 것과 같이 기업 경영자들이 위험과 불확실성을 분석하고 관리해서 얻는 장기적인 장점들은 아이스크림을 먹어서 얻는 기쁨이나, 또는 여러 사람들이 관심을 갖고 있는 기업을 인수해서 얻는 기쁨과 같은 목전의 만족스러움과 경쟁관계에 있다고 주장하고 있다. 그리고 밥은 "불확실성 경영"을 기업이 장기적인 이득을 위해 단기적인 보상을 포기할 수 있는 강한 의지가 요구되는 경영기법으로 간주하고 있다. 그는 새로운 벤처사업은 도박이고, 도박은 확률게임이기 때문에, 이 경우 벤처사업의 성공 확률은 반드시 추정되어야 한다고 주장하고 있다. 이러한 관점에서 밥의 개념은 매우 이상적이고 훌륭하다고 할 수 있다.

밥의 위와 같은 멋진 개념을 요약하면, "텍사스 홀덤 도박 게임을 하든지, 아니면 존슨앤존슨 회사의 대규모 투자(뉴브런즈윅 홀덤)를 평가하든지, 모든 게임 참가자들은 그들이 참여하는 도박에서 이길 수 있는 확률을 가능하면 정확하게 추정할 필요가 있다"는 것이다.

불확실한 숫자들: 발생 사건들의 형태를 구성함

일반적으로 통계학자들은 수리적 불확실성을 기술하기 위해 **확률변수**를 사용하지만, 앞으로 나는 이 용어 대신에 "불확실 숫자"라는 용어를 사용할 것이다.

수리적 불확실성이란 미래에 발생할 사건들로 구성된 형태라고 생각해 볼 수 있다. 통계학자들은 이를 확률분포라고 하거나, 혹은 이를 줄여서 분포라고 하는데, 나도 그렇게 부르도록 하겠다. 이것이 불확실성을 이해하기 위한 두 번째 마인들이다.

예를 들어, 새롭게 개발될 신약을 실험하기 위한 연구개발 프로그램을 고려해 보기로 하자. 이 프로그램의 장기적인 경제적 가치는(만약 이러한 프로그램이 하나라면 불확실한 숫자는 하나일 것이다) 〈그림 8.1〉에 있는 그래프와 같을 것이다. 이 그림에서 Y축은 각 사건들의 발생 가능성, 즉 확률을 표시하고 있다. 모든 사건이 발생할 가능성이 100%이기 때문에 확률을 표시하고 있는 Y축의 총합은 100%가 되어야 한다.

독자 여러분은 "분포"라는 용어가 사어라고 생각했을 것이고, 일상생활에서는 이를 사용하지는 않을 것이다. 만약 그렇다 해도, 걱정할 필요는 없다. 왜냐하면 여러분이 평균의 함정에 빠지지 않기 위해서는 반드시 불확실한 숫자들이 "분포"로 변환되어야 하므로, "분포"라는 용어는 내가 이 책에서 독자 여러분이 기꺼이 신조어로 받아들여 주기를 바라는 유일한 사어이기 때문이다. 그래서 나는 사용상의 편리성 때문에 분포라는 사어를 계속 사용하도록 하겠다. 〈그림 8.1〉에서 보는 바와 같이 경제적 가치의 분포는 세 가지 다른 형태의 뾰족탑으로 구성되어 있다.

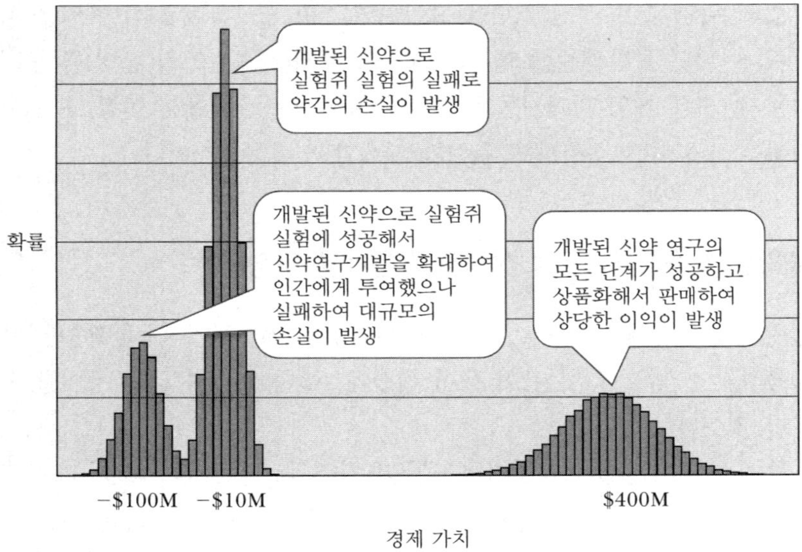

그림 8.1 불확실한 경제적 가치

1. 가장 오른쪽에 있는 짧고 두툼한 뾰족탑은 발생 가능한 이익들이 400달러를 중심으로 넓게 퍼져 있다.
2. 가운데에 있는 길고 홀쭉한 뾰족탑은 대략 1,000만 달러의 손실이 발생할 수 있는 확률을 보여주고 있다.
3. 가장 왼쪽에 있는 짧고 홀쭉한 뾰족탑은 대략 1억 달러의 손실이 발생할 확률을 보여주고 있다.

여러분은 앞으로 골치 아프겠지만, 통계학자들이 확률분포를 위와는 또 다른 여러 측면에서 기술하기 때문에 나는 먼저 히스토그램이라고 불리는 막대그래프로 확률분포를 설명해 보도록 하겠다.

이러한 논의를 위해 〈그림 8.1〉이 보여주고 있는 연구개발 프로그램을 관리하는 경리담당 책임자가 장부상으로 이 프로그램 가치가 얼마인지를 여러분에게 묻는다고 가정해 보자. 만약 여러분이 경리담당 책임자에게 "R&D"에서 "R"은 "Research(연구)"를 의미하고, 그리고 이 "R"은 또한 매우 불확실성을 의미한다고 말을 하면, 그는 당장 여러분

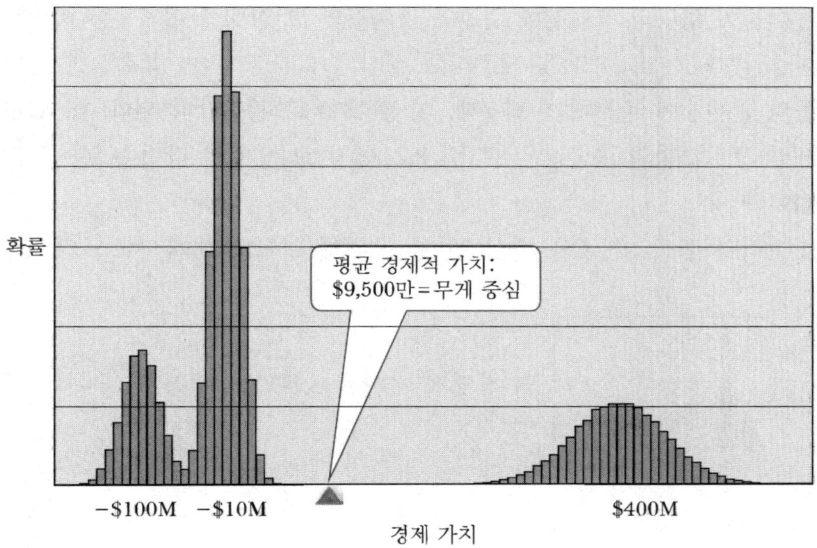

그림 8.2 평균은 균형점(무게중심)이다.

에게 차가운 얼굴을 하면서 "내가 묻는 숫자만 알려 달라" 면서 여러분을 윽박지를 것이다. 여러분이 이 요구에 대해 불확실한 상황을 가장 잘 표현해 주는 숫자 하나를 그 경리담당자에게 준다면, 여러분은 그에게 어떤 숫자를 줄 것인가? 통상적으로 이런 경우 기댓값(mean 혹은 expected value)으로 알려진 평균(average)값이 전달된다. 그러나 대부분 사람들은 이러한 평균값이 무엇을 의미하는지를 옳게 알지 못하고 있다. 이 책이 평균에 관한 것이기 때문에 "평균"이라는 용어에 관해서 아래와 같이 정의를 내려 보도록 하겠다.

평균은 여러 수들을 합하고 이를 이 숫자들의 총 개수로 나눈 값이다. 예를 들어, 3과 7의 평균값은 (3+7)/2=5가 된다.

그러나 평균은 확실한 숫자뿐만 아니라 불확실한 숫자에도 적용된다. 연구개발 프로그램의 평균 가치에 대해서 생각해 보기 위해 수백만 개의 동일한 프로그램이 반복될 수 있다고 가정해 보자. 만약 모든 프로그램들의 경제적 가치를 합하고, 이 값을 반복된 수백만 개수로 나누면 하나의 숫자로 표시되는 평균값을 얻게 된다.

이것이 하나의 불확실한 숫자인 평균값과 그 형태를 연결하는 마인들이 되겠다. 〈그림 8.2〉를 자른다고 상상해 보자. 그러면 불확실한 숫자들의 균형점이 존재하게 되는데, 이 점이 바로 평균값이 된다. 이 연구개발 프로그램의 평균값은 〈그림 8.2〉에서 보는 바와 같이 9,500만 달러이다.

그러나 잠깐 이 값을 다시 한 번 생각해 보기로 하자.

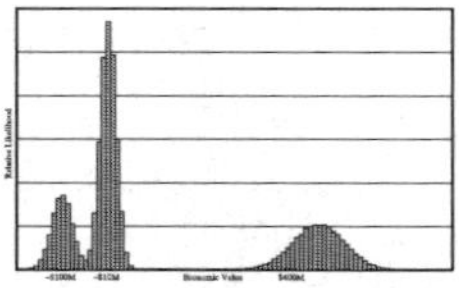 의 경제적 가치는 **9,500**만 달러가 아니다.

이 프로그램의 평균값 9,500만 달러가 실질적으로 현실에서 발생될 수 있는 이 막대그래프의 경제적 가치를 말하는 것은 결코 아니다.

평균의 함정의 약형

그러면 불확실한 숫자를 평균값으로 표시하면 무엇이 잘못되게 되는가? 나는 이것을 평균의 함정의 약형이라고 부를 것이며, 이와 관련하여 다음과 같은 예제를 여러분에게 제시해 보도록 하겠다. 만약 여러분이 여객기를 납치하고 10억 달러를 요구한 뒤 아무 문제없이 사라질 수 있을 확률이 1,000분의 1이라면, 이 경우 여러분이 취할 수 있는 평균 금액은 100만 달러가 된다. 그러나 여객기 납치로 확실하게 100만 달러를 벌 수 있을 것이라고 단정 짓는 사람은 아무도 없을 것이다. 다음 장에서 알게 되겠지만, 평균의 함정의 강형은 이보다 더욱 고약하다. 왜냐하면 강형에서는 어느 누구도 올바른 평균값을 얻지 못하기 때문이다. 평균의 함정의 강형 문제점을 해결하기 위해서는 독자 여러분이 불확실성을 단 하나의 숫자인 평균값으로만 생각하는 습관을 버리고 확률분포로 생각하는 습관을 갖도록 해야 한다.

여러분은 "그래, 나도 하나의 숫자로 전체 그림을 그리지 못한다는 사실은 알겠지만, 그러면 도대체 어떻게 〈그림 8.1〉과 같은 막대그래프를 얻을 수 있단 말인가?" 하고 물을 것이다. 일반적으로 여러분 스스로 〈그림 8.1〉과 같은 형태는 얻을 수 없고, 이 값은 회사 내의 최고확률경영자로부터 얻어야 한다. 그렇다 하더라도 여러분이 최고확률경영자로부터 얻은 형태를 확률적으로 해석하기 위해서는 평균이라는 개념을 충분히 이해해야 한다. 나는 아래와 같은 단순한 투자 예제를 사용해서 평균에 대한 여러분의 이해를 돕도록 해보겠다.

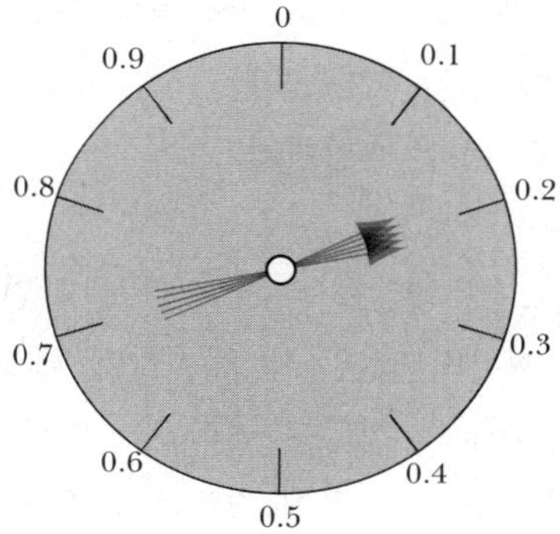

위에 있는 게임보드 스피너로 한 번 게임을 시작해 보도록 하자. 스피너 바늘은 0과 0.999999999 사이의 소수점에 떨어지게 되어 있고, 그 소수점에 100만 달러를 곱해 나온 값이 게임 참가자가 받을 수 있는 최고 상금이 된다고 하자. 예를 들어, 스피너 바늘이 멈춘 숫자가 0.65213947이면, 이 수에 100만 달러를 곱하여 게임 참가자는 654,139.47달러의 상금을 받게 된다.

그런데 내가 위험에 관한 내용을 잊고 있었군! 만약 상금이 20만 달러 이하이면, 게임에 참가한 사람은 경제적으로 파산하게 되어 그가 살고 있는 집과 사용하던 차를 모두 잃게 되고, 더욱이 이 사람의 부인은 생계유지를 위해 밖에 나가 잡일을 해야 할 위험에 처하게 된다.

이 게임에서 불확실성은 스피너 바늘이 멈춘 소수점 숫자에 달려 있고, 위험은 그 소수점 숫자가 0.2 이하일 때 발생한다. 그러면 다음과

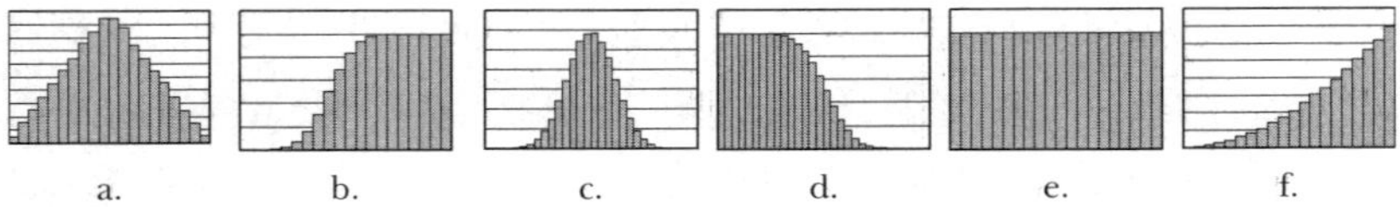

그림 8.3 단순한 히스토그램

같은 질문으로 독자 여러분의 통찰력을 시험해 보도록 하자.

- 이 게임의 평균 상금액은 얼마인가?
- 이 게임 참가자가 경제적으로 파산될 확률은 얼마인가?
- 위 〈그림 8.3〉에 있는 막대그래프 중 어느 것이 게임보드 스피너의 막대그래프로 가장 적합한가?

여러분이 스피너로 이 게임을 수천 번 반복하면서 매 게임의 결과를 클립보드에 일일이 기록하면, 위 세 질문들에 답을 할 수 있을 것이다. 그러나 여러분이 이 게임의 결과를 여러분의 머릿속에서 모의실험해 볼 수 있을까? 아래 내용을 읽기 전에 여러분 스스로 먼저 위 질문에 대한 답을 해보기를 바란다.

여러분! 자전거를 탈 준비가 되어 있는가?(저자는 아래와 같이 자전거로 표시된 내용을 독자 여러분이 실행할 준비가 되어 있는지를 묻고 있음－역주) 이러한 준비는 그림이 수천 마디의 가치가 있고, 한 모의실험(시뮬레이션)이 수천 개 그림의 가치가 있을 때 가능하다. 지금 여러분 가까이에 컴퓨터가 있다면, "FlawOfAverages.com"을 방문해 보기를 바란다.

최근에 개발된 시뮬레이션 소프트웨어를 사용하면 10,000번의 스피너 게임을 순간적으로 실행할 수 있다. 그러나 웹사이트의 8장을 방문하면, 여러분은 스피너 시뮬레이션이 서서히 작동되도록 조절하여 위 문제에 관한 히스토그램이 만들어지는 과정을 자세하게 관찰해 볼 수 있고, 위 질문에 관한 답도 정확하게 할 수 있을 것이다.

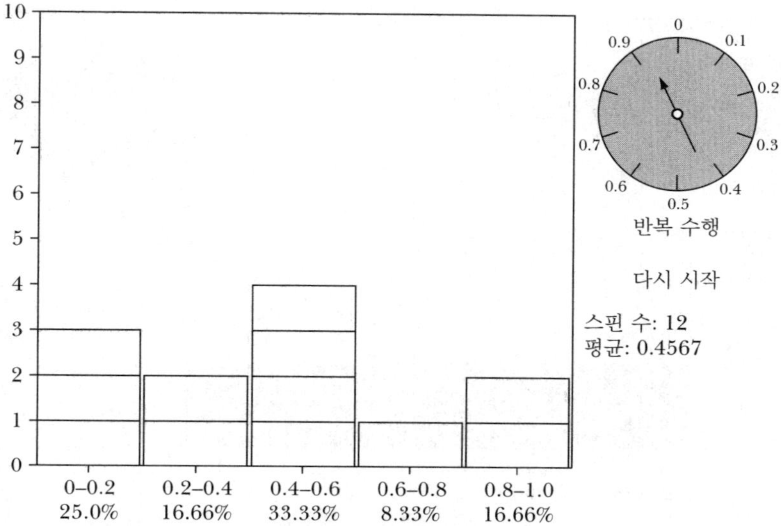

그림 8.4 12번 돌린 후 발생 가능한 히스토그램

여러분이 웹에서 시뮬레이션을 실행하면, 스피너를 돌릴 때마다 스피너 결과값에 상응하는 막대그래프가 하나씩 누적되어 나타남을 알 수 있다. 예를 들어, 스피너 결과가 0과 0.2 사이의 값이라면 첫 번째 막대가 누적되어 나타날 것이고, 그 결과가 0.2와 0.4에 있으면 두 번째 막대가 누적되는 식으로 스피너의 결과값에 대한 막대그래프가 하나씩 누적되어 간다. 〈그림 8.4〉는 스피너를 12번 돌린 후 발생한 결과값의 히스토그램을 보여주고 있다.

시뮬레이션에서 사용되는 숫자는 임의적으로 발생되는 것이기 때문에 시뮬레이션을 실행할 때마다 결과값은 다르게 나타난다.

그러나 100만 번의 스피너를 돌린 후 시뮬레이션 초기에 발생한 사건들이 어떻게 보이든 상관없이 이 경우의 히스토그램은 〈그림 8.5〉에 있는 그래프와 같이 보이게 된다. 여러분은 이 히스토그램을 참고로 해서 앞에서 질문한 게임의 평균 상금액, 경제적 파산 가능성, 그리고 히스토그램의 형태에 관하여 답을 할 수 있을 것이다.

즉 〈그림 8.5〉를 보면, 이 게임의 평균 상금액은 대략 50만 달러임을

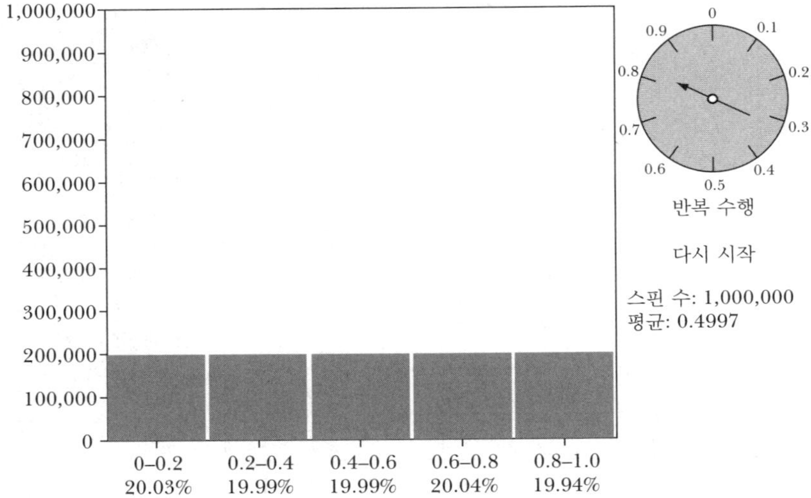

그림 8.5 100만 번 실행한 시뮬레이션의 히스토그램

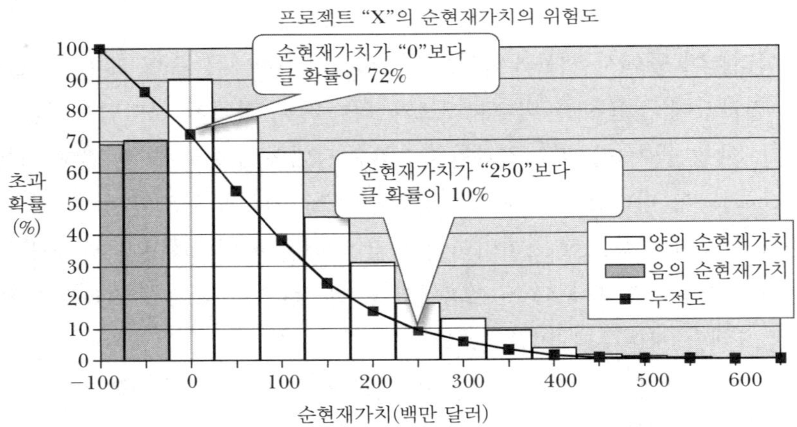

그림 8.6 밥 아메오의 투자 위험 그래프

알 수 있고, 이 그림의 가장 왼쪽 막대그래프를 보면 경제적으로 파산할 확률이 20%임을 알 수 있으며, 이 게임을 가장 정확하게 보여주는 확률분포 형태는 〈그림 8.3〉의 (e)형임을 알 수 있다.

〈그림 8.3〉의 (e)형과 같은 균일한 분포 형태를 이용하면 통계학의 기초지식을 습득하고 이해하기가 쉽고 단순한데도, 불행하게도 통계학

과목을 수강한 많은 졸업생들이 이런 내용들을 올바르게 이해하지 못하고 있는 실정이다. 그 한 예로 내 과목을 수강한 수천 명의 학생들에게 위 질문들을 하면, 그들 중 1/3은 이 스피너 게임을 가장 잘 보여주는 그래프가 〈그림 8.3〉의 (c)형이라고 잘못 알고 있었다.[1, 2, 3] 이 (c)형 그래프는 특정한 숫자가 다른 숫자들보다 훨씬 더 많이 발생한다는 사실을 의미하고 있는 것이다. 그러나 위 스피너 게임과 같이 임의의 수들이 대칭적 구조를 가지고 있는 환경하에서는 (c)형과 같은 그래프가 도저히 발생할 수 없다. 이같이 단순한 이론조차도 학생들이 올바르게 이해를 하지 못하고 있다는 사실을 고려해 보면, 나는 마크 트웨인의 말처럼 학생들은 잘못된 학교 교육으로 정상적인 배움에 대해 상당한 방해를 받고 있다고 생각한다.

밥 아메오는 J&J 회사의 경영자들이 다양한 벤처사업의 결과에 대한 확률분포 형태(그림 8.6)를 이해할 수 있도록 그는 세미나 중 이들에게 스프레드시트 히스토그램 템플리트를 전달해 준다고 한다. 세미나 참석자들이 이렇게 전달받은 템플리트에 벤처사업계획에서 가정한 모수정보들을 "what-if" 형태로 입력하고 계산 버튼을 클릭하면, 히스토그램과 그 외의 여러 위험지표들이 템플리트에 즉시 나타나게 되어 있다. 아메오의 히스토그램에서 백색 막대그래프는 양(+)의 순현재가치(현금 유입의 현재가치－현금 유출의 현재가치－역주)를 보여주고, 회색 막대그래프는 음(－)의 순현재가치를 보여주고 있다. 이러한 쌍방형 표현은 불확실성 문제가 숫자 하나인 평균값으로 표현되는 경우보다 의사결정에 함축적으로 내재되어 있는 위험성을 훨씬 더 효율적으로 시각화시켜 프로젝트 관리자들이 불확실성 문제를 더욱 명확하게 이해할 수 있도록 도와주고 있다.

〈그림 8.6〉에서 사각형 점들을 연결한 곡선은 누적확률분포를 보여주는 것으로 동일한 확률정보를 히스토그래프와 다른 방식으로 표현한 것이다. 이 누적확률분포함수는 프로젝트의 순현재가치가 특정한 순현재가치보다 클 확률 정보를 우리들에게 알려주고 있다. 이 그래프를 보면, 순현재가치가 0보다 클 확률이 72%이고, 250만 달러 이상일 확률

이 10%임을 알 수 있다. 사람들은 전형적으로 발생 가능한 다양한 결과의 상대적 확률을 알아보기 위해 히스토그램을 사용하고, 특정한 결과값을 달성할 확률을 정확하게 알기 위해 누적확률분포 그래프를 사용하고 있다.

지금은 개인 컨설턴트로 활동하고 있는 아메오는 불확실성하에서 이루어지는 의사결정을 위와 같이 도박으로 모델링하고 있다. 아메오는 "고객들이 투자프로젝트들에 관한 불확실성 분석을 문의해 오면, 나는 그들이 경마에서 우승마를 맞추는 점쟁이가 되거나, 아니면 확률을 결정짓는 사람이 되기를 바란다"라고 장난스럽게 그의 견해를 밝히고 있다.

확률분포함수를 주시오

만약 우리가 평균의 함정을 피하기 원한다면, 하나의 숫자인 평균값이 아닌 확률분포함수를 요구하는 것을 시발점으로 해야 한다. 그러나 여러분은 당신들의 상관에게 단순히 히스토그램 그림만을 줄 수 없는 것이기 때문에 히스토그램에 포함된 불확실성 정보를 비즈니스 계획에 어떻게 반영할 것인가를 항상 고민해야 한다.

이렇게 확률분포함수에 포함된 정보들을 경영계획에 반영할 수 있도록 새롭게 탄생된 경영기법이 확률경영이다. 3장에서 소개한 확률분포함수군(Distribution String: DIST)은 확률분포함수를 하나의 데이터 요소로 저장할 수 있는 방법이다. 스피너의 경우 DIST는 스프레드시트의 한 셀이 수천 개의 스피너 결과값들로 구성되어 있다고 생각하면 된다. 이러한 개념은 이 책의 마지막 부분에서 좀더 자세하게 다루도록 하겠다.

블랙스완

일단 불확실한 숫자에 관한 히스토그램을 얻고 불확실한 사건의 결과에 대한 확률분포를 이해하는 것으로 모든 일이 끝났다고 생각하는 것이 맞는가? 물론 그렇지 않다.

이 질문에 대한 답을 하기 위해 스피너 문제로 다시 돌아가 보기로 하자. 만약 여러분이 스피너의 바늘을 아주 강하게 돌려서 이 바늘이 스피너에서 빠져 나와 여러분의 눈을 때렸다면 어떨까? 아니면 스피너 판의 과도한 마찰력 때문에 카드보드에 불이 나서 여러분의 집 모두를 태웠다면 어떨까? 정상적인 상황에서는 이러한 결과들이 결코 발생하지 않겠지만, 만약 내가 지금 이러한 상황을 여러분에게 제시하지 않았었다면, 여러분은 이러한 상황을 스스로 상상조차 하지 않았을 것이다. 그러나 이러한 상황도 현실적으로는 충분히 발생할 가능성이 있는 것이다.

유럽 사람들이 수백 년 동안 흰색이 아닌 백조는 생각하지 않았었기 때문에 철학자 칼 포퍼(Karl Popper)는 발생 가능성이 거의 없는 사건이 발생하는 상황을 블랙스완(Black Swan)이라고 불렀다. 17세기 익명의 탐험가가 호주에서 흑조를 발견했는데 그 당시 이 뉴스는 전세계의 많은 사람들의 관심을 불러일으켰다.

나심 니콜라스 탈렙(Nassim Nicholas Taleb)은 최근에 출간한 그의 책 《블랙스완: 발생 가능성이 거의 없는 사건 발생의 파급효과(The Black Swan: The Impact of the Highly Improbable)》에서 블랙스완 개념을 다음과 같이 자세하게 기술하고 있다.[4] 그는 블랙스완을 (1) 전에 전혀 한 번도 발생한 적이 없고, (2) 만약 블랙스완사건이 발생하면 엄청난 파급효과가 있어야 하고, (3) 이 사건이 발생한 후에는 이 사건의 발생 원인에 대한 설명이 쉬운 사건으로 정의하였다. 예를 들면, 구글, 9/11 공격, 스피너 보드에서 바늘이 빠져 날아가서 여러분의 눈을 때리는 사건 등이 블랙스완 사건이라고 할 수 있을 것이다. 9/11 사건보다 2008년에 발생한 전 세계적 금융위기에 관해서 훨씬 더 많은 사람들이 사전적 위험신고를 금융시장에 보냈었기 때문에 나는 이 사건을 블랙스완 사건이라고 부르고 싶지는 않다. 그 당시 많은 사람들이 이와 같은 금융위기가 발생할 것을 미리 알고는 투자를 해서 큰 부를 축적한 사실이 이 사건이 발생한 후에 밝혀졌다(이 사건이 정말로 블랙스완 사건이었다면, 이와 같은 부의 축적은 불가능하다 – 역주).

히스토그램은 불확실성의 시각화를 만들기 위해 훌륭한 수단은 되지만, 이를 통해서 극단적인 사건이 발생할 상황을 미리 예측하고 설명하는 것은 거의 불가능하다는 사실을 잊지 마라. 블랙스완 사건 발생에 대한 최고의 방어책은 당신의 우뇌에 있다. 심리학자인 게리 클레인(Gary Klein)은 이러한 상황을 이해하는 데 도움이 되는 "사전 검시(Pre Mortem)"[5]라고 부르는 훈련방식을 개발해 오고 있다. 이 훈련방식의 아이디어는 혼란 속에서 여러분이 수립한 계획에 관하여 모든 상황을 실감나게 상상하고, 그런 후에 그와 같은 계획이 어떻게 엉망이 되는지를 창조적으로 설명하는 것이다.

기억해야 할 사항

- 불확실한 수는 확률분포라고 알려진 형태(SHAPE)이다.
- 확률분포를 표현하는 가장 일반적인 방법은 막대그래프이다. 막대그래프 높이의 크기는 어느 특정 숫자가 다양한 가치를 가질 수 있는 상대적 발생가능성(확률)을 말하고, 이 확률의 총합은 100%이다.
- 또 다른 중요한 형태는 누적분포인데, 이것은 특정한 숫자가 주어진 가치보다 작을 확률을 보여주는 것이다.
- 기댓값으로 알려진 불확실한 숫자의 평균값은 확률분포의 균형점(무게중심)이다.
- 확률분포에 포함되지 않은 블랙스완을 창조적으로 상상해 보라.

잊어야 할 사항

- **확률변수** : 이 용어 대신에 "불확실한 숫자"라는 용어를 사용하여라.

잠깐! 만약 이 장의 내용이 이해하기가 어렵다고 생각되면, 다음 장으로 건너뛰어도 상관없다. 그렇지 않다면 계속 읽기를 바란다.

확률분포에 관한 추가 내용

연속 확률분포

증기기관 시대의 통계학에서는 확률분포가 막대그래프가 아닌 굴곡이 없는 부드러운 곡선으로 자주 표현되었다. 이런 표현 방법은 통계학 과목에 수학을 접목하려는 목적에 기인하고 있던 것이다. 그러나 컴퓨터 과학자들이 가장 작은 양수가 2^{-32}임을 발견한 후로는 부드러운 곡선으로 확률분포를 표현하는 방법이 사라졌다(그렇게 작은 양수 값이 존재할 수 없다고 믿기 때문에 수학자들에게는 위와 같은 컴퓨터 과학자들의 발견을 한갓 농담으로 여겼었다). 만약 여러분의 좌뇌가 완벽하게 부드러운 곡선으로 표현된 확률분포함수들에 사로잡혀 있다면, 폭이 매우 좁은 수많은 막대그래프들로 구성된 히스토그램을 상상으로라도 만들어 보라. 나는 이 시점에서 학생들의 이해를 돕기 위해서 강의 중간에 약간의 거짓말이 필요하다는 폴 할모스의 충고를 다시 떠올리고 있다. 여러분이 불확실한 숫자를 막대그래프로 이해를 한다면, 앞으로 여러분이 통계학을 이해하는데 많은 도움이 될 것이다.

중앙값과 최빈값

평균값과 관련된 두 가지 또 다른 개념이 있는데, 그것은 중앙값(Median)과 최빈값(Mode)이다.

중앙값은 특정한 불확실한 숫자보다 크거나 작은 값이 발생할 확률이 50/50인 값이다. 즉, 중앙값은 막대그래프의 왼쪽부터 확률을 합해 갈 때 누적확률이 정확하게 50%가 되는 점이다. 만약 히스토그램이 어느 특정한 값을 중심으로 대칭구조를 가지고 있으면, 이 경우 중앙값은 평균값과 같게 된다. 그러나 이러한 경우가 항상 발생하는 것은 아니다. 예를 들어, 한 방안에 있는 10명의 사람들의 평균 소득이 8만 달러라고 가정해 보자. 10명 중 다섯 사람의 소득은 8만 달러 이상이고, 그리고 나머지 다섯 사람의 소득은 8만 달러 이하라면, 이 예의 중앙값 소득은 대략 8만 달러가 된다. 그러나 위의 10명 중 한 사람을 워런 버핏으로 대체를 하면, 10명 중 5명의 소득이 아직 8만 달러 이하이기 때문에 중앙값 소득은 8만 달러로 변하지 않는다. 그러나 평균(mean) 소득으로 봐서는 모든 사람들이 수백만 달러의 부자가 될 것이다.

최빈값은 히스토그램에서 가장 높은 뾰족탑의 값을 말한다. (즉, 발생 확률이 가장 큰 값-역주) 〈그림 8.1〉에서 보면, −1,000만 달러가 발생할 확률이 가장 크기 때문 이 경우 −1,000만 달러가 최빈값이 된다. 최빈값은 또한 발생 빈도가 가장 높은 값으로 불리기도 한다. 그렇지만 이 그림을 살펴보면 최빈값에 대한 위와 같은 표현이 얼마나 잘못된 것인지를 알 수 있을 것이다. 어쨌든 중앙값과 최빈값도 역시 한 숫자로 불확실한 숫자의 형태를 구성함에는 부족하다.

평균의 법칙 그리고 이 법칙이 실패할 때

스피너 시뮬레이션을 오래하면 할수록 평균값은 0.50000로 접근한다. 만약 이를 믿지 못하겠거든 웹사이트에서 이와 관련된 시뮬레이션을 서너 번 정도만이라도 실행해 보라. 이를 평균의 법칙이라고 하는데, 이 평균의 법칙이란 여러분이 동일한 불확실한 숫자를 반복해서 샘플링하게 되면 샘플의 평균값은 한 숫자로 수렴하게 됨을 의미한다. 즉, 이렇게 반복샘플링을 통해서 얻은 한 숫자가 불확실한 숫자의 참 평균값이다.

이러한 평균의 법칙 때문에 불확실성이 존재하는 모든 곳에 확률분포함수 대신에 평균값을 사용하는 것이 타당하다고 믿고 있는 사람들은 평균의 법칙을 매우 잘못 이해하고 있는 것이다. 그러면 이제 여러분은 이와 같은 평균의 법칙에 대한 오해가 여러분을 어디로 인도할지 알고 있을 것이다. 그러나 평균의 법칙은 때때로 그 자체로 모든 타당성을 잃기도 한다. 우리들의 일상생활에서 대부분의 경우 평균의 법칙이 불확실한 숫자들을 대신하기 때문에 평균값을 가지고 있지 않은 이상한 형태의 확률분포를 창안하려는 평균의 법칙에 반대하는 수학자들에게

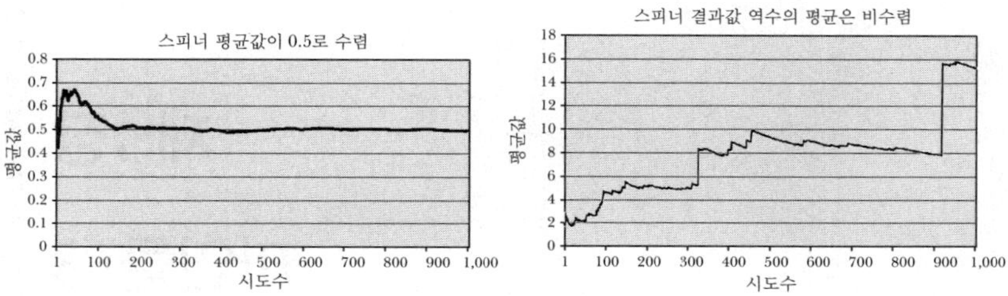

그림 8.7 스피너의 변화하는 평균값과 역수

평균의 법칙은 오랫동안 큰 도전문제이었다.

여러분은 일상생활에서 평균값이 존재하지 않는 불확실성 문제를 거의 찾아볼 수 없기 때문에 이를 크게 걱정할 필요는 없다. 그러나 다음과 같은 예제를 살펴보기로 하자. 숫자 1을 스피너의 결과값으로 나눈다고 생각해 보자(즉, 스피너 결과값의 역수). 〈그림 8.7〉의 왼쪽 그래프는 스피너를 100번 실험한 결과의 평균값들이 변하는 과정을 보여주고 있으며, 오른쪽 그래프는 그 역수(1/스피너 결과값)의 평균값을 보여주고 있다.

왼쪽 그래프에서 실험 횟수가 150번이 되는 순간에 평균값이 0.5가 되었고, 그 이후 이 값은 거의 변하지 않고 있다. 그러나 오른쪽 그래프에서는 평균값이 900번 실험할 때까지 8로 수렴하는 것처럼 보이지만, 900번째 실험 후의 실험 결과값은 거의 0에 근접하여 그 역수가 평균값을 8에서 16으로 급격하게 끌어 올렸다. 이론적으로 이 그래프는 결코 어느 숫자로도 수렴하지 않기 때문에 사실 이 불확실성 문제는 평균값을 가지고 있지 않다. 그러므로 이 예제는 평균의 법칙을 정면으로 부정하는 대표적인 문제이다.

제9장

마인들 3
: 불확실한 숫자들의 조합

2000년 6월 어느 날 나는 시네발 유한 책임회사의 사장인 릭 메드레스(Rick Medress)와 캘리포니아 주 산타모니카 시에 있는 조지안 호텔 방의 베란다에 앉아 바닷가 너머로 보이는 태평양 바다를 바라보면서 메드레스가 가지고 온 랩톱 컴퓨터 모니터에 나타난 영화 포트폴리오의 이익 확률분포도를 함께 보고 있었다(그림 9.1).

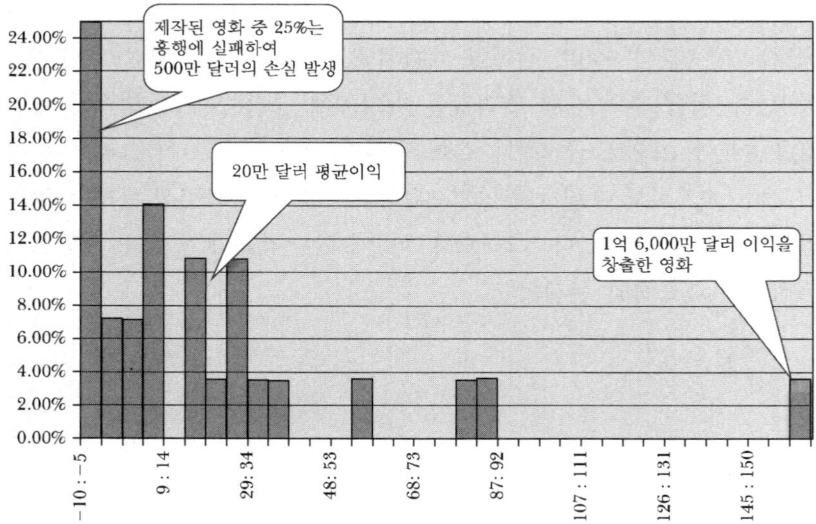

그림 9.1 영화 매출액 분포(단위: 백만 달러)

메드레스는 근동지역 언어학으로 버클리대학교에서 학사학위를 받고 평화봉사단 일원으로 자원하여 해외에서 근무하고 UCLA에서 MBA 학위를 취득한 후, 뉴욕에 소재한 대형 은행에서 근무를 하였다. 1987년도에 대 히트한 영화 "더티 댄싱(Dirty Dancing)"과 그 외의 영화들을 제작한 영화회사의 신용한도를 설정하는 것이 그가 수행하고 있는 여러 업무들 중 하나였다. 메드레스는 후에 이와 유사한 여러 프로젝트들을 수행하여 영화와 TV 소유권의 가치를 평가하는 전문가가 되어 엔터테인먼트 은행가로서 수년 동안 활동한 후 1990년대 중반에 영화 평가회사인 시네발 유한 책임회사를 설립하였다.

메드레스는 2000년 초 팔로 알토에서 개최된 시뮬레이션 세미나에 참석해서 내가 발표한 세미나 내용을 보고 점심시간에 나에게 다가와 영화 소유권의 포트폴리오를 구성하는 방법을 묻고, 그리고 영화 투자자들을 위한 이러한 영화 포트폴리오의 불확실성을 시뮬레이션하는 것이 합당한지를 궁금해하였다. 만약 그가 시뮬레이션을 실행하지 않는다면, 그것은 그에게 맡겨진 의무를 게을리 하는 것이라고 나는 그에게 내 생각 그대로를 전해주었다. 그리고 우리는 그로부터 몇 주 후에 포트폴리오 시뮬레이션 아이디어를 검토하기 위해 그의 사무실 근처 산타 모니카에 있는 조지안 호텔에서 만났다.

스피너들의 포트폴리오

영화 포트폴리오가 정상적인 시뮬레이션 모델에서 어떠한 반응을 보이는지를 알아보기 이전에 그보다 훨씬 단순한 스피너들로 구성된 투자포트폴리오로 시뮬레이션을 시작해 보도록 하자.

스피너 결과값에 100만 달러를 곱해서 상금액이 결정된 8장의 투자 문제를 다시 이곳에서 상기해 보고, 스피너 결과값이 0.2 이하이면 이 투자프로젝트가 파산한다는 사실도 기억하자. 이 투자프로젝트는 20%의 파산 확률을 가지고 있었고, 평균 투자 소득은 50만 달러이었다.

또 다른 투자기회를 생각하면서 다른 형태의 스피너 투자포트폴리오

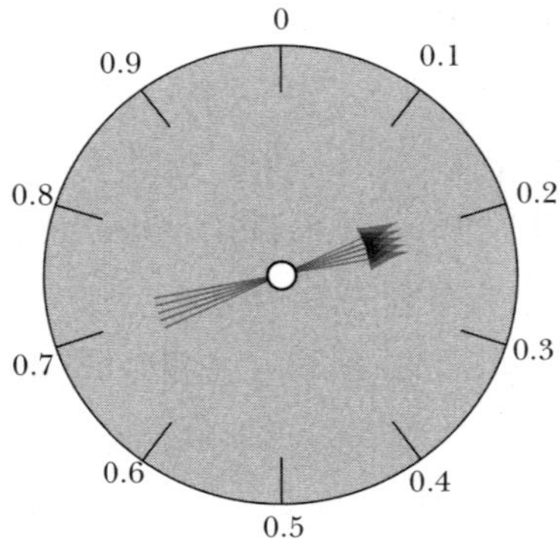

를 가정해 보자. 이 새로운 투자계획은 두 개의 스피너를 필요로 하고 있다. 두개의 스피너 값은 평균으로 계산되고, 앞의 문제와 같이 평균값에 100만 달러를 곱해 상금이 결정된다. 즉,

$$상금(소득) = 100만\ 달러 \times [(스핀\ 1 + 스핀\ 2)/2]$$

스피너 한 개로 실행한 앞의 투자게임과 마찬가지로 이 경우에도 역시 상금이 20만 달러 이하이면 투자 참가자는 파산하게 된다. 두 번째 투자안과 첫 번째 투자안을 어떻게 비교할 수 있을까? 두 투자의 평균 상금은 50만 달러로 동일하다.

두 스피너로 실행한 투자포트폴리오의 평균값 형태는 어떻게 나타날까?(그림 9.2 참조)

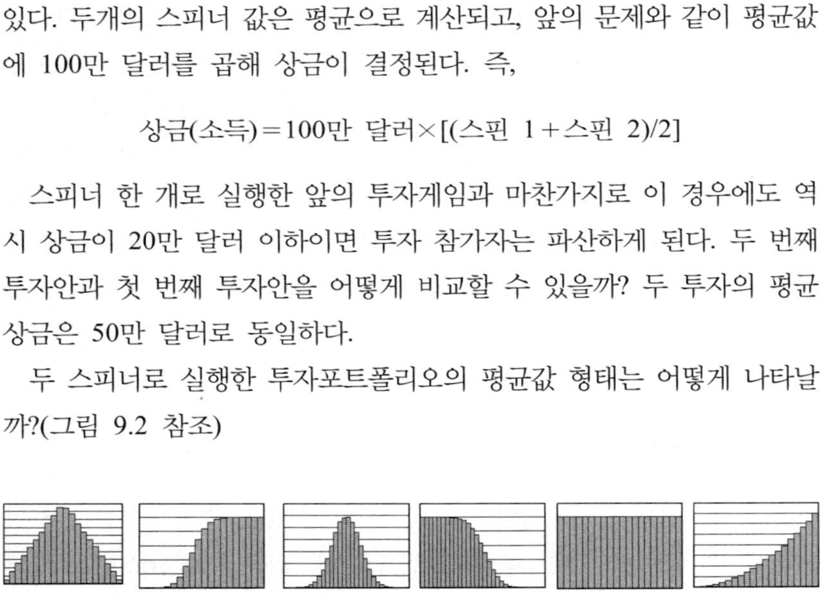

그림 9.2 단순 히스토그램

이 시점에서 위 질문에 대한 답을 추측해 보아라.

다시 자전거를 탈 준비가 되어 있으면, FlawOfAverage.com에서 9장을 클릭하여 두 개의 스피너를 사용한 투자프로젝트를 시뮬레이션해 보아라. 이미 충분히 연습을 했다면, 다음 내용을 계속해서 읽어보기 바란다.

두 개의 스피너를 사용하여 투자 게임을 할 때 어떤 일이 발생하는지를 이해하기 위해서 나는 여러분이 먼저 두 개의 주사위를 굴려서 나온 결과값에 어떤 일이 발생하는지를 생각해 보는 것이 도움이 될 것이라고 생각한다. 한 개의 주사위를 굴리면 〈그림 9.3〉과 같이 1부터 6까지의 숫자가 동일한 확률로 발생하는 것을 알 수 있다.

그러나 두 개의 주사위를 굴리면 2부터 12까지의 숫자를 얻게 된다. 만약 여러분이 이 숫자들이 동일한 확률로 발생할 것이라고 생각한다면, 오늘 저녁 지갑을 갖고 조의 선술집 뒤에 있는 주사위 도박장에서 나와 만나도록 하자.

두 개의 주사위로 구성된 게임에서 중앙부분에 있는 숫자 7을 만들 수 있는 조합 수가 가장 작은 2를 만들 수 있는 조합 수와 가장 큰 수 12를 만들 수 있는 조합수보다(확률분포 양쪽 끝부분) 더 많이 발생한다. 그래서 〈그림 9.4〉에 있는 막대그래프와 같이 확률분포의 중앙 부

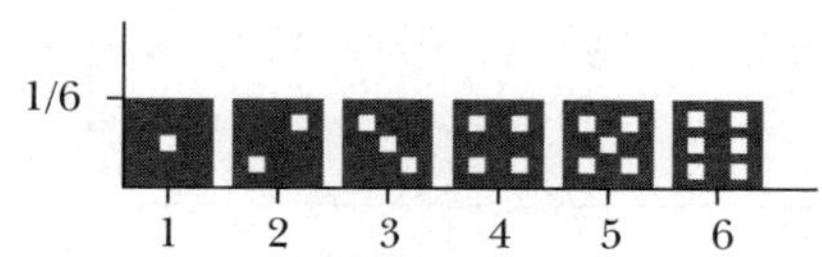

그림 9.3 주사위 결과값

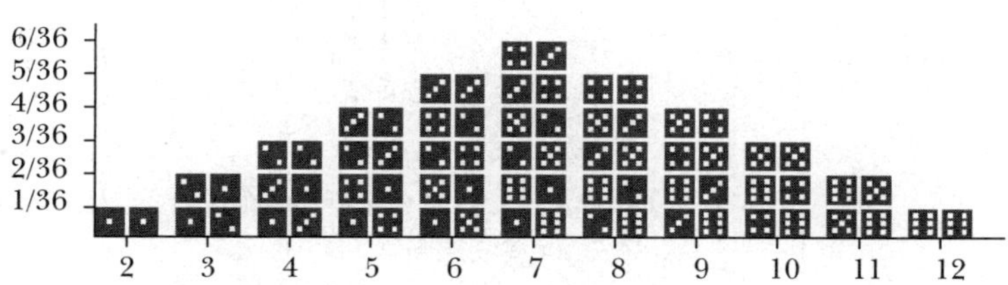

그림 9.4 두 개의 주사위 조합

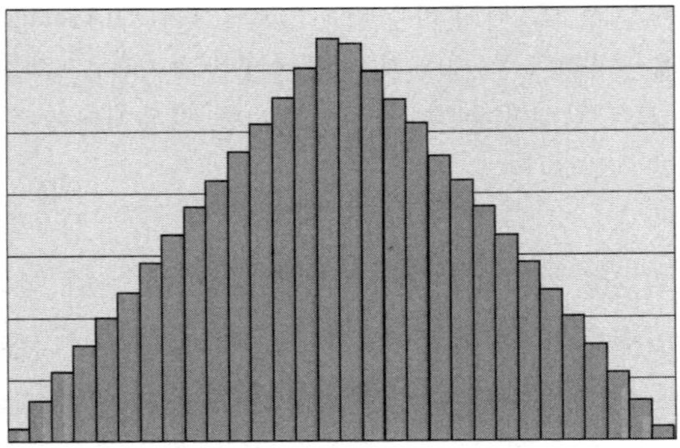

그림 9.5 두 스피너의 평균값에 관한 히스토그램

분이 가장 높게 나타난 것이다.

스피너 두 개의 결과값을 합해도 이와 같은 현상들이 발생하기 때문에 "0"이나 "1"이 되는 경우의 수보다 평균값 "0.5"가 되는 경우의 수가 훨씬 더 많이 발생한다. 그래서 이 확률분포도 역시 〈그림 9.5〉와 같이 중앙이 가장 높게 나타나게 된다. 만약 여러분이 위 질문에 대한 답으로 〈그림 9.2〉에 있는 다양한 히스토그램들 중에서 형태 (a)를 선택했다면, 여러분은 훌륭한 선택을 했다고 할 수 있다. 그러나 만약 여러분이 (a)가 아닌 (c)을 선택했다고 해도, (a)를 선택한 것과 같은 점수를 받을 수 있을 것이다. 내가 강의하는 통계학 과목을 수강하는 학생들 중 대략 반 정도만 이와 같이 올바른 선택을 했다.

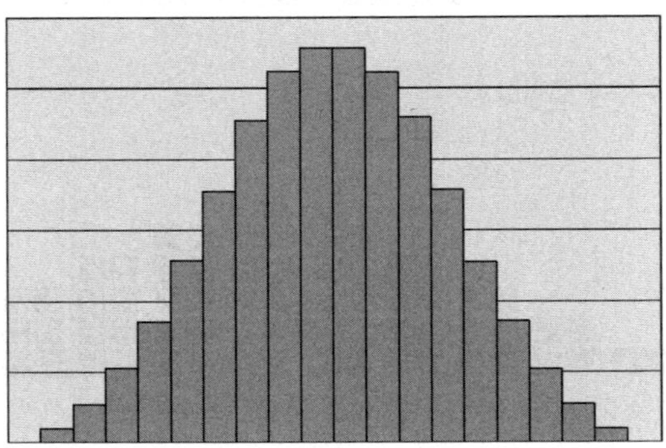

그림 9.6 (a) 세 개의 스피너 히스토그램

그림 9.6 (b) 세 개의 주사위 히스토그램

그래서 나는 두 개 이상의 스피너나 주사위를 조합하였을 때 이에 대해서 올바른 확률분포를 답하지 못한 학생들에게 어떤 일이 발생할지 매우 궁금하였다.

〈그림 9.6〉의 (a)와 (b)는 여러 개의 스피너와 주사위로 조합을 이룬 게임에 관한 결과들을 보여주고 있다.

FlawOfAverages.com에서 다수의 조합으로 이루어진 스피너 게임을 시뮬레이션해 볼 수 있다.

그래서 어쨌다는 것이야?

지금까지 여러분은 불확실성과 위험에 관한 실무적인 내용을 배우려는 희망으로 이 장의 내용을 꾸준히 읽어왔을 텐데, 내가 위에서 기술한 내용이라는 것이 스피너 한 개의 결과는 균일하고, 스피너 두 개의 경우는 중앙 부분이 가장 뾰족하게 올라간다고 한 것뿐이었다. 도대체 이것이 위험과 무슨 관계가 있다는 말인가?

위에 기술한 내용은 위험을 올바르게 이해하는 데 필요한 모든 정보와 관련이 있는 것이다. 그래서 불확실한 숫자들로 구성된 조합의 결과를 이해하는 것이 불확실성을 명확하게 이해하기 위한 세 번째 마인들이 된 이유이다. 만약 확률분포의 중앙이 뾰족하게 올라가면, 이 분포의 양쪽 끝은 자연히 내려가게 된다. 그래서 두 개의 스피너 투자게임에서는 하나의 스피너 투자게임 경우보다 투자 참가자가 파산할 확률이 더 작게 된다. 사실, 두 개의 스피너 게임에서 파산할 가능성 8%가 한 개의 스피너 게임 경우 20%보다 훨씬 더 작음을 알 수 있다. 이 확률 차이는 스피너나 주사위 수를 증가해서 줄어든 위험인데, 이렇게 줄어든 위험의 크기는 러시아 룰렛 게임에서 두 개의 총알보다 한 개의 총알로 룰렛 게임을 했을 때 줄어든 위험의 크기보다 훨씬 더 크다고 할 수 있다!

여러분이 통계학이나 확률 과목을 수강했을 때 배운 **중심극한치이론(central limit theorem)**으로 위와 같은 현상을 설명할 수 있다. 중심극한치이론은 독립된 불확실한 숫자들을 충분할 정도로 많이 합하고, 이렇게 합한 값의 평균값을 계산해서 히스토그램으로 표시하면, 그 형태는 〈그림 9.7〉과 같이 종 모양, 즉 **정규확률분포**로 접근하게 된다는 사실을 의미하고 있다.

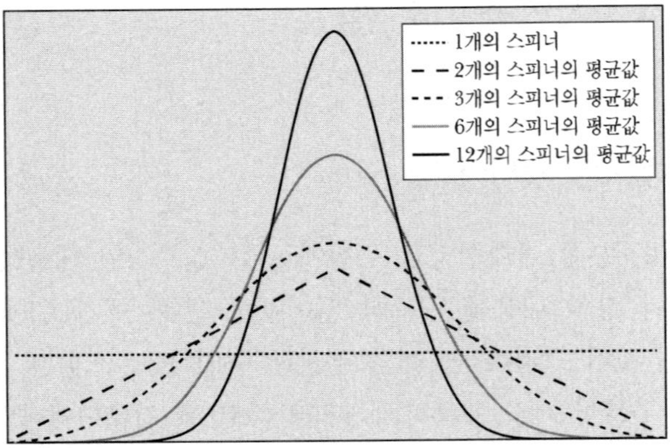

그림 9.7 중심극한치이론의 결과

이 그림과 같이 12개의 스피너로 시뮬레이션한 결과값의 평균을 히스토그램으로 그려보면, 그 형태가 한 개의 스피너 결과값으로 그린 히스토그램 형태와는 완전히 다른 **정규확률분포** 형태와 거의 같게 나타나고 있음을 알 수 있다. 한 그림 안에 다섯 개의 히스토그램을 그리면 서로 많이 겹쳐서 나는 히스토그램 대신에 곡선을 사용해서 〈그림 9.7〉을 그려 보았다.

분산정책: 중심극한치 이론에 대한 신조어

지금까지는 사어로 표현된 용어에 관한 내용만을 살펴보았으나, 사어 사용에 관한 이해가 필요한 독자 여러분이 이를 좀더 깊이 이해할 수 있도록 잠시 쉬었다 가도록 하자. 여러분은 **정규확률분포**라는 용어 대신에 "종 모양"이라는 용어를 사용하는 것이 유익하다는 사실을 나중에 알게 될 것이다. 그러나 **중심극한치이론**은 이보다 좀더 이해하기가 복잡하다. **중심극한치이론**을 막대그래프들로 표현하는 것은 너무 구태의연하지만, 그러나 또 무시하기에는 너무 중요한 이론이다. 운이 좋게도 이 사어의 의미를 충분히 반영할 수 있는 신조어가 있다. 두 개의 스피너나 주사위 확률분포의 중앙이 뾰족하게 올라가는 상황에 대한 신조어가 무엇일까? 그것은 바로 **분산화(diversification)**이다.

분산화라는 용어가 여러분이 막대그래프를 이해하는데 도움을 준다고 내가 말을 하지는 않았으나, 확신하건데 여러분이 이 용어를 사용하면 최소한 여러분에게 곤란한 상황은 발생하지 않을 것이다. **분산화**가 **중심극한치이론**의 의미와 똑같지는 않지만, **분산화**는 우리들의 일상생활에 크게 영향을 미치는 개념으로, 이는 전통적인 투자속담처럼 모든 달걀을 한 바구니에 담지 말고 여러 바구니에 나누어 담으라는 의미를 포함하고 있다. 예를 들어, 여러분의 투자자본을 두 개의 스피너나 주사위로 분산하면, 여러분은 한 개의 스피너와 주사위로 게임을 했을 때 얻게 되는 평균값이 발생될 확률은 높이면서 파산될 확률을 줄일 수 있다.

8장에서 설명한 대로 위험과 불확실성을 이해할 수 있는 효율적인 방법은 스피너와 주사위를 사용해 보는 것이다. 사실 해리 마코위츠(Harry Markowitz)의 저서들 중에 가장 많이 읽히는 《포트폴리오 이론(Portfolio Theory)》이라는 책이 있는데, 이 책 역시 분산화 개념에 관해 독자들의 이해를 돕기 위해 스피너 게임 예제를 초반부에서 기술하고 있다.[1] **분산화** 효과는 영화 소득의 확률분포와 같은 형태의 확률분포에 나타나 있다.

알 필요가 없는 것

특정한 영화 장르 28편을 보여주고 있는 〈그림 9.1〉과 동일한 〈그림 9.8〉를 잠깐 주시해 보기 바란다. 여기에 선택된 28편의 영화는 특정 유명 영화배우나 주제에 과도하게 편중되지 않도록 신중하게 결정된 것들이다. 이 영화들의 평균이익은 2,000만 달러이고, 이 영화들 중 25%는 크게 실패하여 5백만 달러의 손실을 발생시켰고, 한 편은 타이타닉 영화와 같이 대 히트가 되어서 1억 6,000만 달러의 이익을 발생시켰다.

나는 메드레스와 엑셀로 영화 시뮬레이션 모델을 만들어 28개 영화

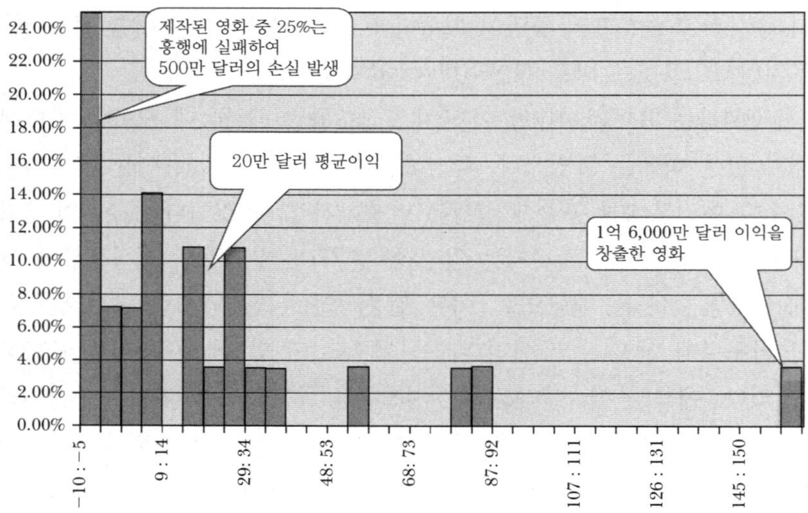

그림 9.8 영화 매출액 분산정책

들 중에서 선택된 영화들로 구성된 다양한 포트폴리오들을 시뮬레이션해 보았다. 이 시뮬레이션은 개념적으로 다음과 같이 작동된다. 28개의 탁구공에 28편의 영화 이익을 표시해서 복권 추첨통에 넣어 돌린 후 탁구공을 반복해서 하나씩 꺼내면, 특정한 불확실한 숫자를 연속적으로 얻게 된다. 그러면 이 경우 불확실한 숫자는 어떠한 분포로 나타나게 될까? 여러분이 추첨통에서 임으로 선택한 탁구공에 적힌 숫자들로 단순히 분포를 만들기만 하면 되기 때문에, 이 경우 여러분은 어떤 형태의 분포가 발생될지 걱정할 필요는 없다.

여러분이 이 상황에서 해야 할 일이란 탁구공을 추첨통에서 반복적으로 뽑아서 그 결과를 확인하고, 그 공을 다시 추첨통에 투입하는 것으로, 이와 같은 통계적 접근방법을 전문용어로 "반복적 샘플링"이라고 한다. 다음 장에서 샘플링 방법에 관하여 자세하게 설명하겠지만, 반복적 샘플링 작업은 계산통계학의 기본요소가 되고 있다. 물론 컴퓨터로 이 문제를 시뮬레이션하면 1초당 수십만 개의 복권 추첨 결과를 얻을 수 있다. 그래서 컴퓨터 시뮬레이션을 이용하면 여러분은 증기기관 시대 통계학의 창시자들이 그들의 이론을 입증하기 위해 주사위와 숫자가 적힌 공으로 추첨통을 돌려서 모의실험을 해 보았던 경우보다 훨씬 더 빠르고 간편하게 확률분포함수를 얻을 수 있다.

분산투자정책의 효력

위에 기술된 영화 장르 예에서 한 편의 영화를 임의로 선택하여 투자를 한다면, 여러분은 〈그림 9.8〉에 있는 확률분포 형태로부터 합리적인 이

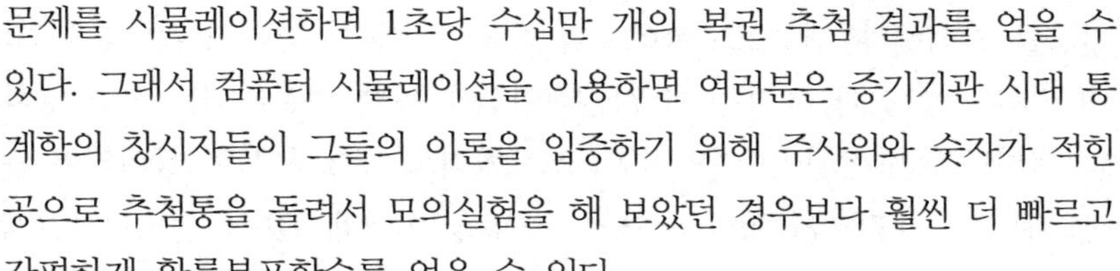

그림 9.9 투자분산 효과

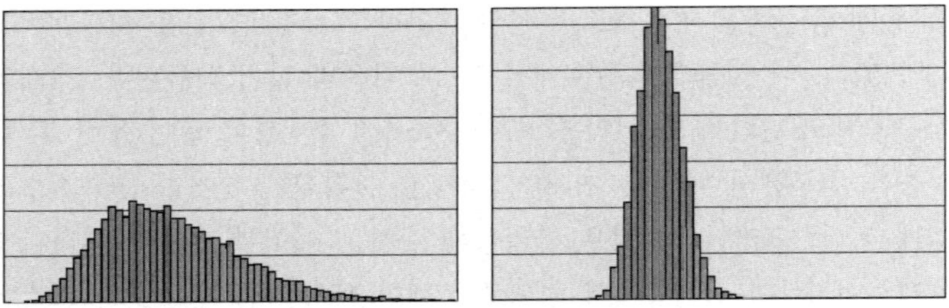

그림 9.10 심화된 분산투자의 효과: 10편으로 구성된 포트폴리오(왼쪽) 대 100편으로 구성된 포트폴리오(오른쪽)

익 추정치를 얻을 수 있다. 즉, 여러분은 이 영화 투자로부터 평균 이익이 2,000만 달러이고, 파산 확률이 25%인 정보를 얻게 된다. 나는 메드레스와 이 확률분포에서 임의로 두 편 이상의 영화를 선택해서 투자자본을 분산시킨 후, 이 포트폴리오의 수익률에 어떤 현상이 발생하는지를 알아보기 위해 시뮬레이션을 실행해 보았었다. 우리는 이 시뮬레이션의 결과를 분석해 본 후, 포트폴리오의 평균 수익률이 변하지 않았음을 알게 되었다. 그러나 우리는 이 시뮬레이션을 통해 손실을 발생시킨 영화와 대히트를 친 영화의 이익이 이 포트폴리오 내에서 서로 상쇄되어 분산화된 포트폴리오의 평균수익률이 균형을 이루게 된다는 사실을 알게 되었지만, 각 포트폴리오와 관련된 히스토그램과 손실 위험이 〈그림 9.9〉과 같이 서로 다르게 나타난다는 사실도 알게 되었다.

만약 여러분이 〈그림 9.10〉에서처럼 10편이나 100편의 영화로 구성된 포트폴리오로 분산투자를 증가시키면 시킬수록(더 많은 영화에 투자한다면 – 역주), 여러분의 투자 이익이 증가할 확률과 손실이 크게 발생할 확률이 동시에 줄어들게 된다.

FlawOfAverges.com을 방문하면 영화로 구성된 포트폴리오의 분산투자에 관한 동영상을 볼 수 있다.

중심극한치이론의 전형적인 세대

우리가 위 시뮬레이션을 실행한 몇 개월 후, 메드레스는 "시뮬레이션 모델이 애니메이션 영화 데이터베이스와도 작동이 된다"는 사실을 매우 흥분된 목소리로 나에게 전화를 해서 알려 주었다. "무슨 일이 있었다고?"라고 내가 그에게 되묻자, 그는 "과거의 애니메이션 영화 수익을 토대로 포트폴리오를 시뮬레이션해 보면, 실사영화에서와 같이 종 모양의 확률분포를 얻을 수 있다"라면서 나에게 자세히 설명해 주었다.

난 내 서재의 책장에서 확률 책을 꺼내서 이와 관련된 부분을 다시 읽어보고 난 후, 메드레스의 설명이 옳다는 사실을 확실하게 알게 되었다. 이제 **중심극한치이론**은 실사영화뿐 아니라 애니메이션 영화에도 적용된 것이다! (OK, 내가 지금 확률 책으로 여러분에게 장난을 치고 있지만, 어떤 통계학자들은 나의 이러한 행동이 분별없는 짓이라고 할 것이다. 그럼에도 불구하고 나는 내가 취한 이러한 행동이 이런 통계학자들의 유머에 관심이 있는 비통계학자들에게 도움이 되기를 바란다.)

물론 **중심극한치이론**이 애니메이션에도 적용된다는 것은 당연한 사실이다. **중심극한치이론**은 중력의 법칙과 같은 것으로 모든 불확실성 변수에 기본적으로 적용된다. 메드레스는 TV 미니시리즈와 영화 투자자본을 조달하고 있던 미국 내 텔레비전 보급자들을 도와주면서 영화로 구성된 포트폴리오의 시뮬레이션을 최초로 실행해 본 사람이다. 앞에서 기술한 바와 같이, 영화 보급자들은 메드레스가 반복적인 샘플링 작업을 할 수 있도록 과거 자료를 그에게 제공해 주었는데, 그는 이러한 자료들을 항상 쉽게 얻을 수 있는 것은 아니라고 나에게 귀띔을 해주었다.

메드레스는 "대부분의 스튜디오들은 경쟁적 이유를 들어서 영화 제목별로 그들의 수입을 공개하기를 매우 꺼린다"라고 불평을 하면서, "그래서 새로운 영화 수입의 변화폭을 예측하기가 매우 어렵다"라고 덧붙였다. 그는 지난 2000년에 처음으로 몬테카를로 시뮬레이션을 사용하기 시작하였는데, 그 당시 영화 투자에 이 기법을 적용하는 것이 매우 제한적이었다"라고 하였다. 그는 계속해서 "예전과 비교해 지금은 헤지펀드사와 일반 투자회사들이 영화 펀드에 지속적으로 투자를 해서 영화산업에 몬테카를로 시뮬레이션 기법의 사용이 상당히 보편화되어 있다"고 한다. 그리고 그에 의하면 현장에서 실질 데이터가 없으면 영화산업에 종사하는 많은 상담자들이 시뮬레이션을 작동하기 위해 그들 스스로 자체적으로 추정한 데이터를 사용하고 있다는 것이다. 이러한 현실에 관하여 메드레스는 "어느 경우에는 투자자들이 달성해야만 하는 투자수익을 지탱해 주는 조작된 통계분석을 받고는 그들이 만족해하기는 하지만, 그 분석 내용은 실질 데이터가 아닌 가상 데이터를 토대로 이루어진 것이기 때문에 그 결과는 투자자들에게 파멸을 초래할 수 있는 매우 위험한 투자분석이다"라고 하였다.

최근에 독립 영화들을 제작하기 위한 투자자본을 시뮬레이션 모델링하면서 발생한 데이터 문제들을 메드레스가 어떻게 해결했는지를 알 수 있는 사례가 있다. "나는 이 독립 영화 제작자들이 지난 몇 년 동안 제작해 온 모든 영화들을 검토하고, 그리고 성과지표로써 이 독립 영화 제작 예산과 미국 내에서 발매된 총 금액을 비교해 보았다." 여러분이 두 지표에 관한 데이터를 공개적으로 얻을 수 있다. 이 데이터들을 얻은 후 메드레스는 현재 분석 고려중인 영화들을 제작비가 계획된 영화들과 그리고 이 영화들과 비교가 되지 않는 영화들로 분류하였다. 그가 말하기를 "이 영화 제작자들이 예산을 편성하려고 계획한 영화들의 총 예산이 이들이 대규모 스튜디오에서 제작해 온 블록버스터 영화들의 예산보다 작았다"고 한다. 또한 그는 "어떤 배우들은 미리 계획된 특정한 영화 장르에는 출연하지 않는다"는 것이었다. 메드레스는 이러한 영화는 영화 펀드에 편입된 영화들과 통계적으로 매우 유사하다고 믿고 있었으며, 그 편 수는 대략 50편 정도가 된다는 것이었다. "그런 다음에 나는 전에 발생한 예산 대비 미국 내 영화티켓 발매 금액의 비율을 토대로 영화 펀드에 속한 영화로 제작하려고 계획된 영화들을 몬테카를로 시뮬레이션해 보았다. 그런 후 나는 이러한 시뮬레이션 결과를 토대로 최적의 자본구조, 다양한 성과 결과에 따른 위험 수준, 그리고 다양한 이해관계자들의 기대 투자 수익률 등에 관한 정보를 영화 제작사의 경영자, 투자자, 대출기관들에게 제공해 줄 수 있었다"고 한다.

내 대학원생들 대부분이 통계학 과목 시간에 **중심극한치이론**을 분명히 배웠을 것인데도, 그들 중 대략 1/4만이 한 개나 혹은 두 개의 스피너로 실험한 결과에 관한 히스토그램을 옳게 그릴 줄 알고 있는 정도이다. 두 개의 스피너로 시뮬레이션한 결과의 평균값이 균일한 히스토그램을 갖고 있다고 생각하는 내 박사 과정 학생이 나에게 멈칫거리며 다가와서는 확률분포 형태가 중앙에서 위로 올라가기 위해서는 두 개 이상의 스피너가 필요할 것이라고 생각했다는 것이다. 실질적으로 한 개의 스피너에서 두 개의 스피너로 넘어가는 과정은 이러한 관점에서 보면 매우 드라마틱한 것이다. 여러분도 릭 메드레스와 같이 분산투자정책의 교훈을 자기 것으로 잘 소화해서 그 교훈들을 여러분의 사례에 적용해 보기를 바란다.

기억해야 할 사항

- 불확실한 숫자들의 조합은 확률분포의 중앙이 위로 올라간다 (마인들 3)
- 이러한 효과는 분산투자정책에서 발생하고 있다.
- 독립된 불확실한 숫자들이 충분할 정도로 많이 합해지면, 그로부터 초래된 확률분포는 종 모양을 갖게 된다.

잊어야 할 사항

- **중심극한치이론** : 이 용어 대신에 "분산투자정책"을 사용하여라.
- **정규분포** : 이 용어 대신에 "종 모양 확률분포"라는 용어를 사용하여라.

제10장

마인들 4: 시그마에 집착하지 말고 묻어버려라

단 하나의 숫자로 불확실한 숫자를 표현하는 것은 위험이나 불확실성을 표현하는 효과적인 방법이 아님을 지금까지 살펴보았다. 그래서 증기기관 시대 이전 오래 전부터 고대 수학자들이 지금까지 황금기준으로 사용하고 있는 불확실성이라는 측정 척도를 고안했던 것이다. 불행하게도 이것은 사어로써 **표준편차**로 알려진 **시그마**(그리스어로 σ)로 표시되고, 경우에 따라서는 또한 (σ^2)나 **분산**으로 표시되기도 한다. 하나의 사어로부터 초래된 혼란으로도 충분한데, 위 세 용어가 모두 같은 의미를 포함하고 있음에도 불구하고 아직도 이러한 용어들이 광범위하게 사용되고 있다. 이 용어들은 모두 같은 의미로 불확실한 숫자로 구성된 분포의 변화폭을 지칭하고 있다. 〈그림 10.11〉를 보면, 확률분포의 범위가

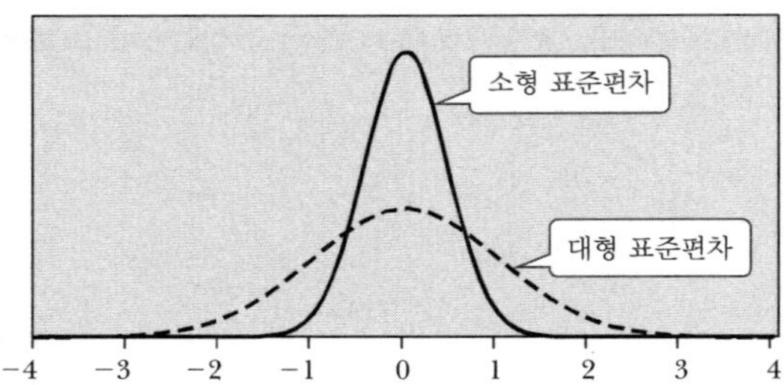

그림 10.1 동일한 평균값과 서로 다른 분산 값을 가진 확률분포

얼마인지를 확실하게 알 수 있다. 분포가 넓게 퍼져 있을수록 변화 폭은 커지고, **시그마** 값과 **분산** 값도 따라서 커지게 된다.

나는 지난 수년 동안 수천 명의 대학원생들과 기업의 경영자들에게 그들이 **시그마**의 수식을 알고 있는지를 질문해 왔다. 그들 모두가 **시그마** 수식을 분명히 배웠을 것인데도, 이러한 질문을 통해서 나는 오직 그들 중 극소수만이 **시그마**의 수식을 기억하고 있음을 알게 되었다. 상황이 이러한 데도 이것이 통계학에서 무슨 황금기준의 척도란 말인가?

아마도 여러분은 원래 모토롤라 회사에서 제품이나 서비스의 품질을 향상시키기 위해 개발한 경영기법들 중 하나인 **식스시그마**라는 용어를 많이 들어 봤을 것이다. 이 기법에 정통한 관리자들은 이 경영기법을 이용하면 제품이나 서비스의 품질 변동성이 줄어들어서 품질이 균일한 제품이나 서비스가 창출될 수 있다고 믿고 있다. 그러나 나는 **식스시그마**에 관한 교육과정을 받은 기업 경영자들이 참석한 세미나에서 이들이 아직도 **시그마**의 수식이나 정의를 올바르게 이해하고 있지 못함을 최근에 알고는 매우 실망스러웠다.

위와 같은 상황을 비유적으로 설명하기 위해 나는 어린아이가 축구공을 잡으려고 달리는 자동차 앞으로 뛰어들 때 운전자가 사고를 피하기 위해 가속 페달과 브레이크 페달 중에서 어느 페달을 밟아야 하는지를 세미나 참석자들에게 물어보곤 한다. 대부분의 세미나 참석자들은 내 질문에 브레이크 페달을 밟아야 한다고 즉시 응답을 하는데, 여러분도 이와 같이 상황에 적합한 올바른 해법을 즉시 찾을 수 있도록 사전에 준비를 잘 하고 있어야 한다. 그러나 이러한 상황에서 브레이크 대신에 가속 페달을 밟아야 한다는 주장을 즉시 그리고 매우 확신에 찬 목소리로 당당하게 응답을 하는 믿지 못할 사람들도 간혹 있기는 하다.

아하! 하면서 독자 여러분은, 그러면 이 문제에 대한 답은 **시그마**가 정말로 무엇을 의미하는지를 수강생들에게 가르치면 되지 않겠나, 하고 생각할 것이다. 그러나 그들에게 전통적인 방법으로 시그마의 의미를 가르치는 것은 잘못된 것이다. 왜냐하면 그들이 시그마의 의미가 무엇인지를 그런 식으로 배운다고 해도 그들이 올바르게 **시그마**의 의미를 이해하는 것이 어려울 뿐 아니라, 이 책의 주제인 평균의 함정 측면에서 보면 시그마의 개념 자체가 지금은 너무나도 구태의연하고 쓸모없는 사어이기 때문이다.

시그마의 공식적인 정의에 관해서 알아보기 이전에 여러분이 먼저 다음과 같은 비유를 이해하면, **시그마**의 정의를 이해하는데 많은 도움이 될 것이다. 예를 들어, 특정한 불확실한 숫자의 가치를 이해하는 것이 범죄 용의자의 인상을 파악하는 것과 같다고 가정해 보자. 그러면 평균값과 **시그마**를 범죄 용의자의 신장과 체중으로 비유할 수 있는데, 이러한 정보는 용의자의 인상착의에 관한 정보로써 구체성이 많이 떨어진다. 이 정도의 정보는 셜록 홈즈의 미스터리 문제에서나 범죄 해결에 중요한 실마리가 될지 모르지만, 요즘은 방범용 카메라, 범인 얼굴 사진, 그리고 유전자 샘플링 검사 등을 다양하게 이용하여 범죄자를 쉽게 체포할 수 있다. 이렇게 과학적으로 범죄를 조사할 수 있는 도구들은 다음에 기술할 시뮬레이션 결과물과 유사하며, 앞에서 예로 들은 존슨 앤존슨 회사의 밥 아메오가 개발한 비즈니스 시각화 시뮬레이션과도 유사한 것이다.

시뮬레이션 결과물

〈그림 10.2〉의 오른쪽 상단에 있는 히스토그램은 8장에 소개된 것이다. 이 히스토그램은 불확실 변수의 발생 가능한 결과의 상대적 발생 가능성(확률 – 역주)을 보여주는 형태(아마 범죄 용의자의 인상착의와 같은)이다. 그리고 이 그래프의 균형점은 평균값이 된다.

누적확률분포함수 그래프는 불확실한 숫자들이 특정한 값 이하로 발생될 가능성을 보여주고 있다. 동일한 정보를 〈그림 10.2〉의 오른쪽 하단에 있는 백분율 표에서도 얻을 수 있다. 예를 들어, 이 표에서 1.9는 백분율 20으로 표시되어 있다. 이 경우 백분율 20%는 불확실한 숫자가 1.9보다 적거나 같을 가능성이 20%라는 것이다. 1장에 소개된 "위험가치" 5%는 기본적으로 확률분포의 백분율 5를 표시한 것이다. "위험가

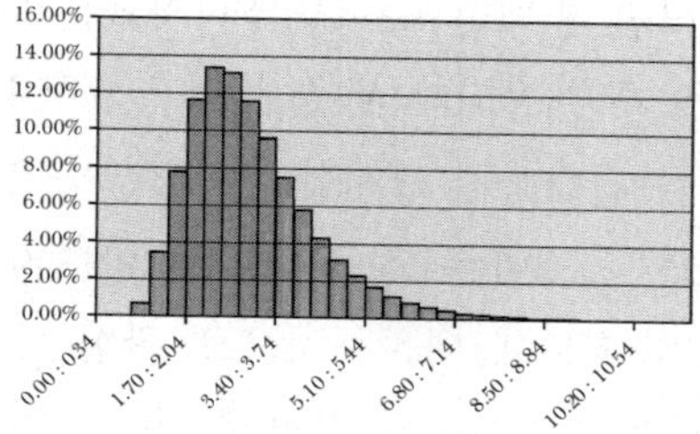

백분율	
5%	1.4
10%	1.6
15%	1.8
20%	1.9
25%	2.1
30%	2.2
35%	2.3
40%	2.5
45%	2.6
50%	2.7
55%	2.9
60%	3.0
65%	3.2
70%	3.4
75%	3.6
80%	3.8
85%	4.1
90%	4.5
95%	5.2
100%	16.8

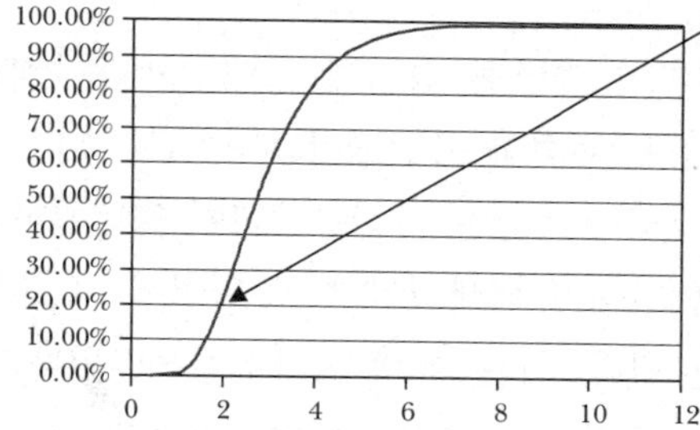

그림 10.2 시뮬레이션의 주요 결과물

치"는 그 역할이 **분산**(variance)의 역할과 유사하기 때문에 마인들 경영의 견지에서 "위험가치" 개념이 사용될 수 있다.

여러 임의의 변수에 관한 불확실성들로 구성된 그룹을 이해하기 위해서는 또 다른 하나의 마인들, 즉 불확실성들 간의 상관관계성이 필요하다. 불확실성들 간에 존재하는 상호관계성을 이해하는 것은 범죄 용의자가 갱단에 입회한 것과 같다고 할 수 있다(범죄용의자가 독자적으로 활동할 때보다 갱단의 일원으로 그들 조직원들과 함께 활동할 때 더 큰 위험과 문제가 발생함－역주). 그러나 불확실한 숫자가 하나일 경우에는 〈그림 10.2〉에 있는 백분율 표와 그래프가 이 불확실한 숫자에 관하여 알고자 하는 모든 정보들을 우리에게 제공해 준다. 불확실한 숫자가 완벽한 종 모양을 가지고 있는 특수한 경우 평균과 **시그마**를 동시에 고려하면 완벽한 종 모양의 확률분포함수가 제공해 주는 정보와 동일한 정보가 제공되기 때문에 평균과 **시그마** 두 값으로 종 모양의 확률분포함수를 간략하게 표시할 수 있다. 그러나 다른 형태의 확률분포함수의 평균과 시그마는 정규확률분포함수의 평균과 **시그마**보다 정보 제공량이 적기 때문에 이 두 값으로 관심 대상의 확률분포함수가 정의될 수 없다. 이제 나는 **시그마**의 정의에 관해서 기술할 준비가 되어 있다.

시그마 정의

시그마는 확률과 통계학을 이해하는데 방해를 하는 증기기관 시대의 시대착오적 산물이다.

시그마는 확률과 통계학의 이론이 개발될 당시에는 이 두 분야에서 중요한 역할을 했고, 지금도 다양한 과학과 품질관리 분야에서 거의 절대적인 위치를 차지하고 있다. 그러나 지금은 계산통계학이 광범위하게 사용됨에 따라 **시그마**는 그 주요 기능이 퇴색되어 가고 있어서 그 중요성이 점차적으로 약화되어 가고 있다. 나는 이제 여러분이 **시그마**를 사용하는 대신에 **분산**(variance)과 유사한 발음과 의미를 지니고 있으면서도 사어가 아닌 **변화량**(variation)이라는 용어를 사용할 것을 권유하고 싶다. 나는 시그마 주제에 관하여 더 많은 이야기를 하고 싶지만 독자 여러분이 식상해할까 봐 이쯤에서 시그마에 관해 더 이상의 토론을 그만두기로 하겠다. 여러분이 아래의 박스에 기술된 내용을 참조하면 시그마와 분산에 관해서 더 많은 내용들을 알아 볼 수 있을 것이다.

> FlawOfAverages.com을 방문하면 **시그마**, 신뢰성 구간, 그리고 **시그마**의 수리적인 정의에 관한 많은 내용들을 알아 볼 수 있다.

기억해야 할 사항

- 히스토그램
- 누적그래프
- 백분율
- 변화량

잊어야 할 사항

- **표준편차**, **시그마**, **분산**, 그리고 σ : 앞의 용어들 대신에 "변화량 정도"를 "백분율"과 함께 사용하여라.

제11장

마인들 4: 테리 다이얼과 자동차 도로 위의 만취한 사람

1995년 나는 내 세미나에 참석한 웰스 파고 은행 경영자들에게 "어떤 사람이 술에 만취해서 교통이 혼잡한 고속도로 중앙선 주위에서 비틀거리며 갈지자로 걷고 있는 상황을 상상해 보자. 그리고 평균값으로 보아 이 술주정뱅이가 중앙선에 위치하고 있다고 가정해 보자. 그러면 이 술주정뱅이는 살아 있다고 할 수 있겠으나, 평균해 보면(대체로) 이 술주정뱅이는 반은 죽은 것이나 다름없다"라는 이야기를 해주었다.[1]

사실 내가 이 이야기를 끝내기도 전에 이 세미나에 참석한 은행원 중 한 사람이 "저것이 바로 우리로 하여금 인센티브 계획에서 예산을 항상

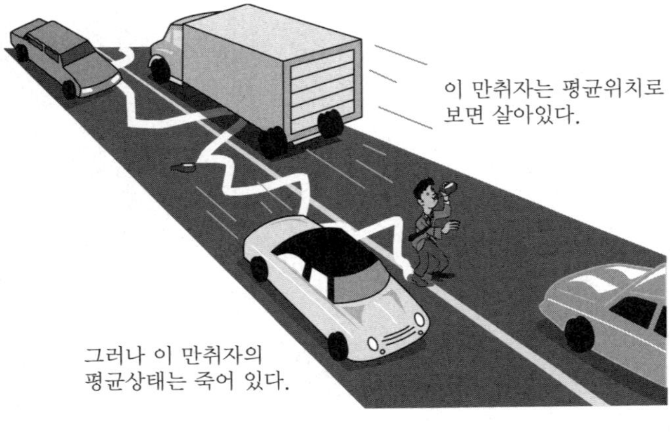

날려 버리게 하는 이유가 되는 것이구나!"라고 제법 큰소리로 내 이야기에 반응을 보였다.

나는 그 여자가 무엇을 의미하기 위해 이런 말을 했는지 그 당시 곧바로 알 수 없었으나, 후에 그녀가 테리 다이얼이고, 그리고 그녀가 이 일화로부터 평균의 함정의 강형을 바로 알아차렸다는 사실을 알게 되었다. 테리 다이얼은 은행 출납원으로 1970년에 직장 경력을 시작하였고, 나중에는 웰스 파고 은행의 수석 부행장까지 승진하였으며, 그로부터 2년 후엔 이 은행의 소매 금융부분의 최고경영자가 되었다. 내가 만취운전자의 일화를 이야기할 당시 웰스 파고 은행은 인센티브 보너스로 지불되는 총액이 얼마인지를 예측하는데 큰 어려움을 겪은 테리는 이 문제에 대한 새로운 접근법을 찾던 중이었다.

테리는 아래와 같은 예를 들면서 인센티브 보너스 예산에 관한 그녀의 생각을 기술하였다. 웰스 파고 은행원 1인당 연간 보통예금 판매 수가 개인 간에 많은 차이가 있기는 하지만, 1인당 연평균 판매 계좌수가 200개 정도 된다고 한다. 그리고 웰스 파고 은행에서는 연간 1인당 판매 계좌수를 올리기 위해서 1인당 연평균 판매 계좌수 200개 이상을 판매한 은행원에게 1,000달러씩 보너스를 주고, 그렇지 못한 은행원들에게는 보너스를 전혀 주지 않기로 하였다고 한다. 언제인가 나는 어느 회사에서 이러한 기준 장벽을 "최고로 멋진 순간(champagne moment)"이라고 부른다는 말을 들어본 적이 있다. 웰스 파고 은행에서 인센티브 보너스 예산을 이와 같이 수립한다면 이 은행은 은행원들에게 보너스를 지불하기 위해 평균적으로 얼마의 예산을 수립해야 하겠나? 연평균 판매 계좌수를 달성한 은행원들은 평균 이상의 판매 실적을 올리지 못했기 때문에 이들은 보너스를 전혀 받지 못한다. 그래서 평균 보너스는 "0"이 된다. 이 평균 보너스 "0"이 맞는가? 독자 여러분은 이 질문에 대해서 한 번 생각보기 바란다.

이 은행의 은행원들 중 대략 반 정도는 샴페인을 터트릴 수 있으니 은행원 1일당 평균 보너스는 대략 500달러가 된다. 물론 현장에서 발생하는 문제는 이보다 더욱 복잡하지만, 연평균 판매 실적을 올린 은행원들을 기준으로 인센티브 계획을 수립하는 것이 전혀 효과가 없다는 사실은 확실하다.

평균의 함정의 강형 대 약형

앞에서 살펴 본 바와 같이 평균의 함정은 두 가지 특성을 가지고 있다. 릭 메드레스가 여러 편의 영화에 분산투자를 실행해서 영화 포트폴리오의 위험은 변했지만, 평균 이익은 2,000만 달러로 변함이 없었다. 영화 한 편의 이익을 평균으로 표시하면, 이익에 포함된 위험을 옳게 이해할 수 없지만, 최소한 포트폴리오의 평균 이익에 대한 이해는 할 수 있다. 이것이 평균의 함정의 약형이다.

평균의 함정의 강형은 약형보다 많이 고약하다. 여러분이 평균의 함정의 강형을 이해하지 못하면 평균이라는 개념을 올바르게 이해할 수 없다. 평균의 함정의 강형에 의하면 웰스 파고 은행의 경우 평균적인 업무 처리를 하는 직원의 보너스가 평균 보너스가 될 수 없다. 이것이 불확실성을 이해하기 위한 네 번째 마인들이다. 1장에 기술되어 있는 평균의 강형과 관련된 다음과 같은 예들을 다시 한 번 생각해 보기로 하자.

- 마이크로칩 생산의 평균(기대)이익은 평균 수요와 관련된 이익보다 적었다.
- 소프트웨어 프로젝트의 평균(기대) 개발 기간은 이 프로젝트의 서브루틴들의 평균 개발 기간보다 길었다.
- 소멸되는 항생제를 관리하기 위해 발생된 평균(기대) 월간 비용은 평균 수요와 관련된 비용보다 많았다.

사람들의 사업 방법을 바꾸기는 매우 어렵다

테리 다이얼과 같이 많은 사람들이 평균의 함정과 같은 새로운 개념을 이해할 때면 나는 기쁨을 감출 수 없다. 사람들이 첫 번째 데이트에서 많은 것들을 바라는 것처럼 세미나 참석자들도 그들이 참석한 세미나에서 많은 것들을 얻기를 기대하고 참석하지만 그들 대부분은 세미나 내용에 대해서는 어떤 식으로든 전혀 반응을 보이지 않는다. 간혹 새로운 경영기법을 받아들여서 실행할 수 있는 가능성을 지닌 기업경영자들이 있기는 하다. 하지만 결국 "사람들의 사업 방법을 바꾸기는 매우 어렵다"는 것이 나의 생각이었다. 그래서 술주정뱅이 일화로 구성된 내 세미나가 끝난 후 웰스 파고 은행에서 나에게 전화를 하지 않았어도, 편지를 보내지 않았어도, 그리고 꽃 한 송이 보내오지 않았어도, 나는 전혀 놀라지 않았다.

그러나 이러한 일들은 내가 테리 다이얼이 나의 세미나에서 얻은 아이디어로 무엇을 하려고 하는지를 알기 이전 내가 가지고 있었던 편견이었다. 내가 확신하건데, 테리 다이얼과 함께 내 세미나에 참석했던 다른 은행직원들은 내 세미나 이후에도 고속도로 상의 만취한 사람에 관한 일화를 테리 다이얼로부터 계속해서 듣고 있었던 것이 틀림없다. 나중에 알게 되었지만, 웰스 파고 은행은 내 세미나 후 2년 동안 다른 은행을 합병하기 위해 전념을 하고 있었다고 한다. 그러나 합병 작업이 끝난 1997년 어느 날 내 대학원 학생이었고, 나의 웰스 파고 은행 접촉 상대였던 매튜 라파엘슨이 어느 날 나에게 전화를 걸어 다시 내가 자기네 은행을 방문해 줄 것을 부탁했다.

내가 매튜의 사무실에 도착했을 때, 나는 웰스 파고 은행이 보너스 인센티브 계획과, 그리고 불확실성이 포함된 다른 여러 가지 경영활동을 모델링하기 위해 크리스털 볼(Crystal Ball)이라는 시뮬레이션 소프트웨어를 사용하고 있었던 사실을 알고는 매우 놀랐었다. 2년 전 세미나에서 테리 다이얼이 품고 있었던 아이디어가 바로 그때부터 웰스 파고 은행에서 실현되고 있었던 것이다. "사람들의 사업 방법을 바꾸는 것이 매우 어렵다는"라는 표현은 다이얼의 사전에는 없었던 것이고, 이러한 결과 그녀는 웰스 파고 은행에서 인간 사이클론이라는 별명을 얻게 되었다고 한다. 그 후부터 웰스 파고 은행에 분석적 사고 문화가 정착되어 오고 있으며, 평균의 함정의 개념이 지속적인 이 은행의 최고경영자 교육 프로그램을 통해 평균의 함정의 개념이 지속적으로 유지되어 오고 있다고 한다.

확률분포의 변형

현재 웰스 파고 은행의 인센티브 프로그램은 소매금융 보고서를 작성하고 판매 성과를 측정하는 부서의 선임 부은행장인 타이슨 파일(Tyson Pyles)이 담당하고 있다. 그는 스탠퍼드 공과대학에 개설된 나의 경영과학 강의 과목에서 응용 심리학과 통계학을 통합한 프로젝트 내용을 발표해 오 고 있는 중이다. 파일이 수강한 이 과목의 강의는 편안한 마음으로 서로 의견을 자유롭게 나눌 수 있어서 파일이 다른 수강 학생들에게 많은 도움을 주고 있는 것이 확실하다. 그는 원래 사교성이 좋고 훌륭한 품성을 가진 사람이어서 이러한 분위기의 수강과목에서 그가 동료 수강생들에게 좋은 사람으로 인식되는 것은 당연하다. 그가 낮에 은행에서 근무할 때는 45,000명의 은행 직원들을 가르치고, 조언해 주고, 관리하고, 그리고 이들 개개인의 입장에서 나오는 불만, 질문, 제안서들을 처리해 주는 등 막중한 업무를 수행하고 있다. 그는 지금 이렇게 큰 규모의 그룹을 관리하면서 또한 통계학 공부를 하고 있는 중이다.

파일은 "우리는 판매 성과 측정의 확률분포를 이해하는데 있어서 지난 수년 사이에 큰 발전이 있었다"라고 하면서 "우리는 처음에 이 확률분포가 종 모양일 것이라고 추측했다. 그런데 우리가 인센티브 프로그램의 확률분포를 여러 측면에서 분석하고 관찰해 보면서 이 인센티브 프로그램의 확률분포함수가 다양한 형태가 될 수 있음을 알게 되었다"라고 하였다.

〈그림 11.1〉은 보너스 지급 기준을 변화시켰을 때 성과 측정 확률함수가 어떻게 변하는지를 보여주고 있다. 파일은 "가장 큰 업적을 올린 은행원들의 인센티브에 대한 업무상 반응이 가장 저조한 업적을 올린 은행원들의 인센티브에 대한 업무상 반응과 매우 다르게 나타날 수 있

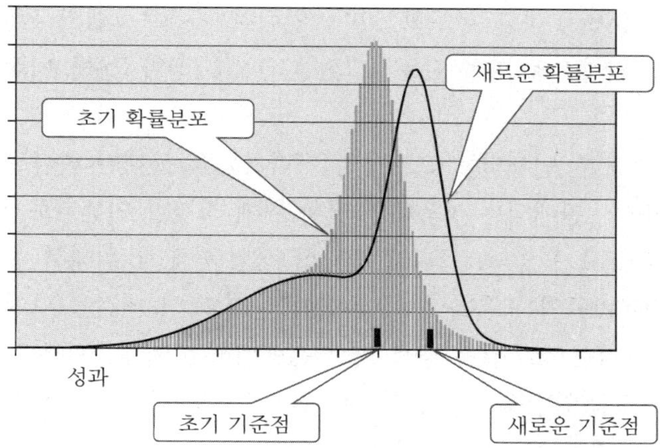

(a)

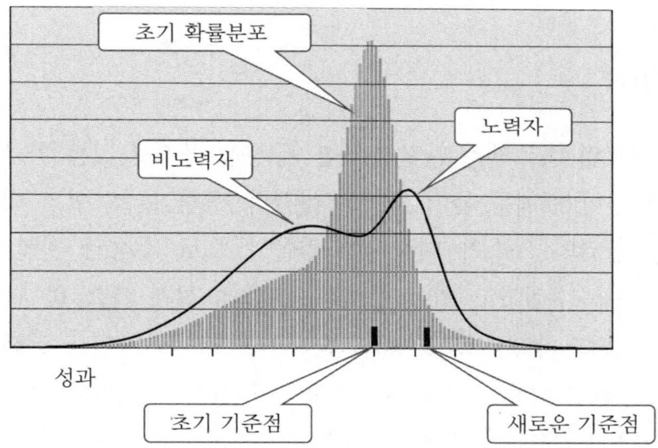

(b)

그림 11.1 (a) 보너스 기준을 변화시킨 후 변형된 성과측정 확률분포
(b) 노력자와 비노력자

다"고 한다. 파일과 함께 근무하고 있는 대학원 졸업생인 마크 루비노는, 보너스 기준을 인상하면 어떤 은행직원들의 성과는 이에 따라서 증가하기도 하지만, 사실 다른 직원들은 보너스 받기를 포기하고 근무를 게을리 하기 때문에 은행에서는 이들의 근무태도에 관한 상황을 지속적으로 주시해 오고 있다고 한다. 그는 이 두 그룹을 "노력자(strivers)"와

‘비노력자(divers)’라고 부르고 있다. 인센티브 프로그램의 확률분포가 동시에 두 방향으로 퍼져 있는 〈그림 11.1〉의 (a)와 (b)를 비교해 보아라.

파일은 “물론 인센티브 프로그램은 다차원적 문제이다”라고 지적을 하면서, 또한 “판매되는 상품에 따라서 이에 적합한 인센티브 프로그램이 개발될 필요가 있다. 그리고 이러한 작업을 하기 위해서 우리는 이 분야의 전문가들의 도움을 받아야 한다”라고 그의 의견을 나에게 제시를 했다. 마지막으로 그는 웰스 파고 은행에서는 이제 존재하지도 않는 평균 은행직원(일반적으로 평균값은 실질적으로 존재하지 않음－역주)들을 관리하려고 시도하지 않는다고 한다.

가스정 평가

나는 여기서 위 내용과는 완전히 다른 특성을 가지고 있는 평균의 함정의 강형에 관한 예제를 들어 보기로 하겠다. 예를 들어, 어느 회사가 지금 100만 단위의 가스가 매장되어 있을 것으로 추정된 천연가스층을 매입할 계획을 수립하고 있는 중이다. 그런데 현재 가스 한 단위당 시장가격은 10달러이고, 가스를 채굴해서 이를 파이프라인을 통해 시장까지 운반하는데 9.5달러의 비용이 발생하여 가스 한 단위당 이익은 0.5달러가 된다. 만약 이 회사가 가스층을 구입하기로 결정한다면, 가스를 채굴해서 이를 시장까지 수송하는데 한 달 정도 걸리기 때문에 이 기간 동안 가스 가격이 변할 수도 있을 것이다.

그러면 이 프로젝트의 책임자는 가스층의 가치를 계산하기 위해 그의 어느 한 직원에게 한 달 후의 가스 가격을 추정해 보라고 지시할 것이다. 이 지시를 받은 직원이 “이 가격 변화는 매우 불확실해서 현재 가격보다 몇 달러가 올라 갈 수도 있고, 또는 내려 갈 수도 있을 것이다”라고 이 프로젝트 책임자에게 답을 하면, 이 책임자는 즉시 “나에게 숫자 하나로 답을 줘라. 그러면 가스층의 가치는 내가 계산하겠다”라면서 그

직원에게 한 달 후의 가스 가격을 다시 요구할 것이다. 그래서 이 직원이 "그럼, 한 달 후 가스 평균가격은 현재 가격과 같을 것으로 추측된다"라고 전해줄 테인데, 그러면 프로젝트 책임자는 이때서야 매우 만족해하면서 가스 한 단위당 평균가격인 10달러를 토대로 가스층의 기대가치를 계산할 것이다. 즉, 그는 가스 한 단위당 이익 0.5달러에 100만 단위를 곱해서 가스층의 가치가 50만 달러라고 결정을 할 것이다.

여기에 가스의 불확실한 미래 가격이 주어지면, 가스층의 평균 가치에 관해서 생각해 볼 수 있는 마인들이 생기게 된다. 가스층 하나에 투자하는 대신에 각각 독립된 가스층 1,000개로 구성된 가스정 포트폴리오의 1/1,000 지분에 투자하는 상황을 가정해 보자. 미래 가스 가격의 불확실성은 없고, 다만 각 가스층에서 개발되는 가스 가격은 다르다고 한다. 이 경우 가스 가격은 10달러로 추정되었다고 한다. 그리고 시장까지의 가스 운반은 서로 독립된 가스관을 사용하고 있다고 한다. 그러면 이런 종류의 투자프로젝트의 평균 가치는 1,000개의 가스층 가치를 합해서 1,000으로 나누어 얻게 된다.

다시 가스정 프로젝트 책임자가 평균 가스가격을 토대로 가스층 가치를 계산하는 방법으로 돌아가 보자. 이 방법에서는 가스 가격의 불확실성을 무시하고 있고, 만약 여러분이 지금까지 평균의 함정에 관해서 무엇인가를 배웠다면 가스정 1,000개의 평균 가치가 평균 가스가격을 토대로 계산된 가치보다 확실히 적다는 사실을 알게 되었을 것이다. 이것이 맞다고 생각하는가?

위 질문에 대해 "맞다"라고 하면 틀린 것이고, 정답은 1,000개 가스층의 가치를 모두 합해서 계산된 평균 가치가 더 크다이다. 만약 가스가격이 올라가면, 가스정 포트폴리오의 가치도 상승한다. "그러나 가격이 내려가면 어떨까?"라는 의문을 여러분이 가지게 될 것이다. "이렇게 가스 가격이 내려가면, 이 회사는 큰 손실을 입게 될 것이다" 그러나 가스 가격이 내려가도 손실이 발생되지 않을 수 있다. 그 이유는 가스 가격이 9.5달러 이하로 떨어지면, 이 회사는 가스 판매를 중단할 옵션을 가지고 있어서 이로 인한 손실은 〈그림 11.2〉에서 보는 것처럼 "0"

이 된다. 그래서 1,000개 가스정의 총 가치는 항상 "0"보다 크게 된다.

위에서 기술한 옵션 전략에 관한 구체적인 예로써, 현재 가스가격이 10달러이지만 앞으로 이 가격이 50-50으로 정확하게 2.5달러 내려 갈 수도 있고, 아니면 올라 갈 수도 있는 상황을 고려해 보자. 이러한 변화에도 불구하고, 평균 가스가격은 10달러로 전과 같다. 만약 가스가격이 2.5달러 올라가면 가스 한 단위당 이익은 12.5달러-9.5달러=3.00달러가 되고, 이 값에 100만을 곱하면 총 이익은 300만 달러가 된다. 만약 2.5달러가 내려가면 손실이 발생하기 때문에, 이 회사에서는 가스층을 잠시 폐쇄해서 손실을 보지 않게 된다. 첫 번째 경우의 총 이익 300만 달러와 두 번째 경우의 총 이익 "0" 달러의 평균은 150만 달러가 되어, 이 값은 평균 가스가격 10달러를 사용하여 계산한 평균 이익의 3배가 된다(그림 11.2 참조). 그러나 어떤 경우가 발생하든지 가스 판매가 계속 이루어져야 된다면, 1,000개 가스정의 평균이익은 다시 50만 달러로 떨어지게 된다.

이러한 가스층을 구입하기 위해 얼마를 지불할 것인가는 이 회사의 몫이기는 하지만, 만약 이 회사가 가스층의 평균 가치가 평균 가스가격

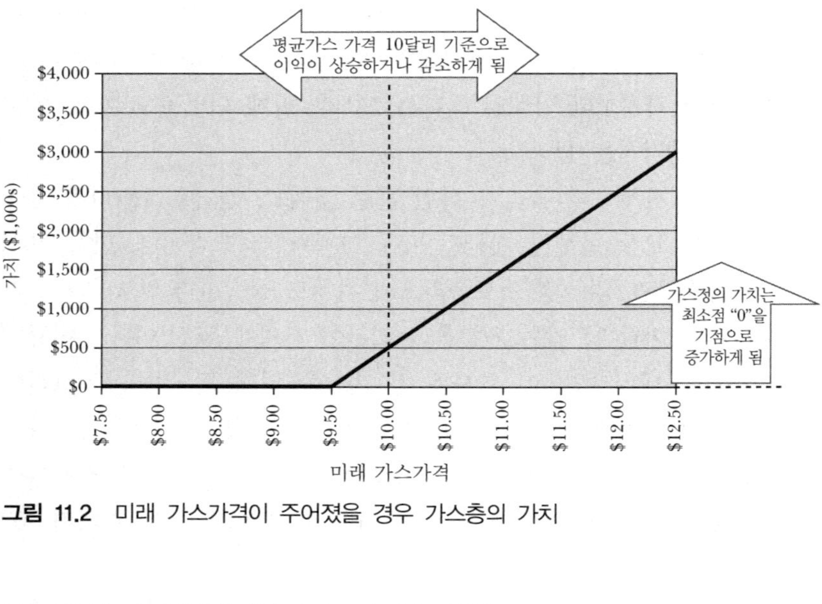

그림 11.2 미래 가스가격이 주어졌을 경우 가스층의 가치

을 토대로 계산된 가치보다 훨씬 크다는 사실을 인식하지 못한다면, 이 회사는 이 투자의 옵션기회를 포착한 다른 경쟁회사에게 가스정 입찰에서 불리하게 되어 이 입찰에서 결국 패배하고 말 것이다.

테리 다이얼이 런던에 근무하다

그 동안 테리 다이얼에게 무슨 일이 있었는가? 그녀는 로이드 TSB 소매금융 최고경영자로 런던에서 근무하고 있었다. 좋았어! 자유분방한 금발 머리를 한 미국 여성이 고리타분하고 지나치게 격식을 차리는 영국 은행을 경영하는 것은 마치 몬티 파이튼(Monty Python은 BBC가 1969년 10월 5일 처음 방송한 영국 텔레비전 코미디 스케치 쇼인 'Monty Python's Flying Circus'를 창작한 기상천외한 코미디를 극화한 영국의 유명한 코미디 그룹이다. 이들이 코미디 분야에 미친 영향력은 비틀즈가 팝송 분야에 미친 영향과 비교되고 있다.-역주) 촌극의 전제처럼 들리는데, 나는 그렇게 될 수도 있었을 것이라고 생각했다. 그런데 나의 이와 같은 예상은 여지없이 빗나갔고, 대신 2007년 그녀는 영국에 있는 미국인들 중 가장 영향력이 있는 50인 중 한 명으로 선정되었다.[2]

로이드 은행에서 테리 다이얼이 취한 초기의 의사결정 중 하나는, 그녀가 웰스 파고 은행에서 실행했던 것과 유사한 분석적 문화를 로이드 은행에 정착시키는 것이었다. 2006년 나는 케임브리지 대학교의 저지 경영대학원에 근무하는 스테판 스콜츠 교수와 함께 로이드 은행의 경영자 간부들을 위한 교육 세미나에서 테리 다이얼의 일을 도와주었다. 로이드 은행의 최고경영자들은 이 교육과정을 재정적으로 지원했으나, 입으로는 칭찬하면서도 내가 앞에서 기술한 고속도로 상의 만취한 사람에 관한 예로부터 얻을 수 있는 진지한 교훈을 자기 것으로 소화하기 위한 시간을 거의 갖지 않았다. 그러나 테리의 방법은 좀더 현실적인 것이었다. 그녀는 함께 일하고 있는 이사들 중 16명을 런던에서 케임브리지 대학교로 데리고 와서는 이틀 밤 동안을 그들과 함께 지냈다. 이러한 그녀의 노력 때문에 나는 스테판과 다음에 로이드 은행 경영진 간부들을 위해 준비한, 그러나 아직은 완성되지 않은 강의안 초본을 테리와 그리고 그녀와 함께 온 16명의 이사들에게 미리 건네주었다.

인간 사이클론 테리 다이얼이 세계 금융위기 쓰나미를 만나다

테리 다이얼은 최근에 북미 소매 금융은행의 CEO와 시티그룹의 소매 금융 전략팀의 글로벌 헤드를 겸직하는 조건으로 이 은행에 영입되어 런던에서 뉴욕으로 옮겨왔다. 그래서 우리가 로이드 은행에서 마지막 강의를 할 때 테리는 이미 런던을 떠나 있었다. 그녀가 로이드 은행에 더 이상 근무하고 있지 않았기 때문에 나는 로이드 은행 세미나 참석자들로부터 그녀의 성과에 대하여 솔직한 의견을 들을 수 있었다. 그들은 누구 할 것 없이 모두 한 목소리로 테리 다이얼이 짧은 시간 동안 로이드 은행에서 이룩한 업적에 대해서 경이로워하면서, 그녀에 대한 존경심을 솔직하게 털어놓았다. 이 책을 집필하는 지금 테리 다이얼은 뉴욕에서 세계적 금융 쓰나미와 싸우고 있을 텐데, 나는 그녀가 이 싸움에서도 승리하기를 바라고 있다.

기억해야 할 사항

- 평균의 함정의 강형은 평균/기댓값을 입력 데이터로 사용하면 우리들이 원하는 평균/기대 결과값을 항상 얻지 못한다는 사실을 의미한다(마인들 4).
- 고속도로 상의 만취한 사람

잊어야 할 사항

- 사람들의 사업방법을 바꾸는 것은 매우 어렵다.

제12장

옌센이란 사람과 옌센 부등식

평균의 함정 강형의 기본

수학자들에게 옌센 부등식으로 알려진 평균의 함정의 강형은 위험과 기회의 마스크를 동시에 쓰고 있다. 여러분이 이 개념에 친숙해지면, 여러분은 위험을 피하면서 동시에 기회를 잡을 수 있을 것이다. 이전 장에서 여러분은 평균의 함정이 우리들에게 위험과 기회를 주고 있다는 사실을 알았을 것이다. 여러분이 수립한 계획에 불확실한 변수의 평균값을 반영하면, 여러분은 경우에 따라서 과대평가된 평균값을 얻기도 하고, 혹은 과소평가된 평균값을 얻기도 한다. 이제 이와 같은 두 가지 상황의 특징을 나타내는 일반적인 법칙에 관하여 알아보기로 하자.

불확실한 입력 데이터와 스프레드시트

평균의 함정이 자주 발생하는 이유는 스프레드시트 이용자들이 불확실한 숫자에 대해 최상의 추측값을 모델에 입력하고 그들이 순진하게도 최상의 결과값을 얻을 것이라고 믿고 있기 때문이다. 그러나 수학자들에게 평균의 함정의 강형은 새로운 사실이 아니다. 그들은 한 세기 이상 동안 이 강형을 **옌센 부등식**(Jensen's inequality)으로 알고 있었다. 물론 여러분이 이와 같은 이름을 전혀 들어 보지 못했다고 해도 놀랄 필요는 없다.

그런데 수학자들은 입력값, 산출값, 그리고 수식들로 구성된 전형적인 스프레드시트 모델을 **함수**로 연관시키고 있다. 그리고 만약 입력값에 불확실한 숫자들이 포함되어 있으면, 이들은 이를 **임의 변수 함수**라고 부른다.

그러므로 불확실한 입력값을 사용하는 전 세계 수백만 스프레드시트 모델들은 실질적으로 **임의 변수들 함수**라고 할 수 있다. 만약 여러분이 스프레드시트를 사용하고 있다면, 웹으로 가서 **임의 변수들의 함수**에 대한 정의를 찾아보기 바란다. 다시 생각해 보니, 여러분이 함수에 관한 정의를 찾는다고 해도, 나는 여러분이 그러한 사어로부터 임의 변수 함수에 관한 올바른 의미를 이해할 수 있을 것이라고 기대하지 않는다. 그렇지만 여러분이 앞으로 내가 설명하는 내용을 이해한다면, 여러분은 임의 변수의 함수가 무엇인지를 명확하게 이해하게 될 것이다.

수학자들은 사회적 불공정성(unjustice)을 지적하기 위해 부등식이라는 용어를 사용하는 것이 아니고, 한 숫자가 다른 숫자와 같지 않은 상황을 기술하기 위해 부등식을 사용하고 있다. 옌센(Johan Ludwig William Valdemar Jensen)은 덴마크에서 전화가 사용되기 이전인 1800년대 후반 전화기 엔지니어와 아마추어 수학자로 활동했다(아마추어 수학자란 자칭 정통 수학자라는 사람들이 다른 일에 종사하며 수학에 관심을 가지고 연구하는 사람들을 경멸하며 부르는 용어이다).[1] 그는 그의 생애 동안 여러 중요한 이론들을 증명하였는데, 그 중에서 1906년 증명된 이론이 유명한 옌센 부등식이다.

> **잠깐!** 다음에 기술할 내용들이 어떤 독자들에게는 도전적인 내용일 수 있다. 이 내용들도 역시 평균의 함정의 강형에 대한 통찰적 이해를 돕기 위한 중요한 것들이다. 나는 독자 여러분이 최소한 아래의 그림들을 대략적으로라도 살펴보고 스마일 얼굴 그림과 찌푸린 얼굴 그림을 찾아보기를 바란다.

옌센 부등식은 네 가지 불확실한 입력 데이터 형태와 관련된 수식들을 기술하고 있다(그림 12.1 참조).

다음은 옌센의 네 가지 수식에 관해 요약된 내용이다.

1. 아래 그림에서 첫 번째 형태의 그래프는 직선(**선형**)이다. 이 그래프 수식의 실질 평균값은 평균 입력 데이터를 현재 고려중인 선형

선형함수 선형식의 평균값은 변수 “x”의 평균값을 사용하여 계산된 선형식 값과 같다.	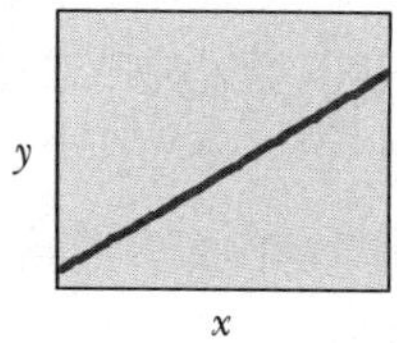	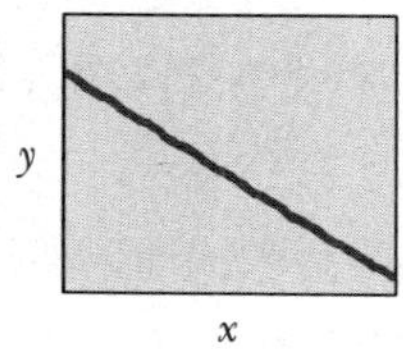
볼록형 함수 볼록형 함수의 평균값은 변수 “x”의 평균값을 사용하여 계산된 볼록형 함수값보다 크다.	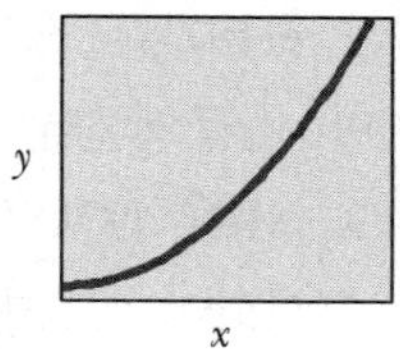	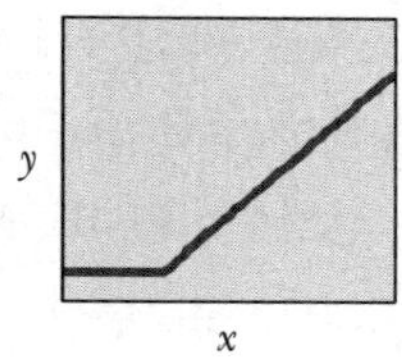
오목형 함수 오목형 함수의 평균값은 변수 “x”의 평균값을 사용하여 계산된 오목형 함수값보다 작다.	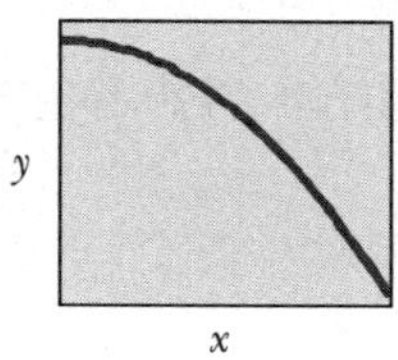	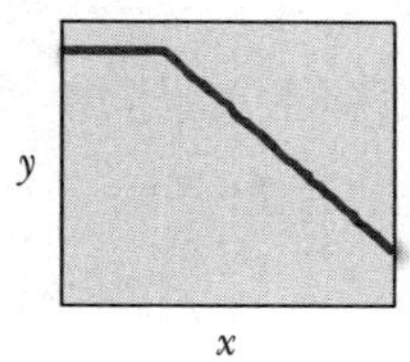
위 함수에 속하지 않은 경우	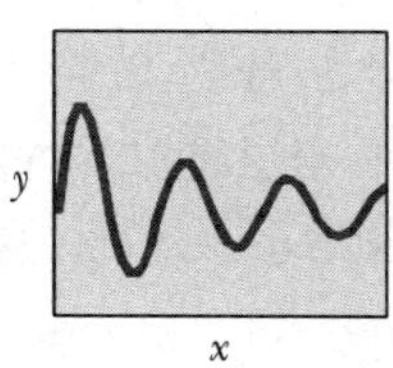	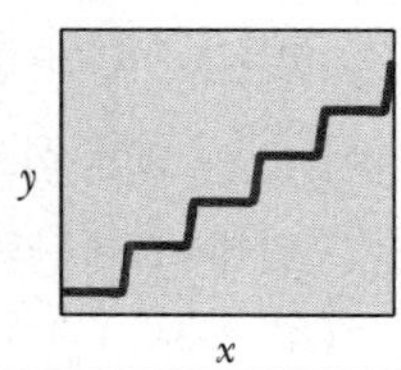

그림 12.1 요약된 옌센 부등식

수식에 대입하여 얻은 값과 같다.

2. 두 번째 형태의 그래프는 중앙이 위로 올라간 형(**볼록형: convex**) 이다. 이 그래프 수식의 실질 평균값은 평균 입력 데이터를 현재 고려중인 볼록형 수식에 대입하여 얻은 값보다 크다.

3. 세 번째 형태의 그래프는 중앙이 아래로 내려간 형(**오목형: concave**) 이다. 이 그래프 수식의 실질 평균값은 평균 입력 데이터를 현재 고려중인 볼록형 수식에 대입하여 얻은 값보다 작다.

4. 네 번째 형태는 위 세 가지 경우에 속하지 않는 모든 함수들로 **옌센부등식**이 적용되지 않는다.

선형수식을 계산하기 위해 사용되는 스프레드시트는 단순한 덧셈과 뺄셈 법칙을 주로 요구하지만, 가끔씩 곱셈 법칙을 필요로 하기도 한다. 그러나 선형수식이 IF, MAX, MIN, LOOKUP 등을 취하거나, 혹은 여러 스프레드시트 수식으로 구성되어 있으면, 초기의 선형식은 결국 평균의 함정의 강형을 초래하는 **비선형**수식으로 변환된다.

이와 같이 선형수식이 비선형수식으로 변환된 경우 현재 고려중인 모델의 정확한 평균값을 추정하기 위한 유일한 방법은 시뮬레이션을 실행해 보는 것뿐이다.

옵션, 규정, 스마일, 그리고 찡그림

스테판 스콜츠는 독일의 작은 농촌 마을에서 태어나서 성장하였고, 인근 도시에 있는 고등학교에 다녔던, 그 마을에서 몇 안 되는 고등학생이었다. 그런데 스테판의 사투리가 너무 심해서 그곳 고등학교 선생님조차도 그의 사투리를 이해하는데 어려워하였다고 한다. 이와 같이 스테판이 모국어인 독일어로 의사소통하는데도 문제가 심각했는데, 그의 외국어 실력에 관해서 물어 무엇하겠는가? 고등학교시절 영어는 스콜츠에게 큰 골칫거리 과목이어서 그는 고등학교를 일 년 더 다녔었다고 한다(이 점이 스테판과 나와 같은 점이다). 그러나 16년 후 그는 영국의 케임브리지 대학교 교수가 되었고, 이전 장에서 기술한 대로 나는 그와 함께 로이드 은행의 경영진들을 위해 세미나 강좌 교과목을 개발했다.

스테판은 MBA 수강 학생들에게 평균의 함정을 강의하면서 평균의 함정의 강형을 유발시키는 다음과 같은 두 가지 형태의 비즈니스 계획의 특성들을 설명하고 있다[2]: 옵션과 규제.

옵션

여러분이 비즈니스 계획과 관련된 불확실성을 해소시킨 후 이를 수정할 수 있다면, 이 비즈니스 계획의 실질 평균 결과값(함수값들을 토대로 계산된 평균값－역주)은 평균값을 토대로 추정된 결과값(변수의 평균값을 함수에 직접 대입해서 얻은 평균값－역주)보다 크게 나타난다. 11장에서 설명한 가스층에 대한 투자 계획이 이 원칙에 적합한 예제라고 할 수 있다. 이 예제에서 가스 가격이 떨어지면, 가스를 판매하지 않는 옵션이 실행되기 때문에 가스층의 평균 가치가 평균 가스 가격을 토대로 계산된 평균 가치보다 더 컸었다(그림 11.2 참조).

스테판은 위 가스정 예제를 그래프로 기술하면서 "현재 고려중인 비즈니스 계획의 특징을 알고 싶으면, 비즈니스 계획 가치 대비 불확실한 숫자의 발생 가능한 가치의 그래프를 그려보아라. 만약 이 그래프가 스마일한 형태로 보이면, 이것은 좋은 징조를 말하는 것이다.[3] 그러면 이 경우 비즈니스 계획의 실질 평균값이 불확실한 숫자의 평균값을 토대로 계산된 가치보다 더 크게 나타나게 된다"라면서 통계의 시각화 장점을 강조하였다(〈그림 12.1〉의 두 번째와 같이).

제약성, 규제

만약 비즈니스 계획이 규제에 부딪히면 여러분이 수립한 계획의 실질 평균 결과값은 불확실성의 평균값을 토대로 계산된 비즈니스 계획의 평균값보다 더 적게 된다. 이러한 문제는 수요량과 상관없이 생산현장의 제한된 생산능력으로 인하여 판매량이 영향을 받는 마이크로칩 생산의 예제에서 나타났었는데(1장 그림 1.1 참조), 이 경우 실질 평균 이익이 평균 수요를 토대로 계산된 이익보다 적었다. 그러면 이 문제는 스테판이 기술한 "만약 가치의 그래프가 찡그림 형－나쁜 정보인데－으로 나타나면, 이 경우 실질 평균값은 불확실한 숫자의 평균값을 토대로 계산된 값보다 적게 나타날 것이다"라는 경우와 같은 것이 된다(그림 12.1의 세 번째 경우 참조).

주의 사항 : 만약 여러분이 불확실한 숫자의 가치가 아니라 비용을 그래프로 그린다면, 위로 곡선이 올라간 것은 악마의 스마일이 되고, 아래로 내려간 것은 악마의 찡그림이 된다. 이러한 그래프의 해석은 앞에서 기술한 이익개념의 해석과 반대가 되는 것이다.

평균의 함정의 강형에 대한 전형적인 예는 2008년에 발생한 서브프라임 모기지 금융 대재앙이라고 할 수 있다. 서브프라임 모기지 금융 재앙은 모기지 파산율과 주택가격의 관계성을 포함하고 있다. 자산 가치가 떨어지는 곳이나 특정 시점에는 부채상환파산율이 올라가고 이익은 떨어진다. 그러나 이 반대의 경우가 발생하면 부채상환파산율이 떨어지고 이익은 증가한다. 일반적으로 자산 분석가들은 평균자산 가치를 기준으로 모기지 포트폴리오의 이익을 계산하도록 유혹을 받아서 그들의 투자 포트폴리오의 평균이익이 크게 나타난다.

위에서 논한 평균값의 결과 발생에 대한 이유를 다음과 같이 설명해 보도록 하겠다. 이 설명을 위해 분산된 모기지 포트폴리오가 전국의 주택시장에 산재해 있다고 가정해 보자. 그리고 자산 가치가 특정 주택시장에서는 상승할 것으로 기대되고, 다른 시장에서는 하락될 것으로 기대된다면, 이 포트폴리오의 평균 이익은 변하지 않는다고 가정해도 문제될 것은 없다. 이 경우 여러분은 주택 가치와 관련된 이익 그래프가 어떤 형태일 것이라고 추측하는가? 주택 가격이 상승하는 곳에서는 부채상환파산율이 하락하고, 이익은 상승할 것이다. 그러나 반대 현상이

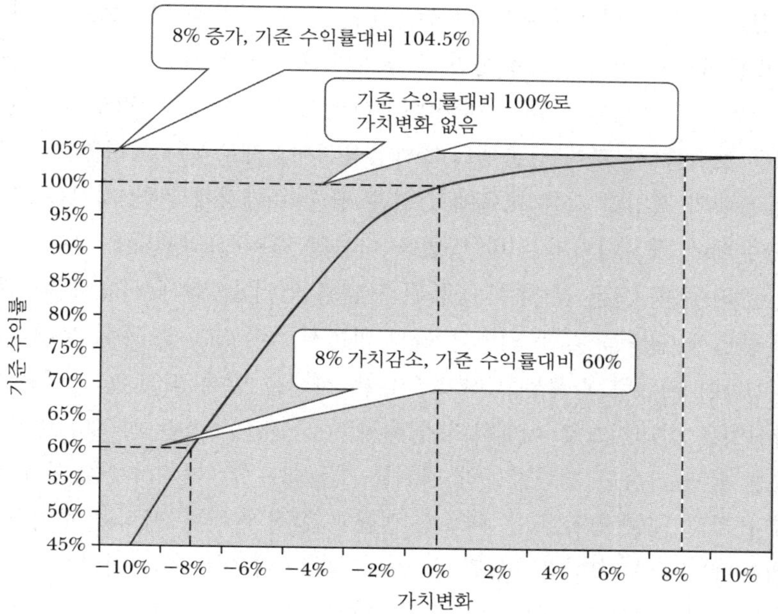

그림 12.2 이익 대비 적정가

발생하면, 부채상환파산율이 상승하고, 이익은 하락할 것이다. 어느 지역에서는 주택 구입을 위해 차입한 부채보다 주택가격이 더 떨어지기도 할 것이다. 그러면 부채상환파산율이 급격히 상승하여 주택담보대출로 주택을 구입한 매입자는 은행에 그들의 집을 넘기고 모텔 방 신세를 져야 할 것이다.

비록 가상적인 데이터를 토대로 구성된 내용이기는 하지만, 수리적 예제로는 전혀 문제가 없는 경우로 위 상황들이 〈그림 12.2〉에 나타나 있다. 이 그림에 찡그림 형이 있다고 간주해 보자. 이 찡그림 형이 〈그림 12.1〉의 세 번째 형, 혹은 〈그림 12.2〉의 하단 왼쪽의 그림처럼 정확하게 맞는지 그렇지 않은지에 관해서는 그리 크게 관심을 가질 필요는 없다. 다만 찡그림 형이라고 간주한 그곳으로부터 우리는 바람직하지 않은 정보를 얻을 수 있다. 이 예제에서 주택 가격이 8% 인상되면, 이익은 대략 5% 정도가 발생되고, 그 반대로 8%가 하락되면, 40%의 엄청난 손실이 발생된다. 그러므로 평균 주택 가격을 기준으로 모기지 포트폴리오의 이익을 계산하면 평균 이익은 과대평가된다.

스튜어트 버킹엄은 테리 다이얼이 미국으로 돌아가기 전에 그녀에게 업무 보고를 한 로이드 은행의 소매금융 분야 재무계획 이사였다. 그는 이 은행의 경영진 간부 교육에서 얻은 평균의 함정에 관한 지식을 로이드 은행에 정착시키기 위한 방법을 다음과 같이 요약했다. 그는 "우리는 우리 은행 모든 분야에 '공통된 모델링 언어'를 함께 사용하는 대학원 졸업생 집단을 갖게 되었다"라고 하면서, "이 교육을 통해 우리들은 우리들이 비선형 관계성을 찾고 있다는 사실을 알게 되었고, 그리고 불확실성을 합리적으로 이해하기 위해서는 잘못된 추정값 하나의 숫자가 아닌 발생 가능한 결과값들의 범위를 사용해야 한다는 사실을 알게 되었다"라고 덧붙였다. 그는 새로운 평균의 함정에 관한 지식을 로이드은행 내에 정착시키면서 발생될 수 있는 위험이나 어려움을 피할 수 있는 방법과 관련해서 언급하기를 "모델개발자들이 우리 은행 경영진 간부들에게 보고하는데 이들이 얻은 새로운 기법들의 효과가 확실하게 극대화되기 위해서는 이들은 물론 은행경영진들을 교육시키는 것이 매우 중요하다"라고 하였다.

그래서 버킹엄의 제안이 로이드 은행의 비즈니스 계획을 수립하는 방법을 변화시켰을까? 버킹엄은 이 질문에 관하여 "확실히 그렇다"라고 답을 하였다. 그는 계속해서 "원인-결과 관계성 측면에서 우리 로이드 은행의 비즈니스 계획이 더욱 구체적으로 수립될 수 있게 되었고, 불확실성은 그 자체로써 인식되었으며, 그리고 비즈니스 계획의 시뮬레이션은 불확실성의 발생 가능한 결과값의 범위 내에서 실행될 수 있었다. 내가 지금 당장 이와 관련된 비즈니스 계획 사례들을 제시할 수 있겠지만, 그것은 업무상 비밀이기 때문에 그렇게 할 수 없지 않는가?"라면서 그의 의견을 마무리지었다.

기억해야 할 사항

- 옵션
- 제약성
- 스마일 형
- 찡그림 형

잊어야 할 사항

- **임의 변수 함수** : 대신에 "불확실한 입력 데이터로 구성된 도면"을 사용하여라.
- **옌센 부등식** : 옌센이 무덤에서 벌떡 일어날지도 모르겠지만, 옌센의 부등식이라는 용어 대신에 나는 "평균의 함정의 강형"을 사용하기를 제안한다.
- **볼록형** : 대신 "위로 올라간 곡선(스마일)"을 사용하여라.
- **오목형** : 대신 "아래로 내려간 곡선(찡그림)"을 사용하여라.

제13장
마인들 5
: 불확실성의 상호관련성

마이클 쿠비카는 이제 피할 수 없는 상황에 놓이게 되었다. 그는 수학 공포증이 있어서 대학시절 가능하면 수학 과목 신청을 연기해 놓았다. 지금까지 완벽하게 유지해 온 4.0이라는 완벽한 학점을 앞으로도 계속 유지하기 위해 그가 할 수 있는 대안이란 수학 공부를 열심히 하는 길 밖에 없게 되었다. 그래서 마이클이 마지막 학기에 어쩔 수 없는 상황에서 미루어왔던 모든 수학 과목들을 수강하기는 했지만, 그는 지금 180도 완벽하게 변신해서 비즈니스 문제의 위험과 불확실성을 모델링해서 회사들을 도와주는 응용 수리 과학(Applied Quantitative Science)이라는 비즈니스 컨설팅회사를 설립하고, 이 회사의 사장이 되었다.[1]

최근에 마이클은 서너 개의 신제품 개발 팀을 운영하면서 의료 수술기구들을 생산하고 있는 업체를 고객으로 맞이하게 되었다. 이 수술기구 제조업체가 직면한 문제는 기존제품과 신제품으로 구성된 포트폴리오 가치를 불확실한 상황에서 평가하는 것이다. 이전에 이 회사의 신제품 개발팀은 그들이 개발한 신제품의 수요량을 예측하는 방법을 개별적으로 개발했고, 그리고 마케팅 부서도 나름대로 기존 제품들의 수요량을 예측하는 방법을 개발했다.

이 회사의 누구인가가 전해준 소식에 의하면 이들 중 몇 팀은 평균 수요량으로 추정된 하나의 숫자를 맹목적으로 사용하지 않고 실질적 수

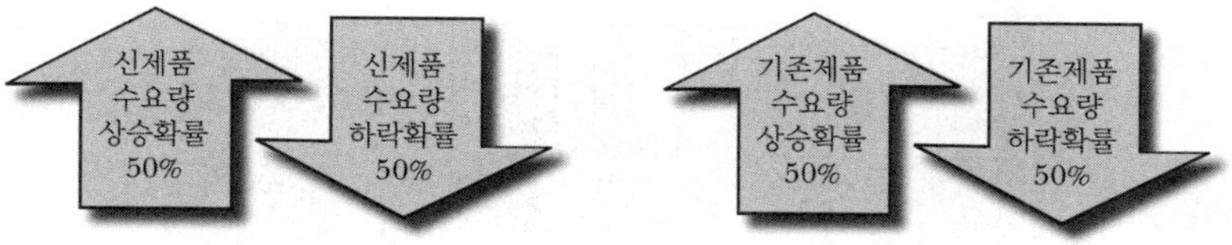

그림 13.1 두 팀이 예측한 수요량

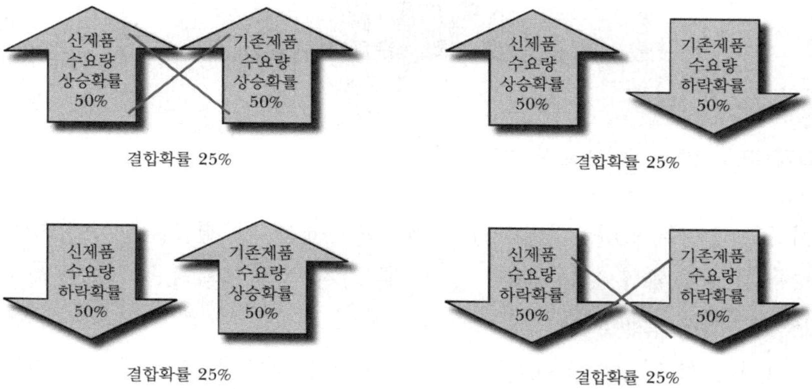

그림 13.2 두 제품의 수요량이 상승할 가능성을 보여주는 잘못된 제품 결합

요량에 관한 확률분포를 독자적으로 만들어 내기 위해 시뮬레이션 기법을 사용해 오고 있었다고 한다. 이 회사의 각 팀마다 이와 같이 제품가치를 자체적으로 평가하는 것은 각자 그들만의 사다리를 흔들어대는 경우와 같은 것이다. 그러나 기존의 제품과 신제품으로 구성된 포트폴리오는 여러 사다리를 여러 개의 판자로 묶어 놓은 것과 같아서, 이 포트폴리오의 가치는 각 팀이 예측한 수요량을 토대로 계산된 각 제품의 가치들을 단순히 합해서 얻을 수 없는 것이다.

이 회사의 신제품 개발팀에서 예측한 신제품 하나와 이 신제품으로 대체될 가능성이 있는 기존제품 하나를 고려해 보기로 하자. 각 제품 개발팀에서는 〈그림 13.1〉에서 보는 바와 같이 제품의 수요량이 상승할 확률과 하락할 확률을 50 대 50으로 가정하고 이 제품 수요량을 모델링하고 있다고 한다.

지금까지 설명한 내용들은 현실적으로 충분히 발생할 수 있는 상황들

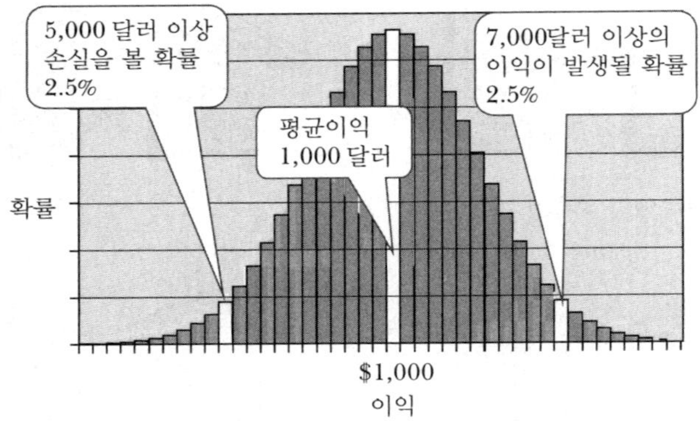

그림 13.3 발생 가능한 실질 결과

이라고 할 수 있다. 그러나 만약 이 회사에서 위 결과들을 통합하면, 〈그림 13.2〉에서 보는 바와 같이 네 가지 다른 결과들이 각각 확률 25%로 발생하게 된다.

그러나 기존 제품에 대한 수요량을 높게 유지할 수 있는 유일한 방법은 기존 제품을 대체할 신제품이 시장에서 완벽하게 실패하도록 만드는 것이고, 신제품의 수요량을 높게 유지하는 유일한 방법은 기존 제품을 시장에서 완전히 퇴출시키는 것이다. 그래서 〈그림 13.2〉의 1번과 4번은 발생 불가능한 사건이고, 〈그림 13.3〉과 같은 경우만이 현실적으로 발생 가능한 사건이 된다.

그런데 이 두 부서에서 그 동안 시뮬레이션 모델을 각자 실행해 오면서 기존제품과 신제품의 수요량 사이에 존재하는 상호관계성을 무시해 왔었다. 쿠비카는 "만약 그동안 상호 관계성이 시뮬레이션 모델에 반영되지 않았었다면, 수요량이 과대평가되어 과도한 투자를 초래했을 것이고, 그리고 결국에는 매출액이 과대평가되었을 것이다"라면서 이 회사의 시뮬레이션 모델을 평가했다. 쿠비코는 그의 고객들이 불확실성들 사이에 존재하는 상호관계성을 고려해서 시뮬레이션 모델을 개발하도록 컨설팅해 주고 있다. 마인들 5는 독자 여러분이 이와 같이 불확실성들 사이에 존재하는 상호관계성에 대해 이해할 수 있도록 돕고 있다.

사어인 공분산과 상관계수

증기기관 시대의 전통적인 **공분산**(COVARIANCE)과 **상관계수**(CORRELATION)는 불확실한 숫자들 상호간에 존재하는 관계성을 **선형**적으로 기술하기 위해 사용되어 왔다. 사람들은 "**통계적 관계성(의존성)**(STATISTICAL DEPENDENCE)"이라는 용어를 사용해서 불확실성들 사이에 존재하는 상호관계성을 기술하고 있으나, 사실 관계성이라는 용어가 상호성을 포함하고 있기는 하지만 지금까지 이 용어는 어느 한 불확실한 변수가 다른 불확실한 변수에 의존하고 있다는 사실을 의미하는 용어로 사용되어 왔다. 그래서 나는 앞으로 "통계적 관계성"이라는 용어 대신에 "불확실성 상호관계성(interrelated uncertainties)"이라는 용어를 사용하도록 하겠다. 이러한 용어를 사용하면 사어를 사용할 필요가 없고 또한 여러분이 불확실성 사이에 존재하는 관계성을 더 쉽게 이해할 수 있다.

불확실성 상호관계성에 대한 예로써 두 정유회사의 주가를 고려해 보기로 하자. 휘발유 가격이 상승하거나 하락하면, 이에 따라서 정유 회사의 주가가 상승하거나 하락하게 된다. 그러나 원유 가격만이 두 정유회사의 주가에 영향을 미치는 것은 아니고, 이와 함께 새로운 세금정책이나 환경규제 등이 이들 주가에 서로 다르게 영향을 주어서 이 주가들이 서로 반대 방향으로 움직일 수도 있다.

불확실성 상호관계성은 투자 관리의 핵심으로 헤리 마코위츠에게 노벨 경제학상을 받도록 한 그의 1952년 저작 《포트폴리오 이론》에서 처음으로 기술되었다.[2] 나는 다음 장에서 마코위츠와 윌리엄 샤프에 관해서 자세하게 알아보도록 할 것이고, 아래 절에서는 다만 마코위츠와 샤프가 노벨 경제학상을 받은 업적들과 관련된 마인들에 관해서만 기술해 보도록 하겠다.

세 가지 이상적인 투자

나는 아래와 같은 가상의 세 투자대안들을 사용해서 여러분에게 불확실

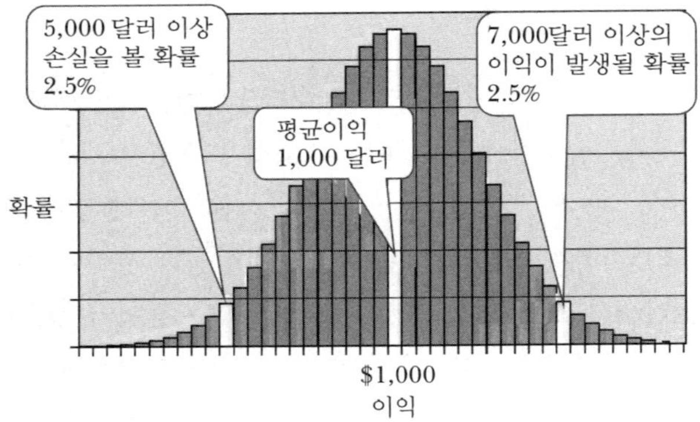

그림 13.4 정유회사 투자 대안

성 상호관계성을 설명해 보기로 하겠다.

1. 정유회사 주식: 정유회사 주식투자대안은 1,000달러의 이익을 발생시킬 것으로 기대된다. 그러나 〈그림 13.4〉에서 보는 바와 같이 이 주식은 다음과 같은 큰 불확실성을 포함하고 있다. 현재 해수를 이용해 실험 중에 있는 엔진이 성공하면, 휘발유 수요가 상당히 줄어들어 이 정유회사 주식투자는 5,000달러 이상의 손실을 발생시킬 것으로 추정되고 있다. 반대로 중국 사람들이 대형 SUV를 점점 더 선호하게 되면, 유가가 상승해서 이 주식투자는 7,000달러의 이익을 발생시킬 것으로 예측되고 있다. 만약 여러분이 사어를 사용하는 것이 편하다면, 이러한 주식투자 이익에 대한 확률분포를 평균이 1,000달러이고, **시그마**가 3,000달러인 **정규확률분포**로 생각하면 된다.
2. 항공사 주식: 두 번째 투자 대안은 항공사 주식이다. 이 주식의 불확실성도 위 정유회사 주식투자 대안과 동일하다. 즉, 이 주식투자의 이익이 −5,000달러와 +7,000달러 사이에서 발생할 확률이 95%, 기대 이익은 1,000달러가 발생될 것으로 추정되었다.
3. 검은 감초사탕 주식: 세 번째 주식투자 대안은 검은 감초사탕 주식에 투자하는 것이다. 감초가 암 치료제로 밝혀지면 엄청난 이익

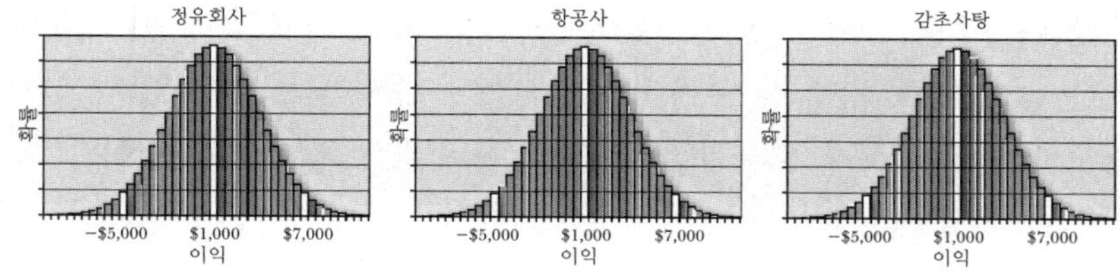

그림 13.5 세 투자 대안들의 상대적 불확실성

> 이 발생될 수 있지만, 반대로 암 유발제로 판명되면 엄청난 손실이 발생될 수 있다. 이 투자 대안의 이익도 −5,000달러와 + 7,000달러 사이에서 발생될 확률이 95%, 그리고 기대이익도 1,000달러로 추정되었다.

위 세 주식투자 대안들을 비교하기 위해 각 투자 대안의 불확실성이 표시된 〈그림 13.5〉를 참고해 보기로 하자.

여러분이 투자자본 모두를 세 투자 대안 중 한 곳에 투자해야 한다면, 이 세 대안들 중에서 어느 대안에 투자하기를 원하는가? 힌트: 정답은 하나뿐이고, 이 문제에는 약간의 속임수가 도사리고 있다.

정답은 어느 주식에 투자해도 수익에는 차이가 없다는 것이다(내가 이 문제는 속임수가 곁들인 문제라고 하지 않았나!) 그 이유는 이 세 투자 대안들은 동일한 기대이익과 불확실성을 갖고 있어서 이 대안들은 모든 투자자들에게 동일한 투자기회를 제공해 주고 있기 때문이다.

그러면 여러분은 "하지만 이 장의 주제가 '불확실성 상호관계성'이기 때문에 위 질문에 대한 답이 이 세 투자 대안들 사이에 존재하는 상호관계성과 관련된 내용이어야 하지 않느냐?"라고 나에게 의문을 제기하고 싶을 것이다. 분명히 여러분의 이러한 의문제기는 옳다. 이 장에서 논하는 주제가 불확실성의 상호관계성인 것이 사실이고, 세 투자 대안들 사이에 상호관계성이 존재할 수도 있지만, 위 질문처럼 모든 투자자본을 한 주식에 투자해야 한다면, 위 세 주식들 사이에 존재하는 상호관계성은 투자 대안 선택과 아무런 관련성이 없다. 즉, 위 세 주식투자

대안들은 모두 동일한 형태의 확률분포를 갖고 있기 때문에 위 질문에 대한 답을 하기 위해 세 투자대안들 사이에 존재하는 불확실성의 상호 관계성이 최종 투자 의사결정단계에서 고려될 필요는 없는 것이다.

포트폴리오

물론 현실적으로 어느 누구도 그의 투자자본 모두를 한 투자 대안에 투자하지는 않는다. 투자자본이 두 개 이상의 투자 대안에 분산 투자되는 묶음 투자형태를 포트폴리오라 하고, 이러한 포트폴리오 투자형태는 투자자들에게 두 가지 긍정적인 효과를 제공해 준다. 첫 번째 효과는 영화 투자에서 관찰한 바와 같이 투자자본의 분산효과이다. 두 번째 효과는 투자 대안들 사이에 존재하는 성호관계성에 의해 발생되는 효과이다. 위 두 효과들은 포트폴리오의 평균 이익을 전혀 변화시키지 않으면서 불확실성에만 영향을 주고 있다.

투자자들이 위험에 대해 갖는 태도가 서로 다르다는 사실을 기억해 보도록 하자. 어떤 투자자들은 위험을 극단적으로 추구하여 빈털터리가 되기도 하는 반면, 다른 투자자들은 이와 달리 극도로 위험을 회피해서 그들의 모든 투자자본을 침대 밑에 숨겨 놓기도 한다. 아래와 같은 토론을 위해 여러분이 위험회피형(위험회피형 투자자는 투자단위당 효용가치 증가율이 부가 증가해 갈수록 감소해감－역주)투자자라고 가정해 보기로 하자.

이상적인 세 가지 형태의 포트폴리오

이제 다음과 같은 이상적인 세 가지 포트폴리오들을 고려해 보기로 하자.

- 포트폴리오 1은 정유회사 주식과 항공사 주식에 동일한 비율로 투자하는 내용으로 구성되어 있다.
- 포트폴리오 2는 항공사 주식과 검은 감초사탕 주식에 동일한 비율

로 투자하는 내용으로 구성되어 있다.

- 포트폴리오 3은 검은 감초사탕 주식과 정유회사 주식에 동일한 비율로 투자하는 내용으로 구성되어 있다.

위 세 투자 대안들의 평균 이익이 각각 1,000달러이기 때문에 위 세 포트폴리오의 평균 이익도 역시 1,000달러가 된다.

주의: 이 예제에서 단순히 각 투자 대안의 평균 이익을 **선형**적으로 합했기 때문에 평균의 함정의 강형이 여기에 적용되지 않는다. 그러나 위험 측면에서 각 포트폴리오를 구성하고 있는 두 투자 대안들 사이에 존재하는 상호관계성 때문에 세 포트폴리오들의 위험은 모두 다르다.

가장 기본적인 상호관계성이란 무엇인가? 항공사에 있어서 연료비용은 비행기를 운행하기 위해 발생하는 가장 큰 비용요소이다. 그래서 정유가격이 상승하면, 항공사들의 이익이 곤두박질하여 항공사 주가가 하락하게 된다. 반대로 정유가격이 하락하면, 비행기 연료비용이 절감되어 항공사 주가는 상승하게 된다. 현장에서 발생되는 상황들은 이보다 훨씬 더 복잡할 수 있다. 특별히 항공사들은 지금 내가 논하고 있는 내용들을 모두 이미 알고 있고, 그리고 그들은 위와 같은 상황에서 발생되는 위험들을 감소시키기 위해 다양한 형태의 파생금융상품들을 이용하고 있다. 나는 이 장에서 투자 대안들 사이에 존재하는 상호관계성이 정유회사와 항공사 주식에만 존재한다고 가정할 것이다.

불확실성 상호관계성에 대한 마인들: 산포도

다른 투자자들처럼 여러분도 오랜 기간 동안 항공사와 정유회사 주가 정보를 기록해 왔다고 가정해 보자. 여러분이 이러한 주가 정보를 산포도로 표시한다면, 그 형태는 〈그림 13.6〉의 왼쪽에 있는 그래프와 같을 것이다.

다음 그림에 있는 산포도 그래프의 점들은 일 년 단위로 수집된 주가 정보로써, X축은 정유가격의 변화를 보여주고, Y축은 항공사 주가의 변화를 보여주고 있다. 이 그래프를 살펴보면 두 주식가격의 확률분포 함수가 종 모양이고, 정유가격이 상승하면 항공사 주가는 하락하고 있음을 알 수 있다.

정유가격과 감초사탕 주가는 위 예와 달리 상호관계성이 없다고 가정하였는데(확신하건대 두 주가 사이에도 상호관계성이 어느 정도는 존재할 것이다), 〈그림 13.6〉의 오른쪽 산포도를 살펴보면, 두 주식가격 사이에는 상호관련성을 찾을 수 있는 특별한 경향이 없음을 알 수 있다.

여러분이 위험회피형 투자자라고 가정하고, 이 세 투자 대안 중 어느 한 대안에 여러분의 모든 투자자본을 투자할 것인지를 결정해 보기로 하자. 대안을 선택하기 이전에 나는 여러분이 어느 대안에 투자할 것인지를 신중하게 생각해서 현명한 의사결정을 하기 바란다.

만약 내가 답을 먼저 알려주면, 여러분은 이 의사결정이 너무 쉽다고 생각할 수 있을 것이고, 그러면 이 질문으로부터 여러분이 아무것도 배울 수 없게 될 것이다. 많은 사람들이 말하듯이, 어떤 사람에게 생선을 직접 주면 그는 하루는 먹고 살 수 있지만, 그에게 고기 잡는 방법을 가르쳐 주면 그는 보트 위에서 맥주를 마시면서 온종일 낚시를 즐길 수 있을 것이라는 속담을 기억해 보기 바란다. 그래서 나는 여러분 스스로 내 질문에 대한 답을 찾도록 도와주는 역할만 하도록 하겠다.

감초사탕 주식과 정유회사 주식 사이에 상호관계성이 없다고 가정했

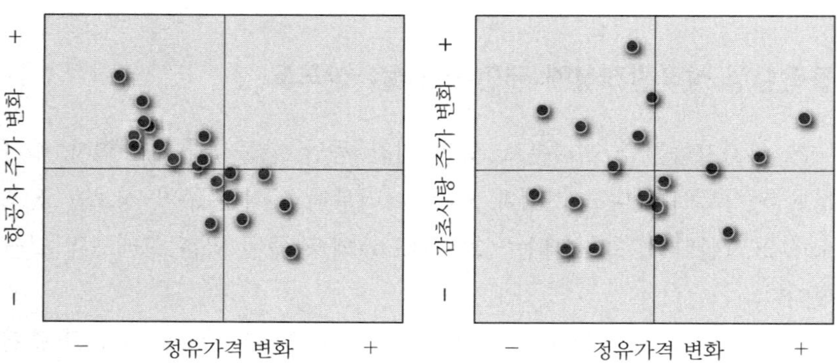

그림 13.6 정유회사 주가 변화에 대한 항공사와 감초사탕 주가 변화의 산포도

기 때문에 먼저 감초사탕 주식과 정유회사 주식으로 위 질문에 대한 답을 찾기 위한 절차를 시작해 보도록 하자. 나는 개인적으로 여러 투자대안들 중에서 가장 바람직한 투자대안을 결정하는 과정을 주사위 던지기 게임으로 대체해서 생각하기를 좋아한다. 그러면 감초사탕 주식과 정유회사 주식으로 구성된 포트폴리오는 두 개의 주사위를 던지는 게임과 같아서, 그 결과는 〈그림 13.7〉에서 보는 것과 같다.

여러분은 위험회피형 투자자로서 〈그림 13.7〉의 그래프에서 어느 부분을 싫어하는가? 만약 여러분이 이 그래프에서 가장 극단적인 부분을 선택하였다면, 여러분은 아직도 학교에서 배운 왜곡된 지식으로 잘못된 선택을 한 것이다. 위험회피형 투자자들이라 해도 그들 역시 투자에서 많은 수익을 얻기를 바란다. 이 그래프에서 그들이 가장 싫어하는 곳은 이 그래프의 가장 왼쪽 구석으로 이곳은 두 개의 주사위를 던져서 매우 드물게 나오는 곳이다.

만약 어느 투자 브로커가 여러분에게 해수엔진 개발이 성공하여 앞으로 휘발유가 쓸모없는 연료가 될 것이라고 전해주었다고 가정해 보자. 이러한 정보가 검은 감초사탕이 암을 유발할 가능성과 무슨 관계가 있는가? 물론 여러분이 추측하듯이, 이 정보는 감초사탕 주식과는 전혀 상관관계가 없다. 그러므로 감초사탕 주식과 해수엔진 개발정보는 서로 독립적인 관계라고 할 수 있다. 이 결과로써, 당신의 정유회사 주식이 휴지조각이 되었음에도 불구하고, 그러나 아직도 뱀눈으로 알려진 이중점이 될 가능성이 1/6은 남아 있다(두 개의 주사위를 던져서 두 주사위 패가 모두 1이 되는 경우는 최악의 경우로 두 점이 뱀눈 같이 보인다고

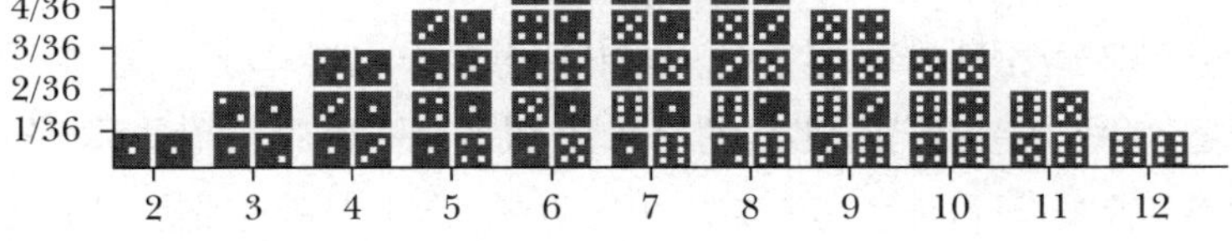

그림 13.7 두 주사위 결과

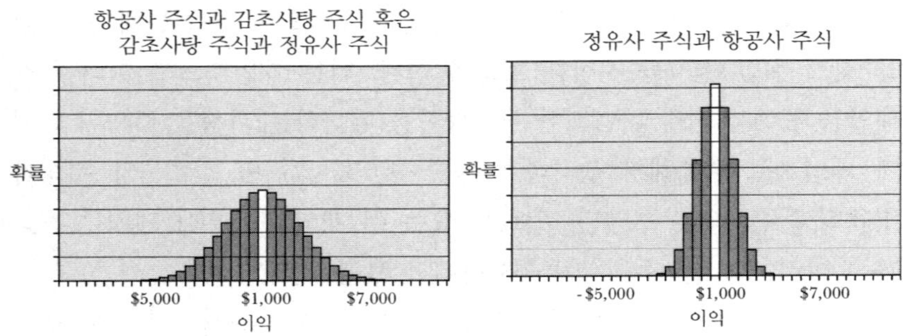

그림 13.8 포트폴리오들의 상대적 확률분포

해서 이러한 상황을 뱀눈이라고 오래전부터 불러옴 – 역주).

항공사 주가와 감초사탕 주가가 서로 독립사건이라고 가정했기 때문에, 이 두 주가 사이에도 해수엔진 개발정보와 감초사탕 주가와의 관계성에서 나타난 산포도 형태가 똑같이 나타나고 있다. 그러나 이제 여러분이 정유회사 주식과 항공사 주식을 소유하고 있다고 가정해 보자. 그러면 해수엔진에 관한 뉴스는 정유회사 주가를 급격하게 하락시키게 되는데, 이러한 상황과 항공사 주가가 곤두박질할 가능성은 어떤 관계가 있겠는가? 석유가격이 하락하면 실질적으로 비행기 연료가격이 절감되어 항공사 주식이 하락할 확률이 줄어들게 된다.

이 포트폴리오의 실질 확률분포는 〈그림 13.8〉에서 보는 바와 같다. 이 그래프를 살펴보면, 이 세 투자 대안들의 평균이익이 모두 1,000달러임에도 불구하고, 정유회사와 항공사 주식으로 구성된 포트폴리오의 위험성만이 상당히 줄어들었음을 알 수 있다.

내가 스탠퍼드 대학교 학생들과 기업 경영자들을 위한 강의에서 이와 같은 예를 들면, 이들 대부분이 정유회사와 항공사 주식 투자 대안 사이에 음(–)의 상호관계성이 존재한다는 이유로 거의 무조건적으로 이 포트폴리오를 선택하지 않는다. 그러나 정말로 올바르다고 할 수 있는 무조건적 반응은 양(+)의 상관관계에 있는 두 투자 대안들로 구성된 포트폴리오를 포기하는 것이다. 이와 같이 양의 상관관계를 갖고 있는 예로는 두 항공사 주식들로 구성된 포트폴리오를 들 수 있다. 이 내용

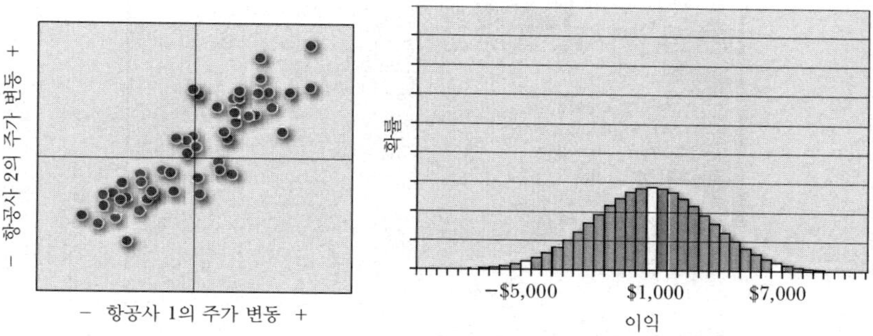

그림 13.9 양(+)의 상호관계성을 갖는 두 투자자산으로 구성된 포트폴리오

과 관련된 결과는 〈그림 13.9〉에 있는 그래프와 같다.

음의 상관관계가 존재하는 주가들로 포트폴리오를 구성하면 불확실성이 줄어들게 되는데, 이러한 목적으로 포트폴리오에 투자자산들을 편입시키는 금융용어를 헤지(hedge)라고 한다.

다음의 내용을 연상하라

내가 **상관관계(Correlation)**라는 용어 사용에 대해 반대하는 이유가 무엇인지를 많은 사람들이 궁금해하는 것 같다. 이 사람들은 증기기관 시대에 "**상관관계**"라는 용어를 사용해도 아무런 문제가 없었다고 하면서, 상관관계 계수를 계산하는 것이 혼란스럽고 어렵게 느껴진다면, 이제는 엑셀의 CORREL 기능을 사용해서 이 상관관계 계수를 쉽게 계산할 수 있다고 주장하고 있다.

"FlawOfAverages.com"을 방문해서 엑셀로 구성된 두 변수 X와 Y의 상호관계성을 엑셀의 CORREL 기능을 사용하여 계산해 보기 바란다. 그 결과값은 〈그림 13.11〉에서와 같이 0.0075가 나오는데, 이러한 결과를 근거로 대부분의 통계분석자들은 변수 x와 y에 상관관계가 존재하지 않는다고 결론을 내리고 있다.

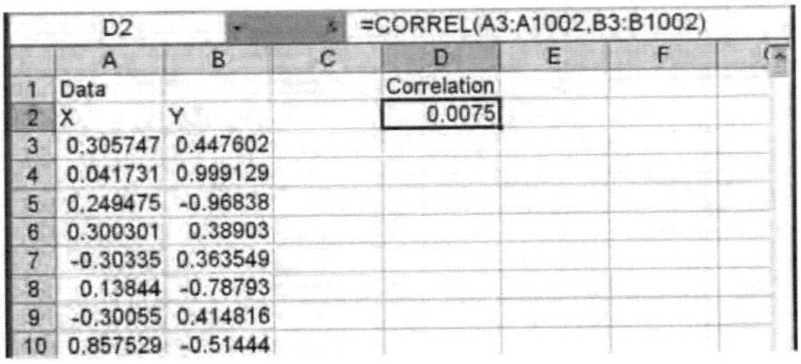

	A	B	C	D	E	F
1	Data			Correlation		
2	X	Y		0.0075		
3	0.305747	0.447602				
4	0.041731	0.999129				
5	0.249475	-0.96838				
6	0.300301	0.38903				
7	-0.30335	0.363549				
8	0.13844	-0.78793				
9	-0.30055	0.414816				
10	0.857529	-0.51444				

D2 =CORREL(A3:A1002,B3:B1002)

그림 13.10 엑셀로 작성한 CORREL 함수

그러나 산포도를 그려본 경험이 있는 날카로운 눈을 가진 관찰자라면, 〈그림 13.11〉에서 보는 것처럼 변수들 사이에 비선형적 상관관계가 존재하고 있음을 인지하였을 것이다. 증기기관 시대의 유물인 **상관관계**는 이러한 비선형 관계성을 적절하게 묘사하지 못하고 있다. 그러나 다음 장에서 설명하게 될 확률경영(Probability Management) 기법은 이러한 **상관관계**를 합리적으로 설명하고 있다. 나는 개인적으로 불확실한 변수들 사이에 존재하는 상호관계성을 이해하기 위해 산포도 그래프를 선호하고 있다.

여러분이 **공분산**과 **상관관계**의 의미에 대하여 직관적으로 이해하고 싶어 한다면 FlawOfAverages.com을 방문해 보기 바란다.

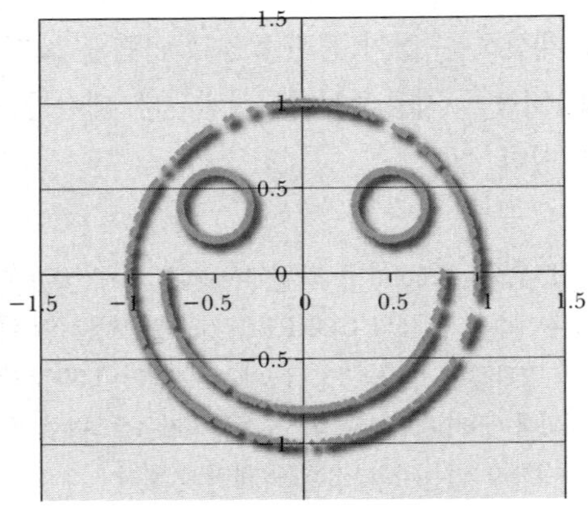

그림 13.11 명확한 상호관계성이지만 비상관관계성이 존재

지금 우리는 불확실성 변수들 간의 상호관계성에 대하여 논하고 있기 때문에 시간에 따라서 불확실한 숫자들이 그 자신들과는 어떠한 관계성을 유지하고 있는지도 잊지 말아야 한다. 사어로 이와 같은 상호관계성을 **자기상관관계(Autocorrelation)**라고 한다. 한 예로써, 어떤 주가가 오늘 상승했다면 이와 같은 주가상승이 내일 이 주가의 변동에 거의 영향을 미치지 않을 것이다. 그러나 이 예제와 달리 과거에 이자율이 상당한 기간 동안 높았었다면 앞으로 이 이자율이 하락할 가능성은 높아지고, 반대로 이자율이 오랫동안 낮았었다면 앞으로 이 이자율이 상승할 가능성이 높아져 과거와 미래의 이자율은 서로 영향을 주고받고 있다.

또한 시간이 지나감에 따라서 급격하게 변하는 불확실성들이 있는데, 이러한 경우 하나의 숫자로 불확실성을 이해하면 큰 위험이 초래될 수 있다. 이와 관련된 예는 주택가격에서 찾아 볼 수 있다. 만약 어느 특정 지역의 주택가격이 주택담보부채 가치보다 떨어지면 어떠한 상황이 발생할까? 그렇다면 주택 소유자들은 집을 빈털터리로 떠나든지, 아니면 주택 반환권을 상실하게 될 것이다. 주택가격이 계속해서 이러한 상황으로 발전해 간다면 앞으로 주택가격은 어떻게 되겠는가? 주택을 담보로 잡은 은행들은 하락하는 주택시장에서 담보부담을 덜어 내기 위해 담보물 주택들을 가능하면 신속하게 팔려고 할 것이다. 그러면 이런 은행들의 결정으로 주택시장에는 주택매물이 갑자기 넘쳐서 주택가격이 갑자기 떨어지는 현상이 발생할 것이다. 이렇게 갑자기 하락하는 주택가격은 주택을 담보로 은행으로부터 대출을 받은 주택 소유자들을 궁지로 몰고 가게 되는데, 여러분은 이러한 상황이 궁극적으로 어떻게 전개될 것인지를 한 번 추측해 보기 바란다. 여러분이 경제학개론 시간에서 배운 지식을 토대로 이 상황을 추측해 보면, 이러한 주택시장의 상황은 시간이 흐름에 따라서 더욱더 악화되어 갈 것이 자명하기 때문에 이런 상황을 블랙스완이라고 부를 만한 근거는 전혀 없다. 이렇게 주택시장이 악화되면, 사람들은 흔히 이를 두고 주택시장의 거품붕괴가 발생했다고 하는데, 여러분이 지금까지 목격해 온 것처럼 이러한 거품붕괴는 경제 전반에 아주 크게 부정적인 영향을 미치고 있다. 여기에서 우리들을 고민스럽게 만드는 근본적인 문제는 우리들이 가격 거품이 붕괴될 것을 미리 알고는 있지만, 언제 그 가격 붕괴가 발생되고, 그 붕괴의 크기가 얼마나 될지를 예측하는 것이 어렵다는 것이다. 이러한 상황들은 카오스 이론(카오스 이론은 특정비선형 동역학계가 특정 조건에서 혼돈을 보이는 현상을 연구대상으로 하고 있는데 이 현상에서는 초기 조건이 조금만 변해도 결과가 크게 변하게 된다. – 역주)으로 설명될 수 있다. 카오스 이론에서처럼 모델의 가정이 조금만 변해도 그 결과가 크게 변하는 이와 같은 상황은 시뮬레이션 기법으로 설명되기가 거의 불가능하다. 그러나 위험이 완벽하게 수량화되지 않아도 위험은 분명히 존재하는 것이고, 신중한 투자자라면 이러한 위험을 확실하게 인지하기를 원할 것이다.

그러면 2008년 세계 금융위기의 주범이었던 주택가격 거품에 내재되어 있었던 위험은 어떻게 모니터링되었을까? 펠릭스 살먼(Felix Salmon)은 2009년 2월 《와이어드(Wired)》 잡지에 게재한 그의 기고문에서 데이비드 리(David X. Li)라는 수학자가 가우시안 코퓰러 함수(Gaussian Copula)라는 수식으로 2008년에 붕괴된 주택담보증권시장의 위험을 기술하였다고 한다.[3] 살먼이 이 기고문에서 투자자들이 데이비드의 모델을 사용하면 주택담보증권에 내재된 위험을 신속하고도 쉽게 계산할 수 있었겠지만, 이 모델은 계산상의 많은 오류들을 포함하고 있었다면서 데이비드의 모델을 신랄하게 비판하였다. 이 모델의 오류들 중에서 가장 큰 오류는 다양한 형태의 부동산 투자들 사이에 존재하는 복잡한 상호관계성들을 모든 주택시장과 관련된 요소들을 간략하게 요약하고 있는 상관관계수란 숫자 하나로 나타내었던 것이다. 즉 데이비드의 모델에는 산포도도 없었고, 확률분포 형태도 없었고, 앞에서 논한 발생가능한 다양한 행동들을 인지하고 있지도 않았었다는 것이다. 살먼에 의하면, 데이비드 방법을 사용하여 얻은 결과는 블랙박스 컴퓨터 모델로부터 얻은 결과들과 같은 것이라서 투자자들이 이 모델의 결과들을 수용하는 것이 매우 어려웠었다고 한다. 나는 살먼의 기사를 접하고 난 후 앞창도 없는 비행기를 단 하나의 계기판에 의존하면서 비행하는 조종사가 주택담보대출증권 시장에도 있었음을 이때 알게 되었다.

기억해야 할 사항

- 불확실성들 사이에 존재하는 상호관계성(마인들 5)
- 양과 음의 상호관계성 차이점
- 산포도

잊어야 할 사항

- **상관관계**
- **공분산** : 대신에 "산포도"라는 용어를 사용하여라.

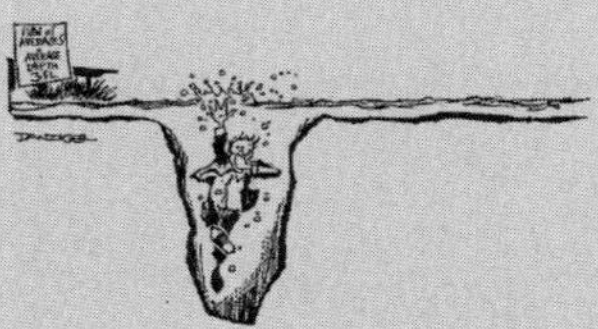

제3부

의사결정과 정보

정보는 불확실성을 감소시키는 역할을 한다. 사실 많은 사람들은 지금 우리가 정보경제에 살고 있다는 사실에 동감을 하고 있다. 그러면 정보의 공정가격은 얼마나 될까? 여기에 그 단서가 하나 있는데, 그 단서란 만약 정보가 의사결정을 변화시키지 않는다면 그 정보는 가치가 없다는 것이다.

3부는 의사결정과 정보 사이의 관계성을 형식화해서 기술하고 있다.

제14장
의사결정나무

내가 여섯 살 때인 1951년 겨울 파리에 살고 있을 당시, 나는 아버지가 어떤 일을 하는지 물어보았었다. 그때 나는 아버지로부터 지금 의사결정분석이라고 불리는 말을 처음으로 듣게 되었다. 그 당시 아버지는 《기초통계학(The Foundations of Statistics)》[1]이라는 책을 쓰기 위해 구겐하임 연구비를 받고 시카고 대학교에서 안식년을 받아 파리에 머무르고 있던 중이었다. 내 질문에 아버지는 사람들이 어떻게 의사결정을 내리는지에 관해서 지금 생각 중이라고 답을 해주었다. 그리고 아버지는 나에게 왜 사람들이 의사결정을 내리지 못하는지에 관하여 다음과 같은 예를 들어 설명도 해주었다.

한 레스토랑에 프라이드치킨과 로스트비프 중 어느 메뉴를 선택할지를 고민하는 한 고객이 있다고 하자. 그는 치킨을 좋아하면서도 웨이터에게 다음과 같은 질문을 하였다. "당신 레스토랑에서 오늘 오리 요리도 서비스하고 있습니까?" 그러자 웨이터가 "그렇습니다"라고 답을 하였다. 이 고객이 "그렇다면 나는 로스트비프를 주문하겠습니다"라고 하였다. 그러면서 아버지는 불확실성하에서 이성적인 사람들이 일반적으로 취하는 의사결정 과정과 관련된 여러 가지 법칙들을 나에게 들려주었다. 레스토랑에 오리요리가 있는 것과 레스토랑 고객의 프라이드치킨과 로스토비프 사이의 선택은 전혀 상관관계가 없기 때문에 이 고객의 의사결정은 비이성적인 의사결정이라고 할 수 있다.

아버지는 일생 동안 밀튼 프리드먼 및 그 외의 여러 동료들과 공동으로 이와 같은 의사결정 문제를 연구하였다. 이들의 연구 분야는 후에 **합리적 기대이론(Theory of Rational Expectation)**이라고 알려졌고, 아버지는 그의 저서인《기초통계학》의 16쪽에서 합리적 기대이론을 다음과 같이 표현했다.

> 현재 토론 내용을 다음과 같은 격언을 인용하여 상징적으로 표현하면 "뛰기 전에 먼저 주위 상황을 살펴라."라는 것이고, 이 격언과 반대되는 상징적인 표현으로 "다리에 도착해야만 다리를 건널 수 있다"는 것이다.

위 내용은 의사결정자들이 불확실성을 정확하게 평가하고(살펴라), 기대이익을 최대화하기 위해 합리적으로 의사결정을 내릴 수 있는(뛰기) 원칙을 토대로 의사결정을 내려야 한다는 합리적 기대이론의 의미를 포함하고 있는 것이다. 그러나 아버지는 우리들의 삶이 너무 복잡해서 이러한 원칙이 실제 생활에서는 쉽게 실행될 수 없다는 사실도 알고 있었다. 나중에 그는 다음과 같은 내용으로 우리들의 일상적 의사결정 과정에 덧붙였다.

> 이러한 원칙에 따라서 야외 소풍을 계획하거나 체스게임을 하는 것은 완전히 우리 인간의 능력을 벗어나는 것이다.

내 아버지는 이러한 원칙이 의사결정이론을 연구하기 위한 가장 기본적인 출발점이라고 믿고 있었으나, 체스게임이라는 특별한 경우이기는 하지만 최근 있었던 체스게임에서 그가 잘못되었음이 증명되었다. 요즘은 컴퓨터 프로그램이 체스게임의 현 세계챔피언이다(1997년 딥 블루[Deep Blue]는 당시 세계 체스챔피언이었던 게리 카스파로브[Garry Kasparov]와의 체스게임에서 승리함 – 역주). 이로써 합리적 기대이론이 잠시 동안 타당한 것처럼 보였다. 그러나 여러 실험에 의하면 아무리

똑똑한 사람들이라도 그들이 불확실성에 직면했을 때 순전히 그들의 두뇌에만 의지해서 의사결정을 내리면, 우리들이 생각하는 것보다 훨씬 더 많이 그들도 비이성적으로 행동한다고 한다. 예를 들어, 환자들한테 90%의 생존 확률이 있는 수술 방법과 10%의 사망 확률이 있는 수술 방법 중 한 가지 수술 방법을 선택하라고 하면, 수리적인 측면에서 두 방법 모두 동일한 결과를 초래하는데도 대부분의 환자들은 첫 번째 방법을 선택한다는 실험결과가 나왔다고 한다.[2]

나 자신은 모든 의사결정이 이성적으로 이루어져야만 한다거나 이루어질 수 있다고 믿지는 않는다. 예를 들어, 예술을 창조하는 작업은 최소한의 암묵적인 의사결정을 요구하고 있기는 하지만, 감성이 아닌 이성에 의존하여 내려진 의사결정들로 창조된 예술작품은 상당히 부자연스러워 보일 것 같다. 이와 같이 나는 의사결정도 이성적인 판단과 감성적인 판단 모두에 의존하여 이루어져야 하고, 가장 최적의 의사결정은 이 두 판단이 서로 교차되는 곳에서 이루어져야 한다고 믿고 있다.

불확실성하에서의 의사결정 이론에 관한 내 아버지의 초기 업적으로 그는 의사결정 분석론의 창시자들 중 한 사람으로 인정받고 있다[3](이러한 아버지의 업적이 나로 하여금 의사결정 분야의 후속 연구자로 만들었을까?). 그러나 1960년대 중반에서야 스탠퍼드 대학교의 교수였던 로널드 하워드 교수가 의사결정론 분야가 무엇인지를 공식적으로 정의를 내렸다.[4] 나는 지난 몇 년 동안 의사결정론의 기초지식을 습득하기 위해 혼자서 공부를 했다. 그러나 이 분야를 정식으로 공부하기 시작한 때는 내가 스탠퍼드 대학교에서 강의를 시작한 후 1990년대 중반에 하워드 교수가 강의한 의사결정 과목을 수강한 후였다. 여러분이 큰 시계의 분침 움직임을 볼 수 있는 것과 같이 여러분이 하워드 교수의 강의를 들으면 의사결정론을 확실하게 이해할 수 있을 것이다. 나는 하워드 교수의 의사결정론 과목을 수강한 많은 학생들이 이 과목을 수강하면서 이성적이고 합리적인 사고에 관하여 눈이 확 띄었다고 말하는 것을 들었다. 그러나 그들은 이런 평을 얄궂은 말투로 털어놓고 있다.

의사결정나무

의사결정분석론에서 중요한 역할을 하는 여러 마인들 중 하나가 바로 의사결정나무이다. 나는 머릿속에서 여러분이 쉽게 실험해 볼 수 있는 간단한 예제로 의사결정나무의 개념을 설명해 보도록 하겠다. 이러한 예제들을 통해서 여러분은 스트레스를 많이 받지 않고도 의사결정나무 개념의 구조를 쉽게 이해할 수 있을 것이다. 이 예제에서 여러분은 '즐거운 시간(Good Time)'과 '눈 안의 티(Stick in the Eye)'라는 놀이 대안 중 하나를 선택해야 한다. 즐거운 시간 대안으로부터 얻게 되는 기쁨은 최대 200달러의 가치가 있고, 그 반대로 눈 안의 티 대안은 날카롭지도 않고 여러분의 눈을 멀게 하지 않는 정도의 괴로움을 주는 놀이 대안이다. 여러분이 눈 안의 티 대안을 선택하면 최소한 300달러를 지불해야 되는데, 이 대안으로부터 여러분이 얻는 기쁨이란 고통뿐이기 때문에 그 가치는 −300달러가 된다. 여러분은 이와 같은 상황을 〈그림 14.1〉과 같이 의사결정나무로 표시할 수 있다.

이 대안들은 〈그림 14.1〉의 왼쪽에 있는 의사결정 노드라고 일컫는 사각형에서 뻗어 나오는 선으로 표시되고, 여러분이 두 대안들 중 하나를 선택해야 한다면 분명히 눈의 티 대안이 아닌 즐거운 시간 대안을 선택할 것이고, 이 대안 바로 밑에 있는 200달러는 이 대안의 결과값이 된다. 의사결정 문제의 기본 아이디어는 의사결정자가 여러 대안들 중에서 가장 바람직한 대안(이 예제에서는 굵은 선으로 표시된 즐거운 시간 대안)을 올바르게 선택하도록 도움을 주는 것이다. 지금까지 기술된

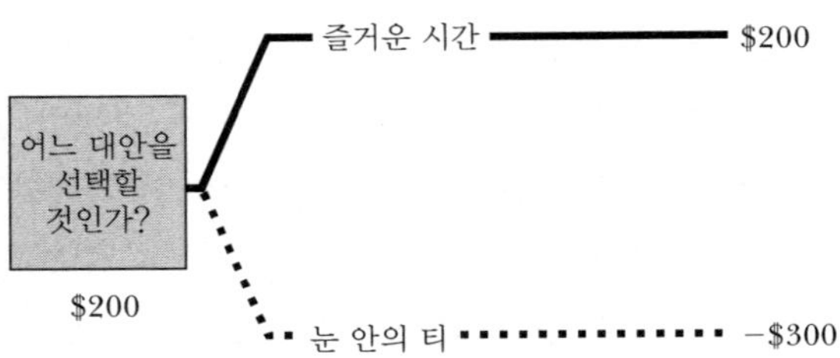

그림 14.1 의사결정나무

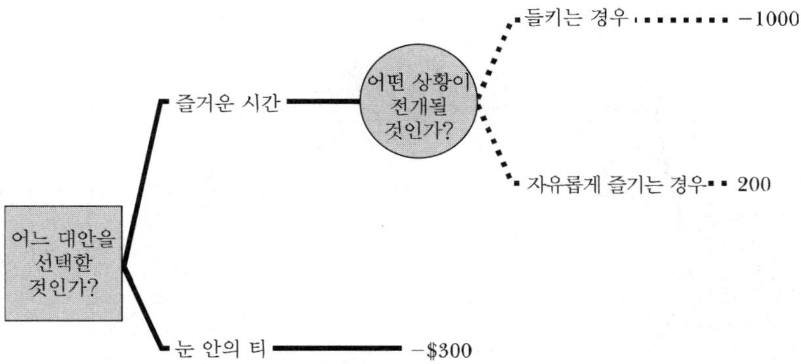

그림 14.2 의사결정노드와 불확실성 노드를 포함한 의사결정나무

의사결정문제는 여러분에게 어려운 내용이 아니었을 것이다.

의사결정나무에서 불확실성은 〈그림 14.2〉에서 보는 것처럼 불확실성 노드(임의의 노드)라고 불리는 원에 선을 하나 그어서 표시한다. 만약 쾌락을 즐기다 들킬 가능성이 있는 즐거운 시간 대안이 선택되면, 여러분한테 매우 바람직하지 않는 상황이 전개될 수 있다. 반대로 눈의 티 대안을 선택하면, 여러분은 당황스런 상황, 창피함을 당하는 상황, 그리고 그 외의 부정적인 상황 등으로 어려움을 당하지는 않는다. 이와 같은 내용을 포함하고 있는 의사결정문제가 〈그림 14.2〉에 그려져 있는 의사결정나무로 표시되어 있다. 아직 즐거운 시간 대안의 불확실성을 수치화하지 않았기 때문에 〈그림 14.2〉의 의사결정나무는 미완성된 그림이다.

만약 즐거운 시간 대안에서 누군가에 의해서 들킬 확률이 10%이면, 이 대안의 평균 가치는 −1,000달러의 10%(−100달러)와 200달러의 90%(180달러)의 합인 80달러가 되어 〈그림 14.3〉의 불확실성 노드 밑에 이 대안의 평균가치로 표시된다. 비록 이 대안의 평균 가치 80달러가 무위험한 경우의 가치 200달러보다는 적지만, 그래도 눈의 티 대안의 가치 −300달러보다는 크므로 여러분은 이러한 불확실한 상황에서도 즐거운 시간 대안이 눈의 티 대안보다 바람직하다고 판단해서 이 대안을 선택할 것이다.

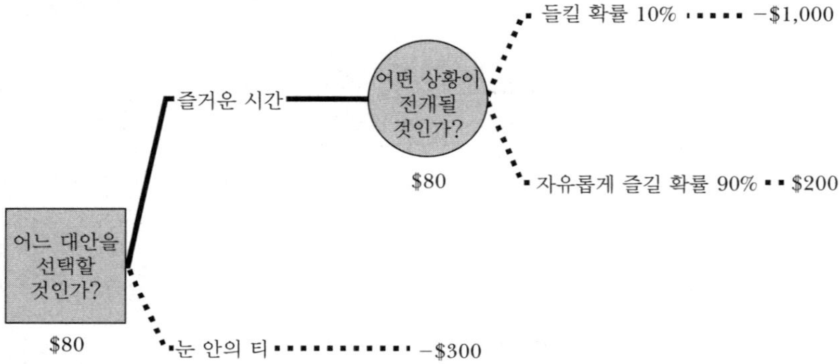

그림 14.3 확률이 표시된 완성된 의사결정나무

주의: 실질적인 의사결정 분석에서는 7장에서 토의된 의사결정자의 위험에 대한 태도가 이와 같은 수리적 과정에 수정 보완되어 의사결정나무에 반영되어야 한다.

그러나 즐거운 시간 대안에서 들킬 확률 10%는 도대체 어디에서 왔을가? 이 단계에서 고지식하고 순진한 의사결정 분석가들은 정밀한 확률을 정당화하려는 위험에 빠지기도 한다. 이보다 더 중요한 질문은 다음과 같은 것이다. "이 질문이 너무도 중요하다고 생각되기 때문에 나는 한 번 더 이 질문을 반복하겠다" 여러분이 이 시점에서 해야 할 질문은 위와 같이 정밀한 확률을 얻기 위한 것이 아니라 "최종 의사결정을 바꾸게 하는 불확실한 사건의 발생확률이 얼마이지?"라는 질문이어야 한다.

의사결정나무 소프트웨어를 사용하면, 위와 같은 질문에 대한 답을 쉽게 얻을 수 있다. 엑셀로 구성된 예제들이 애드인 XLTree에 포함되어 있다.[5] MS 엑셀이 있으면 FlawOfAverages.com에 있는 모델들을 실행해 보기 바란다.

만약 여러분이 FlawOfAverages.com에 있는 모델을 실행하면, 즐거운 시간 대안에서 들킬 확률이 42%가 되는 순간에 최종 선택 대안이

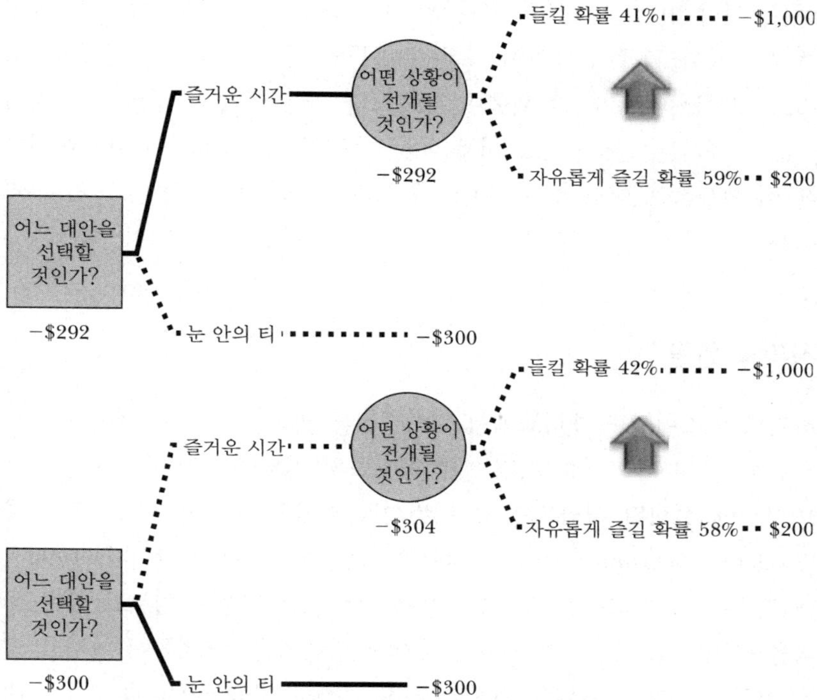

그림 14.4 들킬 확률이 42%이면 최종 의사결정 대안이 바뀜

바뀌게 되어, 이제는 즐거운 시간 대안이 아닌 눈의 티 대안을 선택해야 할 것이다(그림 14.4 참조)

올바른 질문

경영과학은 오랫동안 정확한 답을 제공해 주기 위해 복잡한 모델들을 수립하려고 노력해 왔다. 4장에서 존 터키가 지적한 것처럼 이러한 모델들로부터 얻는 답들은 대부분의 경우 잘못된 질문들에 관한 답들인 것이다.

위 예제에서 원래 질문은 즐거운 시간 대안의 선택여부에 관한 것이었다. 그러나 우리들이 가져야 할 올바른 질문은 즐거운 시간 대안에서 들킬 확률이 42%보다 클지 아니면 그렇지 않은지를 판단해야 하는 것이다. 여러 명으로 구성된 위원회에서 여러분이 즐거운 시간 대안에서 들킬 정확한 확률에 대하여 모든 위원들의 동의를 얻기는 현실적으로 결코 쉽지는 않지만, 그 확률이 42%보다 클 것인지 아니면 작을 것인지에 대해서는 만장일치로 이들의 동의를 얻기는 쉽다. 그러면 여러분은 이 확률을 토대로 최종적인 의사결정을 합리적으로 내릴 수 있을 것이다.

사회로 환원

하워드는 스탠퍼드 대학교에서 의사결정론 과목을 지금도 계속 강의를 하면서 이 분야의 박사과정 대학원생들을 지도하고 있다. 또한 그는 1981년에 설립된 지명도가 높은 컨설팅 회사인 전략적 의사결정 그룹(Strategic Decision Group: SDG)의 창립 이사이자 회장이다. 1990년대 후반까지 하워드와 그의 동료들은 오랫동안 컨설팅 업무로 많은 수익을 올렸었다. 하워드가 최근에 나에게 말하기를 "우리들이 가지고 있는 것들을 사회에 환원을 시작할 시점이 바로 지금이라는 분위기가 내 동료들 사이에서 일어나기 시작했다"라는 것이다. 이러한 하워드의 말이 평화봉사단에서 엔지니어로 근무하고, 스탠퍼드 대학교에서 MBA를 취득한 후, SDG에서 근무하고 있는 밥 로위에 의해서 아래와 같이 매우 설득력 있게 기술되고 있다.

로위는 "20년 넘게 기업 경영자들에게 컨설팅을 해주는 동안 이들 외에도 의사결정 원칙을 필요로 하는 또 다른 그룹의 고객들이 있음을 알게 되었다. 그들은 바로 사춘기에 접어든 청소년 세대이다"라고 회상을 하였다. 그래서 1999년 로위는 교육자격증을 얻기 위해 전에는 들어보지도 못했던 여권과 항공 마일지를 거래하는 일을 시작했다. 그 후 그는 지금까지 샌프란시스코만 지역에 있는 고등학교에서 수학과 의사결정분석론을 고등학생들에게 가르쳐 오고 있다.

로위가 고등학교 학생들을 대상으로 이 과목들을 강의하기 시작한 후 바로 그는 하워드를 비롯한 다른 동료들과 함께 대학 진학을 준비해 온 학생들에게 의사결정론 강의가 절실히 필요하다는 생각에 동의를 했다. 그래서 그들은 먼저 의사결정 교육을 위한 교과과정들을 개발하고, 의사결정 과목을 담당할 강사들을 훈련시키기 위한 디시전 에듀케이션 파운데이션(의사결정 교육재단)을 설립하였다.[6]

로위의 의사결정론 강의를 수강한 고등학교 학생들이 수행한 자기 자신에 대한 의사결정 분석 중에는 집안의 학대로부터 도망치려고 고민하는 한 여학생의 사례가 있었고(결국 그 여학생은 집을 뛰쳐나오지 않았지만), 그리고 위험한 무릎 수술을 할 경우 대학교로부터 입학 장학금을 받을 가능성을 저울질하고 있던 운동부 소속 학생도 있었다고 한다(그는 결국 무릎 수술을 해서 어느 대학교로부터 입학 장학금을 받았다). 마지막으로 자살을 할 것인지 말 것인지에 관하여 자신의 소견을 명쾌하고도 분명하게 분석한 학생도 있었다고 한다(그는 결국 자살하지 않았다).

기억해야 할 사항

- 의사결정나무
- 사람들은 합리적이거나 이성적이지 않다.

잊어야 할 사항

- **합리적 기대이론**

제15장

정보의 가치

몇 년 전 나는 50여명 정도의 미 정부소속 정보 분석가들을 위해 워크숍을 가졌다. 나는 이 워크숍을 시작하기 전에 그들에게 지금 어떤 형태의 정보분석 문제를 다루고 있는지를 물어봤다. 이들 중 한 참석자가 내 질문에 손을 들고 말하기를 그들은 현재 정보를 수집하기 위해서 자원분배의 최적화 작업을 하고 있다고 하였다. 정보라는 것이 그들이 수행하는 업무에서 중요한 결과물이기 때문에 자원의 최적 배분이 그들에게 중요한 이슈처럼 보였다. 그리고 나는 이들 중에서 몇 명이나 의사결정나무에 관해서 들어 보았는지도 물어보았는데, 그들 모두 이를 들어봤다고 했다. 마지막으로 그러면 그들 중 정보 가치에 관해서는 몇 명이나 들어봤느냐고 묻자, 이번에는 다섯 명 정도만 정보 가치에 관해서 들어봤다고 해서 나는 매우 놀랐던 적이 있다.

다음에 기술될 내용에서 밝혀지겠지만 정보가치라는 주제를 제기한 정보 분석가들이 그 정보가치가 무엇인지를 밝혀냈다. 이들은 정보가치는 새로운 정보를 얻기 전과 후의 최종 의사결정이 바뀌는 경우에만 존재한다고 한다.

불확실성과의 보완관계

정보는 불확실성과 보완관계에 있으며, 불확실성을 절감시키든지 아니면 완전히 제거하는 역할을 한다. 경우에 따라서 이러한 정보는 매우 저렴한 비용으로 얻기도 하지만, 때로는 어떠한 비용을 지불해도 정말로 원하는 정보를 얻지 못하기도 한다. 내 아버지는 그의 저서에서 이러한 상황을 "어느 누구든지 뛰기 전에 주위 상황을 살펴야 하지만, 이를 위해 너무 많은 시간을 소모하지 말아야 하고, 또한 과도한 비용이 많이 발생되지 않도록 주의해야 한다"라고 하였다.

지금과 같은 정보화 시대에 정보교환이 매우 활발하게 이루어지고 있기는 하지만, 정보를 얻기 위한 비용이 비합리적으로 많이 발생하는지 아니면 적게 발생하는지를 무엇으로 정의할 것인가? 이 질문에 대한 답은 정보가치 혹은 정보의 경제적 가치와 비용을 비교해서 얻을 수 있다.

유명한 코미디언이면서 세컨드 시티(Second City: 1959년 미국 시카고에 설립된 즉석 코미디 기업 – 역주) 코미디극의 초기 멤버이었던 세번 다든은 이 프로그램 진행자가 그를 형이상학적 교수 역으로 소개하면, 그는 다음과 같은 질문을 시작으로 그의 역을 수행하였다. 왜 – 당신들이 나에게 묻겠지만 – 내가 다른 주제가 아닌 우주에 관한 내용을 이야기 주제로 선택해 왔는가? 이에 대한 답은 매우 단순하다. 이 세상에 우주 외에는 아무것도 없기 때문이다.[1]

다든의 말은 정보가치를 이해하기 위해 적절한 말이라고 할 수 있다. 그러나 불행하게도 오직 극소수의 사람들만이 정보가치의 개념의 단순하면서도 멋진 이론을 알고 있을 뿐이다.

여러분은 아래에 기술된 내용들을 어떻게 생각하는가?

- 어느 제조회사에서 신제품을 시판하려고 하는데, 이 제품의 수요가 불확실해서 몇 개의 신제품을 생산해야 할지를 확신하지 못하고 있다. 그런데 어느 마케팅 리서치 회사가 수백만 달러를 받는다면,

이 신제품 수요의 불확실성을 절반으로 줄여 주겠다고 한다. 그렇다면 이 제조회사가 마케팅리서치 회사의 제안을 수용할 만한 가치가 있는 것인가?

- 제약회사에서 신약을 개발하고 있는 중이다. 이 회사는 개발 중인 신약의 효용성과 관련된 두 가지 의문점들을 해소시키기 위해 비용이 많이 요구되는 두 가지 임상실험 절차 중 하나를 선택해야만 한다. 어느 절차를 선택해야 하는가?
- 적군에 대한 정보가 매우 부족하여 군사작전 팀이 구성되고 있는 중이다. 이 비밀 작전 팀의 임무는 적군에 관한 정보 수집이다. 적의 실질 군사력에 관한 정보를 얻기 위해 얼마나 많은 요원들의 생명이 위험에 처해야 할 것인가?

위 세 가지 상황들은 정보가치 측면에서 고려되어야 할 중요한 이슈들이다.

1966년 스탠퍼드 대학교의 하워드 교수는 지금은 정보가치(value of information)로 알려진 〈정보가치이론(Information Value Theory)〉이라는 단편논문을 발표했다.[2] 이렇게 확장된 의사결정분석론은 정보화 시대에 우리들에게 여러 가지 형태의 심오한 의미들을 부여해 주고 있다. 아직 여러분은 의사결정나무에 관해서 완벽하게 이해를 하지 못하고 있지만, 확장된 의사결정론은 의사결정나무 개념과 거의 동일한 내용이라고 이해하면 될 것이다. 다음 절에서 즐거운 시간과 눈의 티 대안 중에서 더 바람직한 대안을 선택하는 의사결정문제에 정보가치가 어떻게 적용되는지를 알아보도록 하겠다.

정보가치는 얼마나 될까?

위 의사결정문제에서 여러분을 잡으려는 빌딩 순찰자가 있다고 가정해 보자. 이 순찰자는 하룻밤에 10개의 빌딩 중 한 빌딩만을 순찰하는 것으로 알려져 있다. 그런데 여러분은 그의 순찰 스케줄을 모르고 있고,

그리고 이 순찰자가 여러분이 즐거운 시간을 보내고 있는 빌딩을 순찰할 확률은 10%라고 한다. 우리는 지금 확률 10%를 선택한 타당한 이유가 충분하다는 사실에 주의해야 한다. 하지만 의사결정나무에 관한 설명에서 우리는 특정한 사건에 관한 확률을 임의의 변수로 놓을 수 있다고 하였다. 그리고 마지막으로 여러분이 순찰자의 스케줄을 알고 있는 어느 제3자를 알고 있다고 해보자.

여러분이 알고 있는 제3의 인물은 순찰자가 순찰할 빌딩과 관련된 불확실성을 완벽하게 제거해 버릴 수 있는 정보를 가지고 있는 사람이다. 그래서 여러분이 위험스럽지만 즐거운 시간을 가지기 바로 전에 제3의 인물에게 연락하면, 여러분은 그로부터 자세한 순찰자의 순찰 스케줄을 알아 볼 수 있다. 만약 여러분이 순찰 스케줄을 그에게 물어보면, 그는 여러분에게 다음과 같이 물어 볼 것이다. "그러한 정보가 너에게 얼마나 가치가 있는 것이야?"

만약 우리들이 정보가치에 대한 이해가 없으면, 이러한 질문에 올바른 답을 할 수 없다. 그래서 정보가치에 대한 올바른 판단을 위해 우리들은 아래의 사람들을 이해하는 것이 필요하다.

정보가 없는 상황하에서 여러분은 먼저 무엇을 할지를 결정하고, 그 다음에 어떤 상황들이 미래에 발생할지를 알아보려고 할 것이다.

그러나 정보가 있는 상황하에서 여러분은 미래에 무엇이 발생할지를 먼저 알아보려 할 것이고, 그 다음에 무엇을 할지를 결정할 것이다.

정보가 있는 상황에 일치하는 의사결정나무는 우리가 앞에서 살펴본 의사결정나무(가정 시나리오 의사결정[what-if scenario] – 역주)를 뒤집어서 〈그림 15.1〉과 같이 재정리할 필요가 있다.

여러분이 알고 있는 제3의 인물이 진실만을 전달해 준다고 가정을 하면, 여러분은 다음과 같은 두 메시지 중 하나를 그로부터 얻게 될 것이다. 첫째 경우는 순찰자가 빌딩을 순찰할 확률이 10%이므로 이는 여러분에게 그 빌딩에 가지 말고 차라리 눈의 티 대안을 선택해서 재미없는 시간을 집에서 보내라는 경고이다. 순찰자가 빌딩을 순찰할 확률이 10%이므로 그 빌딩을 순찰하지 않을 확률은 90%이다. 이 경우라면 여

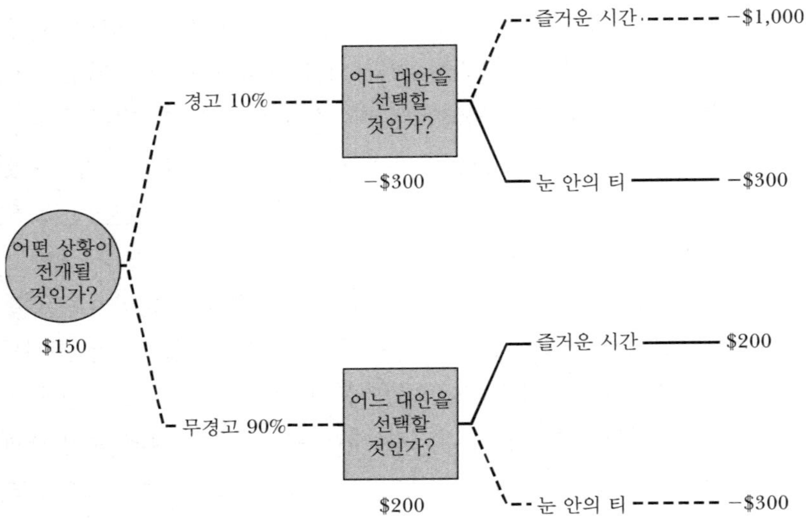

그림 15.1 재정리된 의사결정나무

러분은 즐거운 시간대안을 선택해서 빌딩에서 마음껏 즐기면 된다. 이 불확실한 의사결정 문제의 평균 가치는 〈그림 15.1〉에서 보는 바와 같이 10%×(−300달러)=−30달러와 90%×200달러=180달러의 합인 150달러가 된다. 14장의 의사결정 문제와 〈그림 15.1〉의 의사결정 문제의 차이점은 여러분이 순찰자에게 붙잡힐 위험성이 〈그림 15.1〉에서는 완전히 배제되었다는 것이다.

여러분이 알고 있는 제3의 인물로부터 받은 정보 덕분에 불확실한 의사결정 문제의 평균 가치가 80달러에서 150달러로 증가되었다. 그래서 이 정보의 가치(150달러−80달러)는 70달러의 가치가 있다고 한다. 만약 그 사람이 여러분에게 정보 제공에 대한 대가로 100달러를 요구하면, 그 사람과 더 이상 거래를 하지 말고 원래의 의사결정 문제로 돌아가는 것이 더 바람직하다.

14장의 예제에서와 같이 이 문제에서도 여러분은 의사결정 초기에 임의의 사건에 관한 확률을 알려고 하지 말고, 대신 정보가치가 100달러가 되게 하는 순찰자에 잡힐 확률이 얼마인지를 결정하는 분석을 시도해야 한다. 더욱이 정보 제공자를 이용하여 정보가치를 도출하는 개념은 여러분이 접촉할 사람이 항상 진실만을 말하지 않는다고 가정할 경우에도 적용될 수 있다. 이러한 경우를 불완전 정보가치라고 한다.

군사 작전 예

군사 작전 팀인 청팀(공격팀)은 탱크 하나로 강을 가로지르는 두 교량 중 하나를 선택하여 강을 건너 적을 공격해야 하고, 홍팀(방어팀)은 두 교량을 공격팀으로부터 방어하기 위해 군인들을 두 교량에 배치하고 한 대의 탱크로 두 다리 중 한 곳을 방어하고 있는 예제를 고려해 보자. 그러나 청팀은 심한 연막으로 인하여 홍팀이 어느 다리에 탱크 한 대를 배치해 놓았는지 알 수 없는 상황이다.

이 예제에 관한 다양한 형태의 결과값들이 〈그림 15.2〉의 오른쪽에 표시되어 있다. 이 의사결정나무의 결과값은 청팀과 홍팀 간의 사상자 차이고, 양(+)의 값은 청팀의 사상자 수가 홍팀에 비해 그 숫자만큼 적다는 것이고, 음(−)의 값은 청팀의 사상자 수가 홍팀의 사상자 수보다

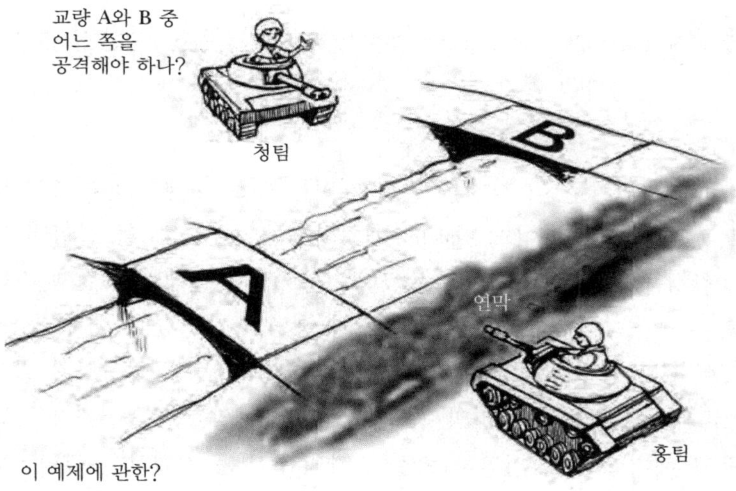

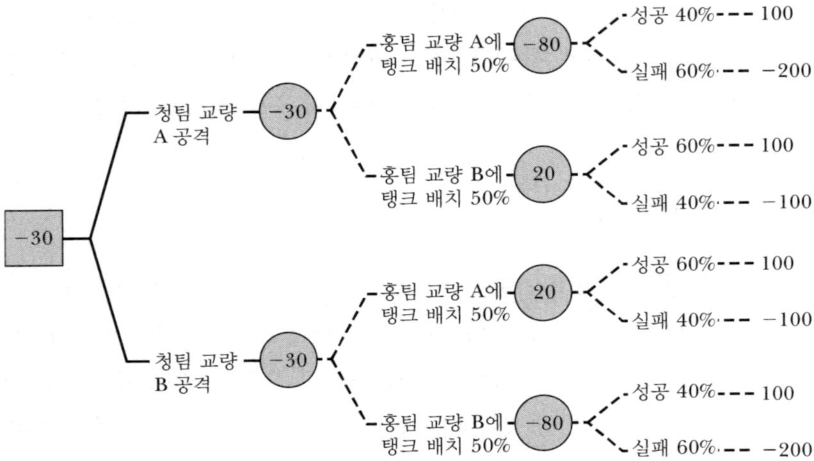

그림 15.2 청팀의 의사결정나무

그 숫자만큼 더 많다는 것이다. 청팀이 채택해야 할 대안은 홍팀이 탱크로 방어하고 있지 않은 교량을 공격하는 것이고, 상황의 대칭적 구조 때문에 청팀이 어느 교량을 공격하든지 청팀의 평균 사상자 수는 홍팀보다 30명 더 많게 나타나고 있다.

> FlawOfAvergaes.com을 방문하면 군사 작전 예제에 관한 상세한 내용을 알아 볼 수 있다.

청팀의 지휘관은 이 작전을 원래 계획한 대로 수행하기를 잠시 보류하고 홍팀의 탱크가 어느 다리에 배치되어 있는지 정보를 알아내기 위해 정찰팀을 적진으로 보내면 몇 명의 사상자가 발생할지 현재 가늠하고 있는 중이다. 이 지휘관은 정찰팀이 홍팀의 탱크 배치 장소를 반드시 알아낼 것이라고 믿고 있지만, 이 작전 결과 5명의 사상자가 발생할 것으로 추정하고 있다. 5명의 정찰팀 사상자 희생을 무릅쓰고라도 홍팀의 탱크 배치 교량을 파악하는 것이 가치가 있는 것일까? 〈그림 15.3〉은 이 군사 작전에 관한 역(재정리된) 의사결정나무를 보여주고 있다.

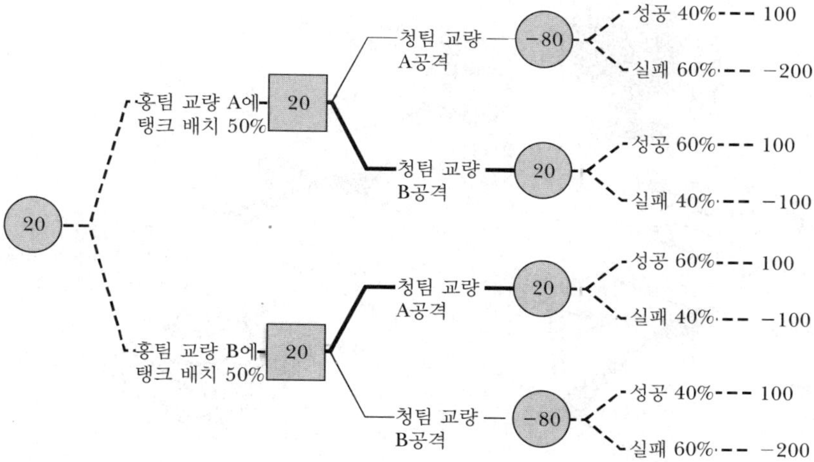

그림 15.3 역 의사결정나무: 청팀이 홍팀의 탱크 배치 장소를 미리 알고 있는 경우

청팀의 정찰팀이 정보 탐색을 성공적으로 달성하면, 청팀은 홍팀의 탱크 배치 장소를 알게 되어, 탱크가 배치되어 있지 않은 교량을 공격할 것이다.

청팀이 홍팀의 탱크 배치 교량을 알게 된 결과, 청팀의 사상자 수는 홍팀의 사상자 수보다 20명 더 적게 발생될 것으로 추정되었다. 그러므로 이 군사 작전에서 청팀이 얻은 정보가치는 팀의 사상자 수가 50명 감소된 것이다. 이 예제에서 50명의 사상자 수를 줄이기 위해 적진에 침투해서 정찰 활동 중 죽은 청팀 정찰팀원 5명의 희생은 적은 것이라면서 인간의 생명 가치에 대해 자기 성찰을 할 필요는 없다.

혼란의 대가

좀더 위 군사작전 문제를 재미있게 만들기 위해 이제는 청팀이 방어팀이 되고, 연막탄을 사용하지 않는다고 가정해 보자. 이와 같이 청팀이 연막탄을 사용하지 않기 때문에 홍팀은 쌍안경으로 청팀의 탱크 배치 장소를 파악하여 탱크가 배치되지 않은 교량을 공격하면 청팀보다 평균 20명의 사상자 수를 줄일 수 있다. 청팀의 지휘관은 홍팀의 사상자 수

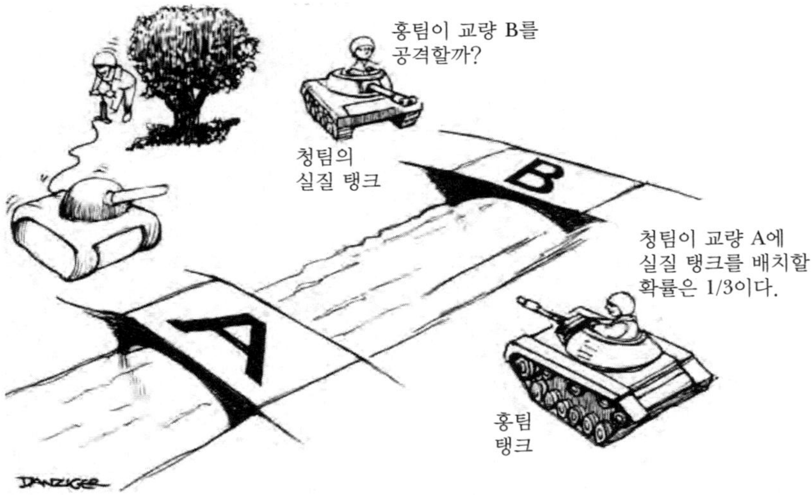

가 그들에게 유리할 경우에만 공격할 것이라는 사실을 알고 있다. 그래서 청팀은 연막탄 대신에 완벽하게 위장된 탱크를 반대 교량에 배치하면, 홍팀으로부터 실제 탱크가 배치되어 있지 않은 교량이 공격당할 확률이 50% 줄어든다는 사실을 알고 있다. 청팀이 이러한 위장술을 사용하면, 홍팀은 평균 사상자 수가 30명으로 증가하여 교량 공격을 철회하게 될 것이다. 그러나 불행하게도 작전 사령부에서는 청팀에 완벽하게 위장된 탱크를 육로로 수송해 줄 수 없고, 수송기에서 낙하산을 이용해서 고무풍선효과가 있는 탱크를 전달해 줄 수밖에 없는 상황이다. 일단 고무풍선탱크가 어느 한 교량에 설치되면, 청팀은 홍팀이 그 고무풍선탱크가 가짜라는 사실을 알게 될 확률이 2/3가 될 것으로 추정하고 있다. 이러한 상황에서 홍팀이 청팀에게 공격을 감행할 것인가?

엑셀에 있는 의사결정나무를 이용하면, 홍팀이 청팀을 공격할 인센티브를 쉽게 계산할 수 있다. 〈그림 15.4〉는 교량 A에 청팀이 실제 탱크를 배치하고 있다고 홍팀이 판단할 확률을 토대로 홍팀의 공격 인센티브 결과를 그래프로 보여주고 있다.

먼저 고무풍선탱크가 없다고 가정하고 이 문제를 해결해 보도록 하자. 그러면 청팀은 연막술을 사용하지 않기 때문에, 홍팀은 청팀의 탱크

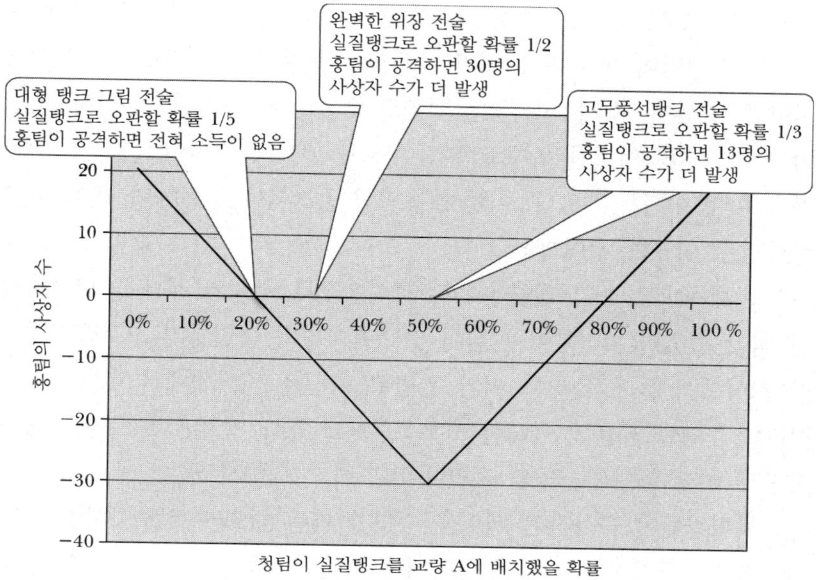

그림 15.4 청팀의 탱크가 교량 A에 배치되어 있다고 판단한 확률을 기준으로 홍팀이 공격할 인센티브

가 어느 교량에 배치되어 있는지 정확하게 알 수 있다. 만약 청팀이 교량 B에 탱크를 배치하고 있으면, 홍팀의 공격 인센티브는 〈그림 15.4〉의 굴곡 점을 기준으로 왼쪽에 있게 된다. 즉 홍팀이 청팀의 탱크가 교량 A에 있다고 판단할 확률이 0%가 된다. 이 경우 홍팀이 청팀을 공격하면, 홍팀의 사상자 수는 청팀의 사상자 수보다 20명이 적게 되어 청팀이 상당히 곤란한 상황에 처하게 된다. 만약 청팀이 교량 A를 방어하고 있으면, 〈그림 15.4〉의 굴곡점을 기준으로 홍팀의 공격 인센티브는 오른쪽에 있게 되고, 앞의 경우와 동일하게 홍팀의 사상자 수는 청팀보다 20명이 적게 된다.

이제 청팀이 실질 탱크를 교량 B에 배치하고, 고무풍선탱크를 교량 A에 배치한다고 가정해 보자. 이제 홍팀이 고무풍선탱크가 실제 탱크라고 오판할 확률이 1/3이기 때문에, 이 확률은 〈그림 15.4〉에 있는 그래프의 X축상 1/3점에 표시되게 된다. 이러한 확률 가정하에 홍팀이 청팀을 공격하면, 홍팀은 청팀보다 13명이나 더 많은 사상자를 내게 된다. 만약 청팀이 교량 B에 배치한 탱크가 모두 대형의 탱크 그림 사진이라면, 홍팀이 이 사진을 실제 탱크로 오판할 확률이 1/5이 된다. 홍팀이 이러한 확률정보를 토대로 홍팀이 교량 B를 공격하여 얻을 수 있는 소득은 "0"이 될 수 있다. 이렇게 홍팀의 공격이 무산된다면, 청팀의 교란작전은 성공한 것이다.

2차 세계대전 중 연합군은 고무풍선탱크로 구성된 부대를 창설하였던 적이 있었다(여러분이 관심이 있으면 4명의 군인들이 고무풍선탱크를 지상에서 들어 올리는 이와 관련된 사진을 인터넷에서 찾아 볼 수 있다).[3, 4] 연합군 측의 이러한 고무풍선탱크 부대 창설은 노르망디 작전 이전과 이후에 독일군들을 혼란에 빠뜨리기 위해서였다.

군지휘관들이 군사작전 계획을 수립할 때는 반드시 정보가치를 고려해야 한다. 군사작전 계획 수립시에는 적이 그들의 작전을 파악하지 못하게 해서 적 스스로 공격을 포기하게 하는 전략을 수립해야 한다는 사실도 잊지 말아야 한다. 이 같은 이유 때문에 군사작전은 가능하면 매우 짧은 시간에 결정적인 승리를 거둘 수 있다고 확신이 있을 때에만 수행되어야 한다. 그렇지 않으면 적에게 제공되는 정보가치가 시간이 지날수록 커지게 된다. 특히 예전에는 상상조차 할 수 없었지만 여러분이 전쟁터에서 폭파된 탱크들을 촬영해서 여러분이 웹사이트에 올려놓으면, 전 세계의 모든 사람들이 볼 수 있는 요즘과 같은 인터넷 시대에는 위에서 언급한 정확한 정보를 토대로 수립된 신속한 군사작전 수행능력이 더욱 절실히 요구되고 있다. 여러분은 동네 선술집에서 몸집이 큰 불량배가 그보다 체구가 훨씬 작은 사람을 상대로 시비를 붙여 싸울 때 한 시간이 넘도록 상대방을 굴복시키지 못하면, 다음날 밤에는 다른 많은 사람들이 그 불량배에게 도전할 동기가 증가한다는 사실에 주지하기 바란다.

조형

도날드 크누스의 5단계 모델 구축형을 기억해 보기 바란다. 그는 여러분이 정말로 원하는 모델을 알고 있다면, 그의 5단계 모델 구축형에서 첫 번째 단계부터 네 번째 단계는 거칠 필요가 없다고 주장하고 있다. 조형(prototyping)은 자주 우리들이 기대하지 않았던 유익한 많은 정보를 우리들에게 제공해 준다. 바로 이것이 조형정보라고 하는 것이다. 그러면 이러한 정보가치는 얼마나 될까? 마이클 슈레지에 의하면, 그 가치는 엄청 크다고 한다. 슈레지는 기업 역사상 조형과 시뮬레이션 영역에서 가장 규모가 크고 중대한 실험이 어떻게 스프레트시트 상에서 구현되었는지가 기술되어 있는 "진실게임(Serious Play)"의 저자이다.

슈레지는 기업들이 이노베이션 위험을 관리하기 위해 어떻게 시뮬레이션 모델과 조형 개발에 투자해야 하는지에 관하여 그들에게 조언을 해주고 있다. 이와 관련해서 그는 정보가치 개념이 한 번 더 실험을 해 보고, 한 번 더 반복해 보고, 한 번 더 시뮬레이션을 실행해 보고, 한 번 더 모형들의 사양을 변경해 보는 작업들이 모델과 조형 개발에 얼마나 가치가 있는 것인지를 평가하는데 큰 도움을 주었다고 한다. 슈레지는 그의 의뢰인들 중 어떤 이들은 그들의 고객들과 함께 슈레지 사무실에서 열리는 VOI(value of information: 정보의 가치－역주) 토론에 참석하고 있다고 한다.[5] 슈레지에 의하면, 그 이유가 그의 의뢰인들은 그들의 고객들이 가지고 있는 문제와 관련된 실험이나 조형으로부터 그 고객들이 얻게 되는 정보의 가치를 올바르게 인식하는 것이 매우 중요하다고 생각하고 있기 때문이라고 한다.

바로 다음 장에서 설명하겠지만, 많은 경우 종이비행기와 같이 비용이 적게 들어가는 모형이 의도적으로 수행되는 복잡하고 비용이 많이 드는 정보 수집활동들보다 경제적 가치가 더 많은 정보들을 우리들에게 제공하고 있다. 론 하워드보다 정보 가치에 대해서 더욱 잘 설명하고 있는 사람은 없다. 그의 이러한 기여로 나는 이 장의 마지막을 다음과 같이 정보가치에 관하여 정리하려고 한다.

Book 정보의 가치
로날드 하워드 지음

정보 가치와 관련된 의사결정의 3대 주요 요소들은 대안, 정보, 그리고 선호도이다. 나는 정보 가치를 생각할 때마다 세 다리로 구성된 걸상을 상상하기를 좋아한다. 그 이유는 세 다리 중 한 다리가 없으면 걸상이 정상적으로 서지 못하는 것과 같이 대안, 정보, 그리고 선호도 중 하나만이라도 의사결정 과정에서 고려되지 않는다면, 그것은 의사결정이라고 할 수 없기 때문이다. 만약 미래에 발생할 사건과 현재 진행 중인 사건 사이의 관계성을 찾지 못하면 — 그것이 정보이다 — 여러분은 의사결정 문제를 가지고 있는 것이 아니다. 그리고 만약 여러분이 현재 발생하고 있는 사건에 관하여 관심을 두지 않으면, 여러분은 무엇이든지 할 수는 있지만 결과는 항상 동일하게 나타난다. 그래서 의사결정 문제에서 대안, 정보, 그리고 선호도는 반드시 고려되어야 한다.

정보 수집 활동을 할 때 정보 가치가 중요한 것은 당연하다. 서베이, 시험 공장, 드릴링 테스트, 통제된 시험 등을 이용하여 정보를 수집해 온 기업들을 통해 내가 겪은 경험에 비추어 보면, 그들은 정보를 얻기 위해 정보 가치보다 대략 10배 정도의 비용을 더 투자하고 있는 것으로 밝혀졌다. 이러한 정보 수집 투자는 엄청난 자원 낭비이다. 정보 수집 활동들은 관심 대상인 불확실성과 관련이 있어야 하고, 관측이 가능한 결과를 창출해야 하고, 선택되는 대안의 변화를 유발시켜야 하지만, 마지막으로 경제적인 측면에서 정보 가치보다 발생 비용이 반드시 적어야 한다.

제4부

평균 계산을 할 때 7가지 치명적인 오류

4부에서는 평균의 함정에 관한 중요한 변형들을 설명할 것이다. 이러한 변형들은 대부분 앞에서 설명한 마인들 개념에 입각하고 있지만, 경우에 따라서는 좀 더 자세한 설명들이 첨부될 것이다.

제16장

평균 계산을 할 때 7가지 치명적인 평균의 오류

나는 스콜츠가 케임브리지 대학교 경영대학원에서 강의를 하기 위해 내 책과 스프레드시트 소프트웨어를 사용하기 시작할 즈음에 그와 접촉하게 되었다. 그 후 우리는 함께 케임브리지 대학교 경영대학원에서 우리 의뢰인들을 위한 경영자 교육프로그램을 함께 개발하였다. 이러한 교육프로그램의 공동 개발 작업으로 인하여 우리들은 지금 확률경영(Probability Management: PM)이라고 불리는 불확실성 관리 방법론을 개발하게 된 것이다.[1]

내가 스콜츠와 함께 강의를 시작하기 전에 우리들은 서로 각각 수천 명의 학생들에게 평균의 함정에 관한 강의를 따로 했지만, 우리들이 강의에서 사용했던 교육방법은 서로 많이 닮았었다. 평균의 함정에 관한 강의를 대학의 다른 수학 교과목과 비교해 보면 매우 쉽다고 할 수 있다. 나는 여러분의 수강 학생들이 강의실로 들어오면 그들 모두가 오해하고 있는 평균값을 토대로 계산된 결과와 관련된 간단한 몇 가지 질문들을 그들에게 해보기를 바란다. 그런 후에 수강 학생들에게 통계학자가 강을 건너는 도중에 익사해서 죽는 상황과 고속도로에서 술주정뱅이가 죽을 수밖에 없는 상황을 설명해 주면, 그들 모두 깜짝 놀라면서 평균의 함정을 쉽게 이해하게 될 것이다. 여러분의 수강생이 이런 식의 강의를 며칠 동안 듣게 되면 그들 스스로 불확실한 문제를 시뮬레이션하면서 평균의 함정에 관한 내용을 다른 수강 학생들에게 설명을 할 수 있을 정도로 평균의 함정에 관한 이해도가 높아지게 된다.

내가 스콜츠와 함께 경영자들을 위한 강의를 시작하고 얼마의 시간이 지난 후 평균의 함정에 관한 예들을 수강생들에게 들려준 적이 있었는데, 이 강의 도중 한 명이 갑자기 일어나서 나에게 양해를 구하고는 강의실 밖으로 나갔었다. 이 강의에 참석한 그의 동료 중 한 명이 휴식 시간에 그가 수업 중 밖으로 갑자기 나간 사연을 나에게 알려 주었는데, 그 사연이란, 그 친구가 강의실에서 내가 들려준 예제로부터 어떤 아이디어를 얻고서는, 바로 전날 그가 참여했던 금융투자거래가 잘못되었음을 알고 그와 함께 거래에 참여한 동료에게 그 거래가 평균의 함정의 덫에 빠졌음을 전화로 알려 주기 위해서였다는 것이다. 반면 이 이야기를 듣는 중, 수업중 밖으로 나간 그 세미나 참석자는 전화로 그의 동료에게 당장 어제의 거래로부터 빠져 나오라고 아직도 그를 설득시키고 있는 중이었다.

이 강의가 끝난 후 나는 스콜츠와 가까운 선술집으로 가서 조금 전에 있었던 일에 관해서 이야기를 나누었다. 맹인이 지팡이를 쓰레기통에 집어 던지고 광명을 찾은 상황과 같이 방금 목격한 장면에서 우리는 우리들이 병자들에게 신앙요법을 베푸는 사람과 같다고 생각했다. 그리고 이를 통해 우리는 우리들의 구원의 손길을 필요로 하는 경영자들이 아직도 많이 있다는 사실을 알게 되었다.

나는 "평균을 계산할 때 발생하는 7가지 치명적인 오류들에 관한 리스트를 작성해 보자"고 스콜츠에게 제안을 했다. 스콜츠가 나의 제안이 참신한 아이디어라고 쉽게 동의해 줘서 두 번째 맥주잔을 비울 때쯤 우리들은 7가지 오류에 관한 리스트를 모두 작성하였다. 처음부터 우리는 이 리스트에 올라 갈 목록들이 수없이 많을 것으로 생각하고 있었기 때문에 7가지 항목만을 작성할 것을 염두에 두면서도 8번째 목록을 이 리스트에 첨가했다. 이 책을 쓰고 있는 이 시점에는 10개의 오류들만을 염두에 두었는데, 이것이 11개(아니 12개)로 늘어났다. 어찌되었든 나는 리스트 항목들이 아무리 많다고 해도, 그들을 통칭해서 7가지 오류라고 부르기로 했다. FlawOfAverages.com을 방문하면 지금은 이 항목 수가 몇 개 더 늘어났는지 알 수 있을 것이다.

항목들

아래에 나열된 항목들 대부분은 내가《ORMS 투데이》저널에 먼저 기고한 논문에 게재되었기 때문에, 이 저널지의 허가를 받아 관련 내용들을 아래에 기술할 수 있게 되었다. 아래 항목들 중 일부는 이미 앞 장에서 설명한 내용들이다.[2] 그 외의 항목들은 다음 장에서 자세하게 설명하도록 하겠다.

1. 가족 수 오차: 실제로 1.5명의 자녀를 둔 가정이 없듯이 평균적인 시나리오가 현실적으로 존재하지 않는 경우가 많다. 또 다른 예로써, 연평균 수입이 10,000달러인 학생 그룹과 70,000달러인 젊은 전문가 그룹으로 분류된 청년 고객층을 가지고 있는 은행을 고려해 보기로 하자. 이와 같이 두 그룹으로 분류된 고객들의 평균 수입 40,000달러를 기준으로 이 은행이 고객 상품과 서비스를 개발하는 것이 이치에 맞는가?
2. 왜 스케줄은 항상 지연되는가?: 여러분과 여러분의 배우자가 VIP로 초대된 파티 장소에 정시에 도착해야 하는 문제와 평균 개발 기간이 6개월인 소프트웨어 개발프로젝트 10개가 동시에 진행되고 있는 문제를 다시 기억해 보자. 모든 작업들의 개발 기간을 평균값 6개월로 정해 놓으면, 이 소프트웨어 개발 기간은 6개월이 된다. 하지만 모든 작업이 평균 개발 기간 내에 완성될 확률은 10개의 동전을 동시에 던져서 10개의 동전 모두 동시에 앞면이 나올 확률과 같기 때문에, 이 소프트웨어 프로젝트가 6개월 내에 성공적으로 개발될 확률은 대략 1/1,024이 된다.
3. 달걀 바구니: 10개의 달걀을 한 바구니에 담은 경우와 한 바구니에 달걀 하나씩 10개의 바구니에 담은 경우를 고려해 보자. 만약

바구니를 떨어뜨릴 확률이 각각 10%라면, 온전하게 보존된 평균 달걀 수는 어느 경우이든지 9개이다. 그러나 첫 번째 경우는 10개의 달걀 모두가 부서질 확률이 10%인 반면, 두 번째 경우 10개의 달걀 모두가 망가질 확률은 1/10,000,000,000이 된다(이 경우는 분산투자정책의 장점을 이용한 것이다).

4. 위험 순위: 우리들이 여러 투자 프로젝트들로 포트폴리오를 구성할 때, 기존에는 투자예산이 완전히 소모가 될 때까지 투자프로젝트들을 선택하여 투자포트폴리오를 구성하였다. 이렇게 투자포트폴리오를 구성해 나가는 과정은 투자프로젝트들 사이에 존재하는 상호관계성을 토대로 정립된 현대 포트폴리오이론을 따르고 있는 것이다. 투자프로젝트 순위 법칙에 의하면, 화재보험은 평균 보상금액이 음수(−)이기 때문에 이러한 보험에 투자하는 것은 매우 어리석은 투자이다. 그러나 자기 집을 소유하고 있고, 이 집에 대한 화재보험을 드는 것을 나쁜 투자행위라고 간주해서는 안 된다.
5. 제약성 무시: 마이크로칩의 평균 수요량을 만족시키기 위해 생산능력을 충분히 확보할 수 있는 기반시설 투자프로젝트를 고려하고 있는 예제를 기억해 보기로 하자. 이 경우 만약 실질 수요량이 평균 수요량보다 적으면 이익은 줄어들 것이다. 그러나 이와 반대로 실질 수요량이 평균 수요량보다 많으면 판매량은 생산능력에 의해 제약을 받아 수요량이 충족되지 못한다. 이와 같이 마이크로칩의 최대수요량 만족도가 생산 능력에 의하여 제한되기 때문에 실질 평균 이익은 평균 수요량을 토대로 계산된 평균 이익보다 항상 적게 발생하게 된다.
6. 옵션성 무시: 이에 대한 예제는 한계 생산비용은 알려져 있고, 가스가격이 불확실한 천연가스 투자프로젝트로 설명될 수 있다. 일반적으로 이와 같은 투자프로젝트의 가치를 계산하기 위해서 평균 가스가격이 사용되고 있다. 그러나 만약 실질 가스가격이 평균가격보다 높으면, 천연가스를 더 많이 개발해서 판매하는 것이

바람직하다. 그리고 만약 실질 가스가격이 한계 생산비용보다 적을 경우 "가스 생산을 중단"할 수 있는 옵션이 있다면, (5)번의 제약성 무시 경우와 달리 이번에는 가스층 개발 투자프로젝트의 가치가 증가하게 된다.

7. 두 가지 불행: 불확실한 수요를 가지고 있고, 재고창고에 평균수요를 토대로 제품이 관리되고 있는 소멸성 항생물질에 관한 예제를 고려해 보자. 만약 항생물질의 수요와 평균 재고량이 정확하게 같으면, 재고비용은 발생하지 않는다. 그러나 수요가 평균재고량보다 적으면 파손 손실비용이 발생하고, 수요가 평균 재고보다 많으면 급송 운반비용이 발생하게 된다. 이와 같은 상황을 고려하면, 평균 재고량과 관련된 재고비용은 "0"이 되지만 실질적인 평균비용은 "0"보다 크게 된다.
8. 극점의 함정: 상향식 예산수립 과정에서는 필요한 현금의 90%를 확보하려고 노력하고, 이러한 수치들을 상향식으로 합쳐 가면, 위로 갈수록 이 값은 점점 더 커져서 결국 불필요한 현금 확보가 유발된다. 이런 극점의 함정과 관련된 더욱 고약스러운 사례는 시험결과나 건강검진 결과를 평균 이하 또는 이상이라는 기준에만 초점을 맞추는 경우에 발생한다. 이 오류에 관한 자세한 설명은 17장에서 하기로 하겠다.
9. 심슨의 패러독스: 평균적으로 사람들의 몸무게를 줄이게 하는 영양보충제를 생각해 볼 수 있는가? 이런 영양보충제들이 있기는 하지만, 이 테스트에 참가한 샘플들을 남녀로 구분해서 몸무게를 재어보면, 평균적으로 몸무게가 늘어났음을 알게 될 것이다. 이렇게 이상한 통계 상황은 18장에서 논의하기로 한다.
10. 스콜츠 매출액 오류: 매출량이 서로 다른 여러 종류의 제품들을 어느 회사에서 판매하고 있다. 이 제품들의 단위당 이익은 알려져 있다. 그러면 평균 제품 매출량 측면에서 이 회사는 바람직한 이익을 얻게 되겠지만, 전체 제품 매출량 측면에서는 손실을 보게 된다. 이 내용은 19장에서 설명할 것이다.

11. 우연한 발생에 대한 신뢰, 인정: 우리 모두는 우리들이 열심히 일한 성과에 대해서 다른 사람으로부터 신뢰와 공적을 인정받기를 좋아한다. 그러나 훌륭한 성과 모두가 우리들이 열심히 일한 결과가 아닌 우연한 행운에 기인할 때도 많다. 20장은 행운에 의한 업적과 열심히 일한 결과로 나타나는 업적의 차이점에 관하여 논하기로 한다.
12. 나는 위와 같이 11가지 치명적인 오류만 있다고 믿는다. 그러나 12번째 오류는 여러분이 평균을 계산할 때 발생하는 잘못된 효과들을 모두 알고 있다고 자기 스스로 만족해하는 것이다.

잠깐! 앞으로 전개될 4개 장들은 위 항목 8번부터 11번까지를 무작위 순서로 기술하고 있다. 21장부터 시작되는 응용편을 먼저 읽고 난 후, 17－20장을 읽어도 문제될 것은 없다.

제17장
극점의 결함

여러분은 평균적으로 가장 큰 귓불을 가지고 있는 주민들이 살고 있는 지역이 작은 소도시라는 사실을 알고 있는가? 이보다 더욱 놀라운 사실은 만약 여러분이 이렇게 사소한 것처럼 보이는 상황을 정확하게 이해하고 있으면, 일 년에 수백만 달러의 예산이 절약될 수 있다는 것이다. 그 이유를 설명하기 위해 나는 이 장에서 먼저 대기업에서 실행되고 있는 상향식 예산 수립과정에서 발생되고 있는 문제를 다루기로 하겠다.

실질 예산보다 적게(샌드배깅)

열 개 부서의 부사장들로부터 예산서를 받는 CEO가 경영하고 있는 회사를 고려해 보자. 각 부서의 부사장들은 그들이 필요로 하는 현금 요구액을 정확하게 알고 있지 못하고 있으나, 논의를 위하여 이들의 예산 범위가 80만 달러와 120만 달러 사이에 존재하고, 평균 현금 요구액이 100만 달러이고, 현금 요구액이 이 범위 내에 존재할 확률이 95%일 것으로 믿고 있다고 하자. 각 부서의 현금 요구액은 서로 전혀 상호관련성이 없다. 그래서 이 부사장들 중 어느 한 명이 평균 현금 요구액보다 적거나 많게 예산을 요구를 해도, 이러한 예산 요구가 다른 부사장들의 요구액에 전혀 영향을 미치지 않는다.

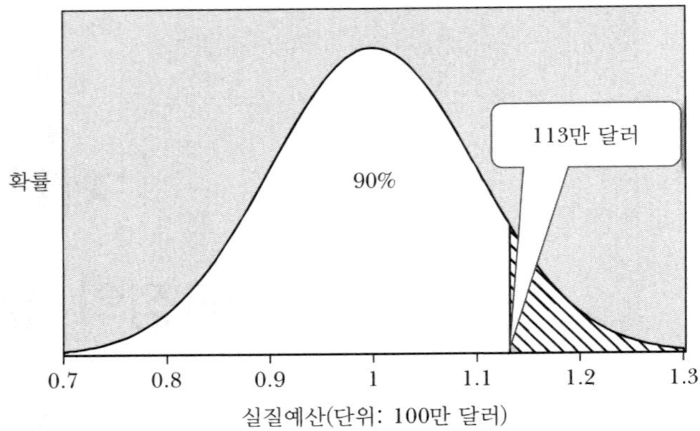

그림 17.1 불확실성 현금 요구액

만약 모든 부서의 부사장들이 평균 요구액 100만 달러를 요구하면, 이 회사의 CEO는 모든 부사장들의 평균 요구액 100만 달러를 단순히 합해서 평균 예산 총 요구액이 1,000만 달러라고 예측하면 된다. 이 예산문제는 단순한 덧셈에 의한 선형적 계산이기 때문에, 평균의 함정의 강형이 이 예산 문제에는 적용되지 않는다.

그러나 요구한 예산이 기각될 확률이 50%나 되는 예산 계획서를 CEO에게 제출할 부사장들이 어디 있겠는가? 그래서 평균 예산을 제출하는 대신 부사장들은, 예를 들어 90%의 예산 승인 확률이 있는 수치로 수립된 예산안을 CEO에게 제출하는 것이 일반적 관례이다. 많은 회사들이 이렇게 예산을 수립하고 있는데, 이러한 예산 수립 관행을 샌드배깅(sandbagging: 위험 피하기) 예산 수립이라고 한다.

지금 논의하고 있는 예산문제의 불확실성 문제가 종 모양의 확률분포 형태를 가지고 있다고 가정하면, 90% 신뢰도를 확보하기 위해 필요한 현금은 대략 113만 달러가 된다. 〈그림 17.1〉은 필요한 현금 요구액에 따른 확률 정보를 보여주고, 〈그림 17.2〉는 〈그림 17.1〉의 확률정보를 누적 확률분포로 보여주고 있다.

위 예제에서 논하고 있는 기업이 두 부서들로 구성되어 있고, 이 두 부서의 부사장들이 총 예산이 226만 달러가 되도록 각각 113만 달러의

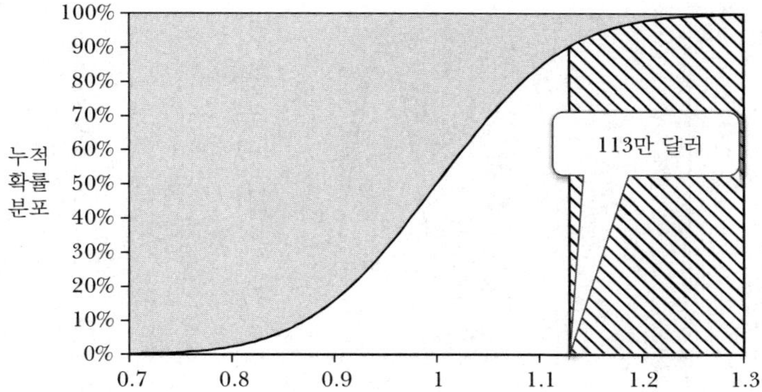

그림 17.2 현금 요구액 누적 확률분포

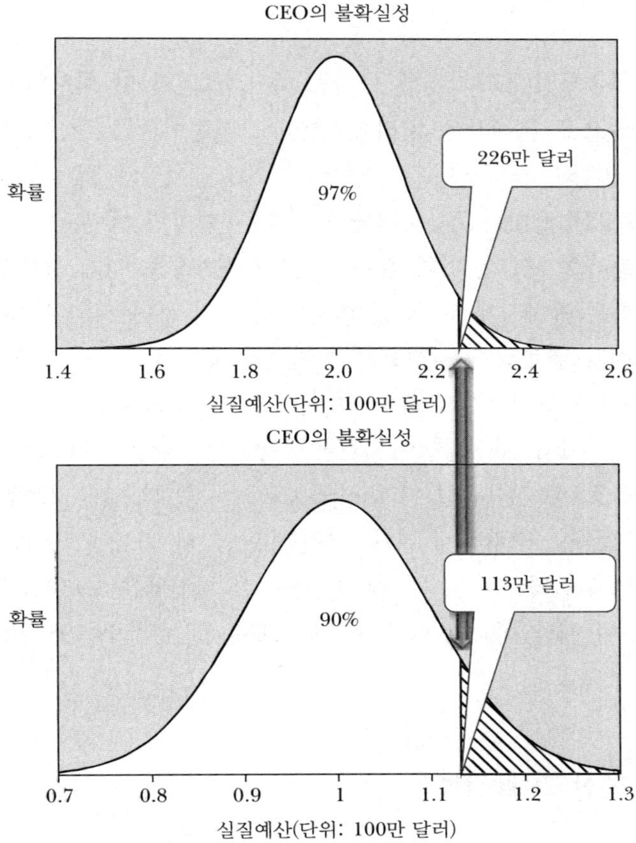

그림 17.3 CEO와 부사장의 불확실성

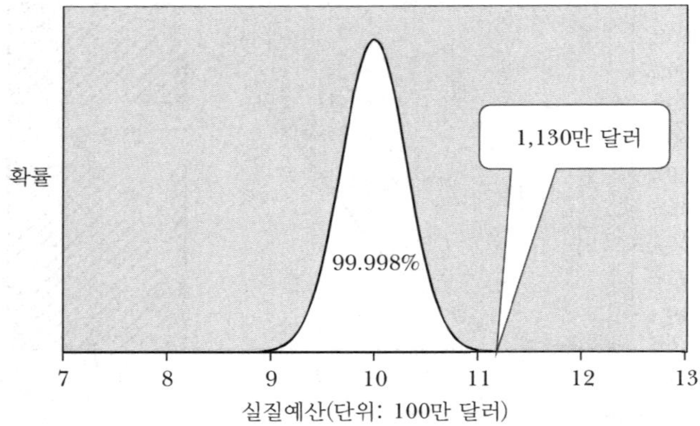

그림 17.4 증가된 분산투자정책

예산안을 제출하였다고 가정해 보기로 하자. 그러면 이 회사의 CEO는 90%의 확신으로 본예산을 처리할 것이다. 이렇게 하는 것이 맞는가? 난 그렇지 않다고 생각한다.

독립적으로 발생하는 두 사건들을 단순히 합하면, 주사위 던지기와 영화 포트폴리오에서 본 바와 같이 분산투자정책으로 이에 상응하는 확률분포의 폭은 좁아지게 된다. 이 회사의 CEO와 두 부서의 부사장들의 입장에서 이와 관련된 확률정보를 보여주기 위해서 〈그림 17.3〉에 표시된 두 확률분포에 있는 x축의 크기를 조정해 보았다.

만약 두 부서의 부사장들이 그들이 제출한 예산액 113만 달러가 90%의 확률로 승인된다면, 이 회사의 CEO는 총 본 예산 226만 달러를 97%의 확률로 수락하게 된다. 그런데 만약 이 회사에 10개의 부서가 있다면, 그 결과는 어떨까? 이 경우 총 본 예산액은 1,130만 달러가 될 것이며, 이 예산안은 〈그림 17.4〉에서 보는 것처럼 99.998%로 채택될 것이다.

옥상옥의 예산 과대 책정

그래서 만약 이 회사의 CEO가 각 부사장들보다 예산액 내에서 예산이

집행될 것이라고 더 확신을 하고 있다면, 이는 바람직한 상황이라고 할 수 있다. 그러면 여러분은 정말로 이러한 상황이 바람직하다고 생각하는가? 여러분이 그렇다고 생각했다면, 이번에도 역시 여러분은 틀린 것이다.

다시 이 문제를 고찰해 보면, 이 회사의 CEO가 90%의 확률로 예산 내에서 총 예산을 수립하기 위해서는 총 본 예산은 1,040만 달러이면 충분하다. 그래서 총 예산으로 책정된 1,130만 달러 중에서 운전자본으로 사용될 수 있었던 90만 달러가 아무런 경제적 가치를 창출해 내지 못하고 흙먼지와 같은 예산으로 낭비가 된다. 이 예제에서와 같이 만약 분산투자정책의 효과를 무시하면, 기업 내 조직의 상층부로 올라갈수록 총 본 예산은 점점 더 커지게 된다. 만약 여러분이 이 현상의 중요성에 관하여 현실적으로 실감을 하지 못하겠거든, 언제든지 밖으로 나가서 90만 달러의 현금을 조달해 보기 바란다.

웰스 파고 은행의 매튜 라파엘슨은 이러한 문제를 정확하게 이해하고 있었다. 어느 날 라파엘슨는 예산이 기각될 위험을 피하기 위해, 50%의 예산 승인확률을 가지고 있는 기대 예산을 그에게 보고하는 관리자들에게 그들이 수립한 예산과 관련해서 여러 질문을 한다고 한다. 라파엘슨에게 보고하는 대부분의 관리자들은 예산수립에 필요한 요구사항들을 잘 이해하고 있었고, 그들은 라파엘슨이 불확실성의 전문가라는 사실도 잘 알고 있었다. 그러나 옛 습관을 버리기가 매우 어려운 것이, 이 관리자들 중 한 명이 예산수립 요구 사항을 벗어난 예산안을 제출하였던 것이다. 그래서 라파엘슨이 "당신이 제출한 현금 필요액이 이 숫자 이하로 발생할 가능성이 얼마나 되는가?"라고 그에게 질문을 하였다고 한다. 그러자 그 관리자가 "50%"라고 답을 해서, 라파엘슨이 "그러면 현금 필요액이 이 숫자 이상으로 발생할 가능성은 얼마인가?"라고 계속해서 그에게 질문을 하자 "음… 내가 확신하건대 현금 필요액이 그 이상으로 발생할 가능성은 전혀 없다"라고 그 관리자가 답을 했다는 것이다. 간혹 어떤 사람들은 확률법칙을 위반해서라도 예산 내에서 예산을 집행하려고 이와 같이 발버둥을 치는 상황이 현장에서 자주 일어나곤 한다.

하워드 와이너의 가장 위험한 등식

내가 예산에 관하여 확실하게 이해를 하게 된 계기는 내가 처음으로 극점의 오류를 접했을 때였다. 독자 여러분이 지금 이 예산안 문제가 앞에서 언급한 귓불 크기와 무슨 관계가 있는지 궁금해한다는 사실을 나는 잘 알고 있다.

몇 달 전에 나의 오랜 친구인 하워드 와이너(Howard Wainer)에게 전화를 걸어 일상적인 얘기를 나누던 중, 그가 나에게 요즘 책을 쓰고 있느냐고 묻기에 그렇다고 하면서, 책을 쓰는 작업이 매우 힘들다고 그에게 넋두리를 떨자, 그 역시 나와 비슷한 상황이라고 한 적이 있었다. 그리고 그 후 우리는 이메일로 우리들이 집필 중에 있는 원고를 서로 주고받았었다. 그는 미 국가 의사 검시관청에서 석학 연구원으로 근무하고 있는데, 그는 지난 20년 동안 미 국가 대학 입학시험 출제원(ETS: Educational Testing Service)에서 통계학자로 근무를 한 경력을 가지고 있다.

와이너는 그의 저서 중 하나인 《불확실한 세상을 그림으로 표현: 그래프를 이용하여 불확실성을 어떻게 관리하고, 의사소통을 하고, 이해할 것인가(Picturing the Uncertain World: How to Understand, Communicate, and Control Through Graphical Display)》[1]의 1장에서 예산을 수립하는 과정에서 옥상옥 식의 예산 편성을 유발하는 사례와 동일한 일반적인 분산투자정책의 효과를 심도 있게 기술하고 있다. 와이너에 의하면, 이러한 효과는 1730년 드무아브르(de Moivre)가 완벽하게 설명하였다고 한다. 옥상옥 분산투자정책의 효과를 귓불 크기 문제에 적용하면, 다음과 같이 그 효과를 이해할 수 있다. 이를 위해 한 사람만 살고 있는 가장 작은 도시를 고려해 보자. 만약 이 사람의 귓불이 매우 크면, 이 도시 사람의 평균 귓불 크기는 매우 크게 나올 것이다. 그러면 뉴욕시 사람들의 평균 귓불 크기는 어떨까? 뉴욕 시에는 많은 사람들이 살고 있기 때문에, 뉴욕 시에 살고 있는 사람들의 평균 귓불의 크기는 아마도 미국 전체 국민의 평균 귓불 크기와 거의 비슷할 것이다.

그런데 내가 가장 작은 귓불을 가지고 있는 사람들이 어디에 살고 있는지를 말했던가? 물론 그곳도 소도시이다. 사실 사람들의 귓불 크기와 도시 크기와는 아무런 상관관계가 없다. 이 예는 적은 샘플로 평균값을 구하면, 더 많은 샘플로 평균값을 구한 경우보다 변동성이 크다는 사실을 우리들에게 일러주고 있을 뿐이다.

사람들의 귓불이 왜 그렇게도 중요한가? 그렇지는 않다. 이러한 예는 예산수립 문제에만 적용되는 것이 아니고, 여러분이 평균값을 구하기 위해 관심을 가지고 있는 대학 입학시험 점수, 범죄율, 질병 확산 등에도 역시 적용될 수 있다. 와이어는 의도적이지는 않지만, 어리석은 교육행정가 그룹들이 대규모 학군의 학생들의 평균 시험점수가 소규모 단위 학군의 학생들의 평균 시험점수보다 낮다고 인식하고, 대규모 학군을 여러 소규모 단위 학군들로 나누어서 교육 예산을 수립하고 있다고 한다. 이러한 학군 분산으로 인하여, 교육예산이 일 년에 수십 억 달러씩 낭비되고 있는 실정이다. 만약 이 교육 행정가들이 소규모 단위 학군 학생들의 낮은 평균 시험점수를 보게 되면, 이들은 이렇게 낮은 시험점수가 소규모 단위 학군에서 역시 자주 발생하고 있다고 판단해서, 다시 소규모 단위 학군들을 대규모 단위 학군으로 재편입할 것이 거의 확실하다. 사람들이 지난 1,000년 동안 분산투자효과를 맹신한 나머지 엉뚱하고, 낭비적이고, 무모하고, 비생산적이며, 비효과적인 의사결정을 내려왔기 때문에, 와이너는 분산투자정책의 기본법칙을 "매우 위험한 등식"이라고 부르고 있다. 여러분이 이와 같은 내용에 관해 더 알고 싶다면, 와이너의 책을 읽어보기를 바란다.

위 내용들을 요약하면, 바람직하지 않은 극점의 오류결과는 암 발병률이나 혹은 시험점수가 평균 이상이라는 경우보다 특정한 불확실한 사건에 관하여 90%로 확신하는 비정상적인 경우로부터 더 많이 초래되고 있다. 극점 결과들을 결합하고 비교하면, 우리들은 결국 잘못된 결과만을 얻을 수밖에 없다.

기억해야 할 사항

- 샘플 수가 적으면 적을수록 샘플 평균값은 더 큰 변동성을 포함하게 된다.

잊어야 할 사항

- 드무아브르

제18장

심슨의 패러독스

심슨의 패러독스는 오래 기간 동안 많은 연구자들을 괴롭혀 온 평균의 함정과 관련된 매우 고약한 예제라 할 수 있겠다. 심슨의 패러독스는 그래프에서 한 변수값이 변할 경우 다른 변수값이 변하는 평균값을 직선(**선형 회귀선**으로 알려진)으로 보여주는 그래프로 설명될 수 있다. 예를 들어, 단기간 내에 몸무게를 줄여준다는 순무 주스로 만들어진 가상

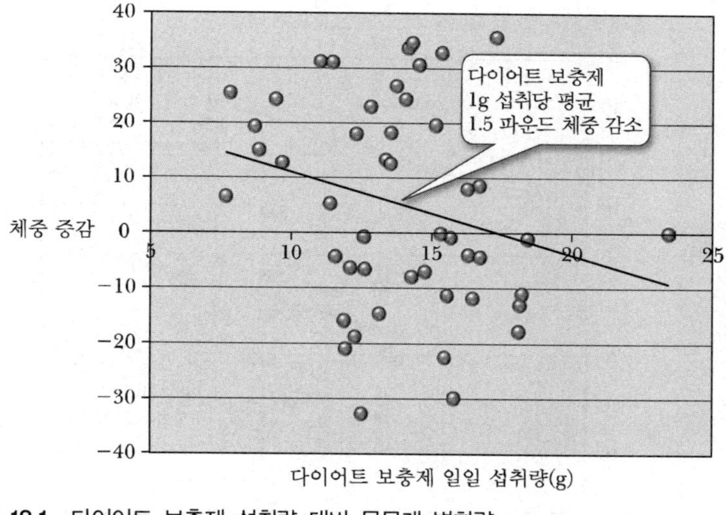

그림 18.1 다이어트 보충제 섭취량 대비 몸무게 변화량

적인 다이어트 보충제를 고려해 보기로 하자. 〈그림 18.1〉은 이 다이어트 보충제를 하루에 사용한 48명의 몸무게 결과를 보여주고 있다.

〈그림 18.1〉의 x축은 48명의 참가자들이 하루에 섭취한 다이어트 보충제양을 표시하고 있고 y축은 이들의 몸무게가 일주일 동안 증감된 상황을 보여주고 있다.

위 그래프의 하강 경향선은 다이어트 보충제 1그램 섭취량당 일주일 만에 몸무게가 평균 1.5파운드가 줄어들고 있음을 의미하고 있다. 이러한 결과는 매우 훌륭하다고 할 수 있지만, 먼저 위의 분석에 대한 결론을 내리기 전에, 위 예에서 사용된 자료들에 관하여 좀더 구체적으로 알아보기로 하자.

〈그림 18.1〉에 사용된 자료는 실험에 참여한 사람들의 성별을 고려하고 있지 않다. 만약 실험 참가자들을 성별로 구분해서 자료를 재정리해 보면, 그 결과는 〈그림 18.2〉에 나타난 바와 같다. 〈그림 18.2〉의 검은 점은 남성에 관한 자료이고, 흰 점은 여성에 관한 자료이다. 이 그림을 살펴보면, 순무 주스를 마신 모든 참가자들의 몸무게가 평균적으로는 감소되었음을 알 수 있지만, 참가자들을 남녀로 구분해서 그래프를 관찰해 보면, 남녀 무관하게 모든 실험 참여자들의 몸무게 늘어났음

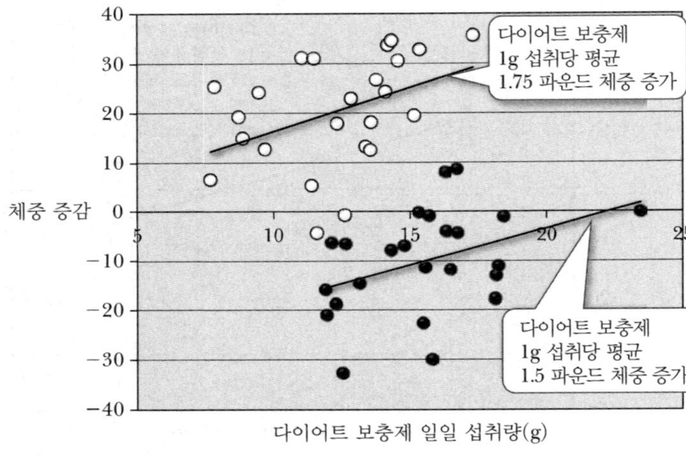

그림 18.2 성별에 따른 일일 다이어트 보충제 섭취량 대비 몸무게 변화량

을 알 수 있다.

도대체 이런 결과가 무엇을 의미하는 것이고, 어떻게 이런 결과가 발생할 수 있는 것인가? 이 질문에 대한 답을 하기 위해서, 이 실험에 참가한 남자들이 이제 프로 농구 시즌이 끝나서 더 이상 TV앞에 앉아서 팝콘과 맥주를 마시지 않는 상황에서 이 실험이 실행되었다고 가정해 보자. 이러한 가정하에서 보면, 순무 주스의 효과와 무관하게 왜 남자들의 몸무게가 여자들보다 더 많이 줄어들었는지 알 수 있을 것이다. 그리고 평균적으로 남자들이 섭취한 다이어트 보충제 한 알의 크기가 여자들이 섭취한 다이어트 보충제 한 알의 크기보다 더 크면, 이러한 크기의 차이로 평균적으로 남자들의 몸무게가 여자들보다 더 많이 줄어들 수도 있었을 것이다.

신장결석

신장결석에 관한 아래의 연구결과는 심슨의 패러독스에 관한 실질 예제이다. 영국 의학 전문 학술지에 게재된 한 논문은 신장결석을 치료하는 두 가지 방법의 상대적 효과를 논하고 있다.[1] 이 논문 실험에 참여한 환자들을 분류하지 않는 경우에는, 치료방법 B가 A보다 완치율이 높다고 보고되어 있다. 그러나 신장결석의 크기에 따라 실험에 참여한 환자들을 분류하여 연구 결과를 분석하면, 지름이 2센티미터 이하이고, 길이가 2센티미터 이상인 신장결석 환자에게는 치료방법 A가 더 효과가 있었다고 기술되어 있다.

도대체 이러한 분석 결과는 무엇을 의미하고 있는 것일까?

야구

오리건 주립대학교의 수학과 교수인 켄 로스(Ken Ross)는 그의 저서 《야구장의 수학자(A Mathematician at the Ballpark)》에서 야구선수들의 평균 타율과 심슨의 패러독스의 관계성을 보여주고 있다.[2] 〈표

18.1〉을 보면 데이비드 저스티스는 1995, 1996, 1997년의 연도별 타율에서 데렉 제터보다 매년 높은 타율을 유지하였다(표 18.1 참조). 그런데 3년에 걸친 전체 평균 타율을 계산해 보면, 제터의 평균 타율이 저스티스의 평균 타율보다 더 높게 나타나 있다.

도대체 이러한 결과가 의미하는 바가 무엇인가?

표 18.1 제터와 저스티스의 평균 타율

	1995		1996		1997		종합 평균타율	
데렉 제터	12/48	0.250	183/582	0.314	190/654	0.291	385/1,284	**0.300**
데이비드 저스티스	104/411	**0.253**	45/140	**0.321**	163/495	**0.329**	312/1,046	0.298

해설

심슨의 패러독스는 현재 고려중인 변수들이 자료 속에 숨겨진 사실과 연관될 경우에 발생하게 된다. 앞 예제에서, 남자들이 여자들보다 더 큰 보충제 알약을 섭취하여, 실험 기간 중 남자들의 체중이 더 많이 감소한 결과를 우리들은 다이어트 보충제 복용의 효과라고 생각을 했다. 그러나 사실 남자들의 체중감소 이유는 농구시즌이 끝나서 더 이상 TV 앞에 하루 종일 앉아 맥주 마시는 일을 하지 않았기 때문이었다. 이와 같이 실질적인 체중감소 원인이 자료 속에 완벽하게 숨어 있었던 것이다. 신장결석 예제에서 자료 속에 숨겨진 사실은 신장결석 크기인데, 만약 이러한 크기를 신중하게 고려한 경우와 무시한 경우의 실험 자료를 분석해 보면, 그 결과는 정반대로 나타나고 있다. 내가 믿기로는 위의 야구 예제는 각 선수들의 전체 타수를 고려하면 설명이 될 수 있지만, 그러나 타율 하나만을 고려하면, 이러한 예제는 이해될 수 없다. 나는 이 문제를 해결하려고 할 때마다 골치가 너무 아파져서, 여러분 중 누군가 나에게 그 방법을 설명해 주면, 내가 그 내용을 FlawOfAvergages.com에 올려놓도록 하겠다.

제19장

스콜츠의 매출액 오류

은행들은 낮은 이자율로 돈을 빌려서(은행은 신용도가 높기 때문에 그렇게 할 수 있다) 그보다 높은 이자율로 고객들에게 대출해 주어 이익을 내고 있다(우리들은 은행보다 신용도가 낮기 때문에 높은 이자율로 상환해야만 한다). 이 경우 은행이 지불하는 이자와 고객으로부터 수령한 이자의 차이를 이자율 마진이라고 한다. 은행이 연 이자율 4%로 돈을 빌려서 6%로 고객에게 대출을 해주는 상황을 고려해 보자. 그러면 마진은 2%가 된다. 만약 이 은행이 신용도가 낮은 고객들에게 14%의 이자율로 대출을 해준다면, 이 경우의 마진은 10%가 된다. 사실 은행들이 고객들에게 대출을 해줄 때는 이들의 신용도, 나이, 그리고 여러 가지 사항들을 고려하여 다양한 수준의 이자율을 결정해서 고객들에게 대출을 해주고 있다.

은행의 순 매출액은 마진과 미지불 대출잔고(대출되지 않은 금액-역주)에 의해 결정된다. 예를 들어, 은행의 한 계좌의 마진이 6%이고, 부채액이 600달러이면, 순 수익은 $\$600 \times 0.06 = \$36$가 된다. 물론 은행에서 고객들에게 대출을 해주면 간접비가 발생한다. 만약 일 년 동안 발생하는 이 계좌의 간접비가 25달러이면, 이 계좌의 순이익은 $\$36 - \$25 = \$11$가 된다. 이제 이 은행의 전체 계좌의 평균 마진이 6%이고, 평균 부채액이 $600라고 가정해 보자. 그러면 이 은행의 평균이익은 11

달러가 된다. 여러분은 이러한 평균이익이 맞다고 생각하는가? 물론 여러분은 그렇게 되기를 바라겠지만….

이 예제는 케임브리지 대학교의 스콜츠 교수가 나에게 알려 준 매우 고약한 평균의 함정의 강형에 관한 예제이다. 만약 마진과 부채액이 아무런 상호관계성이 없다면, 11달러는 이 은행의 정확한 평균 이익이 되겠다. 그러나 실질적으로 은행의 대출잔고가 많으면 많을수록, 고객은 대출받기에 더욱 유리하게 되지만, 은행의 마진은 점점 더 작아지게 된다.

11달러를 각 고객들의 대출계좌에 대한 은행의 이익으로 연감보고서에 기록하기 전에, 다음과 같은 상황을 생각해 보기로 하자. 만약 평균 마진과 부채액이 적용되는 두 종류의 계좌만을 고려하여, 그 결과가 어떤지를 알아보면 그 결과는 아래와 같다. 이 은행의 고객 중 절반은 신용이 좋아서 이들에게 적용되는 마진은 2%이고, 부채 잔액이 1,000달러이면, 이 은행의 연평균 순매출액은 $\$1,000 \times 0.02 = \$20$가 된다. 그리고 나머지 절반의 고객들은 신용이 좋지 않기 때문에, 이들로부터 얻게 되는 마진은 10%이고, 총 부채액이 $200이면, 이 은행의 연평균 순매출액은 $\$200 \times 0.1 = \$20$가 된다. 그러나 계좌당 발생하는 간접비 25달러를 고려하면, 이 두 경우 모두 각 계좌당 5달러씩의 손실이 발생하고 있다(표 9.1 참조). 즉, 이 은행 고객 전체를 대상으로 하여 평균매출액을 계산해 보면 11달러가 되지만, 각 계좌당 순이익을 계산해 보면 5달러씩 손실이 발생되고 있다.

표 19.1 계좌당 평균 이익 11달러, 그러나 평균 손실액은 5달러

	잔액	마진	순이익	간접비 제외 후 순이익
신용도가 양호	$1,000	2%	$20	−$5
신용도가 낮음	$200	10%	$20	−$5
평균	$600	6%	$20	−$5
평균 마진과 부채 잔액을 토대로 잘못 계산된 평균				
	$600	6%	$36	$11

스콜츠는 "물론 은행들이 대출액이 위와 같게 영업을 하고 있지는 않다"라고 말하면서, 그는 "만약 위와 같이 영업을 한다면, 모든 은행들은 바로 파산을 하고 말 것이다. 그러나 은행들이 미래에 발생하는 매출액 증가율을 예측하면서, 그들이 자주 범하는 오류는 전체 고객을 대상으로 한 평균 부채액의 증가율을 사용하여 순매출액을 계산한다는 것이다. 만약 은행 전체 고객들의 계좌에 대한 매출액 증가율이 정확한 비율로 유지되지 않은 상태에서 은행이 위와 같이 예측을 하면, 이러한 예측은 평균의 함정에 빠지게 된다"라고 하였다.

평균 부채액보다 더 큰 부채액이 평균 마진보다 더 큰 마진과 관련이 되어 있으면, 이 경우 평균 순매출액은 평균 마진과 부채액을 토대로 계산된 매출액보다 더 크게 된다.

경제학 101

총 매출액은 상품의 총 판매량에 단위당 가격을 곱하여 얻게 된다. 경제학에서 가장 기본적인 개념은 가격이 상승하면 상품을 구매하려는 고

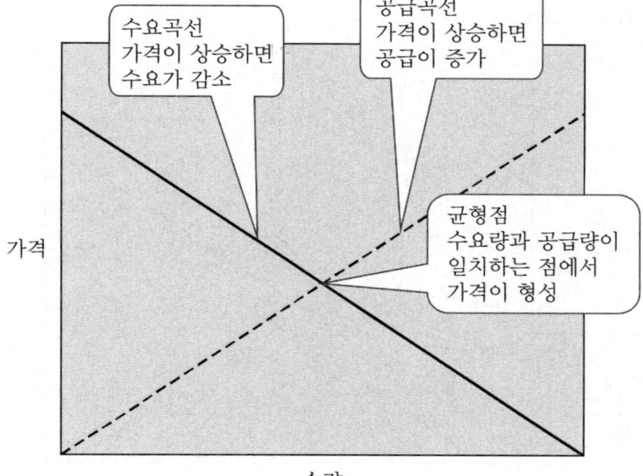

그림 19.1 수요-공급과 시장균형

객들은 줄어들고, 팔려는 공급자들은 증가하게 된다. 이러한 현상은 경제학의 모든 교과서에 기술되어 있는 수요-공급 곡선으로 표시하게 된다(그림 19.1).

그래서 만약 수요-공급 곡선이 불확실하면, 어떤 일이 발생할까? 다음에는 위 기본개념에서 수요만 불확실한 경우와, 공급만이 불확실한 경우의 수요-공급 곡선에 관하여 알아보기로 하자.[1]

공급만 불확실한 경우

특정한 제품을 위해 공급되는 마이크로칩의 경우와 같이 수요곡선이 확실한 제품을 고려해 보자. 그러나 〈그림 19.2〉와 같이 마이크로칩의 불확실한 생산비로 인하여 공급곡선은 불확실하다고 하자.

평균가격과 수요량은 〈그림 19.1〉의 수요곡선에서 보는 바와 같이 변하지 않으나, 수요-공급 곡선의 균형점은 가격이 높고 수요량이 적은 곳이거나, 가격이 낮고 수요량이 많은 곳에 존재할 것이기 때문에, 평균 매출액은 평균가격에 평균수요량을 곱한 값보다 적을 것이다. 이 예제에서 중요한 점은 〈그림 19.2〉의 수요곡선의 북서방향에서 남동방향으로 균형점이 옮겨감에 따라서, 가격에 수요량을 곱한 매출액은 점점 줄어들게 된다는 것이다.

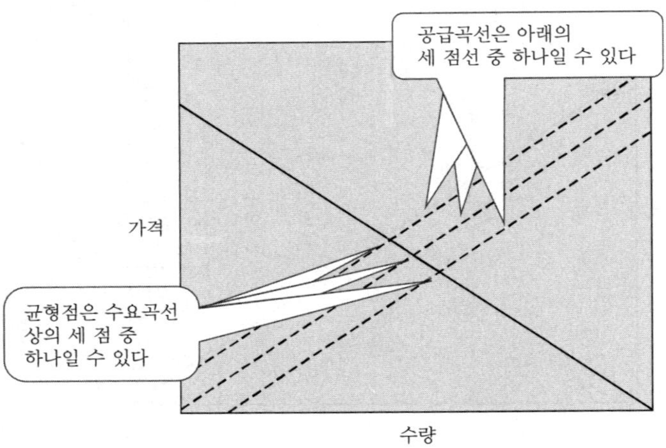

그림 19.2 확실한 수요곡선과 불확실한 공급곡선

수요만 불확실한 경우

이제는 생산비와 공급곡선이 확실하고, 수요가 불확실하게 유행을 따르는 의류를 고려해 보자(옷의 스타일과 상관없이 옷은 단지 옷일 뿐이다). 이와 같은 상황이 〈그림 19.3〉에 나타나 있다. 평균가격과 공급량은 변하지 않고, 수요-공급의 균형점은 가격이 높고 공급량이 많은 곳이거나, 가격이 낮고 공급량이 적은 곳에 존재할 것이기 때문에, 평균매출액은 평균가격에 평균판매량을 곱한 값보다 크게 나타난다. 이 예제에서 중요한 점은 〈그림 19.3〉에서 공급곡선의 남서방향에서 북동방향으로 균형점이 옮겨감에 따라서 가격에 판매량을 곱한 매출액은 점점 증가하게 된다는 것이다.

내가 알고 있는 한 아직까지 평균매출액의 이러한 비대칭성 행태에 관한 전문 용어가 없다고 판단해서, 나는 이러한 행태를 스콜츠의 매출액 오류라고 부르겠다. 내가 스콜츠의 매출액 오류라고 부르는 이러한 매출액의 비대칭성 형태가 어느 경제학자들이 수년 전에 고안한 그들의 아이디어라고 주장하거나, 혹은 아담 스미스가 18세기에 스콜츠의 아이디어를 먼저 정의를 했다고 주장하는 경제학자들이 나의 주장에 대해서 어떤 반론을 제기하고 있는지를 여러분이 알고 싶다면 FlawOfAverages.com을

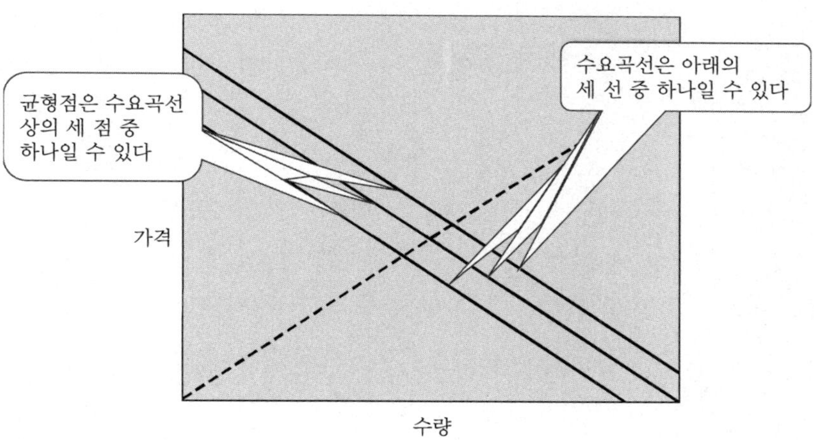

그림 19.3 확실한 공급곡선, 불확실한 수요곡선

방문해서 그 내용들을 알아보기 바란다.

위 내용을 요약하자면 스콜츠의 매출액 오류는 위에서 논한 은행의 예에서 은행의 순매출액이 마진과 부채액의 곱으로 표시되었고, 수요—공급 예제에서는 순매출액이 제품가격과 판매량의 곱으로 표시되었다. 이와 같이 어느 한 변수가 두 개의 불확실한 숫자들의 곱으로 나타나면 스콜츠의 매출액 오류가 흔히 발생하게 된다.

- 만약 두 불확실한 숫자들이 서로 음(−)의 상호관계를 가지고 있으면, 평균 매출액은 불확실한 숫자들의 평균값을 사용하여 계산된 매출액보다 적게 된다.
- 만약 두 불확실한 숫자들이 서로 양(+)의 상호관계를 가지고 있으면, 평균 매출액은 불확실한 숫자들의 평균값을 사용하여 계산된 매출액보다 크게 된다.

제20장

우연한 발생을 자신의 것인 양

여러분은 상품 광고를 위해 지출한 비용의 50%는 광고효과가 있다고 믿고 있는 마케팅 관리자에 관한 이야기를 들어보았을 것이다. 그러나 일반적으로 이러한 광고 관리자는 어느 반쪽이 효과적이었는지 정확하게 알지 못하고 있다. 경영자들이 그들의 성과를 직접 측정하게 되면, 기업 비즈니스를 관리하는 것이 어렵게 된다. 그리고 관리 가능한 변수들이 시장조건, 경쟁사와의 경쟁, 그리고 날씨 등과 같이 관리될 수 없는 다양한 변수들과 결합되면, 이런 상황에서 기업을 경영하는 것은 어둠 속에서 과녁을 겨냥해서 총을 쏘는 것과 같다.

광고 결과

바로 조금 전에 여러분의 마케팅 테스트에 관한 판매 실적이 발표되었다고 가정해 보자. 여러분의 판매 지역 30개 중 10지역에서는 광고를 했고, 나머지 20지역에서는 광고를 하지 않았다. 각 지역의 판매 실적 결과는 〈표 20.1〉에서 보는 바와 같이 전달의 판매량에 대한 변화율로 표시되어 있다.[1] 이 표를 참고해 보면, 광고를 한 10개 지역의 판매 실적은 전월 대비 평균 7.35%가 늘어났고, 반면에 광고를 하지 않았던 20개 지역에서는 판매 실적이 전월 대비 3.93%만 늘어났음을 알 수 있

표 20.1 판매 지역에 따른 전월 대비 판매량 변화율

광고를 한 시장		광고를 하지 않은 시장		
판매시장 1	6.6%	판매시장 11	−2.8%	
판매시장 2	9.8%	판매시장 12	1.9%	
판매시장 3	8.6%	판매시장 13	−7.9%	
판매시장 4	−1.3%	판매시장 14	8.5%	
판매시장 5	4.9%	판매시장 15	4.1%	
판매시장 6	14.1%	판매시장 16	3.0%	
판매시장 7	11.4%	판매시장 17	3.3%	
판매시장 8	13.9%	판매시장 18	1.7%	
판매시장 9	6.6%	판매시장 19	6.6%	
판매시장 10	−1.1%	판매시장 20	7.0%	
		판매시장 21	3.4%	
		판매시장 22	5.0%	
		판매시장 23	8.2%	
		판매시장 24	6.6%	
		판매시장 25	4.%	
		판매시장 26	10.1%	
		판매시장 27	−3.5%	
		판매시장 28	−1.2%	
		판매시장 29	10.6%	
		판매시장 30	9.9%	
평균	7.35%	평균	3.93%	평균 차이 3.42%

다. 두 지역 그룹의 판매 실적의 평균 차이는 3.42%인데, 이러한 차이를 토대로 해서 마케팅 관리자는 광고 효과가 확실히 있었다고 결론을 내릴 수 있을 것이다.

아니면 이러한 차이가 단순히 우연한 사건 발생에 기인했을 것이라고 추측해 볼 수도 있지 않을까? 이와 같이 우연히 발생한 결과를 자기의 노력의 업적으로 인정하는 상황을 11번째 오류라고 한다. 11번째 오류는 **T-검정**과 **F-검정**으로 구성된 **가설검증**으로써, 이러한 개념은 바로 없어져야 할 것들이다. 그러나 11번째 오류에 관한 실질적이면서도 현실

적인 질문은 "그 결과가 정말로 우연한 사건에 의하여 발생된 것인가?" 라고 물어보는 것이다.

이를 이해하기 위해 단순한 동전 던지기를 고려해 보기로 하자. 내가 친구에게 동전 던지기의 결과를 정확하게 맞출 수 있다고 장담했다고 가정해 보자. 그러자 나의 이러한 대담한 제안을 들은 내 친구가 나의 도전을 받아들이고는, 그가 동전을 던지고 나서 나에게 그 결과를 맞혀 보라고 해서, 나는 그 동전의 앞면이 나왔음을 정확하게 맞히고 난 후, 내 친구에게 "이것 보라고. 내가 정확하게 동전 던지기 결과를 정확하게 맞출 수 있다고 하였지"라고 한마디 해주었다. 그러나 사실 이러한 내 주장은 거의 설득력이 없는 궤변과 같은 것이다. 왜냐하면 내가 동전의 앞면이 나올 것이라고 한 내 추측은 동전 던지기 결과와 우연히 일치할 확률이 50 대 50이기 때문이다. 이러한 확률에 대한 사어가 바로 **P값**이고, 50%의 확률을 가지고 있는 사건의 결과를 맞히는 것은 그리 크게 놀랄 만한 일이 아니다. 그러나 만약 내가 동전 던지기 결과를 10번 정확하게 맞추게 되면, 사람들은 나를 주목하게 될 것이다. 동전 던지기의 결과를 연속해서 10번 정확하게 맞히는 나의 신통함이 과연 우연한 결과에 기인한 것이라고 할 수 있을까? 그럴 수도 있지만, 10번 연속해서 동전던지기의 결과를 정확하게 맞출 수 있을 확률은 1/1,024(=0.510)이기 때문에, 내가 10번 연속해서 동전 던지기 결과를 정확하게 맞춘 사실은 단순한 우연에 의한 결과가 아니라, 나의 타고난 능력에 있다고 할 수 있을 것이다. 그러나 천명이 동전 던지기 결과를 동시에 정확하게 예측할 수 있지만, 아무도 10번 연속해서 그 결과를 정확하게 맞추는 사람이 없다는 사실은 매우 놀랄 만한 사건이라고 할 수 있다.

그러면 이러한 논리를 〈표 20.1〉에 있는 판매 실적 예제에 어떻게 적용할 수 있을 것인가? 이 질문에 대해 답을 하기 위해서 증기기관 시대의 다양한 확률 통계 기법들을 사용할 수 있지만, 나는 그러한 기법들보다 다음에 기술될 계량적 방법을 사용하기를 더 선호한다. 그러면 나는 이와 반대 입장에서 이 문제를 토론해 보도록 하겠다. 이를 위해 광고를 한 판매 지역과 그렇지 않은 판매 지역의 판매 실적의 평균 차이

3.42% 전부가 단순히 우연한 사건에 의한 결과라고 가정하자. 즉 이러한 차이는 광고 효과와 전혀 무관하다는 것이다. 이를 사어로는 **귀무가설**(두 가지 샘플의 차이를 우연한 사건에 의한 것으로 간주—역주)이라 하고, 이는 〈표 20.1〉에 있는 30개 판매 지역의 모든 판매 실적이 동일한 확률분포에서 수집된 자료라는 사실을 포함하고 있다. 그러면 동일한 확률분포를 가지고 있다고 가정하고, 10개 지역과 나머지 20개 지역을 〈표 20.1〉과 같이 두 개의 세로 칸에 기록하여 30개 지역의 판매 실적을 무작위로 추출할 경우, 두 판매지역의 평균 판매 실적율 차이가 3.42%가 아닐 가능성은 얼마나 될까?

이 확률은 릭 메드레스의 영화 포트폴리오 문제에서 설명한 반복적 샘플링 기법을 사용하면 얻을 수 있다. 이 작업을 하기 위해 30개 탁구공에 색을 칠하여 로또 숫자를 뽑는 통에 넣고선, 이 통에서 무작위로 탁구공 하나를 선택하여 그 숫자를 확인한 후 기록하고, 다시 그 공을 로또 통에 넣어서 또 다시 탁구공을 뽑는 작업을 30번 반복한다. 그리고 두 개의 세로 칸을 모두 채운 후, 10개 판매지역의 평균 판매 실적율과 20개 판매지역의 평균 판매 실적율을 계산하여 10개 판매 지역의 평균 판매 실적율이 20개 판매지역의 평균 판매 실적율보다 3.42%가 더 큰지를 확인한다. 그런 다음 다시 이 과정을 처음부터 다시 시작하는 작업을 실질 판매실적율의 차이가 가장 큰 값이 나올 때까지 수천 번 반복한다. 컴퓨터에서 이러한 작업을 시뮬레이션으로 실행하면 몇 초 내에 원하는 결과를 얻을 수 있다. 위와 같은 실행에서 두 그룹의 평균 판매 실적율의 차이가 3.42% 이상일 확률이 5% 이하로 밝혀졌다. 그러면 이 회사의 광고 매니저는 이러한 결과를 토대로 광고 효과가 평균 판매 실적에 영향을 미쳤다고 결론을 내리게 된다.

신약품의 효능

위에서 논한 내용들을 신약품의 효능을 결정하는 문제에도 응용할 수 있다. 여기에서 신약품의 효능이라는 개념이 환자들의 수명이 연장된 시간이나 질병증상이 지속되는 시간이 절감된 정도로 표시된다고 하자.

P값이 5% 이하이면, 일반적으로 통계적 의미가 있다고 해석을 한다. 즉, 이는 귀무가설이 사실(신약품의 효능이 우연한 사건에 의한 결과인 경우 – 역주)일 확률이 5%라는 의미를 함축하고 있다. 그러나 여기에 함정이 있는데, 동전 던지기의 결과를 예측하려는 수천 명의 사람들의 예제에서와 같이, 만약 대형 제약회사가 가짜 약으로 질병을 테스트해도 우연한 사건에 의한 결과로, 이 테스트 중 5%가 통계적으로 의미가 있는 것으로 나타나기도 한다. 이러한 문제가 생사와 관계가 있다면, 이러한 문제는 반드시 통계 전문가에게 컨설팅을 받아야 한다.

오래된 사기행각

오래된 사기행각에 관한 에피소드는 일반적으로 여러분이 회사의 내부정보를 가지고 있다는 어느 회사의 고위 경영진이라는 사람으로부터 걸려온 전화로부터 시작된다. 이 낯선 사람은 그가 근무한다는 회사의 고위직 경영자이기 때문에, 자기가 이 회사의 주식을 직접 거래하는 것은 불법이 된다. 하지만 만약 그 회사와는 아무런 상관이 없는 여러분이 그가 제공하는 내부정보를 이용하여 이 회사의 주식에 투자하여 이익을 얻고, 그리고 이 중에서 일정 부분을 그에게 아무도 모르게 건네주면, 이러한 거래는 추적되기가 거의 불가능하다. 이 낯선 사람은 그가 재직하고 있는 회사의 내부정보를 가지고 있다는 사실을 여러분에게 확신을 시킬 때까지 여러분이 그를 믿지 않는다는 사실을 알고 있다. 그래서 그는 여러분에게 전화를 걸어서는, 내일 이 회사의 주가가 올라 갈 것이라고 알려주고는, 내일 주식 시장이 마감한 후에 다시 여러분에게 전화를 하겠다고 할 것이다.

그의 말대로, 이 회사의 주가가 내일 상승하겠지만, 이러한 상승은 우연에 의하여 발생할 확률이 50%가 됨을 여러분은 이미 알고 있을 것이다. 이 낯선 사람은 여러분에게 다음날 약속 시간에 전화를 다시 해서, 이 회사의 주가가 하락할 것이라고 알려 주는데, 그의 말대로 다음

날 이 회사의 주가가 정말로 하락하였다. 사실 이 낯선 사람은 지난 5일 동안 연속해서 이 회사의 주가의 흐름 향방을 정확하게 맞추어 왔기 때문에, 이제 여러분은 이 사람이 XYZ회사의 고위 경영자로서 내부정보를 가지고 있다고 믿게 될 것이다. 왜냐하면 이 낯선 사람이 연속해서 5일 동안 주가의 향방을 우연에 의하여 정확하게 맞출 확률은 1/32이기 때문이다.

이제 여러분이 이 낯선 사람이 제공해 주는 내부정보를 이용하여, 이 회사의 주식옵션에 5일 동안 투자를 해서 상당한 이익을 얻었다고 하자. 그러면 이제 이 불가사의한 사람은 여러분에게 전화를 해서는 계속해서 여러분이 이 회사의 내부정보를 이용하고자 한다면, 지금까지 여러분이 얻은 총이익 중 75%를 가방에 넣어서 이 사람이 지정하는 공원의 특정한 의자에 갖다가 놓으라고 해서, 여러분이 그의 말대로 그렇게 했다면, 이 통화가 여러분이 그 사람과 통화한 마지막 전화가 될 것이다.

이 낯선 사람이 어떻게 5일 동안 연속해서 XYZ회사의 주가 향방을 정확하게 맞출 수 있었을까? 그 방법은 매우 간단한 것으로, 이 사람은 처음에 수천 명의 투자자들을 두 그룹으로 나누어서, 한 그룹의 투자자들에게는 XYZ회사의 주가가 내일 상승할 것이라고 하고, 나머지 다른 그룹의 투자자들에게는 이 회사의 주가가 내일 하락할 것이라고 전화로 알려준 것이다. 그리고 다음날 주가가 상승하면, 이 그룹에 속한 투자자들을 다시 두 그룹으로 나누어서, 전화로 위와 같이 각 투자자 그룹들에게 서로 반대되는 투자정보를 알려 준 것이다. 이 사람이 사용한 위와 같은 사기 투자 방법에서 운 좋게 5일 동안 살아남은 사람이 바로 여러분인 것이다. 이러한 불법적인 투자 상담은 이메일을 사용하면 더욱 쉽게 실행될 수 있다. 내가 확신하건대, 여러분 중에는 여러분 스스로 요청하지도 않았는데도 이러한 아이디어를 토대로 구성된 주가 예측치나, 혹은 스포츠도박 결과를 예측한 우편물들을 한 번쯤은 받아 보았을 것이다. 앞으로는 절대로 이런 사기에 속아 넘어가지 말고, 더욱이 이러한 수법을 사용하여 돈을 벌려고 하지도 말라. 그렇지 않으면 여러분은 나중에 감옥에서 생을 보내게 될지도 모른다.

기억해야 할 사항

- 관심의 대상인 결과가 우연한 사건에 의한 것인지 아닌지를 결정하는 테스트를 확실히 하라.

잊어야 할 사항

- **가설검증** : 대신에 "이 결과가 우연한 사건에 의하여 발생한 것인가"를 사용하여라.
- **P값** : 대신에 "이 결과가 우연한 사건에 의하여 발생하였을 확률이 얼마인가?"를 사용하라.
- **F값과 T값** : 대신에 "시뮬레이션"을 사용하여라. 이와 관련된 더 많은 예제와 참고문헌을 알기 원한다면, www.FlawOfAverages.com을 방문해 보기를 바란다.
- **귀무가설** : 대신에 "특정 결과가 우연한 사건에 의하여 발생하였다는 가정"을 사용하라.

응용편

지금까지 알아 본 평균의 함정에 관한 기본적인 내용은 불확실성과 위험을 관리하기 위해 필요한 기초적인 마인들을 포함하고 있었다. 이러한 마인들을 좀 더 명확하게 이해하기 위해서는, 이 마인들이 응용된 다양한 예제들을 살펴보는 것이다. 아이러니하게도, 자기가 알고 있는 지식을 단순히 응용하려고만 하는 경우에는 사물에 대한 이해력이 매우 떨어지는데 반해서, 여러분 스스로 많은 고민을 하면서 이리저리 이론과 응용성을 곰곰이 생각하다 보면, 자기도 모르는 어느 순간 갑자기 관심의 사물에 대한 이해도가 깊어져 있음을 알게 된다.

이 응용편에서는 마인들 개념이 접목된 다양한 분야의 응용 예제들에 관해서 알아보도록 하자.

여기서 여러 학자들이 금융투자영역에서 평균의 함정을 정복해서 노벨 경제학상을 받은 응용예제, 그리고 아직도 평균의 함정이 도사리고 있는 다른 여러 영역들에 관해서도 알아볼 것이다.

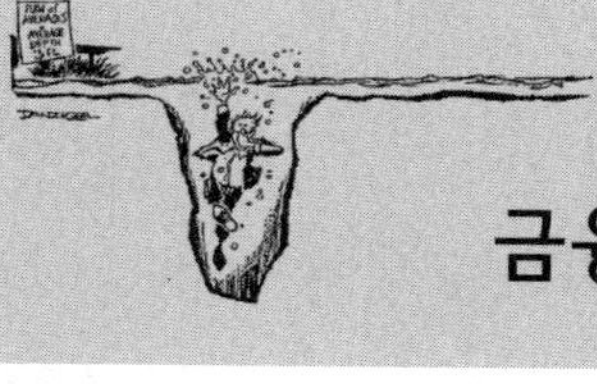

제5부
금융투자에서 발생하는 평균의 함정

1950년대 초 평균의 함정의 약형을 확실하게 인식한 해리 마코위츠는 투자 포트폴리오 이론을 개발하였고, 이 이론은 금융투자 영역에 혁신적인 바람을 일으켰었다. 마코위츠의 이론에 의하면, 투자자들이 투자분석을 합리적으로 실행하기 위해서는 평균 수익률과 위험성을 동시에 고려해야 한다는 것이다. 이러한 마코위츠의 업적이 1960년대 초에 윌리엄 샤프에 의하여 더욱 확장되어 많은 투자자들의 관심을 받게 되었다. 이들은 새롭게 개발된 현대 포트폴리오 이론의 유용성을 바로 인지하고, 이 이론을 투자분석에 사용했기 때문에, 마코위츠와 샤프는 1990년에 노벨 경제학상을 받게 되었다.

1973년 피셔 블랙, 마이론 숄츠, 로버트 머튼에 의하여 소개된 옵션 가치결정 이론은 평균의 함정의 특수한 형태의 강형을 조명한 이론이다. 주식옵션의 평균 결과값은 현재 고려중인 주식의 평균 가치로 얻어지는 결과값과는 전혀 상관관계가 없다. 이러한 상황을 고려하여 개발된 다양한 모델들 때문에, 지금은 금융가에서 파생금융상품 거래가 천문학적 수준으로 이루어지게 되었고, 1997년 숄츠와 머튼은 비로소 옵션 가치결정 이론으로 노벨 경제학상을 받게 되었다(블랙은 1996년 불행하게도 암으로 사망하여 이 상을 받지 못함－역주).

이러한 연구자들의 업적으로 인하여 평균의 함정 측면에서 금융분야 연구가 활발하게 진행될 수 있었다. 아직도 평균 계산에만 집착하는 경영계획, 정부정책, 그리고 군사 작전 계획 등의 다양한 영역에서는, 이 연구자들의 업적과 이론들을 깊이 이해해서 그들의 영역에 적용할 수 있도록 적극적으로 노력할 필요가 있다.

제21장

은퇴설계 포트폴리오

우리들 대부분은 '은퇴 준비를 위한 투자'라는 평균의 함정과 깊은 관련이 있는 문제를 안고 평생 동안 살아가고 있다.

스티븐 폴란과 마크 레빈은 그들의 저서인 《죽음과 동시에 파산하라(Die Broke)》에서 일단 우리들이 죽고 난 후 부란 아무런 가치가 없는 것이니 아직 살아 있는 동안에 가족들을 보살피도록 노력해야 하고, 죽은 후에 개인적인 소유물 외에는 아무것도 이 세상에 남겨 놓지 말라고 훈계하고 있다.[1] 나는 이 저자들의 주장이 옳다고 생각하는데, 여러분이 이러한 나의 주장에 동조하는 것과 상관없이, 이들의 주장이 은퇴 설계 투자를 위한 훌륭한 시발점이 되고 있다. 이들의 주장과 반대로 만약 우리들이 은행에 상당히 많은 재산을 남겨 놓고 죽기를 원한다면, 다음에 설명할 내용들은 약간의 수정이 필요할 것이다.

예를 들어, 여러분의 은퇴자금이 20만 달러이고, 은퇴 후 20년을 더 살 것이라고 가정해 보자. 그리고 이 분석을 단순화하기 위해 여러분이 정확하게 20년 후에 죽을 것을 알고 있다고 가정해 보자. 그러면 여러분이 죽자마자 한 푼의 은퇴자금도 남겨 놓지 않기 위해서 매년 얼마씩을 이 은퇴자금에서 인출하여 사용하면 되겠는가? 여러분이 앞으로도 지난 수십 년 동안 유지해 온 이 은퇴자금 뮤추얼펀드에 투자를 계속

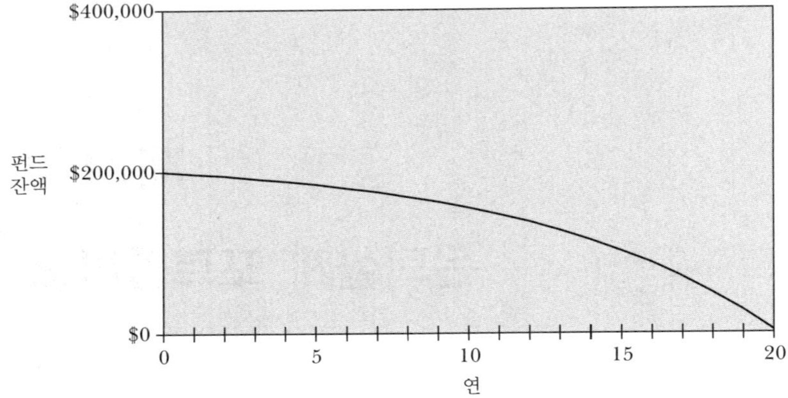

그림 21.1 연간 평균 펀드 수익률이 8%인 경우 초기 은퇴설계 자금 21만 달러의 인출 후 잔액

하고, 이 펀드의 예전 투자 수익률이 계속 발생한다고 가정하자. 최근의 금융시장 환경을 고려해 보면, 이러한 가정이 얼마나 비현실적인 것인지 알 수 있지만, 단순히 평균값을 사용하는 경우보다는 위와 같은 가정이 훨씬 더 바람직한 것이고, 은퇴자금을 설명하기 위한 목적으로 이러한 가정은 어느 정도 타당하다고 할 수 있다. 이 펀드의 수익률은 해마다 변하지만 평균 수익률은 8%이다. 일반적으로 금융설계자들은 이러한 정보들을 은퇴설계 계산기에 입력하여, 초기 은퇴설계 자금 20만 달러에서 매년 얼마씩을 인출해서 사용해야 하는지를 결정한다. 이 경우 펀드잔액 중 인출된 금액을 공제하고 남은 잔액은 연평균 수익률 8%로 증가하게 된다. 그리고 펀드잔액에서 인출된 금액을 지속적으로 수정해 가다보면, 정확하게 20년 후에 여러분의 초기 은퇴설계 자금을 완전히 소멸시키는 연간 지출비용이 결정된다. 이 예제의 경우 연간 지출액(인출액)이 21,000달러이면, 초기 은퇴자금 20만 달러가 20년 후에 완전히 소멸되게 된다. 이와 관련하여 20년 동안 발생하는 연간 펀드잔

FlawOfAverages.com을 방문하면 이 장과 관련된 동영상을 볼 수 있다. 만약 여러분이 MS 엑셀을 실행할 수 있으면 그곳에서 관련된 모델을 다운로드받아서 각자 그 모델을 실행해 볼 수도 있다.

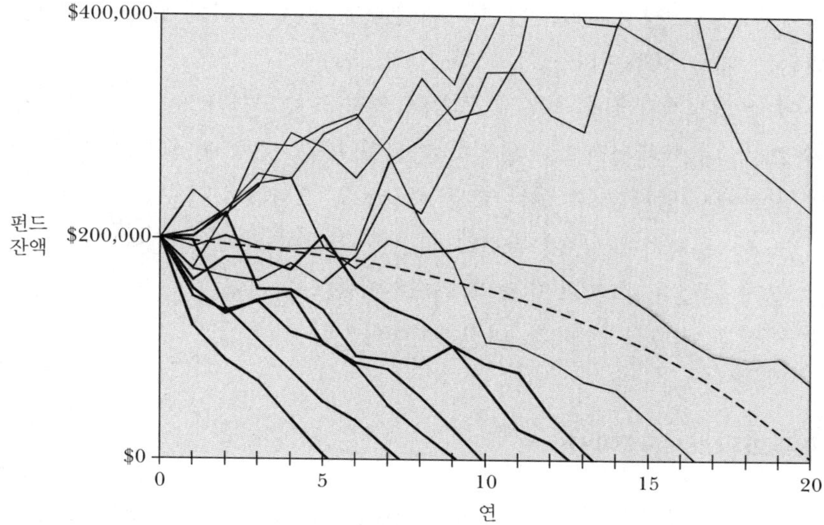

그림 21.2 투자 펀드잔액의 12가지 다른 경로

액은 〈그림 21.1〉에 나타나 있다.

〈그림 21.1〉에서 무엇이 잘못된 것일까? 이 그림에는 잘못된 부분이 여러 곳 있는데, 그 중에서 연간 평균 펀드 수익률 8%는 은퇴설계 투자자로 하여금 그들의 은퇴설계자금에 관하여 완전히 오해를 하도록 하고 있다. 은퇴설계 자료와 관련된 평균의 함정을 피하기 위해서는 펀드의 연간 변화량을 모델링해야 한다. 과거의 펀드 변화량이 앞으로 발생할 펀드 변화량과 같다고 가정하면, 여러분의 펀드의 크기는 동일한 확률로 여러 다양한 형태의 경로를 따르게 된다. 〈그림 21.2〉는 컴퓨터 시뮬레이션을 실행하여 얻은 12가지 다른 형태의 펀드잔액의 결과를 보여주고 있다(〈그림 21.1〉의 펀드잔액도 포함됨).

만약 초기 은퇴설계 자금이 계획된 20년보다 2~3년 일찍 고갈되면, 여러분은 여러분 자식들의 집에서 함께 살든지, 아니면 길거리에서 자동차를 얻어 타고 샌프란시스코로 가서는 금문교 공원에서 거주하고 있는 노숙자들과 함께 살아야만 할 것이다. 〈그림 21.2〉에서 굵은 선으로 표시된 경로가 발생하면, 여러분은 20년을 기준으로 해서 5년 혹은 그보다 더 일찍 재정적으로 완전히 파산하게 된다. 이러한 상황이 발생할 확률은 대략 50%이다.

이 은퇴설계자금에 적용된 초기의 연평균 수익률 8%에서는 투자자가 20년 내에 재정적으로 완전히 파산될 확률이 “0”이었다. 그러나 만약 시장에서 발생할 수 있는 모든 사항들을 고려하여 평균 수익률을 구하면, 이 은퇴설계자본이 완전히 파산할 확률이 50%가 존재하고 있음을 알게 되었다. 그리고 미래의 펀드수익률이 과거와 같다고 가정한 것도 사실은 비현실적이기는 마찬가지이다.

표준화된 시뮬레이션

노벨 경제학상 수상자인 빌 샤프가 설립한 파이낸셜 엔진이라는 회사는 1996년 은퇴계좌에 몬테카를로 시뮬레이션 기법을 처음 사용한 회사이다.[2] 샤프가 1997년 나와의 만남에서 말하기를, 그가 초기에 추측하기로는 가장 정확한 시뮬레이션 모델로 무장한 그의 회사가 다른 많은 회사들과 기술적인 측면에서 경쟁이 심할 것으로 기대를 했지만, 그 당시 대부분의 금융자문회사들이 평균값만을 사용하여 은퇴설계를 한다는 사실을 알고는 놀랐었다고 한다. 즉, 샤프의 경쟁회사들의 은퇴설계 분석은 〈그림 21.1〉과 같은 것이었다는 것이다. 샤프는 그때 지금은 온라인에서 얻을 수 있는 〈판타지랜드에서의 금융설계(Financial Planning at Fantasyland)〉이라는 제목으로 금융이론과 관련된 흥미로운 에세이 한 편을 작성한 적이 있었다(인터넷에서 이 에세이를 다운로드받을 수 있음 – 역주).[3]

이러한 측면에서 보면, 파이낸셜 엔진 회사는 전형적으로 확률경영 기법을 실행하는 회사라고 할 수 있다. 이 회사에서 모델링한 몬테카를로 시뮬레이션 기법에서 가장 주요한 구성 요소는 25,000개 이상의 펀드 투자수익률을 포함하고 있는 확률분포 데이터베이스이다. 이 회사가 초기에 제공한 서비스는 대규모 회사의 고객들이 온라인을 통해서 이 회사가 개발한 시뮬레이션 모델을 사용할 수 있게 하여, 고객들 스스로 그들의 은퇴계좌를 모니터링할 수 있도록 한 것이었다. 그러나 시간이 흐를수록 이 고객들은 파이내녈 엔진 회사가 투자관리 서비스를 직접 해줄 것을 부탁하였다.

일단 파이낸셜 엔진 사가 금융투자 분야에 시뮬레이션 기법을 사용하기 시작하자, 이제는 많은 다른 중소규모 회사들도 뒤따라서 @Risk나 크리스털 볼 등을 사용하여 독자적으로 시뮬레이션 모델들을 만들어 내기도 하였고, 경우에 따라서는 독자적인 시뮬레이션 소프트웨어를 개발하기도 하였다.

그러나 위스콘신 주 매디슨 시에 거주하는 공인재무설계자인 마이클 두비스는 다음과 같이 위와 같은 경향에 관해서 충고를 하였다. “많은 공인재무설계자들이 요즘 몬테카를로 시뮬레이션 기법을 파이낸셜 설계에서 성공을 보장하는 성배인 것처럼 생각하고 있다.” “그런데 만약 몬테카를로 시뮬레이션 기법을 사용하는 사람들이 시뮬레이션 모델에 적용된 가정들과 통계학에 관한 탄탄한 지식을 갖추고 있지 않으면, 이러한 시뮬레이션 기법을 사용하여 금융자문을 하는 것은 매우 위험하다.” 그리고 그는 이 시뮬레이션 기법과 관련된 표준이 아직은 매우 미흡하다는 문제점을 지적하면서, 만약 연필과 종이를 사용하여 2+3을 계산하건, 주판을 사용하여 계산하건, 포켓 계산기를 사용하여 계산하건, 엑셀 스프레드시트를 사용하여 계산하건, 그 결과값은 항상 5가 된다. 하지만 이러한 일관성 있는 답이 시뮬레이션 분야에서는 결코 보장되지가 않는다는 것이 마이클의 주장이다. 금융 산업 분야에서 동일한 고객을 위해 투자자문을 해주는 공인재무설계자들은 어느 소프트웨어를 사용하든지 항상 동일한 결론에 도달할 수 있는 표준화된 확률분포함수가 있기를 원하고 있다. 현재 금융분야에서 사용하고 있는 시뮬레이션 모델이 가지고 있는 문제는 시뮬레이션 사용자들이 동일한 가정을 한다고 해도 각각의 소프트웨어가 독자적인 난수표를 생성하기 위해 각기 다른 방법을 사용하고 있기 때문에, 동일한 결과를 제공해 주고 있지 않다는 것이다. 그러나 동일한 가정을 사용하는 시뮬레이션이라면, 다양한 형태의 확률분포함수들을 포함하고 있는 DIST는 어느 경우에든 동일한 결과를 제공하는 장점을 지니고 있다.

파리 주민들의 계량 잣대

두비스는 확률경영이라는 새로운 영역에서 이루고자 하는 여러 희망사항(목표) 중 가장 먼저 다음과 같은 목표를 달성하기를 원하고 있다. 그것은 다름 아닌 다양한 산업 분야에서 사용될 수 있는 표준화된 확률분포함수들로 구성된 라이브러리를 개발하는 것이다. 두비스에 의하면, 한때 프랑스 박물관에 백금으로 만들어진 계량 잣대가 있었던 것처럼 주요한 투자자산군들에 관한 수익률의 확률분포함수를 온라인에서 공개적으로 얻어서 사용할 수 있는 벤치마킹 모델이 금융 분야에도 있어야 한다는 것이다. 이러한 벤치마킹 모델은 여러 가지의 장점을 가지고 있을 수 있다. 두비스는 많은 시뮬레이션 사용자들이 시뮬레이션 모델을 실행하기 위해, 그들이 사용하는 입력 자료가 단순히 로그정규확률분포뿐만 아니라, 현장에서 흔히 발생하는 "만델브로 확률분포(Mandel- brot distribution)"와 확률분포함수의 꼬리가 굵은(Fat-Tails) 확률분포함수들도 자유롭게 입력 자료로 사용할 수 있는 날이 곧 오기를 학수고대하고 있다. 두비스가 이와 같은 주장을 하면서 여러 개의 사어들을 사용하고 있기는 하지만, 그가 지적한 사항들은 실질적으로 매우 의미가 있는 것으로, 투자자산 가격이 여러 개의 표준화된 방법으로 모델링되어도 동일한 결과가 생성되어야 한다는 주장은 매우 당연한 것이다. 만약 여러분의 포트폴리오가 모든 표준화된 확률분포함수 가정하에서 동일한 결과를 보이면, 여러분은 이러한 포트폴리오에 대해 신뢰감을 가질 수 있을 것이다. 그리고 포트폴리오가 모든 가정에서 안전하다는 결과가 나오면, 여러분은 표준화된 확률분포함수로부터 많은 점을 배울 수 있을 것이고, 경우에 따라서는 동료들과 이 문제를 함께 토론할 수도 있을 것이다. 이렇게 여러분이 동료들과 함께 확률에 관하여 토론할 수 있는 틀을 마련하는 것이 확률경영이 추구하는 최종목표이기도 하다.

매끄러운 그래프

이 장의 초반에 소개된 은퇴설계 펀드 20만 달러를 다시 고려해 보기로 하자. 만약 펀드의 연간 수익률 8%가 변하지 않는다면, 〈그림 12.1〉은

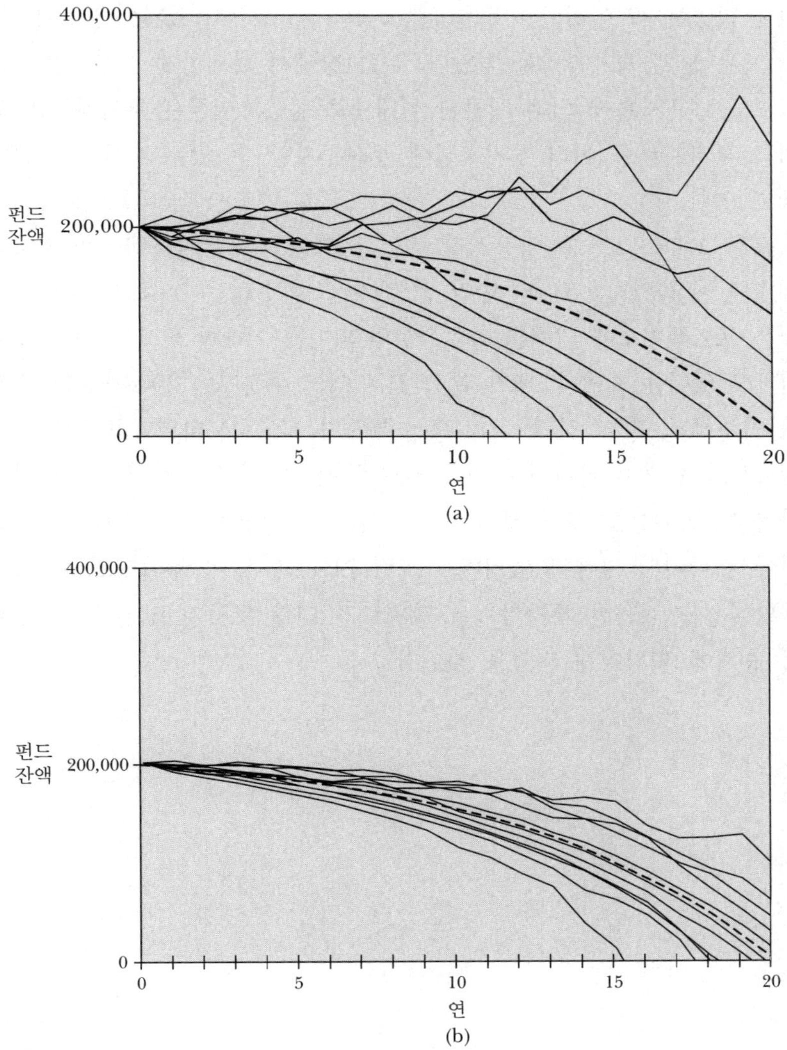

그림 21.3 (a) 파산확률이 20%인 경우, (b) 파산확률이 8%인 경우

앞으로 20년 동안 발생할 펀드의 상황을 정확하게 나타내고 있는 것이다. 사실 그래프가 매끄러울수록 파산될 가능성은 점점 작아지게 된다. 이러한 상황이 〈그림 21.3〉의 (a)와 (b)에 기술되어 있다.

그리고 만약 은퇴설계 펀드의 시뮬레이션 결과를 매끄럽게 하는 것이 파산확률을 줄이는 것이라면, 왜 아무도 지금까지 그렇게 하려고 시도하지 않았는가? 이러한 시도를 한 사람이 두 사람이 있기는 했는데, 그들 모두 노벨 경제학상을 받았다. 다음 장에서 자세하게 설명하겠지만, 마코위츠와 샤프에 의해 개발된 현대 포트폴리오이론은 투자자들로 하여금 투자자본을 여러 투자자산에 분산투자할 수 있는 이론을 제공해주고 있다.

물론 2008년도 세계금융시장 위기는 모든 금융투자모델들을 의심하게 만들어 놓았다. 그러나 만약 한 가지 그렇지 않은 것이 있었다면, 그것은 포트폴리오에 내재된 불확실성의 의미를 이해할 필요가 더욱 절실하게 되었다는 것이다. 내가 알고 있는 어느 투자자는 2008년 금융위기가 발생하기 몇 달 전에, 그의 모든 투자자산을 처분하였다고 한다. 〈그림 21.3〉과 같이 과거의 수익률 자료를 사용하여 포트폴리오의 수익률 확률분포함수를 시도한 투자자들은 어느 정도의 손실만을 보고 큰 충격에 휩싸이지 않게 되었지만, 〈그림 21.1〉과 같이 투자포트폴리오의 불확실성을 접근한 투자자들은 망치로 머리를 두들겨 맞은 것과 같은 큰 충격에 휩싸이게 되었을 것이다.

제22장

포트폴리오의 탄생 : 공분산 시대

10억 달러의 인질 대금을 요구하면서 어리석게도 비행기 납치를 시도한 예제를 다시 기억해 보자. 이러한 납치는 대체로 1,000번 시도하면 한 번 정도 성공하여, 평균 인질 대금은 100만 달러가 된다. 그러나 이것을 현금 100만 달러와 동일시하는 것은 전형적인 평균의 함정의 약형에 속한다고 할 수 있다. 그러나 기술적인 측면에서 보면, 이와 같은 약형이 1950년 중반까지 금융학 과목에서 가르쳐 온 투자이론의 내용이었다. 내가 여러분을 1950년대 중반으로 초대를 하겠다. 바로 그 시점은 1955년으로 당시에는 흑백영화 시대였다. 녹음테이프가 오래되어 소리가 안 좋기는 하지만, 다음과 같은 소리를 재생해 보기로 하자.

"해리, 자네 논문에 문제가 있군."

이것은 유명한 경제학자 밀튼 프리드먼의 목소리이고, 그 당시 젊은 해리 마코위츠가 박사학위 논문 구술시험에서 심사위원으로부터 듣고 싶지 않았던 평가이다.

"자네 논문은 경제학이 아니다"라고 하면서 프리드먼은 계속해서 "자네 논문은 경영학도 수학도 아니다"라고 하였다.

"자네 논문은 문학도 아니군!"이라면서 이 논문심사 위원장인 야곱 마샥이 빈정거리며 프리드먼을 거들었다.

해리의 논문은 경제학도, 경영학도, 수학도, 그리고 문학도 아니었던 것이다. 그러나 그로부터 수십 년 후 이 논문은 마코위츠에게 노벨 경제학상을 공동 수상하게 한 현대 포트폴리오의 탄생이었던 것이다. 이제 마코위츠의 논문 심사 위원들은 그의 논문의 중요성에 관해 이해하지를 못한 것에 대해서 용서를 구해야만 할 것이다. 마코위츠의 논문은 당시 다른 사람들이 이해하지 못하는 수식들과 새로운 용어들로 가득 차 있었다. 그리고 그는 그때까지는 전혀 상상하지도 못한 방법으로 투자를 관리하기 위해 당시에는 초기 발전 단계에 있었던 컴퓨터 기술을 사용한 거의 최초의 박사학위 과정 학생이었다.

새로운 차원의 위험성

마코위츠가 논문 구술시험을 보기 수년 전 그가 투자이론을 학문적으로 연구하고 있을 때, 그는 투자이론이 투자자산의 평균 수익률만을 다루고 있다는 사실을 알게 되었다. 바로 그때 마코위츠는 이 책에 기술된 것처럼 "평균만으로는 올바른 투자분석이 될 수 없다"라고 확신하였던 것이다. "만약 투자자들이 평균 수익률만을 최대화하려고 노력한다면, 왜 최고 수익률이 발생하는 투자자산에 그들의 투자자본 모두를 투자하지 않을까?" 이 질문에 대한 답은 매우 자명한 것이었다. 한 바구니에 모든 달걀을 넣어 두면 밤에 잠을 제대로 잘 수 없는 것이다. 마코위츠는 평균 외에 다른 차원의 투자분석 기준이 있어야만 하는데, 그것이 바로 위험성을 고려해만 한다는 것을 그때 깨달았던 것이다. 이렇게 손실을 보게 하는 위험성을 고려하는 것은 릭 메드레스가 영화 투자포트폴리오들을 차별화하는 방법과 같은 것이다. 또한 이것은 러시아 룰렛 게임에서 총알이 머리를 관통하는 위험성이나, 비행기 납치로 평생 감옥에서 살면서 일생을 마감하든지 아니면 100만 달러의 은행 계좌로 평생을 편하게 살 수 있는 위험성을 구별하는 것과 같은 것이다. 그러나 마코위츠가 그의 논문을 발표하기 전에는 이러한 개념이 금융이론에서는 전혀 정형화되어 있지가 않았었다.

이를 위해 해리 마코위츠는 투자위험성을 시각화하는 방법을 고안해

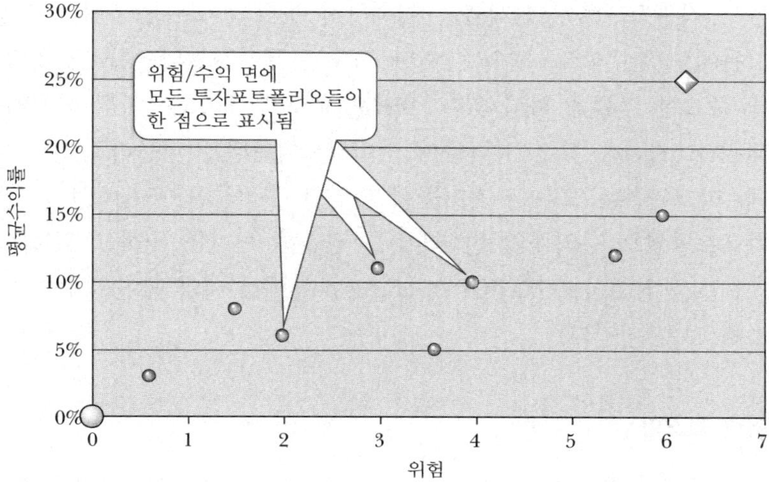

그림 22.1 위험-수익률 그래프

냈다. 즉, 그는 이 시각화 방법에서 그래프의 x축에 위험성을 표시하고, y축에는 평균 수익률을 표시하기로 하였다. 그러면 〈그림 22.1〉에서와 같이 모든 투자포트폴리오들은 이 그래프의 특정한 한 점으로 표시되게 된다.

위 그래프의 원점에 있는 흰색 점은 투자자들이 그들의 투자자본 모두를 매트리스 밑에 숨겨 놓은 것과 같은 경우이다. 물론 이러한 투자는 전혀 수익을 발생시키지도 못하고 위험도 발생시키지 않는다. 〈그림 22.1〉 그래프의 오른쪽 상단에 있는 다이몬드 점은 최고 수익률과 최고의 위험성을 포함하고 있는 투자포트폴리오이다. 1952년이라면 이 점은 카본 종이를 대체할 수 있는 아이디어 제품이 그 후 12년 동안 결실을 맺지 못한 제록스사의 주식일 수 있다.

위험성에 대한 정의

마코위츠는 내가 이 책의 10장에서 비판하고, FlawOfAveragers.com에서 기술한 증기기관 시대의 불확실성 측정값인 **시그마**의 제곱 값으로 표시되는 **분산**으로 포트폴리오의 위험을 정의하였다. 그는 대부분의 투자자들이 직관적으로 분산개념을 이해하지 못하고 있다는 사실을 알고 있었음에도 불구하고, 그의 이러한 시도는 투자자들의 행동을 설명하는데 중요한 역할을 하고 있다. 더욱이 1950년대 초는 아직 증기기관 시대였다. 지금은 모든 사람들이 마이크로컴퓨터를 사용하고 있기 때문에, 마코위츠는 모든 투자자들이 다양한 수식들을 사용해서 그들의 투자포트폴리오 수익률의 변화과정을 관찰해 보기를 원하고 있다(〈그림 21.3〉을 참조하고 FlawOf Averages.com에서 이와 관련된 동영상을 참조해 보기 바란다).

위험의 최소화

마코위츠가 위와 같은 새로운 투자이론을 제안한 후, 부가적으로 달성한 목표는 그럴듯한 말로 투자자들을 유혹하는 주식 브로커들과 터무니없는 말로 투자 고객들을 속이는 세일즈맨들이 설치지 못하게 한 것이었다. 즉, 그는 투자 대안을 선택할 때 요구되는 합리적이고 원칙에 충실한 과학적인 투자방법을 투자자들에게 제공하였던 것이다. 마코위츠의 투자 포트폴리오 이론의 요체는, 주어진 평균 수익률을 달성하면서 포트폴리오의 위험성을 최소화하는 것이다. 13장에 소개된 정유회사, 항공사, 그리고 감초 약에 관한 가상적인 예제를 기억해 보기로 하자. 세 포트폴리오는 모두 동일한 평균 수익률을 가지고 있었으나, 정유회사와 항공사 주식의 수익률이 서로 반대 방향으로 움직이고 있었기 때문에, 이 두 주식으로 구성된 포트폴리오의 위험은 줄어들게 되었다. 이 예제에서 알 수 있듯이, 마코위츠는 증기기관 시대의 개념인 공분산으로 두 주식들 사이의 관계성을 모델링하였던 것이다.

FlawOfAverage.com에 기술된 것처럼 마코위츠는 그의 아이디어를 컴퓨터 언어로 프로그래밍을 할 수 있는 능력을 갖고 있었다.

마코위츠의 포트폴리오이론은 다음과 같이 설명될 수 있다. 위험을 감수하기를 혐오하는 투자자들은 그들의 투자자본을 전혀 수익이 발생되지 않는 매트리스 밑에 잠겨 놓으면 된다. 그러나 파산도 마다하고 위험을 기꺼이 즐기는 투자자들이라면 그들의 투자자본 모두를 평균 수익률이 가장 높은 제록스회사의 주식(수익률 25%)과 같은 곳에 투자하면 된다. 위의 두 투자자들의 위험성에 대한 태도의 중간 위치를 차지하는 투자자들에게는 컴퓨터 프로그램에 의해 위험이 최소화된 투자포트폴리오를 이용하면 될 것이다. 이러한 결과가 〈그림 22.2〉에서 효율적 투자선(효율적 프론티어: Efficient Frontier)이라고 불리는 상쇄곡선으로 표시되어 있다. 이 그림에 표시된 각 점들은 동일한 투자 대안에 다양한 수준의 투자 비율들로 투자된 포트폴리오의 평균 수익률과 위험을 보여주고 있다.

효율적 투자선의 북서쪽에는 포트폴리오가 전혀 존재하고 있지 않다. 그렇지 않았다면, 그러한 포트폴리오는 이미 발견되었을 것이다. 그리고 효율적 투자선 남동쪽에 존재하는 포트폴리오들은 효율적 투자선 위로 올라갈수록 평균 수익률이 커지게 되고, 투자선 왼쪽으로 움직여 가면 위험이 줄어들고 있다(포트폴리오의 기대수익률과 분산을 고려했을

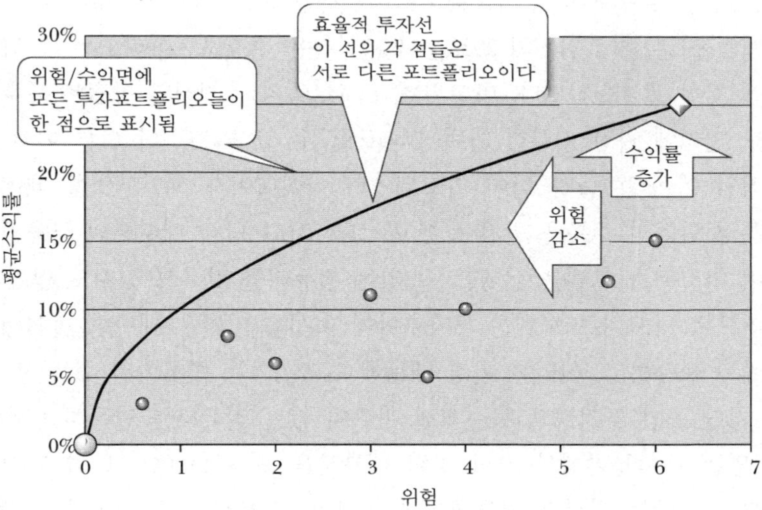

그림 22.2 효율적 투자선

때 특정한 한 포트폴리오가 다른 모든 포트폴리오에 의해서 지배당하지 않으면, 이 특정한 포트폴리오를 효율적 포트폴리오라고 함－역주). 그래서 바람직한 포트폴리오들은 효율적 투자선상에 존재하는 포트폴리오만 남아 있게 된다. 효율적 투자선상에서 투자자들에게 가장 바람직한 포트폴리오는 투자자의 위험에 대한 태도에 달려 있다.

예전의 경우와 비교해 보면, 이러한 투자포트폴리오 접근방법은 훌륭하다고 할 수 있지만, 이 접근방법은 평균수익률, 분산, 그리고 공분산 계산을 요구하고 있기 때문에 상당한 컴퓨팅 비용을 발생시키고 있다. 마코위츠가 1950년대에 10개의 주식으로 구성된 포트폴리오로 효율적 투자선을 결정하는 문제를 해결하기는 했으나, 그 당시 컴퓨터의 제약성으로 인하여 29개의 주식으로 구성된 포트폴리오의 효율적 투자선 설정 문제를 해결하는 데는 실패를 하였다.

뮤추얼 펀드

1950년대 말 주식시장에서 실행된 가장 일반적인 투자방법은 개별적인 주식들로 구성된 포트폴리오를 이용하는 것이었다. 그렇지 않으면, 다른 사람들이 선택한 주식들로 분산 투자된 포트폴리오에 투자를 하는 것이었을 뿐, 마코위츠의 포트폴리오와 같은 투자포트폴리오는 그 당시 쉽게 찾아 볼 수 없었다. 마코위츠의 포트폴리오 최적화 방법은 뮤추얼 펀드 관리에 가장 적합한 방법이라고 할 수 있다. 그러나 다른 여러 혁신적인 아이디어들과 같이 마코위츠의 아이디어가 제안되었을 때에는 많은 사람들의 주목을 받지 못했고, 그리고 그 당시 대부분의 금융기관들이 마코위츠 모델을 실행할 수 있는 컴퓨터를 갖추고 있지도 않았다. 그러므로 마코위츠 모델은 투자분야에 혁신을 가져온 대단한 발견이었음에도 불구하고, 이러한 환경 때문에 마코위츠는 박사학위 취득 후 오랜 기간 동안 투자모델과는 직접 관련이 없는 컴퓨터를 단순히 이용하고 있는 수학분야에서 그의 경력 대부분을 보내었으며, 그 결과 그의 경력 초반에는 컴퓨터 시뮬레이션 언어인 SIMSCRIPT의 공동 개발자로 더 많이 알려지게 되었다.

그런데 1981년 경제학자 제임스 토빈(James Tobin)이 노벨 경제학상을 받게 되었다. 마코위츠가 토빈의 노벨 경제학 수상 소식을 들었을 때 그는 학회에 참석하고 있던 중이었는데, 그는 토빈의 노벨 경제학 수상 소식을 듣고선 기절할 정도로 놀라워했다고 한다. 왜냐하면 토빈이 마코위츠 모델을 기반으로 한 포트폴리오 분야에서 연구해 오고 있었기 때문에, 마코위츠는 토빈의 노벨 경제학상이 당연히 자기의 것이 되어야 한다고 생각했기 때문일 것이다. 마코위츠는 "나는 토빈의 노벨 경제학 수상 결정 소식을 접하고 정신을 차리기 위해 시골길을 오랜 시간 동안 자동차로 드라이브를 했다"라면서, 그는 이렇게 그의 마음을 가라앉힌 후에야 학회로 돌아가서 정상적으로 학회 활동을 할 수 있었다고 한다.

그러나 시간은 마코위츠를 배반하지 않았다. 시간이 많이 지나면서 컴퓨팅 속도는 더욱 빨라졌고, 가격은 많이 저렴해졌고, 컴퓨터 사용이 전과 비교해서 훨씬 더 편리해졌다. 다음 장에서 다시 만나보게 될 빌 샤프도 열정적으로 마코위츠의 혁신의 불꽃을 여러 금융기관들에게 전달하는 동시에 마코위츠의 이론적 개념을 계속 연구하였다. 그러던 중 마코위츠가 1990년 샤프 그리고 머튼 밀러와 함께 노벨 경제학상을 공동으로 수상하였을 때, 그는 두 번째로 기절초풍을 했다고 한다. 지금은 구글에서 "Markowitz"라고 입력하면, 그와 관련된 400,000건수의 글들이 화면에 떠오르고 있고, 그의 이름은 현재 투자관리 분야에서 항상 만나게 된다. 지금은 금융시장에 수천 개의 뮤추얼 펀드가 있고, 그리고 효율적 투자선의 덕분으로 위험에 대한 태도에 따라서 펀드들을 차별화할 수 있는 명확한 프레임워크를 구성하는 것이 가능해졌다. 더욱이 효율적 투자선은 위험을 극도로 피하는 투자자들과 이를 즐기는 투자자들이 취하는 금융위험이 포함된 펀드뿐만 아니라, 지금은 환경과 관련된 위험에 관심이 있는 투자자들을 위한 그린 펀드, 노동착취의 위험성에 관심이 있는 사람들을 위한 사회적 책임 펀드, 그리고 심지어 여성들의 공정한 사회적 지분에 관심이 있는 투자자들을 위한 페미니스트 펀드

등도 있다.

마코위츠의 포트폴리오 이론이 있기 오래 전부터도 통계적 종속성에 관한 수리적 모델이 존재하고는 있었으나, 대부분의 투자자들이 이에 관심을 갖지는 않았었다. 그러나 마코위츠가 통계적 종속성 개념들이 체계적으로 투자 위험을 줄이는 기법으로 사용될 수 있음을 보여줌으로써 **공분산** 시대가 열리게 되어, 이때부터 금융가에서 통계적 종속성이라는 아이디어가 전면적으로 사용되기 시작하였다. 2008년 11월 《월스트리트저널》에 실린 세계 금융위기에 대한 기사[1]에서 마코위츠는 독립적인 투자자산들로 구성된 포트폴리오가 투자 위험을 많이 줄일 수 있다고 강조하였으나, 그러나 세계 금융위기를 유발시킨 주택담보증권들에 관해 언급하면서 위험이 상호간에 존재하는 포트폴리에서는 투자위험이 줄어들지 않음을 파이낸셜 엔지니어들이 명확하게 인식해야 한다고 주장하였다.

나중에 나는 새로운 계산방법을 사용하여 공분산 시대의 약점들을 분명하게 보여주고, **공분산** 시대가 산포도 시대로 어떻게 접어들었는지 그 이유를 밝혀 보도록 하겠다. 마코위츠는 현재 81세의 나이에도 불구하고 캘리포니아 대학교 샌디에고 캠퍼스에서 강의를 하면서, 금융투자산업과 관련된 컨설팅을 하고 있고, 그리고 왕성한 저술활동으로 연구도 열심히 하고 있다.

제23장
해리와 빌의 만남

빌 샤프는 신문을 팔에 끼고 강의실에 들어와서 칠판 앞쪽에 있는 강의실 의자 끝에 앉아 다리를 흔들어 대면서, 그 날 발생한 투자사기, 스캔들, 그리고 그 외의 금융 관련 이야기들을 큰 소리로 독백처럼 읊고 난 후에, 이러한 이야기들을 금융이론과 관련시켜서 강의를 시작한다.

이러한 강의는 1990년대 초반의 장면으로 빌 샤프는 이때 이미 해리 마코위츠 그리고 머튼 밀러 등과 함께 노벨 경제학상을 받은 후가 되겠다. 나는 이때에 스탠퍼드 대학교 공과대학에서 강의를 바로 시작하였으며, 샤프의 관대한 배려로 경영대학원에 개설된 그의 강의 과목을 청강하여 들을 수 있었다. 나는 금융공학을 배우기 위해 샤프의 강의를 청강했지만, 또한 나는 그의 강의 태도 그 자체를 즐기기도 했다.

증권들 상호간에 존재하는 관계성에 관한 단순화된 모델

샤프는 1960년 캘리포니아 주 산타 모니카에서 마코위츠를 만났는데, 그 당시 두 사람은 싱크탱크라는 용어를 처음으로 사용한 정부기관 소속인 랜드 회사(RNAD Corporation)에서 근무하던 중이었다. 그리고 샤프는 그때 UCLA에서 경제학 석사학위를 취득하고, 박사학위 연구논문 주제를 찾고 있었던 중이었는데, 샤프의 지도교수가 그에게 마코위츠와 연구논문 주제에 관한 아이디어를 나눠보라고 제안을 하였다고 한다.

마코위츠가 개발한 컴퓨터 모델의 본래 수리적 형식은 포트폴리오를 구성하고 있는 모든 투자자산들 중에서 두 개의 투자자산으로 한 쌍을 만들어, 이 투자자산들 사이에 존재하는 모든 통계적 관계성을 보여주는 공분산을 필요로 하고 있었다. 이러한 복잡한 **공분산** 계산량을 줄이기 위해 마코위츠와 샤프는 서로 투자자산 모든 쌍에 존재하는 상호 관계성이 중요하지 않다는 사실에 동의하고, 각 개별 주식이 증권시장과 갖는 관계성만을 파악하는 것이 중요하다는 사실에 도달하게 되었다. 즉, 이들은 다우존슨 지수가 상승하거나 하락하면, 이에 따라서 다른 개별 증권들의 가격들도 어느 정도의 시간 차이를 두고 다우존슨 지수의 움직임에 따라서 변하게 된다는 사실에 주목하였던 것이다. 이러한 인식을 기반으로 하여, 마코위츠와 샤프는 주식들 상호 간에 존재하는 관계성들을 모두 무시하고, 이렇게 개별 주가가 증권시장의 움직임에 따라서 움직이는 관계성만을 모델링하는 것이 발견적 모델(heuristic model: 최적해가 보장되지 않는 기법으로 문제를 풀거나 학습하거나 무엇인가를 발견해 내는 경험적 기법. 시행착오법은 가장 단순한 발견적 모델이다.－역주)로 바람직하다고 믿게 되었다. 그래서 이러한 내용이 결국 샤프의 박사학위 연구논문 주제가 되었고, 그리고 그의 박사학위 논문 제목은 다음과 같이 결정되었다. "증권들 상호간에 존재하는 관계성의 단순화된 모델을 기반으로 한 포트폴리오 분석(Portfolio Analysis Based on a Simplified Model of the Relationships Among Securities)."

베타: 분산화 위험(고유위험－역주) 대 비분산화 위험(시장위험－역주)

각 개별 주식에 관한 샤프의 단순 모델 관계성이 〈그림 23.1〉에 나타나 있다. 이 그림에서 과거 주가의 변화량에 대해 다우존슨 지수 변화량이 산포도로 그려져 있고, 이 그래프의 직선 기울기를 베타라 하며, 이러한 베타 값은 모든 개별 주가에 관하여 계산된다.

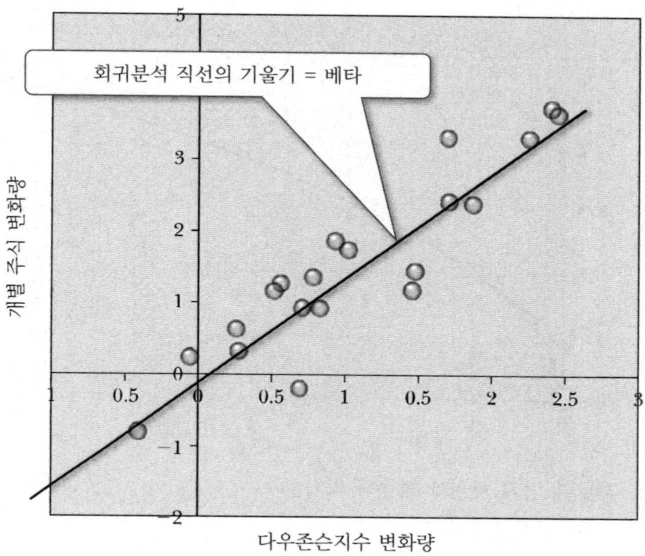

그림 23.1 다우존스지수 변화량 대비 개별 주가 변화량에 관한 산포도

베타는 비분산화 위험을 측정하는 값이다. 이 개념을 이해하기 위해 먼저 분산화 위험부터 알아보기로 보자. 동전의 앞면이 나오면 2달러를 받게 되고, 그렇지 않으면 아무것도 받지 못하는 평균수익이 1달러인 동전 던지기 게임을 고려해 보자. 여러분은 이러한 투자게임이 매우 위험하다고 생각할지 모르지만, 만약 동전을 던지는 100사람에게 각각 1페니씩을 투자하게 하여 전체 수익을 합하면, 여러분은 확실하게 평균기대이익 1달러를 얻게 된다. 여러분이 이렇게 분산화 투자방법으로 동전던지기 게임을 하면, 이 게임에 내재된 개별적 위험은 거의 없어지게 된다.

이제 개별적 위험이 분산화되어 없어지는 경우와 반대로 다우존스지수와 함께 주가가 상승하고 하락하는 100개의 주식에 분산투자하는 경우를 고려해 보기로 하자. 이 경우 만약 다우존스지수가 하락하면, 이러한 분산투자는 위험하게 된다. 여러분이 100개 이상의 주식에 분산투자를 한다 할지라도 이 주식들이 다우존스지수와 함께 움직이기 때문에, 여

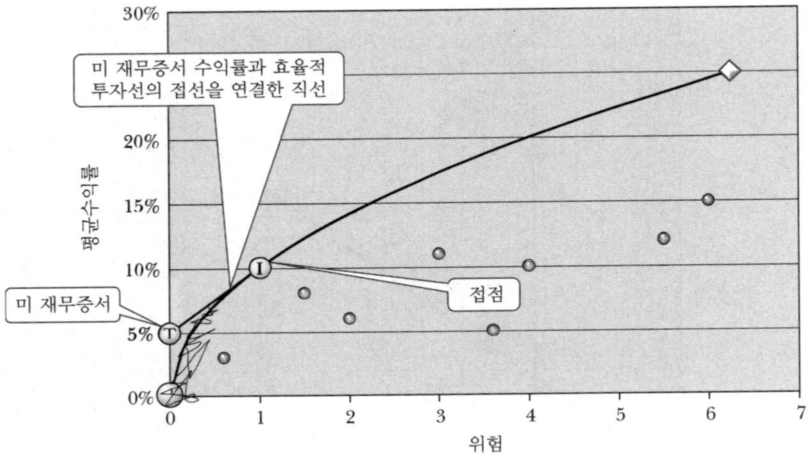

그림 23.2 재무부 단기 채권과 효율적 투자선

러분은 시장위험을 전혀 감소시킬 수 없다. 이러한 위험을 비분산화 위험(시장위험)이라고 한다. 각 주식의 베타는 주식이 투자포트폴리오에 첨가될 때마다 이 주식이 비분산화 위험에 기여한 정도를 측정한 값이다.

계산상의 효율성과 새로운 투자선

샤프의 단순화된 모델로 인하여 포트폴리오의 계산량이 상당히 줄어들게 되었다. 그리고 컴퓨터에 자신이 있었던 샤프는 곧바로 마코위츠가 제시한 원래의 모델보다 더 빠르고 더 많은 주식들을 처리하는 그 자신만의 효율적 투자선을 창안해 내었다.

그런데 샤프는 그의 모델을 개선시킬 수 있는 또 하나의 멋진 아이디어를 가지고 있었다. 마코위츠 모델에서는 위험을 극도로 회피하는 투자자들이 그들의 투자자본을 매트리스 밑에 잠겨 놓아야 한다고 가정하고 있었다. 그러나 현실적으로 투자자들은 그렇게 하지 않고, 재무부가 발행한 단기 채권에 투자하여 적지만 그래도 약간의 이익을 얻기를 원하고 있다. 〈그림 23.2〉에서 보는 바와 같이 이러한 투자기회가 효율적 투자선에 결정적 영향을 미치고 있다. 샤프의 이와 같은 가정으로 투자

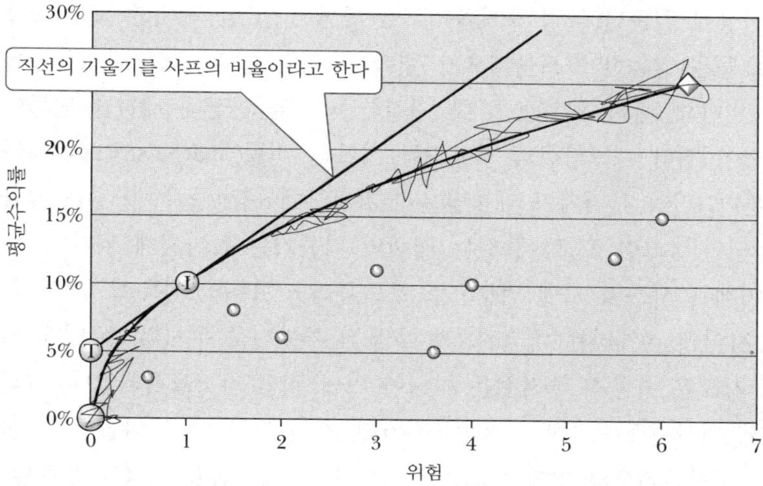

그림 23.3 재무부 단기 채권 수익률로 대출받아 투자한 경우의 효율적 투자선

자본을 매트리스 밑에 잠겨 놓는 대신에 재무부가 발행한 단기 채권에 투자할 기회를 이용하여 약간의 투자 수익을 낼 수 있는 투자자들은 효율적 투자선에서 "I"(일반적으로 시장포트폴리오라고 함－역주)로 표시된 특정 포트폴리오와 재무부 단기 채권 "T" 사이에서 그들의 투자자본을 분산시킬 수 있게 되었다. 이제 투자자는 위험투자자산 "I"와 무위험투자자산 "T"에 대하여 다양한 투자비율로 분산해서 투자할 수 있기 때문에, 이 경우 무위험투자자산 "T"와 효율적 투자선에 있는 위험투자자산 "I"를 접점으로 하는 새로운 효율적 투자선은 직선으로 나타나게 된다. 이를 구체적으로 설명하면 마코위츠의 효율적 투자선 상에 있는 "I"와 투자자본을 매트리스 밑에 잠겨놓는 투자대안 사이에 존재하는 모든 투자포트폴리오 점들은 위험이 적은 샤프의 효율적 투자선 상에 있는 점들에 의하여 지배당하기 때문에 이제 열등한 투자포트폴리오가 된 것이다.

재무부 단기 채권 이자율로 투자자본을 대출받은 대형 기관투자자가 그의 모든 투자자본을 포트폴리오 "I"에 투자하는 경우를 고려해 보자. 이 기관투자자가 이렇게 대출을 받아 투자하면, "T"와 "I"를 연결하는 직선상에 있는 효율적 포트폴리오들 중에서 “I”를 제외한 모든 포트폴리오들은 열등한 포트폴리오가 된다. 이러한 결과는 〈그림 23.3〉에서 보는 바와 같이 “T”와 “I”를 연결한 직선을 연장해 새롭게 만들어진 직선이 된다. 이 직선의 기울기를 샤프의 비율(Sharpe’s Ratio)이라고 부른다. 만약 투자자가 대출받은 투자자본에 대해 높은 이자를 지불하게 되면, 〈그림 23.3〉에 있는 직선의 기울기는 작아지게 된다.

이제는 샤프의 모델 덕분으로 포트폴리오 “I”와 “제록스” 회사의 주가 사이에 존재하는 마코위츠의 효율적 투자선을 무시할 수 있게 되었고, 새로운 효율적 투자선은 곡선이 아닌 직선으로 표시되었다. 그리고 투자 의사결정은 어떤 주식에 투자할 것인가로부터 무위험투자자산인 “T” 포트폴리오와 위험 포트폴리오 “I”에 투자자본을 어떻게 분배할 것인가로 바뀌게 되었다(이러한 투자 과정을 토빈의 분리이론이라고 한다.－역주).

투자자산 가격결정(CAPM) 모델과 지수 펀드

위에서 논한 샤프의 새로운 효율적 투자선은 많은 내용들을 포함하고 있다.

지금까지 마코위츠와 샤프는 이성적 투자자 한 명이 취할 수 있는 최적의 투자행위를 모델링한 것이었다. 잭 트레이너, 존 린트너, 모신 등도 투자자들이 마코위츠의 방법대로 투자를 한다는 가정하에 증권시장의 움직임에 관하여 주목하고는 빌 샤프와 같은 투자모델에 관한 연구결과를 샤프와 거의 동시에 발표했다.

1964년 샤프는 〈투자자산 가격결정 모델(Capital Asset Pricing Model: CAPM)〉이라고 불리는 논문을 발표하였다.[1] CAPM은 〈그림 23.1〉에서 정의한 베타를 토대로 주식의 공정한 평균 수익률을 결정하는 단순한 틀을 투자자에게 제공해 주고 있다. 즉, 〈그림 23.3〉에 있는 그래프의 직선은 투자자에게 위험성을 포함하고 있는 주식 수익률에 부가된 위험 프리미엄의 비율에 관한 정보를 알려 주고 있다. 이 그래프의 “T”점을 기준으로 투자포트폴리오가 오른쪽으로 멀어질수록 위험은 점점 더 커지게 되는 것이고, 위험을 보상해야 하는 평균 수익률도 따라서 커지게 되는 것이다.

여러분이 이 그래프에서 주목해야 할 또 다른 중요한 사실은 포트폴리오 “I”가 주식시장 전체의 위험/수익의 속성들을 대표적으로 투자자들에게 알려준다는 것이다.

샤프는 워싱턴 대학교, 캘리포니아 대학교 어바인 캠퍼스, 그리고 스탠퍼드 대학교에서 교수로서 그의 일생의 대부분을 보냈음에도 불구하고, 그는 현재 금융가에서 유명한 학자로 인식되고 있고, 1970년대에는 대형 투자회사들이 지수펀드를 개발하는데 많은 도움을 주었다. 1996년에 샤프는 앞에서 기술한 파이낸셜 엔진이라는 회사를 설립하여 개인투자자들의 포트폴리오를 실행해서 얻은 결과를 토대로 그들에게 투자관리와 자문을 해오고 있다.

샤프는 현재 70대 초반의 나이임에도 불구하고, 얼마 전에 금융시장에 관한 그의 새로운 아이디어들을 설명하는 신간과 소프트웨어를 출시하였다.[2] 그에게 노벨경제학상을 받게 한 학문적 이론과는 거리가 먼 이러한 그의 저술활동과 소프트웨어 개발 활동은 금융이론에 관한 가장 기본적인 내용으로부터 시작하고 있기 때문에, 독자 여러분이 컴퓨터를 이용하면 샤프의 금융이론을 쉽게, 그리고 감각적으로 이해할 수 있을 것이다. 샤프의 웹사이트에서 다운로드할 수 있는 그가 개발한 소프트웨어의 소개 책자 3쪽에 다음과 같은 내용이 기술되어 있다.

> 복잡한 수리적 모델을 수립하는 대신에… 이제 여러분은 개인 투자자로서 증권시장에 관한 컴퓨터 모델을 개발할 수 있고, 투자자들이 더 이상 거래를 원하지 않을 때까지 투자자들 서로 간에 거래를 실행할 수 있으며, 그리고 여러분 스스로 투자자산의 가격에 관해서 컴퓨터 모델을 실행해서 얻은 포트폴리오의 특성들을 검토할 수 있게 되었다.

모든 모델은 잘못되었다

"모든 모델은 잘못되었으나 특정한 한 모델만이 유익하다"라는 인용구를 다시 기억해 보라. 예를 들어, 아이작 뉴턴의 물체운동에 관한 모델들이 아인슈타인의 상대성 모델에 의하여 대체되었다. 그러나 뉴턴은 아인슈타인의 상대성 모델을 개발할 수 있는 기초를 제공해 주었다. 이런 뉴턴의 사례와 같이 마코위츠와 샤프의 모델들이 대략적인 이론임에도 불구하고 그 후에 금융경제학 분야에서 많은 후속 연구가 이루어지는 토대를 마련해 주었다. 다음 장에서 기술하겠지만 마코위츠와 샤프의 모델들은 숄츠와 머튼이 노벨경제학상을 받게 하는 데에도 큰 기여를 했다.

마코위츠와 샤프의 이론들이 금융경제학 분야에 등장한 후에 금융투자자들은 평균수익률에만 관심을 갖지 않고 위험-수익 비율에 관심을 갖게 되었다. 2008년에 발생한 세계금융시장의 붕괴는 투자자들의 탐욕, 태만, 주택가격에 마이너스 성장률이 허락되지 않도록 개발된 컴퓨터 모델, 그리고 위험/수익의 비율을 잘못 관리한 사실들에 기인하고 있다. 앞 장에서 기술한《월스트리트저널》에 게재된 기사에서 마코위츠는 투자분석의 근본적인 관행과 위험/수익률 사이의 교환 작용을 이해하는 방법에는 투자에 왕도가 없다고 지적하고 있다. 이러한 이유들로 인하여 마코위츠는 문제가 있는 투자자산들로 구성된 펀드들에 내재된 위험을 명확하게 파악하지 않은 상태에서 자행되는 금융구조 계획들은 증권시장에서 투자자들을 더 몰아 내세우는 결과를 초래하게 될 것이고, 이러한 현상의 결과로 금융시장의 문제들은 더욱 악화될 것이라고 걱정스러워 하고 있다.

순진한 투자자들은 현대 포트폴리오 이론이 있음에도 불구하고, 아직도 허황된 꿈의 올가미에 잡혀 있는 상태이다. 지난 수년 동안 주식시장의 지수 수익률보다 훨씬 더 높은 수익률을 얻은 악명 높은 버니 매도프(Bernie Madoff: 매도프는 2009년 3월 폰지게임으로 투자자들의 투자자본 650억 달러를 사기 침 – 역주)의 투자펀드를 생각해 보기로 하자. 투자자들은 과거의 실적이 미래의 실적에 대한 잣대가 될 수 없다는 경구를 알고 있음에도 불구하고, 이들 중 많은 투자자들이 매도프의 펀드에 투자를 하고 싶어 했을 것이다. 마코위츠와 샤프는 이 경구에 대해서 동의를 하지 않으면서도, 만약 어떤 투자가 정말로 과거에 예외적인 수익률을 발생시켰다면, 그러한 과거의 실적은 미래에 발생할 투자실적과 밀접한 관련이 있다고 주장하고 있다. 즉, 매도프의 펀드투자와 같이 예외적으로 높은 수익률을 발생시키는 투자펀드는 아주 높은 투자위험을 포함하고 있는 투자이기 때문에, 이러한 투자펀드는 반드시 주의를 해야 한다는 것이 이들의 주장이다(과거에 높은 수익률을 올린 투자펀드가 앞으로도 지속적으로 높은 수익률을 올릴 수 있는 가능성은 낮게 되어 이 투자펀드의 위험성은 더욱 커지게 된다. – 역주). 그러나 불행하게도 매도프의 사기 투자행위의 희생자들은 마코위츠와 샤프의 이론을 완전히 무시하고, 그들의 모든 투자자본을 매도프에게 갖다 바친 격이 되었다.

제24장

금융투자를 계획하는 사람들을 위한 마인들

최근에 마코위츠는 많은 투자자들이 포트폴리오 수익을 **표준편차**와 관련시키지 못하고 있기 때문에, 이들에게 시뮬레이션 결과와 같은 투자위험을 쉽게 설명할 수 있는 방법들을 교육시켜야 한다고 주장하고 있다. 다음에 두 투자자문회사들이 어떻게 이 문제를 해결하고 있는지를 여러분에게 보여주도록 하겠다. 베세머 트러스트사와 파이낸셜 엔진사는 금융시장에서 정반대쪽에 위치하고 있다. 베세머사는 고수익 투자자들을 위하여 자금을 관리해 주는 반면, 파이낸셜 엔진사는 대중 증권시장에서 일반 투자자들을 위해 투자자문을 해주고 있다.

베세머 트러스트사

1901년 헨리 핍스와 그의 어릴 적 친구인 앤드류 카네기는 U.S. 스틸사를 설립하기 위해 모건에게 그들이 경영해 왔던 철강회사를 매도해 버렸다. 핍스는 철강제조 방법을 창안한 영국의 헨리 베세머 경을 경의하는 뜻에서 철강회사 판매 대금 중 일부를 그가 베세머 트러스트라고 부른 가족 펀드에 투자해 두었다. 1970년대부터 트러스트사는 가족 외의 투자자들의 투자자본을 관리하기 시작했고, 지금은 500억 달러의 투자자본을 관리 감독하고 있다. 만약 여러분이 만약 이 회사가 여러분의 투자자본을 관리해 주기를 바라면서 이 회사에 전화하면, 이 회사는 여러분에게 먼저 최소 투자자본으로 1,000만 달러를 투자할 것인지 물어볼 것이다.

맨해튼에 위치한 베세머 사옥에 목재로 장식된 로비에는 1900년대 초의 멋진 유화가 걸려 있다. 이 그림은 제철소와 석탄을 가득 싣고 있는 매우 크고 웅장한 기차를 담고 있는 풍경으로 산업혁명을 기리고 있다. 이 유화는 산업화시대의 굴뚝산업으로 이룩한 미국의 위대한 부가 하이테크 산업 환경에 아직 주눅 들지 않았다는 사실을 상기시켜주는 듯한 느낌을 주고 있다.

앤디 파커는 베세머사의 수리전략 담당이사이다. 그의 전공은 경제학과 물리학이었고, 독학으로 컴퓨터 프로그램을 습득하였다. 앤디는 대학교를 졸업하고 난 후, 낮에는 은행에서 재미없는 일들로 소일을 하면서 밤에는 라디오 색(Radio Shack) 회사의 TRS-80컴퓨터에 탑재되는 컴퓨터 프로그램을 만들어 주는 작은 브로커리지 회사에서도 일을 하였다. "이 기간 동안 내가 만들었던 컴퓨터 프로그래밍은 매우 간단한 작업이었지만, 그 당시에는 컴퓨터 프로그램을 하는 사람들 모두가 천재로 간주되었다"라고 앤디는 그 당시를 회상했다. 그는 그 당시의 컴퓨터 프로그래밍 작업 경험으로 후에 여러 대형 은행에서 근무하면서 그 당시 급성장하고 있는 파생금융 비즈니스 분야에서 고속 승진을 하게 되었고, 결국은 현재 위치에 오르게 되었다.

파커의 업무는 단지 은행 비즈니스를 정확하게 분석하는 업무뿐만 아니라, 분석 결과를 베세머사의 고객들이 확실하게 이해할 수 있도록 도와주는 업무도 담당하고 있다. 앤디가 위험/수익 교환성 개념을 고객들에게 설명하기 위해 사용한 접근법은 일정 기간 동안 발생된 여러 벤치마크 포트폴리오들의 성과를 비교해서 그들에게 알려 주는 것인데, 아래에 기술된 예제는 앤디의 임무와 관련된 내용으로써 1946부터 2005년도까지 거래된 포트폴리오들의 성과를 토대로 구성된 것이다. 이 예제에 사용된 자료가 약간은 오래된 듯하지만, 이 자료들은 한국전쟁, 냉전, 쿠바 미사일 위기, 베트남 전쟁, 9/11, 엔론 회사의 붕괴, 이라크 전

표 24.1 네 가지 벤치마크 포트폴리오

투자자본할당율 (%)	포트폴리오 1	포트폴리오 2	포트폴리오 3	포트폴리오 4
위험투자자산	0%	50%	70%	100%
채권	100%	50%	30%	0%

표 24.2 네 가지 벤치마크 포트폴리오

투자자본할당율 (%)	포트폴리오 1	포트폴리오 2	포트폴리오 3	포트폴리오 4
평균수익률	5.7%	9.6%	10.9%	12.6%
$100의 가치	$2,819	$24,246	$49,578	$125,302
표준편차	10.3%	10%	12.1%	16.5%

쟁, 그리고 리얼리티 텔레비전의 등장과 같은 다양한 역사적 사건들을 포함하고 있다. 각 벤치마크 포트폴리오는 〈표 24.1〉에서 보는 바와 같이 저위험 저수익 국채 그리고 고위험 고수익 증권에 투자자본을 다양하게 할당하여 구성된 것이다.

〈표 24.2〉에서 보는 바와 같이 각 포트폴리오 성과는 초기 투자자본 100달러에 대한 2005년도 최종값과 평균 수익률로 표시되어 있다. 〈표 24.2〉의 결과를 분석해 보면, 위험투자자산에 대해 높은 투자할당비율을 포함하고 있는 포트폴리오의 평균수익률이 확실히 높게 나타나 있음을 알 수 있다. 관례적으로 금융가에서는 투자 수익률의 변동성을 측정하는 상대적 측정단위로 **표준편차**를 사용해 오고 있으나, 앤디는 그러한 사어를 사용해서 주요 통계치를 보여주고 있지는 않다. 그러나 포트폴리오 1과 2의 위험성을 알아보기 위해 두 포트폴리오의 표준편차를 분석해 보면, 투자자본 중 50%가 위험투자자산에 투자되었고, 인플레이션 효과를 고려하여 채권에 50%의 투자자본이 분산 투자된 포트폴리오 2가 투자자본 100%가 국채에 투자된 포트폴리오 1보다 수익률 변동성이 약간 적게 나타나 있음을 알 수 있다.

앞에서 기술하였듯이, 위험은 투자자의 주관에 따라 달라지는 것이

표 24.3 각 구간별 최악의 수익률

수익률(%)	포트폴리오 1	포트폴리오 2	포트폴리오 3	포트폴리오 4
10년 중 최악수익률	−0.1%	3.8%	4.2%	4.5%
5년 중 최악수익률	−2.1%	3.6%	2.1%	−0.8%
3년 중 최악수익률	−4.9%	−1.6%	−6.0%	−14.6%
1년 중 최악수익률	−9.2%	−10.6%	−16.6%	−25.6%

다. 그래서 앤디는 투자자들 입장을 고려해서 이 네 가지 포트폴리오를 토대로 여러 형태의 기간별 포트폴리오 실적을 보여주기 위해 〈표 24.3〉를 작성했다.

- 기간이 10년인 경우: 여러분이 앞으로 10년 내에 은퇴를 하지 않는다고 가정해 보자. 〈표 24.2〉의 첫 번째 행은 각 포트폴리오의 10년간 과거 실적이 최악인 경우의 수익률을 보여주고 있다. 투자자본 100%가 위험투자자산에 투자된 포트폴리오 4는 4개의 포트폴리오들 중 투자수익률 변동성이 가장 심하게 나타나 있지만 10년이란 투자기간은 이렇게 심한 변동성이 안정화되기에 충분한 시간이 된다.
- 기간이 5년인 경우: 여러분이 5년 후에 자금이 필요하다고 가정해 보자. 투자자본 100%를 위험투자자산에 투자하는 것은 위험이 매우 크고, 국채에 투자하는 것은 낮은 수익률이 발생하기 때문에 포트폴리오 1과 4는 매력적이지 못하다. 이러한 가정하에서는 투자자본 중 50%나 70%를 위험투자자산에 투자한 포트폴리오 2나 3이 적절할 수 있다.
- 기간이 3년인 경우: 여러분이 3년 후에 은퇴를 하려고 한다면, 투자자본 중 50% 이하를 위험투자자산에 투자하는 포트폴리오가 바람직할 수 있다.
- 기간이 1년인 경우: 1년 후에 투자자본 전부를 포트폴리오에서 회수하기를 원한다면, 이 경우에 합당한 최적의 포트폴리오는 투자자

본 100%를 국채에 투자하는 포트폴리오 1이 가장 적합할 수 있다.

위와 같은 개념을 가지고 있는 투자자들은 그들의 포트폴리오에 관하여 바람직한 토론을 할 수 있을 것이다. 베세머사는 이러한 분석과 관련해서 투자의 세계를 더욱더 폭넓게 이해하기 위해 아래의 예처럼 노력하고 있는 중이다. 즉, 베세머사는 투자자산들 사이에 존재하는 상호관계성이 시간에 따라 변한다고 인식하면서 포트폴리오의 실적을 예측하기 위해 과거의 수익률과 앞으로 발생할 것으로 예측된 수익률을 적절하게 연계하여 사용하고 있다. 더욱이 베세머사는 그들이 고려하고 있는 투자자산과 관련된 특정한 시장 에피소드로부터 이끌어낸 정보를 사용하여 투자 성과를 시뮬레이션하는 포트폴리오 분석 기법에 주안점을 두고 있다.

베세머사의 쌍방으로 작용하는 시뮬레이션 모델

투자위험을 감각적으로 이해할 수 있는 또 다른 노력으로 앤디는 쌍방으로 작용하는 시뮬레이션 영역을 개척하였다. 이 시뮬레이션에서 그는 그의 회계담당자들이 각 고객들이 필요로 하는 현금을 고려하여 이 고객들의 포트폴리오가 실행될 수 있는 모델 개발을 책임지고 있다. 이 모델은 컴퓨터상에서 순식간에 1,000번 정도의 시뮬레이션 결과를 도출하고, 또한 투자 기간에 따라서 투자 펀드에 남아 있는 투자자본의 금액을 그래프로 보여주고 있다.

이 예제에 관한 데모버전을 ProbabilityManagement.org에서 다운로드할 수 있고, FlawOfAverages.com에서 동영상으로 볼 수 있다.

〈그림 24.1〉은 펀드자본 20만 달러가 매년 15,000달러씩 인출되는 경우의 정보들을 보여주고 있다. 이 그래프가 제공해 주는 정보를 분석해 보면, 펀드자본 20만 달러가 10년 후에도 20만 달러로 남아 있을 확

률이 50%, 10만 달러 이하일 확률이 10%, 그리고 35만 달러 이상일 확률이 10%임을 알 수 있다. 17년이 지난 후에 이 펀드가 모두 고갈될 확률은 10%이다.

앤디는 쌍방으로 작용하는 그의 시뮬레이션 모델에 관하여 다음과 같이 설명하고 있다.

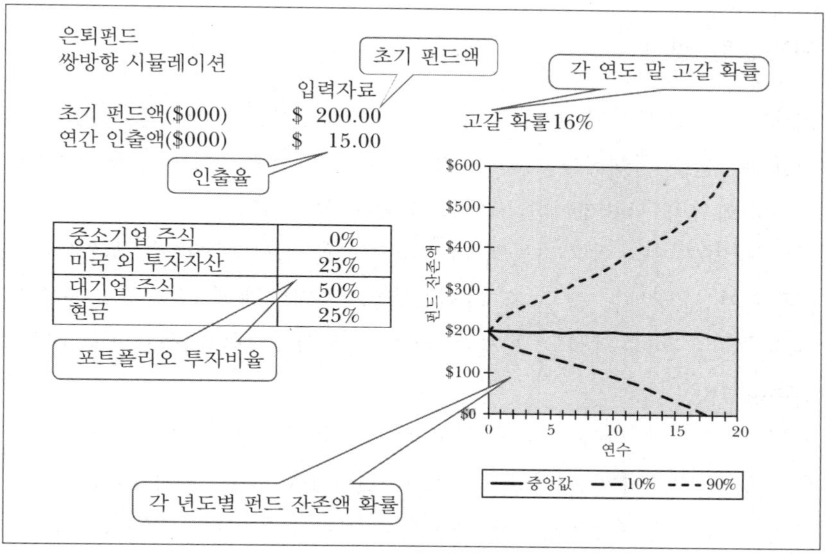

그림 24.1 베세머사 은퇴펀드 쌍방향 모델

포트폴리오 모델링의 이점

앤드류 파커 지음

기존 연구에 의하면 투자자들은 대개 주식을 최고가에 매입해서 최저가에서 매도하고 있다고 한다. 이러한 투자매매를 피할 수 있도록 우리가 투자 고객들을 도와주어야 한다. 포트폴리오 모델링은 투자자들이 부담해야 하는 위험들을 정의할 수 있는 실습장이다. 물론 우리들은 어느 정도의 오차를 포함하고 있는 투자자산의 행태를 지속적으로 추정하고 있다. 만약 우리가 미래에 발생할 투자자산의 행태를 완벽하게 예측할 수 있다면, 우리는 어떠한 종류의 모델도 필요하지 않다. 그러나 용의주도하고 보수적인 입력 자료들을 투자분석 시뮬레이션 모델링에 사용하면, 이러한 모델들은 투자자들에게 가장 적절한 시기에 가장 바람직한 포트폴리오들을 제공해 주고, 또한 이 포트폴리오에 내재된 위험을 현실적으로 감지할 수 있게 투자자들을 도와 줄 수 있다. 특히 현재 우리가 처한 금융위기 상황하에서 이 모델링이 투자자들에게 기여할 수 있는 이점은 무한하다고 할 수 있다.

파이낸셜 엔진

베세머 트러스트사와 달리 파이낸셜 엔진사는 투자자들 스스로 웹 기반 시뮬레이션을 실행하도록 하고 있다. 나는 최근에 가상적인 포트폴리오로 이 회사의 시뮬레이션 방법을 시험해 보았었다.

이 방법은 먼저 투자자들의 나이와 소득을 웹사이트에서 입력을 해야 작동되기 시작한다. 그런 후 다시 모델 사용자에게 은퇴 시점을 물어보는데, 나는 은퇴 시점을 70세로 하여 가상적인 데이터들을 이 모델에 입력하였다.

이 모델은 그 다음 단계에서 고객의 은퇴 포트폴리오에 관한 내용들을 가능한 자세하게 입력하도록 요구하고 있다. 나는 은퇴 시기가 10년 남은 투자자의 포트폴리오를 가정해서 입력을 하였다. 위와 같은 입력 작업이 모두 성공적으로 끝나면, 이 시스템은 시뮬레이션을 실행해서 〈그림 24.2〉에서 보는 바와 같이 은퇴 후에 지속될 수 있는 소득 수준에 관한 확률분포함수를 보여준다. 누가 알기나 했겠어. 이 시스템의 결

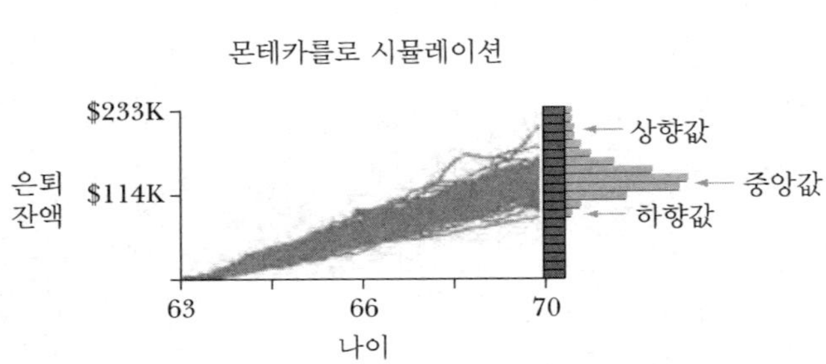

그림 24.2 파이낸셜 엔진 사의 웹사이트 시뮬레이션 실행 결과

과가 〈그림 24.2〉와 같은 특정한 형태를 가지고 있을 줄을!

그 다음, 이 프로그램은 아래와 같이 투자 수익률이 어떻게 예측되었는지를 설명해 주고 있다. "우리는 인플레이션율과 이자율에 관한 입력자료로 평균값을 사용하지 않고, 다양한 형태의 경제적 시나리오들을 관찰하여 얻은 정보들을 사용하고 있다."

그리고 이 프로그램은 사용자(투자자)들이 투자예측에 내재된 불확실성을 다양한 측면에서 심도 있게 관찰할 수 있는 기능도 제공해 주고 있다. 나는 이러한 내용들에 관하여 흥미가 가서 이 기능을 직접 사용해 보았는데, 내가 사용한 확률분포함수들 중 네 가지 경우가 〈그림 24.3〉에서 나타나 있다. 이 그림에 있는 확률분포함수들을 관찰해 보면, 모든 함수들이 대칭구조를 가지고 있지 않다는 사실을 알 수 있다.

그런 다음, 투자자들이 그들이 목표로 하는 은퇴 후 소득을 입력하면 이 프로그램은 그들의 은퇴 후 소득 정도에 따라서 일기예보에서 흔히

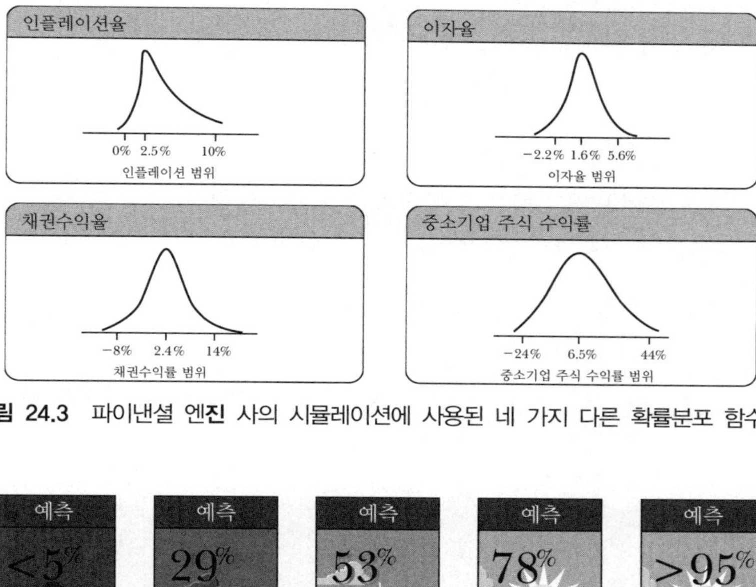

그림 24.3 파이낸셜 엔진 사의 시뮬레이션에 사용된 네 가지 다른 확률분포 함수

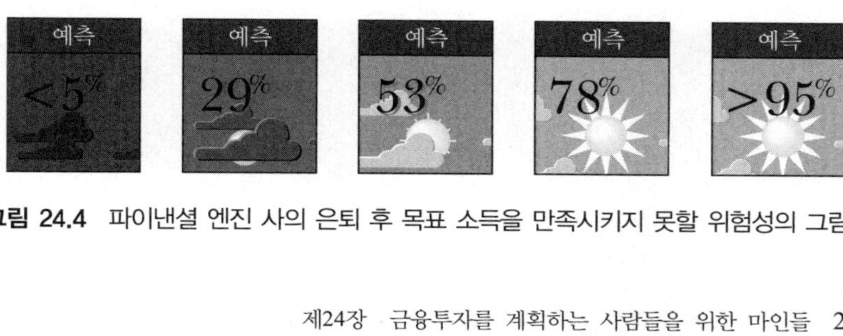

그림 24.4 파이낸셜 엔진 사의 은퇴 후 목표 소득을 만족시키지 못할 위험성의 그림표

볼 수 있는 마인들을 투자자들에게 제공해 주고 있다. 내가 입력한 목표 소득은 1단계에서 입력한 운영소득의 2/3 이상에서 1/3 이하였는데, 〈그림 24.4〉에서 보는 바 같이 이러한 목표를 달성할 확률이 각각 5% 이하에서부터 95% 이상으로 나왔다. 이 그림들을 독자 여러분에게 웹사이트에서 컬러판으로 보여주었으면 더욱 좋았을 텐데 하는 아쉬움이 남기는 하다.

마지막으로, 이 모델은 투자자들이 파이낸셜 엔진사의 확률분포함수 데이터베이스에 저장된 수천 가지의 다양한 투자들 중 하나를 사용하여 그들의 포트폴리오에 관한 아이디어를 발전시킬 수 있도록 하고 있다.

제25장

옵션: 불확실성을 이용한 이익 창출

다른 증권의 가치를 토대로 투자자산의 가치가 계산되는 증권을 파생금융증권(derivative security)이라고 하고, 파생금융증권의 가치계산의 토대가 되는 증권을 기초증권(underlying security)이라고 한다. 대표적인 기초파생금융상품으로는 선물거래(future contract), 옵션거래(option contract), 그리고 스왑거래(swap contract) 등이 있다. 대부분의 파생금융상품의 평균 가치는 투자자들이 기초증권의 평균 가치를 사용하여 얻은 값과 같지 않다는 것이다. 파생금융상품의 가치는 평균의 함정의 강형에 속하고 있다.

만약 마코위츠와 샤프의 포트폴리오 이론이 중학교에서 가르치기에 충분한 뉴턴의 물체 운동과 유사한 것이라면, 피셔 블랙, 로버트 머튼, 마이론 숄즈의 옵션이론은 아인슈타인의 상대성 이론에 더욱 가깝고 심지어 수리적인 표현에 있어서도 서로가 매우 닮았다고 할 수 있다. 일반인들 대부분이 어떻게 아인슈타인의 $E=MC^2$가 유도되었는지 모르지만, 이 공식으로부터 파생된 원자폭탄의 위력은 확실하게 인식하고 있다. 그 유명한 블랙-숄즈의 콜 옵션 공식은 다음과 같다.

$$C(S,\ T) = S\Phi(d_1) - Ke^{-rT\Phi(d_2)}$$

$$\text{단, } d_1 = \frac{\ln(S/K) + (r + \sigma^2/2)T}{\sigma\sqrt{T}}, \quad d_2 = d_1 - \sigma\sqrt{T}$$

(C: 콜 옵션 가치, S: 주식의 현재가치, T: 만기일, K: 행사가격, r: 무위험수익률-역주)

나를 비롯해서 우리 모두에게 위 옵션공식은 자전거 공식만큼이나 유익하다고 할 수 있다. 요즘은 전자계산기와 컴퓨터를 이용해서 이 공식을 쉽게 프로그래밍하고 그 결과를 해석할 수 있어서, 현재 금융시장에 수조 달러의 파생금융상품시장이 조성되어 있다. 더욱이 투자자들은 이러한 환경 덕분에 옵션이론을 감각적으로 쉽게 이해할 수 있게 되어서 투자에 내재된 불확실성을 두려워하기보다 투자의 불확실성을 활용하여 실질적으로 더 큰 이익을 얻을 수 투자기회를 스스로 창출해 낼 수 있게 되었다.

주식옵션

가장 기본적인 파생금융상품 중 하나가 주식옵션이고, 가장 단순한 주식옵션으로는 콜(call)과 풋(put) 옵션이 있다. 이러한 주식옵션의 기초증권은 투자자가 관심을 가지고 있는 특정한 주식이 되겠다. 콜 옵션은 콜 옵션 매수자에게 특정한 날(만기일)에 특정한 가격(행사가격)으로 콜 옵션 매도자로부터 특정한 주식을 매입할 수 있는 권리를 부여하고 있다. 풋 옵션은 풋 옵션 매수자에게 만기일에 행사가격으로 풋 옵션 매도자에게 주식을 팔 수 있는 권리를 부여하고 있다. 이렇게 옵션을 만기일 당일에만 행사할 수 있는 옵션을 유럽피언 옵션(European Option)이라고 한다. 만기일 이전에도 옵션을 행사할 수 있는 옵션이 있는데 이러한 옵션을 아메리칸 옵션(American Option)이라고 한다.

예를 들어, 현재 주가가 20달러이고, 행사가격이 21달러이며, 만기일은 지금으로부터 12주 후인 유럽피언 콜 옵션을 내가 매도하는 경우를

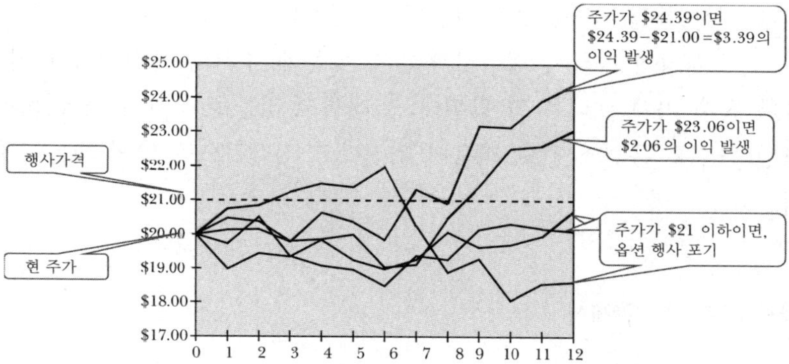

그림 25.1 콜 옵션의 가능한 결과값

고려해 보자. 만약 주가가 만기일에 21달러 이상이면, 콜 옵션은 이익을 발생시키기 때문에, 콜 옵션 매수자는 내게 21달러에 주식을 매입해서 그 주식을 시장 가격으로 다른 사람에게 매도하여, 그 차익을 이익으로 얻게 된다. 반대로 만기일의 주가가 21달러 이하이면, 콜 옵션 매수자는 옵션 행사를 포기하여 아무런 이익을 얻지 못하게 된다.

〈그림 25.1〉은 위 예제에서 주가가 12주 동안 변하는 불확실한 경로들을 보여주고 있다(FlawOfAverages.com을 방문하여 이 그림의 동영상 참조). 만약 이 그림에 나타난 콜 옵션의 발생 가능한 결과값이 다섯 가지뿐이라면, 이 옵션의 평균 결과값은 ($3.39+$2.06+$0+$)+$0)/5=$1.99가 된다. 물론 현실적으로 발생 가능한 결과값은 무수히 많이 존재할 수 있고, 이러한 결과값들은 시뮬레이션 기법을 사용하여 근사값으로 표시되거나, 블랙-숄츠 공식에 의하여 이론적인 값으로 표시될 수 있다. 이러한 결과값들은 다음에 설명할 옵션비용이 차감되지 않은 값들이다.

이 예제에서 12주 후 주식의 기대 가격은 21달러보다 적다. 그래서 평균 주가를 기준으로 옵션 행사에 관한 의사결정을 내리면, 이 옵션을 포기해야 하기 때문에 평균주가를 토대로 계산된 옵션의 결과값은 “0”이 된다. 이 예제에서와 같이 옵션의 결과값은 항상 “0”이거나 “0”보다 크기 때문에, 옵션 평균 결과값은 항상 “0”보다 크게 나타난다.

위 내용을 요약하면, 옵션의 평균 가치는 미래에 발생할 주가의 평균값에 의하여 결정되지 않기 때문에, 옵션 가치는 "0" 이하가 될 수 없고, 불확실성에 따라서 적어지지 않기 때문에 주가의 불확실성이 커질수록 옵션 가치는 더욱 크게 된다. 그래서 우리들은 주가의 불확실성이 크면 클수록 옵션의 값도 더욱더 커진다고 직감적으로 믿게 되는 것이다.

정보 가치와의 관계성

의사결정나무를 고려하면서 특정한 주식을 매입 혹은 매도한다고 가정해 보자. 그러면 투자자는 먼저 오늘 주식을 매입할 것인지, 아니면 매도할 것인지 의사결정을 해야 하는데, 이런 경우 투자자는 그가 내린 의사결정의 결과가 미래에 어떻게 발생할지를 현재 알 수는 없다. 그러나 콜 옵션을 매입하면, 주가가 상승했는지 아니면 하락했는지를 알고 난 후(즉, 투자의 불확실성이 제거된 후－역주)에 주식을 매입할 것인지 아닌지를 결정할 수 있어서 미래에 발생할 최대의 손실액이 얼마인지 현재 확실하게 알 수 있다. 그러므로 옵션의 가격들은 15장에서 설명한 정보의 가치 개념에 의하여 지배되고 있다고 할 수 있다.

위에 기술한 옵션의 시장가격은 얼마이어야만 하는가? 힌트: 만약 투자자가 1973년 이 질문에 대하여 정확한 답을 했다면, 이 투자자는 1997년에 노벨 경제학상을 받았을 것이다. 그러나 사실 이 투자자가 노벨 경제학상을 받을 만큼의 지식을 가지고 있었다고 해도, 주식의 불확실성을 이해하고 있지 않았으면 이 질문에 대한 답을 할 수 없었을 것이다.

옵션 차트

콜 옵션 차트

〈그림 25.2〉는 콜 옵션의 만기일, 결과값, 그리고 이익을 도표로 보여주고 있다. 콜 옵션의 이익은 콜 옵션의 결과값에서 콜 옵션 매수 비용

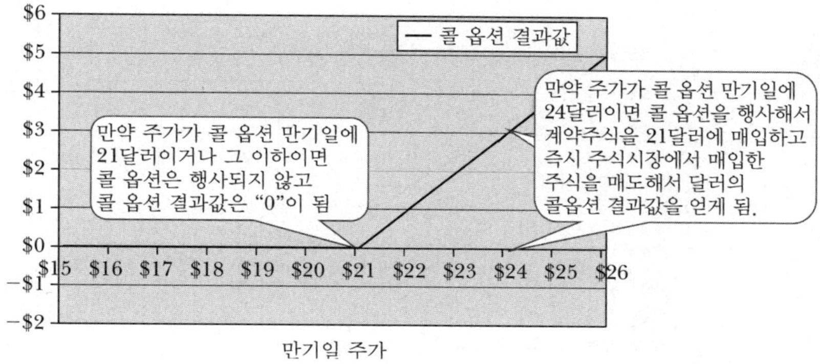

그림 25.2 콜 옵션 결과값 차트

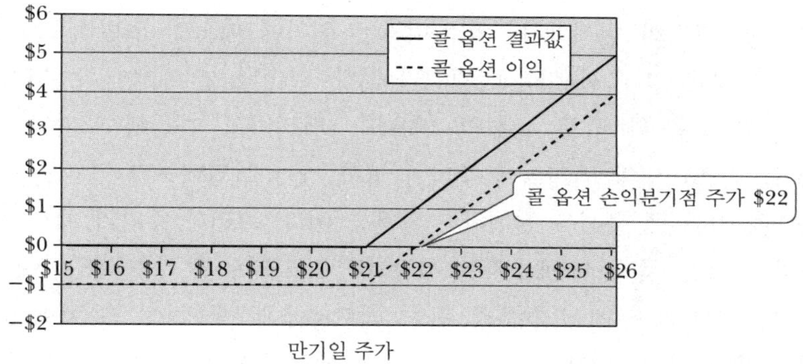

그림 25.3 콜 옵션의 결과값과 이익 차트

(콜 옵션 가격−역주)을 공제한 값이다. 예를 들어, 옵션 매수 비용이 1달러라고 하자. 이 경우 콜 옵션의 결과값과 이익은 〈그림 25.3〉에서 보는 것처럼 도표로 나타낼 수 있다. 주가가 21달러보다 큰 경우에만 콜 옵션이 실행되고, 주가가 21달러보다 적으면 콜 옵션은 포기하게 되므로 콜 옵션 매수비용 1달러는 이 경우 회수되지 않는다.

풋 옵션 차트

콜 옵션 대신에 이제 투자자가 12주 후에 행사가격이 21달러인 풋 옵션을 매도하려고 한다. 풋-콜 동등성(풋 옵션 가치+주가=콜 옵션 가

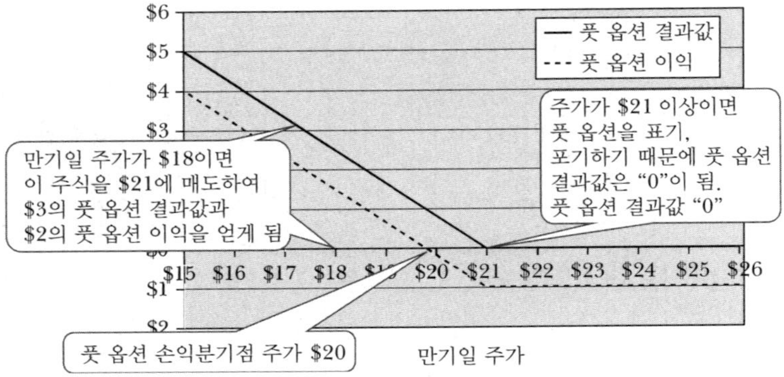

그림 25.4 행사 가격 21달러와 옵션비용 1달러인 풋옵션 차트

치+행사가격의 현재가치−역주)이라는 원칙에 따르면 일반적으로 풋 옵션 비용은 콜 옵션 비용과 같지가 않다. 그러나 본 예제에 국한된 토론의 목적을 위해 풋 옵션의 비용도 1달러라고 가정해 보자(〈그림 25.4〉 참조). 만약 만기일에 주가가 행사 가격 21달러보다 크면, 풋 옵션 매수자는 풋 옵션을 실행하지 않을 것이다. 그러나 주가가 행사가격보다 작으면, 풋 옵션 매수자는 시장가격 18달러로 주식을 매입하여 이 주식을 행사가격 21달러에 풋 옵션 매도자에게 매도하여 그 차액 3달러를 풋 옵션 결과값으로 얻고, 풋 옵션 매입비 1달러를 이 결과값에서 공제하여 2달러의 풋 옵션 이익을 얻게 된다.

옵션을 매수하면 옵션 매수자는 롱 포지션(long position)에 있다고 하고, 옵션을 매도하면 그 매도자는 숏 포지션(short position)에 있다고 한다(이러한 포지션 정의는 다른 금융자산의 거래에도 적용된다.−역주). 돈은 역방향으로 움직이기 때문에 옵션을 매도한 투자자의 옵션차트는 옵션을 매입한 투자자 차트의 역이미지가 되겠다. 〈그림 25.5〉에 도식화된 옵션거래의 네 가지 형태는 평범한 옵션(nonexotic or vanilla option: 흔히 바닐라-옵션이라고 함−역주)이라고 불리는 위험 감소형 옵션으로써, 이 옵션은 다양한 옵션들을 개발하기 위해 확대 적용될 수 있는 토대가 되고 있다. 투자자가 옵션의 롱 포지션에 있으면, 큰 보상을 받을 가능성이 있는 반면, 손실의 크기는 옵션 매입비용으로 한정된

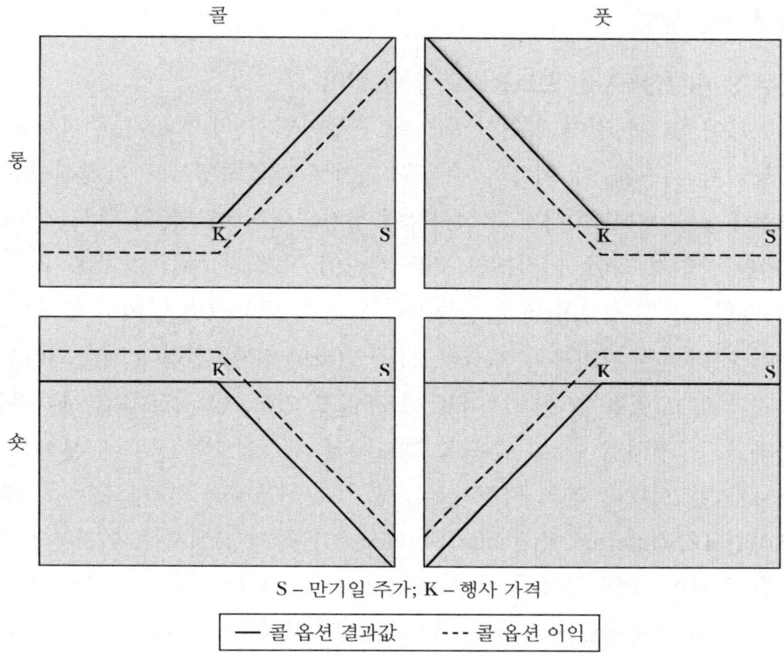

그림 25.5 바닐라 옵션의 결과값 및 이익

다. 반대로 옵션의 숏 포지션에 있으면, 이 투자자의 보상은 극히 제한적인 반면, 보험을 판매하는 것과 같이 큰 손실을 볼 가능성이 있다. 그러므로 옵션을 매도하는 투자자들은 일반적으로 여러 방법으로 그들이 부담해야 하는 위험을 막으려고 노력해야 한다. 예를 들어, 콜 옵션의 매도자는 콜 옵션 매수자에게 주식을 매도해야 할 경우에 특정 주식을 보유하고 있으면 위험은 없게 된다. 이러한 위험회피 방법을 현물 포지션 콜 옵션(covered call: 현물 포지션 콜 – 역주)이라고 한다.

옵션이론을 완벽하게 이해한다면, 〈그림 25.5〉에 있는 옵션차트들은 여러분이 투자위험을 생각하고 관리하는 방법들을 변화시킬 수 있는 기본적인 마인들 틀이 된다. 이 차트들은 1세기 전에 옌센이 〈그림 12.1〉에서 기술한 것처럼 두 가지 그룹으로 나뉘게 됨을 주지하기 바란다.

옵션 사용 방법

경우 1: 비분산투자된 포트폴리오 위험 방어

여러분이 몇 년 전에 창업한 회사에 근무하면서 이 회사가 주식시장에 상장되기 이전에 이 회사의 주식을 저가로 매입하였다고 가정해 보자. 그런데 최근에 이 회사가 주식시장에 상장되어서 여러분의 주식 가치가 100만 달러가 되어, 여러분의 모든 재산이 이 회사 주식 가치로 구성되게 되면, 앞 장에 기술된 분산투자와 효율적 투자선 설명에서 알아보았듯이 여러분은 여러분의 재산이 지금 얼마나 많이 위험에 노출되어 있는지를 알고 있을 것이다. "이제 나도 알고 있어, 빌 샤프가 분산투자를 하라고 한 것처럼 난 그 주식을 매도해서 지수펀드와 국채에 분산해서 투자를 할 것이다"라고 하면서 여러분은 분산투자를 하려고 할 것이다. 그러면 IRS(Internal Revenue Service: 미 국세청)에서는 여러분의 이러한 투자에 대해 다음과 같이 독백으로 즐거워할 것이다. "좋았어, 우리는 자본 소득세로 당신에게 20만 달러를 징수할 것이다. 이 정도면 1분 동안 전쟁을 충분히 수행할 수 있겠지. 당신은 저녁 뉴스시간을 통해서 당신이 지불한 세금을 우리들이 어떻게 사용하고 있는지를 보고는 우리를 매우 자랑스러워 할 것이라는 것을 우리는 알고 있지." 그러면 여러분은 이제 "음 한번 다시 생각해 봐야 되겠군. 내 유일한 주식 재산을 앞으로 온전하게 지킬 수 있는 방법이 무엇일까?" 하고 고민에 빠지게 될 것이다.

이러한 상황에서 여러분은 주식을 지키기 위해 무엇을 해야 할 것인가? 이 질문에 대한 답은 〈그림 25.5〉의 오른쪽 상단에 있는 풋 옵션의 차트에 있다. 즉, 여러분이 보유한 주식에 대하여 풋 옵션을 매입하는 것이다. 만약 여러분이 현재 주가와 동일한 행사가격으로 풋 옵션을 매입하면, 이 풋 옵션은 여러분이 매입한 주식 한 주에 대해서 비공제보험증권(nondeductible insurance policy: 모든 보험금을 수령할 수 있는 보험－역주)과 같은 역할을 하게 된다. 여러분이 매입한 주식의 현재 주가가 한 주당 100달러에 거래되고, 만기일이 1년이고, 행사 가격이

100달러인 풋 옵션의 매입비용을 5달러라고 가정해 보자. 만약 1년 후에 이 주가가 105달러로 올라가면, 풋 옵션 매입비용 5달러를 주가에서 공제하여 이 주식의 순 가치는 100달러가 된다. 이처럼 주가가 올라가면 여러분은 일정한 풋 옵션 매입비용 5달러를 주가에서 공제하여 더 많은 이익을 보게 된다. 만약 주가가 100달러로 유지되면, 5달러의 손해를 보게 된다. 그러나 여러분의 손실은 5달러로 한정되어 있기 때문에, 더 이상의 손실이 발생할 것이라는 걱정은 하지 않아도 된다. 만약 주가가 95달러로 하락하면, 여러분은 이 주식에 대해서 풋 옵션을 100달러에 행사하고, 이 값에서 풋 옵션 매입비용 5달러를 공제하면 95달러를 얻게 된다. 만약 주가가 50달러로 하락한다고 해도, 풋 옵션은 여러분에게 50달러의 결과값을 얻게 해주어서, 이 값에서 5달러를 공제하면, 이 경우에도 역시 여러분의 순 현금흐름은 95달러가 된다.

만약 현재 주가보다 낮은 행사가격으로 옵션을 매입하였다면, 이러한 옵션 매입은 공제보험증권(deductible insurance policy: 총 수령보험액 중 일부 금액이 공제되는 보험－역주) 계약과 같은 것이 되겠다. 이러한 풋 옵션은 여러분이 풋 옵션의 행사 가격과 현 주가의 차이만큼의 손실을 보게 된 후에야 작동하게 된다. 물론 전통적인 보험계약의 경우와 같이 공제액이 큰 옵션의 매입비용은 그렇지 않은 옵션의 매입비용보다 적다.

경우 2: ACME 제약회사와 신비스런 신약 성분 1

여러분이 지금 대박을 터트릴 수 있는 암 치료제 신약을 개발 중인 ACME사의 사옥 건너편에 살고 있다고 가정해 보자. FDA(미 식약청－역주)가 현재 이 회사가 개발 중인 신약이 암을 치료하거나 유발할 확률이 각각 50 대 50일 것으로 믿고 있기 때문에, ACME사는 아직 이 신약을 환자들에게 테스트하지 못하고 있는 실정이다. 암을 치료할 수 있을지 아니면 유발할 수 있을지를 FDA에서 이 신약의 약제에 관해서 최종 결과를 발표하면, 이 신약의 효능이 밝혀지겠지만 아직 이 약제는 ACME사의 최고의 비밀로 유지되고 있다.

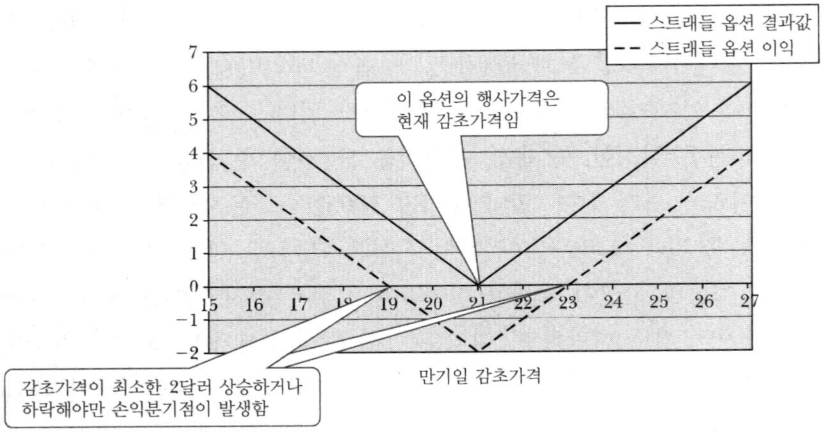

그림 25.6 감초에 대한 스트래들 옵션

그런데 여러분이 살고 있는 집 건너편에 위치한 ACME사의 사옥을 무심코 바라보는 순간 우연히 창밖으로 비친 파워포인트 슬라이드를 보고, 여러분이 신약의 약제가 감초라는 사실을 어렴풋이 알게 되었다고 하자!

그러면 여러분은 이렇게 우연히 얻은 정보로 무엇을 할 것인가? 여러분은 이 신약의 재료인 감초 가격에 어떤 일이 발생할지를 짐작할 수 있겠는가? 감초 가격은 상승하든지 아니면 하락할 것이다. 그렇다면 여러분이 〈그림 25.5〉의 그림을 다시 참조해 보면, 이와 관련된 옵션의 행사가격은 현재의 감초가격이며, 만기일은 FDA가 최종 보고서를 발표하는 30일 후가 되는 감초의 콜 및 풋 옵션을 지금 매입해야 되지 않을까? 〈그림 25.6〉과 같은 결과값을 가진 옵션은 콜과 풋 옵션으로 구성된 스트래들 옵션(straddle option)이다. 콜과 풋 옵션 매입비용은 각각 1달러라고 가정해 보자. 이번에는 여러분이 두 옵션을 각각 한 개씩만을 구입했기 때문에, 스트래들 옵션의 매입비용은 2달러가 된다. 만약 감초가격이 최소한 2달러 이상 상승하거나 하락하면(FDA가 최종 보고서를 발표하면 이러한 상황이 발생할 가능성은 충분히 있다), 감초 가격이 어느 방향으로 움직여도 스트래들 옵션을 매입한 여러분은 이익을 얻게 된다.

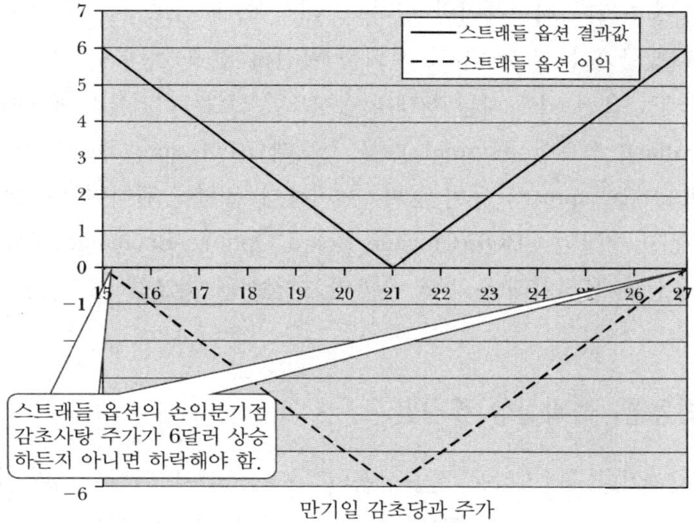

그림 25.7 CNN 뉴스 후 감초에 관한 스트래들 옵션 결과값

여러분에게 이러한 투자전략은 매우 훌륭하다고 할 수 있다.

경우 3: ACME 제약회사와 신비스런 신약 성분 버전 2

이번에는 창문을 통해서가 아니라 신약개발과는 관련이 없는 뉴스를 전하기 위해 ACME사 앞에 주차한 이동 위성 지상송신 트럭에서 전달된 CNN뉴스 채널을 통해 신약의 신비스런 약제가 감초라는 사실을 여러분이 우연히 알게 되었다는 사실 이외는 모든 상황이 경우 2와 같다고 가정해 보자.

여러분은 이런 경우 어떠한 투자전략을 세울 것인가? CNN에서 신약의 신비스런 약제가 암을 유발할 수 있거나 아니면 치료할 수 있다는 사실을 뉴스로 전하는 순간, 모든 투자자들은 감초에 대한 콜과 풋 옵션을 동시에 매입하기 시작할 것이다. 이런 사람들의 옵션 구매로 인하여 두 옵션의 가격이 각각 3달러까지 상승하였다고 가정해 보자. 그러면 스트래들 옵션의 차트는 〈그림 25.7〉이 될 것이고, 여러분이 이 상황에서 이익을 볼 수 있는 유일한 경우는 감초가격이 최소한 6달러 이

상씩 상승하거나 하락해야만 한다. 그래서 이제 감초 시장은 경우 2에서 존재했던 모든 투자 수익 기회를 완전히 없애 버리게 된다.

스트래들 옵션 외에 다른 형태의 옵션조합으로는 버터플라이(butterfly), 칼라(collar), 스트랭글(strangle), 불 스프레드(bull spread), 그리고 베어 스프레드(bear spread) 등이 있다. 여러분이 옵션에 관하여 더 알고 싶다면, 옵션 시장인 CBOE(Chicago Board Options Exchange)에서 제공하는 옵션과 옵션거래에 관한 온라인 지침서를 참조해 보기 바란다.[1]

내재변동성, 불확실성 계기판

타조 깃털이나 금과 같은 실물상품의 가격을 알기 위해서 투자자들은 지난 수천 년 동안 시장으로 가서 이 상품들의 가격을 알아보아야만 했다. 그리고 이들은 수천 년 동안 이러한 상품의 미래 가격이 불확실하다는 사실도 알고 있다. 과거의 기록을 살펴보면, 이들은 금 가격은 타조 깃털 가격보다 더욱 안정적이었다는 사실을 알 수 있을 것이다. 위 상황과 같이 투자자들은 옵션 시장이 개설되기 전까지는 시장의 불확실성을 실시간으로 측정하지 못하고 있었다.

ACME제약사와 CNN 이동식 위성송신 트럭의 예로 다시 돌아가 보자. 지금 옵션 거래자는 〈그림 25.8〉에서 보는 것처럼 컴퓨터를 통해서 실시간으로 직접 상품가격을 모니터링해서 지구 반대편에 있는 싱가포르 금융시장에서 거래되는 정유사, 항공사, 그리고 감초에 대한 옵션 가격들을 알 수 있다. 감초가격에 관심이 있는 투자자는 싱가포르 시간으로 오후 8시 45분에 '와, 앞으로 감초 시장에 어떤 상황들이 발생할지 궁금해지는데'라고 하면서 컴퓨터 앞으로 가서는 시카고 옵션 시장에서 형성되고 있는 감초가격을 모니터링하면서 감초가격 정보를 얻게 된다.

지금은 컴퓨터와 통신기술의 발달로 감초의 미래 가격에 대한 큰 폭의 불확실성 움직임이 옵션 가격을 통해서 지구의 반대편에 있는 투자자들에게 실시간으로 전달되고 있다. 이렇게 불확실한 움직임을 보이는

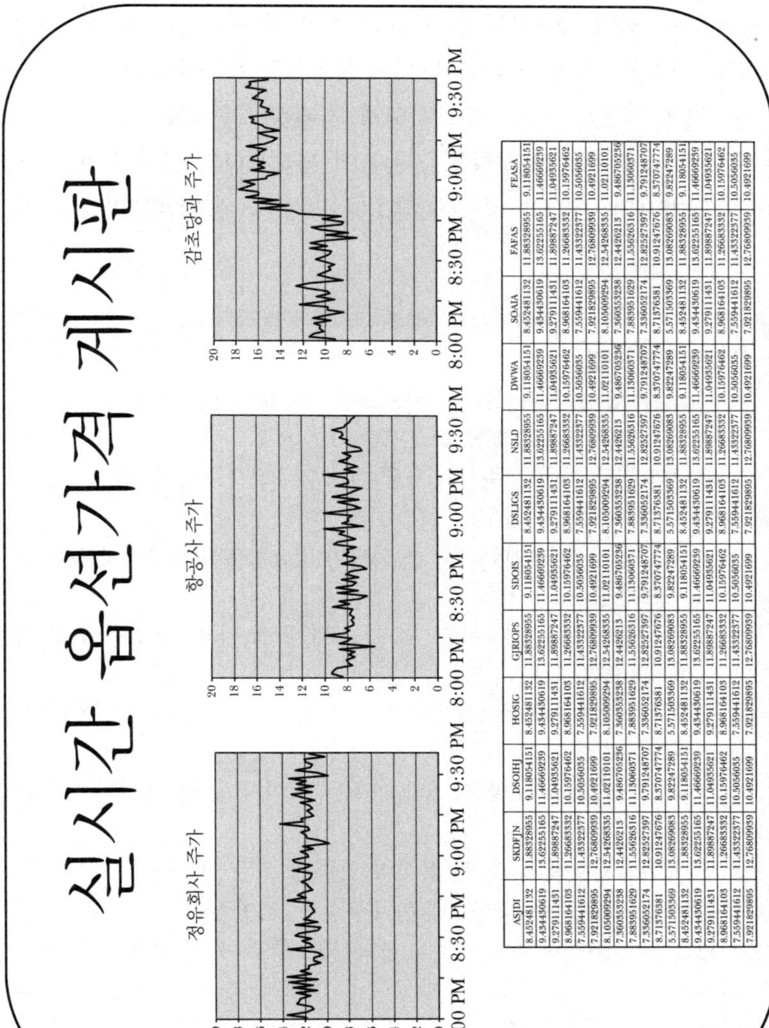

그림 25.8 싱가포르 시장의 옵션거래 스크린

옵션 가격들을 토대로 계산된 불확실성을 내재변동성(implied volatility)이라고 한다. 옵션이론의 중요한 결과 중 하나는 투자자들이 실시간으로 전달되는 옵션 가격을 통해서 불확실한 투자자산의 가격을 파악할 수 있게 되었다는 것이다. 이렇게 거래정보를 접한 투자자는 지난주 형성된 옵션 시장의 상황들을 곰곰이 생각하다가 갑자기 "바로 이거야! ACME사의 신약의 비밀은 감초에 있음이 분명하다"라고 외칠 것이다.

기억해야 할 사항

- 콜과 풋 옵션의 차트와 이 차트들을 이용하여 여러분이 구성할 수 있는 다양한 차트(〈그림 25.5〉 참조)
- 옵션의 평균 가치는 주식의 평균 미래 가격으로 계산된 옵션의 가치가 아니다(평균의 강형)
- 콜이나 풋 옵션의 매입으로 큰 이익의 가능성을 확보하고 손실의 크기를 제한한다.
- 콜이나 풋 옵션을 매도하면, 이익은 제한되게 되고, 큰 손실을 볼 가능성이 있다.
- 현재주가가 클수록 콜 옵션의 가치는 커지고, 풋 옵션의 가치는 적어진다.
- 행사가격이 클수록 콜 옵션의 가치는 적어지고, 풋 옵션의 가치는 커진다.
- 만기일이 길수록 콜과 풋 옵션의 가치는 모두 커진다.
- 할인율이 클수록 콜과 풋 옵션의 가치는 적어진다.
- 변동성이 클수록(기초 주식의 불확실성) 콜과 풋 옵션의 가치는 커진다.
- 투자자들은 옵션 가격으로부터 옵션의 기초자산인 주식의 변동성을 파악할 수 있다. 이러한 옵션 가치의 변동성을 내재변동성이라고 한다.

잊어야 할 사항

- 블랙-숄즈 공식(여러분이 옵션 거래자가 아니고 컴퓨터나 전자계산기에 이 공식이 프로그램되어 있지 않다면)

제26장
피셔, 숄츠와 밥의 만남 : 옵션이론

1969년 시카고 대학교의 파이낸스 분야에서 박사학위를 받은 지 얼마 되지 않은 마이론 숄츠(Myron S. Scholes)가 MIT 대학교의 슬로안 경영대학원의 조교수로 합류하였다. 그 후 그는 하버드 대학교의 응용수학 분야에서 박사학위를 취득하고, 아서 리틀(Arthur D. Little) 회사의 컨설턴트로 근무하고 있던 피셔 블랙(Fisher S. Black)을 만났다. 그리고 이들은 공동으로 샤프의 CAPM을 주식이 아닌 옵션에 적용하는 연구를 진행 중이었는데, 이때 피셔와 숄츠는 밥 머튼(Robert C. Merton)이 MIT 대학교 슬로안 경영대학원의 파이낸스 분야 조교수 후보로 이 대학교에서 면접을 볼 때 그를 처음으로 만났다. 밥은 결국 이 대학교의 조교수로 근무를 하게 되었고, 그 역시 옵션 가치 측정에 관하여 연구를 하고 있었던 중이었다.

여러분이 옵션이론에 숨겨진 지적 동향성을 알고 싶어 한다면, 나는 여러분에게 피터 번스타인(Peter Bernstein)의 《자본 아이디어(Capital Ideas)》와 숄츠와 머튼의 노벨 경제학 수상 강의노트를 읽어보기를 권하고 싶다.[1, 2] 그러나 이 세 연구자들은 옵션의 이론적 가치를 개발한 업적을 공식적으로 인정을 받았지만, 불행하게도 피셔 블랙이 1995년에 암으로 사망하여 1997년에 마이론, 밥과 함께 노벨 경제학상을 받지를 못하였다.

위험 중립형 옵션 가격 결정

여기에 블랙, 숄츠, 그리고 머튼이 어떻게 옵션의 이론적 가치를 계산하게 되었는지와 관련된 전제가 기술되어 있다.

1. 옵션은 주식에 대한 보험증서와 같이 움직일 수 있다고 한 25장의 내용을 기억하기 바란다. 그러므로 주택에 대한 주택화재보험 증서와 같이 주식과 옵션의 조합으로 기본적인 무위험 포트폴리오를 구성하여 옵션 가치를 구할 수 있다(또는 주식과 국채로 무위험 포트폴리오를 구성할 수도 있다. 이러한 포트폴리오를 복제포트폴리오라고 한다. – 역주).
2. CAPM에 의하면, 이와 같이 조합된 포트폴리오는 증권시장에서 재무부의 단기 채권의 수익률과 동일한 수익률로 가격이 결정되게 된다. 만약 옵션 가격이 이와 같이 결정되지 않는다면, 여러분은 단기 채권과 옵션 중에서 가격이 더 낮은 증권을 매입한 후(왜냐하면 채권과 옵션 가격은 수학적으로 동일하므로), 이를 더 높은 가격으로 매도하여 큰 이익을 얻을 수 있을 것이다.
3. 2단계에서 옵션과 주식으로 구성된 포트폴리오의 가격이 결정되면, 여러분은 옵션 가격을 결정하기 위해서 이제 포트폴리오 전체 가격에서 주식 가격을 단순히 빼어 주기만 하면 된다.

위 세 연구자들의 옵션 가격 결정 주장이 이론적으로 무위험 포트폴리오를 토대로 하고 있기 때문에, 이러한 옵션 가격 결정을 위험 중립형 옵션 가격 결정이라고 한다. 이에 관한 좀더 자세한 설명은 이어서 하겠다.

무위험 포트폴리오

25장에서 소개한 만기일이 12주이고, 행사가격이 21달러인 콜 옵션의 경우, 무위험 포트폴리오가 어떻게 구성되는지를 알아보기로 하자. 그리고 이 세상이 오직 오늘이라는 현재 시점과 12주 후의 미래 시간만 존재한다고 하자. 그리고 12주 후, 이 콜 옵션의 기초주식 가격은 오직 두 가지 경우밖에 없다고 가정해 보자. 예를 들어, 이 주식의 현재 주가인 20달러가 12주 후에 18달러로 하락하든지 24달러로 상승한다는 시나리오가 이와 같은 경우이다. 그러면 이제 5주의 주식을 매입하고, 10개의 콜 옵션 계약을 매도하여 구성된 포트폴리오의 가치를 계산해 보기로 하자.

이 포트폴리오에 관하여 다음과 같이 두 가지 시나리오를 가정해서 분석해 보면, 그 결과는 다음과 같다.

- 만약 주가가 24달러로 상승하면, 5주의 주식의 총 가격은 120달러가 된다. 그런데 불행하게도 콜 옵션 매입자가 콜 옵션 행사가격 21달러로 현재 주가가 24달러인 주식 10주를 콜 옵션 매도자로부터 매입하려고 한다. 그러면 콜 옵션 매도자는 주식 한 주당 3달러씩 손해를 보게 되어, 총 손실금액이 30달러가 된다. 이를 달리 기술하면, 만기날 콜 옵션 매도자에게는 120달러가 아닌 90달러($120 − $30)가 남게 되는 것이다.
- 만약 주가가 18달러로 하락하면, 콜 옵션 매도자의 5주의 총 가격은 90달러가 된다. 그러나 주식이 21달러 이하로 거래되기 때문에,

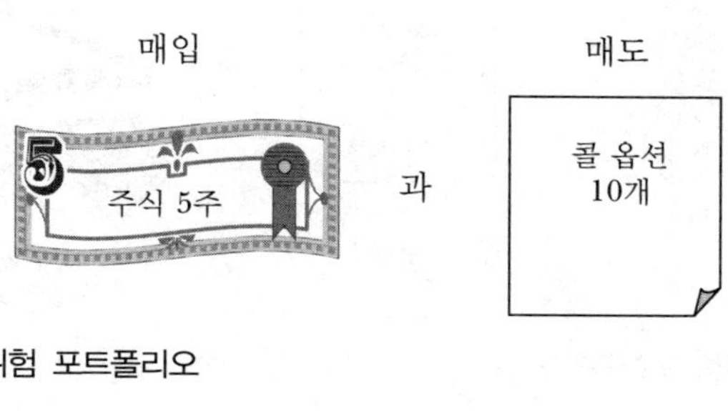

그림 26.1 무위험 포트폴리오

콜 옵션 매수자는 행사가격 21달러로 옵션 매도자로부터 주식을 매입하기 위해 콜 옵션을 행사하지 않을 것이기 때문에, 콜 옵션 매도자에게는 아무런 손실이 발생하지 않게 된다. 그래서 콜 옵션 매도자의 현금흐름은 앞의 경우와 같이 90달러가 된다. 이러한 내용이 〈표 26.1〉에 요약되어 있다.

표 26.1 무위험 포트폴리오 결과값

	금액	
12주 후 주가	$24	$18
주식 5주의 가치	$120	$90
10개 콜 옵션에 의한 손실	－$30	$0
총액	$90	$90

여기에서 가정한 상황하에서 설정된 두 시나리오의 경우 포트폴리오의 가치는 모두 동일하게 90달러로 나타났다. 그러므로 이러한 포트폴리오를 무위험 포트폴리오라고 하고, 이 포트폴리오는 수익과 위험 측면에서 여러분이 매트리스 밑에 5주의 주식을 12주 동안 잠겨 놓은 결과와 같게 된다(〈그림 26.2〉 참조).

이제 무위험 포트폴리오를 구성하는 투자자산들의 현재가치를 분석해 보기로 하자. 이 포트폴리오를 구성하고 있는 주식 5주의 총 현재가격은 100달러이다. 콜 옵션 매도자가 10개의 콜 옵션을 매도하였기

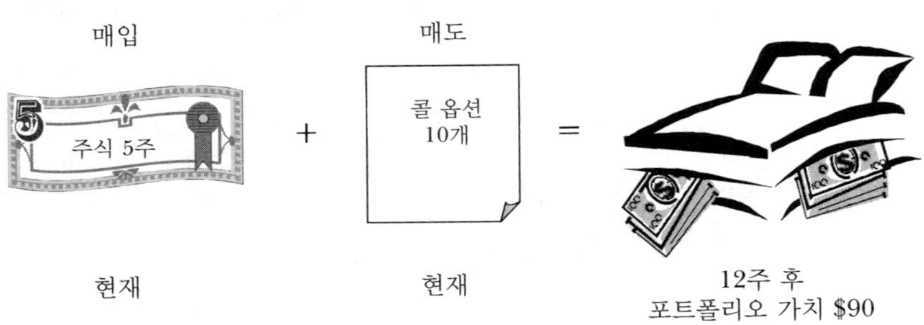

그림 26.2 무위험 포트폴리오 등식

때문에, 콜 옵션 10개의 총 가격이 무위험 포트폴리오의 총가치에서 제외되어야 한다. 여기서 공제되는 콜 옵션의 가격을 “P”라고 하자. 그리고 12주 동안 매트리스 밑에 잠겨 있는 주식들은 아무런 이자 소득을 발생시키지 못하고 있기 때문에 90달러로 남아 있게 있다.

위 내용을 수식으로 표현하면 다음과 같다.

$$\$100 - 10 \times \$P/\text{콜 옵션} = \$90$$

혹은

$$10 \times \$P = \$100$$
$$\$P = \$10 - \$9$$

위 식을 “P”에 관하여 풀기 위해서는 12주 후 9달러의 현재가치를 알 필요가 있다.

화폐의 시간가치

혹시 100만 달러로 로또 상금이 100만 년 동안 매년 1달러씩 지급되는 경우에 관하여 들어 본 적이 있는가? 이렇게 오래된 익살스런 재담이 화폐의 시간가치의 중요성을 강조해 주고 있다. 즉, 100만 년 후의 1달러는 현재 1달러의 화폐가치와 분명히 같지가 않다. 그러면 12주 후 9달러의 현재가치는 얼마나 될까? 만약 현재 9달러가 있다면, 이것을 재무부 단기 채권(연간 단기 채권의 수익률이 4%라고 하자)에 투자할 수 있을 것이다. 그런데 12주 후(대략1/4년) 단기 채권에 투자된 투자자본은 1%의 이자를 얻게 되어, 이 채권에 투자된 9달러는 $\$9 \times 1.01 = \$9.09$로 늘어나게 된다. 반대로 12주 후에 9달러가 필요하다면, 현재 얼마를 단기채권에 투자해야 하는가? 그 답은 $\$9 \div 1.01 = \$8.91$가 된다. 그러므로 위 옵션의 가격은

$$\$P = \$10 - \$8.91 = \$1.09$$

가 된다.

당연히 이 시나리오는 발생 시점이 현재와 12주 후만 존재한다고 가정하였기 때문에, 위 내용을 이해하는 것은 쉽다. 그러나 현실에서는 증권가격이 연속적인 시점에서 연속적으로 발생하기 때문에 옵션 가격 결정과정을 이해하는 것이 위와 같이 쉽지는 않다.

다이내믹 헤징

위 예제를 현실적으로 적용 가능한 이론으로 만들기 위해서는 1905년도 아인슈타인의 가스분자확산에 관한 연구와 관련이 있는 이토의 수학(Ito's calculus)이라고 불리는 불분명한 수학 분야의 이론을 사용하여 옵션 가격이 계산되어야 한다. 블랙-숄츠의 공식은 시장상황이 변해도 포트폴리오의 무위험 상태가 유지되도록 연속적으로 포트폴리오를 수정하는 방법으로 구성되어 있다. 이와 유사하게, 바다 바람이 계속해서 변하는 곳에서 항해하는 작은 보트와 같이 변동성이 심한 투자를 생각해 보기로 하자. 바람으로부터 필요한 동력을 얻기 위해 항해 중 힘의 균형을 유지하려면, 우리들은 보트 위에서 왔다 갔다 해야 하고, 보트가 엎어지려고 하면 중력을 이용해서 보트가 엎어지지 않도록 해야 할 것이다. 이와 같이 블랙-숄츠의 공식은 특정한 조건하에서 보트를 자동적으로 안정화시키는 방법을 우리들에게 알려주고 있다.

연구논문 게재

피셔 블랙과 마이론 숄츠는 옵션 가격결정에 관한 논문을 작성해서 《미 정치경제 학회지(Journal of Political Economy)》에 제출했다. 그러나 이들의 논문은 심사도 받지 못하고 기각을 당했다. 20년 후에 마코위츠, 샤프와 함께 노벨 경제학상을 수상하고 시카고 대학교에서 숄츠의 박사학위 지도 교수였던 머튼 밀러가 이 논문의 구세주가 되었다. 밀러는 이들에게 논문을 수정하도록 해서(그들은 이 수정안대로 논문 수정을 함) 이 논문이 반드시 《미 정치경제 학회지》에 게재되어야 한다고 이 학회지 관계자들을 강력하게 설득했다.[3]

1973년에 비로소 이들의 논문이 JPE에 게재되었고, 같은 해에 밥 머튼의 옵션 가치결정 논문은 《경제경영과학 벨 학회지(Bell Journal of Economics and Management Science)》에 실리게 되었다.[4]

블랙-숄츠의 공식으로 인하여 금융 분야에서 평균의 함정의 강형과 관련된 중요한 사례 하나가 수정될 수 있었고, 옵션 가치를 계산하는 표준화된 방법으로 콜과 풋 옵션의 거래가 가능해져서, 1973년에는 CBOE(Chicago Board of Option Exchange: 시카고 옵션 시장 – 역주) 시장이 형성되게 되었다. 현재 CBOE 시장은 연간 옵션거래량이 대략 2,000억 달러 정도인데, 이러한 옵션거래량이 파생금융상품 시장에서 차지하는 비중은 물 한 방울 크기 정도밖에 안 되고 있다.[5]

전자계산기와 노벨상 수상 소감

숄츠는 노벨 경제학상 수상소감을 밝히는 강연에서 그들이 개발한 옵션 이론과 전자계산기와 관련된 에피소드 하나를 밝혔다.

> 텍사스 인스트루먼트사는 1977년 블랙-숄츠 모델로 옵션 가치와 헤징 비율을 계산할 수 있는 전자계산기를 시장에 내놓았다. 그래서 내가 그들에게 이와 관련된 로열티를 요구하자, 그들은 그 모델은 공개적으로 얻을 수 있는 것이라면서, 나에게 로열티를 지불할 수 없다고 했다. 그러면 계산기 한 대만이라도 나에게 보내달라고 하자, 그들은 나보고 직접 구입하라고 했지만 난 그 계산기를 구입하지 않았다.

롱텀캐피털 펀드사: 완벽한 파산

금융가에서 블랙-숄츠의 혁신적인 옵션이론을 사용하기 시작하고 오랜 시간이 지난 1994년 머튼과 숄츠는 LTCM(Long Term Capital Management – 역주)이라고 불리는 헤지펀드사의 창립에 참여하였다. 이 펀드사는 창업 후 초기에는 믿을 수 없을 만큼 엄청난 수익을 달성했다. 그런데 머튼과 숄츠가 옵션이론의 개발로 노벨 경제학상을 수상한 지 1년도 채 지나지 않은 1998년 8월에 LTCM은 재정적으로 큰 어려움에 처하게 되었다. 그런데 그해 9월 2일 LTCM사는 앞으로 이 회사가 큰 어려움에 처할 것이라는 사실을 편지로 이 회사의 모든 투자자들에게 알려주었는데, 이 편지 사건이 매스컴에 알려지게 되면서 전 세계적인 금융위기가 유발되었다. 로저 로벤슈타인(Roger Lowenstein)는 그의 저서 중 하나인 《천재들이 실패하였을 때: LCTM의 승천과 몰락(When Genius Failed: The Rise and Fall of Long-Term Capital Management)》에서 이와 관련된 사건들을 시간대별로 자세하게 기술하고 있다.[6] 기술적으로 LTCM의 투자 전략이 다이내믹한 헤지 방법을 취하고 있지는 않았었지만, 나는 LTCM사의 사건을 보트항해에 비유해서 다큐드라마식으로 이 사건을 아래와 같이 다시 기술해 보려고 한다.

LTCM 펀드사는 증권시장의 가격 상승 하락에 따라서 투자를 한 것이 아니고, 증권시장의 가격 차이, 즉 스프레드에 분산투자를 했던 것이다. 이 투자의 내용을 살펴보면 LTCM사는 증권시장이 효율적인 상태로 이동해 다양한 종류의 채권들 사이에 존재하는 위험보상의 차이가 지속적으로 작아지고 있음에도 불구하고 채권에 거액을 투자했다. 이러한 투자행위는 안정된 바람에 이는 작은 파도 속에서 보트를 항해하는 것과 같아서, LTCM사는 치밀한 투자계획으로 그들의 투자에서 적당한 그러나 어느 정도 만족할 만한 수익을 내면서 그들 보트의 균형을 쉽게 유지할 수 있었다. 이렇게 안정된 금융시장에서 LTCM사는 투자 거래당 이익률을 크게 증가시킬 수 없었지만, 어느 정도 만족할만한 이익률을 큰 탈 없이 낼 수 있었기 때문에 엄청나게 큰 투자자본을 대출해서 막대한 수익을 올리는 투자기법을 사용하였다. 이런 투자로 LTCM사는 한동안 연간 40%의 놀라운 투자 수익률을 지속적으로 내면서 보트의 가장자리에 편하게 앉아서 여유롭게 보트의 균형을 맞추면서 거대한 항해를 할 수 있었다.

그러나 어느 순간부터 LTCM사의 시장 포지션이 증가하고 다른 경쟁자들도 함께 LTCM사의 투자 방법을 사용해서 채권 스프레드 시장에 참여하기 시작했다. 이제 LTCM사는 800파운드의 거대한 고릴라가 된 상태로 200피트짜리의 작은 보트 안의 다른 항해 선원들(LTCM사와 유사한 투자행위를 하고 있는 세계적인 대형 은행들)을 짓누르는 신세가 되었다. 그런데 1998년 블랙스완이 그들에게 갑자기 다가와서는 노를 저어 가고 있었다. 즉, 이때 러시아가 핵폭탄 같은 국가부채파산을 선언하였던 것이다. 러시아의 국가부채파산 선언 후 다양한 채권들 사이의 가격 차이가 갑자기 증폭되어 채권들 사이의 스프레드가 점점 줄어들어야 했지만, 그 반대로 엄청나게 커져갔다. 한때 작은 파도가 있었던 곳에 이제는 엄청난 폭풍이 보트를 완전히 쓸어버릴 만큼의 금융파도를 만들었던 것이다. 이러한 파도 공격을 피하기 위해 보트에 함께 타고 있던 다른 선원들(다른 투자은행)이 LTCM 쪽으로 갑자기 다가와서 이 보트가 한쪽으로 심하게 기울어져 완전히 가라앉게 될 심각한 지경에까지 와 있었는데, 이 거대한 고릴라가 보트 밖으로 나가 떨어져 이제 이 보트는 더 이상 항해를 하지 못하고 닻을 엉뚱한 곳에 내리고 정박해 있을 수밖에 없는 상황에 놓이게 되었다.

이때 미연방준비은행(Federal Reserve Bank; FRB)이 해안경비정을 타고 가서 이 보트를 구제하려는 시도는 하지 않으면서, 이 보트에 있는 소규모 투자은행들이 LTCM과 함께 바다 속으로 가라앉을 수 있다고 경고만을 했다. 그러나 보트 안에 있는 작은 은행들이 반쯤 익사 상태에 있는 고릴라만을 끌어안고 있는 동안, FRB는 이 보트 안에서 사투를 벌이고 있는 은행들 중 어느 은행도 구제해 주지를 않고, 그저 위와 같이 태평하게 험한 바다 위에서 노래만 불러대고 있었기 때문에 실질적으로 FRB를 제외하고는 보트에 탄 모든 투자은행들이 큰 손실을 입게 되었다.

위 내용을 요약하면, 평균의 함정이 모든 투자은행들을 깊은 수렁으로 빠져들게 하고, 채권들 사이에 존재했고 사전에 전혀 예측되지 않았던 상호연계성이 강력하게 작동되어 전 세계의 금융시장이 순식간에 혼란 상태로 빠져들게 되었던 것이다. LTCM사의 투자행위를 돌이켜 생

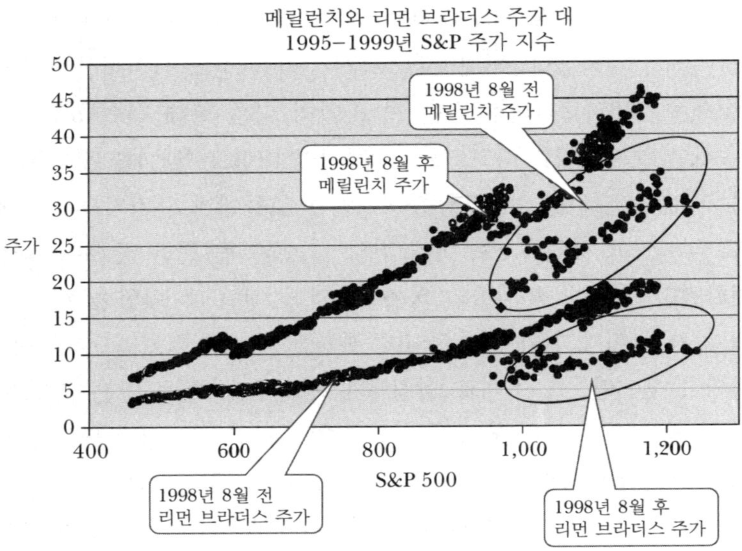

그림 26.3 S&P 500 지수 대비 두 회사 주가의 산포도 그래프

각해 보면, 투자은행들은 그들이 이해하기 어렵고, 그들 자신의 능력 이상으로 투자했기 때문에 그들의 투자행위가 금융시장을 위기로 몰아넣을 수 있는 블랙스완이 발생할 것이라는 사실을 그들 스스로 추정하는 것이 생각처럼 그렇게 어려운 일은 아니다.

러시아의 금융위기는 그 당시 러시아 국채에 투자한 은행들의 과거 주가에서 아직도 그 위력을 찾아 볼 수 있어서 투자와 관련된 평균의 함정에 관한 경각심을 다시 한 번 일깨워 주고 있다. 〈그림 26.3〉은 야후의 금융 분야에서 얻은 자료들을 이용해서 내가 직접 그 당시의 상황을 재구성해 본 산포도이다. 이 그림의 x축은 S&P 500지수이고, y축은 메릴린치와 리먼 브라더스(두 투자회사는 그 당시 러시아 채권에 투자하였다) 투자회사의 주가를 보여주고 있다. 이 그림에 있는 두 투자은행의 주가자료를 관찰해 보면, 두 주가가 금융위기 전후로 해서 명확하게 두 그룹으로 나누어져 있고, 이 기간에 두 주가가 S&P 500 대비 대략 1/3 정도 하락되었음을 알 수 있다.

위 내용과 유사한 패턴들이 그 당시의 투자은행들의 산포도에서도 발견되고 있다. FlawOfAverage.com에 있는 동영상과 스프레드시트를 실행해 보면, 이 내용에 관하여 좀더 자세히 알 수 있다.

투자의 위험

대형 금융 사건들을 생각하면 금융시장에서 발생하는 불길한 첫 징조에 잘 속아 넘어가는 순진한 투자자들에게 내부거래자들이 그들의 주식을 처분하는 이미지를 떠올리게 되는데, LTCM사의 경우에는 이와 반대의 현상이 발생했다. 사실 오물냄새가 환풍기를 채우기 바로 전에 투자사의 파트너들은 투자자들을 불러들여 그들에게 투자를 권유한다. 첫 비행을 시도한 라이트 형제들처럼(이 형제 중 한 명은 사고로 큰 부상을 입었음) 머튼과 숄츠는 LTCM사에 합류해서 상당한 위험을 안게 되었다. 승객으로 함께 탄 육군 장교를 사망하게 한 오빌 라이트의 비행사고 때문에 라이트 형제들이 개발한 비행체 관련 공기역학 법칙이 무효화되지는 않았다. 이와 비슷한 논리로, 어느 정도의 갑론을박이 있을 수 있지만, LTCM의 파산과 현재의 금융 대재앙 때문에 블랙, 숄츠, 그리고 머튼의 업적이 무력화되지는 않을 것이다. 지금까지 발생한 금융사건들은 앞으로 역사 속으로 사라져 없어질 것이고, 유인비행과 파이낸셜 모델링 개발은 앞으로도 중단 없이 계속될 것이다.

제27장

가격, 확률, 그리고 예측

20세기 후반은 자유시장 대 계획경제의 상대적 장점에 관한 토론의 시기였다. 어느 편이 승자인가를 알고 싶으면, 소비에트 연방공화국이 붕괴되고 중국이 경제대국으로 부상한 사실을 기억해 보면 되겠다. 1776년 아담 스미스(Adam Smith)가 《국부론(Wealth of Nations)》에서 지적한 것처럼 부를 창출하는 가장 훌륭한 방법은 제품과 서비스의 가격에 의하여 제품과 서비스가 사회 구성원들에게 자연스럽게 할당되는 자유시장 경제체제를 구축하는 것이다.[1]

2009년 1월 28일, 스위스의 다보스에서 개최된 세계경제포럼에서 당시 러시아의 수상인 블라디미르 푸틴이 행한 연설에서 아담 스미스의 이러한 분배원리가 확실하게 확인되었다.[2] 그는 "금융위기 때에 시장 작동원리를 합리화하려고 노력하는 대신에, 어떤 국가들에서는 정부의 경제적 개입을 적극적으로 극대화하려고 노력하고 있음이 확인되었다"라고 포럼에 참가한 국가들에게 경고를 했다. 그는 계속해서 "20세기에 소비에트 연방공화국은 국가계획경제를 전적으로 실행했다. 그런데 결국 소비에트 연방공화국의 경제는 완전히 경쟁력을 상실하게 되었고, 이러한 교훈을 얻기 위해 우리는 큰 비용과 불행을 감수해 가면서 지금은 우리 국민 모두가 그 대가를 고통스럽게 치르고 있는 중이다. 나는 어느 국가도 결코 이러한 상황이 발생되기를 원하지 않을 것이라고 믿고 있다"라면서 그의 연설을 이어갔다.

사실 상품이나 서비스의 가격은 미래에 발생할 상품이나 서비스의 공급의 부족분, 필요분, 두려움, 추정치, 그리고 경마의 결과 등등을 반영하는 사회의 신경전달물질인 것이다. 가격은 우리들로 하여금 또한 상품이나 서비스와 관련된 정보를 예측을 할 수 있게 도와주는 확률개념과 밀접한 관련을 가지고 있다. 내 아버지는 그의 교수 시절 초기에 주관적 확률 주창자였다. 그는 내가 어렸을 때 어떤 사건이 발생할지를 맞히면 나에게 1달러를 주는 갬블링 게임에서 내가 받은 돈의 총량으로 특정한 사건에 관한 확률을 추정해 보도록 가르쳐 주곤 했다.

정보화 시대에 가격과 확률의 관계는 더욱 밀접해졌다. 빌 샤프는 그의 에세이 〈핵 금융경제학(Nuclear Financial Economics)〉에서 가격과 확률의 관계를 명확하게 설명하고 있다.[3] 이 에세이는 웹사이트(http://gsbapps.stanford.edu/researchpapers/library/RP1275.pdf－역주)에서 무료로 다운로드받을 수 있으니, 나는 독자 여러분이 잊지 말고 이 에세이를 읽어보기를 권하고 싶다. 특히 파생금융상품인 선물과 옵션거래는 상품의 특정한 가격이 발생할 확률 및 예측과 밀접한 관계성을 보여주는 중요한 지표이다.

선물거래와 확률

9월 옥수수 수확기 동안 곡물시장에 엄청나게 반입된 옥수수로 인하여 옥수수의 최저 가격이 새롭게 형성된 것을 알고는, 몇 개월 동안 옥수수 밭에서 열심히 일한 농부가 실망스러워 하는 모습을 상상해 보자. 그리고 또한 이와 같은 가상적인 시나리오하에서 이 농부가 9월에 수확할 3,600리터의 옥수수를 7월에 미리 정한 가격(그러나 할인된 가격)으로 9월에 전달받을 수 있는 계약을 매입하려는 투자자를 곡물시장에서 찾을 수 있다고 가정해 보자. 그러면 이 농부는 9월에 곡물시장에서 형성되는 가격 위험에서 발생할 수 있는 손실을 피할 수 있을 것이다. 그러나 누가 이러한 거래의 계약자가 될 것인가? 옥수수의 할인된 가격 때문에 9월 옥수수의 선물거래는 장기적인 측면에서 바람직한 거래가 될 수 있다. 그리고 만약 어떤 사람이 돼지고기, 콩, 석유의 선물거래를 매입하여 분산투자하면, 이러한 거래 때문에 한 시장에 엄청난 양의 상품이 반입되는 경우에도, 이 투자자는 큰 손실을 보지 않게 될 것이다. 이러한 상품시장에 다수의 선물거래 매도자와 매수자들이 존재하면, 선물거래 상품가격 자체가 미래에 발생할 상품가격에 관해서 상당히 정확한 수준의 정보를 투자자들에게 제공해 주게 된다.

UCLA의 금융학과 교수인 리처드 롤은 1984년에 그의 논문에서 가격정보와 관련된 예로써 냉동농축 오렌지주스의 선물시장이 미 기상청보다 플로리다 주의 날씨를 더 정확하게 예측한다는 사실을 보여주고 있다.[4] 롤의 예제는 제임스 서로위키(James Surowiecki)의 "군중의 현명함"이라는 개념에 가장 적합하다고 할 수 있다.[5] 즉, 선물시장의 투자자들은 상품이나 서비스 가격에 집적된 정보를 토대로 기상전문가들보다 더 정확하게 기상예측을 한다고 할 수 있다.

발생가능한 시점이 현재와 6개월 후라는 두 가지 경우만이 존재하는 가상적인 세계를 예로 들어, 선물시장이 기상전문가들보다 기상 예측을 어떻게 더 정확하게 수행하는지를 알아보기로 하자. 그리고 미래에 발생할 플로리다 주 날씨가 더운 경우와 추운 경우 두 경우만 존재한다고 가정해 보자. 만약 6개월 후 날씨가 더우면 오렌지 주스 1/4갤런의 가격이 현재의 가격과 동일하고, 날씨가 추우면 오렌지 주스의 공급량이 줄어들어 오렌지 주스 가격은 1달러가 상승한다고 한다. 그러면 이제 오렌지 주스를 매입하기 위해 선물거래를 매입한 투자자에게 6개월 후에 오렌지 주스가 전달될 때의 선물가격을 토대로 플로리다 주의 날씨 예측은 다음과 같이 진행된다. 만약 이때의 오렌지 주스의 선물가격이 현재의 가격과 같으면, 오렌지 주스 선물시장은 6개월 후 플로리다 주의 날씨가 춥지 않을 것이라는 것을 암시하고 있는 것이다. 그러나 이와 반대로 만약 이 선물가격이 1달러 상승하게 되면, 이 오렌지 선물가격은 6개월 후 플로리다 주의 날씨가 추울 것이라는 사실을 암시하고 있는 것이다. 그리고 만약 선물가격이 0.5달러 상승하면, 이것은 6개월 후 플로리다 주의 날씨가 추울 확률이 50%라는 사실을 암시하고 있는 것이다. 어느 정도 인위적으로 꾸며진 이와 같은 가상적인 예에서 보는 바와 같이, 선물가격은 선물시장의 투자자들이 미래에 발생할 사건에 관한 확률정보를 포함하고 있다. 일반적으로 선물가격은 앞으로 발생할 사건의 확률과 비례관계에 있다.

개인들이 독자적으로 미래에 발생할 사건의 확률을 정확하게 추정하는 것은 거의 불가능한 일이지만, 제품이나 서비스의 시장가격은 투자자들에게 그들의 관심 사건에 대해 올바른 확률정보를 제공해 주고 있다. 그리고 이 투자자들이 올바른 확률정보를 얻게 되면, 이들은 평균의 함정을 피할 수 있는 방법을 얻은 것과 같은 것이다.

옵션과 불확실성

우리가 지금까지 살펴본 것처럼, 선물시장은 투자자들이 투자자산의 평균 선물가격을 예측하도록 도와주고 있다. 그러나 이와 달리, 옵션 가격은 투자자들에게 투자자산의 불확실성에 관한 정보를 제공해 주고 있다. 즉, 선물시장은 투자자들에게 투자상품의 평균가격 정보를 제공해 주고, 옵션은 투자상품에 관한 변동성 정보를 제공해 주고 있는 것이다. 일반적으로 다양한 종류의 파생금융상품들은 투자자들에게 평균가격과 변동성 정보뿐만 아니라 또한 불확실한 투자자산들 사이에 존재하는 상호관계성에 관한 정보도 제공해 주고 있다.

예측 시장

옥수수와 콜린 파웰 선물

내가 1995년 당시 미 대통령 선거에 출마를 고려하고 있는 콜린 파웰에 관한 기사 내용을 인터넷에서 찾고 있던 중, "콜린 파웰 대통령 지명 시장(Colin Powell Nomination Market)"이라는 링크를 우연히 만나

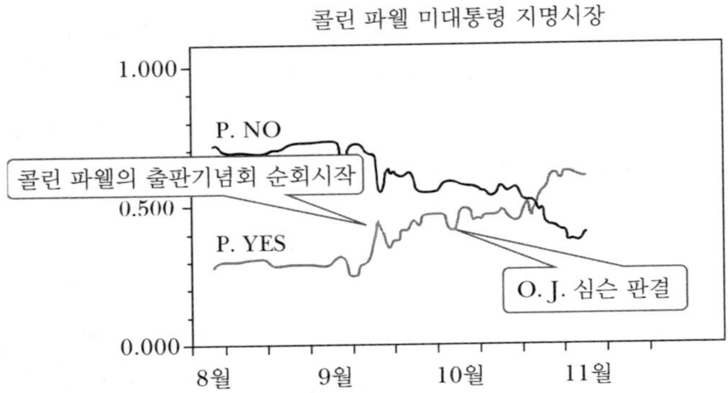

그림 27.1 콜린 파웰의 미 대통령 지명 선물

게 되었는데, 나는 이 사이트에 흥미가 끌려서 이 사이트를 따라 가다가 마지막으로 아이오와 대학교에서 운영하고 있는 전자 선물시장을 만나게 되었다.[6] 아이오와 주는 옥수수와 돼지를 많이 생산하는 주라서 이와 관련된 선물시장을 찾는 것은 그리 놀라운 일이 아니다. 그러나 콜린 파웰과 관련된 선물시장이라? 이 선물시장은 만약 파웰이 미 공화당 대통령 후보지명을 수락하면, 이 시장 참여자들에게 1달러를 지불하는(그렇지 않으면 아무것도 지불하지 않음) 파웰 "Yes" 선물과 파웰이 대통령이 후보지명을 수락하지 않는 경우에도 시장 참여자들에게 1달러를 지불하는(그렇지 않으면 아무것도 지불하지 않음) 파웰 "No" 선물이 거래되는 시장이다.

여러분이 이 선물시장에 참여한다면, 어떻게 파웰의 미대통령 지명전 수락 선물거래를 시작할 것인가? 아주 교묘한 아이오와 전자 선물시장에서는 한 개의 "Yes" 선물과 또 다른 한 개의 "No" 선물을 한 조합으로 묶어서 팔고 있었다. "Yes"와 "No" 베팅 중 정확하게 하나의 사건이 발생할 것은 분명하기 때문에(즉, 선물지불가격이 1달러－역주) "Yes"와 "No" 베팅으로 구성된 한 조합의 가치는 1달러가 된다. 그러나 일단 투자자가 이 선물을 매입하면, 투자자들은 자유롭게 그들이 원하는 가격으로 이 선물을 매도할 수 있고, 이 선물의 거래 가격은 〈그림 27.1〉에서 보는 것과 같이 매일 장부에 기록되게 된다. 정확하게 최종 결과를 맞힌

투자자는 돈을 벌게 되지만, 그렇지 못한 투자자는 손실을 보게 된다. 그러나 이 게임에 직접 참여하지 않은 장외자들은 매일 기록되는 이 게임의 선물가격을 바라볼 수 있는 것만으로도 큰 즐거움을 누렸을 것이다.

〈그림 27.1〉에서 보는 바와 같이 파웰이 그의 저서 출간 기념을 위해 시작한 미 전국 순회와 심슨 사건의 법원판결이 이루어졌을 시점에 "Yes"와 "No" 베팅의 가격 움직임이 확실하게 드러나 있다. 그리고 두 선물 가격의 합이 1달러 근처에 머무르고 있는 사실에 주목해 보아라. 만약 이 선물 가격의 합이 1달러보다 적으면, 이 선물거래자는 두 선물거래를 동시에 매입하여 이익을 확실하게 얻을 수 있다. 이러한 투자행위가 이루어지면, 두 선물거래의 수요량이 증가하여 선물가격들이 상승하게 된다. 그러나 만약 이 선물가격의 합이 1달러보다 크면, 이 선물거래자는 두 선물거래를 동시에 매도해서 또한 확실한 이익을 얻을 수 있다. 이러한 거래행위는 두 선물거래의 수요량을 감소시켜서 가격을 하락시키게 된다. 그리고 이러한 두 가지 투자행위는 서로 상호배타적인 사건이기 때문에 두 사건의 확률의 합은 1이 된다. 〈그림 27.1〉의 그래프가 정확하게 대칭을 이루고 있지 않은 점은 시장이 완벽하게 효율적이지 못하다는 사실을 의미하고 있으나, 그러함에도 불구하고 이 그래프는 거의 대칭적인 구조를 갖고 있는 것처럼 보이고 있다. 아이오와 대학교에서 서명한 이 아이오와 전자시장은 현재도 계속 늘어나고 있는 다른 시장들과 함께 아직 활발하게 운영되고 있다.

테러 공격 예측

앞에 기술되었듯이, 풋 옵션은 주가의 하락과 관련된 도박이다. 2000년 2월에 온라인 트레이딩 회사인 이트레이드(E-Trade)가 그들이 당한 해커 공격을 부정함으로써 이 회사의 주가가 급격히 하락하게 되었다. 해커들이 이트레이드 회사에 대한 공격은 이 회사에 관심이 있는 투자자들이 이 회사의 사이트를 사용할 수 없도록 이 사이트의 컴퓨터 서버에 엄청나게 큰 사용자 부하를 미리 거는 것이었다. 나는 다음과 같은 메시지를 내 동료에게 보낸 적이 있었다.

> 해커들이 이러한 공격을 하기 바로 전 날에 풋 옵션을 매입했다면, 그들은 분명히 백만장자가 되었을 텐데, 너에게도 이 같은 사건이 발생한 적이 있었는가?

나는 계속해서 이러한 해커들의 공격과 관련해서 다음과 같은 추측을 해보았었다.

> 우리들이 옵션시장에서 발생하는 시장의 요동침을 유심히 관찰하면, 이를 통해 사이버 공격이 특정한 회사의 정보 시스템에 임박했다는 징조를 알아낼 수 있을 것이다.

9/11이 발생한 날 풋 옵션

2001년 9월 11일로 돌아가 보자. 9/11 공격이 있기 바로 전에 아메리칸 항공사와 유나이티드 항공사의 풋 옵션 거래 수 비정상적으로 매우 높았었다. 이러한 사실은 AP사의 데이브 카펜터 기자에 의하여 기사화되어 세상에 알려지게 되었다.[7] 카펜터의 기사를 검증해 보기 위해 옵션청산회사에서 얻은 유나이티드 항공사, 사우스웨스트 항공사, 델타 항공사, 아메리칸 항공사와 GM 자동차사의 주가 자료로 〈그림 27.2〉와 같은 그래프를 재조명해 보았다.[8] 일반적으로 콜 옵션의 거래량이 풋 옵션의 거래량에 두 배 정도 더 많은 것이 일반적인 시장 상황이다. 그래서 투자자들은 두 옵션의 비율이 1/2일 것이라고 기대를 하게 된다. 2011년 9월 6일 목요일에 유나이티드 항공사 풋 옵션의 가격은 평상시에 형성되는 정상가격보다도 50배나 상승했다. 주말에는 거래가 이루어지지 않기 때문에 아메리칸 풋 옵션의 최고거래량과 최고가격이 그 다음 주 화요일 9/11 공격이 바로 있기 전 월요일에 발생하였다. 그러나 이러한 가격의 급격한 가격상승 현상을 사우스웨스트 항공사 주식과

GM 주식에서는 찾아 볼 수 없었다.

이러한 자료를 해석했으면, 앞으로 발생할 9/11 공격을 미리 예견할 수 있지 않았었을까?

시카고 대학교에서 발행하는 《비즈니스학회지(Journal of Business)》에 게재된 이 거래들을 조사한 앨런 포트쉬맨의 논문에 의하면 "조사 결과 9/11 공격이 발생하기 이전에 이 옵션을 거래해 온 투자자들은 9/11 공격에 관한 정보를 미리 얻어 투자한 결과와 동일하다"라고 결론을 맺었다.[9]

그리고 구글에서 9/11 풋 옵션과 관련된 내용을 찾아보면 다양한 종류의 음모설에 관한 이야기들을 만나볼 수 있다. 예를 들어, 911Research.com은 내가 2004년 《ORMS 투데이》에서 발표한 온라인 버전 논문에서 가져왔음이 분명한 〈그림 27.2〉의 그래프를 보여주고 있다.[10] 또한 이 사이트는 9/11 공격과 관련된 금융학적 측면에서 이해되지 않는 이상한 내용들을 보여주고 있는 여러 호스트들을 담고 있다.

9/11 사건 조사위원회 보고서 499쪽의 130번째 절에 기술된 내용을

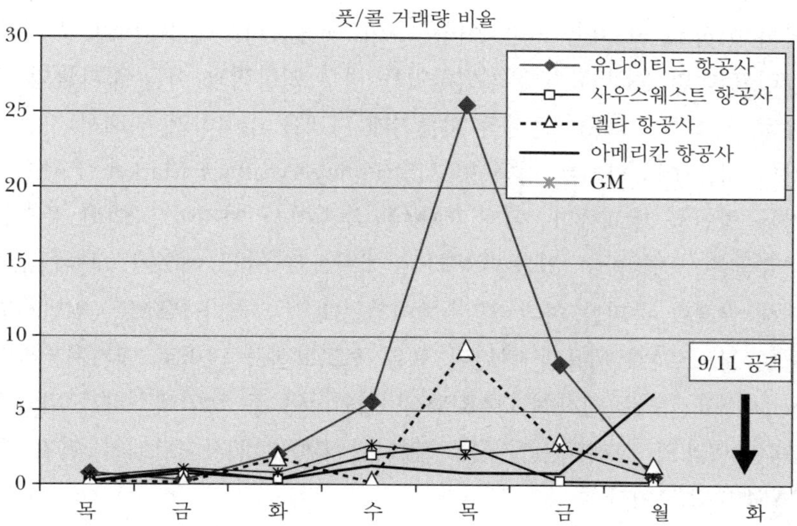

그림 27.2 9/11 공격 전 항공사들과 GM의 주식에 대한 풋 옵션 거래량

보면, 유나이티드 항공사 풋 옵션의 비정상적인 거래량에 관해서 다음과 같이 결론을 맺고 있다.[11]

> 알카에다와 전혀 관련이 없는 미국 소재 기관 투자자는 9월 10일 아메리칸 항공사 주식 115,000주를 매입하는 투자전략의 일부로써 9월 6일 유나이티드 항공사의 풋 옵션 95%를 매입하였다.

9/11 테러리스트들이 정말로 이러한 투자기회를 활용했을까? 무고한 사람 수천 명을 죽이려고 작심한 이러한 미치광이 자살 특공대들이 금융시장을 이처럼 작게 조작해서 그들의 유산 상속자들에게 경제적으로 득이 되게 했다고 상상하는 것은 너무 지나친 것이 아닌가!

미 국방방위 고등연구기획국(DARPA)의 사진 속 출입 현상

미래에 발생할 사건에 관한 확률을 예측하기 위해서 투자자산의 가격을 이용하는 것이 단지 학자들이나 투자 거래자들만의 일이 아니다. 2003년 7월에 DARPA(Defense Advanced Research Project Agency)는 미국이 이집트, 요르단, 이란, 이라크, 이스라엘, 사우디아라비아, 시리아, 그리고 터키 등의 국가에 개입하였을 경우 영향력과 이들 국가들의 경제적, 사회적, 그리고 군사적 선물거래 가격을 추정하기 위해서 자유시장의 힘을 이용하려는 정책분석시장(Policy Analysis Market: PAM)이라는 방안을 발표했다. 이때 PAM은 투자자산 가격이 국외의 중요한 이슈들을 조명할 수 있을 것이라는 희망으로 사건 예측기 개발완료에 대해 발표할 준비를 하고 있던 중이었는데,[12] 그러나 PAM은 일반시민들의 분노로 위 내용과 관련된 모든 프로그램들을 바로 폐기처분하였고, 이 사건으로 인하여 DARPA의 위원장인 존 포인덱스터가 사임을 했다. 아래의 그래프는 지금은 없어진 PAM 웹사이트에서 가져 온 PAM의 로고이다.[13]

열성적 예측가

내 의견으로 PAM은 창조적인 아이디어라고 생각한다. 그러나 내가 PAM에 대하여 반대하는 이유는 미 국방성이 운영하는 거래시장이 편견 없이 작동될 것이라고 생각하기 힘들다는 데 있다. 그리고 왜 이미 시장에 존재해 있는 관련 정보들을 얻기 위해서 납세자들의 세금을 또 다시 낭비하느냐는 것이다.[14] 이때 이미 고베 브라이언트의 재판과 오사마 빈 라덴 체포 결과를 예측하는 여러 시장들이 존재하고 있었고, 이러한 시장들 중 어떤 것들은 미국 내 도박법을 피하기 위해서 국외에서 운영되면서 실질 화폐가 사용되고 있었다.[15] 어떤 시장에서는 경우에 따라서 이런 시장 참여자들에게 상금을 먼저 제시하기도 하였다고 한다. 좀더 이와 관련된 내용을 알고 싶으면 구글에서 "prediction markets"을 검색해 보기 바란다.

아이러니 중 아이러니

2003년 7월에 PAM의 발표가 있은 지 며칠 후, 《CNN 머니》지의 "아이러니 중 아이러니(Irony of Ironies)" 프로그램에서 실질 화폐를 사용하여 내기 게임을 운영하는 더블린에 소재한 "TradeSports.com(지금은 Intrade.com)"에서 DARPA 위원장인 존 포인덱스터가 9월에 가서야 사임할 것이라는 내기를 걸었다고 하는데, 정말로 그때 포인덱스터가 사임을 하였다.[16]

대량살상무기 선물거래

"TradeSports.com"에서 내가 좋아하는 또 다른 게임은 〈그림 27.3〉에

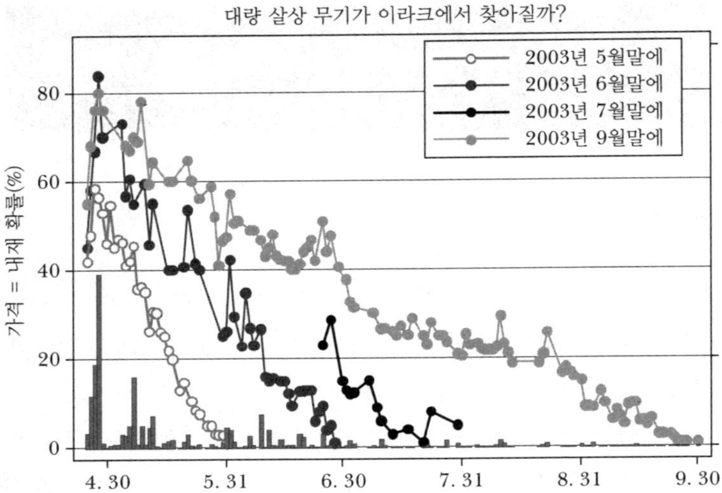

그림 27.3 이라크에서 WMD가 발견될 것인가?

서 보는 바와 같이 이라크에서 대량 살상무기가 특정한 날에 발견되는 것을 맞히면 상금을 주는 거래계약이다.

미 행정부에서 이때 "우리는 그 무기들을 찾을 것이다, 우리는 그 무기들을 찾을 것이다, 우리는 그 무기들을 찾을 것이다"라고 계속 주장하고 있었다. 시장에서는 "예, 당신들은…, 아니야 당신들은 그렇게 할 수 없을 것이다. 아니야, 당신들은 그 무기들을 찾지 못했지"라는 반응을 보였는데, 그 이후에 이와 관련된 모든 거래가 정지되었다. 내가 저녁 뉴스 시간에 들은 내용과 컴퓨터에서 본 내용을 비교해 보면, 이상스럽게도 난 뉴스 미디어에서 본 내용보다 컴퓨터에서 본 내용을 더 신뢰하게 되었다.

표 27.1 마사 스튜어트의 법원판결이 있기 바로 전 이에 대한 TradeSports의 거래계약

TradeSports 계약	매도가	매입가	수량	종가	거래량	변화량	목요일
MARTHA.TIME. +14Mths	335.0	35	100	20	1643	−25	7/15/2004 9:48PM

내부거래 스캔들 중 내부거래?

나는 2004년도 미 대통령 선거 전초전부터 선거일까지 매일 저녁 증권시장의 상태를 확인하면서 2004년 7월 15일에 "TradeSports.com"에 올라온 한 사건에 주목하게 되었다. "TradeSports.com"에서 가장 활발하게 거래되는 거래계약들 중 하나가 〈표 27.1〉에서 보는 바와 같이 "MARTHA. TIME+14Mths" 회사가치가 50% 이상을 손해를 본 것이었다. 마사 스튜어트는 TV와 일반 잡지에 잘 알려진 인물로서 내부거래 의혹 수사를 받던 중 거짓 증언으로 유죄판결을 받았고, 그녀에 대한 판결의 가혹함에 대해 많은 의견들이 제시되었다. 이 사건과 관련된 거래계약은 그녀가 14개월 이상의 징역판결을 받는다고 판단한 사람들이 보상을 받는 것이었다. 최종 거래가격이 20이었는데, 이 가격이 25만큼 하락한 사실에 주목해 보아라. 다음날 그녀는 이 사건과 관련해서 연방법원으로부터 가장 적은 형량인 5개월의 징역판결을 받았다.

어떻게 TradeSports는 위와 같은 판결이 있기 바로 전날 밤에 마사 스튜어트가 이처럼 가벼운 처벌을 받을 것이라고 예측할 수 있었겠는

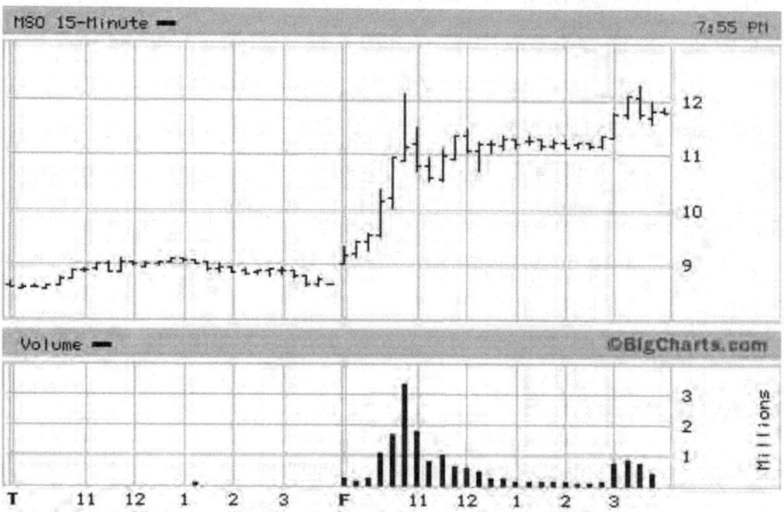

그림 27.4 스튜어트 판결 날 MSO의 주가

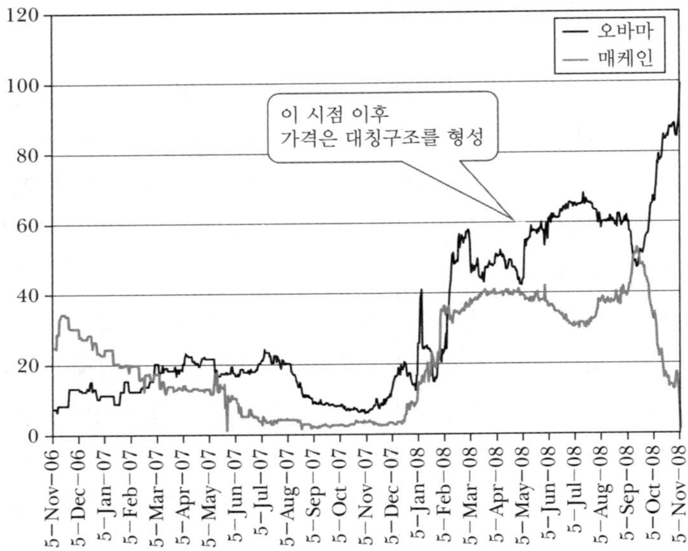

그림 27.5 오바마와 매케인의 주가

가? 나는 이 문제의 실마리를 찾기 위해 마사 스튜어트가 법원에서 판결을 받기 바로 전날 그녀의 회사인 "마사 스튜어트 리빙 옴니미디어(Martha Stewart Living Omnimedia: MSO)"의 주가가 시장에서 어떻게 반응했는지가 매우 궁금했다. 이 회사의 주가는 7월 16일 오전에 전날보다 약간 높은 가격으로 개장되었고, 마사 스튜어트에 대한 판결이 나왔을 때 이 주식 가격은 〈그림 27.4〉에서 보는 바와 같이 급격하게 상승하였다. 나는 TradeSports에서 얻을 수 있는 정보들을 토대로 더 많은 투자자들이 MSO주식을 매입하지 않은 사실에 놀라웠다. 만약 이들이 MSO의 주식을 매입했다면, 그들은 상당히 큰 이익을 보았을 텐데 말이다.

2008년 미 대통령 선거

〈그림 27.5〉는 2008년 11월에 있을 미 대통령 선거 전 2년 동안 발생한 미 민주당 버락 오바마와 공화당 존 매케인 대통령 후보자에 관한

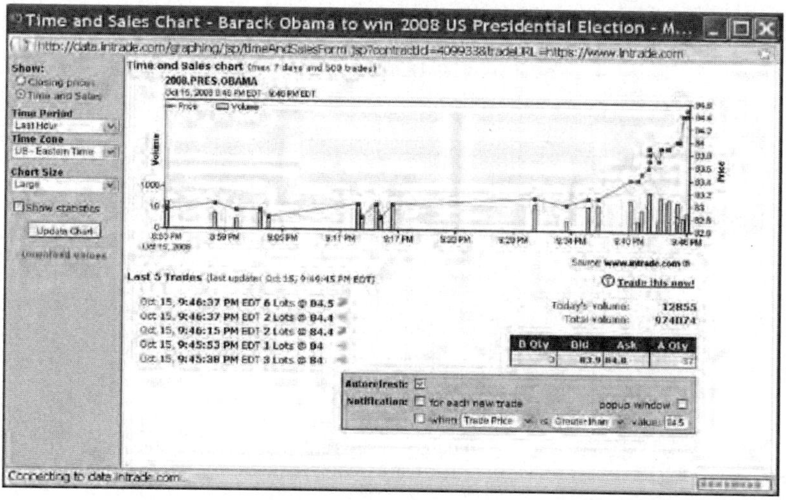

그림 27.6 2008년 10월 15일에 개최된 오바마-매케인 토론

주가를 보여주고 있다. 2008년 5월 초에 오바마는 노스캐롤라이나 주의 민주당 대통령 지명전 예비 선거에서 힐러리 클린턴에게 압승을 거두었다. 금융시장의 투자자들은 오바마가 앞으로 민주당 대통령 후보가 될 것이라고 예측을 했는데, 이때부터 오바마와 매케인은 제로섬 게임에 돌입하게 되었다. 만약 매케인의 주가가 상승하면, 오바마의 주가가 하락하게 되지만, 이 반대의 경우도 성립한다. 이 시점 이후 두 후보의 주가를 보여주는 그래프는 서로 대칭적인 구조를 형성하고 있다.

실질 시간대 예측

예측 관련 사건들이 알려질 때마다 실시간으로 관심 대상에 관한 예측 변화를 관찰하는 것도 가능하다. 나는 어느 날 무선 인터넷이 연결 가능한 AT&T 파크에서 열린 샌프란시스코 자이언트 야구 경기에 랩톱 컴퓨터를 가지고 갔었다. 나는 이 랩톱 컴퓨터로 이 경기장에서 벌어지고 있는 양 팀의 승점결과가 변하는 즉시 야구 경기 결과에 관한 다양한 내기의 가격들이 순식간에 변하는 과정을 알 수 있었다.

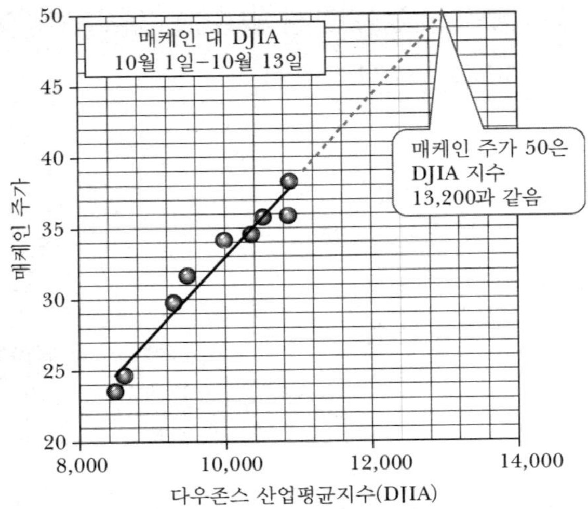

그림 27.7 10월 1일부터 10월 13일까지 매케인 주가 대비 다우존스 산업평균지수

〈그림 27.6〉은 오바마가 존 매케인과 가진 미 대통령 후보 최종 정책 토론 시간 중에 발생되었던 오바마의 주가 현황을 보여주고 있다. 이후 대통령 선거활동 기간 내내 뉴스캐스터들은 선거활동과 관련된 사건이 발생하면, 이 사건에 관한 여론조사 결과가 나올 때까지 유권자들의 의견을 기다릴 필요가 있다고 했지만, 나는 그러한 사건 결과는 이미 예측 시장에 반영되었을 것이라고 믿고 있었다.

대통령 선거에 경제가 얼마나 영향을 미치고 있을까? 불경기 상황하에서는 집권당이 선거에서 일반적으로 불리하다는 사실은 이미 잘 알려져 있다. 2008년 세계 금융위기가 발생했을 때, 존 매케인에 관한 유권자들의 여론이 반영된 〈그림 27.7〉은 확실하게 이러한 사실을 보여주고 있다고 할 수 있을까? 앞에서 기술된 것처럼, 예측시장은 상당히 많은 정보들을 우리들에게 제공해 준다. 〈그림 27.7〉은 2008년 10월 1일부터 13일까지 발생한 다우존스 산업평균지수 대비 인트레이드에 있는 매케인 지수의 산포도를 보여주고 있다. 이 그림은 단순한 우연에 의하여 두 지수 사이에 발생할 수 없는 강한 관계성을 보여주고 있다. 나는 이 내용들을 좀더 자세하게 살펴보기 위해, 이 두 지수가 대통령 선거

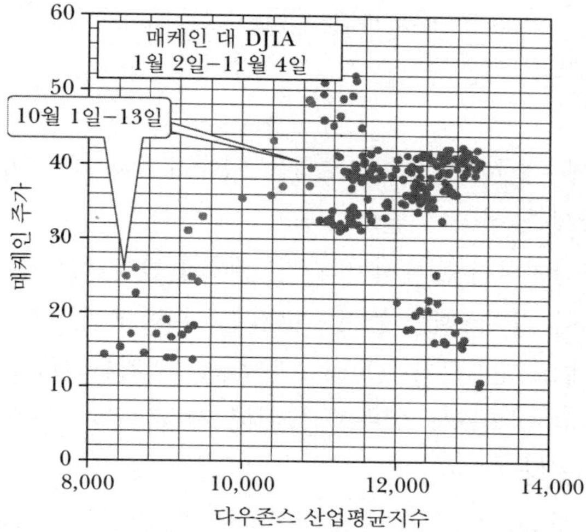

그림 27.8 1월 2일부터 11월 4일까지의 다우존스 산업평균지수 대비 매케인 지수

에 작용하는 유일한 변수들이고, 이 지수들 사이에 선형관계성이 존재한다고 가정하고, 이 기간 동안 매케인이 대통령 선거에서 50 대 50의 확률까지 올라갈 수 있는 다우존스 산업평균지수를 계산해 보았었다.

물론 현실은 이 보다 훨씬 그 내용이 복잡하지만, 위와 같은 가정하에서의 분석도 상당히 많은 흥미로운 패턴들을 포함하고 있다. 〈그림 27.8〉은 2008년 1월 2일부터 선거일까지의 매케인 지수 대비 다우존스 산업평균 지수를 보여주고 있다. 만약 여러분 스스로 이러한 분석을 좀 더 하고 싶다면, 이와 관련된 자료들을 FlawOfAverages.com에서 받아 볼 수 있다.

이러한 자료들은 언제 작동하는 것일까?

확률경영은 특정한 관심 변수에 관한 확률을 추정하는 것이다. 앞에 이미 기술된 대로 예측시장은 이러한 점에서 중요한 자료 제공처 역할을 하고 있다.

지금까지 여러 저자들이 예측시장에 관한 내용들을 설명하는 책들을 출판해 왔다.[17] 그들은 예측시장에 적용되는 게임 기준들을 다음과 같이 기술하고 있다.

1. 상호간에 존재하는 애매모호함을 없애기 위해 게임이라는 용어에 관한 상세한 설명이 필요하다.
2. 게임에 참여하기 위해서는 관련 분야에 관한 지식을 충분히 갖추고 있어야 한다. 예를 들어, 스탠퍼드 대학교 법과대학 교수인 조 그런드페스트는 끈이론(String Theory: 입자물리학 한 연구 분야 – 역주)의 정확도를 예측하기 위해 시장정보가 무가치하다고 지적하고 있다.[18]
3. 베팅의 보상크기는 게임 참여자들의 투자시간과 정보수집비용을 충분히 보상할 만큼 가치가 있어야 한다. 이러한 게임에 내재된 가정은 게임 참여자들이 게임에 참여해서 그들이 받게 되는 상금액수에 동기부여를 받기 때문이다. 이와 반대가 되는 예로, 그런드페스트는 이러한 게임 시장들이 어떻게 조작되는지를 알려주고 있다. 여러분이 테러리스트라고 가정해 보자. 그리고 여러분이 어느 특정한 다리를 폭파하기를 원한다면, 여러분은 "아니다. 앞으로 우리가 폭파하려고 하는 곳은 다리가 아닌 발전소이다"라는 신호를 선물시장에 보내 투자자들이 다리가 아닌 다른 대안을 생각하도록 하는 것이다.

만약 내 아버지가 아직 생존해 계신다면, 그 분은 경제적 동력으로써 주관적 확률을 사용하고 싶은 맘에 매우 유혹되었을 것이고, 그리고 이러한 주관적 확률 사용에 대해 의심할 여지없이 매우 기뻐했을 것이다. 그러나 우리는 예측시장이 얼마나 긴 시간 동안 우리들에게 유용한 정보처로 작동할 것인가라는 의문을 가질 수 있다. 이 질문에 대한 답을 하기 위해 내 아버지는 만약 5년 후에 예측시장의 거래량이 두 배가 되면, 100달러를 받고 그렇지 않으면 전혀 상금을 받지 못하는 예측시장의 내기에 나보고 참여하라고 분명히 제안을 하였을 것이다.

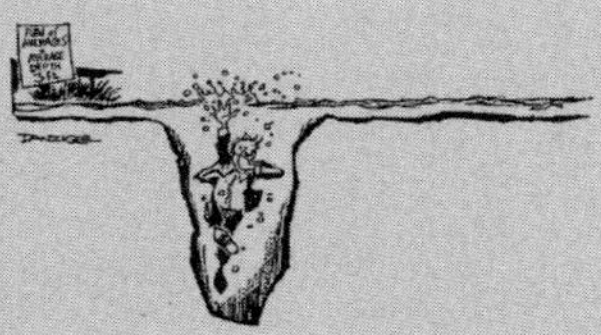

제6부

실물투자와 금융

1970년대 후반에 현대 포트폴리오 이론을 토대로 실물투자 프로젝트의 포트폴리오의 가치가 분석되기 시작하였고, 가스를 개발하지 않을 투자프로젝트의 옵션 가치가 평균 50만 달러인 가스유전탐사 개발권과 같은 실물투자 프로젝트에 내재된 옵션들을 일컫는 실물 옵션 이론이 탄생하게 되었다.

6부에서는 확률경영이 중요한 역할을 할 가능성이 큰 실물자산투자분석에 마코위츠, 샤프, 숄츠, 머튼 등에게 노벨 경제학상을 받게 한 5장에 기술된 원칙들이 응용된 사례와 내용을 기술해 보도록 하겠다.

제28장

전체론적 접근방법 대 부분적 접근방법

2장에서 언급한 것처럼 내가 시카고 대학교에 근무하고 있을 때, 나는 1980년 후반 **선형계획프로그램** 소프트웨어인 "What'sBest!"를 개발해서 판매를 했다. 나는 그 당시 평일 저녁과 토요일 대부분을 그 동안 하지 못한 일을 보충하기 위해 학교에 혼자 남아서 이 프로그램 개발작업을 했는데, 내가 이와 같이 소프트웨어 개발작업을 하고 있을 때 걸려오는 전화는 대개 잘못 걸려온 것들이었지만, 이례적으로 이번 토요일 오후에 걸려온 전화에서는 텍사스 억양의 굵고 느릿한 목소리로 "여보세요, 나는 벤 볼(Ben Ball)이라고 합니다" 하는 것이었다. 벤은 내가 전화를 받자마자 즉시 전화를 건 용건으로 들어가서는 "사람들이 유전탐사개발지의 포트폴리오에 투자를 하려고 할 때, 유전개발지의 우선순위를 정하고, 그리고 이 우선순위에 따라서 투자예산 모두가 소멸될 때까지 투자예산을 수립하고 있는데, 왜 그 투자자들은 투자예산 정책을 수립할 때 마코위츠의 포트폴리오 최적화기법을 사용하지 않는 겁니까? 내가 **선형계획법**을 사용하여 이 문제를 해결하도록 당신이 나를 도와주실 수 없겠는지요?" 하는 것이었다.

비록 나와 벤이 전에 한 번도 어떠한 이야기도 나누어 본 적은 없었지만, 나는 벤이 내가 개발한 소프트웨어 "What'sBest!"를 사용하고 있다는 《월스트리트저널》에 소개된 기사를 보았었기 때문에, 나는 그의 이름을 사전에 알고 있었다. 이 전화 통화 후, 나는 그와 관련된 다음과 같은 세 가지 사실에 놀랐던 것을 아직도 생생하게 기억하고 있다: 첫 번째, 그의 질문은 매우 흥미진지한 것이었고, 두 번째, 나는 벤의 목소리 톤에서 그가 이 문제를 매우 열정적으로 해결하려고 한다고 느껴졌으며, 세 번째, 그가 "oil"을 발음하는 방식이 그의 성의 운과 같았다는 것이다.

벤과 처음 전화통화를 할 때, 나는 그에 관해서 아래와 같은 10가지 사실을 알지 못하고 있었다.

10. 그는 1950년 초 정유공장에서 **선형계획법**을 사용하기 시작하였다.
9. 그는 MIT 대학교에서 화공학 학사를 취득하였다.
8. 그는 또한 MIT 대학교에서 화공학 석사학위를 취득하였다.
7. 그는 걸프오일사의 전략부 부사장이다.
6. 그는 하버드 경영대학원에서 포트폴리오 최적화 기법을 배웠다.
5. 그는 지금 MIT 대학교의 산학겸임교수이다.
4. 그는 걸프오일사에 근무할 때인 1970년대 초반부터 선형계획법 응용문제를 생각해 오고 있었다.
3. 그는 1983년 선형계획법 응용문제와 관련된 예비논문을 발표하였다.[1]
2. 그는 그의 업무와 관련된 여러 법적인 사례들을 경험한 전문가이다.
1. 그는 지난 15년 동안 유전개발 후보지를 결정하기 위해 선형계획법을 성공적으로 적용하지 못했지만, 그렇다고 해서 이 문제를 포기한 사람이 아니었다.

벤과의 이러한 전화 한 통이 내 경력의 전환점이 되리라고는 나는 전혀 생각하지 못했고, 그리고 나는 마코위츠 문제를 해결하기 위해 그 당시 반드시 필요했던 비선형계획법에 대해서 충분한 지식을 갖고 있지 않았었다. 그래서 내가 개발한 "What'sB*est*!"에 **비선형계획법**을 탑재하지 못한 나에게 벤이 너무 많은 것을 요구하고 있다고 생각하면서, 나는 마코위츠의 문제를 해결하기 위해 선형계획법을 응용하려는 벤의 아이디어가 참신하다고 하는 말 이외에 그에게 더 이상 다른 말을 해줄 수 없었다. 그리고 만약 내가 **비선형계획법**의 전문가적 지식을 가지고 있었다 해도, 마코위츠의 모델은 주식들 사이에 존재하는 **공분산** 계산을 반드시 필요로 하기 때문에 나는 그의 제안에 선뜻 응할 수 없었다.

1990년에 내가 스탠퍼드 대학교로 옮겨 오면서 벤과의 전화통화는 완전히 내 기억에서 사라졌다. 그러나 벤은 나를 추적해서는, 내가 미국 중서부 지역에서 가진 세미나에서 서로 만나자고 약속을 해왔다. 이 만남에서 우리는 그가 가지고 있던 문제에 관하여 많은 이야기를 나누었으나, 이 당시에도 역시 나는 그가 선형계획법을 응용하여 마코위츠 모델을 해결하려는 노력에 관하여 그에게 조언을 해줄 만한 아이디어를 갖고 있지를 못했다.

그런데 이 문제와 관련해서 1992년 10월 2주 동안에 발생한 사건들 때문에 이전의 상황이 완전히 반전되고 말았다.

연속적으로 우연히 발생한 사건들

나는 스프레드시트 세미나 출장으로 첫째 날 뉴욕에서 세미나를 끝내고, 다음 날 시카고 대학교에서의 세미나를 위해 비행기로 이동하였고, 셋째 날에는 다시 비행기로 LA에 도착을 했다. 이렇게 바쁜 세미나 스케줄 때문에, 나는 지역 간의 시차를 이용하여 틈틈이 공항 대합실이나 비행중에 휴식을 취하곤 했다.

방법론

나는 세미나 일정보다 하루 일찍 뉴욕에 도착해서 마코위츠 포트폴리오 최적화 기법의 표준인 **비선형계획법**이 아닌 **선형계획법**으로 마코위츠의 포트폴리오를 최적화할 수 있는 방법이 있다고 전화로 나에게 알려 준 컬럼비아 대학교의 금융학 교수 마크 브로디를 방문하였다. 처음에 마크 교수가 전화로 이와 같은 방법론을 나에게 이야기할 때, 나는 그의 통화 내용을 의심을 했다. 그 당시에는 요즘과 같이 컴퓨터 파일을 신속하게 주고받을 수 있는 이메일 시스템이 없었기 때문에, 나는 그의 연구실을 직접 방문해서 그가 개발한 스프레드시트를 볼 수 있었는데, 나는 바로 그 스프레드시트에 포함된 마인들을 알아차릴 수 있었다.

마코위츠 모델을 해결한 마크 교수의 방법론은 **비선형계획법**이 아닌 **선형계획법**이었던 것은 사실이었다!

모델

나는 로스앤젤레스에 도착하기 전에 유나이티드 항공사 탑승 게이트 의자에서 서너 시간동안 쪼그려 앉아 있었다. 이렇게 혼자 앉아 있는 동안 나는 마코위츠 모델에 선형계획법을 적용하여 포트폴리오를 구성할 수 있다는 마크 교수의 방법을 유전개발지 포트폴리오에 시험적으로 적용할 수 있는 아이디어를 갖게 되었다. 내가 로터스 1-2-3, What'*Best*!, 그리고 싱크패드 랩톱 컴퓨터를 사용하여 이 아이디어로 새로운 모델을 개발했는데, 이날 밤 나는 호텔방에서 흥분한 상태에서 우리가 이 문제를 해결할 수 있을 것이라고 벤에게 전화를 했다. 나는 앞으로 이 순간을 결코 잊지 못할 것이다. 이 전화통화 후 3~4일이 지나서 내가 벤에게 시험적으로 개발한 모델을 담은 디스크를 페덱스로 보냈는데, 그 당시와 지금을 비교해 보면 세상이 변해도 많이 변해 있음을 절감하게 된다.

개발동기

내가 스탠퍼드 대학교로 돌아온 그 다음 월요일에 내 책상 위에는 소포 하나가 배달되어 있었다. 피터 번스타인이라는 사람이 뉴욕에서 있었던 내 세미나에 참석하고서는, 이 세미나가 매우 흥미로웠다고 하면서 자기가 보내준 책을 재미있게 읽어 주기를 바란다는 메모를 소포 위에 적어 놓았다. 이 책의 제목은《투자 아이디어: 월스트리트에서 발생되지 않는 것이라 생각되는 사건의 근원(Capital Ideas: The Improbable Origins of Modern Wall Street)》이다.[2]

나는 번스타인의 책 1장에 기술된 첫 몇 쪽을 읽으면서, 현재의 주식 가격 움직임을 설명하기 위해서는 프랑스 수학자인 바슐리에가 1900년에 작성한 그의 박사학위 논문까지 거슬러 올라가야 하고, 시카고 대학교의 수리통계학자였던 내 아버지 지미 새비지가 1950년대에 우연히 바슐리에의 이 박사학위 논문을 발견할 때까지, 이 논문이 창고에 묻혀 있었다는 사실을 알게 되었다. 나는 이 순간 내 아버지가 바슐리에의 학위논문을 정말로 다시 찾아냈을까 하는 의구심이 들었다.

나는 번스타인의《투자 아이디어》책에 기술된 내 아버지에 관한 새로운 사실들에 관심이 가서 이 책을 단번에 읽어버렸다. 내가 시카고 대학교에서 경영과학을 강의하면서, 이 강의에서 사용되고 있는 교재를 통해서 금융 분야에서 뛰어난 업적을 낸 사람들에 관해서 조금은 알고 있었다. 그러나 나는 번스타인의 책을 통해서 금융분야 역사와 이론들에 관해서 많은 지식을 얻게 되었다. 번스타인은 이 책에서 한 권의 책으로 다루기 어려우면서도, 방대한 금융 관련 주제들을 독자들이 쉽게 이해할 수 있도록 매우 명쾌하면서도 간결하게 설명하고 있었다. 그러나 이와 같은 내용보다도《투자 아이디어》를 읽으면서 내가 얻은 값진 소득은 벤 볼이 마코위츠 모델에 선형계획법을 적용해서 유전개발 투자 프로젝트의 포트폴리오를 구성하려는 시도가 가능할 것이라는 사실을 새롭게 깨닫게 된 것이었다. 나는 번스타인의 책 때문에 금융 분야에 흥미를 갖게 되어 이 분야를 계속 공부해 보려고 결심을 하게 되었다.

번스타인의 책이 배달된 주 후반에는 컬럼비아 대학교 마크 교수와 공동으로 포트폴리오 모델링 방법에 관한 논문을 발표한 히로시 코노가 우리 학과에서 세미나를 가졌다.[3] 2주일 전까지, 나는 현재 **시나리오 최적화**라고 불리는 기법에 대해 전혀 알지를 못했는데, 코노의 세미나를 통해 마코위츠의 포트폴리오 최적화 문제와 관련된 두 가지 해결책을 알게 되었다. 그리고 앞으로 전개될 나의 저술, 세미나, 그리고 연구활동에 지대한 영향을 미치게 될 새로운 포트폴리오 이론의 창시자인 빌 샤프를 이 세미나에서 처음으로 만나는 행운도 얻게 되었다.

그래서 나는 지난 2주 동안 특별한 노력을 하지 않았는데도 마크 교수의 아이디어를 실질적으로 사용할 수 있는 방법론, 모델, 그리고 모델 개발 동기 등을 우연히 얻게 되었던 것이다. 이로써 나는 앞으로 확률경영의 길로 나가야 되는 기로에 서게 된 것이다.

얻은 것과 잃은 것

나는 벤과 위 내용과 관련된 사례들을 수행하기 위해 한 팀이 되어 현재 정유 산업 분야에서 사용되고 있는 프로젝트 포트폴리오 최적화이론이라는 용어를 세상에 처음으로 알리게 되었다. 항상 그런 것은 아니지만, 대부분의 경우 우리들이 개발한 프로젝트들은 관련자들로부터 좋은 반응을 받고 있었다.

예를 들어, 1993년 당시 우리들은 지금은 사라졌지만 대형 정유회사에서 컨설팅 부탁을 받은 적이 있었다. 그 당시 이 회사는 대규모 정유프로젝트들의 경제적 효과를 시뮬레이션하기 위해 수천 줄에 해당하는 포트란 컴퓨터 프로그램(FORTRAN computer programming)을 개발하던 중이었다. 이 회사가 개발한 시뮬레이션 모델이 제시하는 투자프로젝트 선정방법과, 우리들이 개발하려고 설계한 방법이 정확하게 같아서, 그들이 개발한 시뮬레이션 모델에 관한 설명을 듣고 있을 때 우리들은 매우 놀랐다.

일반적으로 오일과 천연가스의 가격은 동시에 상승하거나 하락하지 않기 때문에, 두 상품에 대해서 분산투자를 할 수 있는 기회가 존재한다. 나는 이 정유회사가 모델을 개발할 때 오일 가격과 천연가스 가격을 분리해서 독립적으로 모델링하였는지를 물어보았는데, 그들은 오일 가격만 모델링했다고 했다. 즉 가스 가격을 평가하기 위해 그들은 먼저 가스의 총량을 오일의 에너지양으로 환산하는 수리 공식을 사용하였고, 그런 후에 오일 가격을 사용하여 가스 가격을 결정하였다고 한다. 나는 이 말을 듣는 순간 테이블 밑으로 벤의 발을 걷어찼는데, 그 이유는 우리들이 이 모델 개발에서 오일가격과 두 가격 사이에 존재하는 상호관계성이 동시에 고려된 가격 확률분포함수를 사용하면, 이 회사의 모델을 더욱 바람직한 방향으로 개선할 수 있을 것이라는 믿음이 있었기 때문이었다. 그런데 벤이 이 모델 개발자들에게 어떤 오일 가격 확률분포함수를 사용하였는지를 물어보자, 그들은 확률분포함수가 아닌 배럴당 평균가격을 사용했다고 해서, 우리들은 다시 한 번 더 크게 놀랐었다. 그들은 가격에 매우 민감한 내재 옵션을 포함하고 있는 수백 개의 불확실한 프로젝트들로 구성된 포트폴리오를 모델링하기 위해 수천 줄의 프로그램을 작성하긴 했지만, 이 모델은 평균의 함정의 약형과 강형 모두를 위반하고 있었던 것이다. 이번에 나는 벤의 무릎이 거의 부서지도록 다시 한 번 세게 걷어찼다.

이 정유회사가 그들이 개발한 모델을 설명한 그날 저녁, 우리는 우리들이 개발한 모델을 사용하면, 이로부터 큰 경제적 이득을 얻게 될 회사를 찾게 된 믿지 못할 행운을 생각하면서 매우 기분 좋게 저녁 식사 시간을 가졌다.

그러나 우리는 그 후 이 정유회사로부터 위 문제와 관련된 어떠한 소식도 듣지를 못했다.

우리 아이디어에 서광이 비침

우리의 방법론을 받아들인 사람은 존 호웰인데, 그는 대형 정유회사에서 근무한 경험을 가지고 있었고, 얼마 전 소규모 컨설팅 회사를 창업하였다. 그러나 존은 정유회사들이 위에 기술된 새로운 경영방법론을 먼저 사용하기를 꺼려한다는 사실에 착안해서, 1997년 컬럼비아 대학교의 후원하에 메이저 정유 및 가스 회사들로 구성된 컨소시엄을 결성하였다. 나는 벤과 휴스톤에서 이 프로그램에 참여한 관계자들과 첫 세미나를 가졌는데, 이 세미나에서 우리들이 개발한 모델이 참석자들로부터 좋은 반응을 받았다. 호웰은 컨소시엄을 더욱 효과적으로 실행할 목표로 피곤한 줄도 모르고 개발 중에 있는 모델들을 계속 개선하고, 또한 관련 방법론을 지속적으로 개선해 가고 있었다. 1998년 그는 포트폴리오 경영 분야에서 지속적으로 증가해 가고 있는 컨설팅 수요를 충족시키기 위해, 그가 직접 "포트폴리오 디시전(Portfolio Decision, Inc: PDI)"이라는 회사를 설립하였다. 이 회사는 10년 이상이 지난 지금도 사업이 번창해 가고 있다.[4]

나는 벤과 1999년 《석유기술학술지(Journal of Petroleum Technology)》에 게재한 연구 논문에서 유전별로 추정된 예상치를 토대로 유전 투자프로젝트들의 우선순위를 결정하는 기존의 접근법과 포트폴리오 효과를 고려하여 모델링하는 현대적 접근법을 비교하여 유전 투자프로젝트의 포트폴리오 구성에 관한 우리들의 독창적인 방법론을 제시하였다. 벤은 이 논문의 제목을 "전체론적 방법론 대비 부분적 방법론에 의한 유전개발 및 생산 전략(Holistic vs. Hole-istic Exploration and Production Strategies)"이라고 붙였다.

FlawOfAverges.com을 방문하면, 최적 포트폴리오를 창출하기 위한 엑셀모델로 구성된 방법론에 관하여 자세한 내용을 알아 볼 수 있다.

내가 2004년 휴스톤에서 열린 "오일과 가스 분야의 포트폴리오 최적화"에 관한 컨퍼런스에 참가해서, 이 컨퍼런스의 참가자들이 우리들의 논문에 대하여 잘 알고 있다는 사실을 알고는 가슴 뿌듯했다. 20년이란 긴 세월이 지난 후라면 대부분의 사람들은 포기했을 만하기도 한데, 벤 볼은 이렇게 오랜 기간 동안 오일 분야의 해리 마코위츠가 되기 위해 많은 어려움들을 참고 견뎌내어서 결국 그가 원하는 목적을 달성하였던 것이다.

의사결정 숲

개념적으로 내가 벤과 개발한 접근법은 모든 분야의 프로젝트 포트폴리오에 적용될 수 있는 것이다. 예를 들면, 신제품 군을 시장에 소개하려는 회사는 신구제품의 교체와 예상 가능한 경쟁관계에 있는 제품들에 의해서 야기되는 위험들을 피하기 위해 포트폴리오 접근법을 사용해야 한다. 제약회사의 R&D 프로젝트들로 구성된 포트폴리오는 경쟁관계에 있는 제품들과 정부의 규제 변화 등을 염두에 두고 설계되어야 한다. 그러나 이러한 문제를 해결하려고 노력하는 대부분의 사람들은 포트폴리오의 실질적인 효과를 고려하는 대신, 프로젝트들의 우선순위를 단순하게 결정하는 일에만 몰두하고 있다. 이들이 처한 상황을 좀더 정확하게 이해할 수 있도록, 나는 이들에게 아래와 같은 마인들을 소개해 보도록 하겠다. 이를 위해 나는 여러분이 특정한 프로젝트와 관련된 불확실성을 반영하는 의사결정 나무로 각 프로젝트를 생각해 보기 바란다. 〈그림 28.1〉은 유전탐사개발과 관련된 프로젝트의 의사결정나무이다. 이 그림에서처럼 프로젝트의 의사결정나무는 여러 단계로 구성되어 있는데, 나는 이를 의사결정 숲이라고 부르기로 하겠다.

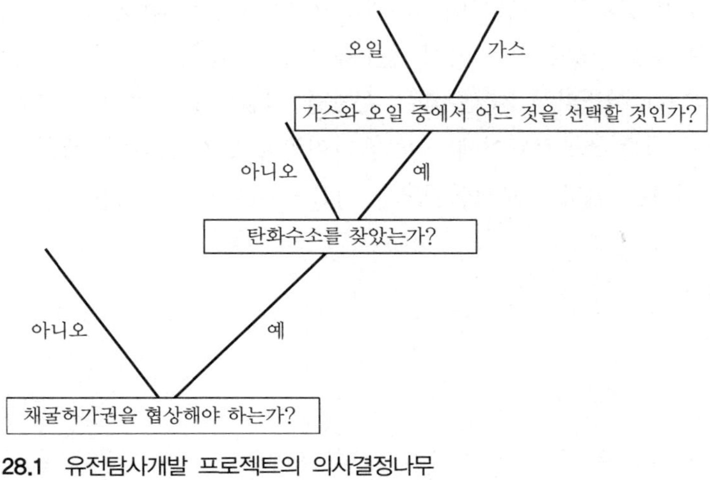

그림 28.1 유전탐사개발 프로젝트의 의사결정나무

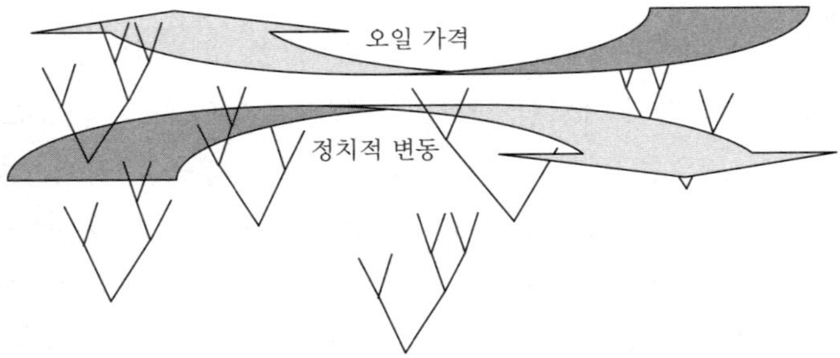

그림 28.2 통합 변수 영향도

그러나 앞에 기술된 바와 같이 포트폴리오 의사결정은 각 구성요소들 사이에 존재하는 상관관계들을 반영하고 있기 때문에, 개별 프로젝트에 관한 의사결정나무를 모델링하는 것만으로는 프로젝트들 사이에 존재하는 상호관계성을 파악하기가 충분하지가 않다. 〈그림 28.2〉는 의사결정나무에서 오일 가격이나 정치적 변동과 같은 변수들이 포트폴리오의 불확실성에 포괄적으로 영향을 미치는 관계성을 모델링하는 방법론을 보여주고 있다.

〈그림 28.2〉와 같이 일단 전체적인 의사결정 숲이 모델링되면, 앞으로 남은 일은 가장 바람직한 포트폴리오를 선정하는 일이다. 예를 들어, 만약 100개의 프로젝트들이 있다면, 100개의 프로젝트들로 구성될 수 있는 포트폴리오의 수는 사실 우주에 있는 별들의 수보다 더 많게 된다. 그러나 여러분이 해결하려는 문제를 적절하게 최적화 문제로 수식화하고, 이를 소프트웨어에 단순히 타이핑해 넣기만 하면, 지금은 여러분이 원하는 최적화 포트폴리오를 자유롭게 구할 수 있다.

제29장
쉘 정유사의 실물 포트폴리오

나는 가죽 재킷과 청바지를 입고 퇴근 후에 뉴올리언스 시의 세인트 찰스가로 할리 데이비스 오토바이를 타고 가는 그 사람의 모습이 1990년 중반의 뉴올리언스 모습과 잘 어울려 보인다고 생각하고 있다. 그러나 그의 실제 모습은 눈에 보이는 이런 모습과는 달리 지난 5년 동안 네덜란드, 브루나이, 사라와크, 타일랜드, 베트남, 중국, 오만, 나이지리아, 그리고 캐나다 등에서 쉘 정유회사에서 지질학자로 근무한 스위스 사람 다니엘 즈와일더이다.

정렬화된 분권적 의사결정 구조

나는 스테판 스콜츠와 케임브리지 대학교의 저지경영대학원에서 쉘 정유회사의 경영간부들을 위해 세미나 강의를 하고 있을 때인 2004년 가을에 다니엘을 만났다. 우리들은 이 세미나 강의에서 포트폴리오 관리에 관한 내용을 발표하려고 계획 중 다니엘이 가지고 있는 자료들을 입력자료로 사용하기 위해 그를 찾고 있었다. 그런데 다니엘도 쉘 회사의 현장에서 유전탐사개발 포트폴리오 문제를 해결하는 중이어서 나를 초청해서 도움을 얻고자 했다고 한다.

이 기간에 여러 소프트웨어 개발 회사들이 정유회사의 유전개발 포트폴리오 관리를 위한 소프트웨어를 개발하고 있었다(그들 중 몇몇은 나와 벤이 개발한 방법론을 토대로 소프트웨어를 개발하고 있었다). 그러나 내가 앞에서 기술하였듯이, 전사적인 위험모델들은 서브컴포넌트들로 쉽게 구성될 수 없는 구조를 가지고 있었다. 이와 관련해서, 다니엘은 위에서 언급한 회사들이 개발한 소프트웨어들이 기술적인 측면에서는 문제가 없었지만, 분권화된 의사결정 구조를 가지고 있는 회사들이 이 소프트웨어를 사용하는 것이 적합하지 않다는 사실을 그의 경험을 통해서 알게 되었다고 한다. 이제 글로벌 포트폴리오를 구성하기 위한 생각을 다음과 같이 정리할 수 있다.

첫 번째, 쉘 회사는 최근 헤이그에 위치한 본사에서 유전탐사개발 투자 의사결정문제를 다루기 시작했다. 그 당시 쉘 회사의 국제 유전탐사 개발과 생산부문을 책임지고 있었던 수석 부사장인 마티아스 비츠셀은 전사적 투자포트폴리오 개발 문제를 다음과 같이 기술하고 있었다. "나는 이곳저곳에 산재해 있고 본질적으로 특성이 다른 우리 회사의 유전탐사 노력들을 한 곳으로 결집해서 하나의 의제로 모든 문제를 다루어야 하는 도전에 직면해 있다. 즉 글로벌 포트폴리오로부터 얻게 되는 수익률을 최대화하는 것."

두 번째, 비츠셀은 이 회사의 경영자들이 전에 프로젝트들의 우선순위를 토대로 투자자본을 할당하는 프로세스로부터 심한 고통을 당했기 때문에, 이 문제를 전체론적 측면에서 접근하는 방법을 지지하고 있었다. 비츠셀은 "탐사개발 포트폴리오를 구성하는 것은 벽돌로 집을 짓는 것과 같다. 그러나 우리들이 사용하는 중요한 벽돌들은 썩어서 쪼개져 있는 상태로, 모든 벽돌들의 모양, 색상, 크기 등이 각각 서로 다르다"라고 푸념을 한 적이 있었다.

세 번째, 3장에 기술된 것처럼 나와 다니엘은 시나리오 라이브러리를 활용해서 모델에 필요한 데이터 구조를 만들었다. 기억을 되살리는 차원에서 다시 그 이야기를 하자면, 시나리오 라이브러리는 현재 고려중인 다양한 프로젝트들의 불확실성들에 관한 몬테카를로 시험용 표본들을 포함하고 있는 데이터이다. 이러한 데이터는 회사 내에 두서없이 산재되어 있는 벽돌들을 결합해서 하나의 통합된 모델로 완성되는데 도움을 주고 있다. 더욱이 이렇게 상호 교환 작용하는 시뮬레이션 모델은 기업의 경영자들이 모델의 결과들을 감각적으로 이해할 수 있도록 도움을 주고 있다. 비츠셀은 이러한 상호교환 작용하는 시뮬레이션 모델을 통해서 쉘 정유사의 경영자들이 여러 투자 프로젝트들을 예전과 달리 이제는 포트폴리오 방식으로 이해를 하고 있다고 하면서, 그는 "쉘 정유사 경영자들이 여러 곳에 산재해 있었던 다양한 벽돌들을 함께 모아두었을 때 발생하는 결과를 현장에서 직접 관찰하게 되면, 이들이 투자 프로젝트들을 관리하는 방식이 포트폴리오 방식으로 바뀌게 될 것이다. 그리고 이들은 또한 시뮬레이션을 통해서 다양한 시나리오, 기술, 비용 및 회계 체제하에서 투자포트폴리오의 결과가 어떻게 나타나는지도 알 수 있을 것이다"라고 주장하였다.

기업의 경영계기판

오일 가격, 전 세계적 경제시나리오 등 그 외의 여러 요인들을 고려하여 탐사개발 프로젝트들을 모델링하고 난 후, 우리들은 천문학적인 수의 포트폴리오들이 존재하고 있는 유니버스라는 마지막 단계에 도달하게 된다. 이 단계에서 우리는 최적화기법을 사용해서 위와 같이 수많은 포트폴리오 중에서 가장 바람직한 포트폴리오 수백 개를 선정하게 된다.

비행기 조종사들이 계기판에서 눈을 떼지 못하는 것과 같이, 기업 경영자들도 복잡한 경영과학 모델이 제공해 주는 정보로부터 자유로울 수 없어서, 나는 다니엘과 기업 경영자들이 컴퓨터 화면에 나타나는 비즈니스 정보 계기판을 슬쩍 한 번만 쳐다보기만 해도 기업경영에 필요한 정보들을 신속하게 얻을 수 있는 경영 계기판을 설계하였다. 〈그림 29.1〉은 단순화된 경영계기판 버전을 보여주고 있다.

이 그림에서와 같이, 모델 사용자가 포트폴리오에 프로젝트를 편입하고 제거하기 위해서는 대상 프로젝트의 체크박스를 클릭하기만 하면 된다. 체크박스를 클릭할 때마다 1,000번의 시뮬레이션이 자동으로 즉시

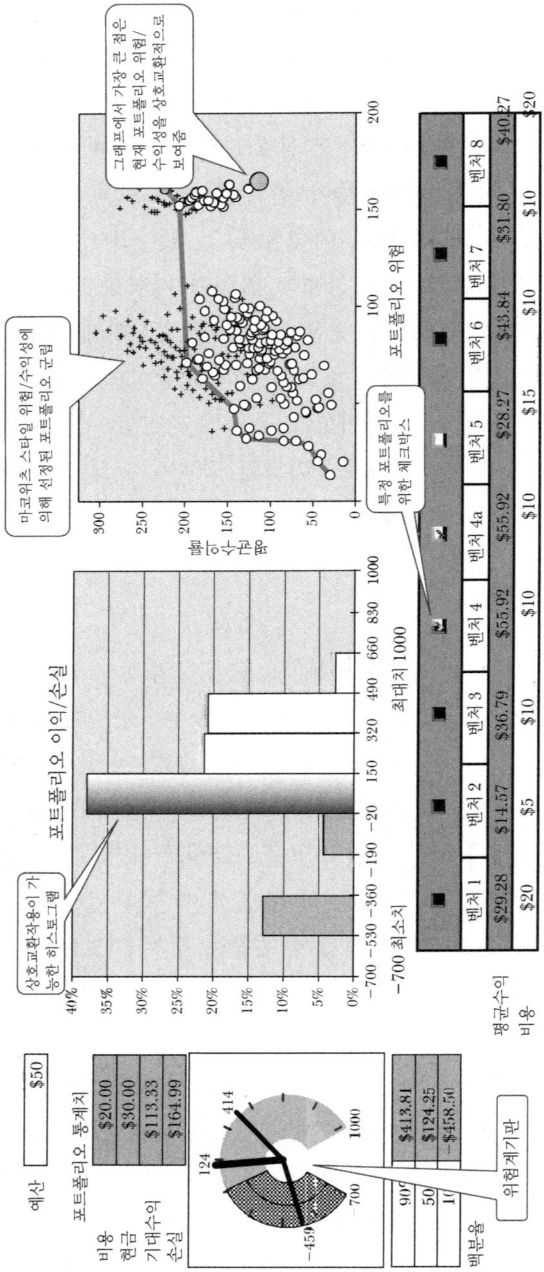

그림 29.1 사용자 인터페이스 쉘 정유사의 경영계기판 데모 모델

실행되어, 이 결과의 히스토그램이 자동으로 업데이트되고, 그리고 위험/수익 그래프에 새로운 포트폴리오의 위치가 표시된다. 다른 한편, 모델 사용자가 위험/수익 그래프에서 갤럭시 점을 클릭하면, 그가 관심이 있는 포트폴리오가 체크박스에 의하여 지목되게 된다. 우디 앨런이 1973년에 제작한 영화 "잠꾸러기(Sleeper)"에 나오는 주인공을 "오르가스매트론(Orgasmatron)"이라고 부른 것처럼, 나는 이러한 상호교환 작용 시스템을 해리 마코위츠를 기념하는 의미에서 마코위재트론(Markowitzatron)이라고 부르기로 했다.

여러분이 ProbabilityManagement.org를 방문하면, 위 모델에 관한 데모 버전을 다운로드할 수 있다. 그러나 나는 여러분이 이 모델을 통해 상호작용하는 기능만을 경험해 볼 수 있도록 단순화된 모델을 업로드해 놓았을 뿐이다.

예를 들어, 현재 고려중인 포트폴리오의 위험을 헤징하려는 프로젝트를 고려해 보기로 하자. 〈그림 29.2〉는 포트폴리오에 헤지를 편입하거나 해제하기 위해 포트폴리오를 클릭할 때마다 나타나는 위험/수익 그래프를 보여주고 있다. 만약 여러분이 엑셀로 구성된 데모 모델을 다운

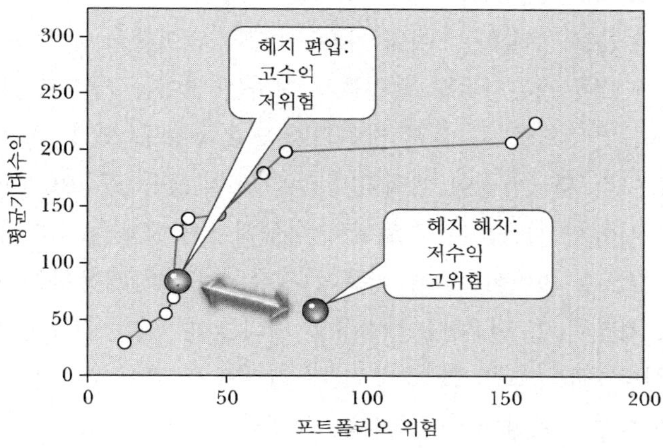

그림 29.2 헤지가 편입되고 해제될 경우 시스템의 상호 교환 작용 반응

로드하기를 원하지 않으면, FlawOfAverages.com을 방문하여 이 모델과 관련된 동영상을 보기 바란다.

상세 수준

아마도 모델을 개발할 때 가장 중요한 의사결정은 모델의 상세함 수준 결정일 것이다. 모델을 너무 상세하게 구성하면, 모델을 성공적으로 완성하지 못할 수도 있고, 아니면 모델을 성공적으로 완성을 했다 할지라도 데이터를 만들어 내기 위해서 필요 이상의 시간이 걸릴 수도 있다. 반대로 모델이 너무 단순하면, 제리 브래셔가 말한 것처럼 원하지 않은 결과가 발생될 수 있다. 다니엘은 모델의 상세함에 관하여 다음과 같이 결론을 내리고 있다.[1]

> 쉘 정유사에서 사용하는 확률적 라이브러리는 전 세계적으로 얻을 수 있는 방대한 자료로 구성되어야 한다. 모델 개발에서 필요한 첫 번째 의사결정은 프로젝트를 모델링할 때 요구되는 모델 구성의 상세함 수준이다. 선택된 모델 상세함 수준은 특정한 한 지역 내에 존재하는 여러 개의 프로젝트들을 포함하고 있는 탐사개발 모형과 반드시 관련이 있어야 한다.

에스키모인들은 눈(snow)을 지칭하는 특정한 단어를 가지고 있지 않고, 다만 얼음을 기술하는 여러 개의 다양한 단어들을 가지고 있을 뿐이다. 이와 같이 정유사들도 오일을 지칭하는 단어를 가지고 있지 않다. 그러나 이들은 "오일"을 아직 발견되지 않은 6광구 오일, 또는 발견은 되었으나 아직 채굴방법이 채택되지 않은 오일 등등으로 표현하는 것과 같이 정유사에서 사용하는 프로젝트 시뮬레이션 모델들은 다양한 측정치를 반영할 수 있어야 한다. 더욱이 정유회사들이 사용하는 모델들은 프로젝트 기간이 일 년 이상인 경우를 처리할 수 있는 기능을 포함하고 있어야 한다. 즉 〈그림 29.2〉에 있는 그래프와 같이 단순한 이차원의 효율적 투자선은 존재하지 않는다는 것이다. 그리고 정유회사 경영자들에게 필요한 모델은 그들이 포트폴리오를 선정할 때 시간의 흐름에 따라서 발생하는 수많은 위험/수익들이 상호교환되는 과정이 시각화되는 기능을 포함하고 있어야 한다.

경영자들의 반응

우리들이 개발한 모델은 2005년 봄에 열린 두 번의 세미나에서 쉘 회사의 경영자들에게 소개되었다. 첫 번째 세미나는 지역 탐사계획 관리자들만을 위한 세미나였고, 두 번째 세미나는 이 회사의 탐사개발 최고경영자들을 위한 세미나였다. 다니엘은 첫 번째 세미나 결과를 다음과 같이 정리를 하였다.[2]

> 첫 번째 세미나에서 탐사계획 관리자들은 그래프에 나타난 점들이 개별적 프로젝트가 아니고, 여러 개의 개별적 프로젝트들로 구성된 포트폴리오를 표시하고 있다는 사실에 놀라워했음이 분명하다. 그들은 이 모델의 개념을 명확하게 이해하고 있었다. … 이 세미나에 참석한 관리자들의 질문이 처음으로 "나의 벤처 프로젝트의 우선순위가 무엇이지?"에서 "내 벤처 프로젝트가 포트폴리오에 얼마나 기여하지"로 바뀌었다. 이와 같은 관리자들의 사고의 전환으로, 그 동안 고정된 생각에 익숙했던 관리자들은 이제는 큰 그림을 그려야 하는 운명에 처하게 되었다.

두 번째 세미나에 관한 다니엘의 결론은 다음과 같다.

> 최고경영자들은 시뮬레이션 모델에 관한 사전지식은 있으나, 프로젝트들을 포트폴리오 측면에서 관찰하는 데는 익숙하지 않아서, 이번 워크숍이 그들에게는 어려운 테스트였을 것이다. 첫 번째 세미나에서 발생했던 현상이 두 번째 세미나에서도 발생했는데, 탐사개발 프로젝트들의 우선순위가 주어지지 않음에 따라 이들은 글로벌한 측면에서 포트폴리오를 관찰하는 방향으로 그들의 생각을 바꾸어야만 했을 것이다. 이러한 경영방식에 관한 경영자들의 사고의 전환으로, 이 회사의 경영자들 중 서너 명은 전사적 측면에서 포트폴리오를 최적화하기 위해 결속력이 강한 팀을 구성하고자 하

는 동기를 갖게 되었다. 비록 자기들의 프로젝트만을 발주하여 자기들만의 예산을 증가시키려는 유혹을 받는 지엽적이고 이기적인 경영자들이 아직도 있기는 하지만, 지금은 이러한 기존 경영관이 회사 전체에 악영향을 미친다는 사실을 이들이 확실히 이해하게 되었다.

폭풍과 경영변화 속에서 모델의 생존력

위 모델이 2005년 봄 쉘 정유사에 소개된 후, 나에게 기쁜 소식 하나가 전달되었는데, 그 소식은 다름 아닌 다니엘이 이 정유회사의 석유탐사 개발 계획 및 포트폴리오 부서의 최고경영자가 된 것이다. 한편 좋지 않은 소식은, 다니엘이 10년 동안 좋아했던 뉴올리언스에서 근무를 마치고 헤이그 본사로 이동한 것이다.

다니엘 가족들이 네덜란드로 이사하기 위해 짐을 꾸리고 있는 중에 허리케인 카트리나가 뉴올리언스를 강타해서, 이들은 가재도구들과 다니엘이 보물같이 여겼던 할리 데이비스 오토바이를 잃게 되었다. 내가 다니엘에게 상황이 어떤지를 알아보려고 전화를 걸자, 그는 "이제 짐 꾸리기가 확실히 수월해졌다"라면서 유머러스하게 내 걱정을 가볍게 받아 넘겼다.

2006년 초 쉘 정유 회사의 최고 탐사개발 경영진의 인사이동에 많은 변화가 있었음에도 불구하고, 이 회사의 최고경영자들은 우리가 개발한 모델에 많은 관심을 갖고, 이 모델을 지속적으로 사용하고 있었다. 그런데 2008년 쉘 정유사의 석유 탐사개발 분야에서 경험이 가장 많은 다니엘이 머크(Merk & Co.) 제약회사로 옮겨갔다. 2008년에 이러한 다니엘의 이직이 있었고, 쉘 정유사의 경영전략이 새롭게 변했어도, 우리들의 모델은 변함없이 이 회사에서 사용되고 있었다. 이렇게 우리 모델을 지속적으로 사용하고 있는 쉘 회사에서는 경영전략을 수행하기 위한 시뮬레이션 모델을 개발하고 있었던 모델 개발자들은 새로운 기술발전으로 인하여 모델의 기본구조를 단순화할 수 있게 되었으며, 동시에 시스템의 성능과 결과물의 질적 향상을 전보다 더 쉽게 달성할 수 있게 되었다. 내가 이 책을 집필하고 있는 지금은 브라이언 베이커와 얀 판 데 샌드가 쉘 정유사에서 모델 개발의 책임자로 근무하면서 이 모델을 탐사현장에서 효율적으로 사용하기 위해 이 모델의 성능을 계속해서 개선하고 있는 중이다.

제30장

실물 옵션

11장에서 기술한 평균 가스가격으로 계산된 가스정의 가치가 50만 달러이었고, 가스정의 평균 가치가 100만 달러이었던 프로젝트를 다시 생각해 보기로 하자. 가스정의 가치가 50만 달러에서 100만 달러로 상승한 이유는 가스가격이 생산 비용보다 낮으면, 가스 펌핑을 하지 않을 수 있는 옵션이 존재하기 때문이었다. 이와 같이 가스 펌핑을 중단할 수 있는 기회를 실물 옵션이라고 하고, 이러한 가스정의 실물 옵션은 가스 펌핑 비용이 옵션 행사가격이 되는 콜 옵션이 된다.

우리들의 삶은 이러한 실물 옵션들로 채워져 있고, 모든 실물 옵션들은 실물 옵션에 내재된 불확실성을 이용하고 있다. 아래의 예를 통하여, 우리의 삶 속에서 흔히 마주치는 실물 옵션들의 활용성을 알아보기로 하자.

- 해외여행을 하기 위해 비행기 티켓을 지금 예약해서 티켓 비용을 절약할 것인가, 아니면 비용을 더 지불하고 자유로운 여행을 하기 위한 옵션 티켓을 구입할 것인가?
- 시간당 임금이 낮은 정규직 직원을 채용할 것인가, 아니면 시간당 임금이 더 높은 임시직 직원을 채용할 것인가?
- 생산 단위당 생산비용이 최소화되도록 오늘 당장 생산량을 결정하

여 생산할 것인가, 아니면 시장 수요예측을 정확하게 한 후 필요한 양만큼만 생산할 옵션을 유지할 것인가?

세일플레인을 계속 띄우기

나는 세일플레인(sailplane)을 타고 하늘로 날아오르는 법을 배우기 전, 어떻게 세일플레인이 하늘로 날아 올라가는지에 대한 아무런 아이디어가 없는 상태에서 하늘에서 원을 그리며 비행하는 세일플레인을 지상에서 관찰해 본 적이 있었다.

그런데 세일플레인이 하늘로 날아오르는 아이디어에는 옵션이 있었다는 사실을 후에 알게 되었다. 여기에서 불확실성은 세일플레인을 타고 하늘로 날아오를 때 만나는 공기의 저항력이다. 그래서 공기의 흐름이 잔잔하다면, 이는 완전한 확실성을 의미하는 것이다. 세일플레인이 견인 비행기에 의해 하늘로 올라간 후, 바람이 잔잔한 날에는 세일플레인 조종사가 하는 일이란 고작 1분에 100피트의 속력으로 하강을 하는 짧고 재미없는 비행을 하는 것뿐이다.

바람이 험하게 부는 불확실한 날 세일플레인이 직선으로 비행을 하면 평균 1분에 100피트씩 하강을 한다. 그러나 만약 조종사가 하늘 위로 상승하면서 원형 비행을 하기 위한 옵션과 하강할 때 어느 특정한 지점을 통과할 옵션을 행사한다면, 세일플레인은 수천 피트 상공으로 올라가서는 그 위에서 몇 시간 동안이나 머무르게 된다. 이러한 비행이 바로 낮은 가격에 투자자산을 매입해서 높은 가격에 매도하는 것과 같다고 할 수 있다. 세일플레인 조종사는 불확실한 기상이 아니라면 비행장으로 나가는 시간을 낭비할 필요가 없다.

케임브리지 대학교 교수인 스테판 스콜츠는 유능한 세일플레인 조종사가 불안정한 공기흐름을 갈구하듯이, 기업의 유능한 경영자라면 투자프로젝트에 내재된 불확실성을 찾아내야 한다고 믿고 있다. 기업경영자들이 이렇게 불확실성을 찾아야 그들이 평균적 성과를 타파할 수 있는 도전적 경영환경을 창출해 낼 수 있는 것이다.

사례 연구: 64년형 포르쉐 스포츠카 복원

나는 1999년에 64년형 모델인 포르쉐 스포츠카를 복원하기로 결심을 했다. 내가 1976년 이 차를 구입하였을 때는 차체가 번쩍번쩍 빛났는데, 지금은 누런색으로 변해서 우리 아이들이 이 차에 비치는 자기들 얼굴을 보고는 매우 민망스러워하곤 한다.

이 낡은 포르쉐를 복원하기 위한 첫 번째 단계는 복원작업 기간 동안 타고 다닐 차를 구입하는 것이다. 이 차는 2, 3, 4단계에서 발생하는 높은 복원비용을 상쇄할 만큼 구입 가격이 충분히 저렴해야 한다. 그래서 내 친구 중 한 명이 나의 이런 복원 계획이 이루어지도록 메르세데스 벤츠 수리공이며 큐레이터인 라즐로를 나에게 소개해 주었다.

라즐로가 내 포르쉐를 점검한 후, 그는 나에게 자동차 수리기간 동안 사용할 차는 가능하면 싼 가격에 구입하는 것이 좋을 것이라고 조언을 해주었다. 그러면서 그는 "900달러 정도면 어떨까?"라면서 나에게 그가 소유하고 있었던 1976년형 디젤 벤츠를 소개해 주었다. 이 차의 내부는 휴지조각처럼 너절하고, 차 내외부 색은 구별하기 어려울 정도로 많이 변색되어 있었다. 그러나 라즐로는 이 차의 엔진과 트랜스미션을 2년 전에 새롭게 교체해서 운행 상태는 최고라면서 나를 유혹하였다. 나는 디젤엔진 차를 그 동안 원해왔었기 때문에 라즐로가 추천한 차에 관심은 많았지만, 이 차를 새롭게 도색하려면 부가적으로 3,000달러가 들 것이고, 내장 수리도 이 정도의 비용이 발생할 것이라고 라즐로에게 내 의견을 제시했다. 그러자 그는 나에게 "멍청이 같으니라고!" 하면서 "만약 네가 더 좋은 차를 구입하기를 원한다면, 그런 차를 구입하라"라면서 나에게 면박을 주었다.

그래서 나는 웹을 뒤져 본 후, 라즐로가 추천한 디젤 벤츠의 모델과 연식이 동일하고, 운행거리가 비교적 짧은 98,000마일인 차를 찾아내었다. 이 차 주인이 직접 차를 몰고 우리 집으로 왔기 때문에, 나는 이 차로 시험 운전을 하기 위해 동네 한 바퀴를 돌아보았다. 그리고 그에게 차 값으로 3,000달러를 제시하자, 그는 나의 이 같은 제시 가격을 두말

없이 받아들였다.

이것이 내 이야기의 전반부이다.

이 에피소드는 위험을 감소시키는 사례와 관련된 내용인데, 다음 이야기가 바로 이 차를 구입한 후 30초 만에 발생하였다.

시험 운전 중 이 차로 내가 20피트를 가자, 이곳에서 차가 정지되어, 나는 걸어서 집으로 가서는 "음, 지금 나는 36년 된 포르쉐 스포츠카를 복원 중에 있는데 그 첫 단계로 나는 24년 된 디젤 벤츠 차를 구입하기 위해 3,000달러를 지불했다"라고 아내에게 설명을 해야 할 난처한 상황에 놓이게 되었다. 나는 집으로 걸어가면서 집까지 15피트를 남겨 놓고서는 앞으로 몇 개월 내에 이 차에 어떤 일들이 발생할지 매우 걱정스러웠다. 그러나 나는 어떤 일이 발생해도 좋다고 결심을 하면서도, 집까지 10피트 정도 남아 있을 때는 몸에서 진땀이 났다 멈췄다 하기를 반복하였다. 그런데 나에게 갑자기 멋진 아이디어가 떠올랐는데, 그 아이디어란 "라즐로에게 구입하려고 했던 디젤 벤츠차를 900달러에 구입해서, 만약 현재 구입한 벤츠가 고장이 나면, 라즐로부터 구입한 디젤 벤츠의 부품을 이용하는 것이다"였다. 집에 도착하기 전 5피트를 남겨 놓고서는, 내가 이 계획을 실천하기 위해서는 조금 전에 구입한 폐품 같은 벤츠 차를 길거리에 버려둘 것이 아니라 우리 집 앞마당에 오늘 당장 갖다 놓아야 한다는 생각이 떠올랐다. 그런데 내가 이와 같이 이런저런 생각에 잠겨 있던 중 라즐로의 벤츠를 900달러에 구입하는 대안보다 더 세련된 아이디어가 생겨났다. 이로써 나는 폐품과 같이 운행하지 못할 수도 있는 이 차의 위험을 줄이는 새로운 방법을 알아내게 되었던 것이다. 그래서 나는 집으로 들어가서는 "여보, 내가 방금 3,000달러로 멋진 차를 하나 구입했어"라고 자신만만한 어투로 아내에게 말을 건넸다.

나의 이러한 위험 감소 전략은 무엇이었을까? 바로 그것은 내가 라즐로의 벤츠 차에 대한 콜 옵션을 매입하는 것이다.

그러면 어떻게 라즐로가 소유한 벤츠 차의 콜 옵션 가격을 결정하고 흥정해야 하는가?

"라즐로, 내가 6개월 후에 네가 추천한 정크 디젤 벤츠 차를 필요로 하면, 나에게 그 차를 900달러에 판다고 나에게 동의를 해주면, 내가 너에게 지금 50달러를 주마"(내가 알기로 유럽 차에 대해서 아메리칸 옵션을 행사하는 것이 불법은 아닐 것이다.)

그러나 라즐로는 내가 제안한 옵션이론을 곧바로 눈치 채고는 "6개

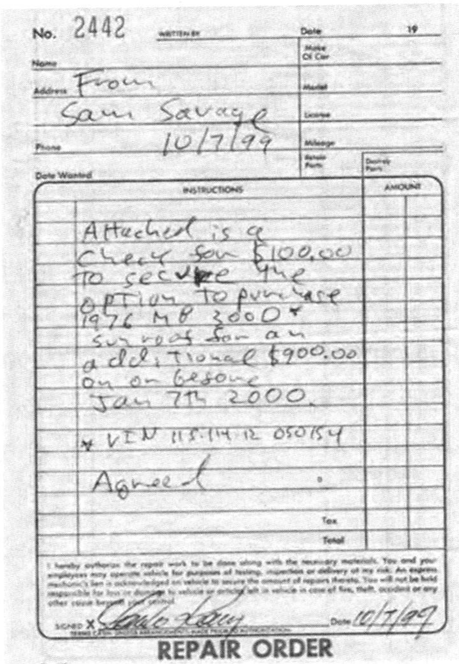

No. 2442 Written by Date 19

Name Make Of Car

Address From Model

Sam Savage License

10/7/99

Phone Mileage

Date Wanted

INSTRUCTIONS AMOUNT

Attached is a Check for $100.00 to secure the option to purchase 1976 MB 300D* sunroof for an additional $900.00 on or before Jan 7th 2000.

*VIN 115.114.12 050154

Agreed

Tax

Total

I hereby authorize the repair work to be done along with the necessary materials. You and your employees may operate vehicle for purposes of testing, inspection or delivery at my risk. An express mechanic's lien is acknowledged on vehicle to secure the amount of repairs thereto. You will not be held responsible for loss or damage to vehicle or articles left in vehicle in case of fire, theft, accident or any other cause beyond your control.

SIGNED X Date 10/7/99

REPAIR ORDER

월은 너무 길고, 3개월에 100달러로 하자"고 나에게 역제안을 해왔다. 그런데 나는 벤츠차에 관한 기초적인 지식 정도는 가지고 있었기 때문에, 이러한 나의 기초적인 지식을 토대로 내가 구입한 폐품 같은 이 벤츠차가 3개월 이내에 엔진이 내려앉지 않는다면, 그 이후에 이 차를 운행하는데 큰 문제가 거의 발생하지 않을 것이라고 판단하였다. 그래서 나는 이러한 나의 판단을 믿고 앞에서 기술한 대로 라즐로에게 100달러를 건네주었다.

앞의 사진은 복원 후의 벤츠와 포르쉐의 모습을 보여주고 있다.

요점 정리: 내가 구입한 벤츠 차는 구입 후 3개월 동안 아무런 문제가 없었기 때문에, 내가 라즐로와 맺은 콜 옵션 계약은 행사되지 않았다. 그러나 사실 이 옵션이 아무런 가치가 없이 소멸된 것은 아니다. 나는 이 옵션 때문에 내가 구입한 벤츠 차에 발생할지도 모를 문제로 받게 될 스트레스로부터 해방되어 내 수명이 아마도 2개월 정도는 연장되었을 것이라 믿고 있고, 그리고 위와 같은 내용이 이 책에 기술될 수 있었던 것이다.

제품성능 보장제 제공

이제 오래된 벤츠 차가 운행될 수 있도록 그 상태를 유지하는 대신에, 내가 여객기들에 관하여 위와 같은 옵션계약을 맺어야만 되는 경우를 고려해 보기로 하자. 내가 비행 중 가장 염려하는 것 중 하나는 비행기 엔진이 고장 나서 퍼덩크(코네티컷 주에 있는 작은 시골마을－역주)에 비행기를 비상착륙시켜야 하는 경우이다. 퍼덩크에 비상착륙한 비행기 기내에는 톨레도로 가는 화가 나 있는 110명의 승객들이 탑승해 있고, 그리고 톨레도 공항에는 멤피스로 가기 위해 이 여객기를 기다리는 130명의 승객들이 있다. 퍼덩크는 비행기 수리 유지 보수 시설장소와 멀리 떨어져 있지 않았기 때문에, 정비사를 디트로이트 시에서 비행기로 신속하게 데려 올 수 있고, 시카고 시에서는 필요한 부품들을 비행기로 운송해 올 수 있다. 이렇게 비상착륙한 비행기 엔진 수리 비용과

24시간 동안 운항을 하지 못해서 발생하는 비용은 최소한 10만 달러가 될 것으로 추정된다. 나는 이 순간 엔진제작 회사들이 엔진이 정상적으로 작동된다는 보증서를 왜 엔진 구매자에게 판매하지 않았는지 매우 궁금해졌다.

영국 사우샘프턴대학교의 공과대학 교수인 짐 스캘런에 의하면, 현재 비즈니스는 실물 옵션을 활용하여 기업의 이익을 최대화하는 방향으로 가고 있다고 한다. 그는 또한 "교통공학분야, 토목공학분야, 헬스케어분야 등을 포함한 여러 산업분야에서 고객들은 지속적으로 제품의 장기 성능과 비용에 대한 보장을 요구하고 있다"고 한다. 이를 구체적으로 기술하면, 비행기 엔진 제작사는 단순히 제트엔진만을 고객들에게 판매할 것이 아니라, 이제는 그들이 판매하는 엔진 성능을 보장하는 서비스와 관련된 파생금융상품들을 엔진 구매자들에게 판매해야 한다는 것이다. 이런 파생금융상품의 기초자산은 그들이 판매하는 제품 자체가 된다.

스캘런에 의하면 "현재 가스터빈을 구매하는 대부분의 민간 및 군수기업에서 일정한 비용을 제작사에 지불하면서 장기간 가스터빈의 성능이 보장되는 계약서를 요구하고 있는데, 이러한 계약을 통칭 "시간제 성능 보장제(power by the hour)"라고 한다는 것이다.

이러한 새로운 비즈니스 환경하에서 발생한 퍼덩크 비행기 엔진 오작동 사고는 제작사의 문제이다. 스캘런은 "엔진 성능과 이에 미치는 변수의 민감도에 대한 완벽한 지식이 없는 비행기 엔진 디자인 초기단계에서 위와 같은 보장제도가 고려되기 때문에, 이러한 엔진 오작동과 관련된 고객 서비스를 위한 파생금융상품은 가스터빈 제작자사에게 상당히 큰 비즈니스 위험을 안겨주게 된다"라면서 파생금융상품 사용에 관한 그의 의견을 조심스럽게 언급하였다.

그리고 스캘런은 이러한 문제를 더욱 복잡하게 만드는 요인은 "지금은 보장제도가 변해서 엔진 제작 시에 제삼자의 부품을 사용하는 것이 허락되고 있다"고 하였다. 그래서 요즘 엔진 제작사들은 예전에 그들의 수입원이었던 부품판매 수익이 많이 떨어진 상황에서, 경쟁사의 부품으로 운행되는 엔진의 성능까지도 보장해 주어야 하는 난감한 처지에 놓여 있게 되었다. 25장 내용으로 다시 돌아가 보면, 옵션 매입자는 큰 이익을 내면서 동시에 손실을 확실한 금액으로 제한시키고 있지만, 옵션 매도자는 옵션 매입자의 수익구조와 반대의 입장에 놓이게 된다. 사실 이와 같은 옵션의 이론에 의하면, 엔진 제작사는 엔진 부품에 대한 콜옵션을 판매하고 있는 것과 같은 것이다. 그래서 만약 퍼덩크에서 발생한 엔진 오작동 수리 때문에 발생되는 수리비용이 갑자기 하늘 높이 치솟기라도 한다면, 엔진 제작사는 이러한 엄청난 손실을 볼 수밖에 없다.

스캘런은 이러한 파생금융상품이 어떻게 엔진 디자인에 영향을 미치고 있는지를 다음과 같이 기술하고 있다. 그에 의하면 "이와 같은 비즈니스 패러다임 변화의 결과로써 롤스로이스 같은 회사들은 위에서 논한 비즈니스 위험을 디자인 단계에서 반영하기 위해 디자인 프로세스를 과감하게 변화시키고 있다. 특히 이 회사는 비즈니스 프로세스와 비즈니스 위험 분석, 그리고 기계공학적 디자인 고려 사항들을 긴밀하게 통합시키고 있다"고 한다.

스캘런은 위와 같은 문제를 해결하기 위한 목적으로 현재 여러 부서의 팀들과 공급업체, 로지스틱스, 생산, 법령, 마케팅, 전통적인 기계설계, 재료, 제조 분야 등의 전문가들이 서로 협력 작업을 할 수 있는 "데이텀(DATUM)"이라는 컴퓨터화된 디자인 시스템(computerized design system: CDS)을 개발 중에 있다.[1] 스프레드시트를 사용하여 이와 같은 시스템을 완벽하게 개발할 수 있는 방법은 아직 없기 때문에 스캘런은 다음 장에서 기술할 스프레드시트의 여러 대체안들 중 하나인 뱅가드(Vanguard) 시스템을 사용하여 이 시스템을 개발하고 있다고 한다.[2]

예전에는 행글라이더(우리들 등에 연과 같은 비행날개를 가죽 끈으로 단단히 매어 달고 절벽에 점프하여 활공하는 것)이었으며 항공 엔지니어였던 스캘런은 이런 경력 덕분에 지금 비행기와 관련된 비즈니스 위험을 다각도로 분석하는 전문가로 활동하고 있다. 최근에 그는 레노에서 열릴 컨퍼런스에서 그의 연구 결과를 발표하기 위해 미국에 와 있었다. 스캘런이 이 세미나 참가를 위해 런던발 샌프란시스코 노선 비행기를 타고 올 계획이었기 때문에, 우리는 사전에 샌프란시스코 공항에서 만나서 그곳에서 자동차를 렌트해서 네 시간을 운전하여 시에라 산맥을 거쳐 네바다로 가기로 약속을 했다.

이때 몇 년 만에 엄청난 비와 강풍을 동반한 강력한 폭풍이 베이만 지역을 강타하였는데, 그는 이 폭풍이 있기 몇 시간 전에 샌프란시스코 공항에 도착해 있었다. 그런데 시에라 산맥으로 통하는 도로는 이미 폭설로 폐쇄되어 있었고, 기상청에서는 시에라 산맥을 통과하려는 운전자들에게 "운전자 여러분은 시에라 산맥을 통과하려고 시도하지 마시기 바랍니다"라고 경고를 하였다. 또한 기상청은 "시에라 산맥으로 운행하려고 시도하는 것은 생명에 대단히 위험합니다!"라는 경고문을 그들의 웹사이트에 올려놓기도 하였다.[3] 그래서 나는 렌트카로 시에라 산맥을 통과하려는 여행 계획을 변경하기 위해 스캘런을 설득했으나, 그의 의지를 꺾을 수 없었고, 오히려 날씨가 그의 모험심을 더욱 부추겼다. 그는 위험을 토대로 한 비즈니스 계획들을 세워 실행하면서 다양한 경험들을 쌓아왔기 때문에, 이번과 같은 험악한 기후 조건하에서도 시에라 산맥으로 통과하는 자동차 여행을 시도하려고 하는 것이었다. 그래서인지 스캘런은 "일단 새크라멘토까지 가보도록 노력해 보자. 만약 그곳부터 도로가 막혀 있으면, 우리가 그곳에서 레노로 가는 기차를 탈 수 있는 옵션이 있을 수 있지 않겠냐?"라고 나에게 제안해 왔다.

웰스 파고 은행으로 돌아 옴

앞에서 언급한 웰스 파고 은행의 매튜 라파엘슨는 분명히 금융시장 분석가는 아니다. 그의 말을 빌리자면, 그의 수학지식의 활용 정도는 최근에 그가 관심을 갖고 있는 야구게임과 관련된 통계치들을 계산하는 수준밖에 되지 않는다고 하였다. 그럼에도 불구하고, 그는 1990년대 중반부터 웰스 파고 은행에서 분석적 모델링의 효율성을 향상시키기 위해 테리 다이얼이 시작한 프로그램에서 중요한 역할을 맡고 있었다. 지금은 수석 부사장이 된 그는 평균의 함정을 감각적으로 이해하는 수준까지 도달해 있고, 옵션에 관해서 상당한 수준의 지식을 갖추고 있다.

예금증서(certificate of deposit: CD)는 고객들이 그들의 자금을 최소 한 6개월 이상 은행에 저축해 두면, 은행이 이 자금에 대해 시중 이자보다 높은 이자를 지불하는 정기 예금계좌(savings account)이다. 라파엘슨은 웰스 파고 은행에서 현재 개발 중에 있는 새로운 CD에 대한 이 은행의 접근 방법을 다음과 같이 기술하고 있다. "상품 개발팀에서는 시중 이자율이 높아지면 CD 수익률이 높아지도록 업그레이드가 수시로 가능한 CD를 개발 중이다" 시중 이자율이 올라가면 CD 수익률도 분명히 올라가기 때문에 이러한 CD는 평범한 일반 CD보다 잘 팔릴 수 있을 것이다. 그러나 이 은행의 상품 개발팀에서는 0.1%의 가격 프리미엄을 제안했지만, 라파엘슨은 그 정도로는 충분하지 않다고 믿고 있다.

라파엘슨은 "지금까지 은행들은 다양한 형태의 이자율들을 반영할 수 있는 엑셀 모델을 사용하면서도 평균 이자율 값 하나만을 사용해 오고 있다. 이렇게 단 하나의 이자율을 사용하는 이유에 대한 타당성이 확보되기 위해서는 이자율의 변화폭이 앞으로 수년 동안 크지 않아야 한다"라면서 나에게 새삼스레 넋두리를 털어 놓았다. 그리고 그는 "이러한 CD 개발 문제는 분명히 전형적인 옵션 문제이다. 수시로 업그레이드가 가능한 CD를 매입한 고객들은 시중 이자율이 변할 때마다 CD를 업그레이드할 수 있는 권리를 가지고 있지만 의무는 갖고 있지를 않다. 이러한 상황에서, 단 하나의 이자율만을 사용해서 CD의 가치분석을 시도하는 것은 매우 위험한 접근 방법이다"라고 결론을 내렸다.

라파엘슨에 의하면, 평균 이자율 하나만을 사용하지 않고, 과거의 여러 이자율들을 사용해서 현재 개발 중인 CD의 경제성을 시뮬레이션해 본 결과, 웰스 파고 은행에서 이 CD를 판매해서 수익을 얻으려면, 이 은행에서 결정한 CD의 판매가격보다 대략적으로 5배 정도는 더 높은 가격으로 이 CD를 판매해야 한다고 주장하고 있다. 의사결정을 왜곡시키고 있는 위험한 평균의 오류를 토대로 멋진 대규모 엑셀 모델을 개발하는 것은 매우 쉬운 일이다. 그러나 라파엘슨은 "모델이 멋지게 보인다고 해서 그 모델이 유익한 것은 아니다"라는 것이다.

라즐로가 벤츠 차에 대한 콜 옵션을 나에게 팔았을 때, 그는 두 가지 측면에서 그의 계약을 보호받게 된 것이다. 첫 번째, 만기를 6개월에서 3개월로 줄인 것이고, 두 번째, 만약 내가 콜 옵션을 행사하지 않으면, 그가 나에게 팔려고 한 차를 그대로 그는 창고에 가지고 있을 수 있었다는 것이다. 그리고 내가 옵션을 행사하더라도, 그는 자동차 시장에 가서 운행이 가능한 300D 1976형 벤츠 차를 구하려고 다닐 필요가 없었다.

Book

옵션에 대한 나의 생각

매튜 라파엘슨 지음

많은 경우 옵션으로부터 미래에 발생할 위험에 대해 아무런 대가를 치르지 않고 위험을(반드시 항상 그런 것은 아님-역주) 보장받을 수 있기 때문에, 나는 우리들이 일상생활에서 가능한 한 많은 옵션들을 가지고 있어야 한다고 믿고 있다. 예를 들어, 나와 아내는 항상 호텔에서 체크아웃을 하는 시간에 늦지 않기 위해 여러 옵션들을 가지고 있다. 혹은 비즈니스 협상에서는 앞으로 건물 확장을 고려해서 건물 주위의 부지 소유자들과 그들의 부지를 먼저 사용할 수 있는 옵션계약을 맺도록 노력해야 한다.

그러나 대부분의 경우 옵션을 매도할 경우 작은 위험이기는 하지만 무제한적으로 손실을 볼 수 있는 가능성이 있기 때문에, 다른 사람에게 옵션을 매도(옵션에 대한 쇼트포지션을 취)할 때는 매우 신중해야 한다. 은행에서는 이러한 위험들을 분산시키는 경영방법을 가지고 있지만, 개인들은 이러한 옵션에 내재된 작은 위험을 은행처럼 쉽게 분산시킬 수 없다. 만약 개인이 옵션을 매도하는 입장에 있다면, 스스로를 보호할 수 있는 방법을 반드시 마련해야만 한다.

기억해야 할 사항

- 실물 옵션은 우리 일상생활에 산재해 있다.

잊어야 할 사항

- 독자 여러분은 옵션 거래자들이기 때문에, 내가 여러분에게 처음 블랙-숄츠 공식을 잊어버리라고 했을 때 잊어버리지 않았다면, 지금이라도 이 공식을 잊기 바란다. 왜냐하면 많은 경우 이 공식 대신에 열전달 미분 방정식을 이용해서 실물 옵션의 가치를 평가하고 있기 때문이다.

제31장
회계 분야에 딴죽 걸기

엔론사의 회계부정 사건은 나에게 직장을 잡기 위해 회계 분야에 응시한 세 응시자들의 다음과 같은 일화를 생각나게 하고 있다. 이 일화는 다음과 같이 전개되고 있다. 인터뷰 담당자가 세 응시자들에게 2+2의 답이 무엇이냐고 묻자, 첫 번째 응시자는 4라고 대답을 하였고, 두 번째 응시자는 문제가 너무나도 쉽기 때문에 속임수가 숨어 있다고 판단해서 5라고 대답을 하였다. 그런데 세 번째 응시자는 “당신들이 원하는 답이 무엇이냐?”고 반대로 인터뷰 담당자에게 물어서 이 응시자가 최종적으로 채용되었다는 것이다.

내가 이 일화를 접하고서는 웃지 않을 수 없었지만, 2001년 시카고에 소재한 제너앤블록 법률회사의 파트너인 마크 반 앨런이 일반회계원칙(Generally Accepted Accounting Principles: GAAP)이 평균의 함정 측면에서 회계사들로 하여금 잘못된 관행을 저지르게 하고 있다고 했을 때, 나는 더 이상 웃을 수 없었다. 마크는 경제학과 법학을 전공했기 때문에 확률과 통계에 관한 풍부한 지식을 가지고 있었고, 나는 그와 1년 동안 공동작업을 한 적이 있었다. 마크에 의하면, 재무회계 표준 위원회(Financial Accounting Standard Board: FASB)에서 결정한 조건부 회계의 규칙들 때문에, 내가 위에서 기술한 인터뷰에 관한 일화에서 세 번째 응시자와 같은 행동이 허락된다는 것이다.

나는 "도저히 그런 규칙을 믿을 수 없으니 로만 베일한테 전화를 해서 확인해 보아야겠다"라고 마크에게 반문을 하였다. 로만은 시카고 대학교에서 근무하는 회계학 분야의 교수이고, 내가 시카고 대학교에서 근무할 당시 동료였고, 그는 또한 회계법률 사건의 전문가로써 나에게 마크의 진술이 맞다고 확신시켜 주었다. 더욱이 로만은 1993년《회계지평(Accounting Horizon)》에 "재무제표에서 불확실한 계수를 기록하기 위한 규칙"에 관한 논문을 게재하였다.[1] 그는 회계 분야에서 불확실성을 처리하는 방법과 관련된 심각한 문제점들을 제기하면서 재무회계 표준 위원회에서 인정하는 계수의 모호함과 모순성을 명확하게 처리하지 않는 여러 관례들을 이 논문에서 폭로하고 있다. 나는 로만과 공동으로 이 논문을 저술한 재무회계 표준 위원회 회원들이 이 장에 기술된 문제들을 확실하게 인식하고 회계기록과정에서 발생되고 있는 많은 문제점들을 스스로 폭로한 용기 있는 사람들이라고 생각한다.

FASB와 평균의 함정 약형

나는《회계지평》에 게재된 논문에서 다음과 같은 멋진 예제들을 찾아내었다. 이 논문은 외상매출의 가치를 평가하는 방법에 관한 것으로, 나는 독자들의 이해를 돕기 위해서 이 논문의 원래 내용을 약간 수정하였다.

사례 1: 어느 회사가 외상 40만 달러를 상환할 확률이 90%이고, 상환하지 않을 확률이 10%인 고객 한 명의 외상매출 계정을 가지고 있다.

사례 2: 또 다른 회사는 외상 100달러를 상환할 확률이 90%이고, 상환하지 않을 확률이 10%인 고객 4,000명의 외상매출 계정을 가지고 있다.

위 두 회사의 외상매출 계정을 어떻게 비교해야 할 것인가? 이 질문에 대한 답은 〈그림 31.1〉에서 보는 바와 같이 각 사례의 불확실성에

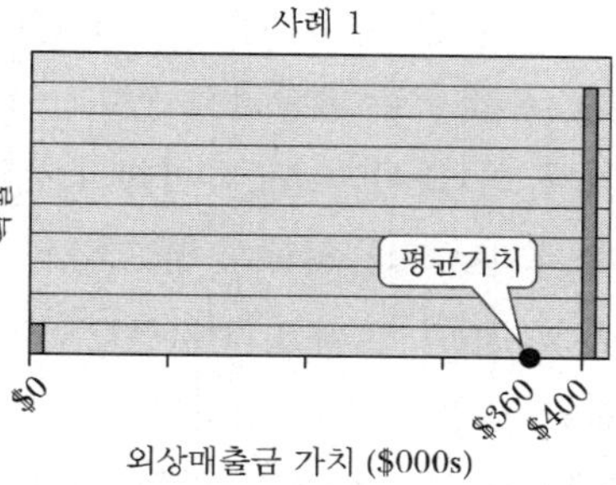

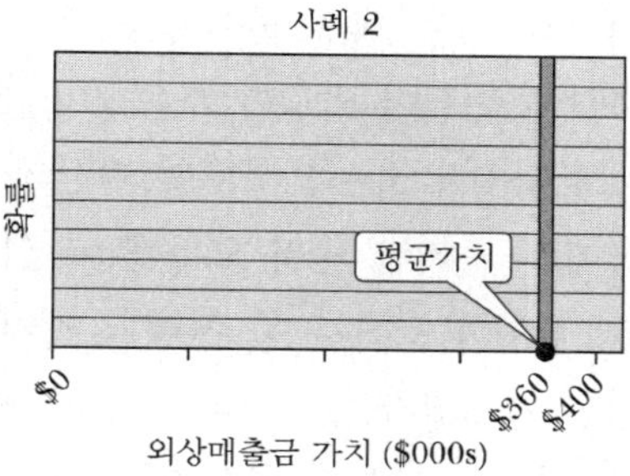

그림 31.1 외상매출 가치

대한 그래프 형태를 이용하여 얻을 수 있다. 사례 1의 경우 40만 달러를 모두 받든지, 아니면 전혀 받지 못할 수 있기 때문에 평균 외상매출 가치는 36만 달러가 된다. 사례 2의 경우, 4,000명의 고객들 중 정확하게 몇 명이 외상을 갚지 않을 것인가에 따라서 외상매출 계정의 가치는 다를 수 있다. 〈그림 31.1〉에 있는 그래프에서 막대그래프의 폭은 10,000달러이다. 이 그림의 오른쪽에 있는 사례 2의 그래프를 살펴보면, 이 회사의 외상매출액은 고객들이 분산화되어 있기 때문에 이 회사의 외상매출 가치는 36만 달러를 중심으로 막대그래프 폭 10,000달러 내에 존재하고 있다.

위 두 경우 외상매출계정의 시장가치는 얼마나 될까? 노벨 경제학 수상자인 마코위츠와 샤프에 의하면, 두 투자자산이 동일한 평균 가치를 가지고 있으면, 시장에서는 위험이 적은 자산의 가치를 더 크게 평가한다고 한다. 그러므로 외상매출액이 분산되어 있는 사례 2가 사례 1의 경우보다 더 높은 시장 가치가 있다고 평가를 받게 된다.

이제 회계사들의 세계로 돌아가 보자. 위에서 인용한 논문에 의하면, FASB가 외상매출금이 4,000명의 고객들에게 분산된 사례 2의 가치를 36만 달러로 평가하고 있다고 한다. 지금까지는 이러한 가치평가가 지금까지는 문제가 없다고 할 수 있다. 그러나 금융학 이론에 의하면, 사례 1의 위험이 사례 2의 위험보다 크기 때문에 사례 1의 외상매출계정의 가치를 사례 2의 경우보다 낮게 평가해야 한다. 그러나 FASB는 사례 1의 경우 채무 불이행 확률이 10% 밖에 안 되기 때문에 외상매출 자산에 손실이 발생할 가능성이 거의 없는 것으로 판단하고 있다. 그래서 FASB에서는 외상매출 자산의 가치가 더 적어야 하는 사례 1에 외상매출금 40만 달러 모두를 이 회사의 가치로 적용하도록 권고하고 있다. 만약 FASB가 두 사례의 가치 모두를 36만 달러로 평가했다면, 이러한 가치평가는 평균의 함정의 전형적인 약형에 관한 예라고 할 수 있다. 즉, 자산의 가치는 평균가치 하나만으로 완벽하게 표현될 수 없는 것이다. 그러나 두 자산이 동일한 평균 가치를 가지고 있는데, 위험이 더 높은 자산의 가치를 더 높게 평가하는 것은 현대 금융학에서는 완전히 해괴망측하고 이상스러운 평가라고 할 수 있다. FASB는 외상매출 자산의 평균 가치로 평가를 시도하는 대신, 자산의 손실이 발생할 가능성이 거의 없다면 이 자산의 최대가치를 자산의 시장 가치로 허락하고, 손실 발생 가능성이 조금이라도 있다면 "0"의 가치를 자산의 시장 가치로 허락하고 있어서 이러한 평가방법은 평균의 함정보다도 더욱 고약한 자산 평가방법이라고 할 수 있다. 이 예제를 통해 우리는 특정한 변수의 발생 가능성(probable)에 대한 정의가 제대로 내려 있지 않은 경우 고약한 자산의 평가기법이 어떻게 실행되는지를 알아보았다.

만약 1=2이면 내가 교황이다

회계표준에서 발생하는 모순성으로 인해 발생하는 불만스러운 점이 무엇일까? 버트런트 러셀이 한때 사람들이 잘못된 특정한 허위 사실을 받아들이기만 하면, 또 다른 허위 사실이 진실임을 증명할 수 있다고 하였다고 한다. 전하는 바에 의하면 러셀은 "무엇이라고? 만약 우리들이 2가 1과 같다고 가정하면, 당신이 교황임을 증명할 수 있다는 것인가?"라는 질문을 여러 사람들로부터 받은 적이 있었다. 이 질문에 대해서 러셀이 "물론이지. 교황과 나는 분명히 둘이지, 그러나 만약 2가 1과 같다고 하면, 교황과 나는 하나가 되는 것이지 않나? 그러므로 나는 교황이다"라고 답을 하였다고 한다. 만약 사례 1의 외상매출의 장부상 가치가 40만 달러이고, 사례 2의 장부상 가치가 36만 달러라는 가정을 받아들인다면, 러셀의 위와 같은 논리가 비즈니스 분야에 어떤 영향을 미치게 되는가?

회사의 유일한 자산이 사례 2와 같이 장부가치가 36만 달러인 외상매출 자산만을 가지고 있는 경우를 고려해 보자. 그리고 이제 이 회사가 정도를 벗어나서 이 회사의 실질가치를 궁극적으로 감소시킴에도 불구하고 장부가격을 높이기를 원한다고 하자. 그러면 이 회사는 다른 회사의 사례 1과 같은 외상매출 자산과 이들의 외상매출 자산을 서로 교환하려고 할 것이다(사례 2 회사의 외상매출 자산의 가치가 시장에서 실질적으로 더 높게 평가되기 때문에, 시장에는 이러한 교환을 하려는 많은 투자자들이 존재할 것이다).

위와 같은 교환이 이루어지면, 이 회사의 실질가치는 낮게 평가되지만 장부상 가치는 증가하게 될 것이다. 금융시장에서는 현재 많은 회사들이 FASB의 경고를 전혀 받지 않은 상태에서 위와 같은 가치평가와 거래의 결과로 인하여 회사의 실질가치가 더욱 악화되는 상태에서, 장부상 가치만이 개선되는 거래가 실행되도록 거래투자자본이 용이하게 조달되고 있다. 엔론사의 스킬링은 자신도 자기 회사의 회계사들에게 회계적 의사결정을 전적으로 의지 해왔다고 하는데, 이러한 사실이 엔론사의 회계부정 사건과 관련된 많은 사실들을 암시해 주고 있다고 할 수 있다.

FASB와 평균의 함정의 강형

여러분은 1973년에 발표된 블랙-숄츠의 옵션 공식이 주식옵션과 관련된 평균의 함정을 개선하였음을 기억하고 있을 것이다. 다시 이를 기억하는 차원에서 25장의 예로 다시 돌아가, 현재주가가 20달러인 주식의 유럽피언 콜 옵션을 고려해 보기로 하자. 이 콜 옵션은 이 옵션 매입자에게 12주 후에 주식을 21달러에 매입할 수 있는 권리를 제공해 주고 있다. 만약 12주 후에 주식의 가치가 평균 가치이면(평균가치는 21달러

이하), 이 콜 옵션은 실행되지 않고 무가치하게 소멸하게 된다. 그러므로 평균주가를 토대로 계산된 옵션 가치는 0이 되지만, 만약 주가가 21달러보다 크면 이 옵션의 평균가치는 0보다 크게 된다. 사실 주가의 변동성으로 측정되는 주가의 불확실성이 크면 클수록 옵션의 평균가치는 더 커지게 된다.

블랙-숄즈의 옵션이론이 발표되고 20년 이상이 지난 후, 1995년 FASB는 옵션이론의 기본적인 원칙들을 인정한다는 성명서를 발표하였다.[2] 이 성명서로 옵션의 공정가치가 현재 주가, 행사 가격, 옵션 만기일, 주가 변동성, 추정 배당금, 무위험 이자율 등에 의하여 결정된다는 사실이 인정된 것이다.

이를 회계표준의 타성과 비교해 보면, 항공모함이 고무보트처럼 여기저기 돌아다니는 꼴과 같다고 할 수 있으나, 나는 FASB가 그래도 아무런 행동을 취하지 않은 것보다는 늦게라도 위와 같은 행동을 취한 것이 다행이라고 생각한다. 그러나 1995년은 아직 옵션 게임의 초반전이었고, 옵션 매입 즉시 옵션을 행사할 경우 손실을 보는 옵션의 가치를 0으로 하는 경우가 많았었다. 이러한 방법으로, 회사에서는 그 회사의 주가를 상승시키기 위한 동기로써 종업원들에게 자기 회사의 옵션들을 배당해줄 수 있었고, 만약 이 옵션이 아무런 가치가 없게 되면, 회사에서는 이 옵션들을 비용으로 회계처리할 필요가 없었다. 그래서 2003년 하버드대학교 경영대학원에서 출간하는 《하버드 비즈니스리뷰(Harvard Business Review)》는 노벨 경제학 수상자인 로버트 머튼이 기고한 〈마지막으로: 주식옵션은 비용이다(For the Last Time: Stock Options Are an Expense)〉라는 제목의 논문 한 편을 게재하였다.[3] 이 논문이 발표된 후 2004년 12월에 FASB는 옵션을 포함한 모든 형태의 주식 보상안은 비용으로 반드시 처리해야 한다는 내용을 골자로 성명서 123R를 발표하였다.[4]

블랙-숄즈 공식이 발표되고 수십 년이 지난 후, FASB가 이 공식을 실질적으로 서서히 받아들이기 시작한 것이다. 그러나 평균의 함정과 관련된 이와 유사한 다른 문제들은 어떨까? 가스 생산비용보다 가스 판매가격이 낮으면, 가스 펌핑을 멈출 수 있는 옵션이 포함된 천연가스 투자프로젝트를 다시 생각해 보기로 하자. 이와 유사한 옵션들이 유전 개발 프로젝트들을 비롯해서 다른 여러 천연자원 개발 프로젝트들에도 존재하고 있다. 이러한 옵션 가치는 옵션의 기초자산의 현재가치에 의해서 추정되기는 하지만, 그 가치의 대부분은 오일, 가스, 광산물 등과 같은 기초자산 가격의 변동성에 의해 결정되고 있다. 그러나 나는 2005년 《월스트리트저널》에 실린 석유 매장량의 가치 측정에 관한 기고문에서 SEC(Securities and Exchange Commission: 미 증권거래위원회)가 석유 소유권 평가는 연말(일반적으로 12월 31일)에 형성된 오일 가격을 토대로 이루어져야만 한다는 규정 내용을 보고서는 매우 놀라웠다.[5] 그래서 나는 그 당시 《월스트리트저널》로부터 답을 받지는 못했지만, 다음과 같은 편지를 이 신문사에 보냈었다.

> 나는 2005년 2월 14일자 《월스트리트저널》에 실린 석유 매장량 가치 측정에 관한 기사를 매우 유익하게 읽었습니다. 그런데 SEC에서 석유 매장량 가치를 측정할 때 아직도 평균 석유가격을 토대로 해야만 한다는 내용을 보고선 나는 매우 놀라웠습니다. 사실 석유 소유권은 한계 생산비용을 행사가격으로 하는 콜 옵션 형태입니다. 블랙-숄즈 덕분에 주식의 콜 옵션 가치는 주식의 평균가격(여기서 주식의 평균가격은 옵션 만기일에 발생하는 주가의 기대가격이 아니고 현주가의 평균가격을 일컫는 것임 – 역주), 주가의 변동성, 그리고 옵션의 만기일에 의하여 결정된다는 사실은 잘 알려져 있습니다. 평균 주가를 토대로 주식 옵션을 평가하는 것은 지구가 평편하다는 믿음과 같이 근본적으로 잘못된 것인데도, 이와 똑같은 원칙이 석유 매장량의 가치를 결정하는데 적용되고 있습니다. 석유 가격의 높은 변동성과 석유 소유권의 기간이 알려진 상황이라면, 내가 믿는 바로는 SEC의 가치 측정 방법론은 석유 매장량의 가치를 상당히 많이 저평가하게 만들게 될 것입니다.

이렇게 잘못된 SEC의 견해는 심각한 결과를 초래하고 있다. 예를 들어, 스탠퍼드 대학교 법과대학 교수인 제프 스트내드(Jeff Stnad: 이것은 오자가 아니다. 제프는 체코슬로바키아 이민자의 후손인데 체코슬로바키아어는 원래 모음의 불완전성이 남아 있다)는 석유매장량 가치평가시 SEC가 석유탐사개발투자 프로젝트를 기초 자산으로 하는 실물 옵션을 무시하게 함으로써 미국의 에너지 개발이 후퇴하고 있다고 한다.[6]

나는 사담 후세인이 석유가격에 투기를 하고 난 후, 무력시위로 현금을 챙기려 했다는 소문을 들었던 적이 있다. 이 소문이 사실이든 아니든 상관없이 에너지와 이해관계를 갖고 있는 각 나라와 그 나라의 정치인들은 높은 석유가격이 아닌 높은 석유가격의 변동성으로부터 엄청난 이익을 얻고 있는 것이 현실이다.

《회계지평》에 게재된 논문에서 영감을 얻은 나와 마크 반 앨런은 GAAP가 허락한 재무제표에서 불확실성을 처리하는 방법을 조사해서 얻은 내용들을 정리하여 《포트폴리오 경영저널(Journal of Portfolio Management)》에 〈불확실성에 대한 회계(Accounting for Uncertainty)〉라는 논문을 발표하였다.[7]

회계 분야 발전을 위한 건설적인 비판

비즈니스 분야에서 특정한 그룹의 사람들을 위해 특별한 사건이 발생하지 않는다면, 이 비즈니스 분야는 절대로 변하지 않는다. 그러나 변화의 바람은 자주 뜻하지 않게 몇 명의 부정한 사람들에 의해 발생된 사건 때문에 불어오기도 한다. 예를 들어, 2001년 엔론, 월드컴, 타이코사의 회계부정 스캔들이 발생한 후 미 의회에서는 사베인스-옥슬리 법(Sarbanes-Oxley Act.)을 통과시켰다. 이 법령에 의하면, 주식시장 상장사의 CEO들은 그들 회사의 모든 재무제표의 내용을 보증해야 한다. 음… 미국의 재무법령 자체가 수리적 오류를 포함하고 있는데, CEO들이 그러한 오류들을 법적으로 보증을 해야 한다! 그렇다면 나는 이러한 곳 어딘가에 또 다른 사업기회가 반드시 있을 것이라고 짐작하는데….

규칙과 원칙

현재 미국의 회계표준은 규칙을 토대로 구성되어 있다. 즉, 광범위한 기본적인 원칙들에 의하여 회계표준을 수립하는 대신, 무엇인가가 현재의 규칙들 사이에 틈이 생길 때마다 새로운 규칙들이 만들어지고 있다. 나는 이러한 규칙 위주의 회계표준 시스템 설계를 마주치게 될 때마다 2세기 때의 천동설을 생각하곤 한다. 천동설은 궤적이 확실한 해와 달이 자체의 원구를 가지고 지구를 중심으로 돌고 있다는 가설로 시작한다. 그러나 다른 천체들을 천동설에 첨가하면 대혼란이 발생하게 된다. 천동설에 첨가된 각 천체들 내의 행성들은 자신들만의 달을 갖고 있는 천체 주위를 돌고 있는 또 다른 천체를 필요로 하고 있다. 이렇게 되면, 우주에는 매우 볼썽사나운 상황이 전개되고 말 것이다.

1500년대 중반 천동설에 반한 코페르니쿠스는 태양이 중심에 있다는 지동설을 대안적 모델로 제시했다. 1600년대 초에는 갈릴레오가 원시적 망원경을 사용하여 코페르니쿠스의 지동설 주장을 증명하였고, 이러한 주장 때문에 그는 바티칸에서 감옥살이를 하게 되었다. 1600년대 말에는 케플러와 뉴턴이 코페르니쿠스의 영향을 받아서 여러 가지 중력의 원칙들을 발견하였고, 이러한 원칙들의 발견으로 나중에 지구상에서 일어나고 있는 모든 물리적 운동들이 설명될 수 있었다. 지동설이 알려진 지 수 세기가 지나서, 우리 인간들은 케플러와 뉴턴의 법칙으로 인공위성들의 천체 운동을 쉽게 예측할 수 있는 일반화된 태양계의 원칙과 기준 모델을 수립하는 것이 가능해졌다. 교황청으로부터 실형을 받았던 갈릴레오는 1992년 면죄부를 받았다.

사베인스-옥슬리 법은 회계 분야에 원칙을 기준으로 하는 회계시스템을 요구하고 있다. 불확실성을 다룰 수 있는 전에 개발된 여러 훌륭한 원칙들이 있음에도 불구하고, 이러한 원칙들이 그동안 회계 분야에서 왜 적용될 수 없었을까? 예를 들어, 국제회계표준위원회(International Accounting Standards Board: IASB)는 각 회계위원회에서 원칙을 기준으로 해서 회계표준을 설정해야 하고, 회계표준이 확률을 다루고 있어야 한다고 주장하고 있다.

이를 위해 FASB는 이미 옵션 가치를 계산하기 위해 블랙-숄즈 공식, 이항격자모델, 혹은 몬테카를로 시뮬레이션 기법 등과 같은 몇 가지 대안들을 제안하였다.[8]

그럼에도 불구하고 세계 금융시장에는 몇 년마다 한 번씩 집적된 위험과 같은 보기 흉한 모습들이 나타나는 큰 문제가 남아 있다. 이러한 집적된 위기는 1998년 LTCM 금융사건에서 발생하였고, 다시 2008년 서브프라임 모기지로 인한 금융위기 때도 발생을 하였다. 투자전략과 요트 갑판에서 균형을 유지하려는 활동의 유사점을 기억해 보기 바란다. 시뮬레이션 모델은 우리들에게 선원과 승객들이 갑판에서 아래로 떨어지거나 밖으로 떨어져 물속으로 빠질 확률을 알려주고 있다. 이제 요트 내에 있는 모든 사람들이 여러 형태의 바람과 파도들을 이자율, GDP, 주택가격들과 대치해서 자신들만의 모델을 실행한다고 가정해 보자. 이러한 모델의 취약점은 요트 내에 있는 모든 사람들이 한쪽으로만 움직일 때 발생하는 위험처럼, 금융시장에서 발생하는 동일한 종류의 위험을 금융시장 규제자와 감시자들에게 알려주기 위해서 사용되고 있는 여러 모델들이 서로 긴밀하게 연결되어 있지 않다는 것이다. 예를 들어, 내 모델은 오른쪽에 묶여 있고 여러분의 모델은 왼쪽에 묶여 있다고 하자. 이러한 상태에서 오른쪽에 여러 다른 모델들을 첨가하면, 특정한 시점까지는 이 요트가 완벽하게 균형을 유지할 수 있으나, 어느 순간부터는 집적된 위험이 표면으로 나타나게 되어 이 요트가 한쪽으로 크게 쏠림 현상을 보이거나, 경우에 따라서는 전복될 수 있다. 그러나 만약 시장 규제자들이 바람과 파도를 적절하게 관리할 수 있는 통합된 모델 하나만을 시장에 제공한다면, 이 모델로 인하여 시장에서 사용되는 독립된 모델들이 서로 정보를 긴밀하게 주고받을 수 있기 때문에 시장이 큰 위험에 노출될 때, 이러한 위험에 투자자들이 효과적으로 대처할 수 있을 것이다. 이렇게 독립적인 모델들 상호간에 긴밀한 관계성이 유지되는 시스템은 석유탐사 개발 프로젝트들의 포트폴리오에 집적된 위기를 관리하기 위해 쉘 석유회사에서 개발한 모듈적 방법과 유사한 것이다.

2008년 6월 FASB는 내가 2001년에 제너앤블럭 법률사의 마크 반 앨런 때문에 처음으로 관심을 갖게 된 법적 소송문제에서 발생될 수 있는 잠재적 손실 등과 같은 조건부 회계에 관한 수정초안을 발표하였다.[9] 반 앨런은 “불행하게도 그 초안은 조건부 채무를 측정하기 위해 사용되는 평균값에 의해서 발생되는 문제점들을 해결하지 못하고 있다”고 이 초안을 비평하였다. 앨런에 의하면, FASB가 발표한 임시 변통적이고 땜질식 해결안은 프톨레마이오스계에서 중심이 다른 대원의 원주 상을 공전하고 있는 소원들을 망가진 프롤레마이오스 모델에 첨가하는 것과 같다는 것이다. 이제 FASB에게 필요한 것은 (1) 기업의 자산과 부채의 가치는 불확실하다고 인정해야 하는 것이고, (2) 불확실성을 이해하고, 표현하고, 설명할 수 있는 가장 바람직한 방법은 단순한 평균값이 아닌 확률분포함수라는 사실을 인정하는 코페르니쿠스적 사고로 전환하는 것이다.

로만 웨일은 그가 FASB에 보낸 FASB의 6월 수정안에 관한 그의 편지에서 FASB는 확률이론의 원칙을 회계 분야에 도입해야 하고, IASB가 제한적 범위 내에서나마 인식하고 있는 견해를 따라야 한다고 주장하고 있다. 웨일의 주장은 다음과 같다.

“경제학 강의자들은 정책을 수립할 때 만약 최선의 대체안을 선택할 수 없으면, 차선의 대체안이 채택되어야 하기 때문에 후자가 선택되는 데에 전자가 방해가 되어서는 안 된다고 가르치고 있다. 그러나 나는 위 상황과 같은 경우 바람직하지 않은 사건들을 지속적으로 유발시키고 있는 차선의 해법이 현재의 FAS 5 규칙하에서 선택되지 않도록 IASB 접근법(최선의 해법)이 그 역할을 충분히 해야 한다고 믿고 있다. 그렇지 않으면, 현재 실행되고 있는 관례 때문에 우리는 미래에 이를 폐기하고 올바른 원칙을 행하려고 할 때 엄청난 비용과 노력을 그 대가로 치러야 할 것이다.”

제7부

공급망에서 발생하는 평균의 함정

평균의 함정은 공급망 관리에서 아주 중요한 역할을 하고 있다. 다음 32장은 공급망에 필요한 기본적인 마인들을 기술하고 있다. 그리고 33장과 34장에서는 제약회사와 중화학 산업 분야의 예제들이 공급망과 관련해서 기술되어 있다.

제32장

공급망의 DNA

이 책의 초반부에서 논한 소멸성 항생제 재고 예제를 다시 생각해 보기로 하자. 사실 이 예제는 모든 재고문제의 DNA라고 할 수 있다. 그러면 소멸성 항생제 재고 예제는 공급망상에 있는 하나의 연결고리로 생각해 볼 수 있다. 경영과학자들은 이러한 재고문제가 신문의 불확실한 수요를 고려하면서 신문 부수를 구입해야 하는 사람들이 직면하는 딜레마와 유사하다고 생각해서, 이러한 재고문제를 뉴스보이 문제(Newsboy Problem)라고 한다. 만약 신문수요가 구매한 부수보다 적으면, 팔고 남은 신문은 폐기되고, 이와 반대로의 경우에는 더 많은 수익을 올릴 수 있는 기회를 잃게 된다. 이와 같이 제약회사의 경우에도 과도한 소멸성 항생제 재고가 발생하면 재고 단위당 손상비로 5달러가 발생되고, 수요보다 적은 재고가 발생하면 부족분 재고량 단위당 급속 항공 운송료로 50달러가 발생되고 있다.

이 제품의 평균 수요량이 5개라고 가정해 보자. 만약 회사에서 이 제품의 재고로 5개를 가지고 있는데, 실질 수요량이 5개이면, 페널티(불이익)는 없기 때문에 재고비용은 0이 된다. 내가 강의실에서 이 경우 평균 재고비용이 "0"이라고 잘못된 주장을 해도 거의 모든 학생들과 회사의 최고경영자들이 나의 이러한 잘못된 주장에 충실하게도 고개를 끄덕이면서 동의를 하고 있다.

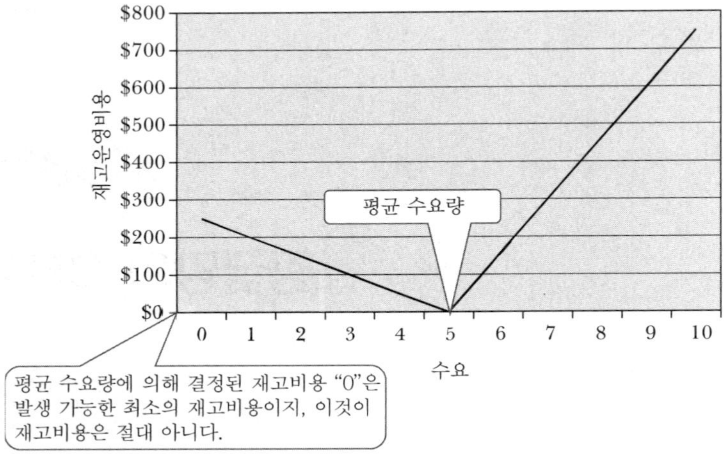

그림 32.1 재고량이 5개인 경우 운영비용 대비 실질 수요량

그러나 〈그림 32.1〉에 있는 운영비용 대비 수요량에 관한 그래프를 살펴보면, 5개의 항생제 평균 재고량과 수요량의 차이가 어느 방향에서 발생하든지 페널티가 발생해서 평균 재고비용은 항상 0보다 크다는 사실은 분명하다. 그러나 0보다 얼마나 큰 것일까?

위 질문에 대한 답을 하기 위해서는 항생제 수요량에 관한 확률분포 함수가 필요하다. 항생제 수요량이 비체계적 계절성을 갖고 월별로 변

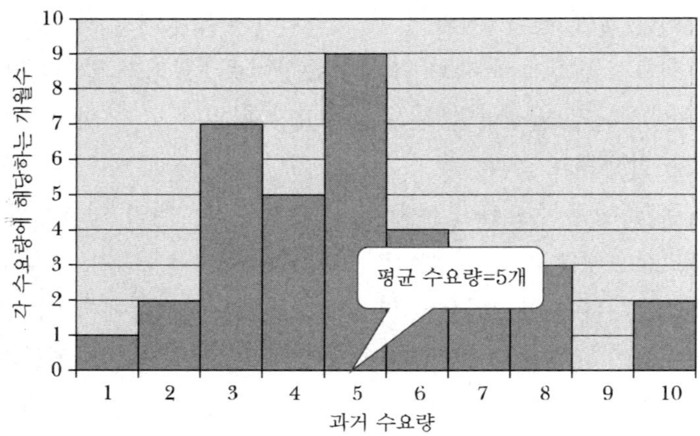

그림 32.2 과거 수요량에 관한 히스토그램

한다고 가정해 보자. 〈그림 32.2〉는 과거 36개월 동안 발생된 항생제 수요량 자료를 막대그래프로 보여주고 있는데, 이 제품의 재고관리자가 이를 참고하면 다음 달 수요량에 관한 확률분포 정보를 추정해 볼 수 있는 아이디어를 얻을 수 있다.

이 문제에 대한 단순한 접근법은 내가 릭 메드레스와 영화 매출액 문제에서 다룬 반복적 샘플링과 같은 계산 기법을 사용하는 것이다. 이 기법은 개념적으로 다음과 같이 작동된다. 먼저 36개의 탁구공을 가지고 반복적 샘플링 작업을 시작하는 것인데, 이 중 1개의 공은 "1"이라고 적고, 2개의 공에는 "2"를, 7개의 공에는 "3"을, 5개의 공에는 "4"를, 그리고 〈그림 32.2〉에 있는 모든 히스토그램의 정보를 표시할 수 있을 때까지 이와 같은 숫자를 공에 적어 놓는다. 그런 후 36개의 공을 복권 추첨통에 집어넣는다.

이제는 추첨통에서 탁구공들을 반복적으로 끄집어내고, 〈그림 32.1〉에 표시된 것처럼 비용함수를 사용하여 패널티를 계산하고, 다시 그 공을 추첨통에 넣는다. 수요량과 관련된 탁구공의 수는 그 수요량이 발생할 가능성과 비례하고 있기 때문에 항생제 수요량 확률분포함수는 정확하게 탁구공의 샘플링 결과에 의해서 복제가 된다. 이와 같은 작업의 결과가 〈그림 32.3〉에 나타나 있다. 이러한 프로세스를 상호교환 작용

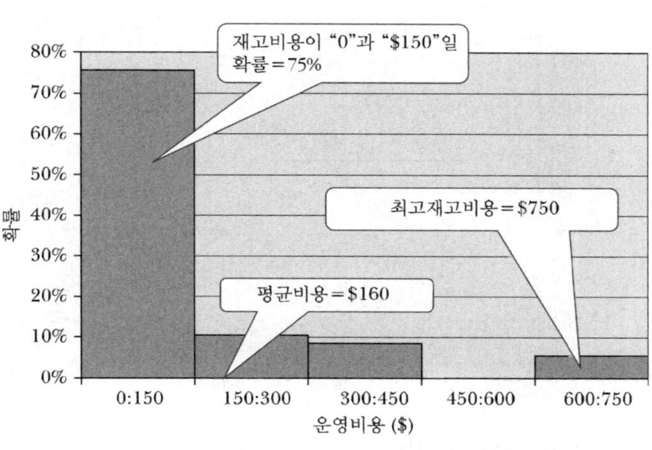

그림 32.3 〈그림 32.2〉의 불확실한 수요량에 대한 운영비용 확률분포

하는 컴퓨터 시뮬레이션에서 실행하면 그 결과를 즉시 얻을 수 있는데,[1] 여러분이 FlawOfAverages.com을 방문하면 이러한 시뮬레이션 모델을 볼 수 있을 것이다.

히스토그램과 더불어 시뮬레이션 모델을 이용하면, 평균적으로 5개의 재고가 있는 경우 재고비용이 0이 아니고 160달러임을 즉시 알 수 있다. 누가 처음에 5개의 항생제가 정확한 재고량이라고 말을 했단 말인가?

단지 평범한 너트

항생제 재고량을 변화시키면서 위 시뮬레이션 모델을 반복적으로 실행하면, 최적의 재고 정책안을 수립할 수 있다. 〈그림 32.4〉는 재고량을 1개부터 9개까지 고려하여 시뮬레이션을 실행한 결과를 보여주고 있다.

이 그림의 하단에 있는 재고비용 선을 관찰해 보면, 재고량이 5개인 경우보다 6개일 때 재고비용이 약간 더 적게 나타나 있다. 항공 운송비가 만기비용(만기비용은 일반적으로 고정자산의 감가상각비와 같은 비용들을 일컫는 것으로 본문에서는 제품의 재고로 인하여 발생되는 부품가치의 하락 정도를 의미함 – 역주)보다 클 경우, 이것은 놀랄 만한 결

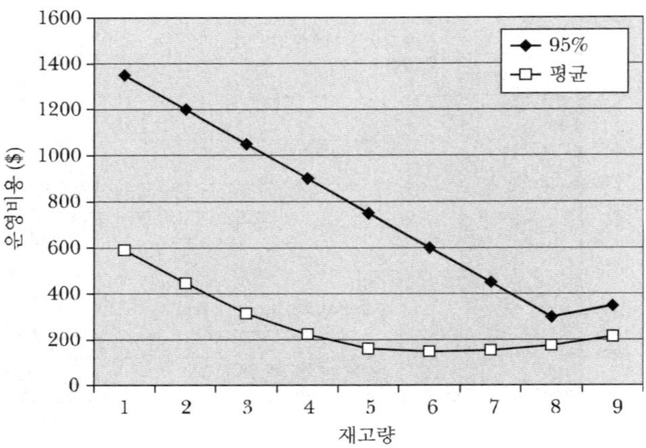

그림 32.4 재고량 수준별 평균비용

과가 되지 못한다. 그러나 이 그림의 상단에 있는 선은 95 백분위 수를 고려한 위험성을 보여주고 있다. 이 선은 재고비용이 이 선에 나타난 재고비용만큼 커질 확률이 5%임을 의미하는 것이기 때문에, 이 선의 재고비용을 최악으로 발생 가능한 재고비용으로 간주할 수 있다.

이 그래프는 정신과 의사가 환자 접대용 의자에 드러누워서 환자의 상태를 기록하는 "파 사이드(Far Side)" 만화를 연상시키고 있다. 항상 그렇듯이, 이런 의사의 진단은 "단순하면서도 누구나 내릴 수 있는 진단"일 뿐이다. 〈그림 32.4〉는 재고량이 몇 개이어야 하는지를 정확하게 알려주지 않는다. 그러나 이 그림에 있는 대부분의 재고량들은 우리들이 쉽게 추측할 수 있는 것들이다. 항생제 재고량이 6개 이하인 경우는 높은 평균 재고비용과 이렇게 높은 평균 재고비용이 발생할 높은 확률이 존재하고 있기 때문에, 재고량 1부터 5까지는 재고량이 6개인 경우보다 더 많은 손실을 발생시킬 것이라고 누구나 쉽게 추측할 수 있다. 그리고 재고량이 9개인 경우는 재고량이 8개인 경우보다 더 높은 평균비용과 발생확률을 가지고 있으므로, 9개의 재고량도 또한 재고량이 6개인 경우보다 더 많은 손실을 발생시키는 것이 사실이다. 그러나 재고량 6, 7, 8개인 경우, 어느 재고량이 확실하게 더 많은 손실을 발생시키는지를 판단하기 어려우므로 이 세 재고량 중 하나의 대안을 선택해야 한다면, 이러한 의사결정은 재고량 6, 7, 8개 중에서 평균비용이 낮은 재고량에 비해서 더 많은 재고비용을 발생시키는 재고량으로부터 얻게 되는 이익의 위험성을 상쇄시키는 효과를 고려해서 의사결정을 해야 한다.

부족함이 더 바람직할 경우

경우에 따라서는 단순한 모델이 우리들이 원하는 모든 정보들을 제공해주기도 한다. 마틴 판콤브는 여러 대형 회계법인 회사에서 경력을 쌓은 후, 이제는 독립해서 구매 분야의 컨설팅 업무를 하고 있는 영국인이다. 그는 기본적인 뉴스보이 문제를 사용해서 유럽의 한 대형 통신회사가 비용을 절감할 수 있도록 컨설팅을 해준 적이 있었다. 이 통신회사는

2,500개에서 5,000개 사이에서 불확실하게 발생하는 수요량을 고려해서 매월 특정한 통신기어 부품을 주문하고 있었다. 그런데 이 통신회사의 부품 공급자는 주문자가 한 번에 10,000개의 부품을 주문하면, 10%의 할인을 제공하고 있었다.

판콤브는 "이 통신회사가 10% 할인율을 제공받기 위해서는 월별로 소량을 주문하기보다 분기별로 10,000개를 주문했어야 했다. 그런데서 이 통신회사는 부품이 바닥이 나면 고객들에게 부품 전달이 지연되는 것을 걱정하고 있었다"라면서 이 회사의 잘못된 주문정책을 지적하였다. 이렇게 지연된 부품 전달에 의하여 발생되는 비용은 이 장의 소개 부분에 기술된 항생제 예제의 항공 운송비와 같이 재고 부족분에 의하여 발생되는 페널티와 같은 것이다. 판콤브는 계속해서 "그러나 이 회사가 수요량보다 과다하게 주문을 하면, 판매되지 않은 재고의 금융비용을 더 걱정하고 있었다"라고 하였다. 이러한 금융 비용은 뉴스보이 문제에서 항상 발생되고 있는 두 재고비용 중 하나이다.

판콤브는 재고문제를 해결하기 위해서 과거의 수요량 자료를 먼저 수집하고, 이렇게 수집된 자료를 이용해서 1개월에 해당하는 수요량을 임의적으로 재샘플링하는 작업을 표시 하는 셀(엑셀의 칸－역주) 세 개로 구성된 스프레드시트 모델을 작성하는데 대략 60초면 충분하다고 한다. 그러면 세 개의 월별 수요량을 반복적으로 샘플링해서 얻은 값이 분기별 수요량을 시뮬레이션해서 얻은 값과 같게 된다. 판콤브는 "이 회사가 분기별로 한번에 10,000개의 부품을 주문하면, 적절하게 고객들의 수요도 충족시키면서 과잉재고는 대략 4년에 한 번 정도만 발생되는 재고정책안을 내가 이 회사에 보여줄 수 있다. 그리고 이 문제를 해결하기 위해 필요한 작업을 끝내기 위해서 단 2분이면 충분하다"고 한다. 이 통신회사는 판콤브의 제안에 확신을 갖고, 그의 모델을 수용해서 1회 주문량을 10,000개로 결정하였다고 한다. 판콤브는 "이 통신회사는 비용을 절감하고 더 많이 팔아서 행복하고, 그래서 나 또한 행복하다. 매일 이와 같이 항상 행복하기만 했으면 좋으련만!" 하면서 그의 이야기를 끝맺었다. 불행하게도, 세상일이란 것이 매일 이와 같이 기분 좋을 수만은 없는 것이다. 그리고 현장에서 발생하는 문제는 이보다 더 복잡하기 때문에 공급망 문제를 최적화시키는 것은 항상 어려운 과제라고 할 수 있다.

소몰이 채찍 효과

뉴스보이 문제는 하나의 연결고리로 구성된 공급망 문제이다. 그러나 대부분의 공급망은 소매업자, 도매업자, 운송업자, 생산자 등 다양한 연결고리로 구성되어 있다. 이 공급망을 구성하고 있는 각 연결고리는 그들만의 독립적인 재고량을 가지고 있고, 그리고 각자 독자적인 망을 구성하고 있어서 이로 인하여 공급망 내에는 우리들이 해결하기에 어려운 문제들이 항상 존재하고 있다.

5장에서 기술한 대로 여러분이 FlawOfAverages.com을 방문해서 비행 시뮬레이터를 작동해 보면, 비행 초기에 비행속도가 급격하게 변해서 비행기 통제가 불가능해지는 현상과 마찬가지로 초기에 공급망 시스

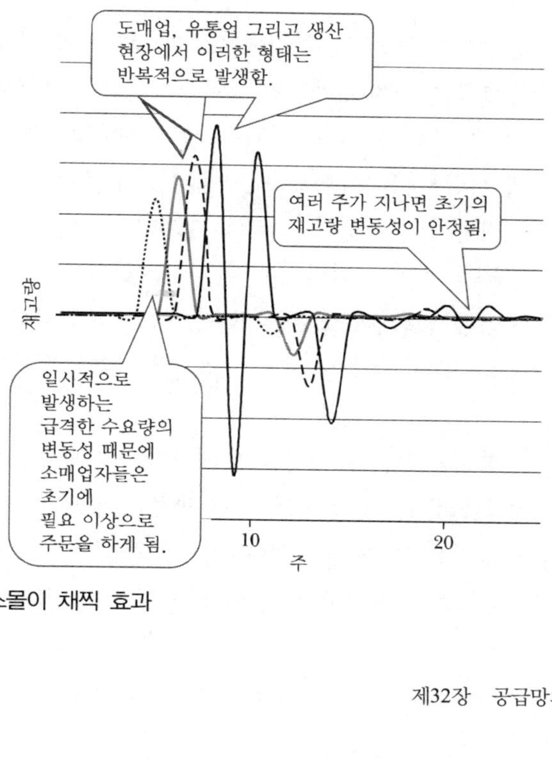

그림 32.5 소몰이 채찍 효과

템을 구성하고 있는 각 연결고리에서 부조화가 발생하면, 재고량의 변동 폭이 크게 발생되어 재고량 통제가 불가능해질 수 있다. 이러한 현상을 일반적으로 "조종사에 의하여 발생된 변동(pilot-induced oscillation, PIO: 이러한 현상은 비행기를 통제하려는 조종사의 노력에 의하여 발생하는 통제 불능의 변동성을 일컬음－역주)"이라고 하는데, 나는 〈그림 32.5〉의 형상을 참고로 해서 이러한 시스템의 통제 상실 혹은 불능 상태를 PIO 용어 대신에 이 책의 내용에 부합되도록 "소몰이 채찍 효과(bullwhip effect)"라고 하겠다. 이러한 소몰이 채찍 효과 때문에 공급망 관리자들은 재고관리 조직을 구성할 수도 있고, 경우에 따라서는 그 조직이 사라지게 할 수도 있다. 공급망 컨설팅과 소프트웨어 산업 분야의 종사자들은 소몰이 채찍 효과로 발생되는 재고문제들이 짧은 시간 내에 스프레드시트로 해결될 수 있는 문제가 아니라고 인식하고, 오래 전부터 이 문제들을 해결하기 위해 공동으로 노력해 오고 있다.

맥주게임

제이 포레스터는 폐차 부품들을 이용해서 풍력 발전기를 직접 만들었던 그의 고등학교 시절인 1988년에서야 전기가 공급된 네브래스카 주의 소목장에서 태어났다.[2] 그는 1944년까지 MIT 대학교에서 전기엔지니어로서 근무하면서 군사용 목적으로 사용되는 컴퓨터화된 조종 시뮬레이터의 초기 개발에 참여했다. 그리고 1950년대 말 그는 MIT에서 얻은 지식과 경험을 토대로 이와 유사한 역학이론이 비즈니스 영역을 포함한 여러 복잡한 시스템에도 적용될 수 있음을 인식하고는 시스템 다이내믹스(System Dynamics)라는 새로운 경영기법 영역을 개척하였다.[3]

이와 같은 포레스터 덕분에 많은 기업경영자들이 맥주 양조장으로부터 맥주 소매업자들까지를 포함하고 있는 맥주 공급망을 모델링한 "맥주게임"이라고 불리는 경영관리 시뮬레이션을 통하여 시스템 다이내믹스라는 새로운 영역을 알게 되었다.[4] 현재는 MIT 대학교의 슬로안 경영대학원의 포레스터 석좌 교수인 존 스터만이 맥주게임을 그의 실험도구로 사용해서 경영자 행동을 연구해 오고 있는데, 그는 맥주게임의 전통을 계승한다는 의미로 이 맥주게임을 "경영자 교육을 위한 조종 시뮬레이터"라고 부르고 있다.[5] 이 게임에 참여한 기업경영자들은 처음에는 소몰이 채찍 효과에 효과적으로 대응을 하지 못해서 많은 실패를 경험하게 된다.

이 조종 시뮬레이터는 초기에 일시적으로 발생되는 수요 증가로 야기되는 재고량 부족으로 시작되고 있다. 예를 들어, 이 교육에 참여한 경영자들은 첫 테스트로 2주일에 해당하는 수요량을 고려해서 주문량을 내야 하는 것을 잊고선, 두려운 마음에 이 보다 더 많은 맥주를 주문을 하고 있다. 이러한 상황이 진정되는 모습을 보일 때쯤이면, 재고창고에는 경영자들이 처음 두려운 마음으로 주문했던 주문량이 도착을 하게 되어 재고창고는 납품된 맥주로 가득 차게 된다. 이러한 교육현장을 지켜보던 스터만은 "경영자들이 현재의 재고량을 고려하여 필요한 양을 주문할 경우에만 효과적인 재고관리가 가능하고, 공급망 내에 시간적 여유가 생겨서 적절한 재고 관리가 가능해질 수 있다"라고 한다.

FlawOfAverages.com을 방문해서 뉴스보이 문제와 맥주게임의 연결고리에 관한 상호교환 작용이 가능한 시뮬레이션 모델을 참고해 보기 바란다. 그리고 〈그림 32.5〉의 그래프를 만들기 위해 사용된 케임브리지 대학교의 스콜츠 교수가 개발한 소몰이 채찍 효과에 관한 스프레드시트 모델에 관해서도 알아보기 바란다.

제33장

DNA의 공급망

재고를 관리하는 관리자라면 누구든지 앞으로 발생할 수요량을 정확하게 예측하도록 노력해야 할 것이다. 지금은 이러한 수요예측을 도와주는 많은 소프트웨어 시스템들이 개발되어 시장에 출시되어 있어서, 재고 관리자들은 이러한 소프트웨어들을 시장에서 쉽게 구매해서 사용할 수 있다. 이 프로그램들은 단 하나의 수치인 평균 수요량의 추정치만을 사용하고 있지만, 그러나 예측 수요량에 관한 평균값이 아닌 확률분포함수를 사용하는 것이 더 유용하다는 사실을 암묵적으로 모델사용자들에게 알려주고 있다. 32장의 예제에서 평균 수요량이 5개인 경우의 확률분포함수가 〈그림 32.2〉에 나타나 있다. 그러나 안타깝게도 대부분의 기업들은 아직까지 확률분포함수를 처리하는 방법을 모르고 있는 실정이다. 이들 대부분은 확률분포함수를 무시하고 하나의 수치로 표시되는 평균값만을 사용하여 이들 스스로 평균의 함정에 빠지고 있다. 이와 같이 평균의 함정에 빠져 있는 재고관리자들은 고속도로 중앙선에서 갈지자로 걸어가고 있는 술 취한 사람의 평균 위치를 고속도로 중앙선으로 표시해서 그가 살아 있다고 생각하는 사람들과 같다고 할 수 있다. 그러나 현실적으로 고속도로 상에서 갈지자를 걷고 있는 이 술 취한 사람은 결국 죽음을 면치 못하게 될 것이고, 그의 가족들은 이를 추도하면서 "우리는 더 바람직한 예측기법이 필요해, 우리는 더 바람직한 예측

기법이 필요해…"라는 장송곡을 부르며 슬퍼할 것이다.

여러분은 여러분이 소속된 조직 내에서 이와 같은 활동을 분명히 지금까지 여러 번 목격해 왔을 것이다. 문제는 예측 그 자체가 아니고, 확률분포함수를 무시하고 평균값을 사용하는 것이 문제인데, 이러한 처사는 버려야 할 욕조물은 버리지 않고 대신 욕조통에서 아기를 버리는 꼴과 같다고 할 수 있다. 그러나 이제는 여러 회사들이 수요량의 평균값이 아닌 확률분포함수를 사용하는 바람직한 현상이 산업계 전반에서 서서히 일어나고 있다.

제넨테크 회사의 공급망

사람들은 특정한 장소를 방문하는 것만으로도 쉽게 흥분하기도 한다. 샌프란시스코 공항 북쪽 해안선을 따라가다 보면 돌출된 곳에 바이오테크의 새로운 영역을 개척한 의약품 개발 및 제조회사인 제넨테크 회사의 건물들이 웅장한 모습으로 자리하고 있다. 세계적으로 진귀한 여러 의약품들이 이곳에서 생산된다는 사실을 모르고 있는 사람이 있다면, 그는 현재 의약 분야가 어떤 방향으로 움직이고 있는지 그 실정을 전혀 파악하지 못하고 있는 사람일 것이다. 이곳에서 생산된 의약품들의 배송망은 이 의약품들을 긴급하게 필요로 하는 환자들에게 신속하고 정확하게 배달될 수 있도록 복잡한 뉴스보이 네트워크로 구성이 되어 있다.

사실 이러한 네크워크 때문에 대런 존슨이 이곳에서 근무하는 가장 큰 이유일 것이다. 존슨은 공급망 관리를 주제로 카네기-멜론 대학교의 경영대학원에서 MBA 학위를 취득한 이 분야의 가장 유능한 전문가 중 한 명이다. 그는 취업 인터뷰에서 생산능력 계획에 관한 사례에 대한 질문을 받고서 "이 질문은 뉴스보이 문제와 매우 유사하다"고 인터뷰 질문자에게 답을 했다. 존슨은 채용 인터뷰에서 심사자들로부터 여러 강점들을 가지고 있다고 평가받았지만, 그는 위와 같은 단순한 대답 하나만으로도 이 인터뷰 심사자들로부터 높은 점수를 받아 제넨테크 회사에서 근무하게 되었다.

존슨은 최적의 재고전략은 과도한 재고위험과 공급부족의 위험 사이에 균형이 유지되어야 한다는 사실을 확실하게 이해하고 있었다. 그러나 일반적으로 두 위험 사이의 균형점을 유지시키기 위해 사용되는 평균수요량에 대한 재고량의 비율로 측정되는 개념에 생소했던 존슨은 순진하게도 균형점이 무엇인지를 인터뷰 심사자에게 물어보았다고 한다. 이 존슨의 질문에 대해 인터뷰 심사자는 "우리 의약품 없이는 어느 환자도 치료될 수 없다"라고 대답을 해주었는데, 사실 이러한 심사자의 답은 제넨테크 회사의 여러 미션들 중 하나이다. 확률 공부를 해서 이 세상에는 100%로 확신할 수 있는 것은 단 하나도 없다는 사실을 알고 있던 존슨이 순진하게도 "O.K., 그래서 우리는 지금 99%의 적시 공급을 말하고 있는 것이지요?"라고 심사자에게 다시 질문을 하자, 이 심사자가 이 질문에 답하기를 "우리 의약품 없이는 어느 환자도 치료될 수 없다"라고 위와 동일한 답을 반복하였다고 한다. 그러자 존슨이 "99.9%라고요?"하면서 재차 묻자, 심사자가 이번에는 "'우리 의약품 없이는 어느 환자도 치료될 수 없다'라는 내 답에서 도대체 자네가 이해가 되지 않는 부분이 무엇이냐?"라고 존슨에게 힐난하듯이 역질문을 하였다고 한다.

제넨테크 회사의 의약품을 필요로 하는 환자들에게 의약품을 효과적으로 공급하기 위해, 위와 같은 사명을 가지고 있는 제넨테크 회사는 그들의 재고정책에 그들이 제조하는 의약품들의 수요량에 관한 불확실성을 분명하고도 정확하게 고려하고 있는 동시에 또한 천연재해 등을 포함한 다양한 블랙스완 사건들 때문에 발생할지도 모르는 상황하에서 의약품 생산과 공급이 중단되지 않도록 끊임없이 노력을 하고 있다.

올바른 예측

2007년 밴쿠버에서 열린 전문가 모임에서 존슨은 의약품 재고문제를 다양한 측면에서 연구된 내용을 발표하였다. 그가 일 년 전 제넨테크 회사에서 근무를 시작할 때에는, 이 회사의 여러 부서들이 확률경영의 가장 기본적인 원칙들을 충실히 수행해 오고 있었다. 이와 관련된 한 예를 들자면, 마케팅 부서에서 수립된 수요량에 대한 예측값들을 생산계획 부서에 전달할 때, 이들은 하나의 평균값을 사용하지 않고 확률분포함수를 사용하고 있었다.

그러나 마케팅 부서에서 생산계획 부서로 확률분포함수를 전달할 때, 이 확률분포함수들은 제품들 사이에 존재하는 상호관계성이 포함된 수요량의 확률분포함수들이 아니었다. 이러한 예측 확률분포함수들이 시뮬레이션 모델의 결과물이기 때문에 생산계획 부서에서는 제품들 사이에 존재하고 있는 상호관계성을 몬테카를로 시뮬레이션 모델 파일로 출력해서 보내 줄 것을 마케팅 부서에 요청하였다고 한다. 마케팅 부서에서는 사전에 시뮬레이션 모델들을 컴파일해 놓았기 때문에 이 파일이 포함된 시나리오 라이브러리를 생산계획 부서에 즉각 보내줄 수 있었다고 한다.

상호작용하는 계기판

존슨은 "우리 의약품 없이는 어느 환자도 치료될 수 없다"라는 제넨테크 회사의 사명 중 하나가 현장에서 실현되도록 의약품 수요량에 관한 확률분포함수를 정확하게 구체화시킬 수 있는 기회를 어느 날 우연히 갖게 되었다. 그리고 그는 그가 개발한 모델에 가상의 자료를 사용해서 마케팅 부서에서 생산 부서에 전달된 수요량에 관한 확률분포함수들이 어떻게 시각화되는지를 밴쿠버에서 열린 세미나에 참석한 사람들에게 보여주었다.

〈그림 33.1〉은 존슨이 이 세미나 발표에서 보여준 여러 컴퓨터 화면들 중 하나이다. 존슨에 의하면, 생산계획자들은 이 모델에서 생산전략의 여러 옵션들을 자유롭게 삽입하고 삭제할 수 있다고 한다. 예를 들어, 생산계획자들이 존슨의 모델을 사용하면, 이들은 공장 2에서 제품 B를 생산하기 위해 FDA 승인을 받을 수 있거나 혹은 제 삼자에게 제조과정의 일부분을 아웃소싱할 때 발생하는 위험성을 모델링할 수 있

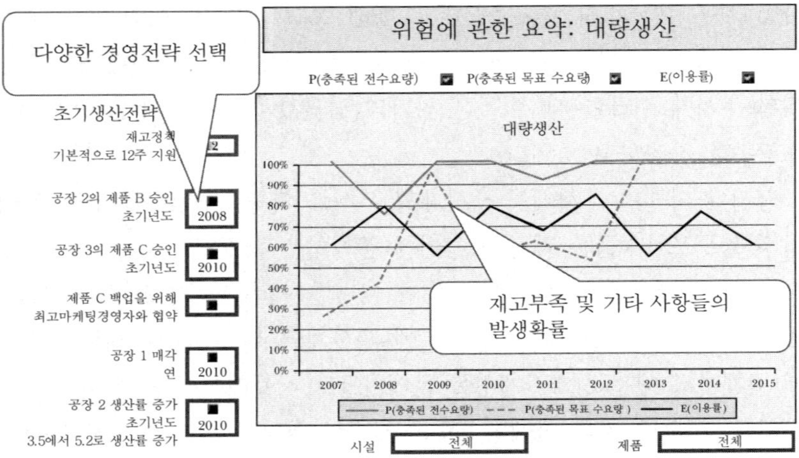

그림 33.1 대런 존슨의 전략적 계기판

고, 그리고 5년 후의 수요량을 만족하는 확률분포가 무엇인지도를 알 수 있다고 한다. 비록 이 모델이 아직은 개발 초기 단계에 있기는 하지만, 이 모델은 한 부서의 시뮬레이션 시스템에서 독립적으로 창출된 시나리오 라이브러리가 다른 부서의 시스템에서 사용될 수 있음을 명확하게 보여주고 있다.

저비용으로 쉽게 사용할 수 있는 데스크톱 소프트웨어를 사용해서 개발된 상호교환 작용이 가능한 존슨의 모델은 20년 전에는 꿈도 꾸지 못했던 것이다.

제34장

컬필드의 원칙

마이크로소프트 엑셀을 열심히 익힌 사람들이라면, 내가 왜 이 기법을 구두로 전해져 오는 민속예술로 부르는지 이해할 것이다. 나는 내 강의에서 가끔씩 테네시 주에 살고 있는 엑셀 명장으로부터 내가 엑셀을 배운 과정에 관해서 이야기하면서 강의실 분위기를 띄우곤 한다. 내가 2006년 데이비드 컬필드를 처음 만났을 때, 나는 그가 엑셀에 관한 한 대단한 전문가라는 사실을 곧바로 알 수 있었다. 데이비드는 올린 화학 공장의 클로-알칼리 부서의 엔지니어 팀장으로 테네시 주 찰스톤 공장에서 근무하고 있었는데 이 공장에서는 염소(Chlorine), 가성소다(caustic soda), 표백제, 그리고 인체 접촉을 하면 안 되지만 일상생활에 반드시 필요한 무기물 화학제품들이 생산되고 있었다.

수학 보충수업을 받던 학생에서 화학공학 엔지니어가 된 데이비드

데이비드는 초등학교 5학년 때 곱셈표를 외우기를 매우 싫어했다고 한다. 그래서 그의 수학 선생은 데이비드가 수학 진도를 따라 오지 못한다고 판단하여 그를 수학 보충수업을 받도록 했다. 저명한 수학 학술지의 편집자이었던 데이비드 아버지는 수학 교육의 문제점이 무엇인지를 잘 알고 있었기 때문에, 그는 플래시 카드(순간적으로 보여주는 학습용 카드－역주)를 사용해서 데이비드에게 곱셈을 가르친 후, 데이비드의 수학 담당 선생님을 만나서 그를 수학 보충 반에서 우수 반으로 옮겨 달라고 부탁하였다고 한다. 그 후 곱셈법칙에 흥미를 가지게 된 데이비드는 수학에서 뛰어난 능력을 보여서 대학교에서 화학공학을 전공해서 화학공학엔지니어가 되었다. 올린사에서 그는 수리최적화기법, 컴퓨터 컨트롤 시스템, 그리고 엑셀 등과 같이 화학공학과는 거리가 먼 분야의 업무를 담당하고 있는 중이다.

올린사의 문제

데이비드는 최근에 화학제품 생산시설에서 지속적으로 발생되고 있는 문제가 무엇인지를 알게 되었다. 이 생산시설은 평균 고객 수요량의 110%까지를 만족시킬 만큼 충분한 생산능력을 갖추고 있었고, 이 생산시설은 평균 고객 수요량의 105%까지 충족시킬 수 있는 운송시스템으로부터 도움을 받고 있었다. 이렇게 충분한 생산능력과 수송능력을 갖추고 있었음에도 불구하고 올린사의 생산과 운송부서는 평균 수요량의 80%만을 만족시키고 있었던 것이다. 〈그림 34.1〉은 이 공장의 제조공정의 흐름도를 보여주고 있다. 데이비드는 "내가 평균의 함정에 관한

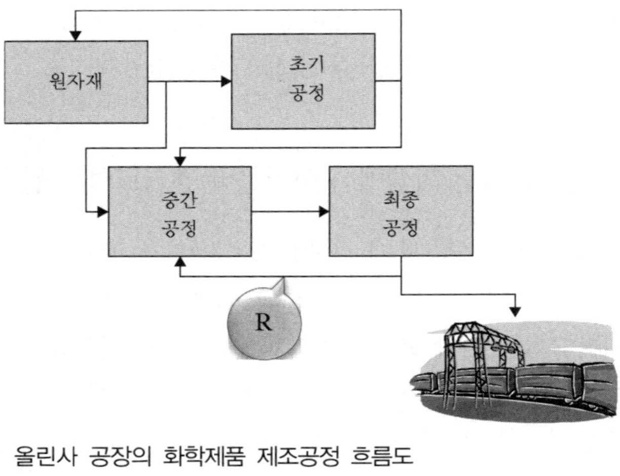

그림 34.1 올린사 공장의 화학제품 제조공정 흐름도

이야기를 들었을 때, 나는 우리가 안고 있는 문제가 바로 평균의 함정의 전형적인 문제라는 사실을 곧바로 인식하였다"라고 하였다.

위와 같은 불균형 문제가 이 공장의 생산현장에서 발생되는 이유는 고객 수요량, 생산율, 그리고 이용 가능한 운송트럭 등에 근본적으로 불확실성이 존재하고 있었기 때문이었다. 어떤 날에는 주문량이 많아서 다음 날로 주문이 이월되기도 하였고, 또 다른 날에는 생산계획에 맞지 않게 과도한 화공품 재료들이 생산되어 이를 운반할 운송차량이 부족한 경우가 발생하기도 하였던 것이다. 이러한 상황이 발생하면, 공장 매니저는 필요한 차량을 급히 확보하기 위해 철도차량 운송부에 전화를 해서 도움을 요청해야만 했다. 이와 반대로, 어떤 날에는 생산시설의 결함으로 생산활동이 중단되어서 생산량이 적은 날이 있기도 하였고, 아니면 제품 생산능력이 따라갈 수 없을 정도로 수요량이 많은 날이 있기도 했는데, 이런 날에도 운송 차량이 공장에서 하는 일없이 주차되어 있기도 했다. 그리고 운송부의 책임자는 공장이 적절하게 운영되고 있는지, 그리고 매일 동일한 수의 운송차량이 사용되고 있는지를 알아보기 위해 공장 매니저에게 전화를 하였다고 한다. 이러한 상황하에서 한 팀으로 일을 해야 하는 두 부서 간에 끊임없는 긴장감이 감도는 것은 당연한 일이었을 것이다.

실물 옵션

올린사의 생산시스템이 지금보다 더 순조롭게 작동되기 위해서는 더 많은 시스템 유연성이 필요하지만, 수도꼭지를 작동하듯이 공장을 가동하고 멈추게 할 수 없는 일이다. 데이비드는 "이런 상황을 더욱 악화시키는 요인은 공장이 잘 가동되어 운송될 수 있는 양보다 더 많은 제품들이 생산되면, 생산 현장 내에 과잉 생산분을 저장할 장소가 없기 때문에 이 공장의 잠재적 생산력이 떨어지고 있다"고 한다. 그런데 데이비드는 중간 공정 모듈들 사이에 과잉 생산분을 충분히 저장할 수 있는 저장탱크들이 있다는 사실을 알게 되었다고 한다. 이렇게 중간 공정 모들 사이에 존재해 있는 여유분의 저장탱크를 설치하는 주된 목적은 생산 현장에서 생산량이 급격하게 증가할 경우 공정들 사이에 미완성 제품이 과도하게 쌓이지 않도록 하기 위한 것이다. 그래서 만약 저장 탱크의 허용 가능한 저장 수준을 증가할 수 있으면, 데이비드는 이로 인하여 아래와 같은 실물 옵션들이 실행될 수 있을 것이라고 판단하였다고 한다.

- 운송차량을 확보할 수 없는 경우에는 〈그림 34.1〉에 있는 "R"라인을 통해 제품을 중간 공정으로 다시 보낸다.
- 운송차량의 확보가 가능하면, 중간 공정 저장탱크에 쌓인 제품으로 현재 확보 가능한 운송차량을 모두 채울 수 있는 확률이 증가하게 될 것이다.

데이비드는 60일 동안의 생산 조업활동을 1,000번 정도 실행될 수 있는 상호교환 작용이 가능한 시뮬레이션 모델을 개발하였다. 이 모델은 불확실한 고객 수요량, 불확실한 생산 조업도, 그리고 불확실한 운송차량 확보성에 관한 시나리오 라이브러리를 토대로 개발된 것이다. 〈그림 34.2〉는 저장탱크 수준을 1,100갤런에서 1,200갤런으로 증가시켰을 경우의 시뮬레이션 모델 결과를 보여주고 있다.

노트: 이 결과는 이 책의 목적에 부합되도록 데이비드 모델에 가상적

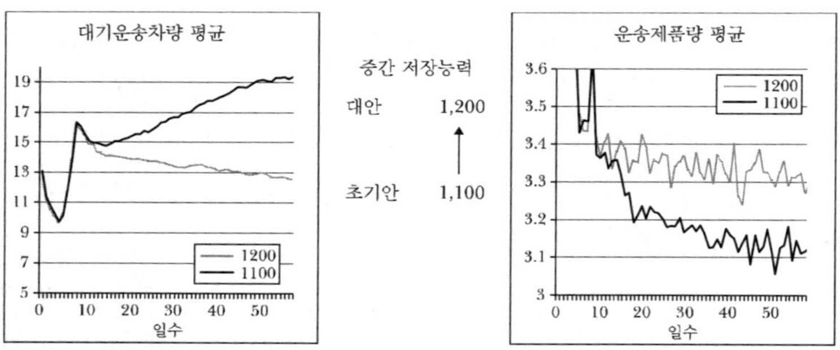

그림 34.2 중간 탱크 저장수준을 증가한 효과

인 자료를 사용해서 얻은 것이다

〈그림 34.2〉의 왼쪽 그래프는 생산조업 일수를 60일로 하고 1,000번 시뮬레이션을 실행한 결과로부터 얻은 평균값인데, 이 값은 공장에서 대기하고 있는 일별 운송차량의 수를 보여주고 있다. 이 그래프의 검은 선은 탱크 저장수준을 1,100갤런으로 고정한 경우의 결과이고, 회색 선은 저장수준을 1,200갤런으로 증가한 경우의 결과이다. 그리고 이 그래프에서 "0"으로 표시된 날은 공장과 운송차량이 모두 "0"보다 큰 임의의 상태에서 시작하는 날을 의미하는데, 이렇게 임의의 상태에서 시작된 초기 시뮬레이션 결과가 최종 시뮬레이션 결과에 영향을 미치지 않도록 첫 2주 동안 발생한 결과는 무시되어야 한다. 이 시뮬레이션 결과를 분석해 보면, 탱크 저장수준을 증가하면 공장에 주차되어 있는 평균 운송차량 수가 많이 줄어드는 결과를 얻게 된다. 그리고 이 그래프를 관찰해 보면, 평균 차량 수가 60일 동안 계속해서 줄어들고 있음을 알 수 있으나, 만약 60일보다 더 오랫동안 시뮬레이션을 실행해 보면, 평균 차량 수가 계속해서 줄어들지 않고 어느 순간부터는 일정한 값으로 수렴될 것으로 추정된다.

〈그림 34.2〉의 오른쪽 그래프는 탱크 저장수준을 증가하였을 때 일일 평균 수송 제품 양이 증가한 결과를 보여주고 있다. 이 그래프를 자세히 관찰해 보면, 앞의 경우와 유사하게 생산조업도가 장기적으로는 개선되지만, 시뮬레이션 초기 단계에서 일시적으로 불안정한 현상들이 발생하고 있음을 알 수 있다. 데이비드는 "앞으로 시뮬레이션을 통해 더욱 바람직한 결과를 얻기 위해서는 운송차량의 수를 공장에서 필요로 하는 수만큼 증가해야 하고, 동시에 공장 운영정책들을 바꿔야 할 것이다"라고 하였다.

데이비드는 현재 두 부서의 관리팀들을 설득하는 새로운 작업을 수행하고 있다. 그는 개발 초기 단계에 있는 그의 디자인 모델을 더 발전시키기 위해 이 모델을 가지고 두 부서를 분주하게 방문하면서 그들로부터 도움을 얻고 있는 중이다. 이 모델은 상호교환 작용이 가능하기 때문에 탱크의 저장수준이 변하면 이 내용을 즉시 반영해서 새로운 결과

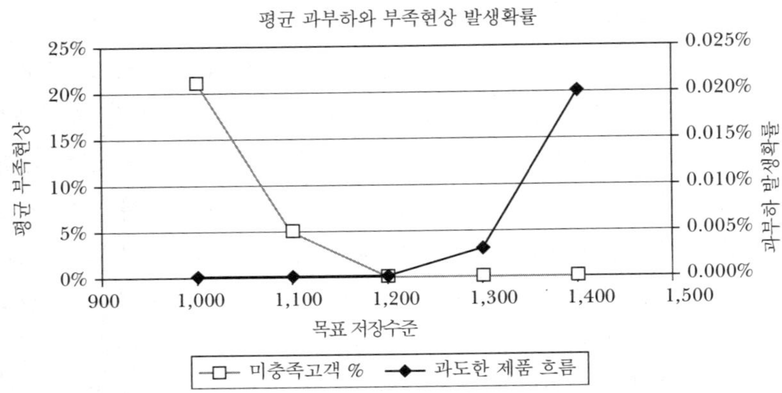

그림 34.3 저장탱크별 과부하 발생과 평균 공급 부족현상 발생확률

를 보여주고 있다(이러한 작업은 조업일 하루에 1,000번씩 시뮬레이션을 실행하고 있기 때문에, 60일 기준으로 실행된 총 시뮬레이션 수는 60,000번이 된다). 여러분이 FlawOfAvearges.com을 방문하면, 상호교환 작용이 가능한 데이비드의 시뮬레이션 모델이 실행되는 동안 위와 같은 그래프들이 그려지고 있는 동영상을 볼 수 있다.

위 그래프의 내용을 요약하면, 이와 같은 시나리오하에서 운송부 관리자는 주차되어 있는 운송차량 수가 적기 때문에 왼쪽 그래프를 더 좋아하겠지만, 생산부서 관리자는 더 많은 제품들이 출고되어 운반되기 때문에 오른쪽 그래프를 더 좋아하게 된다. 이러한 현상을 우리들이 흔히 부르는 윈-윈 게임이라고 할 수 있겠다. 그러나 아직도 저장 탱크에 과부하가 발생하지 않을까 하는 걱정은 남아 있다. 이제 데이비드는 이 시뮬레이션 모델을 실행해서 저장 탱크의 과부하가 발생할 확률과 평균 제품공급 부족현상이 발생할 확률을 쉽게 얻을 수 있게 되었다. 〈그림 34.3〉에서 보는 바와 같이 이러한 확률들이 동일한 그래프에 그려지면, 탱크 저장수준을 1,200갤런으로 했을 경우의 결과는 이 그래프의 중앙에 놓이게 된다.

데이비드에 의하면, 이렇게 상호교환 작용하는 시뮬레이션 모델은 "기업의 질병을 치료해 주는 '의사소통 채널 역할'을 하고 있다"고 한다. 그는 시뮬레이션 초기에 발생하는 불안전한 상황들을 극복하기 위해서는 현장에서는 실질적으로 서너 주의 기간이 필요하고, 평균 수익 효과를 관찰하기 위해서는 서너 달이 필요하기 때문에, 현장에서 직접 "위와 같은 문제들이 현장에서 시행착오를 통해서 해결될 수 없을 것이다"라고 하였다.

일반적 원칙

데이비드는 위 모델을 개발하는 동안 부서들 사이에 존재하는 장벽 때문에 생산현장에서 평균의 함정 문제가 발생되고 있다는 사실을 알게 되었다고 한다.

내가 그로부터 이 이야기를 전해 들었을 때 "물론이지, 그러나 얼마나 명확하게?"라고 생각을 하면서 드는 생각이 "왜 나는 부서 간 장벽에 의하여 발생되는 이러한 문제점을 예전에 생각해 보지 못했지?"이었다.

- 올린사에서 발생하는 부서 간 장벽은 제조부와 운송부이었다.
- 쉘 정유회사에서 부서 간 장벽은 석유 매장량 추정 엔지니어와 헤이그 본사에 있는 포트폴리오 매니저였다.
- 제넨테크회사에서는 부서 간 장벽이 마케팅 그룹과 공급망 매니저이었다.

나는 이와 같은 데이비드의 훌륭한 아이디어를 "컬필드 원칙"이라고 부르기로 했다. 데이비드는 어느 누구보다도 부서 간 장벽 문제를 해결하기 위한 아이디어를 그 자신의 언어로 잘 설명할 수 있는 유일한 사람이며, 내가 오랜 기간 동안 평균의 함정 문제에 관해서 믿어왔던 사실을 확신시켜 준 유일한 사람이다. 지금은 올린사의 여러 경영자들이 확률 지식을 쌓기 위해 열심히 노력하고 있는 중인데, 만약 이렇게 쌓은 지식을 이 경영자들이 서로 원활하게 소통할 수 있는 커뮤니케이션 채널을 갖게 된다면, 이들의 확률 지식은 올린사를 위해 더 바람직한 방향으로 사용될 수 있을 것이라고 나는 믿고 있다.

Book 조직 경계선과 평균의 함정
데이비드 컬필드 지음

물론 평균의 함정은 모든 곳에서 발생하고 있지만, 평균의 함정의 크기와 이로부터 초래되는 결과가 작아서 때로는 이를 인식하지 못하는 경우가 흔히 발생하고 있다. 특히 평균의 함정이 부서 간의 장벽에 의해서 발생될 때, 이로 인한 손실이 매우 심각할 수준으로 클 수 있어 평균의 함정은 기업의 경쟁력이나 생존에 지대한 영향을 주는 중요한 의사결정문제가 되고 있다. 그래서 기업의 최고경영자들이 서로 의견을 교환하는 장소에서 평균의 함정 문제가 발생하고 있다. 왜냐하면, 현장에서 발생하고 있는 변동성에 관해서 가장 많이 알고 있는 전문가 그룹이 그들의 상사에게 보고할 때는 그들 상사들이 싫어하는 세세한 일일 변동성 문제는 보고하지 않고 큰 그림만을 대략적으로 보고하고 있기 때문이다.

화학공장을 모델링하면서 얻은 내 경험을 통해서 나는 전문가 엔지니어들과 감독관들이 예전에는 무시해 왔던 변동성에 관한 자세한 사실들이 그들에게 제공되면, 그들이 매우 기뻐한다는 사실을 알게 되었다. 그들은 특정 공정부분이 얼마나 자주 고장이 나고 있는지를 자세히 알고 있었고, 또한 공정의 특정한 부분이 한 번 고장이 나면 곧바로 그들은 고장이 났던 부분에 또다시 동일한 고장이 발생할 가능성에 관한 자세한 내용들을 서로 교환하고 있었다. 올린사의 철도차량 전문가들은 공장에서 제품을 수송하는 차량들의 확률분포함수가 비단일화되도록 제품 운송 중에 있는 차량들에 집중되어 있다는 문제점을 정확하게 알고 있었다. 과거에 이 공장의 관리자들은 위와 같은 상세한 정보들을 무시해 왔었지만, 이제 이 공장의 엔지니어들은 내가 개발한 모델이 그들의 경험과 지식으로부터 얻은 정보를 반영한다는 사실에 대해 매우 반가워했다.

지금은 두 부서의 의사결정자들이 내 모델에 관해 신뢰를 갖게 되어서, 이들 스스로 내 모델을 사용해서 그들이 구상한 새로운 경영전략들을 실험해 보곤 한다. 나는 이제 세세한 부분까지 이들을 간섭하지는 않고, 다만 이와 같은 바람직한 상황을 이용해서 두 부서의 협업관계가 지속적으로 이루어지도록 이들을 도와주고 있을 뿐이다.

내가 위와 같은 활동을 하면서 얻은 또 하나의 교훈은 기업경영자들이 지속적으로 가치가 창출되는 업무활동에서 변동성을 이해하는 것이 기업경영에 매우 중요한 요소라는 사실을 깨닫게 된 것이다. 성공적인 확률경영의 비밀은 확률론적 라이브러리에 존재하고 있는 변동성 문제를 계속 노력해서 배우는 것뿐이다.

확률경영

나는 이제 위험을 모델링하는 새로운 기법인 확률경영에 관하여 기술해 보도록 하겠다. 확률경영은 통합된 불확실성들을 모델링하기 위해 서로 결합이 가능한 "불확실성 오브젝트"로 조립된다는 점에서 모듈식 프로그램이라고 할 수 있다. 그리고 내가 지난 수년 동안 다른 여러 사람들과 확률경영기법을 개발해 왔기 때문에 확률경영 프로그램이 어느 정도 편향되어 있다고 할 수 있다. 그러나 이 새로운 경영기법이 많은 경영자들에게 아직 낯설기 때문에, 이와 관련된 프로그램을 공급하는 업자들 간에 제로섬 게임이 성립되어 있지가 않다. 그래서 경쟁력을 충분히 갖춘 몇몇 프로그램 개발자들은 그들 사이에 불확실성과 위험에 대한 의사소통이 원활하게 이루어지려면 이 분야의 산업표준이 먼저 설정되어야 서로에게 이익이 된다고 믿고 있다. 우리들이 지금 증기기관 시대(Steam Era)의 통계학을 정보화시대의 위험관리에 응용해서 불안정한 결과를 얻은 것처럼, 우리가 이런 전철을 다시 밟지 않고 경제가 안정되기를 원한다면 위에서 언급한 산업표준은 신속히 설정되어야 할 것이다.

그러면 확률경영이 얼마나 혁신적인 경영기법이라고 할 수 있겠나? 나는 역사가 이에 대한 답을 할 것이라 믿고 있다. 내가 개발한 확률경영이 현재의 통계적 의사결정의 기술적 한계를 더욱 넓혀 주기는 하겠지만, 이 경영기법은 X-레이나 핵에너지 발견과 같이 획기적인 아이디어를 기초로 하고 있지는 않다. 그러나 기존의 회사 관리자들은 예전에 이와 같은 새로운 기업경영기법을 보지 못했기 때문에, 현재 그들은 확률경영에 관해서 효과적인 학습곡선을 보여주지를 못하고 있다. 중요한 사실은 현재 확률경영기법이 빠르고 그리고 유기적인 관계를 형성하면서 대기업의 전략적 의사결정 중심부로 파고 들어가고 있다는 것이다. 그래서 확률경영은 기술적이고 지적인 측면에서 모든 조직에 쉽게 녹아들 수 있다고 판단되어, 나는 확률경영을 현대 기업의 첨단 경영기법으로 간주하고 싶다. 확률경영기업에 관해 내가 바라는 희망은 이 기법이 앞으로 위험을 더 효율적으로 관리할 수 있는 표준으로 많은 기업들에서 자리매김을 하는 것이다. 즉, 나는 앞으로 확률경영이 모든 조직에서 상시적으로 사용되는 의사결정기법으로 하루속히 정착되기를 희망하고 있다.

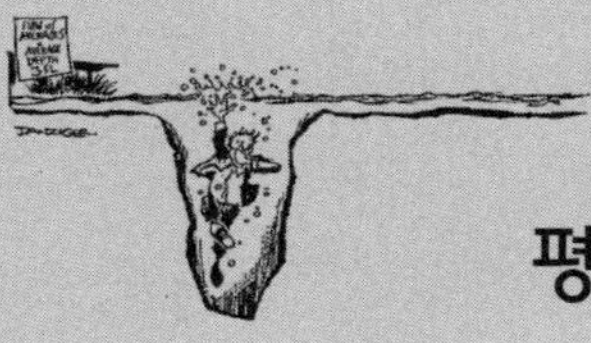

제8부

평균의 함정과 중요한 사회적 쟁점

이 세상에 삶과 죽음이라는 이슈처럼 사람들을 비이성적으로 사고하게 만들고, 그들로 하여금 바람직하지 못한 의사결정을 내리게 만드는 것은 없다. 우리들이 평균의 함정에 빠지면, 평균의 함정은 이러한 경향들이 우리들을 더욱 바람직하지 않은 상황으로 빠져들게 한다.

8부는 내 아버지가 통계학자로서 처음 경력을 쌓게 된 2차 세계대전 중에 개설된 통계학 연구소의 이야기를 시작으로 하고 있다. 나는 그 다음에 통계적인 측면에서 많은 오해가 도사리고 있는 테러와의 전쟁에 관하여 토의할 것이다. 그리고 기후변화와 건강관리 분야도 많은 오해의 소지를 갖고 있어서, 이와 관련된 여러 예제들을 독자 여러분에게 보여주도록 할 것이다. 그리고 8부의 마지막 부분에서는 남녀의 유전적 포트폴리오의 차이에 관한 몇 가지 내용들이 기술될 것이다.

제35장
2차 세계대전 중 통계연구그룹

1942년 봄 스탠퍼드 대학교에서 강의하는 젊은 경제학자이며 통계학자가 전시하의 국민협력 차원에서 그의 도움을 요구하는 전문 한 통을 받았다. 그는 이 전문에서 군사문제를 다루는 컬럼비아 대학교의 통계연구소 그룹의 운영을 돕도록 뉴욕으로 와 달라는 부탁을 받은 것이다. 이러한 정부의 부탁을 받아들인 사람이 바로 앨런 월리스였다. 월리스는 미네소타 대학교에서 심리학 학사학위를 받았고, 시카고 대학교에서 경제학 대학원 공부를 하였으며, 그곳에서 1976년과 1982년에 각각 노벨경제학상을 수상한 밀턴 프리드먼(Milton Friedman), 조지 스티글러(George Stigler) 등과 평생 동안 훌륭한 동료 관계를 맺는 기회를 갖게 되었다. 그 운명적인 날의 전문 때문인지는 몰라도 월리스 자신은 결국 박사학위를 받지 못했다. 그러나 그는 시카고 대학교 경영대학원의 대학원장을 역임하였고, 그 후에는 로체스터 대학교의 총장을 지냈으며, 레이건 대통령 시절에는 경제담당 국무차관을 지냈다.

월리스는 1980년 《미국통계학회지(Journal of the American Statistical Association)》에 게재된 그의 논문에서 제2차 세계대전 동안 통계연구그룹(Statistical Research Group: SRG)에서 활동한 그의 연구활동 경험을 기술하였다.[1]

월리스는 이 논문에서 "어느 한 사람이 그의 전문영역에 관한 과거를 세상에 알리는 것은 그 사람의 학문적 성숙함의 표시로 인식되고 있기는 하지만, 그렇게 회상하는 것 자체는 글쓴이 자신이 나이가 많이 들었다는 사실을 만천하에 알리는 징표이기도 하다"라고 기술하고 있다. 그러나 그가 1998년에 세상을 떠나기 몇 달 전, 내가 그를 마지막으로 만났을 때만 해도 그는 결코 노년의 신사답지 않게 매우 활기차 보였다.

SRG는 후에 노벨경제학을 수상하게 되는 프리드먼과 스티글러 외에 통계학 분야에서 훌륭한 업적을 이룩한 여러 많은 연구자들을 포함해서 총 18명으로 구성되었다. 내 아버지도 이 연구원의 일원이 되는 행운을 얻게 되었는데, 윌리스에 의하면 "18명 연구원들 중 차후의 연구경력에 SRG로부터 가장 큰 영향을 받은 사람은 아마도 그 당시에 통계학에 관한 지식은 거의 없고, 단지 응용 수학자로서 SRG에 합류한 지미 새비지일 것이다"라는 것이었다. 이 연구원들의 연구실은 컬럼비아 대학교에서 한 블록 떨어진 맨해튼 118가에 위치한 아파트 내에 있었다. 그리고 연구 주제는 흥미로우면서도, 시급을 다투는 중요한 연구주제들이었다고 한다. 윌리스의 기고문을 다시 인용해 보면, "SRG에서 수행한 첫 번째 과제는 4개의 20mm 대포와 전투기에 장착되는 구경이 50mm인 8개 포의 상대적 효과성을 평가하는 것이었다"고 한다.

윌리스는 그들이 수행한 여러 다른 과제들의 목록을 다음과 같이 나열하였다. "공중전의 전술과 기하학… 목표물 적중률… 전투기의 약점… 전투기 추적 곡선… 자동 급강하 폭탄 시각…자동유도 어뢰…유도 미사일… 잠수함 추적… 근접해 오는 전투기에 대항하는 유산탄 사용…공대공 전투에서의 로켓…폭격 조준기의 합격판정 시험."

SRG는 통계학 분야의 발전에 상당한 기여를 하였는데, 특히 그들은 **순차적 분석(Sequential Analysis)**이라고 알려진 새로운 통계적 기법을 이 연구기간 동안 개발하였다. 순차적 분석 기법은 후속 실험들에서 얻게 되는 부가적인 정보의 가치가 이 실험들을 실행하는 비용보다 적으면 후속 실험들을 중지하는 법칙들을 제공하고 있다. 윌리스는 모든 통계학적 사건들을 순차적 분석기법의 결과와 연결시키는 연구를 평생 동안 수행하였다.

해군 대령 슈일러는 지상으로 급강하하는 폭탄을 대공포가 맞춰 떨어뜨릴 확률값을 평가해 주기를 SRG한테 요청을 한 적이 있었다. 그런데 SRG 연구자들은 이를 평가한 후, 이 확률값이 무의미함을 알게 되었다고 한다. 슈일러는 군대 내에서 고집이 매우 세고, 성깔이 있다는 소식을 사전에 전해들은 웰리스는 그에게 기분 나쁜 소식을 전해야 하는 임무를 맡게 되었다.

월리스에 의하면, 월리스 자신이 슈일러에게 다음과 같이 그의 요청에 답을 주었다고 한다. "우리는 지금 당신이 사용한 공식이 얼마나 훌륭한 것인지를 말해 주고자 한다. 그러자 슈일러가 '얼마나 훌륭한데?' 라고 큰소리로 물어와서, 내가 '전혀 훌륭하지가 않네'라고 시큰둥하게 응답을 하자, 그는 '무엇이 잘못되었나?'라고 나에게 되물었지. 이러한 상황은 이미 예측된 일이어서, 나는 이러한 상황에 대한 나름대로의 대응 방법을 미리 세워 놓아서 '무엇이 옳으냐고?, 우리는 이 공식에서 아무런 의미를 찾아낼 수 없었다네'라고 대응을 해주었지. 이런 일이 있은 후, 나는 그와 좋은 친구가 되었어." 이와 같은 에피소드가 있은 후, 월리스는 슈일러와 순차적인 테스트에 관해서 많은 토론을 하였고, 이로 인하여 SRG는 **순차적 분석**의 초석인 여러 실험법칙들을 만들어 내게 되었다고 한다.

위와 같은 연구가 진행되는 동안, 내 아버지는 프레드 모스텔러 연구원과 함께 논문 한편을 작성하였다고 한다. 이 프로젝트의 최고 책임자인 월리스는 내 아버지와 모스텔러가 작성한 논문을 아버지보다 다섯 살 위인 밀턴에게 전해주었다고 한다. 모스텔러는 "우리는 논문 작성 방법에 대해서 매우 만족했다"라고 그 당시를 회고하였다. 그러나 모스텔러와 내 아버지가 밀턴으로부터 논문을 다시 되돌려 받았을 때, 모스텔러는 "우리는 밀턴이 우리들의 논문을 평가한 내용을 거의 믿지 못했다… 논문의 모든 페이지들이 수많은 주석과 수정사항들로 가득 차 있었다"라고 하였다.

"지미와 나는 '밀턴이 우리에게 이렇게 할 수 없어!'라고 분노하면서 미팅을 갖고서는 밀턴이 우리들에게 제시한 수백 개의 수정사항들을 하나하나씩 면밀히 검토하였다. 우리들이 수정사항들을 검토하면 할수록, 우리는 프리드먼이, 음, 자주, 사실은 사실로 인정하자, 대개는 옳다 등의 문구를 자주 사용한 사실을 발견하게 되었다. 그래서 우리들은 밀턴이 제시한 수정사항들 중에서 100개를 선택해서, 이에 대해 대응서를 작성한 후 밀턴과 시시비비를 가리기 위해 일곱 번이나 그의 사무실로 올라갔었다. 그때마다 밀턴은 우리를 항상 반갑게 맞이하였고, 그가 요구한 수정사항들 중 85%는 맞는다고 하면서, 우리들의 불만 사항들 중 1~2개 정도만을 인정하였고, 다른 1~2개에 관한 우리들의 불만사항은 학문적이라기보다는 각자의 취향에 달려 있는 문제라고 하면서, 나머지 부분에 대해서는 서로 의견 차이를 인정하자고 했다. 밀턴은 그러면서 친절하게도, 우리가 글쓰기에 미숙하다고 지적하면서, 작문능력 향상에 도움이 될 만하다면서 작문요령과 관련된 서너 권의 책들을 우리들에게 권해 주었다." 나중에 모스텔러는 하버드 대학교에 오랜 기간 동안 근무하면서 통계학 분야에서 훌륭한 경력을 쌓았으며, 내 아버지는 시카고 대학교에서 프리드먼과 친밀한 학문적인 관계를 맺고 지냈다.

내 아버지의 이러한 SRG에서의 연구경력으로 인하여, 나는 1944년 겨울 컬럼비아 대학교의 세인트 루크 병원에서 출생하게 되었다.

2차 세계대전 직후, 월리스와 프리드먼은 바로 시카고 대학교로 갔으나, 내 아버지는 1947년이 되어서야 시카고 대학교에서 근무하게 되었다. 프리드먼는 키가 단신이고, 성격은 급하고, 절대적인 자기 확신을 지닌 사람이었다. 그러나 월리스는 키가 크고, 말은 느렸으나, 월리스도 프러드먼과 마찬가지로 절대적인 자기 확신형의 사람이었다. 이러한 두 학자의 인상이 그들에 대한 내 어릴 적 기억들이다. 내 아버지는 시카고 대학교 근무시절 프리드먼과 두 편의 논문을 작성하였고, 월리스와는 시카고 대학교의 통계학과를 함께 개설하였다.[3] 나는 어릴 적부터 이렇게 위대한 세 사람의 학자들이 서로 존경하면서 우정을 나누는 모습을 옆에서 직접 보고 자라서, 지금까지도 이들은 내 삶의 모범적인 모델로 내 가슴에 남아 있다.

독일 탱크

내가 전국 세미나 순회를 하던 중 1990년대 중반에 한 번은 시카고 대학교에서 스프레드시트로 경영과학에 관한 정규 세미나를 하고 있었는데, 이날 나는 윌리스로부터 다음 번 세미나 장소인 워싱턴 D.C.에 오게 되면 자기를 방문해 달라는 초대 메모를 받았다. 나는 이 초대장을 받고는 그와 약속된 저녁 식사에서 그를 만나면 그에게 2차 세계대전 중에 SRG 연구소에서 수행된 재미있는 연구들에 관해서 여러 질문들을 해보기로 계획을 세웠었다.

나의 첫 번째 질문은 2차 세계대전 중 독일 탱크 수를 추정하는 문제와 관련된 것이었다. 나는 학생들의 통계학 이론에 관한 이해력을 돕기 위해서 이와 관련된 예제에 관한 확신도 없는 상태에서 지금까지 이 예제를 통계학 강의실에서 사용해 오고 있었다. 윌리스에 의하면, 이 문제를 해결하기 위해 연합군 측은 독일 탱크에 적힌 제조 일련번호들을 관찰한 후, 나치들이 그들 탱크들의 순열 번호를 어떻게 작성하고 있었는지를 알았내었다고 한다. ein, zwei, drei…, 독일 탱크의 제조 일련번호는 1부터 N(총 독일 탱크 수)까지의 수를 가지고 있는 스피너를 사용하여 얻어진 숫자들로 구성되어 있었다는 것이다. 그래서 0과 1사이의 값으로 작동되는 스피너의 평균이 1/2인 것을 상기해 보면, 독일 탱크의 제조 일련번호를 작성하기 위해 사용된 스피너의 평균은 1/2에 N을 곱한 값이 됨을 알 수 있다. 이렇게 얻어진 평균값이 믿을 수 없을 만큼 단순하지만, 연합군 측은 이러한 방법으로 독일 탱크의 총 생산 대수를 정확하게 추정할 수 있었다고 한다. 전장에서 포획된 모든 독일 탱크들의 제조 일련번호들의 평균값을 계산해서 그 값에 〈그림 35.1〉의 그림에서와 같이 2를 곱해 보라.

내가 윌리스에게 위 이야기가 사실인지를 재차 물었을 때, 나는 그로부터 기대 이상으로 또 다른 사실을 알게 되었다. 윌리스는 “내 이야기는 사실일 뿐 아니라, 1948년에 내가 원자폭탄 제조 공장에서 통계적 품질관리에 관하여 컨설팅을 하는 동안, 폭탄 주조물에 적힌 제조 일련

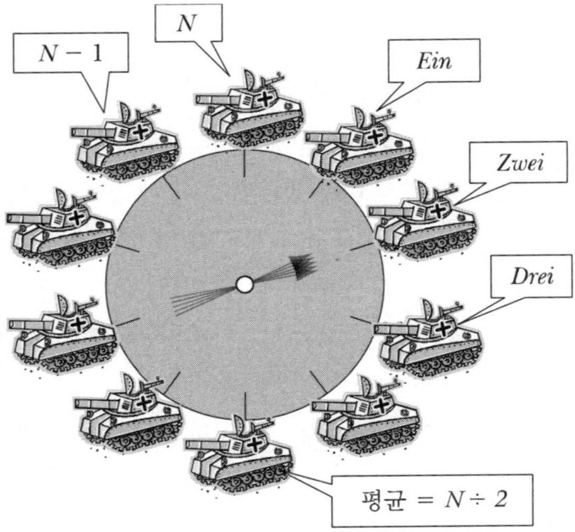

그림 35.1 포획된 독일 탱크의 제조 일련번호들이 스피너로부터 얻은 숫자들과 같다.

번호를 메모해 두었다"라고 하였다. 그에 의하면, 그 당시 미국 무기체제에서 원자폭탄의 수는 자유세계 내에서 가장 엄격하게 통제되고 있는 비밀이었다고 한다. 그는 계속해서 "컨설팅하는 날 저녁에 나는 그 공장의 책임자인 공군 대령에게 내가 생각하고 있는 숫자와 그 숫자를 얻은 방법에 관하여 말해 주었다. 당시에 그 공군대령은 내 말에 눈 하나 깜짝하지 않았었는데, 30년이 지난 후에 DC에서 있었던 어떤 칵테일파티에서 우연히 그를 다시 만나게 된 자리에서 그는 이런 비밀을 알고 있던 내가 이미 죽었을 것으로 믿고 있었다"라고 하였다.

폭격기 방탄막

전폭기나 전투기에 방탄 막을 어디에 설치할지를 어떻게 결정하겠는가? 이 질문에 대해 월리스는 "군에서는 전투 후 귀환한 전투기들이 가장 많이 공격을 받은 곳에 방탄 막을 설치하고 있었다"라고 하였다.[4] 왜냐하면 비가 와서 지붕이 새면, 그곳을 찾아서 막으면 되듯이, 가장 많이 공격을 받은 전투기 몸체에 방탄막을 설치하는 것은 매우 당연해 보였기 때문이다. 그러나 SRG 연구원인 아브라함 왈드는 이러한 의사결정을 위해 사용된 통계적 샘플이 전투를 마치고 무사히 귀환한 전투기나 전폭기들로 구성되어 있다는 사실을 지적하였다. 이를 다른 말로 표현하면, 왈드는 이러한 전투기나 전폭기에 생긴 총구멍들은 중요하지 않다는 것이었다. 그러면 어디에 방탄 막을 설치해야 할 것인가? 왈드에 의하면, 총구멍이 나지 않은 모든 곳에 방탄막을 설치해야 한다는 것이었다. 이래서 SRG에서 수행한 기존의 방탄막 설치방법이 잘못되었음이 왈드에 의하여 밝혀지게 되었다는 것이다!

월리스가 말하기를, 왈드는 2차 세계 대전 중 나치하의 유럽에서 미국으로 건너 온 이민자로 엄밀히 말하면 그는 적성국 외국인이어서 기밀문서 열람 허가를 받을 수 없었다고 한다. 그러나 왈드도 비밀문서로 분류된 **순차적 분석** 기법을 개발하는 연구원들 중 한 명이었다. 그래서 월리스는 어느 날 "기밀문서 관리자들은 작성된 문서마다 모두 낚아채 가서 비밀로 하면서, 도대체 우리에게 무엇을 기대하고 있단 말인가?" 라고 절규하듯 큰 소리를 내질렀다고 한다.

반쪽 전함

물론 컬럼비아 대학교 내에 소재한 SRG 연구소가 수리적 통계학으로 2차 세계대전의 승기를 연합군 측으로 돌리게 하는데 큰 역할을 한 곳이기는 하다. 그러나 이러한 연구소들 중에서 가장 유명한 곳은 아마도 컴퓨터과학 분야의 아버지인 앨런 튜링이 독일 군사기밀을 파헤친 영국의 블리츨리 공원일 것이다. 그리고 미국 과학자들의 또 다른 그룹으로는 역시 전시하에서 국민협력의 일환으로 그들에게 할당된 역할을 충실히 담당하였던 컬럼비아 대학교로부터 60마일 떨어져 있는 프린스턴 대학교가 있다. 현재 스탠퍼드 대학교의 통계학과와 경영학과의 명예교수인 테드 앤더슨은 프린스턴 대학교 연구소에서 부연구원으로 근무를 하였다. 이 연구소에서 실행한 프로젝트들 중 하나가 장기간의 기상예측을 평가하는 것이었는데, 테드는 "우리들은 그 당시에 예측된 이틀 이상의 기상 예측들이 거의 맞지 않고 있음을 알게 되었다"라고 하였다(이런 상황은 아직도 크게 변하지 않고 있는데). 그 외의 프로젝트들로는 폭발물들을 통계적으로 평가하는 것으로써, 모든 폭발물들은 기폭장치에 의하여 적시에 폭발될 수 있을 만큼 충분한 민감성을 갖추고 있어야 되고, 동시에 탄약 운반 시에는 외부 충격에 의하여 절대로 폭발되지 않아야 되는 폭발물의 민감도를 평가하는 것이었다.

내가 어느 날 스탠퍼드 대학교의 교수클럽에서 테드를 우연히 마주쳤을 때, 내가 지금 하고 있는 일에 대하여 그에게 이야기를 하자, 그는 평균의 함정에 대한 고전적 예제 하나를 다음과 같이 회고하듯이 알려주었다(해군전쟁게임에서의 평균의 함정 참조).

통계학은 2차 세계대전에서 매우 중요한 역할을 담당하였다. SRG를 비롯해서 다른 연구그룹들이 2차 세계대전이 끝나 해체된 후에도 SRG 연구소의 연구원들은 학교와 산업체 등 여러 응용 분야에 통계학을 적용해 왔다. 월리스가 1980년에 그의 기고 논문을 작성하기 위해서 통

Book

해군전쟁게임에서의 평균의 함정

테드 앤더슨 지음

2차 세계대전 중 해군전쟁대학에서는 두 대의 전함, 호위함 등으로 구성된 해전을 시뮬레이션하는 전쟁게임을 미식 축구장만한 큰 보드 위에서 실행하였다. 그리고 적군의 전함을 겨냥하고 있는 한 포문에서 한 방의 대포를 발사하는 시뮬레이션 결과를 평가하기 위해 주어진 사정거리에서 발사한 포가 목표물을 적중할 확률을 계산하였다.

이 시뮬레이션에서 전쟁게임은 두 전함이 교대로 포를 발사하는 시나리오로 구성되어 있었다. 예를 들어, 만약 5마일 거리에서 전함 A가 전함 B에 포를 발사해서 적군 전함 B를 적중시킬 확률이 1/2이면, 동일한 확률로 전함 B가 완전히 파괴되거나 무사하다고 가정하는 것이 아니고, 이 전쟁 시뮬레이션 게임에서는 전함 B 반쪽으로 전쟁 시뮬레이션이 계속해서 실행되는 것이었다.

전쟁 후반에 IBM사가 실질 확률을 토대로 전쟁 시뮬레이션 결과를 보여주는 컴퓨터를 해군전쟁대학에 제공해 주었다. 즉, 이것은 1/2의 확률로 전함 B가 전쟁게임 보드에서 완전히 사라지게 하는 시뮬레이션 모델이었던 것이다.

계학은 2차 세계대전에서 매우 중요한 역할을 담당하였다. SRG를 비롯해서 다른 연구그룹들이 2차 세계대전이 끝나 해체된 후에도 SRG연구소의 연구원들은 학교와 산업체 등 여러 응용 분야에 통계학을 적용해 왔다. 월리스가 1980년에 그의 기고 논문을 작성하기 위해서 SRG에서 그와 함께 연구를 한 연구원들에게 2차 세계대전 중 컬럼비아 대학교의 연구원 시절을 회상하는 글을 편지로 부탁하자, 모든 연구원들이 그 당시의 연구활동이 통계학 분야에서 가장 창조적이었다고 했다고 한다. 그러나 월리스에 의하면, 그 연구활동 기간 동안 모든 연구원들이 그들의 연구활동에 관해 가지고 있었던 감정을 솔직하게 기술한 한 편지가 있었는데, 그 내용은 다름 아니라, "이러한 통계학 분야의 발전은 수천 마일 떨어진 곳에서 수백 만 명의 인명 살상이 있어야만 달성될 수 있었던 무시무시한 연구활동이었다"라는 것이다.

나는 그 후에도 월리스를 서너 번 더 방문했는데, 말년에 그를 방문했을 때 그는 허약해 보이기는 했지만, 내가 어렸을 때 보았던 모습 그대로 그는 나이만 들었지 매우 활기 차 보였다. 월리스 자신이 스스로 언급해야만 했던 여러 사안들에 관한 소문들이 세상에 나돌고 있었음에도 불구하고, 월리스는 항상 그랬던 것처럼 이런 소문들에 대하여 스스로 특별하게 언급하는 법이 없었고, 내가 그를 만났을 때 그저 나에게 미소만 지어 보여줄 뿐이었다. 그리고 내가 그를 마지막으로 방문했을 때, 우리는 그의 아파트에서 그가 마가렛 대처 영국 전 수상과 함께 찍은 사진 바로 아래에 앉아서 담소를 나누었다. 이 날 월리스는 그가 경제담당 국무부차관 시절 어느 날 그의 사무실 밖에서 그의 친구이자 동료인 조지 스티글러 교수가 그의 여비서와 나눈 대화 내용을 매우 유머러스하게 나에게 전해주었다. 월리스가 말하기를 "내 비서가 내 사무실로 연결된 전화로 나에게 전해주기를 "스티글러 씨가 월리스 박사님을 만나려고 오셨습니다"라고 하였다는 것이었다. 월리스가 이 말을 나에게 전할 때 그의 입가에는 잔잔한 미소가 흐르고 있었는데, 그는 계속해서 "조지(스티글러)는 비서가 한 말을 '스티글러 박사님이 월리스 씨를 보러 왔다'라고 비서에게 수정해 주었다"라는 것이었다.

우리는 지금 2차 세계대전과 완전히 다른 전쟁상태에 처해 있다. 그러나 2차 세계대전과 같이 테러와의 전쟁도 통계학적으로 이해되어야만 할 것이다. 로버트 쉬어러가 바그다드에서 근무하고 있을 때, 그는 몬테카를로 시뮬레이션 기법을 사용하여 수니 반란군의 규모와 이라크에 입국한 외국인 협력 반란자군들의 수를 추정했던 미 육군 중령이었다. 만약 그가 나에게 이 시뮬레이션 기법에 관하여 자세한 내용을 알려 주고, 그 내용을 내가 여러분과 나누었다면, 그는 우리 모두를 죽였을지도 모르겠다.

그는 나에게 "정보기관에서는 수니 반군들의 수를 추정하는 일반적인 방법은 알고 있었으나, 그들은 이렇게 추정된 결과와 관련된 불확실성을 얻는 방법은 모르고 있었다"라는 이메일을 이라크에서 나에게 보내 왔었다. 나는 이 이메일을 보고 난 후, 그가 확률분포함수들을 더하거나 곱했을 때 발생할 상황을 설명해야만 하는 도전에 직면해 있음을 알게 되었다. 그는 브리핑 룸에 있는 사람들이 이러한 상황을 직관적으로 이해할 수 있도록 두 개의 주사위를 사용했다고 한다. 쉬어러는 "나는 브리핑 룸에 있는 대부분의 사람들이 두 개의 주사위를 던져서 나온 결과를 합한 값이 따르고 있는 확률분포 형태가 무엇인지를 알고 있다는 사실에 매우 놀랐다"라고 하였다. 그는 계속해서 "그러나 브리핑 룸에 있는 어느 누구도 두 개의 주사위 결과값으로 이루어지는 곱셈값이 따르고 있는 확률분포 형태를 짐작하지 못해서, 나는 이 게임에서 그들을 이길 수 있었다"라고 하였다. 〈그림 35.2〉는 쉬어러 중령이 취급한 두 개의 주사위 결과값의 곱셈값을 히스토그램으로 보여주고 있는데,

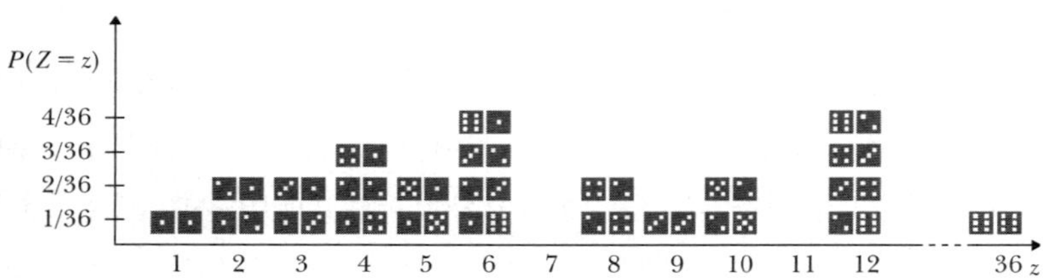

그림 35.2 로버트 쉬어러 중령이 작성한 두 개 주사위 결과값의 곱셈에 관한 히스토그램

이 그래프는 절대로 기밀로 취급되는 그래프가 아니니 독자 여러분은 전혀 걱정할 필요가 없다. 나는 다음 장에서 기초적인 확률 법칙을 이용하여 테러와의 전쟁에 관하여 추론할 수 있는 여러 사항들을 기술하도록 하겠다.

제36장

확률과 테러와의 전쟁

《유에스 투데이》의 한 기사에서 어떻게 처음으로 크리스틴 앤더슨이 그녀의 아들 존 앤더슨이 테러리스트 피의자라는 사실을 알게 되었는지를 담고 있다.[1] 크리스틴은 2004년 그녀가 아들과 함께 여행하기 위해서 미네아폴리스의 세인트 펄 국제공항에 도착하여 탑승절차를 밟고 있던 중 이러한 사실을 알게 되었다고 한다. 크리스틴에 의하면, 그녀와 그녀의 아들이 비행기 티켓 카운터에서 탑승절차를 밟고 있는데, 담당 여직원이 단호한 목소리로 "존 앤더슨이 누구입니까?"라고 물어봐서 그녀에게 유모차를 가르쳐 주었다고 한다.

지금까지도 앤더슨은 1,500명의 다른 미국 여행자들과 함께 그들의 이름을 테러리스트 피의자 명단에서 정리하지 못하고 있다. 그래서 존의 부모들은 아직도 인터넷으로 존의 탑승권을 출력할 수 없어서, 존은 그가 어린이임을 증명하기 위해 항상 비행기 티켓 카운터에 직접 모습을 보여야만 하는 불편함을 겪고 있다. 테러와의 전쟁에서 이러한 유별난 이슈가 거짓실체(false positive: 실체는 존재하지 않는데 존재하는 것으로 판명함－역주)라고 알려져 있는데, 나중에 알게 되겠지만, 이러한 거짓실체가 일반인들의 상식으로부터 자주 벗어나고 있다.

마법의 해결책

그러면 여러분은 현재 미국에 테러리스트들이 몇 명이나 활동하고 있다고 생각을 하는가? 나는 일반적인 흉악범, 잔악한 살인자, 일반 살인범을 말하는 것이 아니고, 대량살상 의향을 갖고 있는 전문적인 핵심인물들을 말하고 있는 것이다. 나 자신도 그 수가 얼마나 되는지 알지 못하지만, 논의를 위하여 미국 내에 3,000명의 테러리스트가 있다고 가정해 보자. 이렇게 가정하면, 미국 인구가 3억 명이므로 미국 인구 10만 명당 테러리스트 1명이 되어, 이는 현실과 거의 일치한다고 할 수 있다.

이제 테러리스트들의 위협에 대처하기 위해 미국 모든 국민들의 전화를 무제한으로 도청할 수 있는 신형 음성분석 소프트웨어를 설치할 수 있다고 가정해 보자. 이 소프트웨어는 테러리스트로 의심되는 사람이 세 마디 내로 통화를 하는 즉시 이를 감지하여 자동으로 FBI에 알려주는 기능을 갖추고 있다. 이 시스템의 신뢰도는 99%라고 한다. 즉, 테러를 자행하려는 의지가 분명한 테러리스트가 전화를 하면, 이 소프트웨어는 99% 확실하게 이 사람이 테러리스트임을 FBI에 알려 주고, 테러리스트가 아닌데 이 사람이 테러리스트라고 FBI에 알려줄 확률은 1%가 된다. 사실 감지 소프트웨어가 위에서 가정한 것처럼 정확할 수는 없겠지만, 아래의 설명을 위해 이러한 성능을 갖춘 소프트웨어가 있다고 가정해 본 것이다.

FBI가 이 시스템으로부터 보고를 받으면, 이렇게 보고된 사람이 확실히 테러리스트일 가능성은 얼마나 될까?

- a. 99%
- b. 98%
- c. 66%
- d. 33%
- e. 1%
- f. 1/1000

위 문제를 다음과 같이 생각해 보기로 하자. 이 시스템으로부터 어떤 통화 내용이 FBI에 보고되면, 이렇게 보고된 사람은 테러리스트이거나 아니면 테러리스트가 아닐 것이다. 이 시스템의 신뢰도를 고려하여 위 질문에 대한 답을 찾아보면, 미국 내에 있는 3,000명의 테러리스트들 중 99%인 2,970명이 실질적으로 FBI에 보고가 될 것이다. 그러면 테러

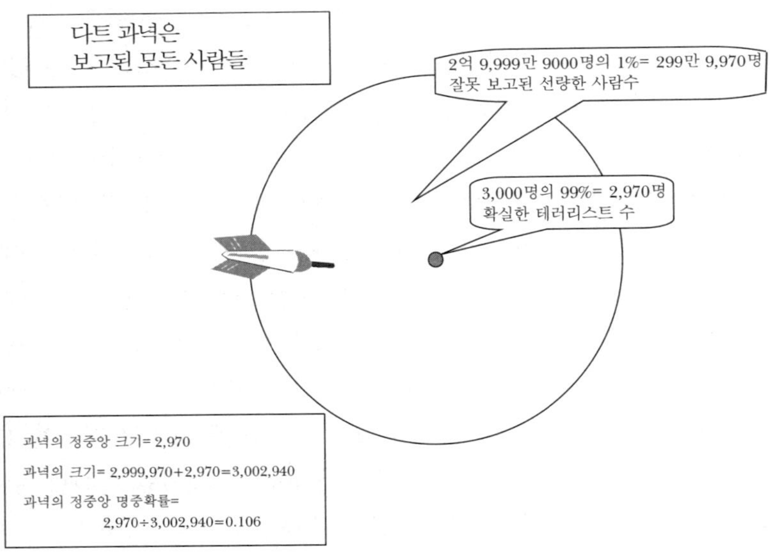

그림 36.1 테러리스트로 보고된 대상 모집단

리스트 3,000명을 제외한 나머지 미국 인구 2억 9,999만 7,000명 중 1%인 299만 9,9970명은 FBI에 잘못 보고된 오보이다.

〈그림 36.1〉은 테러리스트 감지 시스템으로부터 FBI에 테러리스트로 보고된 사람 수를 그래프로 표시한 것이다. 이 그림에서 보는 바와 같이 FBI에 보고된 사람들 중에서 무작위로 보고된 내용을 추출한다고 가정하면, 정확하게 테러리스트를 감지해낼 수 있는 확률은 다트를 목표물에 던져서 얻게 되는 최종 득점과 같은 것으로 생각할 수 있을 것이다.

거짓실체 문제

도청 장치로 설치된 시스템에서 테러리스트라고 FBI에 보고될 확률이 99%이지만, 보고된 내용으로 FBI가 확실하게 테러리스트를 체포할 확률은 〈그림 36.1〉에서 보는 바와 같이 1/1000밖에 안 된다. 만약 테러리스트의 수가 3,000명보다 적으면, FBI에 보고된 내용이 정확할 확률은 1/1,000보다 적게 되고, 이와 반대인 경우는 그 확률이 1/1,000보다 크게 될 것이다. 그러나 미국 내에 30,000명의 테러리스트들이 있다고 해도, FBI에 보고된 내용이 정확할 확률은 1/100 정도밖에 안 되고 있다. 그러므로 테러리스트가 아닌 사람이 의심을 받게 되는 수를 고려하면, 테러리스트 문제의 해결책으로 보이는 대안들이 사실 사람들로부터 큰 관심을 받지 못하는 것은 당연하다고 할 수 있다.

위와 같은 문제를 거짓실체 문제라고 하며, 현재 거짓실체 문제는 테러와의 전쟁에서 가장 큰 쟁점이 되고 있다. 전쟁에서 군인들이 서로 맞대응할 때는 적군을 파악하는 것이 쉽지만, 테러와의 전쟁에서는 테러리스트들을 정확하게 파악하기는 어렵고, 그리고 테러리스트들이 선량한 시민들을 목표로 삼는 것은 식은 죽 먹듯이 쉬운 일이다. 그러므로 말할 것도 없이, 이러한 테러와의 전쟁상태에서는 정보의 비대칭적인 구조가 존재하게 된다.

웨스트포인트 미 육군사관학교의 시스템 엔지니어링 학과에 근무하는 펄 쿠식 소령은 거짓실체 문제가 얼마나 직관적으로 인식하기가 어려운지에 관한 예제를 다음과 같이 제시하고 있다. 쿠식에 의하면, 어느 한 미 군사 분석가 그룹이 이라크에서 자살 폭탄 테러 차량을 감지하기 위한 통계적 방법론을 개발하고 있는 중이었다고 한다. 그래서 쿠식은 그의 과목을 수강하는 한 후보생 팀에게 통계적 테스트를 분석하는 학기말 프로젝트를 할당해 주었다고 한다. 이 프로젝트의 주제는 위에서 논한 가상적인 테러리스트 감지장치와 같이 폭발물의 존재 여부를 정확하게 예측하는 방법론을 개발하는 것이었다.

쿠식은 "이 프로젝트에 참여한 후보생들이 군사분석가 그룹에서 수행하는 통계적 방법론 개발에 참여한 분석전문가들을 만나고 난 후, 이 팀원들이 한 번의 테스트로 얻게 되는 정보가 아닌 다양한 정보출처들을 사용할 수 있는 모델을 개발하였다"고 한다. 쿠식은 계속해서 "이 프로젝트를 수행한 후보생들에 의하면, 군 초소에서 정확한 폭발물 감지장치를 가지고 있다고 해도, 폭발물을 실은 차량들의 수가 기본적으로 매우 적기 때문에, 초병이 현재 폭발물 검사를 받고 있는 차량이 위험하다는 신호를 폭발물 감지시스템으로부터 받았을 때, 그 차량이 실제로 위험하다고 판단될 가능성은 매우 낮을 수밖에 없다고 한다. 이 후보생들의 보고서에서 흥미로웠던 점은 학사 학위 과정에 있는 후보생 그룹이 이 문제를 해결하기 위해 3년 이상 이 문제를 연구해 온 박사학위 소지자들과 기술자들에게 중요한 실마리를 제공하였던 것이다"라고 이 팀의 프로젝트를 평가하였다.

의사결정론 분야에서 수십 년 동안 경력을 쌓아왔으며, 현재 웨스트포인트의 정교수인 그레그 파넬은 의사결정 분야의 유능한 고참 선배 리더들조차도 이러한 거짓실체 문제를 과소평가하고 있다고 한다. 파넬은 "내가 언제인가 한번은 워싱턴에서 산업체 지도자들과 정부 고위 공직자들에게 거짓실체 문제와 관련된 가상적인 예제를 제시해본 적이 있었는데, 이 예제에 관한 그들의 직관적인 추측들이 사실과 상당히 동떨어져 있음을 알고 나는 매우 놀라웠다"라면서 현장의 의사결정 관련자들의 낮은 거짓실체 문제의 인식수준을 지적하였다.

미국에 대한 두 번째로 최악인 테러리스트 공격

위에서 언급한 종류의 확률적 논리가 테러와의 전쟁에 응용된 여러 다른 경우들도 있다. 예를 들어, 오클라호마 시의 연방정부건물이 폭파되었다는 뉴스가 처음 보도되었을 때, 나는 즉시 비록 내가 이슬람교도의 근본주의자 테러리스트들이 오클라호마 시에서 무슨 짓을 저질렀는지, 그 현장 상황을 정확히 알 수 없었지만, 이슬람교도의 근본주의자 테러리스트들이 이 사건에 연루되었을 것이라고 짐작을 했다. 그러나 이 사건의 최종보고서에서 밝혀진 것처럼, 이 사건의 주범인 티모시 맥베이는 이슬람교도 테러리스트가 아닌 제1차 걸프전쟁 때 훈장을 받은 재향군인이었고, 백인우월주의 조직원이었다. 미국에는 이슬람교도의 근본주의자 테러리스트들보다 더 많은 전쟁 재향군인들이 범죄조직에 가담하고 있고, 그들 중 상당수는 무엇이든지 쉽게 폭파시킬 수 있도록 철저히 군사훈련을 받았다는 사실을 생각해 보기 바란다. 이 사건의 결과를 토대로 미루어 짐작해 보면, 우리들 주위에서 발생하고 있는 사건에 대해 우리들의 직관적 이해력을 개선하기 위해서는 이 사건과 관련된 다양 목표집단들의 상대적 크기가 고려되어야 한다.

미 육군에서는 현재 미국 내에 상당한 수의 무장 극단주의자들이 존재하고 있음을 파악하고, 이 문제를 매우 신중하게 다루고 있다. 예를 들어, 제18공수부대 군단과 포트 브래그 헌병감실에서는 여러 시민법 집행기관 및 군사법 집행기관의 도움을 받아서 96쪽에 해당하는《증오를 표출하는 갱 조직과 극단주의자 그룹에 관한 지휘관 안내서》라는 매뉴얼을 출간하였다.[2] 이 매뉴얼은 군 장교들이 테러리스트에 관한 문제를 명확하게 파악하도록 작성된 것으로, 갱 그룹과 극단주의자 그룹들에 관한 역사와 분류법, 그리고 그들을 대처하는 방법 등을 포함하고 있다. 이와 관련된 미국 내부에서 발생하는 문제를 기술하자면, 9/11 사건 바로 후, 일반 미국인이 탄저병균 분말을 선량한 시민들에게 살포한 사건이다. 이러한 사건들로 인하여, 우리들은 이제 이슬람 테러리스트가 아닌 미국 시민 테러리스트들이 우리들 바로 옆에 있다는 사실을 확인하게 되었고, 일상생활을 공포 속에서 지내고 있다. 나는 이러한 미 시민 테러리스트들의 공격 때문에 미 국민들이 대낮에도 두려움에 떨고 있어서 미 정부의 이라크 전쟁을 매우 자연스럽게 지지하고 있다고 생각한다. 그리고 2008년 미 정부에서 근무하는 탄저균 과학자의 자살로 인하여, 우리는 미국 내 테러리스트가 우리 자신들임을 재확인하게 되었다. 나는 미국 내 전쟁 음모론자들이 미국민들의 이러한 심리적 혼란을 이용하여 전쟁을 일으킬 구실을 계속 찾고 있음도 알게 되었다.[3]

최악의 적

그래서 여러분이 이슬람교도의 근본주의자, 중동전쟁의 악한 재향군인, 혹은 정부기관에서 근무하는 정신 나간 과학자들의 손에 죽어가는 악몽을 꾸고 있는가? 만약 그렇다면, 여러분은 이들보다 더욱 악한 상황을 아직 보지 못하고 있는 것이다. 만약 여러분이 이러한 상황을 맞이할 용기가 있고, 이에 대한 희미한 그림자만이라도 보기를 원한다면, 지금 여러분 자신의 모습을 거울에 한번 비추어 보기 바란다. 다양한 분야에 관한 통계들을 제공해 주고 있는 StateMaster.com에 의하면, 미국에서 일 년에 10,000명 중 한 명꼴로 자살을 하고 있다고 한다.[4] 이 같은 자살률을 고려해 보면, 일 년 동안 미국에서 발생하는 살인에 의한 사망자 수보다 많은 30,000명이 더 자살로 죽어가고 있는 것이다. 이러한 통계 정보가 테러와의 전쟁에 숨어 있는 또 다른 사회적 위험을 폭로하고 있는 것이다. 테러리스트를 악용하여 우리들을 두려움에 떨게 하려는 정치가들이나 테러리즘에 대한 수천 건의 잘못된 기소사실들이 미국민들의 우울증 발생률을 매년 10%씩 증가시키고 있다는 통계적 사실을 감안하면, 자살로 인한 연간 사망자 수가 9/11 때의 사망자 수와 거의 같게 나오고 있다. 더욱이 CBS 뉴스에서 실시한 최근의 여론조사에서 이라크와 아프가니스탄 전쟁에 참여했던 젊은층 재향군인들의 자살률이 상당히 높게 나타났다고 한다.[5] 이렇게 심각한 죽음의 유혹을 피할 수 있는 효과적인 방법은 바비 맥페린의 “Don’t Worry, Be Happy.”라는 충고에 귀를 기울일 필요가 있다.

더 이상의 변명이 필요치 않음

지금까지 기술된 모든 예제들은 유추론적으로 관찰될 수 있는 문제들이고, 이러한 유추론적 문제들을 해결하는 방법을 **베이지안 분석**이라고 한다. **베이지안 분석**의 결과는 우리들의 직관에 의한 결론과 일반적으로 맞지 않는 경우가 많다. 예전에는 기업, 정부, 그리고 군대에서 근무하는 의사결정자들이 사건 발생 수가 매우 적은 사례에 관하여 잘못된 의사결정을 내려도 변명의 여지가 있었으나, 이제는 베이지안 분석의 특성으로 인하여 더 이상의 변명이 통할 수 없게 되었다.

나와 하워드가 《Chance Magazine》에 게재한 〈유죄가 증명될 때까지: 거짓실체와 테러와의 전쟁〉이라는 최근의 논문에서 여러분이 마이크로소프트 엑셀로 거짓실체 계산기를 무료로 사용할 수 있는 방법론을 소개하였다.[6] FlawOfAverages.com에서 이 계산기로 여러분이 관심이 있는 거짓실체 문제를 직접 실행해 보기 바란다.

여러분이 다음 번 선거에서 정치가들이나 정부 관료들이 사실적 실체로 국민들에게 혜택을 주기보다 거짓실체로 여러분에게 해를 더 많이 주는 경우를 목격하면, 그들에게 위에 있는 내 사이트를 알려줘서 그들 스스로 거짓실체의 내용을 분석해 보도록 권해 보기를 바란다.

기분 좋은 것은 하나도 없고, 다만 두려움 그 자체뿐

많은 정치가들이 발생 가능성이 매우 희박한 끔찍한 사건들만을 거론하면서 여론을 조작하려는 유혹에 빠지고 있고, 그들의 그릇된 논리에 선량한 많은 미 국민들이 쉽게 속아 넘어가는 안타까운 상황이 발생하고 있다. 예를 들어, 몇 년 전에 북한과 같은 나라들로부터 미국을 구한다는 명목으로 미사일 방어시스템을 지지한 한 의원이 뉴욕시를 파괴할 수 있는 핵무기들이 너무나도 두렵기 때문에 이러한 파괴를 막기 위해서는 미 정부가 무슨 일이든지 해야만 한다고 감정적으로 주장을 한 적이 있었다. 이상하게도, 이 의원은 그러한 핵무기들이 선박으로 뉴욕에 밀반입될 높은 가능성을 전혀 언급하지 않았으며, 그리고 미사일에 의한 핵공격을 실행하는 대안이 훨씬 더 많은 비용과 어려움을 지니고 있다는 사실을 차치하더라도, 이러한 미사일 공격은 다음에 미국의 통렬한 반격을 받을 수 있는 미사일 발사지를 정확하게 알려 주고 있다는 사실도 언급을 하지 않았었다.

미사일 방어에 관하여 오랜 기간 동안 고민하고 연구를 해온 사람으로 전 미 국방장관이었던 윌리엄 페리가 있다. 페리 장관은 수학 학사, 석사, 박사 학위 소지자임에도 공직자, 기업가, 그리고 대학 교수로서 훌륭한 경력을 쌓아 온 사람이다. 그는 지적인 능력을 감각적인 능력과 연결하여 얻을 수 있는 이점들을 최대한 얻어낸 대표적인 인물이다.

모든 거짓실체 문제의 근원

지미 카터가 미 대통령이던 시절, 미 국방성 연구 및 엔지니어링 담당 부차관이던 페리는 어느 날 새벽 3시에 미사일 방어시스템과 관련된 체험을 직접 하게 되었다. 페리는 이 새벽 시간에 북미항공방어사령부(North American Aerospace Defense Command: NORAD)에 근무하는 당직 장교로부터 걸려온 비상 전화에서 "지금 소비에트 연방 공화국에서 대량의 미사일로 현재 우리를 공격하고 있음이 컴퓨터에 의하여 판독되었다"라는 내용을 듣게 된 것이다. 페리가 이 전화내용과 관련해서 말하기를 "그 당직 장교는 다른 지침판들은 소련의 미사일 공격을 암시하는 정보를 전혀 보여주고 있지 않았기 때문에 컴퓨터에 의한 소련의 공격 판독은 거짓 경고임이 분명하다고 믿고 있었고, 다만 나와의 전화통화로 컴퓨터상에서 무엇이 잘못되었는지를 그가 파악할 수 있게 나의 도움을 원했던 것이었다. 우리는 최종적으로 당직자들의 실수로 레이더 스크린에서 미사일 공격을 시뮬레이션해 본 훈련용 테이프가 컴퓨터에 놓여 있어서 위와 같은 문제가 발생하였다는 결론을 내렸었다" 라고 하였다.

국가 미사일 방어

페리가 미 국방장관 재임 중에 수행했던 임무 중 하나는 국가 미사일 방어시스템(National Missile Defense system: NMD)을 평가하는 것이었다. 그는 이 임무와 관련해서 "NMD와 관련된 모든 평가들은 2차 세계대전 중에 발생한 폭격기에 관한 대공 방어 자료들을 토대로 실행되었다. 비행 폭격 중 대공포에 맞아 조종사가 사망할 평균 확률이 5% 정도이었지만, 폭격기 조종사들은 많은 폭격임무들을 수행하고 있었기 때문에 이 정도의 사상률도 상당히 높은 것이다. 5%의 사상률을 고려해 보면, 조종사 입장에서는 첫 번째 임무에서 생존할 확률이 95%이지만 스무 번째 임무에서 생존할 확률은 36%밖에 안 된다. 이 정도의 생존 확률은 소모전에서는 효과적인 방어라고 할 수 있다"라고 회고를 했다. 페리는 이러한 사실을 핵미사일 공격과 대비하면서 "핵전은 소모전이 아니다. 사상률이 5%가 아니고 거의 100%에 육박하고 있다. 만약 단 하나의 핵미사일이 목표점을 정확하게 맞추게 되면, 그때는 모든 것이 완전 파괴로 돌아가는 것이다"라면서 핵공격의 위험성을 경고하였다.

모든 것은 숫자에 불과하다

99%의 정확성을 가지고 있다는 시스템을 가정하는 것은 전적으로 비현실적이지만, 정확성이 5%에서 75% 사이에 존재하는 시스템을 가정하는 것은 현실적으로 존재할 가능성이 매우 높다고 할 수 있다. 그러면 하나의 미사일 탄두 공격에서 생존할 최대 확률이 75%라고 가정하고, 다량의 미사일 탄두 공격이 동시에 발생한다면, 이 경우의 생존확률은 어떻게 되겠는가? 〈그림 36.2〉는 이러한 경우의 생존확률을 보여주고 있다.

위 시나리오를 직관적으로 설명을 하자면, 미사일 탄두 공격을 멈추게 하는 것은 동전 던지기와는 전혀 다르다는 것이다. 어느 누구도 15번 연속해서 동전의 앞면을 나오게 던지지는 못한다. 그래서 동시에 다량의 미사일 탄두 공격이 있으면, 이를 방어할 만한 현실적인 방법은 존재하지 않는다. 만약 여러분이 이 게임에 돈을 걸기를 원한다면, 차라리 그 돈을 다른 곳에 베팅하는 것이 더 바람직할 것이다. 이와 같은 이유로, 페리는 1970년대 후반 국가 미사일 방어시스템을 포기하게 되었던 것이다. 대신에 그는 20년 후에 강력한 방어시스템으로 판명된 스텔스 비행기 기술 개발을 주장하였다. 페리는 서너 개의 미사일 탄두만을 가지고 있는 불량 국가들의 동시다발적 공격을 방어하기 위해서도 미사일 방어시스템은 효과가 없다고 확신하였다. 내가 최근에 페리에게 북한의 미사일 공격 능력에 대해서 묻자, 그는 "나는 북한의 대륙 간 탄도 미사일 공격에 대해서는 신경 쓰지 않지만, 그들이 탄두를 비행기로 운반하거나 트럭으로 운반하려고 하는 테러리스트들에게 그들의 탄두를 팔지나 않을지 그것이 더 걱정이 된다"라고 하였다.

북한과 같은 불량 국가가 미국에 대해서 핵미사일 공격을 할 수 있는 경우는 있다. 예를 들어, 북한과 같은 두 불량 국가들이 있는데, 이들이

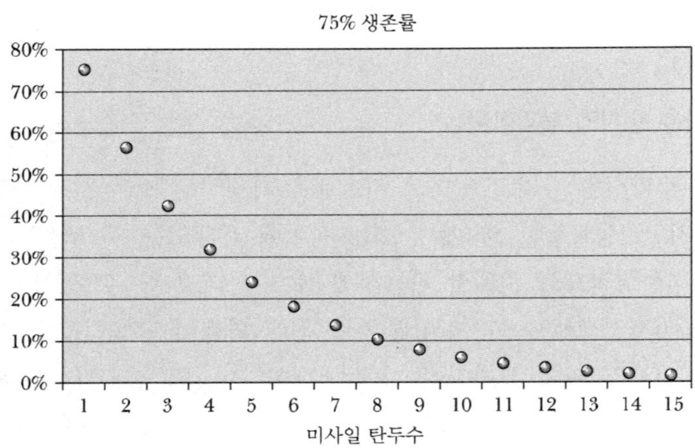

그림 36.2 미사일 탄두 수의 증가에 따른 생존확률의 감소 현황

서로 적이라고 가정해 보자. 그러면 북한이 한 번에 두 마리의 새를 잡고자 하는 유혹에 빠져서 적국에 대륙 간 탄도 미사일을 몰래 숨겨 들여가서는, 그곳에서 탄두 미사일로 미국을 공격하는 것이다. 만약 여러분이 이러한 시나리오 때문에 잠들지 못한다면, 차라리 여러분이 현재의 미사일 방어시스템을 믿고 잠을 청하는 편이 더 바람직할 것이다. 그렇지 않다면, 여러분은 미국 내로 진입하는 모든 선박들과 국경지대를 완벽하게 감시해야 하는 도전에 고통스러울 수밖에 없을 것이다. 결과적으로 위 두 시나리오 중 어느 경우가 발생하든지, 여러분은 동일한 정도의 노력과 비용을 반드시 지불해야만 한다.[7]

느슨해진 핵무기 관리

많은 사람들이 구소련 체제가 해체되었을 때, 그들이 소유했던 핵무기들을 추적하기 위해 최선의 노력을 했다. 넌-루가 협력위협감소 프로그램(Nunn-Lugar Cooperative Threat Reduction Program)에 구소련의 핵무기들을 정리하기 위한 노력들이 기술되어 있기는 하지만, 어느 누구도 구소련이 소유했던 모든 핵무기들이 올바르게 처리되었다고 확신하고 있지는 않는다.[8] 테러리스트들이 미 국민들을 괴롭힐 수 있는 가장 위협적인 행동으로는 현재 미국 내의 자살률과 같든지 아니면 이보다 더 큰 살상률을 가지고 있는 구소련의 실종된 핵무기들(혹은 생물학무기) 중 하나를 미국 영토 내로 반입시키는 것이다.

위와 같은 무기들이 미국 내로 밀반입될 성공 확률을 어떻게 추정할 수 있을까? 이 질문에 대한 확률은 테러와의 전쟁을 마약과의 전쟁과 비교하면 쉽게 얻을 수 있다. 2006년에 발간된 미 법무부 보고서에 의하면, 2004년에 코카인 325~675톤이 미국 내로 밀반입이 된 것으로 추정되고 있는데, 이 중에서 196톤만이 적발되었다고 한다. 즉, 코카인이 미국으로 반입된 실질적인 양의 40~70%만 적발되었다는 것이다.[9] 스탠퍼드 대학교의 의사결정 분석가 론 하워드 교수는 대량살상무기를 미국 내로 밀반입하고자 하는 테러리스트가 있다면, 그는 코카인 운반 차량에 그 무기를 미국 내로 밀반입시키는 대안을 고려하는 것이 현명할 것이라는 농담을 했던 적이 있었다.

위에서 논한 바와 같이, 테러리스트에 의한 대량살상무기도 미사일 방어 시스템의 경우와 같이 모든 것이 숫자에 불과할 뿐이다. 대량살상무기가 미국 내로 밀반입되지 못할 확률이 90%라고 가정하자. 독립적으로 대량살상무기가 미국 내로 40번 밀반입이 시도된다면, 이러한 시도를 모두 적발할 확률은 〈그림 36.3〉에서 보는 것처럼 1/100보다 작게 나타나고 있다.

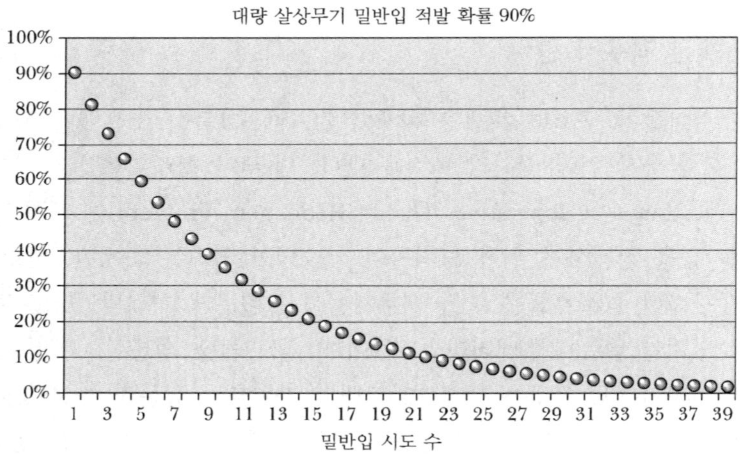

그림 36.3 대량살상무기 밀반입이 증가할수록 이를 적발할 확률은 낮아진다.

별들의 전쟁

로널드 레이건 미 대통령은 1983년에 별들의 전쟁(Star War)이라고 부르는 대 미사일탄두 전략방위구상안(Antimissile Strategic Defense Initiative: SDI)을 미 국방정책으로 도입하였다. SDI도 앞에서 논의한 테러리스트와 핵미사일 공격의 경우와 마찬가지로 수리적으로는 실현 불가능한 것이었지만, 냉전을 종식시키는데 일면 기여한 것으로 인정을 받기는 하고 있다. 로렌스 리버모 핵무기 실험실 책임자였던 물리학자 마이클 메이는 구소련의 고위 물리학자에게 한 번은 "너의 나라 사람들이 정말로 SDI를 두려워하느냐?"라고 물어보았다고 한다. 메이에 의하면 "그 물리학자는 소련의 과학자들은 전혀 SDI를 두려워하고 있지 않지만, 소련의 정치인들 모두는 SDI를 두려워하고 있다"고 대답을 하였다는 것이다.[10] 메이는 계속해서 "정도는 덜하지만 이러한 소련의 경우와 동일한 상황이 워싱턴에서도 나타나고 있었다. 미국의 과학자들도 SDI가 실행 불가능하다는 사실을 알고 있었지만, 정치인들과 나는 미국 내 많은 매스컴들이 SDI를 훌륭한 전략적 방어시스템이라고 평가하는 기사 내용들을 인정하지 않을 수 없었다"라면서 그 당시 SDI에 관한 미국인들의 생각을 기술하였다.

럼스펠드의 올바른 질문

2003년 미 국방장관이었던 도날드 럼스펠드의 유출된 메모에는 아래와 같은 내용이 적혀 있었다.[11]

> 지금까지 우리들은 테러와의 전쟁에서 승리를 할지, 아니면 패배를 할지를 판단할 수 있는 측정기준을 완벽하게 수립하지를 못했다. 우리들은 지금 마드라스(이슬람 교리를 교육하는 고등교육기관 – 역주)보다 테러리스트들을 더 많이 체포하고, 살상하고, 저지하고, 그리고 그들을 설득하여 투항하게 하고 있는가, 아니면 이슬람 교육을 담당하는 이슬람의 급진적인 성직자들이 우리들을 공격하기 위해 더 많은 테러리스트들을 징집하고 훈련시켜서 그들을 전선에 배치하고 있는 것은 아닌가?

럼스펠드의 위와 같은 질문은 전쟁의 승패를 추정해 볼 수 있는 기준에서 본다면 정확한 질문이라고 할 수 있다. 미 국가정보 평가단에서는 2006년이 되어서야 비로소 럼스펠드의 위 질문에 대한 답을 할 수 있는 방법을 마련하기 시작하였다. 이 평가단에 의하면, 전쟁 지역 내에서 최소한 서너 곳에서는 미국의 군사행동들이 역효과를 발생시켰다고 한다. 이 비밀 보고서를 본 사람들에 의하면 "평가단 보고서의 내용이 이라크 전쟁을 지하드 이데올로기를 해체하기 위한 발판으로 이용되고 있었다"라는 것이다.[12]

많은 사람들이 때때로 테러주의와의 전쟁을 질병을 치료하거나 혹은 질병을 몸 전체로 확산시키기도 하는 외과수술과 비교를 하곤 한다. 경우에 따라서, 우리들은 럼스펠드의 질문에 대한 답을 찾기 위해 아래에 기술된 전염병학적 접근법을 취해야 할지도 모르겠다. 어쨌든, 럼스펠드의 질문은 공개토론으로 매우 중요한 이슈이었고, 현재도 중요한 이슈거리이기 때문에 럼스펠드가 그의 질문을 공개하지 않은 것은 매우 유감스러운 일이었다.

테러와의 전쟁에 대한 전염병학적인 접근법

미 평화연구소에 근무하는 펄 스타레스와 모나 야코우비안이 2005년 《워싱턴포스트》지에 게재한 〈바이러스와 같은 테러주의(Terrorism as Virus)〉라는 기고문에서 테러 퇴치를 위한 전염병학적 접근법을 소개하였다.[13]

스타레스와 야코우비안은 "테러와의 전쟁을 해결할 수 있는 방법을 돌연변이 바이러스나 혹은 전이되는 암 사이에 존재하는 유사성에서 찾아야 한다"라고 주장을 하였다. 그들은 기고문에서 전염병학적 접근법의 세 가지 이점들을 아래와 같이 나열하고 있다.

첫 번째, 전염병학적 접근법은 테러 위협의 본질과 확산에 초점을 맞추고 있다. "예를 들어 모기, 마다라스, 감옥소, 인터넷, 위성 TV 등과 같은 전달궤도 중 어느 것이 가장 효과적으로 이데올로기를 전파하고 있는가?"

두 번째, 이 접근법은 전반적인 테러리스트 활동 역할을 잘 이해하도록 도움을 주고 있다. "질병이 진공 상태에서 발생하지 않고, 병원체, 사람, 그리고 주위 환경들 사이에서 발생하는 복잡한 상호관계 작용의

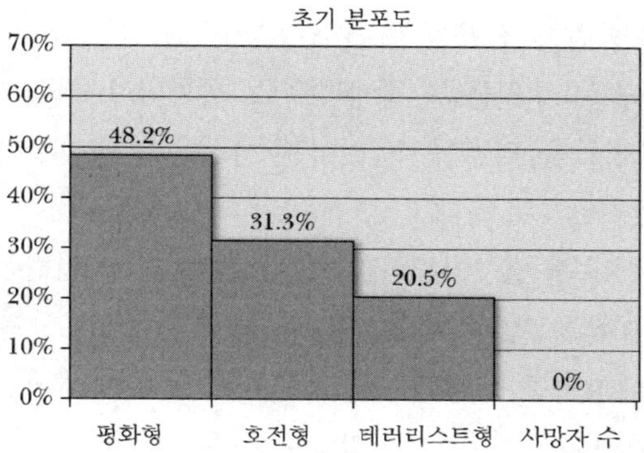

그림 36.4 테러 관련 특성의 초기 확률분포

표 36.1 가상적인 호전성 상태

	내용
평화형	주민들 대부분은 이 그룹에 속하지만 3개월 단위로 이 그룹의 12%는 호전적인 그룹으로 그리고 1%는 테러리스트로 전이하고 있다.
호전형	이 그룹의 주민들은 집회에 참석하고 다른 상태로 전향을 하기는 하지만 테러리스트 행동에는 참여하지 않는다. 3개월 단위로 이 그룹의 20%는 테러에 관심을 잃게 되고 그리고 평화로운 상태로 되돌아가고 다만 5%만 적극적인 테러리스트로 남게 된다.
테러리스트형	이 그룹의 주민들은 매우 냉혹한 킬러들이고 이들은 절대로 평화로운 상태의 그룹으로 전향하지 않는다. 그러나 이 그룹의 10%는 냉혹한 킬러로서의 흥미를 잃고 다음 번에는 단순한 호전적인 상태의 그룹으로 되돌아간다.
살해된 사망자	현시점에 있어서 주민들 중 실질적으로 살해된 사람은 없다. 자연적인 출생과 사망률로 주민 수는 항상 일정하게 유지되고 있다.

결과로써 진화하는 것처럼 이슬람주의자들의 호전성도 이렇게 진화하고 있다."

세 번째, 이 접근법은 전 세계적으로 테러리스트들의 위협을 감소시킬 수 있는 광범위한 전략을 마련하기 위한 토대를 제공해 주고 있다. "공중위생 담당 공무원들은 체계적으로 계획되고 다각화된 국제적인 협력으로 전염병들을 퇴치할 수 있다는 사실을 오래전부터 인식하고 있었다."

전염병적인 이슈들을 이해하기 위한 중요한 마인들은 **마코프 체인(Markov Chain)**으로 알려진 수리적인 모델이다(우선 사어인 마코프 체인에 합당한 신조어를 생각해 내지 못한 점에 대해서 독자 여러분에게 미안하게 생각한다).[14] 다양한 질병들을 최적으로 관리하는 방법들을 고안하는데 마코프 체인 모델들과, 그리고 이와 유사한 관련 모델들이 지금까지 상당히 성공적으로 사용되어 오고 있다. 이 경우 마코프 체인 모델의 핵심적인 주제는 시간이 지나감에 따라서 특정 지역 주민들의 성향이 어떻게 변화해 가는지를 예측하는 것이다.

마코프 체인 방법이 테러와의 전쟁에 어떻게 응용될 수 있는지를 살펴보기 위해 가상적으로 사람들이 평화형, 호전형, 테러리스트형, 살해된 사망자로 나누어지는 지역을 고려해 보자. 이 지역 주민들의 성향별 초기 확률분포는 〈그림 36.4〉에 나타난 바와 같고, 이 지역 주민들의 특성 분포는 〈표 36.1〉에서 보는 바와 같이 3개월 단위로 특정한 어느 한 상태에서 다른 상태로 옮겨가고 있다.

〈표 36.1〉에서 상태 전이율이 다음 10년 동안 일정하다고 가정해 보자. 그러면 최종 주민들의 최종 상태분포가 어떻게 될 것인가?

힌트: **마코프 체인**의 도움 없이는 위 질문에 대한 답을 할 수 없다. 그래서 나는 FlawOfAverages.com에 **마코프 체인**을 토대로 한 위 질문에 대한 답을 엑셀버전으로 준비해 놓았다.

10년 후 이 지역 주민 그룹의 상태 분포는 〈그림 36.4〉에 있는 것처럼 초기 분포와 동일한 것으로 나타나 있다. 사실은 내가 이러한 결과가 나오도록 초기 분포를 선택하였던 것이다. 이를 달리 표현하면, 나는 각 그룹의 초기분포를 평형상태에서 시작을 하였던 것이다. 마코프 체

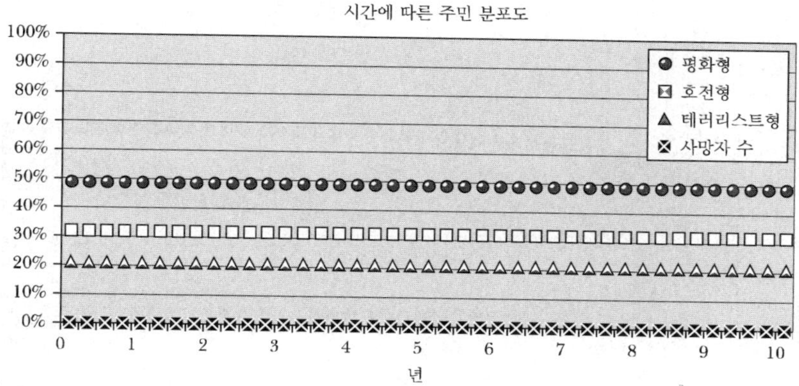

그림 36.5 평형 상태에 있는 주민 분포 상황

표 36.2 외교적 노력에 의하여 변화된 가상적인 상태 전이율

종료 \ 시작	평화형	호전형	테러리스트형
평화형		20% → 23%	
호전형	12% → 10%		10% → 15%
테러리스트형	1% → 0%	5% → 2%	

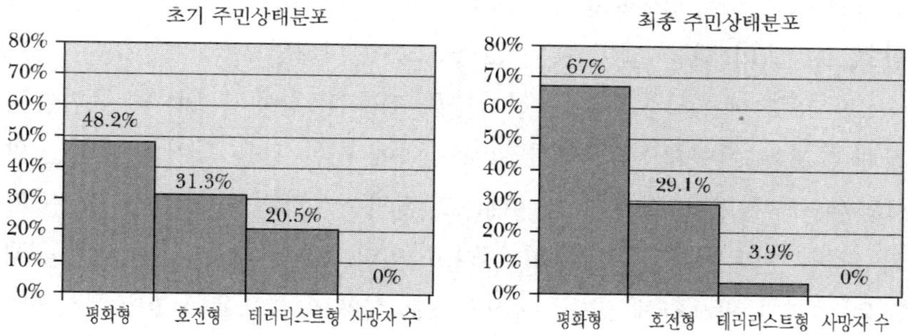

그림 36.6 외교적 노력하에서의 초기 및 최종 분포도

인 결과인 시간에 따른 주민들의 상태 분포는 〈그림 36.5〉에 나타나 있다.

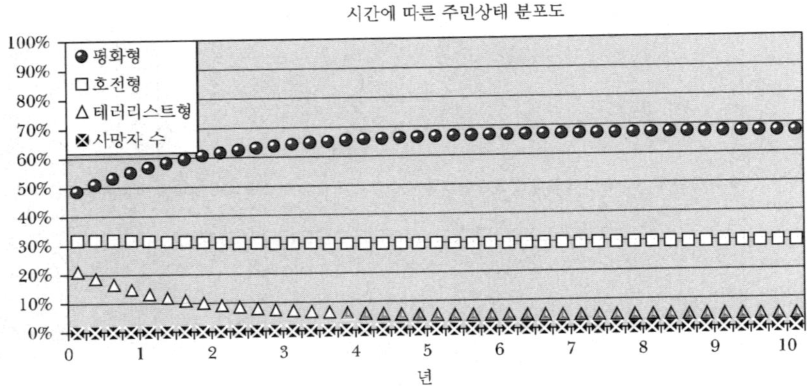

그림 36.7 외교적 노력에 의한 주민 상태 변화 전개 상황

외교적 노력 외교적인 노력을 통해서 주민들의 상태 변화의 전이율을 변화시켜 주민들이 덜 호전적인 상태로 돌아가게 할 수 있다면, 이 경우에는 어떤 현상이 발생할 것인가? 내가 외교적 노력(Hearts and Minds)이라고 부르는 전략으로 인하여 주민들의 상태 전이율이 〈표 36.2〉에서 보는 바와 같이 변화되었다고 가정해 보자. 즉, 평화로운 상태에서 호전적인 상태로의 전이율은 12%에서 10%로 감소된 반면, 호전적인 상태에서 평화로운 상태로의 전이율은 20%에서 23%로 증가하였고, 그 외의 다른 전이율은 〈표 36.2〉에 나타난 바와 같다.

〈표 36.2〉에 있는 새로운 전이율을 이용할 경우 10년 후 주민들의 상태 분포는 어떻게 변해 갈까? 힌트: 이에 대한 답을 찾기 위해서는 **마코프 체인**의 도움을 받아야 하는데, 그 결과는 〈그림 36.6〉에서 보는 바와 같이 앞의 경우와 큰 차이가 나고 있다. 이와 같이 상태 전이율에 작은 변화가 발생하게 되면, 테러리스트 상태의 분포율이 20%에서 4%로 많이 감소하게 되는데, 이러한 점을 고려해 보면 〈그림 36.3〉에 있는 테러리스트들의 숫자 게임에서 테러리스트들의 공격을 탐지하여 방어하는 경우보다 외교적 노력이 미국의 안전을 지키는 효과가 더 크게 나타나고 있음을 알 수 있다. 〈그림 36.7〉는 주민들의 상태 변화 전개 상황을 보여주고 있다.

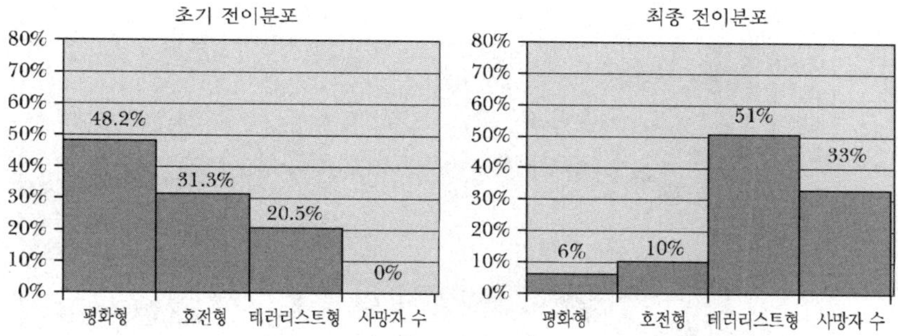

그림 36.8 군사 전략하에서 초기 및 최종 분포함수

표 36.3 외교적 노력에 의하여 변화된 가상적인 상태 전이율

종료 \ 시작	평화형	호전형	테러리스트형
평화형		20% → 10%	
호전형	12% → 15%		10% → 5%
테러리스트형	1% → 2%	5% → 24%	
사상자	0% → 1%	0% → 1%	0% → 1%

군사 전략 이번에는 외교적 노력 대신 테러리스트를 사살하는 가상적인 군사 전략을 고려해 보자. 그러나 군사 전략을 좀더 명확하게 이해하기 위해서 나는 여러분이 이 장의 초기에 소개된 거짓실체 문제를 기억해 보기 바란다. 군사 전략과 관련해서 테러리스트가 아닌 무고한 사람들도 테러리스트들과 함께 죽을 수 있는데, 이러한 경우가 발생하면 이들의 생존 가족들은 더욱 호전적인 그룹으로 변하게 된다는 가정을 세워야 한다. 그러면 테러리스트들이 의도적으로 비 테러리스트들과 함께 공존하기 때문에 이러한 가정에 의한 결과는 더욱 악화되고 있다. 〈표 36.3〉은 군사 전략의 결과로 나타난 주민들의 상태 전이율 변화표를 보여주고 있다.

〈그림 36.8〉은 〈표 36.3〉를 토대로 구성된 주민 상태 전이율에 관한 초기와 마지막 분포함수를 보여주고 있다.

군사 전략에 의한 주민들의 전이율 특성을 외교적 노력의 경우와 비

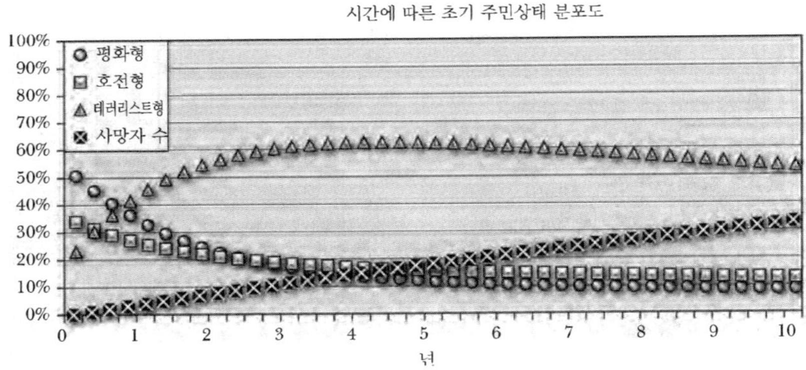

그림 36.9 군사적 해결책하에서의 주민 상태 진화도

교해 보면, 전자의 경우에 테러리스트 상태 전이율이 두 배 이상 증가했고, 주민의 1/3 정도가 죽게 된 것으로 나타나고 있다.

결과적으로, 군사적 해결책은 돌멩이로 말 벌집을 쑤셔 놓은 것과 같아서, 이 경우 사살된 테러리스트들의 수보다 더 많은 수의 테러리스트들이 증가하게 되었음을 알 수 있다.

위 예제에서 **마코프 체인** 모델에 사용된 수치들은 가상적인 것들이었으나, 만약 현장에서 직접 수집된 실질적인 상태 전이율에 관한 데이터를 사용하면 좀더 현실적인 두 전략의 결과를 얻을 수 있을 것이다. 어찌되었든, 이 절에 소개된 주민들의 상태 전이율들과 같이 서로 영향을 크게 주고받는 사례인 경우에는 **마코프 체인** 모델의 효과성이 높게 나타난다. 럼스펠드 국방장관이 찾고자 했던 테러와의 전쟁에서 미국이 승리하거나 혹은 패배할 것인지를 궁극적으로 결정하는 군사적 측정기준이 이러한 모델들이었을지도 모르겠다.

이 책의 조판 교정을 보고 있는 동안, 나는 "급진적 이슬람과 함께 살아가는 방법에 대한 배움"이라는 파리드 자카리드의 기사를 2009년 3월호 《뉴스위크》지에서 우연히 읽은 적이 있다. 이 기사에 의하면, 자카리드가 제시한 접근법과 동일한 의견들이 미 국방성 일부에서도 제시되었다고 한다. 물론 위 예제와 달리, 미 국방성에서는 이슬람교도들의 호전성 상태를 세 가지 이상으로 분류하였고, 이들의 호전성 전이율을 좀더 명확하게 규명하고 있었다. 예를 들어, 자카리드에 의하면, 전 CIA 정보분석가인 레우엘 마크 거레트가 "여러분이 분명히 인식해야만 할 것은 군사작전의 목표는 빈 라데니즘을 패배시키는 것이다. 그런 후에 여러분은 군사 작전 지역에 악화된 민심을 개선시켜야만 한다. 온건주의 무슬림들을 죽이는 것이 답은 아니다. 시아파 성직자들과 수니파 근본주의자들은 앞으로 9/11과 같은 사태들이 발생하지 않게 할 우리들의 구세주들이다"라고 하였다고 한다. 데이비드 페트라우스 장군의 한 보좌관은 탈레반 반군들 중 10%만이 물라 오마르 혹은 알카에다 소속이고, 나머지 90%는 일정한 상황하에서는 충분히 화해가 가능한 그룹들로 믿고 있다는 것이다. 이러한 사실을 염두에 두고 이슬람교도의 전이성 문제에 관심이 있는 독자들은 FlawOfAverages.com을 방문해서, 여러분 각자가 구성한 전이율들을 사용해 이 지역 주민들의 최종 호전성 상태 분포를 도출해 보기 바란다.

위 내용들을 요약하면, 테러와의 전쟁에는 두 가지 큰 문제점이 존재하고 있다. 첫 번째 문제는 지금까지 우리가 보아 온 것처럼 적이 누구인지를 파악하는 것이다. "50명의 의심스러운 테러리스트들이 사살됨"과 같은 신문의 헤드라인들을 읽게 될 때, 우리들이 분명히 기억해야 할 것은 "의심스러운 테러리스트들"의 대부분이 아마도 그저 우리들과 같은 순진한 일반 시민들일지도 모른다. 데이비드 페트라우스 장군은 그가 2006년에 작성한 "육군 현장 매뉴얼"[16]에서 공군력을 사용하는 대게릴라 작전에 관한 토론에서 사살된 의심스러운 테러리스트 중에는 상당한 수의 무고한 일반 시민들이 포함되어 있다는 사실을 인정하고 있다. 그는 "가장 정밀한 무기라 할지라도 공중 폭격은 무고한 일반시민들을 테러리스트들과 함께 살상할 수밖에 없다… 공중 폭격은 폭격을 행한 국가에 대하여 폭격을 당한 국가의 일반 주민들이 그 국가에 등을 돌리게 하여 게릴라들의 정치적 선전을 승리로 만들어 주게 된다"라고 주장하였다. 그러나 페트라우스는 그의 거짓실체 문제의 크기를 이해시키기 위해 이와 관련된 수리적 예제를 제시하지는 않았기 때문에, 그의 주장은 전반적으로 저평가되었다. 나는 페트라우스가 나중에 현장매뉴얼을 개정 출판할 때는 FlawOfAverages.com에 기술되어 있는 거짓실체 계산기를 사용하여 이 문제와 관련된 내용들을 다시 기술해 보기를 권하고 싶다.

두 번째 문제는 테러리스트의 공격이 많아질수록 테러리스트들의 공격을 저지할 수 있는 가능성은 급격하게 떨어진다는 것이다. 그러므로 의심스러운 테러리스트들을 사살할 때 피할 수 없는 사실은 그들 중에 무고한 일반 시민들이 죽기도 해서 이러한 죽음의 결과로 처음으로 테러리스트가 되는 일반 시민들이 더 많게 된다는 패러독스한 상태가 있음을 잊지 말아야 한다.

나는 앞으로 테러리스트 작전에서 이슬람교도들을 테러리스트와 그렇지 않은 그룹으로 분류하지 말고, 전 이슬람교도들의 호전성 상태의 분포를 고려해서 주민들의 호전성 상태가 어떻게 진행되는지를 관찰해 보는 것이 바람직할 것으로 생각한다. 이러한 관점에서 나는 여러분이 이슬람교도들의 호전성 문제를 이해할 수 있도록 간단한 몇 가지 수리적 예제들을 이 장에서 기술하였던 것이다. 그러나 내가 제안한 모델들을 유용하게 사용하기 위해서는 수학자이면서 전 미 국방장관이었던 윌리엄 페리의 경우를 여러분과 다시 한 번 생각해 보기로 하자. 그가 국방장관으로 근무하고 있을 때 기자들로부터 그가 중요한 군사정책에 관한 답을 얻기 위해서 수리적인 모델을 최소한 한 번 이상 수립해 보았는가라는 질문을 받은 적이 있었다고 한다. 사실 미 국방장관이 중요한 의사결정을 내릴 때에는 상당한 수의 복잡한 군사적 모델링들이 만들어지기는 한다. 페리 장관은 이 기자 질문에 대해서 "내가 결정을 내려야 할 때는 현장에서 실행될 수 있는 실질적인 모델에 사용되어야 하는 데이터와 시간이 충분하지 않기 때문에 그렇게 하지는 못하고 있다. 그러나 나는 나의 학문적 배경과 현장의 경력을 토대로 수리적인 측면에서 당면한 중요한 의사결정 문제들을 여러 각도에서 생각하고 분석해 보고 있다"고 답을 하였다고 한다.

모든 모델들은 여러분이 생각하는 방법을 변화시키기 때문에 최선의 모델이란 여러분이 더 이상 필요로 하지 않는 모델일 것이다.

제37장

평균의 함정과 기후변화

모든 사람들이 기후변화에 관하여 이야기를 하면서 불안해하고, 많은 질문들을 하고 있다. 예를 들어, 앞으로 얼마나 더 더워질까? 대양의 수면이 얼마나 더 상승할까? 기후변화에 대하여 우리들이 무엇을 해야만 할 것인가? 등등. 나는 여러분이 이 질문들에 대하여 수치로 답을 해보기 바란다.

지구의 평균기온이 떨어지는 이유

내가 처음 기후변화에 관하여 혼자서 조사를 시작했을 때, 기후 연구자들이 현재 기후변화 문제와 관련된 몇 가지 중요한 사실들을 무시하고 있음을 알게 되었다. 만약 이렇게 무시된 사실들을 고려해서 다시 지구의 평균 기온을 계산해 보면, 지구의 평균 기온이 상승하고 있는 것이 아니라 하락하고 있을 가능성이 더 높게 나타난다.

원자핵 무기로 새롭게 무장한 국가의 수가 증가함에 따라서 핵전쟁 발생 가능성이 더욱 증가일로에 놓여 있다. 그리고 기후 전문가들에 의하면, 이러한 핵전쟁으로 인하여 발생되는 먼지들이 지구의 태양열을 심각하게 차단하여 "지구 표면의 온도를 급격하게 떨어뜨리게 된다"[1]는 것이고, 핵전쟁이 지구 기온에 영향을 미치는 정도와 유사한 정도로 주

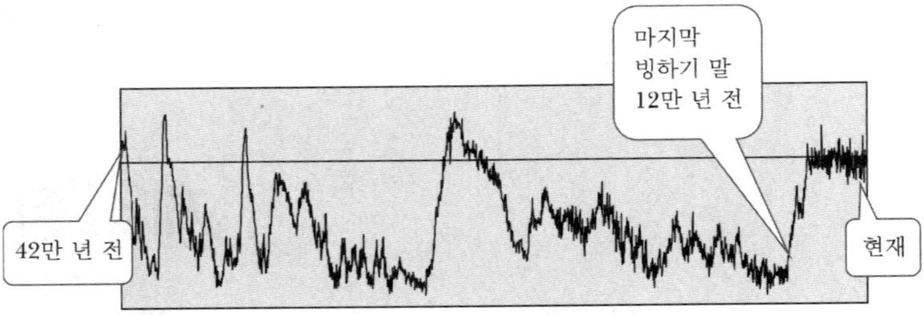

그림 37.1 지난 420,000년 동안의 상대적 지구 기온 변화

요 소행성 충격과 재앙적인 화산 폭발도 역시 지구기온에 영향을 크게 미치게 된다고 한다. 이러한 재앙들을 동시에 고려해 보면, 지구 평균 기온은 떨어지게 되어 있다. 물론 우리 인간들은 머리는 뜨거운 오븐에 담가 놓고, 발은 차가운 냉장고에 넣어 놓으면서, 불평하고 고통스러워하는 사람들처럼 지구 평균 기온이 상승하든지 떨어지든지 어느 경우가 발생하든 항상 불평과 고통스러움을 호소할 것이다.

그러나 평균의 함정은 기후 변화의 토론에 또 다른 방식으로 기여를 하고 있다. 이러한 이슈들을 기술하기 이전에 먼저 지구 기후변화와 관련된 문제들을 살펴보기로 하자.

1. 과거의 기록을 살펴보면, 지구 온도는 시간에 따라 주기적으로 상당히 변해왔음을 알 수 있다. 〈그림 37.1〉은 남극에서 채취한 얼음 샘플에서 얻은 자료를 토대로 구성된 그래프로 지난 42만 년 동안 지구상에서 발생한 지구 기온변화를 보여주고 있다. 미국 해양 대기관리처와 같은 사이트를 방문하면, 보스토크 빙심(Vostok Ice Core: 남극의 얼음지반 밑에 얼지 않은 신비한 호수로 1977년 발견. 지구 전체 민물의 5%가 저장됨. 보스토크 빙심이 지난 40만 년 동안 이산화탄소 양의 증가와 대기 사이의 상관관계를 보내줌–역주)에 관한 자료를 여러분이 원하는 만큼 쉽게 얻을 수 있다.[2] 〈그림 37.1〉의 그래프에서 보는 바와 같이, 인간이 이 지구상에 존재하지 않았을 때에도 지구 기온 변화에는 상당한 정도의 불

확실성이 존재하였음을 알 수 있다. 그리고 이 그래프는 우리가 현재 지구 기온이 정점에 도달해 있지 않다고 가정을 해도 예전에 벌써 현재의 지구 기온보다 기온이 더 높았던 적이 여러 번 있었음을 보여주고 있다.

2. 지구 환경 내에 CO_2와 그린하우스 가스의 양이 많아지면, 지구의 온도가 이와 비례해서 상승한다는 이론이 있다. 이러한 현상이 발생하는 이유는 그린하우스의 유리창 역할을 하는 CO_2와 그린하우스 가스 등이 햇볕을 지구 내로 들어오게 하고는, 그 열이 지구 밖으로 다시 나가지 못하도록 잡아 놓고 있기 때문이다. 지구 내 CO_2 양은 지난 50년 동안 전례 없는 상승률로 증가를 해오고 있는데, 여러분이 자동차가 수 마일이나 정체되어 있는 도로에서 앞차가 내뿜는 자동차 매연을 들이쉬면서 이러한 환경문제가 모두 인간들의 책임이라고 생각한다면, 그렇게 생각하는 것도 무리는 아닐 것이다. 그러나 사실 CO_2의 총량 중에서 인간들에 의하여 생성되었다고 믿어지는 CO_2 양에는 상당한 정도의 불확실성이 존재하고 있음에도 불구하고, 사람들은 일반적으로 그러한 불확실성 문제에는 관심을 갖지 않고, 다만 현재의 CO_2 양이 지구의 기온 상승에 심각하게 영향을 미치고 있다고만 믿고 있다.
3. 만약 지구가 더워지면, 해수면이 상승하여 홍수가 유발되겠지만, 문제는 다시 해수면의 상승폭과 홍수양의 관계가 얼마나 되느냐 하는 것이다.

내가 다음 절에서 몇 가지 예제들로 위와 같은 이슈들을 평균값이 아닌 확률분포 측면에서 기술해 보도록 하겠다. 이러한 예제들을 통해서, 여러분은 지구 기후 변화문제에 희소식과 불길한 소식 모두가 동시에 존재하고 있음을 알게 될 것이다.

불길한 소식

1장에 기술된 것처럼, 만약 레드 강(미국 미네소타 노스다코타 주 경계를 흘러 캐나다의 위니펙 호에 흘러듦 – 역주)의 수위가 예상했던 것만큼 상승하였다면, 아마 그랜드 포크(Grand Forks: 노스다코타 주에서 세 번째로 큰 도시 – 역주) 시는 지금보다 더욱 멋진 경치로 변화 되었을 것이라는 내용으로 다시 돌아가 보자. 이 예제에서 살펴본 바와 같이, 평균 홍수량으로 발생하는 피해를 무시해도 되었지만, 레드 강의 홍수로 입게 되는 평균 피해액은 상당히 컸었다. 이것이 12장에서 기술한 평균의 함정의 강형의 전형적인 예제였고, 이러한 개념은 앞으로 토의할 해수면 높이를 토론할 때에도 적용될 수 있다.

불확실성

비록 많은 과학자들이 현재 지구의 온도가 상승하고 있다고 믿는다고 해도, 이 장에서 논할 토론을 위해 잠시 동안이나마 지구의 평균 기온

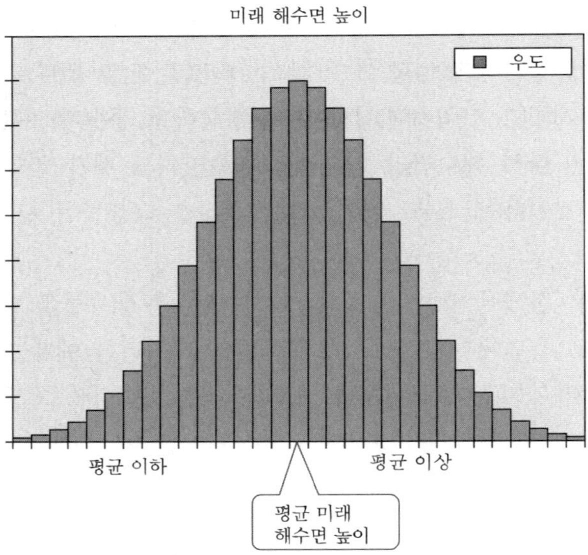

그림 37.2 미래 해수면의 높이에 대한 확률분포도

이 상승하지는 않지만, 그래도 미래에 발생할 지구의 기온 변화에는 상당한 정도의 불확실성이 포함되어 있다고 가정해 보자. 그러면 이러한 가정으로 인하여, 지구 해수면 높이의 상승 폭에 대한 불확실성이 존재하고 있음을 〈그림 37.2〉을 통해서 알 수 있다. 이 그래프의 가로축은 현재의 해수면 높이를 평균값으로 가정하여 미래에 발생 가능한 해수면 높이를 나타내고 있으며, 세로축은 주어진 해수면 높이가 실현될 가능성(확률)을 나타내고 있다.

위험성

위험은 제 눈에 안경과 같이 매우 주관적이라는 사실을 상기하면서, 해변가에 거주하고 있는 주민들의 입장에서 해수면 문제를 생각해 보기로 하자. 해변가 주민에게 위험이란 해수면의 상승으로 인하여 발생하는 홍수 피해가 될 것이다. 그러나 이와 반대로 해수면이 상승하지 않으면,

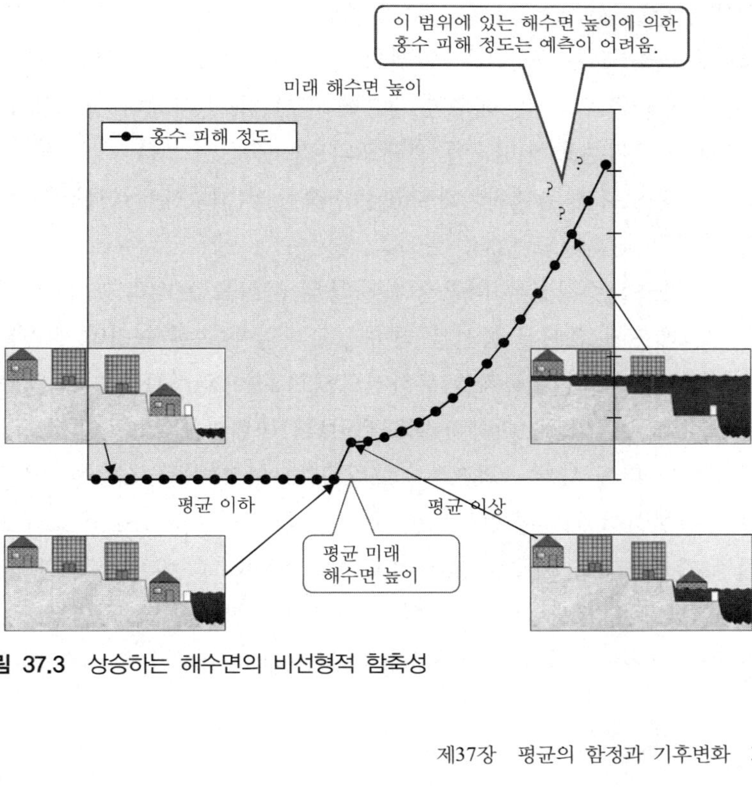

그림 37.3 상승하는 해수면의 비선형적 함축성

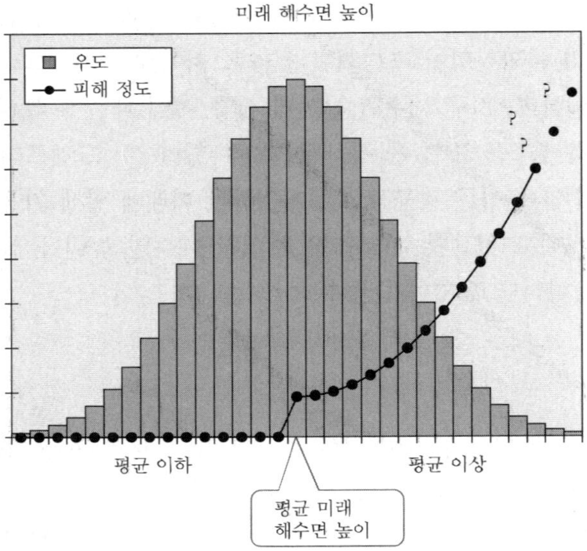

그림 37.4 확률적 위험 측정

미래에 발생할 수 있는 네바다 주의 해변가 주변의 자산에 투기를 해온 사람들은 그들의 투자를 모두 잃게 될 위험성이 있다는 사실을 또한 잊지 말자. 〈그림 37.3〉은 해수면 상승에 따른 홍수 피해의 비선형적 상승 경향을 보여주고 있다. 이 그래프의 가로축은 〈그림 37.2〉에 있는 그래프의 가로축과 같지만, 세로축은 상승하는 해수면에 대한 홍수 피해의 크기를 나타내고 있다.

이 그래프의 수직선은 바람직하지 않은 사실을 표시하고 있기 때문에, 이 그래프에 표시된 곡선은 악마의 스마일에 속한다(만약 여러분이 바로 전의 문장을 이해하지를 못하겠으면, 12장으로 되돌아가서 악마의 스마일과 찡그린 상에 대하여 복습해 보기 바란다).

〈그림 37.4〉에 있는 그래프는 〈그림 37.2〉와 〈그림 37.3〉에 있는 그래프를 통합하여 기후변화에 의한 홍수 피해의 크기를 확률적 그래프로 보여주고 있다. 즉, 이 그래프는 해수면의 높이에 따른 홍수 피해의 크기(선 그래프로 표시됨)와 미래에 발생할 해수면 높이의 확률분포도를 포개 놓은 것이다. 만약 해수면의 높이가 기대치 이하이면, 홍수 피해의

크기는 기대치보다 적을 것이지만, 이와 반대의 경우라면, 홍수 피해의 크기는 기대치보다 훨씬 크게 발생할 것이다. 그러므로 해수면 높이의 평균값에 의하여 발생될 것으로 추정되는 홍수 피해의 크기는 우리들이 충분히 감내해 낼 수 있겠지만, 우리가 무시한 조절 불가능한 대자연에 의하여 발생되는 모든 상황하에서 높아진 해수면으로 인하여 발생되는 홍수 피해 크기의 평균치는 우리들이 감당해 내기에는 거의 불가능할 것이다.

위에서 논한 바와 같이 홍수 피해의 기대치는 평균 해수면 높이로 계산(예측)된 홍수 피해 크기보다 크다. 이런 상황은 앞에서 기술한 고속도로 상의 술주정뱅이가 평균적으로 중앙선에 있다고 해서, 그가 살아있는 것이 아니고, 실질적으로는 그 주정뱅이가 중앙선을 중심으로 갈지자로 왔다 갔다 하다가 결국은 죽게 될 수도 있는 상황과 같은 것이다. 그래서 이 술주정뱅이의 생존율은 0에서 50%가 되어 평균적으로 말하면, 이 사람은 반은 죽은 것이나 다름없다고 할 수 있다.

그러나 술주정뱅이 상황과 달리 지구 기후변화 상황은 더욱 고약스럽다. 즉, 우리들은 지구의 기후변화에서는 미래에 발생할 기온의 불확실성은 물론 미래에 상승될 기온 때문에 발생하게 되는 결과에 대해서도 확실하게 알 수 없다. 여기에, 미래에 발생 가능한 한 가지 상황이 있다. 우리들이 평균의 함정을 고려하였을 때, 지구의 온난화가 어떤 상황으로 전개될지를 추측할 수 있을까? 더욱 심각한 지구 온난화! 예를 들어, 극지방의 빙하가 녹아 가고 있기 때문에, 이러한 현상이 지구 밖으로 태양 에너지를 적게 발산시켜서 지구의 기온이 더욱더 상승되어 가고 극지방의 빙하가 더욱 빠르게 녹아가게 된다!

위의 토론은 단지 지구 온난화에만 국한된 것이다. 이와 더불어 미래에 발생 가능한 또 다른 상황은 지구 환경의 예정된 변화 때문에 기후 폭풍우의 심각성이 증가할 수 있다는 것이다. 이 상황을 지구 온난화 문제와 단순히 독립적인 문제로 간주하는 것은 크게 잘못된 것이다. 즉, 지구 온난화로 인하여 발생되는 문제들 사이에 존재하는 상호교환 작용으로 야기되는 불확실성 때문에, 미래에 발생할 지구의 기후 상태가 더욱 악화될 수 있다. 그렇다면 앞으로 언제인가는 이미 높아진 해수면 때문에 해변가의 홍수면 위로 몰아치는 악마 같은 폭풍우가 우리들로 하여금 몇 년 전에 뉴올리언스 시를 강타한 허리케인 카트리나 정도는 대양에서 부는 한갓 산들바람인 것처럼 만들 수도 있을 것이다.

이제 여러분은 내가 이러한 분석을 위해 평균 기온이 항상 일정하다고 가정하였던 사실을 기억해 보고, 불확실성은 그 자체로 막대한 위험을 유발시키고 있음을 유념해 보기 바란다.

희소식

기후 변화와 관련된 희소식은 비록 지구의 기후가 전례 없던 비율로 변하고 있어도, 이러한 기후변화는 그래도 인간의 기준으로 봐서는 아직 느리게 진전되고 있다고 할 수 있다. 우리들은 이렇게 느리게 진전되고 있는 기후 변화 때문에 기후 변화에 대응할 수 있는 다양한 옵션들을 지속적으로 창출하면서, 변화된 기후에 적응할 수 있는 시간을 가질 수 있고, 이렇게 창출된 옵션들 때문에 기후 변화의 불확실성과 관련된 평균의 함정에서 빠져 나올 수 있는 기회를 얻을 수 있을 것이다.

예를 들어, 만약 우리가 현재의 평균 속도로 신재생 에너지 자원들을 개발하면, 우리들은 앞으로 분명히 큰 재앙에 부딪히게 될지도 모른다. 그러나 우리들이 개발하고 있는 기술들 중에서 어떤 특정한 기술들은 다른 기술들보다 더욱 빠른 속도로 개발이 진행되고 있기 때문에, 이렇게 다양하게 개발되고 있는 기술들의 성공 확률분포함수가 생성되어, 앞으로 신재생 에너지 자원들의 개발속도가 현재 예측된 기술 개발속도보다는 더욱 가속화되어 진행될 것이다. 그러면 개발이 빠르게 진행되고 있는 기술들은 다른 기술들보다 더 많은 투자자본들을 받게 될 것이고, 이러한 투자자본의 집중현상은 빠르게 개발되고 있는 기술들의 발전 속도를 더욱 가속화시켜서, 그렇지 않은 기술들이 자연적으로 도태되도록 만들게 될 것이다. 그러므로 현재의 평균 기술 개발속도를 토대로 미래의 기술 개발속도를 추정하면, 미래에 발생할 기술 개발의 실질적인 속도가 저평가될 수밖에 없다.

특정 지역과 관련된 기술의 발전 속도는 우리가 상상하는 것보다 훨씬 더 빠르게 진행되고 있다. 2005년 《뉴욕타임스》에 실린 기사는 북극의 온난화된 기후를 이용하려는 많은 나라들이 취하는 태도가 꼭 미국 서부 지역에서 발생했던 골드러시 때와 같다고 기술하고 있다. 예전에는 불모지로 쓸모없었던 북극지역에 지금은 전도유망한 새로운 어장, 유전지역(물론 이것은 지구 온난화를 가속시키겠지만), 그리고 빙하 면적이 줄어들어감에 따라 더 짧아진 해상 운송 항로들을 중심으로 활발한 국제적인 협의들이 이루어지고 있는 중이다. 이 기사는 캐나다 국방장관의 말을 다음과 같이 인용하고 있다. "현재의 지구 온난화 속도라면 북극과 북서방향을 연결하는 선박 운송길이 앞으로 20년 내에 실현될 것으로 예측되고 있기 때문에, 지금 우리는 어떤 행동이든지 취하지 않으면 안 된다." 여러분이 미래의 지구 기온을 알고 싶어 한다면, 현재의 홍수지역과 빙하지역의 부동산 가격을 비교해 보기 바란다.

미국 내에서 엄청난 규모의 석유가 소모되고 있는 현 상황하에서 지구 온난화 속도를 더디게 할 수 있는 희소식이 있기는 하다. 즉, 최근에 미국에서 급격한 석유 가격의 상승으로 인하여 석유 소비량이 줄어들고, 신재생에너지에 대한 투자가 급격히 이루어지고 있어서, 이러한 현상의 결과로 미국이 해외 석유 수입 의존도를 낮추는 동기가 증가되어 가고 있다. 이러한 현상은 많은 사람들이 2년 전에 예측한 상황보다 훨씬 더 빠르게 진행되고 있다. 그러나 불행하게도, 또 다른 한편에서는 휘발유 가격 인하가 휘발유 사용을 더욱 촉진시키고 있음에도 불구하고, 지구촌 온난화에 대하여 가장 강력한 입장을 취하는 사람들조차도 정부에서 휘발유 가격을 인위적으로 인하해줄 것을 요구하고 있는 실정이다.

자유시장과 공유지 비극

18세기 경제학자인 아담 스미스는 개인적인 욕심에 이끌리는 사람들이 자유시장에서 상거래를 빈번히 실행하면, 이로 인하여 사회 전체가 이익을 얻게 된다는 현상을 기술하기 위해 “보이지 않는 손(invisible hand)”이라는 은유법을 사용하였다. 전반적으로 스미스의 “보이지 않는 손”이라는 개념이 자유시장에서 훌륭하게 작동되고 있고, 우리 모두가 그의 개념으로부터 많은 혜택을 보고 있다고 할 수 있다. 그러나 우리가 최근의 경제 상황으로부터 겪은 경험에 비추어 보면, 현재의 자유시장에서 “보이지 않는 손”의 작동원리가 빈번하게 오작동되고 있다고 할 수 있다. 이러한 “보이지 않는 손”의 오작동으로 인하여 자유시장이 실패한 전형적인 예로, 경제학자들에게 잘 알려진 “공유지 비극(tragedy of the commons)”이라는 상황을 고려해 보기로 하자.[4] 경제학자들은 개인들의 소유지로 되어 있는 양떼 방목지를 공유지로 하여 모든 주민들이 공동으로 이 방목지를 사용하는 영국의 작은 마을을 사례로 들어 “공유지 비극”이라는 개념을 설명하고 있다. 만약 공유지에 양들이 과도하게 방목되면, 공유지에 방목된 양 한 마리당 생산성이 떨어지게 된다. 그러나 공유지에 양을 방목할 수 있는 조건하에서 공유 방목지에 양을 방목시키지 않으면 손해를 보기 때문에, 주민들이 공유 방목지에 그들의 양떼들을 방목하지 못하게 하는 “보이지 않는 손”이 공유 방목지에는 존재하고 있지가 않다. 그러므로 이렇게 “보이지 않는 손”이 작동되지 않는 공유지에서는 모든 양떼들이 굶어 죽을 때까지 공유지에 방목되는 양떼 숫자가 지속적으로 늘어나게 된다.

공유 방목지의 과도한 방목과 지구촌 환경을 파괴시키는 과도한 이산화탄소 방출 사이에 존재하는 공통점을 토론하기 전에, 양떼를 어떻게 방목할지를 먼저 고민해 보기로 하자. 여러분 각자가 최적의 방목 양떼 숫자가 100마리인 공유지를 관할하는 소도시 시장이라고 가정하자. 그런데 불행하게도, 방목지에는 현재 200마리의 양떼들이 방목되어 있다. 여러분은 이 문제를 해결하기 위해 100개의 방목 허가증을 발부하는 방안을 고안해 내고선, 방목 허가증 없이 방목된 양들을 잡아서 먹어치우기로 하는 시 방목정책을 시행하려고 한다(어느 시스템에서든 정치가들은 그들의 몫을 챙긴다). 그러나 어떻게 방목 허가증을 분배해 줄

것인가? 어느 누구는 100개의 방목 허가증을 받고, 어느 누구는 한 개도 받지 못하게 할 것인가? 이 문제 또한 전통적으로 쉽게 해결되었다. 이 전통적인 해결 방법이란, 여러분의 선거 캠페인을 도운 사람들과 친척들에게 방목 허가증을 나누어 주는 것이다. 그러나 여러분은 그렇게 뻔뻔하지를 못하다고 가정해 보자. 그러면 여러분은 100개의 허가증을 배부해 주기 위해 제비뽑기를 할 수 있을 것이다. 이 방법이 공평하게 들릴 수 있지만, 이러한 방법이 여러분의 관할 시에 최대의 경제적 이득을 주지는 못할 것이다.

이와 같은 문제 해결 설정에 있어서 우리가 흔히 빠지게 되는 평균의 함정은, 암묵적으로 평균 양떼 수를 가정하게 된다는 것이다. 그러나 현실적으로 양떼들은 다양한 속성에 따른 광범위한 확률분포함수를 보여주고 있다. 예를 들어, 양들은 경제적인 기여도에 따라 다음과 같이 두 그룹으로 나뉠 수 있다(공유 방목지에 방목된 100마리 양떼를 기준으로)

- **몸집이 작은 양**: 이 그룹에 속한 양들은 관리가 잘 되지 못하여 고기 산출량이 적을 것이다. 이 양들은 한 마리당 일 년에 100파운드의 소득을 올리고 있다.

- **몸집이 큰 양**: 이 그룹의 양들은 관리를 잘 받아서 고기 산출량이 매우 많을 것이다. 이 양들은 한 마리당 일 년에 300파운드의 소득을 올리고 있다.

위 그룹에 속한 양 한 마리당 평균 경제적 가치는 200파운드이므로 임의로 100마리의 양을 선택하면, 한 마리당 경제적 가치인 200파운드가 양떼 주인들에게 돌아가게 된다. 즉, 총 소득((100파운드×50)+(300파운드×50)=20,000파운드)에 기여하는 경제적 기여도에 따라서 각 그룹을 구성하면 그 수는 대략 50마리가 된다.

방목 허가증 거래: 자유시장을 활용함

위 두 그룹의 양떼를 고려하여 자유시장에서 실행 가능한 방목허가증 배부 문제를 해결할 수 있는 최적의 방법이 있다. 그 방법이란, 100개의 방목 허가증을 만들어서 이를 경매에 붙여 최고 경매 입찰자에게 허가증을 발부해 주는 것이다. 분명히 이 허가증은 몸집이 큰 양의 소유자들에게 더욱 큰 가치가 있을 것이기 때문에, 이 허가증은 몸집이 큰 양을 소유한 주인들에게 입찰될 가능성이 매우 높다. 이 경우 총 경제적 소득은 50%가 상승하여 30,000파운드(300파운드 곱하기 100)가 된다.

위와 같은 상황이 발생하면, 몸집이 작은 양의 소유자들은 그들의 일거리를 잃게 되겠지만, 시 정부에서는 방목 허가증 경매로 얻은 새로운 수입원으로 이들이 어려운 처지를 극복하도록 도와 줄 수 있고, 그리고 이들이 새로운 일자리에 적응하도록 직업 훈련을 시킬 수도 있을 것이다.

물론 위에서 양들을 두 그룹으로 분류하였지만, 현실적으로는 이보다 더 많은 그룹으로 양들을 분류할 수도 있다. 예를 들어, 아래와 같이 공무원들이 전혀 생각하지 못한 새로운 그룹들로 양들을 다양하게 분류하는 것이다.

- 일 년에 500파운드의 소득을 올려주는 교배 양
- 당뇨병 환자들의 생명을 구해 주어, 일 년에 1,000파운드의 소득을 올려주는 인슐린을 생산하는 양
- 흔하지 않은 경우이기는 하지만, 일 년에 5,000파운드 가치에 상당하는 공해가 방출되지 않는 메탄가스를 배에서 생산해내는 양

이와 같은 방식으로 방목허가증이 할당된다면, 시간이 지나감에 따라 아담 스미스의 탐욕스러운 "보이지 않는 손"이 합리적으로 작동되어, 이 시는 100개의 방목 허가증으로부터 큰 경제적 가치를 지속적으로 얻게 되고, 그리고 방목 허가증 경매로 더 많은 수입을 얻게 될 것이다.

정보의 가치

기후변화에 대하여 아무런 조치를 취하지 말아야 한다는 여러 사람들의 주장은, 우리들이 지구촌 기후 변화에 문제가 있음을 확신하고 있지 못하기 때문이다. 그러나 평균의 함정에 따르면, 비록 지금 지구의 평균 기온이 상승하고 있지는 않지만, 우리들이 반드시 해야 일은 기후 변화의 변동성을 지속적으로 추적해야 하는 것이다. 그리고 지구촌 온난화의 위험성을 처리하는 가장 효과적인 방법은 지속적인 연구이다. 즉, 지구촌 기후 변화의 불확실성을 줄일 수 있는 정보를 끊임없이 취득해야 하는 것이다.

내 소관이 아니야!

또 다른 주장은, 인간이 지구 기후변화에 대한 일차적 책임자가 아니기 때문에 기후변하에 대하여 아무런 조치를 취하지 말아야 한다는 것이다. 나는 이러한 견해에 동감을 한다. 예를 들어, 조만간에 대행성이 이 지구상에 대재앙을 안겨줄 정도의 충격을 줄 가능성이 있다고 알려져 있는데, 이런 경우 우리가 알고 있듯이 지구상의 모든 생명체는 멸망하게 될 것이다. 우리 인간들이 지구상으로 대행성이 접근해 오는 것에

대해 아무것도 할 수 없는 것이 분명한데도, 이 순간에도 NASA에서는 이 대행성의 궤적을 돌리기 위한 방법을 개발하기 위해서 수백만 달러의 국민들 세금을 낭비하고 있는 사실에 나는 개인적으로 매우 화가 난다!

조절 능력을 배우다

우리들은 잠시 동안 승객으로 이 지구상을 비행하기 위해 지구를 비행하는 법을 배우고 있을 뿐이다. 그러나 만약 여러분이 5장의 비행 시뮬레이터를 시도해 보았다면, 이 시스템의 결함으로 인하여 비행 시뮬레이터 조종이 얼마나 어려운지를 알게 되었을 것이다. MIT 대학교의 존 스턴맨 교수는 모형화된 지구를 조절할 수 있고, 심지어 이것을 탄소 기반 위에서 시도해 볼 수 있는 웹사이트를 개발하였다.[5]

대기 밖으로 과도한 오염물질들을 발산시키는 것을 억제하는 이유는 공유 방목지에 과도한 양떼들을 들여 놓지 않아야 하는 이유와 같다. 그러나 이 시점에서 우리들은 아직도 지구 기후변화와 관련된 장기적인 문제와 해결책이 무엇인지 확신하고 있지 못하고 있다. 제한적인 정보로 우리 자신들을 유연성이 없는 시스템 내에 묶어 놓는 것은, 어느 면에서는 제비뽑기에서 방목 허가증을 양 소유주들에게 분배해 주는 것과 같다. 이와 반대로, 지구 기후변화의 문제를 해결하기 위한 발전적 방법론을 수립하기 위해서 우리들은 아담 스미스의 "보이지 않는 손"을 이용할 필요가 있다. 즉, 이 방법은 탄소 방출을 제한하기 위해서 광범위하게 사용될 수 있는 탄소 배출권 거래제 방법으로써, 이는 기술과 경제가 발전해 감에 따라서 거래가 가능한 방목 허가증과 유사한 특성을 지니고 있다.

자유 기업의 요체인 《이코노미스트 매거진》도 이 지구상에서 발생할지도 모르는 공유지의 비극을 피하기 위해서는 지구 기후 변화에 영향을 미치는 요소들을 효과적으로 관리하기 위해 정부의 간섭이 반드시 필요하다는 사실을 인정하고 있다. "지구 기후변화에 대한 해결방법에 관한 희소식은 지금 경제 주체들이 신재생 에너지 개발에 막대한 투자를 시작하였다는 것이다. 그러나 신재생 에너지 개발에 대한 기업들의 투자가 앞으로도 계속 지속되기 위해서는 정부가 탄소 방출에 대한 범칙금을 부가하도록 준비를 해야만 한다. 이러한 투자와 벌금 부과로 발생되는 비용은 큰 액수는 아니지만, 만약 위와 같은 행동이 지금 바로 취해지지 않는다면, 앞으로 우리들이 지불해야 할 비용은 상상할 수 없을 만큼의 엄청난 금액이 될 수 있을 것이다.[6]

제38장
평균의 함정과 의료보험

구두쇠로 유명한 극중 인물로 묘사된 라디오 코미디언인 잭 베니는 “돈을 내놓든지 아니면 목숨을 내놓아라!”라고 강도로부터 협박을 당하는 장면에서 이 강도의 협박에 즉각 답을 하지 않고, 노상강도가 다시 한 번 베니에게 “돈을 내놓든지 아니면 목숨을 내놓아라!” 하자 이때에서야 베니가 “내가 지금 그 문제를 고민하고 있는 중이야”라고 하였다.

이 이야기가 현재 미국 의료보험 시스템이 가지고 있는 딜레마를 명확하게 표현해 주고 있다고 할 수 있다. 비록 우리들이 우리 자신의 생명이나 혹은 우리들이 사랑하는 가족들의 생명을 구하기 위해 모든 의료비용을 감수하고 있지만, 단일 의료보험은 어떤 사람들에게는 “돈을 내놓든지 아니면 목숨을 내놓아라!”라는 노상강도로 간주되고 있다. 그래서 정부에서는 현재 이 문제를 해결하기 위해 심각하게 고민하고 있는 중이다.

그러나 여러분이 의료보험 문제에 관하여 어느 경우에 속해 있든지, 여러분은 여러분이 지불한 의료보험료보다 더 많은 보험의료 혜택을 받아야 한다는 사실에는 거의 반대하지 않을 것이다. 내 생각으로 여러분이 더 많은 의료보험 혜택을 받을 수 있는 유일한 방법은 여러분 각자가 여러분의 질병을 좀더 정밀하게 파악해서 치료를 받는 길밖에 없는 것 같다.

평균 환자 치료

한쪽 유방과 한쪽 고환만을 가지고 있는 일반적인 성인 환자라면 심각하지 않은 증상으로 보험 의료를 신청하지 않는 편이 더 바람직하다. 이 보다 더욱 민감한 예로는, 앞에서 기술한 심슨의 패러독스와 신장결석 치료 문제라 할 수 있다. 어느 연구보고서에 의하면, 모든 국민들을 대상으로 실시한 신장결석 치료결과를 평균해 보면, 치료법 A가 치료법 B보다 결과가 좋지 않게 나타났다. 그러나 신장결석의 크기를 대소형으로 분류하고, 이를 토대로 신장결석 환자들을 두 그룹으로 나누어, 두 치료법의 효과를 비교해 보면, 두 환자그룹 모두에게 치료법 A가 치료법 B보다 치료 결과가 더욱 우월한 것으로 나타나 있다. 여기에서 평균 환자들에게 가장 우월한 것으로 나타난 치료법이 개개인의 환자들에게는 최악인 것으로 나타나게 된 것이다!

병원에서는 환자들에게 적절하지 않은 치료법을 적용하는 것이 일반적인 현상이다. 내가 의료 행위 의사결정에 관한 워크숍을 준비하면서 의사들의 치료법 선택에 관하여 비공식적으로 인터뷰를 했는데, 이 인터뷰들 중 특별히 나는 대형 병원의 심장수술 부에서 근무하는 한 의사가 의사들의 치료법 선택에 관하여 진술하는 내용을 듣고는 매우 놀랐다. 한 예로써, 그는 관상동맥이 막힌 환자를 치료하는 치료법이 어떻게 결정되는지를 나에게 알려 주었다. 이 의사에 의하면, 관상동맥치료를 위해 두 가지 방법이 있다고 한다. 첫 번째 방법은, 환자의 다리에서 혈관을 떼어내서 그 혈관을 심장에 이식하는 관상 동맥 우회 이식(coronary artery bypass graft: CABG)이고, 두 번째 방법은, 관상동맥 문제를 일으키는 동맥 속으로 작은 풍선을 넣어서 많은 피가 흐를 수 있도록 문제의 관상 동맥 부분을 부풀리는 관상 동맥 형성술이라고 한다. 나와 인터뷰한 이 의사의 말로는 “만약 집도 의사가 심장 절개 외과의사이면, 그는 CABG를 선호하고, 만약 집도 의사가 관상 동맥 형성술 전문의라면, 그는 문제를 일으키는 부위에 작은 풍선을 넣게 된다”고 한다. 사정이 이렇다면, 여러분이 가슴 통증으로 병원에 가게 되었을 때, 항문 전문의가 여러분의 가슴통증을 치료하지 않기를 기도해야 할 것이다.

이제 나는 다시 여러분이 앞 장에서 테러리스트 문제와 함께 토의된 거짓실체의 문제를 기억해 보기 바란다. 그곳에서 토론된 이슈가 희귀질병들을 찾아내는 곳에서도 똑같이 발생하고 있다. 예를 들어, HIV (human immunodeficiency virus: 인체 면역 결핍 바이러스, AIDS 바이러스－역주)이라는 희귀질병 문제의 심각성에도 불구하고, 이 질병에 감염된 미국인들의 수는 아직 우리들이 염려하고 있듯이 그리 많지가 않다. 상황이 이러함에도 불구하고, 일반적인 HIV 테스트에서는 HIV 질병에 감염된 환자로 판정되는 경우가 더 많이 나타나고 있다. 또 다른 예로는, 《타임 매거진》에 실린 최근의 연구결과에서 여성들이 스스로 유방암 검사를 하면, 이러한 자체 검사가 여성들의 건강에 긍정적인 결과보다는 부정적인 결과를 더 많이 초래하고 있다고 한다.[1] 어떻게 이러한 상황들이 발생될 수 있는 것일까? 스스로 유방암검사를 한 여성들은 양성결과가 나타난 조직검사를 받은 여성의 경우보다 거의 2배 정도나 더 많은 양성반응을 얻게 되어, 이로 인하여 이들은 더 많은 의료비용을 지불하게 되고, 그 자체로써 더 높은 건강위험성에 놓이게 된다고 한다. 미 예방서비스 태스크 포스 팀의 의학 전문가 패널에서는 75세 이상의 남성들은 전립선 암 검사를 정기적으로 받지 말 것을 추천하고 있다.[2] 그 이유는, 만약 검사에서 암이 발견되면, 이 암 치료를 받아야 하는데, 암 치료가 쉬운 일이 아니고, 또 암은 서서히 발전해 나가기 때문에 이들 환자에게 암 치료가 효과 있을 때쯤이면, 이들은 암 치료중에 다른 질병으로 죽을 가능성이 높기 때문이라고 한다.

또 다른 예제들이 필요한가? 앨런 젤리코프 의학 박사와 마이클 벨로모 박사(박스터 회사의 생물과학 분야에 근무)의 저서인 《건강에 바람직한 것보다 더 해로운 것(More Harm Than Good)》를 여러분이 참고해 보면, 위에 기술한 예제들과 유사한 다양한 예들을 찾아 볼 수 있다.[3] 젤리코프 박사와 벨로모 박사는 그들의 저서에서 환자들이 받는 치료 효과나 생존 가능성이 통계적인 자료에 잘 부합되고 있음을 강조하고 있다. 예를 들어, 이 책에서 저자들은 심장 혈관 병에 대한 아무런 징조가 없었음에도 불구하고, 그의 식구 중 한 사람이 심장 발작증을 가졌기 때문에 건강을 걱정하는 가상의 59세 남자 운동선수에 관하여 기술하고 있다. 본 예제에서 두 저자는 심각한 거짓실체 문제를 포함하고 있는 잘못된 테스트를 연속적으로 받기 위해 환자들이 비싼 비용을 지불하면서까지, 결국에는 일차 심장 발작이 발생했을 때의 사망률과 거의 동일한 확률로 환자를 사망에 이르게 하는 침투성 심장 삽입 도뇨법이 어떻게 환자들에게 시술되는지를 보여주고 있다.

1장에 인용된 생물학자인 스티븐 제이 굴드는 1982년에 거의 치료가 불가능한 암 진단으로, 앞으로 그가 더 살 수 있는 기간이 중앙값(median)으로 8개월밖에 남지 않았다는 판결을 받았었다. 그가 1985년 《디스커버 매거진》에 게재한 〈중앙값은 메시지 역할을 제대로 하지 못한다(The Median Isn't he Message)〉라는 기고문에서 그는 어느 불확실한 변수의 평균값이 아닌 전체 확률분포함수를 관찰하고 고찰하는 것이 어떻게 그에게 다시 새로운 삶에 대한 희망을 가져다주었으며, 그리고 결국에는 그의 생명을 연장시키는 데 도움을 주었는지를 기술하고 있다.[4] 중앙값은 전체 표본 값을 반반으로 나누게 하는 통계값이기 때문에, 굴드는 최소한 그가 8개월 이상을 더 살 수 있을 확률이 50%가 될 수 있을 것이라고 판단을 하였다. 더욱이 그는 여러 관련 문헌들을 참고한 후, 그의 나이가 40세이고, 암이 초기에 발견되었기 때문에, 그가 8개월 이상을 더 살 수 있을 가능성이 그렇지 않을 가능성보다 훨씬 더 높다는 사실을 알게 되었다. 이러한 경험을 통해서, 그는 사망에 이르는 시간의 확률분포함수가 오른쪽으로 경사진 형태라는 사실을 깨닫게 되었다고 한다. 즉, 〈그림 38.1〉을 참고해 보면, 여러분이 의사로부터 사망 시간을 판정받게 되었을 때, 이러한 판정을 받은 여러분 중 50%는 의사가 내린 판정기간보다 일찍 사망을 하고, 나머지 50%는 그 판정기간보다 더 오랫동안 생존하거나 혹은 그보다 훨씬 더 오랫동안 살 수 있음을 알 수 있다.

마지막으로 굴드는 치료약의 효능이 FDA로부터 아직 인증을 받지 못해서 통계값에 반영되지 않은 실험적 의약품으로 치료를 받고 있었기 때문에, 그의 생명이 연장될 가능성이 더욱 높아졌다고 한다. 위의 사항들에 의지하여, 굴드는 암 투병 중 삶에 대한 긍정적 태도를 지속적으로 유지하여, 궁극적으로 암투병에서 승리하였는데, 지금은 이러한 긍정적 태도가 암 투병에서 승리하는 중요한 요소로 인식되고 있다.

굴드는 1996년에 발간한 그의 저서 《풀 하우스(Full House)》에서 그의 경험을 아래와 같이 담담하게 회상하고 있다.[5]

> 나는 통계학과 생물학 역사에 대한 지식을 가지고 있었기 때문에, 불확실성 변수에 대한 변화량을 기본적인 실제상황으로 간주하게 되었고, 추상적인 측정값이며, 어느 누구에게도 적용될 수 없으며, 그리고 대부분의 경우 개인적인 경우들과는 관계가 없는 평균값 사용에 주의를 하게 되었다.

그가 이 암과는 전혀 상관없는 다른 질병으로 세상을 떠나기 전, 그는 처음 암이 발견된 후 20년을 더 살았다. 더욱이 그는 이 기간 동안 20편의 저서를 출간하였고, 수백 편의 논문들을 게재하였으며, 그리고 수많은 암 환자들에게 지속적으로 용기를 주는 봉사활동을 했다.

고비용이 발생되는 치료법에 대한 비용/혜택(cost-benefit) 분석을 시도할 때는 굴드의 영감적인 일화를 염두에 둘 필요가 있다. 우리가 정

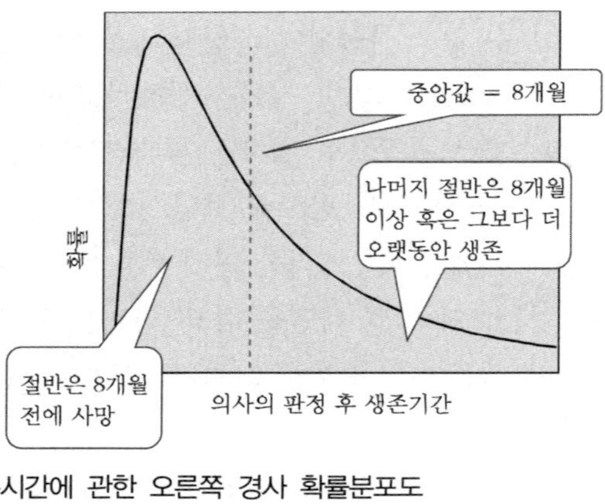

그림 38.1 생존시간에 관한 오른쪽 경사 확률분포도

말로 암이 발견된 후 더 살 수 있는 기간을 평균값으로 대체하여 비용/혜택을 측정하기를 원하는가? 10명 중 8명에게는 전혀 효능이 없지만, 남은 2명의 생명을 36개월 동안 더 연장해 주는 가상적인 치료약을 고려해 보자. 만약 여러분이 환자라면, 이 치료약을 사용했을 때 연장된 평균 수명 7.2시간이 보장된다고 정말로 생각하는가? 이에 대한 답은 그렇지 않고, 이 예제의 평균값은 5명 중 1명이 3년을 더 살 수 있다는 것으로 해석되어야 하기 때문에, 이 기간 동안 여러분은 여러분 딸들의 결혼식에 참석할 수도 있고, 경우에 따라서는 여러분의 외손녀들도 볼 수 있을지도 모른다.

의술과 수학의 만남

1970대 스탠퍼드 대학교의 심장 전문의인 데이비드 에디는 의학적 의사결정이 어떻게 내려지는지에 관하여 의문을 갖기 시작하였다. 그는 2006년도 《비즈니스위크》지에 실린 그의 표지 기사에서 기술하기를, 나는 "의술에 관한 의사결정은 우리들이 이성적이라고 하는 것과는 전혀 다른 방법으로 이루어져 왔었다고 결론을 내렸다"라고 하였다.[6] 그는 그가 어느 순간 의사결정분석의 세계적 진앙지 중 한 곳인 스탠퍼드 대학교 공과대학의 론 하워드가 근무하고 있는 학과에 있음을 깨닫게 되었다고 한다. 에디는 의료적 의사결정의 수리적 분석으로 박사학위를 받기 위해 스탠퍼드 대학교에서 공부를 다시 시작하였는데, 여기에서 그는 마코프 체인이라는 이론을 알게 되었다고 한다. 마코프 체인에 관한 내용은 앞 장에서 주민들의 호전성 상태 전이율 사례에서 토의된 바와 같다. 그리고 앞 장에서 주민들의 상태를 평화로운, 호전적인, 테러리스트, 그리고 사망 등으로 분류하였지만, 의료보험 문제에서는 대상 표본들을 무병, 특별한 질병에 감염, 특별한 질병에 대한 증상, 접촉 전염, 그리고 사망 등으로 상태를 분류할 수 있을 것이다. 테러리스트 예제에서는 외국에 대한 정책적 전략이 표본 대상 주민들을 다양한 상태로 전이해 가는 비율을 조절하기 위한 시도로 간주되었다. 그러나 의료보험 영역에 있어서 치료전략은 다양한 건강 상태 사이의 전이율을 조절하기 위한 시도로 간주되어야 할 것이다. 건강관리 모델 개발을 위해 마코프 체인과 유사한 수리적 모델을 사용할 것을 지지해 온 에디 박사는 건강관리와 관련된 웹페이지 개발과 관리를 위해 많은 노력을 해오고 있는 중이다.[7]

에디 박사는 현재 카이저 퍼머넌트 헬스케어 회사의 고문으로 재직하고 있는데, 그는 의사들이 단순히 그들의 믿음이 아닌 반드시 실질적인 치료법의 효능성에 대한 증거를 토대로 치료방법을 결정해야 한다고 최초로 주장한 사람이다. 그는 이러한 방법론을 기술하기 위하여 "증거주의 의료(evidence-based medicine)"라는 용어를 만들어 내었으며, PBS(미 공영방송 – 역주)의 헬스케어 프로그램에 출연하여 "과거나 현재의 의료역사가 의사들이 그동안 사용해 온 치료방법들이 효과적이었다는 사례들로 채워져 있다. 그러나 우리들이 과거에 실시된 치료방법들을 연구한 결과, 그 치료방법들이 효과적이지 않았으며, 경우에 따라서는 어떤 치료방법들은 환자의 병을 더욱 악화시켰음을 알게 되었다"라는 그의 연구결과를 폭로하였다. 점심 전에 뇌엽 절리술 수술을 받을 사람은 없는가?

평균 호흡수로 보면 여러분은 죽은 것이나 다름없다

나는 헬스케어 문제에 확률 이론을 적용하면서 호흡장애 환자들을 위해 설계된 인공호흡기에 옌센 부등식(평균 함정의 강형)의 효과성이 확실하게 활용되고 있음을 알게 되었다.

매니토바 대학교에 근무하는 한 통계학자와 두 명의 마취과 의사들이 2005년 《Journal of the Royal Society Interface》에 인공호흡기 문제와 관련된 옌센 부등식이 응용된 사례를 발표하였다.[9] 〈그림 38.2〉는 혈관에 전달되는 산소의 양과 폐의 공기압 사이의 관계를 보여주고 있다. 이 그림에서 정상적인 호흡 범위 내에서 전달되는 산소의 양과 폐 공기압의 관계는 스마일(볼록) 곡선형을 보이고 있다. 이러한 형상이 나타나

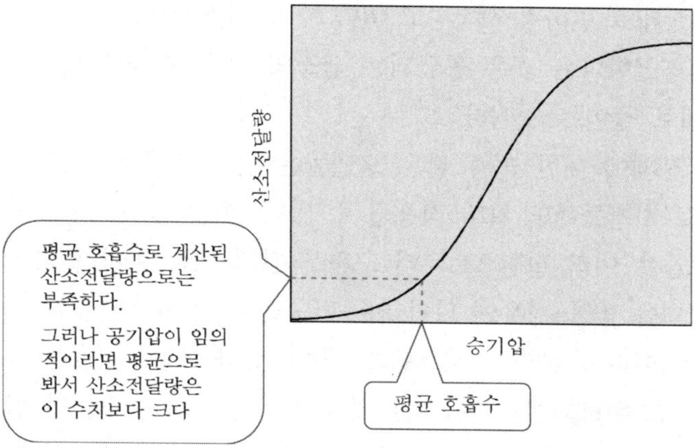

그림 38.2 폐 압력 대비 산소 전달 정도

는 이유는 폐포라고 알려진 폐 속의 작은 주머니가 폐 내에 증가된 압력하에서 팽창되기 때문이다.

이러한 폐 내의 압력과 폐포의 팽창성 현상 때문에 인공호흡기에 의지한 환자들에게 심각한 문제가 발생되고 있다. 위 저자들에 의하면 "시계의 일정한 동작과 같이 대부분의 인공호흡기들은 인공호흡기에 의지한 환자들이 일률적으로 동일한 크기의 호흡을 하고 있다고 가정한다. 그러나 건강한 사람들은 이러한 식으로 호흡을 하지 않는다"라는 것이다. 그래서 만약 인공호흡기가 정확하게 평균 압력만을 환자의 폐에 공급하게 되면, 환자들은 충분한 산소 공급을 받지를 못하게 되고, 반대로 폐 내의 압력이 증가되면, 이 경우에는 환자의 폐가 손상을 입게 된다.

인공호흡기의 일률적인 압력 문제에 대한 해결방법은 무엇일까? 그것은 적절한 평균값을 중심으로 임의적으로 환자에게 공기압력이 공급될 수 있도록 인공호흡기를 디자인하는 것이다. 이 경우 평균 함정의 강형은 평균적으로 산소가 환자의 폐로 전달되는 회수가 평균 호흡수보다 커야 한다는 사실을 의미한다. 이렇게 산소가 환자에게 전달되면, 환자의 폐가 손상되지 않으면서 환자에게 필요한 적당한 양의 산소가 공급되게 된다. 위 그림을 살펴보면, 정상 압력보다 높은 경우에는 곡선이 찡그린 상태로 변하기 시작하고 있다. 이를 해석하면, 공기 압력을 임의적으로 공급한다는 것은 공급되는 산소의 양을 증가시키는 것이 아니고, 반대로 줄이는 것이다.

인간 생체에 대한 이와 같은 모델들은 단지 인공호흡기뿐만 아니라 다른 의료기기들에도 확대 적용될 수 있다. 예를 들어, 에디 박사와 그의 동료들은 여러 질병으로부터 고통을 받고 있는 환자가 다양한 형태의 치료법을 받을 경우에 나타내는 반응들이 시뮬레이션되는 아르키메데스 모델이라고 불리는 시스템을 개발하였다.

《비즈니스위크》지에 실린 기사에서 카이저 회사의 고문인 펄 월러스 박사가 합병증 환자에 아르키메데스 모델의 응용성에 관하여 언급한 내용이 인용되어 있다: "증거주의 치료법이 아직까지 적절하게 반영하지 못하고 있는 한 가지 사실은 당뇨병, 고혈압, 심장 질병, 그리고 우울증 등의 질병을 앓고 있는 환자들에게 합당한 치료방법을 제공해 주지 못하고 있다는 것이다." 이 기사의 내용에 따르면, 30년에 걸쳐서 발생되는 치료 시도 회수로 수천 명의 환자들을 시뮬레이션하는데 아르키메데스 모델을 사용하면 단지 30분밖에 안 걸린다는 것이었다. 그래서 카이저 회사는 복잡한 심장 혈관 질병을 가지고 있는 당뇨병 환자들을 위해서 새로운 프로토콜인 아르키메데스 모델을 채택하였던 것이라고 한다.

아르키메데스 모델은 매우 복잡한 시스템이므로, 이를 효과적으로 사용하기 위해서는 전문가에 의한 특별한 훈련이 필요하다. 그러나 에디 박사는 헬스케어 분야의 많은 의사결정자들이 아르키메데스 모델을 직접 이용할 수 있도록 웹을 기반으로 한 아르키메데스 모델을 현재 개발하고 있다고 한다.

의도하지 않은 결과들

마이클 킨슬리가 1996년 《슬레이트(Slate)》지에 기고한 글[10]에서, 그는 우리들의 행복과 건강을 지키기 위해 유익하다고 생각되는 정책들이 많은 경우 어떻게 그 반대의 효과를 보여주고 있는지를 기술하고 있다. 그에 의하면, "최근에 FAA(Federal Aviation Administration: 미 연방항공국－역주)에서는 비행기 여행 중 어린아이들을 유아용 안전시트에 앉히도록 할 것인지에 관한 문제로 고민 중에 있다"고 한다. 현재 두 살 이상인 어린이들은 안전벨트를 매야만 하지만, 두 살 이하인 어린이들은 부모들의 무릎 위에 앉아서 여행을 하고 있다. 킨슬리는 "기내 승무원들과 유아용 안전시트 사용 지지자들은, 커피포트와 어른들은 안전한 비행을 위해서 안전벨트를 매도록 요구하면서, 두 살 이하의 어린아이들에게 안전시트 사용을 법으로 규정하고 있지 않는 정부에 대해서는 이와 같은 요구를 하지 않는 것이 매우 이상스러워 보이지만, 그들 나름대로 타당성 있어 보이기는 하다"라고 기술하고 있다. 왜냐하면, 만약 법으로 어린아이들에게 비행기 안전벨트를 매도록 규제하면, 킨슬리는 이러한 법이 어린이들의 생명을 구하게 하는 것이 아니라, 오히려 이들의 목숨을 잃게 할 것이라고 주장하고 있다. 현재 두 살 이하의 어린아이들을 무릎에 앉혀 여행하는 부모들은 이들을 위해 별도로 비행기 티켓을 구입하지 않는다. 그러나 기내에서 어린이들도 안전벨트를 매도록 법으로 규정하면, 이 법으로 인하여 부모들은 그 두 살 이하의 어린아이들을 위해서 별도의 티켓을 구입해야 되기 때문에, 이 부모들은 여행비용을 더 지불하면서까지 어린이들과 함께 비행기 여행을 하기보다는 자동차 여행을 선택할 가능성이 더 높다. 일반적으로 자동차 여행은 비행기 여행보다 사고위험이 훨씬 높다. 이와 관련된 한 연구에 의하면, 비행기 여행 대신 자동차 여행을 하게 되면, 고속도로에서 사망하는 어린아이 수는 매 10년마다 9명이 더 증가하게 되지만, 반대로 이 기간 동안 비행기 사고 시에 1명의 어린아이 목숨이 구제된다고 한다.

고비용 헬스케어에서 이와 유사한 의도하지 않은 결과로는, 많은 사람들이 응급실로 실려 갈 만큼 아플 때에서야 고비용 의료보험을 사용하는 경우이지만, 이보다 더욱 고약한 경우는 그들의 질병을 다른 사람들에게 전염시킨 후에서야 값비싼 의료보험을 사용하는 것이다. 위 두 경우 중, 어느 경우가 발생하든지 사회적 비용은 엄청나게 증가하게 된다.

아직 난 안 죽었다

몬티 파이튼의 성배(Monty Python and the Holy Grail)라는 영화를 보면, 이 영화의 초반부에서 중세 마을 거리를 구성하고 있는 진흙탕과 처리되지 않은 하수 오물 위로, 시체가 든 관이 서서히 움직이며 지나갈 때 "네 죽음을 가지고 나와라. 네 죽음을 가지고 나와라"라는 대사를 듣게 된다.

어깨 위로 관을 짊어지고 걷고 있는 한 남자가 하는 말이 "여기에 있다"라고 소리치고, 마차를 뒤에서 밀고 있는 다른 남자는 "9펜스"라며 외치고 있다.

그런데 사람들의 어깨 위에 얹힌 관속의 시체가 답하기를 "난 아직 죽지 않았어"라고 한다.

우리들 인생의 말기에 헬스케어 비용이 가장 많이 발생하고 있으며, 헬스케어 문제와 관련해서 다양하고 복잡한 이해관계자들의 의사결정들이 서로 상충하고 있다. 마차를 가지고 있는 사람은 9펜스를 원하고, 마차에 어깨가 묶인 사람은 마차에서 떨어져 있기를 원하고, 시체를 운반하는 사람은 그의 등을 편하게 하고 싶어 한다. 이와 같이 헬스케어와 관련된 이해관계자들은 어느 정도의 말다툼과 협상을 거쳐서 합의를 하고, 의사결정을 내려, 결국에는 모두 그들만의 이익을 위해 행동을 취하게 된다("Monty Python bring out the dead"라는 문구를 웹에서 찾으면 무료로 이 장면을 쉽게 볼 수 있다).

지금은 우리들의 생애 말기에 발생하는 의료비용들이 헬스케어 비용 중에서 가장 많고, 이해관계가 서로 얽히고 섞인 관계자들이 더욱 많아져 가고 있다. 예를 들어, 의료 전문가들은 그들에게 익숙한 어려운 의료절차를 시도하고, 의약품과 헬스케어 장비 회사들은 값비싼 의약품이나 장비들을 팔기 위해 이곳저곳을 다니고, 학술 연구자들은 그들만의 도끼를 갈고 있으며, 보험회사들은 헬스케어 전반에 걸친 많은 사항들을 그들에게 유리하도록 조절하고 있다. 그리고 이런 소용돌이 중심에는 환자들이 있게 되고, 죽음의 공포 때문에 이성을 잃은 가족들과 함께 하고 있는 환자들은 식물인간인 상태로 병실에서 시간만 보내고 있다.

그러나 지난 몇 십 년 동안 의학 분야의 지식들이 이러한 혼란 속에서도 산업혁명기간 동안 출현된 금속과 화학 분야의 지식 양과 유사하게 전례 없는 속도로 세상에 쏟아져 나오고 있다. 그러나 산업화 초기에 우리 인간들이 금속이나 화학적 지식들을 응용해서 고객들을 만족시킬 수 있는 제품으로 변환시키는 방법을 확실하게 알지 못했던 것처럼, 지금도 우리들은 새롭게 창출되어 쏟아져 나오는 막대한 양의 의학적 지식들을 효과적인 헬스케어로 변화시키는 방법을 확실하게 알지 못해서, 이를 찾기 위해 지속적으로 노력을 하고 있는 중이다.

몬티 파이튼 장면에서처럼 환자들은 헬스케어 시스템의 여러 이해관계자들 중에서 가장 약한 위치에서 협상을 하는 대상이고, 환자들은 새로운 의학지식으로부터는 많은 혜택을 받을 수도 있지만, 반면에 가장 큰 해를 당할 수도 있음에 주의할 필요가 있다. 만약 여러분이 환자라면, 여러분의 병 증세를 치료하는 평균적인 방법으로 치료받기보다는 여러분의 증세에 가장 적합한 치료방법으로 치료받기를 원할 것이다. 이런 경우 여러분이 취해야 할 가장 바람직한 자기 방어수단은, 여러분이 정보화 시대의 여러 도구들을 이용해서 여러분의 병을 치료할 수 있는 가능한 모든 대안들을 찾아내서, 그 대안들 사이에 존재하는 상쇄효과들을 알아보는 것이다. 이와 같은 일을 하기가 어렵다면, 여러분은 젤리코프와 벨로모가 말한 것처럼 "합리적인 변화를 만들어 내기 위해서는 환자들 모두가 헬스케어 비용들 중에서 가장 많은 부분을 차지하고 있으며, 만성적인 고통을 유발시키는 일반적인 성인병들과 관련된 기본적인 의학지식과 그 생리현상들을 이해하고(그리고 할 수 있어야만) 있어야 한다는 것이다." 나는 이들의 주장처럼, 여러분이 궁극적으로 인정이라고는 전혀 없는 그저 이익 창출에만 정신이 없는 상업적 헬스케어 제공자들로부터 보살핌을 받든지, 아니면 능력도 없고 아무런 동기 유발도 없는 정부의 의료시스템으로부터 보살핌을 받든지 상관없이, 여러분은 여러분의 질병에 관한 최소한의 의학적 지식을 스스로 정확하게 그리고 가능한 깊고 넓게 알고 있어야 한다는 사실을 믿고 있다.

제39장

성별과 중심극한치이론

여러분은 왜 애초에 동식물들이 암컷과 수컷 두 성으로 구별되었는지를 궁금해 본 적이 있었는가? 한 이론에 따르면, 그 이유는 무성생식으로 번식하는 동물들은 비분산화된 면역체계를 가지고 있기 때문이라고 한다. 그러므로 이와 같은 동물들은, 동물들 안에서 안전하게 기숙하면서 스스로 많은 진화를 할 필요가 없는 바이러스와 같은 기생동물들에게 손쉬운 취득물이 되고 있다. 다른 한편, 성별을 가져서 매 세대마다 유전자를 재조합하는 생물들은 기생동물들에게 움직이는 표적물이 되고 있다. 만약 이러한 이론이 옳다면, 여러분이 여러분의 배우자를 선택할 때 가장 주의해야 할 사항은, 여러분 자신의 유전자에 배우자의 유전자들을 결합하여 여러분 자손들의 면역 시스템이 최대한 다양화될 수 있도록 신중하게 배우자를 결정해야 할 것이다. 사실, 근친상간은 모든 문명을 통해서 가장 바람직하지 못한 관습이고, 과학자들에 의하면, 여자들은 그들의 상대를 선택할 때 유전적으로 상이한 상대들을 더욱 선호한다고 한다. 우리의 세포 속에 존재하고 있는 "주조직 적합성 복합체(major histocompatibility complex: MHC)"로 알려진 유전자 집합체들은 냄새 선호도를 결정하고, 그리고 이성을 선택할 때 영향을 미치는 유전자 집합체로 밝혀졌다. MHC와 관련된 여러 연구에 의하면, 여성들에게 남자들이 이틀 밤 동안 입고 잠을 잤던 티셔츠의 냄새를 맡아

보라고 하면, 여성들은 그들 자신의 유전자와 다른 남자들이 입었던 티셔츠 냄새를 더욱 선호하고 있다고 한다.[1] 그러나 여성들이 상대를 선택할 때 고려해야 하는 여러 사항들이 **중심극한치이론**에 의하여 영향을 받는다고 해도, 나는 여자를 유혹하기 위해 이러한 용어를 여러분에게 추천하고 싶지는 않다.

투자자들이 더 높은 수익을 올리기 위해서 그들의 투자자본을 사용하는 것처럼, 생명체들도 더 많은 유전자들을 만들어 내기 위해서 그들의 유전자들을 활용하고 있다. 그러나 리처드 도킨스가 1976년에 출간한 《이기적인 유전자(The Selfish Gene)》에서 지적한 것처럼 남성과 여성들은 매우 다른 생물학적 위험/수익 도표에 따라 진화해 왔다고 한다. 우리의 자손들은 동일한 수의 유전자들을 양쪽 부모로부터 받기 때문에 남성과 여성을 막론하고(이 문제에 있어서는 다른 척추동물들도 포함됨), 그들의 자손들이 한쪽 부모로부터 받은 유전자 수익은 50%이다. 그러므로 이러한 관점에서 볼 때 우리들은 공평한 게임의 산물이라고 할 수 있다.

이제 위 등식의 위험성에 관하여 검토해 보기로 하자. 선사시대에 나무 창살을 훌륭하게 사용하는 남성을 선택하지 않아서 검치 호랑이의 밥이 될 수도 있었을 여성들이 자고로 임신의 고통으로부터 괴로움을 받고 있다. 물론 여성이 임신을 하면 어린아이가 태어나고, 내가 들은 바에 의하면, 출산이 결코 쉬운 일은 아니어서 과거에는 출생시 많은 출생아들이 죽었다고 한다. 만약 임신을 투자로 생각한다면, 여성들이 일생동안 최대 12번 정도의 임신을 할 수 있는 포트폴리오를 갖고 있다고 한다. 여성과 비교해서 남성들의 생물학적 위험은 무시할 정도로 작고, 이론적으로 남성들이 평생 동안 임신을 시킬 수 있는 포트폴리오는 수백 번 정도라고 한다. 다양하게 자손을 생산할 수 있는 투자안들을 갖고 있는 남성들과, 그렇지 못한 여성들의 파트너십이 모든 면에서 서로의 견해가 일치할 것이라고 기대할 수 없다. 그러나 자손들을 다양하게 번식시킬 수 있는 남성들의 분산화 수단 때문에, 여성들이 이 분산화의 수혜자가 되어, 이러한 관계가 자손 번식의 또 다른 측면이 되고

그림 39.1 X와 Y 염색체의 유전

있다. 우리 아버지 지미와 나의 삼촌 리처드는 그들의 자유의지와 상관없이 눈동자가 움직이고, 시력이 매우 나빠지는 질병인 선천성 안구진탕증을 갖고 태어났다. 그들에게 야구나 그 외의 스포츠 운동을 한다는 것은 절대 불가능한 것이었으나, 그들은 두꺼운 안경을 벗고 책을 눈에 바싹 갖다 놓고 책을 읽었다. 그들에게는 책만이 세상을 바라보는 확실하고 유일한 창문이었던 것이었다. 그들 모두는 유별난 독서광들이서 후에 유명한 학자가 되었다.

혈우병, 색맹, 그리고 전신 쇠약증을 유발하는 부신백질이영양증(일명 로렌조 오일 병으로 알려짐 – 역주) 등의 경우처럼 안구진탕증을 유발시키는 결격 유전자는 X 염색체에 자리를 잡고 있다. 〈그림 39.1〉에서 보는 바와 같이, 여성들은 두 개의 X 염색체를 각각 부모로부터 받지만, 남성들은 어머니로부터 한 개의 X 염색체를 받고, 아버지로부터는 Y 염색체를 받게 된다.

만약 여성이 그들의 두 개의 X 염색체 중에서 한쪽에만 유전적 결점이 있으면, 다른 건전한 X 염색체들이 그들을 보호하기 때문에, 그들이 가지고 있는 유전적 질병 증세가 밖으로 표출되지는 않아서 그들은 보인인(형질로서 발현되지 않는 열성 유전자를 가진 사람 – 역주)이 된다.

이러한 보인인 여성은 결점이 있는 유전자를 그녀의 아들에게 전달해줄 수 있다.

만약 남성이 그들의 유일한 X 염색체에 결점이 있는 유전자를 가지고 있으면, 나의 아버지와 삼촌의 경우처럼 여성과 달리 그들이 가지고 있는 유전적 질병이 밖으로 표출되게 된다. 이러한 남성들은 결점이 있는 X 염색체를 그들의 딸들에게 넘겨주지만, 아들들에게는 넘겨주지 않는다. 그래서 나와 나의 형제들은 이러한 질병으로부터 해방이 되었던 것이다.

X 염색체 포트폴리오를 분산화한 결과

불확실성이 어떻게 결합되는지를 상기하면서 X 염색체에 관하여 이야기를 하자면, 남성은 주사위 하나를 굴리는 것과 같고, 여성은 두 개의 주사위를 굴리는 것과 같다. 이러한 배경하에서 유전적 이상 혹은 질병은 다음과 같이 설명될 수 있다. 혈우병을 포함한 그 외의 유전자적 질병증세들을 전이시키는 유전자는 열성유전자이다. 그래서 만약 여러분이 결점이 없는 백업(backup) 유전자를 가지고 있으면, 이 유전자는 결점이 있는 유전자를 비활성화시킨다. 남성인 경우 하나의 X 주사위를 굴려 1이 나오면, 그는 유전적 질병을 갖게 되는 곤란한 상황에 처하게 되지만, 여성의 경우에는 두 개의 주사위 모두가 1이 나오는 경우에만 유전적 질병이 발병하게 되어, 두 개의 주사위 중 하나만 1이 나오는 경우에는 두 개 중 더 바람직한 결과를 나타내고 있는 주사위를 취하여 여성들은 유전적 질병으로부터 해방이 된다. 위 내용을 정리하면, X 염색체와 관련된 질병들의 경우의 수는 여성들보다 남성들에게 더 많이 발생하고 있다. 그리고 육면체 주사위와 달리 유전적 주사위는 천 개의 면을 가지고 있는 주사위와 같다고 할 수 있다. 이를 달리 표현하면, 주사위를 굴려서 1이 나올 가능성이 천 분의 1이 되고, 두 번 모두 1일 나올 가능성은 1백만 분의 1이 되어, 여성이 남성보다 유전적 질병에 걸릴 확률은 그만큼 더 낮게 된다.

이러한 위 예제들에서 본 바와 같이, 여성들은 단지 두 개의 X 염색체 중 우성인 X 염색체와 관련된 특성만을 보이고 있다. 그러나 우리는 또한 여성들에게 두 개의 X 염색체로 구성된 유전자 결합체의 특성이 발생하고 있다는 사실도 상상해 볼 수 있다. 남성들에게 이러한 특성들은 하나의 X 염색체 주사위를 굴린 결과로 나타나고 있지만, 여성들에게는 두 개의 X 염색체 주사위를 굴려 나온 숫자들의 평균값에 더 가깝다고 할 수 있다. 남성과 여성 모두 같은 평균값을 가질 것이라고 기대되지만(주사위의 평균값이 3.5), 여성은 다면적인 X 염색체의 분산화 때문에 남성보다 낮은 변동성을 보이고 있다(여성의 경우에 1과 6이 발생할 확률이 남성보다 적다). 나는 몇 년 전까지 특정한 남성의 유전적 특성들에서 높은 변동성이 발생되는 이유를 설명한 내용을 접할 수 있었지만, 최근에는 이와 관련된 믿을 만한 사례들을 접할 수 없었다.

그런데 나는 하워드 와이너의 저서인 《불확실성 세계의 도식화(Picturing an Uncertain World)》의 참고문헌에 기재된 《뉴욕타임스》에서 우연히 위 내용과 관련된 기사를 찾게 되었다. 이 기사에 의하면, “상당한 수의 뇌와 관련된 유전자들이 비정상적으로 X 염색체에 위치하고 있다”는 것이다.[2] 이 기사는 계속해서 “남성들은 X 염색체와 관련된 많은 수의 뇌 유전자들이 오직 한 개의 복사본을 가지고 있지만, 여성들은 두 개의 복사본을 가지고 있다는 사실로부터 여러 가지 중요한

결과들이 초래되고 있다"고 한다. UCLA에서 근무하는 생리학 교수인 아서 아놀드가 "여성들은 모든 유전자들의 두 번째 복사본이 다른 복사본에서 발생하는 유전자 변이성을 감소시키고 있기 때문에, 남성들에게는 앞으로 지금보다 더 변동성이 심한 뇌 표현형(유전자와 환경의 영향에 의해 형성된 생물의 형질-역주)이 나타나게 될 것이다"고 한다.

그런데 와이너는 공인된 시험점수를 기초로 하여 학생들의 상대적 지적능력을 그의 저서에서 기술하기를 "지난 20~30년 동안 대부분의 저명한 연구자들은 시험점수가 지적 수준별로 확실하게 차이가 나고 있지는 않지만, 성별을 구분할 수 있는 정도의 차이가 나타남을 알고 있었다"고 한다.

와이너는 당연히 통계학자로서 통계치를 사용하여 이러한 주장을 입증하고 있다. 그가 사용한 통계치는 지난 몇 년 동안 전국 교육평가기관에서 8학년 학생들을 대상으로 실시한 여러 학과목들의 시험점수들로 구성되어 있다. 와이너의 통계치를 분석해 보면, 여학생들은 독해력과 같은 몇몇 학과목에서 남학생들보다 항상 높은 평균점수를 얻었고, 과학과 같은 영역에서는 남학생들보다 더 낮은 평균점수를 얻었음을 알 수 있다. 그런데 나는 수학점수에서 남학생과 여학생들의 차이가 거의 없는 것이 약간 의외라고 생각하고, 모든 과목의 시험 점수에서 남학생들이 여학생들보다 더 큰 편차를 보임을 알게 되었다.

남학생과 여학생들의 시험점수의 편차는 우연한 사건으로 발생하지 않는다. 그러나 처음에 나는 이러한 편차의 작은 차이가 중요한 것이 아니라고 생각하였는데, 이것이 그 당시 나의 불찰이었다. 와이너가 제시한 1994년에 실시된 미국 역사 시험점수에 관한 자료를 다시 살펴보기로 하자. 남학생들과 여학생들의 평균점수는 모두 259점이었다. 그러나 두 그룹의 **표준편차**는 남학생의 경우는 33점이고, 여학생의 경우는 31점이었다. 이러한 현상이 〈그림 39.2〉에 잘 나타나 있는데, 이 그림을 보면 여학생들의 시험점수 분포는 남학생들과 비교해서 좀더 중앙에 집중된 반면, 남학생들의 시험점수는 좀더 양쪽 꼬리부분에 집중되어 있음을 알 수 있다.

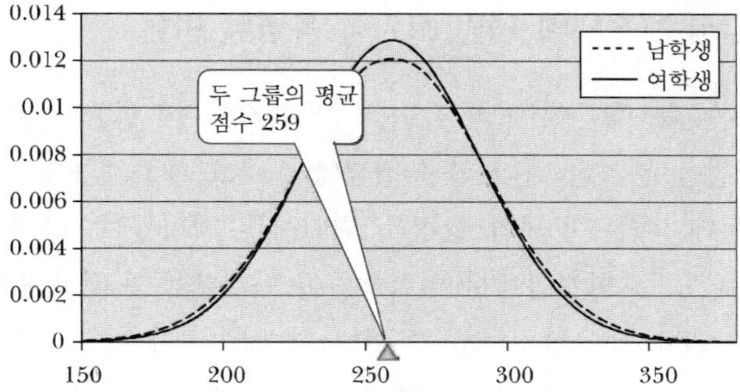

그림 39.2 8학년 학생들의 미국 역사시험 점수분포

어느 꼬리부분을 살펴보아야 하는가?

그러나 대상 집단의 극단치를 살펴보면, 위와 같은 상황은 더욱 분명해진다. 하위 1%의 점수가 184점이고, 상위 1%의 점수가 334점을 고려해 보기로 하자. 이와 같은 백분율은 성별에 상관없이 100명의 학생 중 한 명의 학생이 184점과 같거나 그보다 더 적은 점수를 받았다는 사실과, 100명의 학생 중 한 명의 학생이 334점을 받은 것과 같거나 그 이상의 점수를 받았다는 사실을 의미하고 있다. 〈그림 39.3〉에 있는 그래프의 양쪽 꼬리부분이 위와 같은 내용을 보여주고 있다.

일단 확률분포함수의 양쪽 꼬리부분을 관찰해 보면, 남학생들의 수가 여학생들의 수보다 분명히 더 많이 나타나 있다. 정확하게 말하면, 50% 더 많게 나타나 있다.

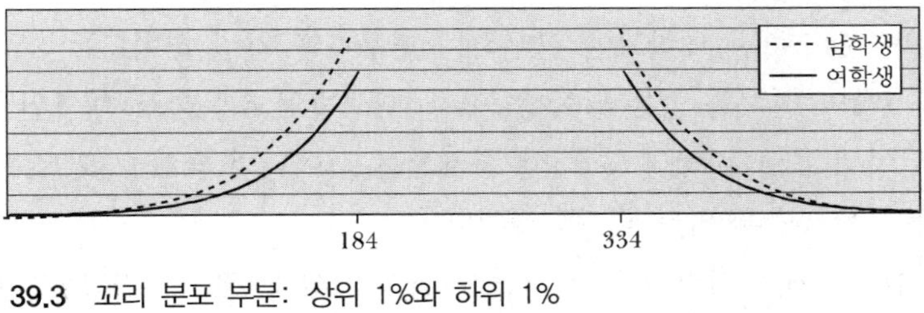

그림 39.3 꼬리 분포 부분: 상위 1%와 하위 1%

성별 수학점수 차이에 대한 사회적 통념의 미신

아이러니하게도, 최근에 이와 같이 남학생들과 여학생들의 시험점수 분포의 차이점을 분석한 여러 연구 결과들이 주요 매스컴들의 머리기사로 다루어졌는데, 이는 평균의 함정을 위반하는 기사들이다(로이터, 2008년 7월 28일). "수학시험에서 여학생들이 남학생들과 대등해졌다" (《뉴욕타임스》, 2008년 7월 25일), "수학시험 점수에서 여학생들과 남학생들의 차이가 없어졌다"(《타임》, 2008년 7월 24일), "수학시험 점수에서 남녀 차별에 대한 사회적 통념." 이러한 매스컴들의 머리기사 제목들은 모두 남녀 학생들의 평균점수에 관한 내용들이다. 《뉴욕타임스》는 다음과 같은 문장으로 관련 기사를 시작하고 있다.

> 하버드 대학교 총장이었던 로렌스 섬머즈가 여성들은 과학과 엔지니어링 분야에서 그들의 본질적 학습능력이 의문시된다고 공개적으로 표명한 후 3년이 지나서 … 미국과학재단에서 지원한 연구 결과에 의하면, 수학시험에서 여학생들과 남학생들의 시험점수가 동일한 것으로 나타났다고 한다.

위 기사 내용은 엄밀히 말하면 사실과 다른 것이다. 섬머즈가 주장한 내용의 요지는 과학과 엔지니어링 분야에서 여학생들과 남학생들의 학습능력이 차이가 있다고 한 것은, 그들의 시험점수의 편차 크기에 있다는 것이었지, 평균적으로 남학생들이 여학생들보다 과학과 엔지니어링 분야에서 능력이 더 뛰어나다는 것이 아니었다. 이러한 나의 해석이 수학 시험점수를 토대로 한 연구에서 증명이 되었다. 로이터 통신 기사에 의하면, 위스콘신 대학교에 근무하는 연구자인 자넷 하이드는 "우리는 상위 1%의 점수를 받은 남학생들과 여학생들의 비율이 2 대 1인 사실을 알아냈다"고 하였다. 이러한 통계치는 와이너의 역사 시험점수에서 밝혀진 편차보다 훨씬 더 큰 것이다.

시험점수에서 이렇게 큰 편차를 어떻게 해석해야만 할 것인가? 이 장에서 기술된 내용들을 종합해 보면, 나는 남성들과 여성들이 생물학적으로 다른 뇌를 가지고 있기 때문에, 남성과 여성은 각각 시험점수 결과에 대한 자신들만의 해석이 요구되고 있는 것이라고 생각하고 있다. 나는 남성이기 때문에 여성들의 시험 결과를 해석할 자격이 없어서 남성들의 시험 결과만 해석해 보기로 하겠다. 그리고 여성들에 관한 문제는 나와 달리 영어 과목에서 D 학점을 받지 않은 전문 작가인 내 아내 다릴에게 맡기기로 하였다.

샘 새비지에 의한 시험결과 해석: 남성 여러분! 시험 성적에 대한 해석은 여러분이 지금까지 알고 있었던 사실과 같습니다. 만약 여러분이 상위 1% 내의 시험 점수를 받은 사람들을 천재라고 정의를 한다면, 이 그룹에 속한 남성들의 수가 여성들의 경우보다 훨씬 더 많습니다.

다릴에 의한 시험결과 해석: 여성 여러분! 내 남편의 말을 믿지 마십시오. 시험점수 결과에 대한 해석은 지금까지 우리들이 알고 있었던 사실 그대로입니다. 만약 여러분이 하위 1% 내의 점수를 받은 사람들을 바보 멍청이로 정의를 한다면, 이 그룹에 속한 남성들의 수가 여성들의 경우보다 훨씬 더 많습니다.

그러나 통계적 유전자에 관한 각자의 궁극적인 주장이 무엇이든지 상관없이, 역사는 남성이든 여성이든 이 세상을 변화시킬 수 있다고 우리에게 반복해서 가르쳐 주고 있다. 나는 나와 내 아버지를 대학에서 공부할 수 없다고 판단한 우리들의 고등학교 선생님들에 대한 분노보다도 여성들이 수학자, 우주비행사, 또는 대통령이 될 수 없다고 주장하는 사람들에 대한 분노가 더 크다.

우생학에 대한 재고

1883년 찰스 다윈(Charles Darwin)의 사촌인 프랜시스 골턴(Francis Galton: 1822~1911)은 인간의 개입으로 인간의 유전형질을 향상시키기 위한 실천 교습서를 기술하기 위해 우생학이란 용어를 만들어냈다. 우리는 가축들을 사육할 때 이런 짓을 해왔는데, 왜 인간에게는 이런 짓을 할 수 없는 것일까? 문제는 "향상시킨다"는 단어의 정의에 있는 것이다. 고등학교 시절 영어 선생님이 내게 내린 판정에 따르면, 당연히 나를 포함한 소위 얼간이들이라고 불리는 자들이 그들의 자식을 더 이상 번식시키지 못하도록 그들의 생식능력을 단종시키기 위한 토대로써, 우생학이란 개념이 20세기 초 미국에서 광범위하게 활용되었다고 한다. 그러나 우생학을 가장 적극적으로 지지한 자들은 나치들로써, 그들은 유대인, 집시, 그리고 동성애자들을 이 지구상에서 가능한 한 많이 멸함으로써 인간의 형질을 향상시킬 수 있다고 믿고 있었다. 그런데 나치들이 위와 같은 만행을 저지르는 동안 나치들을 저주하는 그룹들도 나치들을 가능한 많이 이 세상에서 없애야만 인간성이 향상될 것이라고 믿고 있었다. 결국 우생학은 골턴이 계획했던 것처럼 인간의 형질 향상을 위한 만병통치약이 되지 못했다.

인간이 이런 우생학에 연연하게 되면, 우리 인간들은 큰 문제에 봉착하게 된다. 초음파 검사를 통해 부모들은 임신된 아기들이 태어나기 전에 성별을 결정할 수 있는데, 이 세상 어느 구석에서는 부모들이 여아들을 선택적으로 유산시키기 위해 초음파 검사 기술을 사용하여 그들 자신들만의 우생학을 실행하고 있다고 한다. 이러한 선택적 출생의 결과로, 여아들보다 남아들의 출생이 더 많아지게 되면, 앞으로 이 지구상에서 우리 인간들에게 매우 심각한 사건이 발생할 수 있을 것이다. 즉, 청년기의 남성과 여성들의 불균형 비율이 위험 수위에 도달하게 되면, 국가 간에 전쟁이 발생할 위험이 높아지게 되고, 이러한 전쟁에 참여하게 되는 국가들의 근접성과 크기에 따라서는 매우 피비린내는 전쟁으로 확산될 수 있을 것이다. 오용된 우생학에 대한 또 다른 예로는 왕족들이 그들의 순수한 혈통을 유지한다는 목적으로 전통적으로 근친 간에 결혼하는 관습을 들 수 있다. 이러한 강압적인 결혼 관행으로 인하여 여러분이 짐작하고 있듯이, 왕족들은 일반인들보다 X 염색체와 관련된 혈우병과 같은 유전자적 결함을 물려받을 가능성이 매우 높은 비분산화된 유전자 그룹들을 일반인들보다 훨씬 더 많이 가지게 되었다.

역사적 증거에도 불구하고, 만약 여러분이 인간이 그들만의 유전자 그룹으로만 자손을 번식시켜야만 한다고 아직도 믿고 있다면, 유전학에 대한 현재의 이해력에 그 믿음의 토대를 두어 보기로 하자. 그러면 금융학에서와 같이, 만약 여러분이 출혈, 나쁜 시력, 그리고 지속적인 기식자가 되지 않기를 바란다면, 분산화 정책이 여러분이 취해야 할 대안이 될 것이다. 이러한 분산화의 이점들은 골프 선수인 타이거 우즈, 여배우이며 모델인 할 베리, 그리고 미 대통령인 버락 오바마 등에 의해서 증명이 되었다. 나는 우생학 신봉자들에게 새로운 목적을 제시해 보겠다. 우생학 신봉자 여러분은 동족들 간의 결혼을 금지해 볼 것을 고려해 보았는가?

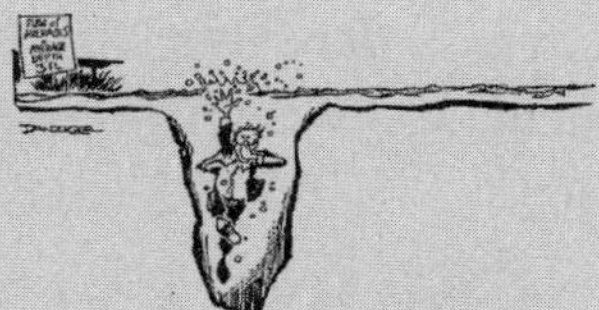

제9부

평균 함정의 개선을 위하여

내가 하고 싶은 이야기의 전체 줄거리는 과거의 속성들을 유지하고 있는 모든 자료들이 숫자로 변환된 정보를 만들고, 이 정보를 토대로 가장 바람직한 의사결정이 이루어져야 한다고 주장하는 사람들과, 미래의 불확실성에 관하여 주관적인 믿음에 더 많은 비중을 두고 의사결정이 이루어져야만 한다고 주장하는 사람들 사이에 지속적으로 발생하고 있는 팽팽한 긴장관계로 요약되고 있다. 이러한 긴장관계는 아직도 해결되지 않은 논쟁거리가 되고 있다.

– 피터 번스타인, 《신에 대한 거역: 위험에 관한 주목할 만한 역사적 이야기》

"과거의 속성을 유지한"이라는 개념을 토대로 한 관점이 전통적인 통계학인데, 이것은 어느 면에서는 고전음악과 유사하다고 할 수 있다. 전통적인 통계학은 과거지향적이고, 엄격하고, 정교한 규칙을 토대로 하고 있다. 비록 수학적으로는 멋져보여도(난 개인적으로 바흐 없는 인생을 상상할 수 없다), 나는 전통적인 통계학이 현재 하루가 멀다 하고 변화하는 불확실한 세상을 효과적인 음률로 표현할 수 있을 것이라고 기대하지는 않는다. 이러한 전통적인 통계학은 수천 마리 백조들의 평균 부리 길이를 소수점 3자리까지 정밀하게 계산하기 위해서는 훌륭한 묘사기법이 될 수 있다. 그러나 전통적인 통계학은 수천 마리의 백조들 중에 한 마리의 흑조가 있음을 예측하는 기법으로는 적합하지 않다.

"미래에 발생할 불확실성에 관한 주관적 믿음"을 토대로 한 의사결정에 대한 근거는 다음에 사람들이 어떤 곡이 연주될지를 알기 전에, 음악가들이 즉석에서 작곡한 재즈와 같다. 만약 흑조를 다룰 수 있는 통계학 분야가 있다면, 그것은 이렇게 즉흥적으로 작곡된 재즈일 것이 분명하다.

즉흥적인 통계학에서 사용될 수 있는 도구는 상호교환 작용이 가능한 시각화기법을 토대로 하고 있어야 한다. 이러한 즉흥적인 통계학을 사용하기를 원하는 사람들은 전통적인 통계학을 배우지 않고, 대신에 이미 짜인 기존의 틀을 벗어나서 시각화를 토대로 한 독창적인 도구들을 사용하기를 원하고 있다. 이들의 예술 공연이 매우 훌륭한 것임에는 틀림없겠으나, 경우에 따라서는 이 공연을 관람하는 관객들에게는 전혀 도움을 줄 수 없을 수도 있다.

그러나 많은 재즈 음악가들이 고전음악 교육을 받았고, 또한 만약 바흐가 이 세상으로 다시 생환해 돌아와서는 뉴올리언스에서 생활한다면, 그는 아마도 현재 살아있는 사람들과 함께 재즈 동호회를 즉석에서 조직했을 것이 틀림없을 것이다.

이러한 관계선상에서 확률경영은 한쪽에 치우치지 않는 절충주의적이고, 어떤 형태의 음악이든 그 음악이 훌륭하기만 하면, 그 음악을 지지하고 있는 경영기법이라고 할 수 있다.

제40장

통계학을 배우면 그것으로 통계학은 끝이다

우리들이 아인슈타인에게 히로시마 원폭에 대한 책임을 넘기는 것 이상으로 39장에서 소개한 우생학의 원조인 프랜시스 골턴의 이름으로 저질러진 무서운 사건들 때문에 그를 비난을 해서는 안 된다. 골턴 역시 통계학의 발전을 위해 중요한 역할을 한 사람이었다. 제임스 서로위키(James Surowiecki)는 그의 저서 《군중의 현명함(Wisdom of Crowds)》의 첫 부분에서 골턴에 관하여 기술하기를, 골턴이 1906년 영국 군 단위 축산 품평회의 황소 무게 추정 콘테스트에 참가한 사람들이 추측한 황소의 평균 무게가 황소의 실질 무게와 거의 같음을 보고는 놀라워했다고 소개하면서, 서로위키는 골턴이 통계학 분야에 기여한 업적을 매우 높이 평가하였다.[1] 서로위키는 "이 결과는 막연히 기대된 값이라기보다는 민주주의적 판단의 신뢰성에 대하여 더욱 믿음이 가는 것처럼 보였다"라면서 골턴이 초기 예측시장을 관찰한 내용을 기술하였다.

노벨 경제학상을 수상한 조지 스티글러의 아들이며, 시카고 대학교의 저명한 통계학 교수인 스테판 스티글러는, 기계적 방법으로 난수표를 만들려고 초기에 시도한 골턴과 그 외의 여러 통계학자들과 관련된 통계학 역사를 지금까지 기술해 오고 있다.[2] 스티글러는 "19세기의 확률적 시뮬레이션"[3]에 관한 논문에서 골턴과 같은 19세기 증기기관 시대의 통계학 선구자들조차도 그들의 이론들을 시뮬레이션 방법으로 시험하였다고 한다.

골턴의 주사위

내가 스티글러의 논문에서 가장 좋아하는 부분은 1890년에 발간된 골턴의 논문에서 그 자신이 직접 주사위를 사용하여 만든 난수 생성기를 토의한 내용 중 아래와 같은 인용부분이다.

> 모든 통계학자들은 언제나 통계학의 이론적 과정의 실질적 가치를 시험해 보고 싶어 한다…[4]

그런 후에 그는 그의 타고난 마케팅 기질을 다음과 같이 보여주고 있다.

> 통계학의 이론적 과정의 실질가치를 확인하는 한 가지 방법을 내가 보여주겠다…

그리고 골턴은 그가 실행한 시뮬레이션 방법에 관하여 광고하기를,

> 나는 이 방법을 자주 사용해 오고 있고, 이 방법이 매우 효과적이라는 사실을 알게 되었으니, 이 방법을 기록해 놓기 바란다.

그런 다음 그는 이 방법의 기술적 우수성을 다음과 같이 기술하고 있다.

> 나는 난수표를 생성하기 위한 도구로써 주사위보다 더 훌륭한 도구를 지금까지 찾지를 못했다. 카드를 매번 새롭게 섞는 것은 지루하고, 주머니 속에 있는 볼을 흔들어 섞는 것은 더욱 지루하다.

프란시스! 숫자가 표시된 볼들을 흔들어 섞어서 난수를 생성하는 것이 지루하다는 당신의 생각이 옳다는 것은 분명한데, 현재 미국의 여러

주정부에서 추첨통 안에 있는 숫자가 표시된 볼들을 흔들어 섞은 후, 이 공들을 임의로 선택하여 복권 당첨자를 결정하는 방법으로 이들 주정부에서 매주 수십만 달러의 부족한 세수를 채우고 있다는 사실을 당신이 알게 된다면, 당신은 분명히 크게 놀랄 것이다. 골턴이 주사위의 임의성을 기술할 때서야, 그는 주사위의 임의적 행태에 대해서 그의 감정을 겨우 다음과 같이 표현했다.

> 바구니를 앞뒤 상하로 흔들어서 주사위들을 섞으면, 우리들이 바구니 속의 주사위들은 짐작할 수 없을 정도로 서로 부딪히고 널리 굴러다니기 때문에, 바구니를 한번만 흔들어 던져서 주사위 결과를 짐작하려고 해도 주사위의 초기 위치는 마지막 결과를 짐작하는데 전혀 도움이 되지 못한다.

그리고 골턴이 사용한 주사위는 **정규확률분포**가 생성되도록 6개의 숫자가 기록된 평범한 것이 아니었고, 한 면에 4개의 숫자가 적혀 모두 24개의 숫자가 적힌 주사위로 설계가 되어 있었다.

통계학의 악동들

골턴 시대의 통계학자들은 주사위, 카드, 그리고 숫자가 표시된 공들을 사용해서 통계학 분야의 여러 중요한 이론들을 개발했다. 그러나 현대의 계산통계학(Computational Statistics)은 전통적인 기존의 이론을 무시하다시피 하면서 컴퓨터 시뮬레이션 기법으로 예전에 골턴이 상상할 수 있었던 것보다 훨씬 더 많은 주사위, 카드, 그리고 공들을 사용해서 통계학 이론들을 개발하고 검증하고 있다.

내가 릭 메드레스와 분산화된 포트폴리오의 효과를 알아보기 위해서 세트로 구성된 영화 매표소 영수증들을 반복 샘플링했던 예제를 다시 기억해 보기 바란다. 사실 우리들이 이 예제에서 실행했던 작업은 영화사의 수익을 공에 적어 통에 넣고 흔들어서 임의로 샘플링하여 그 결과를 확인 후 샘플링했던 공을 다시 통에 넣어 샘플링을 하는 반복 샘플링 작업의 컴퓨터 버전인 것이었다.

브래드 애프런(1938~)

계산통계학의 원조 중 한 명인 브래드 애프런(Bred Efron)은 결코 평범한 통계학자가 아니다. 그는 1960년대 초 스탠퍼드 대학교의 박사학위 과정 중 교내에서 발간되는 풍자 출간물인 《덤불(Chaparral)》이라는 교내 잡지의 편집장 시절, 이 잡지에 《플레이보이》지를 패러디한 내용을 게재해서 그 당시 4개월 동안 학교로부터 정학을 당한 적이 있었다.[1]

1979년 애프런은 공과 주사위로 시뮬레이션하는 완성도가 낮은 계산통계학 방법이 전통적인 통계학의 이론적 방법보다 실질적으로 더욱 견실하게 통계학과 통합될 수 있음을 보여주었는데, 그는 이 기법을 "부스트랩(Bootstrap)"[6] 기법이라고 불렀다. 이 명칭은 우리들이 전통적인 통계학에서 **정규확률분포**와 같은 특정한 이론적 확률분포함수를 가정하고, 이 함수의 모수(예, **정규확률분포함수**의 경우 평균과 **표준편차**)들을 추정하고 있는 사실에 기인하고 있다. 새로운 기법인 부스트랩에서는 미가공된 데이터들로부터 샘플을 반복적으로 추출하고, 이를 토대로 확률분포함수가 자연스럽게 만들어지도록 하고 있다. 부스트랩 방법으로 통계학 분야에 막대한 영향을 미친 공로를 인정받아서 애프런은 2007년 미 정부로부터 국가과학훈장을 수여받았다.

애프런은 통계학 분야의 기술적 변화과정에서 활동하고 있는 아주 유능한 소수의 통계학자들 중 한 명이다. 애프런은 그의 초기 연구활동 기간 동안에는 분명히 전통적인 통계학의 전문가이었으나, 후반기에는 이를 대체할 만한 혁명적 사건을 불러일으킨 통계학자가 되었다. 애프런은 "현대 통계학이 현장에서 발생되고 있는 수많은 통계학 질문들에 대한 답을 해야 한다는 측면에서 현재 우리들의 계산능력을 2차 세계대전 시대와 비교하여 보면, 현재 계산 능력은 실질적으로 거의 무한대에 있다고 할 수 있다. 그러나 부스트랩과 같은 현대 통계학이 통계학적 질문과 답을 적절하게 할 수 있도록 전통적인 기존의 통계학 분야에

커다란 변화를 가져 오기는 했지만, 부스트랩이 기존의 통계이론의 종말을 가져 왔다고는 할 수 없다"[7]라면서 통계학 분야에서 부스트랩이 차지하는 위상을 밝혔다.

줄리안 시몬(1932~1998)

줄리안 시몬(Julian Simon)은 메릴랜드대학교 경영대학원에서 근무하였던 약간은 괴짜 교수였다. 그는《인구폭탄(Population Bomb)》의 저자인 스탠퍼드 대학교 교수 폴 에를리히(Paul Ehrlich)와 아래와 같은 문제에 내기를 건 유명한 교수였다. 시몬은 급격히 팽창하는 인구의 역효과를 상쇄할 수 있을 만큼 기술이 빠른 속도로 발전해 갈 것이라고 믿는 기술발전론자였고, 에를리히는 이 지구상의 자원이 고갈되어 감에 따라서 희귀성 자원들의 가격이 상승할 것이라고 있는 지구 종말론자였다.

에를리히는 1980년 시몬과의 내기에서 만약 1990년에 에를리히가 선택한 상품들의 가격이 올라가면, 시몬이 현재의 상품 가격과 1990년에 상승한 상품 가격의 차이만큼을 에를리히에게 지불하고, 그렇지 않으면 현재의 가격과 하락한 가격 차이만큼을 에를리히가 시몬에게 지불할 것을 약속하고, 1980년에 몇 가지 상품들을 선택하였다. 이 내기에서 기술 발전론의 지지자였던 시몬이 이겼다.

시몬의 저술활동은 대부분이 경제학에 관한 것이었지만, 그는 통계학의 반복샘플링에 매혹되어서 1960년대 말 통계학을 강의하기 위해 반복 샘플링으로 통계학 이론들을 스스로 실험해 보기 시작하였다.[8] 그런 후 그는 1980년대에 피터 브루스(Peter Bruce)와 함께 "반복샘플링 통계학 소프트웨어 패키지(Resampling Stats Software Package)"를 개발하였고, 1993년에는《반복 샘플링: 새로운 통계학(Resampling: The New Statistics)》를 저술하였다.[9] 또한 그는 통계학 분야에서 전문적인 소프트웨어 개발을 마케팅하고 있는 "www.Statistics.com"이 시장에 출현할 것을 오래전에 예측할 만큼 선견지명도 갖고 있었다.

피보나치(1170~1250): 숫자의 약동

피보나치는 유럽인들이 불확실성 문제를 모델링하기 수세기 전에 살았던 이탈리아의 저명한 수학자로서, 다른 수학자들과 달리 뛰어난 홍보활동 능력을 타고났다. 피보나치는 어렸을 때 그의 아버지가 사업상 알제리에서 머무르는 동안 아리비아 숫자를 그곳에서 배웠다. 그가 이탈리아로 돌아왔을 때, 그는 로마 숫자를 사용하는 자국민들보다 숫자 계산에서 우위에 있었기 때문에 피보나치의 사업상 업무처리 능력은 다른 사람들보다 뛰어났다. 이 당시 피보나치는 그의 유명한 피보나치수열로 아라비아숫자를 로마 사람들에게 광고하는 매우 도전적인 사람처럼 보였다. "I, V, C, M 숫자들로 이것을 시도해 봐, 이런 숫자 개혁 반대자들아!" 여러분은 한 나라의 문화인 숫자 시스템을 교체하려는 피보나치의 홍보성 도전을 상상할 수 있겠는가? 피보나치는 이 도전을 성공적으로 달성하였음은 물론이고, 산술계산을 더욱 투명하게 만들기 위한 그의 노력은 이보다 더 성공적이었다. 그리고 그는 숫자 사용이 절대적으로 필요한 대무역상들에게 아라비아 숫자로 계산하는 방법을 컨설팅해 주었다.

… 그리고 확률경영

확률경영을 연구하고 있는 우리들은 이 영역에 관한 내용을 효과적으로 여러 곳에 기술하기 위해 항상 고민하고 있다. 나는 이 책에서 이미 확률경영과 관련된 여러 사례들을 소개하였지만, 이제 다른 차원에서 사례 하나를 소개하기로 하겠다.

앞에서 살펴 본 바와 같이, 골턴과 그리고 그와 동시대의 사람들은 증기기관시대의 확률과 통계학 이론들을 검증하기 위해서 주사위와 공으로 불확실성을 모델링했다. 시몬은 우리들이 주사위와 공이 아닌 컴퓨터 소프트웨어를 사용하여 불확실성을 모델링하면, 지금처럼 확률과 통계학 이론에 의지하지 않고 직관적으로 불확실성을 모델링할 수 있다는 사실을 오래전부터 알고 있었다. 애프런은 완전히 새로운 형태로 통계학 분야에 혁명을 일으키기 위해 시몬과 유사한 원칙들을 사용했다. 빠른 계산능력과 대용량 데이터를 저장할 수 있는 컴퓨터 기술 발전으로 최근에 DIST 형태로 구성된 확률적 분포함수들이 사용 가능해졌기 때문에, 우리들이 예전에는 다루기 거추장스러웠던 확률분포함수들을 이제는 숫자를 다루듯이 쉽게 다룰 수 있게 되어서 컴퓨터 프로그래밍 모델을 기반으로 한 시몬과 애프런의 아이디어들이 현실에서 실현 가능해졌다. 이러한 견지에서 아리비아 숫자가 로마 숫자를 대체해서 생활이 편리해진 것과 같이 확률경영 기법은 의사결정자들과 모델개발자들이 확률적 분포함수들을 쉽게 사용해서 올바른 의사결정을 내리도록 도와주는 것이다. 그래서 골턴, 시몬, 애프런 그리고 피보나치는 이러한 목적 달성을 위한 수호성인들과 같다고 할 수 있다.

제41장 시각화

두 마리 새끼 고양이들이 페인트가 칠해진 수직 드럼통에서 키워지고 있다. 이 중 한 마리는 드럼통 바닥에서 걸어 다닐 수 있지만, 다른 한 마리는 드럼 위에 거꾸로 지면을 향해 매달려 있다. 이 두 마리 새끼 고양이에게 똑 같은 볼거리 환경이 주어지면, 드럼통 바닥에 있는 새끼 고양이만이 이러한 시각화된 환경과 소통할 수 있다: 즉, 드럼통 바닥에 있는 고양이가 걸으면 드럼통이 돌아가서, 이 고양이는 시각화 운동을 자연스럽게 할 수 있다. 시각화 운동을 경험했던 새끼 고양이와 반대로 드럼통 위에 매달려 있었던 새끼 고양이는 이 실험이 끝난 후에 맹도견의 도움이 필요하게 될지도 모르겠다. 왜냐하면, 이 새끼 고양이는 시각적 정보를 처리하는 방법을 드럼통 안에서 배우지 못했기 때문에 생물학적으로 이 고양이의 눈은 정상적으로 작동하고 있지만, 실질적으로는 사물을 인식하지 못하는 장님고양이가 되어 버렸기 때문이다.

이 실험은 철학자인 알바 노에(Alva Noë)의 《사물 인식을 위한 행동(Action in Perception)》이라는 책에 기술된 내용으로, 노에는 이 실험의 결과를 토대로 사물의 관찰자 입장에서 행동이 없으면 사물을 인식할 수 없다고 하였다.[1] 인간의 망막은 그저 수만 화소의 사진 상들을 뇌로 보내서 해석을 하는 디지털 카메라가 아니다. 제프 호킨스(Jeff Hawkins)와 산드라 블레이키슬리(Sandra Blakeslee)는 그들의 저서 《지적능력에 관하여(On Intelligence)》에서 우리 인간들이 어두운 방에서 주위를 손으로 이리저리 더듬으며 주위에 있는 물건들과 부딪혀 가면서 책상 위에 놓인 물건을 찾아가는 과정처럼 우리들의 눈은 시선을 이리저리 움직이면서 전방의 사물들을 읽어낸다고 한다.[2]

시각화 통계학

그러면 우리들은 어떻게 통계적 데이터들을 시각적으로 탐색해 낼 수 있을까? 이미 이 분야의 절대적인 거장이 있었기 때문에, 이러한 탐색 작업은 매우 쉬운 일이 되었다. 존 터키(John W. Tukey, 1915~2000)는 1977년 통계적 데이터를 해석한 《탐색적 데이터 분석(Exploratory Data Analysis)》이라는 저서를 출간하였다.[3] 터키는 상자그림(Box Plot), 줄기와 잎 다이어그램(Stem and Leaf Diagram), 그리고 "비트"와 "소프트웨어" 등을 포함한 지속성이 강한 마인들의 저자이다.

현재 사용되고 있는 시각화 소프트웨어들은 터키 방식으로 개발되고 있다. 예를 들어, 다니엘 즈와일더가 쉘 정유회사에서 새로운 시나리오 라이브러리를 만들었을 때, 그가 처음으로 시도한 것은 불확실한 숫자들 사이에 존재하는 보이지 않는 패턴들을 우리들의 우뇌가 감지할 수 있도록 그가 시나리오 라이브러리를 시각화 프로그램으로 개발한 것이다.

SAS회사는 다니엘의 프로그램과 같은 분석적 소프트웨어인 JMP를 개발했다. 나는 최근에 "Probability- Management.org"에 포스팅되어 있는 쉘 정유회사의 데모 모델인 시나리오 라이브러리에 JMP를 적용해 본 적이 있었다.[4] 이 시나리오는 오일 탐사 프로젝트의 이익과 여러 다양한 경제적 요소들의 불확실성들이 서로 상호교환 작용하는 시험용 시뮬레이션 모델들을 포함하고 있다. JMP는 수천 마디의 말에 버금가는 내용을 상호 교환 작용하는 그림 하나로 우리들에게 유익한 많은 정보들을 보여주고 있다(그림 41.1). 이 그림을 산포도 중 산포도로 간주해 보도록 하자. 우리들이 컴퓨터 자판기에서 서너 개의 키를 치기만 해도 데이터를 엑셀에 저장할 수 있고, 이렇게 엑셀에 저장된 데이터를 JMP

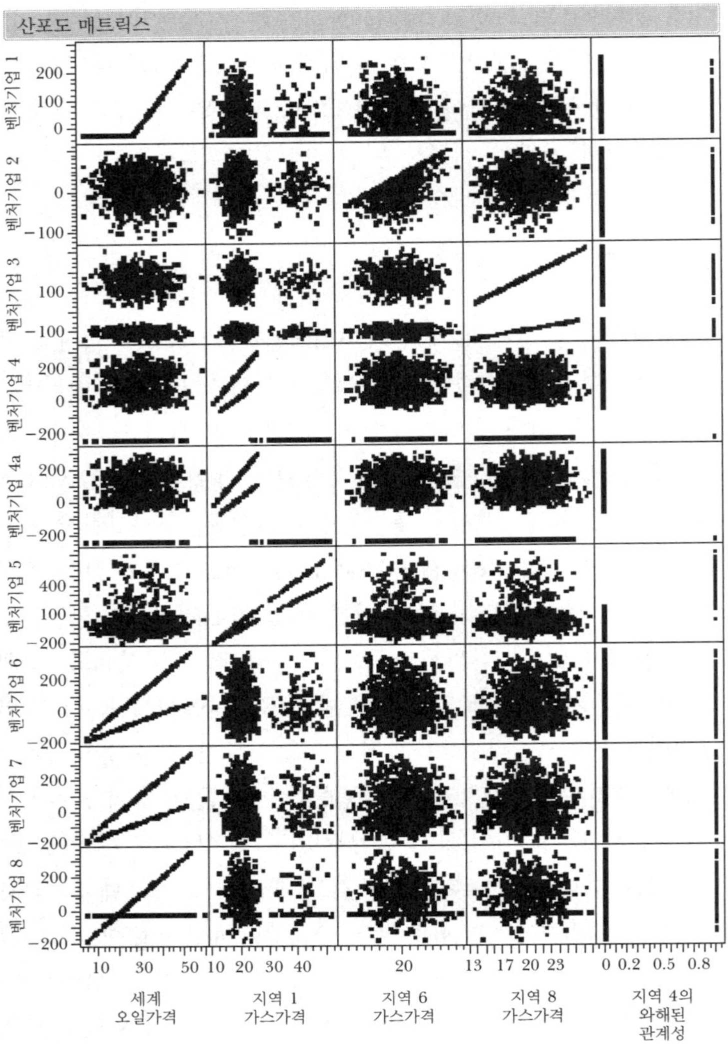

그림 41.1 JMP를 이용한 쉘사의 데모 데이터의 산포도 매트릭스

에서 사용하면 〈그림 41.1〉을 쉽게 만들어 낼 수 있다. 이 그림에서 X축을 중심으로 퍼져 있는 불확실성은 전세계적 휘발유 가격, 그리고 지역별 휘발유 가격 등과 같은 글로벌한 경제적 상황 요소들을 나타내고 있고, Y축을 중심으로 퍼져 있는 불확실성은 포트폴리오로 구성된 가

상적인 벤처기업들의 경제적 가치를 보여주고 있다.

여러분은 〈그림 41.1〉에서 실물옵션을 찾아낼 수 있는가? 이 그림에 숨어있는 실물옵션은 이 그림의 가장 왼쪽 위에 있는 사각형으로 표시된 벤처기업 1이다. 그리고 이 옵션의 기초자산은 세계 오일가격이 되겠다. 이 산포도 그림에 있는 각 점의 X값은 오일 가격이고, Y값은 벤처기업 1의 경제적 가치이다. 벤처 기업 1의 경제적 가치는 오일을 채굴하지 않을 수 있는 옵션을 가지고 있는 유전자산의 가치를 계산하는 수리적 방법과 같다. 즉, 이 실물옵션은 석유 매장량이 알려져 있고, 고정 생산비용이 행사가격이 되는 콜 옵션이다. 이제 벤처기업 5와 지역 1의 휘발유 가격 사이의 관계성을 살펴보기로 하자. 이 그래프의 원범에서 뻗어 나온 두 개의 직선은 벤처기업 5가 석유의 최대와 최소 매장량을 표시하는 두 개의 의사결정 나뭇가지를 가지고 있는 의사결정 숲속으로 모델링되어 있다는 사실을 의미하고 있다. 벤처기업 5의 경우, 어느 사건이 발생하든지 발생된 사건에 지역 1의 휘발유 가격을 곱하면, 벤처기업 5의 총 매출액이 계산된다. 만약 최대 매장량 사건이 발생하면, 이와 관련된 점은 이 그래프의 윗선에 있게 되고, 최소 매장량 사건이 발생하면, 이와 관련된 점은 이 그래프의 아래 선에 있게 된다. 벤처기업 7과 지역 6의 휘발유 가격을 표시하는 점은 두 사건에 관계성이 없음을 의미하는 희미한 점으로 표시되어 있지만, 그 나름대로 중요한 정보를 지니고 있다. 역설적이게도 이는 시나리오 라이브러리가 올바르게 생성되고 있다는 사실을 확인해 주는 것이며, 이러한 라이브러리로 실행된 시뮬레이션의 결과를 분석하는데 도움을 주고 있다.

증기기관 시대의 전통적인 통계학 영역에서는 **F-테스트**와 **T-테스트** 등과 같은 명칭을 가지고 있는 사어적 방법을 사용해서 여러분의 주장들을 성공적으로 관철시킬 수 있다. 이와 관련해서 메이오 클리닉에서 근무하는 조 버크슨은 특정 상황을 명확하게 표현해 주는 그래프로 구성되어 있는 IOT 테스트라고 불리는 자기 자신만의 판단기준을 개발한 적이 있었다.

내가 시각화 통계학과 관련된 두 참고문헌을 여러분에게 추천한다면, 첫 번째로는 에드워드 터프츠(Edward Tufte)의 《정량적 데이터의 시각적 표현(The Visual Display of Quantitative Data)》인데, 이 책은 커피 테이블이 아닌 정보디자인에 관심이 있는 모든 사람들의 책장에 있어야만 하는 고전이다.[5] 두 번째는 다렐 허프(Darrell Huff)의 《통계학으로 속이기(How to Lie with Statistics)》로, 이 책은 1950년에 출간되었지만 전 세계의 정치가들과 정부 관료들에게는 아직도 의심할 여지없이 보석과 같은 참고문헌이다.[6]

비이성적 기대이론에 대하여

그러면 인간들은 실질적으로 위험과 불확실성을 어떻게 인식을 하고 있는가? 톰 로빈스(Tom Robbins)의 소설 《카우걸 블루스(Even Cowgirls Get the Blues)》에서 인간의 두뇌가 신체 중에서 가장 훌륭하다고 스스로 평가하는 한 조직으로 묘사되어 있다.[7] 그러면 인간의 두뇌와 같이 어떻게 이성적 기대이론을 창안해 내어야 하는가? 유감스럽게도 우리들이 생각하듯이 인간의 두뇌가 이와 같이 이성적이 아니라는 사실이 밝혀진 순간, 인간의 의사결정과정을 연구하는 행동금융학이라는 새로운 학문 분야가 탄생되었다. 여기에서 중요한 문제는, 인간의 두뇌가 어떻게 작동하는지를 알려주고 있는 인간의 두뇌 자체를 우리 인간들 스스로가 신뢰하지 않는다는 점이다.

인간의 뇌가 무엇을 하는지를 알기 위해서는 신경경제학(neuroeconomics)이라는 새로운 학문분야의 토대가 되고 있는 MRI기계의 도움이 필요하다. 존 캐시디는 《뉴욕커》에서 우리들이 경제적 의사결정을 내리는 동안 어떻게 인간의 두뇌가 작동하고 있는지, 그 과정을 추적한 결과를 자세히 기술하고 있다.[8] 인간의 두뇌에서 특별히 흥미로운 곳은 투쟁 혹은 도주 센터라고 불리는 소뇌의 편도체이다. 뇌 관련 연구자들은 최근에 개발된 MRI의 도움으로 인간의 경험에 의한 직감력과 긴밀하게 연관되어 있는 우리 두뇌의 기저부분에 위치하고 있으면서 아몬드 형태를 가지고 있는 소뇌의 편도체(인간이나 동물의 생명에 위협이 가해지면 이를 처리하기 위하여 순간적으로 엄청난 에너지를 작동시키는 신체의 메커니즘 역할을 담당—역주) 부분을 모니터링하면, 우리 인간들이 위험을 인식하는 정도를 직접 탐지할 수 있다고 보고하고 있다.

결국 이러한 새로운 연구 분야인 행동금융학은 앞으로 우리 인간들이 불확실성과 위험성을 어떻게 비이성적으로 인식하고, 그리고 우리 인간들이 불확실성 문제에 직면하였을 때 어떻게 의사결정을 내리는지, 그 과정들을 이해하는데 확실히 도움을 줄 것이다.

제42장

상호교환 작용하는 시뮬레이션 : 새로운 백열전구

나는 여러분이 41장에 기술된 시각화 개념을 충분히 이해했을 것이라고 생각한다. 그러나 만약 여러분이 시각화 환경과 상호작용할 수 없다면, 나는 여러분이 수직 드럼통에 걸려 있었던 새끼 고양이처럼 시각화 개념에 관해 아직 눈이 먼 사람이라고 생각한다. 모델 사용자 입장에서, 나는 1990년대 중반 모델의 입력 자료가 변하면 상호교환 작용이 가능한 환경에서 몬테카를로 시뮬레이션이 즉시 수천 번 정도 실행되는 실험을 해보았었다.

나는 상효교환 작용이 가능한 히스토그램을 "블리츠그램(Blitzo-gram)"이라고 이름을 붙였다. 그리고 나는 Informs Transactions on Education에 게재한 온라인 논문에서 블리츠그램이 동영상으로 다운로드될 수 있도록 엑셀 모델로 개발해서 제시하였다.[1] 여러분은 FlawOfAverage.com을 방문하면 이 모델을 링크할 수 있다.

컴퓨터와 소프트웨어의 지속적인 발전으로 지금은 상호교환 작용이 가능한 여러 시뮬레이션 패키지들이 상품화되어 있어서 누구든지 이러한 도구들을 시장에서 쉽게 구입할 수 있다. 이러한 응용성 프로그램들은 컴퓨터 그래픽과 함께 터키(Tukey)의 마인들들을 만족시키고 있다.

한 파이오니어의 귀환

2005년 겨울 고요한 호수변의 그림 같은 산속 마을에서 세계적 기업가이면서 소프트웨어 프로그래머가 여러 수학자들과 컴퓨터 프로그래머들로 구성된 팀을 리드하면서 현실적으로 달성하기 어려워 보이는 목표를 달성하기 위해 열성적으로 작업을 하고 있었다. 이들의 작업 장소는 인클라인이라는 작은 도시이고, 이 시에 있는 호수는 타호 호수이며, 이 팀을 리드하는 세계적 기업가이며 소프트웨어 프로그래머는 댄 필스트라이다. 그가 리드하는 팀은 미국인, 네덜란드인, 불가리아인 등으로 구성된 국제 팀이고, 이 팀이 달성하려는 목표는 스프레드시트가 숫자 혁명을 일으킨 것과 같이 확률분포함수의 혁명을 일으키려는 것이다.

여러분이 필스트라의 이름을 아직 알지 못하고 있다면, 여러분은 지금 망상적인 소망과 같은 것을 갈구하고 있다는 핑계로 용서를 받을 수 있다. 그러나 필스트라는 스프레드시트가 처음 개발될 때 핵심적인 역할을 하였으며, 그리고 그는 1970년대 말 개인용 컴퓨터 혁명을 일으키는데 조력한 마이크로소프트의 빌 게이츠와 애플의 스티브 잡스 등과 같은 몇 명 되지 않는 컴퓨터 분야의 세기적 개척자들 중 한 명이다. 필스트라는 개인용 컴퓨터가 탄생하기 바로 전 1975년에 창간된 《바이트 매거진》의 초대 편집위원장을 지냈었고, 그 자신이 설립한 컴퓨터 소프트웨어사를 경영하였으며, 그리고 체스프로그램을 개발해서 마케팅도 했다.

그런데 1978년에 필스트라는 텍사스 인스트루먼트사의 계산기와 유사하게 작동되면서도 단 한 번의 키 작동으로 컴퓨터 스크린 전체가 숫자들로 가득 차게 되는 프로그램에 관한 아이디어를 가지고 있는 댄 브릭클린을 만났다. 이로써 MIT 대학교 출신인 필스트라, 브릭클린, 밥 프랭크스톤의 공동 작업으로 첫 번째 개인용 컴퓨터용 전자 스프레드시트인 "비지칼크(VisiCalc)"가 개발되어 필스트라의 소프트웨어 회사에서 출시되었다. 그리고 비지칼크는 1979년 스티브 잡스의 애플 II 컴퓨터에서 운영되면서 스프레드시트의 혁명을 불러일으켰다. 필스트라는

"우리들은 60년대의 아이들로서 이 세상을 변화시키기를 원했는데, 결국 우리들은 그러한 목적을 달성했다. 비지칼크를 매력적으로 만든 것은 기업경영 계획에 사용되는 숫자들이 즉시 상호교환 작용이 가능하도록 만들어 준 비지칼크의 계산능력에 있었다"라면서 비지칼크에 대한 애정을 밝혔다.

비지칼크가 스프레드시트의 선두주자였음에도 불구하고, IBM이 1982년에 그들이 시장에 출시한 개인용 컴퓨터에 로터스(Lotus) 1-2-3을 장착하여 이 소프트웨어가 스프레드시트 시장에서 비지칼크와 서로 앞서거니 뒤서거니 하는 경쟁을 하였다. 로터스 1-2-3은 그 후 10년 동안 스프레드시트 분야에서 독보적인 존재가 되었는데, 그 당시 윈도우 환경과 매킨토시에서 동시에 운영되는 마이크로소프트사의 엑셀과 경쟁을 하였다.

1987년 필스트라는 그가 현재 경영하는 프런트라인 시스템(Frontline Systems)사를 설립하였다. 프런트라인사는 1990년에 수백만 컴퓨터에서 사용되고 있는 수리적 최적화 기능이 가능한 마이크로소프트사의 엑셀로 구성된 "솔버(Solver)"를 개발해서 시장에 출시한 후, 이 프로그램에 더 많은 부가 기능들을 지속적으로 원하는 고객들에게 강력한 최적화 엔진들을 제공해 오고 있다.

미 해군국방대학원 경영과학과의 전임 학과장이었으며, 지금은 고인이 된 리처드 로젠탈(Richard Rosenthal) 교수에 의하면, 필스트라가 수학 분야가 아닌 컴퓨터과학 분야에서 공부를 하였지만 "필스트라의 수리적 최적화에 대한 그의 지식은 이 분야에서 활동하고 있는 많은 전공자들의 지식수준과 같다"고 하면서 필스트라의 학문 수준을 높이 평가했다. 또한 로젠탈 교수는 "필스트라는 최적화 분야에 관한 수준 높은 지식을 가지고 있기만 한 것이 아니라, 그는 그가 가지고 있는 지식의 대부분을 철저하게 사용자 편의의 소프트웨어로 실현시키는 매우 뛰어난 능력도 가지고 있다"라면서 필스트라의 실용적 학문성을 높이 평가하였다.

다형성

《메리엄-웹스터 대학사전》 11판에서는 "다형성(Polymorphic)"을 "실질적으로 존재하는 것, 혹은 가정하고 있는 것의 다양한 형태의 상태나 질"이라고 정의하고 있다. 1998년까지 필스트라는 엑셀의 기능과 사용기법을 열심히 학습을 해왔다. 사실 그는 엑셀에 관하여 모든 것을 알고 있다고 해도 과언이 아니고, 언제인가 나에게 엑셀의 계산능력을 향상시킬 수 있는 계획을 언급했는데, 그가 생각하고 있는 계획이란 "새롭고 더욱 강력한 의미"를 스프레드시트의 수학공식에 있는 기능들과 함께 엑셀 사용자들에게 제공하는 것이다"라는 것이다. 즉, 그는 모델 사용자들이 엑셀에서 다양한 형태의 기능들을 제공받을 수 있게 할 계획을 가지고 있었던 것이다.

나는 필스트라의 기술적 재능과 마케팅 능력을 오랫동안 존경해 왔지만, 그러나 위와 같은 그의 계획에 관해서는 많은 의문이 들었다. 나에게 그의 계획은 몇몇 프로펠러 헤드(propeller-head: 컴퓨터 등에 광적으로 열중하는 사람－역주)들로부터만 그 진가를 인정받을 수 있는 거대한 불확실한 작업과 같이 보였다.

그 후 6년 동안 나는 몇 가지 기본적인 확률경영의 문제들을 해결하였다. 그리고 이 기간 동안 나는 모델 사용자들이 실행방법에 관한 특별한 아이디어 없이도 쉽게 구현해 볼 수 있도록 엑셀로 구성된 기본적인 상호교환 작용이 가능한 시뮬레이션 애드인(add-in: 프로그램의 기능을 확장하기 위한 프로그램－역주) 원형도 개발하였다. 필스트라가 엑셀의 계산능력을 향상시킬 그의 계획을 언급하였을 때 그가 엑셀의 다양한 계산능력 형태들을 개발할 계획을 가지고 있었다는 말을 나는 지금도 생생하게 기억하고 있다. 그러나 당시 내가 생각했던 엑셀 계산능력 형태는 3차 도면의 컴퓨터 스크린에서 천 개 이상의 값들을 포함하고 있는 시뮬레이션 실행 결과를 엑셀의 한 셀로 표시하는 것이었다.

2004년 12월 필스트라와 가졌던 전화통화에서 나는 그의 계획에 대해 가지고 있었던 나의 부정적인 평가가 잘못되었음을 알게 되었다. 지금은 다형성 스프레드시트 해석 프로그램(Polymorphic Spread- sheet Interpreter: PSI) 기술이라고 부르는 것이, 그 당시 이미 그 개발 자체로 타당성이 입증되어서 프런트라인사의 최적화 소프트웨어의 개발 속도를 가속시켰다. 이 전화 통화 후 나는 프런트라인사가 소재한 인클라인 시를 방문해서 내가 개발한 상호교환 작용이 가능한 시뮬레이션 원형을 필스트라에게 보여줄 계획을 세웠다. 내가 필스트라 회사를 방문했을 때 내가 개발한 원형에 대하여 필스트라가 어떤 반응을 보일지 나는 짐작할 수 없었지만, 설사 그가 내 개발품에 관심을 보이지 않는다 해도 난 그저 그곳에서 스키나 타면서 여행이나 할 또 다른 계획도 가지고 있었다. 그러나 내 걱정과 달리 필스트라가 내 개발품에 관하여 상당한 관심을 보여주어서 우리는 함께 스키를 즐기면서 우리들의 계획이 앞으로 실현될 가능성에 관하여 많은 이야기를 나누었다.

빙산의 일각

우리들이 인클라인 시에서 헤어진 후 몇 개월 지난 사이에 필스트라는 엑셀에서 상호교환 작용이 가능한 시뮬레이션의 실현가능성을 입증해 보였는데, 그 결과가 매우 놀라웠다. 내가 오래된 랩톱 컴퓨터에서 필스트라의 시뮬레이션 모델을 실행하고 마지막으로 엔터키를 치는 순간, 이 소프트웨어가 순식간에 스피너를 10만 번이나 시뮬레이션해서 컴퓨터 모니터로 즉시 그 결과를 히스토그램으로 보여주었다. 리스크 솔버(Risk Solver)라고 불리는 필스트라의 개발제품은 현재 에너지, 파이낸스, 그리고 의약 분야 등의 다양한 산업 분야에서 사용되고 있다. 쉘 정유회사는 리스크 솔버 덕택으로 우리들이 개발한 모델의 계산 속도를 예전보다 더욱 빠르게 향상시켜서 기존에 이 모델에서 사용되었던 공식 수를 거의 1,000배나 줄였다.

> 우리가 개발한 기술의 다양한 의미를 알리기 위해서 FlawOfAverage.com에 서너 개의 데모 버전 모델을 만들어 놓았다.

여러분이 느끼지 못하는 순간에도 컴퓨터의 계산 속도는 계속해서 빨라지고 있고, 이에 따라서 상호교환 작용이 가능한 시뮬레이션의 발전 속도도 멈추지 않고 있다. 우리들이 개발한 스프레드시트 이외에 SAS 사에서 개발한 JMP 시각화 소프트웨어도 이러한 성능을 제공해 주고 있다. 그리고 벤타나 시스템(Ventana System) 사에서 개발한 벤짐(Vensim)은 맥주게임이라는 모델을 개발한 MIT 대학교의 존 스턴맨(John Sternman) 교수에 의하여 유명해졌는데, 이 모델도 상호교환 작용이 다이내믹하게 실현되는 시뮬레이션 모델을 제공하고 있다.[2] 스턴맨은 "여러분이 벤짐을 작동하면, 여러분이 확률함수의 매개변수들과 이 변수들 사이에 존재하는 관계성들을 조정할 수 있다. 그리고 사용자들이 이러한 작동을 하면, 벤짐 모델은 다시 시뮬레이션을 실행하게 된다"라면서 벤짐의 편리성을 언급하였다. 그는 계속해서 "이 소프트웨어를 사용하면 모델의 매개변수 공간을 찾아내어 데이터에 맞도록 조정하고, 정책들을 테스트하는 것이 정말로 쉽다"라면서 벤짐의 사용 편리성을 칭찬하였다.

필스트라는 위와 같은 내용을 다음과 같이 요약하고 있다. "우리들이 상호교환 작용이 가능한 시뮬레이션으로 달성하고자 하는 목표는 비지칼크의 경우와 매우 유사하지만 이번에는 경영 계획에 내재되어 있는 불확실성을 계산하는 것이다. 그리고 나는 이러한 개발품들이 앞으로 상호교확작용이 가능한 시뮬레이션 모델 개발 분야의 혁명적인 모체가 되기를 기대하고 있다."

현대의 에디슨과 같은 필스트라의 도움으로 개발된 상호교환 작용이 가능한 시뮬레이션은 불확실성을 명확하게 밝혀주는 새로운 백열전구와 같은 것이다. 현재 필스트라의 소프트웨어 비즈니스가 계속해서 성장해 가는 동안에도 그는 지금도 프로그래밍 작업부터 문서기록에 이르는 모든 세세한 부분까지 관여하고 있다. 위의 점들을 고려해 보면《다형의(polymorphic)》이라는 단어는 아마도 필스트라 자신에게 가장 잘 어울리는 단어 같다.

제43장

시나리오 라이브러리 : 전력망

랜드사에서 프랜시스 골턴의 주사위 실험정신을 이어받아서 1950년대 중반에 불확실성을 시뮬레이션하기 위해 사용되는 난수 1백만 개를 담고 있는 책을 출간하였다.[1] 나는 이 책이 잠자기 힘들어 하는 사람들에게 대히트 했을 것이라고 믿고 있다. 아이러니하게도, 불확실성들에 관한 전사적 데이터베이스들을 유지하기 위해 쉘, 머크, 올린사 등에서 사용하고 있는 최근의 시나리오 라이브러리들이 랜드사에서 출간한 책에 담겨 있는 단순한 아이디어와 거의 유사하다는 점이다. 어찌되었든 이러한 라이브러리들이 확률경영의 기간 구조라 할 수 있는 전력망 역할을 충실히 담당하고 있다.

모듈식 위험성 모델들과 산포도 시대

프레드와 조가 정보시스템에서 각각 2번과 3번을 차출해 내면, 이들이 차출한 숫자들은 (모듈식 가구들처럼) 통합이 가능한 모듈이 된다. 모듈식 기법이란, 2+3=5가 되듯이, 프레드와 조가 뽑은 숫자들을 단순히 더하면 그들이 원하는 답을 얻게 된다. 그러나 프레드가 석유가격의 확률분포함수를 차출하고, 조가 항공사 주가의 확률분포함수를 차출하면, 이렇게 상이한 두 확률분포함수들로 포트폴리오를 구성하기 위해서 이

것들을 어떻게 통합해야 할 것인가? 3장에 기술된 사다리 비유에서 보았듯이, 시뮬레이션 결과들은 숫자를 합하듯이 단순히 합할 수 없는 것이다.

아래에 기술된 두 가지 이유들 때문에 확률분포함수를 이용해서 얻은 시뮬레이션 결과들은 단순히 합할 수 없는 것이다. 영화 포트폴리오 예제에서 기술되었듯이, 확률분포함수는 분산효과들을 포함하고 있다; 즉, 두 개의 주사위나 스피너의 합에 관한 확률분포그래프에서 보면, 중앙쪽으로 갈수록 확률값이 증가하고, 그래프의 양쪽 끝으로 갈수록 감소하고 있다. 두 번째, 앞의 투자 예제에서 보았듯이, 석유가격이 올라가면 항공사 주가는 떨어져 불확실성 변수들 사이에는 상호간의 관계성이 존재하고 있다.

마코위츠가 1950년대에 포트폴리오의 확률분포함수를 얻기 위해서 여러 주가들의 확률분포함수들을 결합했을 때, 그 결과는 다음과 같은 특수한 경우에만 적용되는 것이었다.

1. 각 주가의 확률분포함수들이 종형(정규분포)이고,
2. **공분산**으로 측정되는 불확실성 변수 사이에 상호관계성이 타원형 형태를 가지고 있는 산포도이다.

그러므로 마코위츠의 모델은 〈그림 41.1〉에서 보는 그래프와 같이 쉘정유회사의 데모 모델에서 나타나는 불확실성 변수 간에 존재하는 상호관계성 종류는 처리할 수 없다. 그리고 주가의 산포도들이 단기간에 걸쳐 미식 축구공과 같이 타원형으로 보일지라도 장기적인 측면에서는 결코 그렇게 보이지 않는 경우가 흔히 발생하고 있다. 내 대학원생이었던 제이크 존슨이 〈그림 43.1〉에서 보는 것처럼 1996년부터 2009년까지 10년에 걸친 여러 나스닥 지수들을 사용해서 JMP 산포도를 만들었다. **공분산**으로는 〈그림 43.1〉의 왼쪽 하단에 있는 컴퓨터와 복합재료 사이에 존재하는 불확실성의 상호관계성을 표시할 수 있지만, 그 외의 다른 변수들 간에 존재하는 불확실성의 상호관계성은 표현할 수 없다.

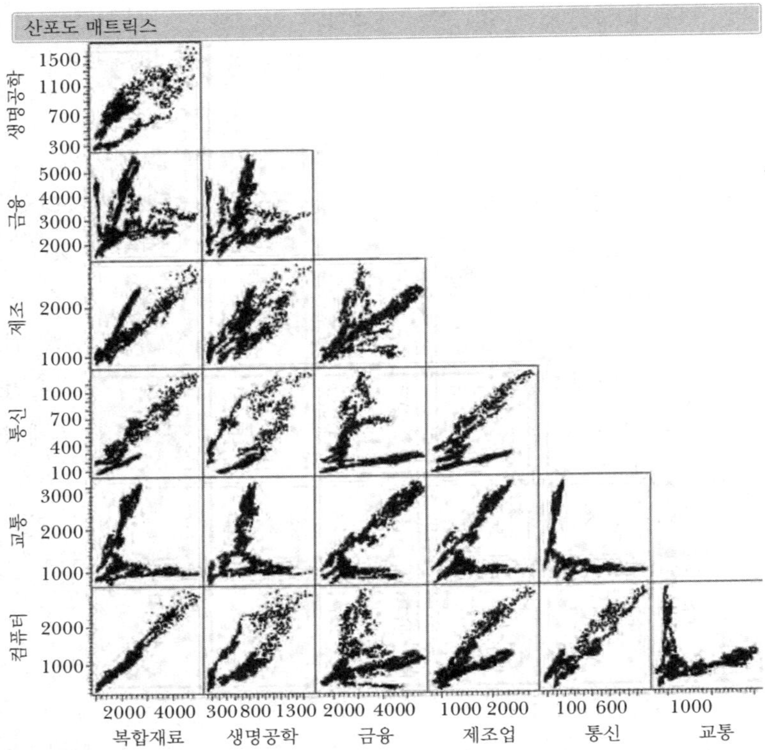

그림 43.1 1996년 5월부터 2009년 1월까지 나스닥 지수의 산포도 그래프

그러나 시나리오 라이브러리들은 모두 모듈화되어 있어서 〈그림 41.1〉과 〈그림 43.1〉에 있는 형태들과 같이 다양한 형태의 임의의 변수들 사이에 존재하는 관계성들을 나타낼 수 있다. 즉, 시나리오 라이브러리를 사용하면, 두 개의 불확실성들을 결합해서 얻은 확률분포함수가 단순히 두 개의 확률분포함수를 각각 합해서 얻은 확률분포함수와 같게 된다. 컴퓨터의 급속한 발달로 **공분산**의 시대가 이제 산포도의 시대로 접어들어 가고 있다. 이렇다고 해서 마코위츠와 샤프의 모델이 잘못되었다고 할 수 있는 것인가? 그렇다고 수긍하는 것은 제트엔진 때문에 라이트 형제들이 잘못되었다고 말하는 것과 같은 것이다. 사실 마코위츠와 샤프는 이 지구상에서 시뮬레이션을 가장 중시하는 사람들이다. 그

러나 2008년 세계 금융위기가 유발되는데 크게 기여를 한 여러 형태의 위험성 가치(VaR: Value at Risk) 모델들은 아직도 **공분산**을 토대로 구성되어 있다. 나는 여러 예제들을 사용해서 시나리오 라이브러리 개념을 좀더 구체적으로 설명해 보기로 하겠다.

서브프라임 모기지 대재앙

2008년 세계 금융위기가 발생하기 오래 전부터 여러 전문가들이 토론했던 내용들이 주택시장 거품 현상의 붕괴 여부에 관한 것이 아니고 붕괴시점이 언제인가이었다. 그럼에도 불구하고, 미국의 대형 은행들은 주택담보증권에 계속해서 투자를 했고, 동시에 주택담보 대출을 해주고 있었다. 어느 한 은행가가 "만약 주택시장이 악화되면, 은행의 투자분야는 분명히 큰 타격을 입을 것이다. 그리고 이와 같은 사건으로 또한 대출 분야의 채무불이행률이 급격히 증가하게 될 것이다"라고 나에게 전해 준 적이 있었다. 은행의 위 두 투자분야를 포트폴리오로 엮어 보면, 그 위험은 엄청나게 큰 것이다. "주택시장에 피할 수 없는 금융사건이 발생하였을 때, 은행들은 그들의 손실이 주택가격의 평가절하와 대출포트폴리오의 신용문제 등 '두 가지' 요인 때문이라고 불평을 늘어놓았다.

여기서 핵심이 되는 요점은 은행에서 비난한 것처럼, 그들에게 손실을 입힌 요인들은 두 가지가 아니라 단 한 가지였던 것이다. 그 한 가지 요인이란 바로 주택시장 그 자체였던 것이다. 주택시장에서 은행의 영업 분야는 고정 수입과 신용 등인데 널빤지로 묶여 있는 이 두 개의 버팀목 중 어느 한 버팀목이 무너지면 다른 버팀목도 따라서 무너져 은행은 큰 손실을 입게 된다.

여러분이 이러한 금융 대재앙에 관하여 자세하게 알고 싶다면 제넷 타바콜리가 저술한 《구조화된 금융과 부채담보부채권(Structured Finance and Collateralized Debt Obligations)》을 읽어보기를 바란다.[2] 타바콜리에 의하면 "만약 투자자들이 미래에 발생할 선지급율 등을 예측하는 모델 능력을 과신하고 투자를 하면, 이러한 형태의 투자자는 큰 위험에 처하게 된다"는 것이다. 이보다 더 바람직하지 못한 경우는, 투자자들이 그들의 투자자산들을 매도만 하도록 권하는 모델들을 사용하는 것이다. 일반적으로 투자자산 매입자들은 그들 자신의 모델에 의지할 뿐 결코 다른 투자자산 매도자들의 투자모델을 참조하지 않고 있다.

대부분의 대형 금융기관들은 현장에서 발생하고 있는 상황들을 실질적으로 알려주지 못하는 레고로 만든 제트비행기와 같은 복잡한 위험 모델들에 의존하여 수백만 달러씩을 투자하고 있다. 4장에서 스테판 스콜츠가 언급했듯이, 투자자들에게 필요한 것은 모든 투자자들이 가장 쉽게 이해할 수 있는 단순한 모델이다.

종이비행기 모델

〈그림 43.2〉는 시나리오 라이브러리의 응용방법을 설명하기 위해서 부동산 투자와 주택대출에 직접 노출되어 있는 은행과 관련된 종이비행기 모델을 보여주고 있다. 은행들은 현재 진행되고 있는 시장조건들을 고려해서 각 비즈니스 부서들의 대응책을 모델링하는데 익숙해져 있다. 〈그림 43.2〉는 내가 주사위를 굴려서 모델링한 것으로, 이는 은행의 두 부서가 주택시장의 가치에 대해 수립한 대응책을 단순하게 표현한 내용을 보여주고 있다. 여러분은 이러한 방법을 현장에서 사용하기에 너무 단순하다고 생각하는가? 그런데 내가 지금까지 들어본 어느 모델들보다

주택시장 최악=1, 최선=6	지역 1 부동산투자이익	지역 2 부동산투자이익
	−$2 백만	−$3 백만
	−$1 백만	0
	0	0
	$1 백만	$2 백만
	$2 백만	$2 백만
	$3 백만	$2 백만
평균	$500,000	$500,000

그림 43.2 주택시장 조건에 따른 분야별 이익

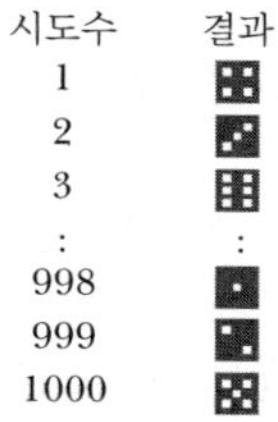

그림 43.3 주택 SIP

이 모델이 주택시장의 변동성을 가장 바람직하게 반영하고 있다. 이 그림을 관찰해 보면, 두 부서가 동일한 주택시장 조건에 대하여 동일한 방법으로 대응하고 있지 않지만, 이들의 구조는 동일한 방향으로 진행하고 있음을 우리들은 알 수 있다. 이렇게 상반된 두 현상들이 두 부서한테 그들이 쉽게 인식하지 못하는 위험을 부과시키고 있다.

이 은행의 CEO가 각 부서들 스스로 위험분석을 실행해 보라고 했다고 가정해 보자. 각 부서의 위험분석가들이 〈그림 43.2〉에 있는 자료를 사용하면 두 부서가 손실을 볼 확률이 쉽게 계산되는데, 부서 1이 손실을 볼 확률은 2/6가 되고, 그리고 부서 2가 손실을 볼 확률은 1/6이 된다. 만약 두 부서 간의 관계성을 무시하면, 두 부서 모두 동시에 손실을 볼 확률은 $2/6 \times 1/6 = 1/18$이 된다. 그러나 나중에 알게 되겠지만, 이러한 확률 계산은 위험을 총체적으로 과소평가해서 얻은 결과이다. 확률경영기법을 사용하면, 두 부서의 위험 모델은 다음과 같이 통합된다.

첫 번째, 이 은행의 최고확률경영자(chief probability officer: CPO)가 주택시장조건에 관한 확률분포함수를 만들어내면, 이 확률분포함수는 확률적 정보패킷(SIP: stochastic information packet: stochastic이란 불확실성을 의미하는 사어이다)에 저장된다. “비트(bit)”라는 단어를 만들어 낸 존 터키를 존경하는 의미에서 확률적 정보 패킷을 “SIP”이라고 부르겠다. 〈그림 43.3〉에서 보는 것과 같이, SIP는 몬테카를로 시뮬레이션에 의하여 생성된 1,000개의 시나리오로 구성된 주택시장 가격 형태를 채택하고 있다. 내가 지금까지 SIP에 관하여 기술한 내용은 랜드사에서 출간한 불완전한 난수표 책과 별다른 차이가 없다.

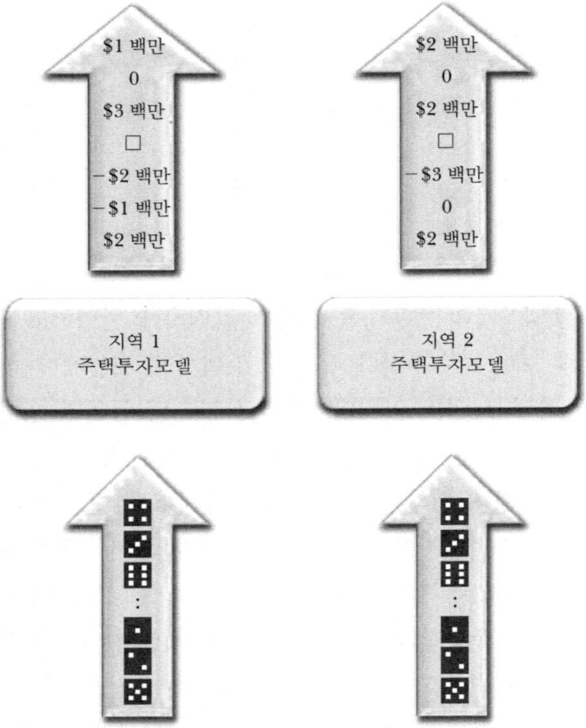

그림 43.4 주택시장의 입력 SIP가 두 부서의 결과물 SIP를 만들어 내고 있다.

만약 여러분이 이 은행의 CPO가 만들어 낸 SIP의 요소들을 기관총 알처럼 생각하면, 두 번째 과정은 〈그림 43.4〉에서 보는 것처럼, 두 부서가 이익에 관한 SIP를 생성하는 모델들을 이용해서 탄환을 발사하도록 동일한 탄약벨트를 이들에게 전달해 주는 것이다.

〈그림 43.4〉 하단에 있는 각 부서의 결과물인 SIP의 첫 번째 요소는 주택시장에서 주사위를 던져서 얻은 숫자 4이고, 두 번째 요소는 주사위 숫자 3을 얻은 결과이고, 그리고 그 이외의 숫자들에 주목해 보기 바란다. 이 예제에서, 우리는 〈그림 43.2〉의 테이블 세로 칸에 있는 자료를 SIP 입력자료로 사용해서 각 부서의 SIP 결과물을 만들어냈지만, 일반적으로 각 부서에서 사용하는 모델들은 스프레드시트로 개발되거나 좀더 바람직한 모델링 환경에서 개발될 수 있다.

위 내용을 다시 검토해 보면, 시뮬레이션 모델에 사용된 하나의 입력 SIP가 두 개의 결과물 SIP를 만들어내었다. 이러한 작업이 연속적으로 실행되면, SIP는 다수의 군 집합을 형성하게 된다. 그리고 이렇게 생성된 SIP들은 주택시장 업무를 하는 두 부서들 사이에 존재하는 상호의존성을 보존하고 있는 시나리오 라이브러리(scenario library unit with relationships preserved: SLURP)를 형성하게 된다. 이 과정의 마지막 단계에서는 〈그림 43.5〉에서 보는 것처럼, 총 이익에 관한 SIP를 만들어 내기 위해서 두 부서의 결과물 SIP들을 결합하는 것이다.

SLURP가 위와 같이 두 부서 간의 상호관계성을 보존하고 있기 때문에, SLURP를 사용하면, 두 SIP을 결합해서 시뮬레이션 모델을 실행해서 얻은 결과값이 두 시뮬레이션 모델을 각각 실행해서 얻어 합한 결과값과 같다. 이를 달리 표현하면, 〈그림 43.4〉의 하단 그림에 있는 것처럼, 두 부서가 총 이익의 결과물인 SIP의 각 요소에 대해 동일한 시나리오 4, 3, 6을 실행하면 그들이 원하는 결과를 얻게 된다. 만약 각 부서가 전통적인 몬테카를로 시뮬레이션을 실행한다면, 한 부서는 주사위 숫자 2를 굴려야 했을 것이고, 다른 부서는 숫자 4를 굴려야 했을 것이다. 이것은 확률적 라이브러리 모듈을 만들기 위해서 매우 중요한 단계이다. 전통적인 몬테카를로 시뮬레이션에서는 하나의 대규모 시뮬레이션 모델로 모든 시뮬레이션 결과물들을 만들어내고 있다. 이와 반대로 모듈방식을 취하면, 독립적으로 작은 위험 모델들을 만들어 놓고 차후에 필요하면, 이러한 모델들을 결합하여 사용해서 원하는 결과물을 얻을 수 있다.

우리는 이 예제에서 두 부서에 관한 확률분포함수들을 통합하여 이 함수를 쉘 정유사의 본부로 보냈다.−이제 그곳에서 무슨 일이 발생했을지를 추측해 보아라. 〈그림 43.5〉에서 보는 것처럼, 이 회사가 손실을 볼 확률은 1/18이 아니고 그보다 6배나 더 큰 1/3로 증가되었던 것이다.

쉘 정유사는 이와 같은 시나리오 라이브러리를 사용해서 개별 프로젝트의 시뮬레이션을 실행하여 유전개발 포트폴리오 시뮬레이션 결과들을 통합하게 되었다. 위와 같이 주사위를 굴려서 시뮬레이션하는 것처럼 실질 문제는 쉽지는 않고, 그리고 신뢰할 만한 시나리오 라이브러리가 만들어진다는 확신도 할 수 없다. 그러나 지금은 여러 산업현장에서 활동하고 있는 분석 전문가들이 @Risk, Crystal Ball, XLSim, Risk Solver 등과 같은 시뮬레이션 패키지들을 사용하여 실질 문제들을 해결하기 위해 노력하고 있다. 위 시뮬레이션 패키지들이 생성해 낸 시나리오들은 여러 숫자와 그래프들을 계산하기 위해 사용되고 있으나, 이렇게 사용된 후에 그 결과물들은 현재 컴퓨터 메모리에 저장되지 않고 있다. 그러나 이렇게 생성된 시나리오 중 일부는 라이브러리에 저장될 수 있어서 몇몇 최고확률경영자들은 불확실성과 위험에 관한 전사적 모델들을 만들어 내기 위해 라이브러리에 부분적으로 저장된 시나리오들을 나중에 유용하게 사용하고 있기도 하다.

역사

스프레드시트의 가장 심각한 한계성 문제들 중 하나는 스프레드시트가 근본적으로 이차원 모델이라는 것이다. 이를 좀더 구체적으로 설명하자면, 여러 제품들을 판매하면, 스프레드시트 하나의 가로 행에 하나의 제품을 할당하도록 결정하면 된다. 이러한 할당은 1차원적 모델이다. 이제 여러분이 각 제품에 관한 매출액, 비용, 이익 등과 같은 다양한 회계 항목들을 추적해서 이 자료들을 스프레드시트의 세로 열에 기록하기를 원한다면, 이것은 2차원적 모델이다. 그런데 여러 지점들에서 판매하는

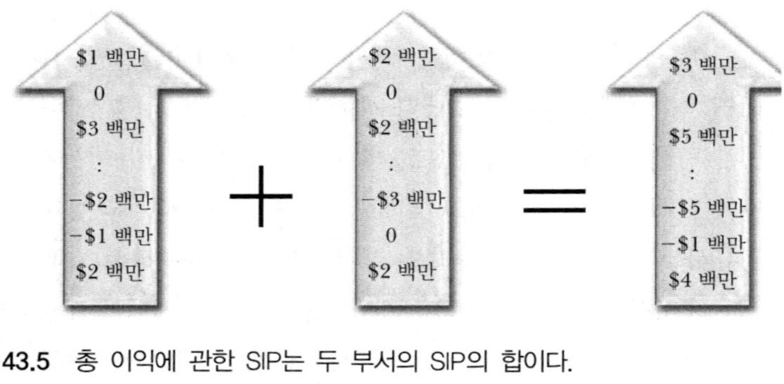

그림 43.5 총 이익에 관한 SIP는 두 부서의 SIP의 합이다.

제품들과 관련된 자료들을 기록하기를 원한다면, 여러 개의 워크시트들이 필요하다. 이러한 작업은 3차원 도메인을 필요로 한다. 그리고 이제는 월별로 위와 같은 정보들을 추적해서 기록하려고 한다고 가정해 보자. 한 회사가 여러 기간에 걸쳐서 그들의 비즈니스를 실행할 계획이 있느냐고 물어 본다면, 이러한 질문이 너무 지나친 질문이라고 할 수 있을까? 그렇다고 할 수도 있을 것이다. 아무튼 이 모든 자료들을 4차원 모델 하나의 스프레드시트에 기록하기 위해서는 큰 어려움을 감수해야 한다.

1993년 로터스 사에서는 이러한 점을 고려해서 12차원의 스프레드시트 프로그램의 윈도우 버전인 "Improv"를 출시하였다. 나는 이 프로그램에 곧바로 매료되었다. 우리들이 비행기를 타면 스릴을 느끼는 것은 비행기 여행이 우리들의 2차원적인 지구 표면에서의 평면적 삶을 3차원적인 우주 공간의 삶으로 자유롭게 날 수 있도록 만들어 주고 있기 때문이다. 지금 나는 12차원에 살고 있기 때문에 앞으로 12차원 이하로 되돌아간다는 것은 상상할 수 없다. 내가 이전에 로터스 1-2-3 개발에 참여했던 것처럼, 1994년에는 "Improv" 프로그램의 분석 도구들을 개발하는 팀을 리드하게 되었다. 28장에서 기술하였듯이, 나는 최근에서야 마크 브로디(Mark Broadie)의 시나리오 최적화 스프레드시트를 알게 되었다. 그래서 내가 "Improv" 환경에서 몬테카를로 시뮬레이션을 실행하기 시작했을 때 "Improv" 파일에 마크 브로디의 "시나리오"를 첨부해서 "Improve"를 13차원의 프로그램으로 개발할 수 있었다. 이렇게 만들어진 13차원의 프로그램을 사용해서 100장의 시나리오를 "Improv" 파일에 첨가하면, 여러 가정들로 구성된 100개의 다른 상황하에서 원래의 모델이 100배 복제된다. 그래서 만약 여러분이 이 프로그램을 사용하면, 여러분이 고생스럽게 사다리 하나를 연속해서 100번을 흔드는 대신에 동일한 사다리 100개를 한 번에 흔들 수 있게 된다. "Improv" 프로그램의 장점은 이러한 작업을 자동으로 실행하게 하는데 있다.

"Improv"를 토대로 우리들이 개발한 첫 번째 작품이 최적화문제이었는데, 로터스가 쓸모없는 "Improv"를 개발하여 무례하게 시장에 출시하였다는 뉴스가 한 매스컴 매체에서 나왔을 때, 우리들은 250개의 데모 디스크를 만들어서 그들에게 우편으로 보냈었다. 분명히 "Improv" 프로그램은 그 자체로 매력적인 프로그램이었기 때문에 "Improv"는 로터스사 내에서 그 당시 스트레드시트 시장을 지배하고 있는 마이크로소트사의 엑셀과는 경쟁이 되지 않던 로터스 1-2-3과 경쟁을 하였다. 어찌되었든, 나는 이러한 아이디어로 시나리오 라이브러리를 디자인하였으나, 내가 처음으로 이 디자인을 실행한 사람은 아니었다. 나 외에도 라이브러리 디자인을 13차원으로 구성한 두 사람이 더 있었는데, 나는 분명히 이들 외에도 더 많은 사람들이 있을 것이라고 믿고 있다. 만약 여러분이 이러한 사람들을 알려 주면, 내가 그들의 이름을 "FlawOf Average. com"에 올려놓도록 하겠다.

맥스 헨리온은 케임브리지 대학교 학부생 시절 물리학을 전공하였는데, 그는 "학부시절 나를 가르친 교수들은 내가 보고서에 사용한 숫자에 불확실성이 언급되어 있지 않으면, 그 숫자들은 쓸모없는 숫자들이다"라고 했다. 그런 후, 1970년대 그가 카네기 멜론 대학교에서 정책분석 분야의 박사과정 학생으로 공부하고 있을 때, 그는 "심지어 공공 정책과 기업 경영 분석가들이 다루는 숫자들이 물리학자들이 다루는 숫자들보다 일반적으로 훨씬 더 불확실한데도, 이 분야의 분석가들이 그들의 보고서에서 불확실성들을 무시하고 있는 사실을 알게 되었다"라고 했다. 그래서 그는 "비지칼크"가 시장에 출시되기 1년 전인 1978년 확률분포함수를 사용할 수 있는 소프트웨어 도구를 개발하기 시작하였다. 그는 카네기 멜론대학교에서 박사학위를 취득한 후 그 대학교의 교수가 되었으나, 소프트웨어 개발 바이러스에 걸려서 그 교수직을 그만두고 실리콘 밸리로 가서는 결국 루미나 의사결정 시스템(Lumina Decision Systems)이라는 회사를 창업하였다. 그리고 이 회사는 1994년에 지금은 "애널리티카(Analytica)"[3]라고 불리는 소프트웨어를 시장에 출시하였다. 애널리티카는 맥스가 불확실성의 "지능형 배열(intelligent array)" 표시라고 부르는 기법을 토대로 개발된 소프트웨어이다. 즉, 애널리카가 다루고 있는 불확실성 문제는 내가 "Improv"를 개발하는 과정 후반에 생각했던 불확실성 문제와 같은 것으로써, 이는 또 다른 차원의 구성요소를 필요로 하고 있다. 모든 불확실한 변수는 근본적으로 SIP이고, 각 변수의 배열은 SLURP이다. 그래서 확률경영이라는 용어를 사용하지는 않지만, 처음부터 애널리티카는 확률경영 솔루션이라는 내용을 포함하고 있었던 것이다.

내가 처음으로 "Improv"를 접했을 때와 거의 비슷한 시기에 버지니아 주의 퀀티 시에 위치한 미 해병 사령부에서 지금은 민간 분석가로 근무하고 있는 케빈 핸킨스가 혼자서 스프레드시트의 한계성을 해결하고 있었다. 그는 델코 일렉트로닉스사에서 품질관리 통계학을 엔진 컴퓨터 서키트에 적용하기 위해 방대한 양의 다차원 시험 데이터들이 필요하였다. 사실 이러한 케빈의 작업 내용 자체가 다양한 형태의 서키트 결과물에 관한 시나리오 라이브러리이지만, 그가 델코사에서 근무하고 있을 당시에는 시나리오 라이브러리의 통계학적 분석이 자동으로 실행되도록 시나리오 라이브러리를 엑셀에 저장시키는 것이 거의 불가능하였다.

그래서 케빈은 엑셀 환경에서 라이브러리가 다차원적으로 사용될 수 있는 형태인 애드인 프로그램을 개발해서, 이 새로운 응용 프로그램의 성공여부를 결정하기 위해 현장에서 그래프화된 통계학 기법으로 라이브러리를 분석하였다. 지금은 누구나 이 모델을 사용할 수 있도록 공개되어 있고, 여러분이 이 모델을 "Automotive Electronics Council" 웹사이트에서 받아 볼 수 있다.[4]

컴퓨터의 실행속도가 빨라지고, 디스크 저장 용량이 저렴해짐에 따라서 대부분의 모델에서 수리적 결과물에 대한 시나리오 라이브러리들을 사용하는 것이 필수사항이 되어, 이제는 평균의 함정을 극복하기 위한 방법으로 시나리오 라이브러리들을 광범위하게 사용할 수 있는 좋은 환경이 조성되어 있다.

기억해야 할 사항

- 시나리오 라이브러리들은 확률경영의 기간 구조 전력망을 형성하고 있다.
- 비록 SIP와 SLURP의 산포도는 미식 축구공과 같은 타원형이 아닌 다양한 형태의 변수들 사이에 존재하는 관계성을 포함하고, 응용문제들에서도 확률분포함수들을 통합하게 하고 있다.

잊어야 할 사항

- **공분산**
- **상관관계** : 공분산이나 상관관계를 사용하는 대신에 "산포도"를 사용하여라. 이러한 사항을 내가 3장에서 지적하였음을 다시 기억해 보기 바란다. 나는 여러분이 지금 이러한 지적 사항을 잊고 공분산이나 상관관계라는 용어를 다시 사용할까 걱정스럽다.

제44장

SLURP 대수의 근본적인 정체성

확률경영이 다른 경영기법과 특별히 다른 점은 확률경영 모델과 관련된 시뮬레이션 응용문제에서 사용되고 있는 확률분포함수들의 숫자들이 서로 링크되도록 SIP와 SLURP이 작동된다는 것이다. 나는 이러한 특성을 **SLURP 대수의 근본적인 정체성(Fundamental Identity of SLURP Algebra)**이라고 부르고 있다.

잠깐! 여러분이 사어를 좋아하지 않는다면, 이 장을 무시하고, 이 장에 기술된 내용들이 실질적으로 어떻게 응용되는지를 기술하고 있는 다음 장으로 넘어가도 된다. 마땅하게 생각하지는 않지만 나는 이 장을 계속해서 읽고 싶어 하는 독자들을 위해 눈에 쉽게 띄는 서체를 계속해서 사용할 것이다.

지금까지 보아왔듯이 확률분포함수의 대수는 일반적인 숫자의 대수

P(X, Y)

X 시도 1	Y 시도 1
X 시도 2	Y 시도 2
X 시도 3	Y 시도 3
:	:
X 시도 N	Y 시도 N

그림 44.1 변수 X와 Y로 구성된 결합확률분포함수의 P(X, Y)의 매트릭스

가 작동하는 원리와 같지 않다. 그렇기 때문에 단 한 번에 여러 시뮬레이션의 실행과정들을 추적할 때 SLURP 기호들을 사용하면, 확률분포함수들을 쉽게 찾아낼 수 있다. 예를 들어, 일단 기업의 최고확률경영자가 시나리오 라이브러리를 만들어 놓기만 하면, 옌센의 부정방정식, 중심극한치이론, 그리고 변수들 간의 상호 관계성을 가지고 있는 불확실성 등의 모든 문제가 자연스럽게 해결된다.

위와 같이 SLURP가 작동되기 위해서는 현재 고려중인 모든 확률분포함수들이 확률분포함수들의 결과를 하나로 통합시키는 중심극한치이론을 반드시 따라야 한다. 그렇지 않으면 시뮬레이션은 작동되지 않는다.

변수 X와 Y를 N개의 X와 Y쌍으로 구성된 SLURP P(X, Y)의 결합확률 변수로 놓도록 하자. 그러면 〈그림 44.1〉에서처럼, P(X, Y)는 세로 열과 가로 행을 각각 두 변수로 하는 매트릭스를 구성하게 된다. 이러한 표현은 확률분포함수에 관한 전통적인 정의와 다르지만, 시뮬레이션에서는 매우 유용하게 사용된다.

정체성

변수 F를 변수 X와 Y의 함수로 놓으면,

$$P(F(X, Y)) = F(P(X, Y))$$ 이 된다.

단, P(F(X, Y))는 F(X, Y)의 SIP이다.

P(F(X,Y))		F(P(X,Y))
F(X, Y) 시도 1		F(X 시도 1, Y 시도 1)
F(X, Y) 시도 2		F(X 시도 2, Y 시도 2)
F(X, Y) 시도 3	=	F(X 시도 3, Y 시도 3)
:		: :
F(X, Y) 시도 N		F(X 시도 N, Y 시도 N)

그림 44.2 P(X, Y)로 표시된 F(X, Y) 확률분포함수를 N번 시도한 벡터

이러한 표현은 확률이론의 일반적인 기호로서 이치에 맞지 않지만, SLURP 기호로서 정당화될 수 있다.

P(X, Y)는 F를 P(X, Y)의 가로 행에 적용하여 얻은 값으로써 〈그림 44.2〉에서 보는 것처럼 벡터로 표시되어 있다.

> **잠깐!** 상호관계성을 가지고 있는 시계열을 모델링하면서 시간을 표시하기 위해 P(F(X, Y))에 제3의 차원을 더해야 한다. 그러면 이 경우 SLURP는 시간이 지남에 따라서 추출되는 샘플의 경로들을 포함하고 있는 3차원 배열이 될 것이다.

제45장
확률경영의 실행

최근에 확률경영을 위한 기술들이 빠르게 발전되어 가고 있고, 이와 함께 여러 다른 분야의 기술발전도 비약적으로 진행되어 가고 있어서 이전보다 확률경영과 관련된 기술에 접근하기가 훨씬 더 편리해져 가고 있다. 나는 이러한 관점에서, 지금까지 개발된 확률경영과 관련된 기술들을 이 장에서 검토해 보기로 하겠다. “ProbabilityManagement.org”에 있는 베세머사 및 쉘사의 1세대 모델들은 확률경영에 있어서 두 가지 혁신적인 특징들을 담고 있다. 첫 번째, 이 모델들은 시나리오 라이브러리를 토대로 구성되어 있다. 이 모델들은 모듈식 모델들이기 때문에 시뮬레이션 결과물들이 서로 통합될 수 있다. 두 번째, 이 모델들은 사용자들의 이성적 관례를 감각적 관례로 연결시켜 시뮬레이션 실행시 상호교환 작용이 가능해졌다.

그러나 위와 반대로, 현장에서 이 모델들을 운영하였을 때, 대략 20,000개에서 40,000개의 스프레드시트 공식들이 SLURP에 저장된 1,000개의 시나리오 하나하나에 5,000개의 동일한 모델들로 구성되어서 매우 당혹스러웠었다. 그런데 2007년 프런트라인사의 “리스크 솔버(Risk Solver)”가 시장에 출시되어 우리들은 우리들이 개발한 모델에서 사용되는 수학 공식수를 많이 줄일 수 있었다. 이때 우리들은 SLURP의 가로 행 하나하나에 상응하는 부속모델을 개발할 필요 없이, 우지

(Uzi: 상표명으로 이스라엘제의 소기관총-역주)로 총을 쏘듯이 "리스크 솔버"가 한 번에 1,000개의 시나리오들을 처리하는 모델 하나만 있으면 되었다. 모델 사용자들이 시뮬레이션 모델에 사용되는 수학 공식 수는 문제가 안 된다고 할 때는, 그 수가 1,000배 이상으로 증가하는 경우가 아닐 것이다. 예를 들어, 40개의 공식으로 구성되는 스프레드시트의 경우에는 이를 작성하고 유지하기가 쉽지만, 40,000개의 공식으로 구성되어 있는 스프레드시트에 사용된 공식들이 서너 번씩만 반복적으로 사용된다고 해도 그 공식들을 작성하고 유지하는 작업은 악몽과 같이 어렵고 고통스러운 일일 것이다. 최근에 개발된 기술들은 모델에 사용되는 수학 공식 수를 많이 줄였을 뿐 아니라, 이를 기존의 기술들과 비교해 보면, 시뮬레이션 모델들을 훨씬 더 빠르게 작동시키고 있다.

비록 "리스크 솔버"가 이 분야의 모델 개발과 실행 속도를 상당히 많이 개선시키는데 큰 역할을 하기는 했지만, 여전히 모델 개발 영역에는 정말로 큰 문제가 남아 있었다. 엄청나게 큰 SLURP. 예를 들어, 우리들이 50 구간으로 나뉜 시간대별로 매출액, 비용 등 10개의 매트릭스를 필요로 하는 100개의 프로젝트들을 모델링해야 하는 현장 응용문제를 다룬 적이 있었다. 이 응용문제에서 모델을 1,000번 실행하면, 이 모델을 관리하기 위해서 5,000만 개의 숫자들이 생성되었다.

DIST 확률분포함수 군집

나는 2007년 말 SIP에 있는 숫자 1,000개와 10,000개를 하나의 데이터 요소로 요약한 연속적인 확률분포함수 DIST를 개발하였다. 이와 관련해서 가상적인 주택시장에 관한 SIP를 고려해 보기로 하자. 이 SIP는 주사위를 1,000번 실행한 결과를 포함하고 있고, 이 결과들을 DIST에 저장하기 위해서는 스프레드시트의 한 셀이나 데이터베이스의 한 요소 자리가 필요하다. 이제 주사위 숫자들을 1=A, 2=B, …, 6=F로 하는 알파벳으로 코딩하는 방법을 고려해 보기로 하자. 그러면 원래 SIP를 저장하기 위해 필요한 1,000개의 데이터 요소들이 필요했는데, 이제는

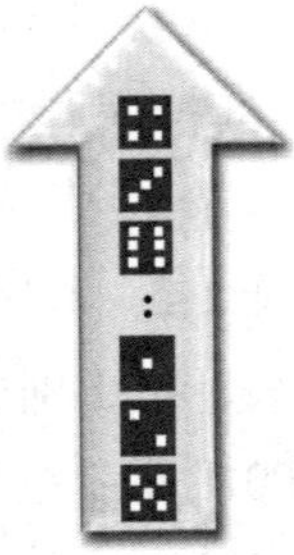

= DCF ... ABE

(a) (b)

그림 45.1 (a) 주택시장 SIP (b) SIP와 동등한 DIST

1,000개의 알파벳으로 구성된 하나의 문자열로 압축되어 저장될 수 있기 때문에 1개의 데이터 요소만 필요하다. 〈그림 45.1〉은 주택시장 SIP의 첫 번째 부분과 마지막 부분에 있는 세 개의 요소들과 이를 문자열로 표시한 DIST를 보여주고 있다.

위와 같은 방법을 사용하면, 우리들이 전에 쉘 정유사의 응용문제를 해결할 당시 1,000개의 데이터 요소들을 저장했던 것을 이제는 1,000개의 알파벳으로 구성된 문자열 하나만 저장하면 되기 때문에, 앞으로 우리들에게 필요한 것은 5,000만 개의 가로 행을 필요했던 구조적인 쿼리 언어(structured query language: SQL) 데이터베이스 대신에 5만개의 가로 행을 가지고 있는 스프레드시트 한 장뿐이면 충분하다. 그리고 이와 같이 데이터를 함축하여 저장할 수 있는 기술개발로 인하여 데이터를 끄집어내는 작업이 예전에 비해 훨씬 쉽고 빨라지게 되었다.

우리들은 2006년 여름 "리스크 솔버"의 도움으로 이 모델들에 사용된 공식 수를 1,000배 정도 줄였고, 2007년도에는 DIST를 사용해서 또 다시 그 수를 1,000배 정도 줄일 수 있었다. 지금은 고인이 된 미연방 상원의원이었던 에버레트 터크센는 "이곳에서 1,000배, 저곳에서 1,000배의 공식 수를 줄이면, 우리들이 곧바로 단순화된 모델을 가질 수 있다"고 하였다. 이제까지 수리 공식 수를 줄이는 방법에 관해서 토론을 하였으니, 다음에는 그 본질을 알아보기로 하자.

FlawOfAverage.com을 방문하면, 〈그림 45.2〉에서 보는 것처럼 DIST를 토대로 해서 마이크로소프트의 엑셀을 사용해서 개발된 상호교환 작용이 가능한 마코위츠 포트폴리오 시뮬레이터를 찾아 볼 수 있다. 여러분이 인터넷에서 이 프로그램을 받아 보려면, 먼저 이 프로그램을 작동하기 전에 다운로드해야 한다.

DIST를 토대로 한 마코위츠 모델

마코위츠 모델에서 투자종목이나 투자자산 비율을 바꿀 때마다, 투자자산의 DIST들이 즉시 작동되어 포트폴리오의 수익에 관한 새로운 결과물인 DIST가 생성된다. 이렇게 생성된 DIST는 〈그림 45.2〉의 왼쪽에 있는 상호교환 작용이 가능한 히스토그램이나 블리초그램으로 바뀌어서 오른쪽에 있는 수익/위험 그래프에 있는 포트폴리오 점들을 이동시키게 된다. 그러면 이 그림에서 DIST들은 어디에 있는 것인가? 〈그림 45.3〉에서 보는 것처럼, 모델 사용자들이 마우스 커서를 그래프에 올려놓고, 투자자산을 가리키는 가로 행의 셀을 클릭하면, DIST에 관한 정보들을 볼 수 있다.

DIST는 모든 스프레드시트와 데이터베이스 소프트웨어에서 사용될 수 있도록 설계되어 있기 때문에, 이 모델 사용자들은 그들이 관심이 있는 변수의 이름과 평균을 정확하게 읽을 수 있다. "ESV"로 시작해서 "wAA"으로 끝나는 해독이 어려운 표현들은 대형주에 관한 1,000개의 몬테카를로 시뮬레이션을 코딩한 것이고, 이러한 표현은 다른 투자자산들과의 상호관계성을 파악하기 위해 만들어진 것이다.

개방형 구조

DIST의 개념은 단순하지만, 모델 사용자들이 DIST에 있는 잠재적 기능들을 실행하기 위해서는 전 산업 분야를 아우르는 기준이 필요하다. 전구의 비유 내용으로 돌아가 보면, DIST는 전력망에서 전류에 관한 상세한 명세서와 같은 역할을 담당하고 있는 것이다. 내가 생각하기로, 전 산업 분야에서 DIST를 채택하도록 하는 유일한 방법은 모든 모델

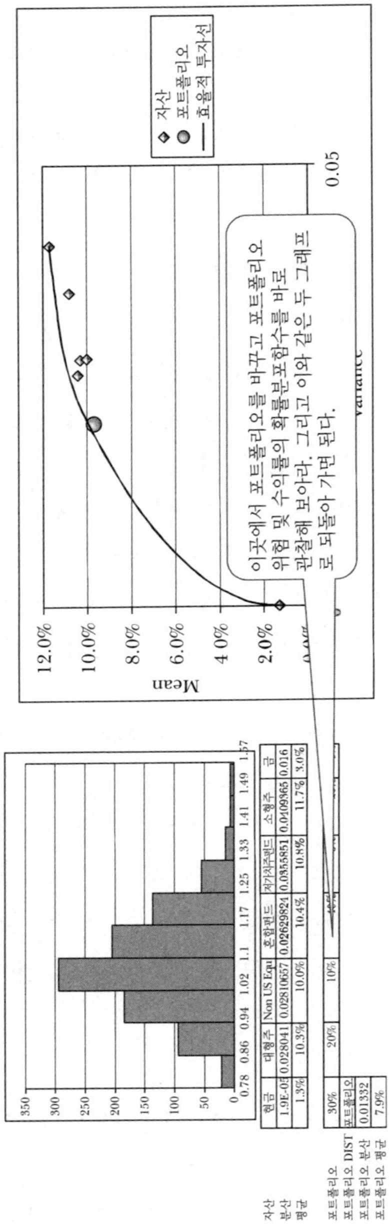

그림 45.2 DIST를 토대로 구성된 마코위츠 포트폴리오

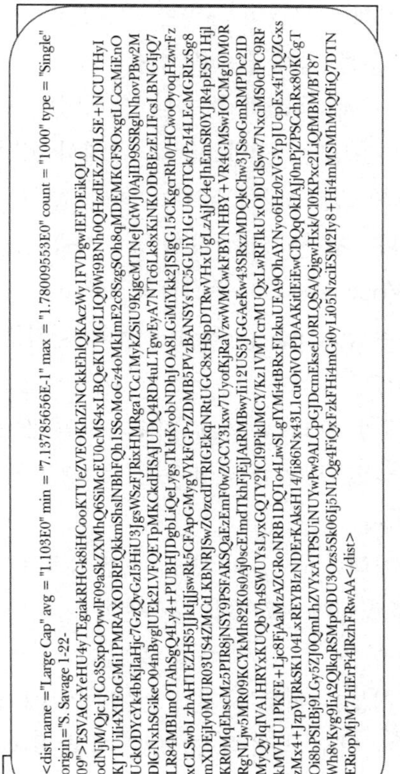

그림 45.3 대형주 투자에 대한 DIST

개발회사들이 협의해서 그들이 개발한 기술들의 소스를 공개해서 이 기술들을 자유롭게 서로 사용하는 것이다.

돈 탭스콧(Don Tapscott)과 앤서니 윌리엄스(Anthony Williams)는 그들의 저서인 《위키노믹스(Wikinomics)》에서 어떻게 협동작업을 토대로 위키피디아, 리눅스, 그리고 유튜브 등과 같은 현상들이 혁신적으로 새로운 경제 분야를 개척하고 성장해 왔는지를 기술하고 있다.[1] 이들은 이 현상이 공개성(openness), 대등접속성(peering), 공유성(sharing), 그리고 전 세계적 참여성(acting globally) 등의 원칙들을 토대로 발생되었다고 주장하고 있다.

공개성은 DIST의 주요 목적이 위험과 불확실성을 함께 공유하고, 측정하기 위한 확실한 방법들을 세우는 것이기 때문에 모델 기준을 개발하는 데 유익하다.

대등접속성은 이해관계자들이 함께 자발적으로 시스템 설계에 적극적으로 참여하는 것이다. 그러나 여러분이 아이디어를 만드는 공간에 다른 사람들도 들어올 수 있게 하고, 그들이 이 아이디어에 여러 가지를 추가할 때, 여러분은 뒤로 물러나 있기 때문에 위와 같은 참여를 유발하기는 참으로 어려운 일이다. 그러면 이런 경우 사람들은 여러분의 아이디어가 유익한 것이 아닐 수도 있을 것이라고 의심을 하게 된다. 그래서 나중에 밝혀졌듯이, 이러한 경제현상이 발생하는 초기 단계에서 전문가들의 적극적인 동참이 절대적으로 필요하다. 오라클사의 에릭 웨인라이트, 그리고 헤리 마코위츠는 XML이라고 알려진 전통적인 마크업(mark-up) 언어를 사용해서 DIST들을 정의할 수 있다고 주장을 하였다. 나는 이러한 정의로 인하여 앞으로 소프트웨어 분야의 기준들이 유연하고도 자연스럽게 발전해 나갈 것이라고 생각한다. SAS사의 존 샬, 그리고 이북(eBook) 테크놀로지사의 존 리블린은 실질적으로 DIST의 문자열을 생성하기 위해서는 베이스64(Base64) 코딩을 사용해야 한다고 하였다. DIST의 문자열이 이렇게 코딩되면, 컴퓨터 배열들이 서로 호환이 될 것이다. 프런트라인 시스템사의 댄 필스트라는 그들이 이와 같은 작업했을 때, DIST를 “두 배의 정밀도(하나의 수를 나타내기 위하여 컴퓨터 두 개의 워드를 사용하는 일－역주)"로 만들어내기 위해서 여러 형태의 수리적 정확성을 확보했어야 했다고 한다. 위에 기술한 세 가지 요소들은 DIST와 관련된 기술을 개발하기 위한 필요 사항들이다. 그러나 쉘 정유사, 머크 제약사, 제넨테크 생명공학 회사들이 지금까지 개발된 모델들에 그들의 경험담을 제공해 주지 않았었다면, 이 모델들이 성공적으로 개발될 수 없었을 것이다.

공유성에 관련된 표준은 "www.ProbabilityManagement.org"에서 찾아 볼 수 있고, 이 표준을 개선하는 사람들은 사용자 커뮤니티에서 그들의 개선 사항들이 함께 공유되기를 바라고 있다.

전 세계적인 참여. 여러 사용자들로부터 소프트웨어 관련 표준이 인정을 받을 수 있는 유일한 방법은 이 표준을 가능하면 많은 소프트웨어나 모델 사용자들에게 알리는 것이다. DIST 1.0 표준이 2008년 7월에 설정되었을 때, 모델 사용자들에게 확률분포함수 대신에 평균값 하나를 사용하는 관습에 대해 경고를 하고 있는 이 책이 그나마 95% 정도라도 완성된 사실이 얼마나 다행이었던가! 내가 평균값 대신에 확률분포함수를 모델에 사용해야 한다는 개념을 알리기 위해 결심을 하고 9년이 지난 후이지만 그래도 이 책을 출간하게 되어서 나 개인적으로는 아주 다행스럽게 생각하고 있다.

인증과 감사

확률경영과 관련된 또 다른 중요한 이슈로는 리스크 모델의 인증과 감사이다. 전기가 처음으로 사용되기 시작하였을 때는 사람들이 주기적으로 감전사를 당했다. 그러나 윌리엄 메릴이라는 25세의 전기엔지니어가 1894년 시카고의 북쪽에 비영리단체로 전기제품안전검사와 인증서 발행사업을 수행하는 언더라이터 래보러토리(Underwriter Laboratories Inc.) 사를 설립하였는데, 이 비영리 단체는 지금까지도 동일한 역할을 계속해서 수행하고 있다. 예를 들어, 이 언더라이트 사에서는 "위험: 이 전기제품을 목욕탕에 떨어트리거나 목욕탕에서 사용하면 감전사가 유

출처: 언더라이터 래보러토리

발될 수 있음"이라는 문구를 내 아내가 사용하고 있는 헤어드라이어에 붙여서 이 제품의 사용상 주의사항과 안전을 인증해 주고 있다.

확률경영기법에서는 최고확률경영자가 이와 유사한 역할을 담당하고 있다.

만약 모든 최고확률경영자가 통계적 관계성을 보존하기 위해 작성한 하나의 라이브러리에 확률분포함수들을 저장하면, 이러한 시나리오 라이브러리는 최고확률경영자로부터 인증을 받게 된다. 우리들이 이렇게 인증을 받은 시나리오 라이브러리를 사용해서 시뮬레이션을 실행하면, 앞 장에 기술된 은행의 예에서처럼 두 시뮬레이션 모델들의 결과들이 단순히 통합될 수 있다.

인증의 다음 단계는 고유한 확률분포함수로 구성되어 있고, 가족사 족보와 같이 확률분포함수의 개발상황이 기술되어 있는 함수 족보를 만들어서 보관하는 일이다. 예를 들어, 일반적으로 이 함수 족보에는 기업의 총 이익을 표시하는 DIST에 기업의 총 이익의 구성요소가 되는 각 부서의 DIST 라이브러리들의 이름, 날짜, 그리고 각 부서의 총 이익을 창출해 주는 하위 부서에서 생성된 DIST 라이브러리들의 이름과 날짜 등이 기록되어 있다.

그리고 이러한 모든 내용들은 일관성 있게 유지되면서 논리적으로 기록되어야 하고, 기업의 확률최고책임자와 매스컴에 의해 제공되는 전세계 경제의 불확실성에 관한 DIST 라이브러리가 이 족보의 맨 나중에 기록되어야 한다.

최고확률경영자가 오일가격이 상승함에 따라서 항공사 주가가 하락되지 않고 상승되도록 DIST 라이브러리를 의도적으로 기만하는 최악의 시나리오를 가정해 보기로 하자. 이런 경우 감사 기간 동안 관련 DIST의 족보를 면밀히 검토해 보면, 이러한 기만성이 DIST 라이브러리에 적용되어 위험이 잘못 계산되었다는 사실이 폭로될 수 있다.

소프트웨어 실행

그러면 언제 이러한 시스템들이 사용 가능한 것인가? 여러분은 시장에 나와 있는 아래에 기술된 시뮬레이션 시스템들을 사용해서 위의 내용들을 실행해 볼 수 있다. 여러분 스스로 현재 시장에서 구입 가능한 제품들을 알아보기 원한다면, ProbabilityManagement.org을 방문해 보기 바란다.

리스크 솔버

나는 먼저 리스크 솔버를 소개하겠는데, 그 이유는 이 소프트웨어의 개발사인 프런트라인사가 확률경영 분야의 선구자이고, 그리고 리스크 솔버는 사용자 데이터로부터 직접 SIP, SLURP, DIST 등을 실행할 수 있는 상호교환 작용이 가능한 시뮬레이션 기능들을 제일 먼저 시장에 소개를 하였기 때문이다.[2] 또한 리스크 솔버는 이 모델 사용자들에게 확률분포함수 인증과 위에서 기술한 족보를 작성할 수 있는 기능들을 제공해 주고 있다. 〈그림 45.4〉는 리스크 솔버에서 사용되고 있는 확률분포함수의 메뉴를 보여주고 있다.

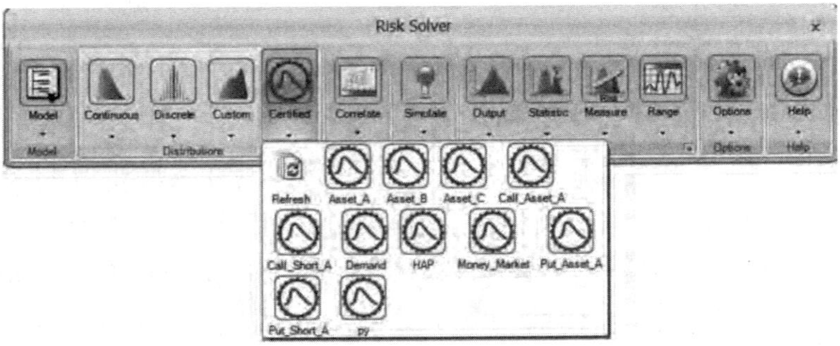

그림 45.4 리스크 솔버의 인증된 확률분포함수 리본

애널리티카

앞에서 기술한 루미나 의사결정 시스템 사(Lumina Decision System)에서 출시한 애널리티카는 지난 수십 년 동안 확률경영에 관한 많은 개념들을 반영하고 있다. 이 소프트웨어의서 DIST 기능은 이 책이 출간될 때쯤에 실행이 가능할 것이다.

XLSim

프로빌리테크에서 출시한 XLSim®은 몬테카를로 시뮬레이션이 스프레드시트에서 실행 가능하도록 내가 직접 개발한 시뮬레이션 패키지이다. XLSim은 이 장에서 논한 다른 패키지들보다 기능면에서 떨어지기는 하지만, 패키지 사용법은 다른 어느 모델들보다 훨씬 쉽게 개발되었다. 나는 이 패키지를 소규모 응용문제, 강의, 그리고 원형모델 작업을 위해서 가장 이상적인 모델이라고 생각한다. 그리고 최신 XLSim 버전은 DIST와 상호작용하는 시뮬레이션 기능을 포함하고 있다. 나는 내가 확률경영 분야에 조금이라도 보탬이 되도록 노력하는 것 외에 소프트웨어 개발과 관련해서 금전적인 관심을 전혀 갖고 있지 않다. 현재 나의 주된 관심은 소프트웨어 모델 사용자들이 확률분포함수로 시뮬레이션 모델링 작업을 하도록 해서 내 컨설팅 활동이 더욱 활성화되고, 확률경영 기법이 가능하면 모든 산업분야에서 사용되게 하는 것이다.

크리스털 볼

Crystal Ball®은 엑셀 환경에서 개발된 몬테카를로 시뮬레이션 패키지로 지금은 많은 산업체에서 사용되고 있으며, 얼마 전에 오라클사가 이 패키지의 모든 권한을 매입하였다.[3] 이 책을 쓰고 있는 지금, 크리스털 볼 11.1.1은 완벽하게 실행되는 SIP 받아오기와 내보내기 기능을 제공해 주고 있다. 크리스털 볼사의 게시/구독 기능을 사용하면, SIP가 다른 확률분포함수 형태들과 같이 기업의 전 조직에서 공유될 수 있다. 이 제품은 교육 프로그램 기능과 컨설팅 서비스에 의하여 후원되는 대규모 사용자들을 기반으로 하고 있다. 오라클사와의 제휴로 인하여 나는 크리스털 볼이 앞으로 확률경영 분야에서 중심적인 역할을 담당하게 될 것이라고 생각한다. 이 책을 쓰고 있는 지금 프로빌리테크사가 크리스털 볼이 더욱 복잡한 DIST를 읽어 낼 수 있는 엑셀로 구성된 애드인의 개발을 완료하였다고 한다.

JMP

SAS사가 다른 통계 패키지와 함께 출시한 JMP™은 41장과 43장에서 알아본 바와 같이 산포도를 이용하여 시나리오 라이브러리를 신속하게 검증하고, 시뮬레이션 모델 결과들을 분석하기에 유익하다. JMP는 이러한 과정을 용이하게 만들기 위해 엑셀로부터 DIST를 직접 읽어서 JMP로 받아들일 수 있는 기능을 제공해 주고 있다.

뱅가드 시스템

뱅가드 시스템은 시스템 자체에 몬테카를로 시뮬레이션 지원체계를 가지고 있는 다차원적인 대규모 모델링 시스템이다.[4] 이 시스템은 스프레드시트형 소프트웨어보다 가격이 더 비싸지만, 서류작성과 확장성 측면에서는 완벽하게 개발되었다고 할 수 있고, 그리고 전사적 리스크 모델링을 고려해서 설계가 되었다. 회사 내의 부서들이 이와 같은 뱅가드시스템의 기능을 사용하면, 그들만의 독립된 구성요소들을 작성해서 상위 부서의 모델과 연결시킬 수 있다. 그리고 이 시스템은 확률분포함수를 다른 시스템으로부터 받아들이고 보낼 수 있는 확률적 시나리오 라이브러리도 지원하고 있다.

뱅가드 소프트웨어 최고책임자인 롭 서그스는 "우리들이 현재의 시장 데이터와 미래에 발생될 예측 데이터를 적시에 고객들에게 팔 수만 있다면, 많은 돈을 벌 수 있다. 그래서 나는 현재의 오일가격을 얻을 수 있고, 그리고 SLURP를 사용해서 미래에 발생할 오일가격에 관한 분석가의 예측치와 현재의 오일가격을 다이내믹하게 연결시킬 수 있는 시기가 하루속히 오기를 기다리고 있다"고 한다.

@Risk

팰리세이드사에서 출시한 @Risk도 확장된 지원 서비스를 제공하고, 대규모의 사용자들을 확보하고 있으면서 스프레드시트 몬테카를로 시뮬레이션 분야에서 중요한 역할을 담당하고 있다.[5] 이 패키지는 현재 시나리오 라이브러리를 공식적으로 지원하고 있지는 않지만, DIST를 @Risk와 통합하기는 쉽다. 한 예로 @Risk가 머크 제약사에서 실행한 확률경영 응용문제에서 중요한 역할을 했다. 이와 관련된 자세한 내용은 46장에서 기술되겠지만, @Risk는 그 내부에서 생성된 DIST들이 리스크 솔버의 여러 사용자들도 사용할 수 있도록 개발된 분산화 소프트웨어이다. 이 책이 출간될 즈음에는 @Risk가 프로빌리테크를 통해서 DIST 지원체계를 제공할 것으로 기대되는데, ProbabilityManagement. org나 FlawOfAverage.com을 방문해서 DIST 소프트웨어 지원체계에 관한 최근의 버전을 알아보기 바란다.

전망

뱅가드 소프트웨어의 부사장인 브라이언 루이스는 "지금 여러 회사들이 그들의 경영전략을 수행하기 위해 과거의 데이터들을 분석하는 것만으로는 부족하다는 사실을 깨달아 가고 있다. 그래서 그들은 이제 시뮬레이션 기법을 사용해서 미래 지향적인 사업 계획과 분석을 실행하기를 원하고 있다"고 한다. 이러한 경향이 현실적으로 실현되기 위해서는 확률분포함수의 라이브러리가 절대적으로 필요하다.

스탠퍼드 대학교의 론 하워드가 여러 사람들과 함께 공동으로 창업한 컨설팅 회사인 의사결정 그룹(Strategic Decision Group: SDG)사의 공동 창업자들 중 스티브 타니가 전략적 시뮬레이션 응용 분야에 관해서 새로운 전망을 내놓았다고 한다. 타니는 "지금 우리들은 전사적 리스크 시뮬레이션에 관해 기업들의 관심이 지속적으로 증가해 가고 있는 현상을 목격하고 있다"고 하였다. 그래서 타니는 의약품의 불확실한 수요량 예측을 위해 평균값이 아닌 확률분포함수를 생성시키고, 그리고 여러 의약품들의 수요량 사이에 존재하는 상호관계성을 파악할 수 있는 정교한 크리스털 볼 시뮬레이션 모델을 개발하고 있는 중이다.

타니는 "이것이 바로 불확실성 비즈니스이다. 우리들은 지금 시장에서 서로 영향을 주고받는 복합체 소프트웨어들을 개발하고 있다. 예를 들어, 시장에서는 하나의 복합체 소프트웨어의 성공이 다른 복합체 소프트웨어의 판매량을 떨어뜨리는 약육강식 현상이 발생될 수 있다. 혹은 이와 반대로 후광효과 현상으로 하나의 복합체 소프트웨어의 성공으로 다른 복합체 소프트웨어가 성공할 수도 있다"라면서 시장의 불확실성에 관해 그의 의견을 제시하였다. 그래서 타니는 복합체 소프트웨어를 통해서 기업 내에서 서로 공유될 수 있는 시나리오 라이브러리를 생성하기 위해 크리스털 볼로부터 생성된 결과를 다른 소프트웨어로 내보낼 수 있는 복합체 소프트웨어의 개발을 시작한 것이었다.

피보나치가 중세시대에 아리비아 숫자들로 비즈니스 계산을 용이하게 한 것처럼, DIST도 확률분포함수와 숫자가 스프레드시트와 다른 공용프로그램에서 자유롭게 사용되어 비즈니스 리스크 계산을 쉽게 해주고 있다. 가게에서 10.95달러의 제품을 20달러짜리 지폐로 지불하면서, 우리들이 이렇게 단순한 산술계산을 하지 못한다면, 이 거래가 얼마나 어려울지를 상상해 보아라. 불행한 일이지만, 모든 사람들이 불확실한 숫자들의 형태나 상호관계성에 동의한다고 해도, 지금까지 우리들이 불확실한 숫자들에 관한 단순한 산술계산을 하는 것조차도 거의 불가능했다. 이러한 현상의 결과, 우리들이 위험투자자산을 어느 한 투자자로부터 매입하면 우리들은 간단한 전자계산기를 사용하기보다 대수학의 대가들에게 이 투자거래에서 발생하는 투자수익의 수익 계산을 부탁해서 우리들 스스로 투자수익 변화에 대한 지적인 이해 능력과 감가적인 이해능력의 연결고리를 단절시켰었다. 그리고 주택가격과 같은 불확실성 변수들에 관해서 공개적으로 얻을 수 있는 DIST들은 아직 완벽하지는 않지만, 우리들이 수용할 수 있는 범위 내에서 시뮬레이션 결과를 벤치마크를 할 수 있는 지표와 투명도를 측정할 수 있는 지표를 제공해 주고 있다. 이와 같은 환경에서 만약 주택가격이 떨어지지 못하도록 채무불이행율을 모델링한 소프트웨어들이 있다면, 이러한 소프트웨어들은 사람들로부터 "벌거벗은 임금님"과 같은 조소거리가 될 것이 분명하다.

제46장

최고확률경영자 : 확률경영 관리

> 만약 사람들이 확실성을 갖고 일을 시작을 하면, 그들은 결국 그 일에 관해 의심을 갖게 된다. 그렇지 않고 만약 그들이 처음부터 의심을 갖고 일을 시작하면, 그들은 결국 그 일에 관해 확신하게 된다.
>
> –프란시스 베이컨, 영국 철학자, 1561–1626

위와 같은 베이컨의 좌우명이 기업의 이상적인 최고확률경영자들의 모토가 되어야 한다. 기업의 최고확률경영자들은 불확실성에 관한 지식이 있어야 하고, 그들의 조직 내에 널리 퍼져 있는 확실성 분위기를 찾아내야 하고, 그리고 조직 구성원들이 이러한 확실성 분위기를 의심하게끔 만들어야 한다.

오일가격이 떨어지면 오일을 채굴하지 않는 옵션이 고려되어 자산의 평균가치가 두 배로 상승하는 유전개발프로젝트를 다시 한 번 고려해 보기로 하자. 그러나 이번에는 동일한 시장에 판매되는 수백 개의 유전공을 가지고 있는 정유회사로 이 문제를 확대해 보자. 여러분은 이 정유회사의 최고확률경영자들이 평균 석유가격 하나로 이 회사를 경영해야 한다고 생각하는가? 만약 여러분이 그렇다고 생각한다면, 이 회사는 실질 기대이익보다 더 적은 이익을 얻게 될 것이다. 이 정유회사의 최고확률경영자들이 각 유전공의 매니저들 스스로 석유가격에 관한 확률분포함수를 추정하도록 허락해도 되겠는가? 이렇게 유전공 매니저들을 방치하는 것은 투자프로젝트 분석에 사용되는 할인율을 그들 스스로 추정하게 하는 것과 같은 것이다. 즉, 이러한 방치는 여우한테 닭장을 지켜달라고 하는 어리석음과 같은 꼴이다. 기업의 최고재무경영자(CFO)는 기업 내의 모든 부서에서 사용되는 투자 할인율을 제공해 주어야 한다. 그러나 만약 그렇지 않으면, 투자프로젝트들의 순현재가치(현금유입의 현재가치(−)현금유출의 현재가치 — 역주)를 합리적으로 비교할 수 없게 된다. 이와 유사한 목적으로, 기업의 최고확률경영자는 석유가격에 관한 확률분포함수의 DIST를 유전공 매니저들에게 제공해 주어야 한다. 그래야 각 유전공 매니저들이 그들의 투자자산에 관한 시뮬레이션을 실행해 볼 수 있고, 그리고 이러한 시뮬레이션 모델들이 전사적으로 일관성 있는 모델로 통합될 수 있다.

최고확률경영자 대 최고위험경영자

기업의 최고확률경영자들의 역할을 명확하게 설명하기 위해 이들의 역할을 최고위험경영자들의 역할과 비교해 보기로 하겠다. 앞에서 기술한 것처럼, 예전부터 기업의 최고위험경영자들은 복잡하고 정교한 수식들을 사용해서 계산한 "위험가치(VaR)"를 기업의 투자자들에게 전달해 주어왔다. 그러나 투자자들은 "위험관리" 시스템이 실행되면, 그들은 그들이 위험으로부터 보호를 받고 있다고 쉽게 생각하기 때문에 최고위험관리자들은 투자에 위험이 전혀 없다고 투자자들이 믿게끔 "위험가치" 모델을 그들에게 전달해 줄 수 있다. 조 노세라(Joe Nocera)는 2009년 1월 《뉴욕타임스》에 기고한 그의 글에서 "위험가치"에 관한 다음과 같은 사실을 지적했다.

> 내가 기업 연간 회계보고서에 기술된 "위험가치"에 관심을 가진 반변, 일반 투자자들은 이 숫자에 조금도 관심을 갖지 않았었다. 그리고 정부규제자들은 아무 의심 없이 "위험가치"를 단순히 믿고, 모든 투자자산 위험 관리가 자기 통제하에 있다고 믿으면서, 투자자산 위험 관리를 소홀히 하고

있었다. 마지막으로 증권위원회는 일 년에 "위험가치" 숫자에 관해서 한두 번 정도 알아보는 것으로 만족하고 있었다.

위에 기술된 조의 의견을 요약하면, 현장의 투자의사결정이 결코 위험에 대한 확고한 이해를 토대로 이루지진 것이 아니었던 것이다. 이 때문에 현대 포트폴리오 모델이 실패작이라고 생각해서는 안 되고, 이와 반대로 투자자들이 현대 포트폴리오의 가장 기본적인 사항을 무시해 왔다고 생각해야 할 것이다. 즉, 위험은 신중하게 고려되어 투자의사결정 과정에서 반드시 반영되어야 할 중요한 요소이지, 추상적인 숫자로 단순히 기술되는 요소가 아닌 것이다.

위와 달리, 쉘 정유사의 유전개발 포트폴리오 모델은 실질적으로 자금 지출에 관한 의사결정을 하는 경영자들에게 다양한 형태와 다차원으로 구성된 불확실성을 상호교환 작용이 가능한 방식으로 보여주고 있다. 이 회사의 최고위험경영자와 달리 최고확률경영자는 유전공 매니저들에게 하나하나 개별적으로 관찰하면 히스토그램으로 간주되고, 전체적으로 관찰하면 산포도로 간주되는 일관성 있는 DIST의 라이브러리를 전달해 주려고 노력하고 있다. DIST는 이 회사의 전 조직에서 임의의 변수와 관련된 불확실성 계산을 위해 사용되고 있다. 여러 DIST를 사용하는 시뮬레이션 모델 사용자들은 그들이 원하지 않는 DIST들을 포기하고, 그들이 원한다면 블랙스완을 포함하고 있는 DIST들을 대신 추가해서 사용할 수 있다. 그리고 개별 프로젝트의 DIST들은 전체 확률분포함수로 간주되거나, 혹은 사용자들이 원한다면 "위험가치"로 간주되는 포트폴리오로 구성될 수 있다.

음… 내가 약간 흥분을 했나 보군. 위에서 논한 DIST의 포트폴리오 기능이 하룻밤 사이에 실현될 수 없겠지만, 이와 관련된 기술은 지금 이미 개발되어 있고, 그리고 스프레드시트에서 상호교환 작용이 가능한 DIST들을 사용하고 있는 소프트웨어들이 시장에 출시되어 있기 때문에 위에서 논한 기술의 기능이 지금 당장이라도 실행 가능할 정도로 기본적인 토대가 마련되어 있다.

나는 현재 많은 회사들이 최고확률경영자를 위한 새로운 일자리를 갑자기 마련할 것이라고 기대하고 있지는 않다. 대신 나는 시간이 지나감에 따라서 최고재무경영자와 최고위험경영자들이 최고확률경영자 역할을 동시에 수행하게 될 가능성이 더 높을 것이라고 예측하고 있다. 그러나 어느 경우든, 만약 기업이나 정부 등의 조직들이 평균의 함정을 진정으로 정복하기를 원한다면, 그들은 분명히 평균값이나 "위험가치"와 같은 하나의 숫자가 아닌 확률분포함수를 사용해서 불확실성을 측정해야 한다. 이러한 환경이 각 조직 내에 정착되기 위해서는 투자프로젝트의 분석에 사용되는 할인율처럼 확률분포함수에 관한 전사적인 표준과 추정절차가 만들어져야 하고, 확률분포함수의 확인 – 인증 과정이 수립되어야 한다. 불확실성에 관한 추정치들이 기업의 전략적 경영에 크게 영향을 미치고 있으므로 기업의 최고확률경영자들은 창문 없는 실험실에서 차분히 절차에 따라서 근무하는 실험연구자들과 절대로 같아서는 안 된다. 이와 반대로 이들도 기업의 다른 경영팀들과 같이 열정이 있어야 하고, 자아가 강해야 하고, 만족할 만한 보수를 반드시 받아야 한다. 그리고 이들은 시나리오 라이브러리의 산포도 매트릭스에 나타나는 모든 그래프 형태에 관해서 반드시 명쾌하게 설명을 할 수 있어야 하지만, 만약 이들이 손실을 발생시키지 않는 투자의 확률분포함수를 회사에 제공한다면, 그 즉시 이들은 기업의 최고확률경영자 자리에서 해고되어야 한다.

평균이 사용되는 곳에선 부정확한 확률분포함수라도 가지고 있는 사람이 왕이다

시뮬레이션은 시뮬레이션을 실행하기 위해서 사용된 확률분포함수 그 이상도 이하도 아니라는 말이 전해져 오고 있기는 하지만, 나는 이 말에 동의하지는 않는다. 사다리 비유문제로 다시 돌아가 보면, 그곳에 기대하지 않았던 새로운 사실이 있음을 알게 될 것이다. 그것은 바로 사람들이 사다리를 흔들 때 사다리에 가해지는 힘의 확률분포함수가 사다리를 올라 갈 때 사다리에 가해지는 힘의 확률분포함수와 다르다는 것이다. 지금까지 내가 사람들이 항상 부정확한 확률분포함수를 사용해 오고 있음을 지적하였기 때문에 이 책을 읽는 독자들 중 몇 명이나 앞으로 사다리를 흔들지 않을지 궁금하다. 그러나 여러분이 올바른 시뮬레이션 모델에 부정확하지만 어느 정도 수긍할 만한 데이터를 사용해서 시뮬레이션을 실행해도, 여러분은 이러한 시뮬레이션 실행을 통해 현재 다루고 있는 문제에 상당한 수준의 통찰력을 얻을 수 있다.

아이러니하게도, 나는 "내가 너에게 이 숫자에 관한 확률분포함수를 어떻게 제공할 수 있을까? 나는 이 숫자에 관한 평균조차도 추정할 수 없다"라고 사람들이 자주 말하는 것을 들어왔다. 기업의 유능한 최고확률경영자라면 이런 말이 얼마나 우스꽝스러운 말인지를 알아 차려야 한다. 이것은 마치 "너는 지금 내가 낙하산 사용법을 배우는 것에 대해 무슨 기대를 하느냐? 넌 지금 한쪽 날개가 불에 타고 있는 것을 볼 수 없단 말이냐?" 혹은 "지금 내가 백상어가 있는 수조 바로 옆에 빠진 맥주병 위에 사다리를 설치하고 있기 때문에 난 오늘 사다리를 흔들 수 없을 것이다"라는 것과 같은 우스꽝스러운 말들이다.

만약 기업의 최고확률경영자가 그들 스스로 특정한 확률분포함수에 관한 명확한 생각을 가지고 있지 않으면, 기업 내의 다른 사람들은 자기들 나름대로 감각에 의지해서 여러 개의 다른 확률분포함수들을 선택해서 시뮬레이션을 실행한 후, 각 확률분포함수의 결과들을 서로 비교해 볼 것이다. 요즘 상호교환 작용이 가능한 시뮬레이션 모델이 빠르게 작동되기 때문에 우리들은 확률함수들을 변수들로 입력할 수 있고, 그리고 우리들이 내린 다양한 의사결정 시점들을 알 수 있다.

최고확률경영자는 기업의 최고경영자들을 혼란스럽게 만들면서 통계학자들에게는 좋은 인상을 받기 위해 절대로 완벽하게 보이는 모델을 개발하려고 시도해서는 안 된다. 다니엘 즈와일더가 쉘 정유사의 포트폴리오 모델을 개발할 때, 그는 시뮬레이션 모델 결과의 투명성, 확률적 모델의 엄격한 적용성, 그리고 데이터 수집의 용이성 사이의 균형을 지속적으로 유지시키기 위해 노력한 그 자신의 현장 경험을 털어놓은 적이 있었다.

머크 제약사의 확률경영

다니엘에 관하여 더 언급을 하자면, 그는 전 세계에 퍼져 있는 유전개발지역의 오일 매장량에 관한 몬테카를로 시뮬레이션 모델을 만들기 위해 그의 경력 대부분을 보냈다. 이렇게 풍부한 그의 전문적 직무 경험 때문에 석유 매장량을 추정하는 엔지니어들이 그들이 관리하는 유전개발지역의 매장량을 그에게 보고하면, 그는 이들 보고서에 숨어 있는 확률적 편향성을 즉시 탐지해 내는 능력을 갖게 되었다. 그래서 다니엘이 쉘 정유사에서 유전개발 포트폴리오의 개발을 지휘하고 있을 당시 그는 이 회사에서 가장 유능한 최고확률경영자로 인정을 받았다. 다니엘이 머크 제약사로 이직한 후 쉘 정유사에서 개발한 모델들과 유사한 모델들을 사용해서 신약 개발투자프로젝트의 투자불확실성을 분석하기 위한 시뮬레이션 모델을 개발하기 시작한 초기 즈음, 그는 의약분야에 관한 전문가적 지식이 많이 부족했다. 더욱이 그가 쉘 정유사에서 근무할 때는 모든 프로젝트가 친숙한 작업환경에서 이루어졌지만, 머크 제약사에서는 확률경영기법이 전에 실행된 적이 없었기 때문에 그는 새로운 모델 개발을 위해 말 그대로 충실한 팀 노력이 필요했다.

이러한 새로운 팀 분위기를 조성하기 위해서 다니엘은 머크사의 최고경영진의 전폭적인 지원이 절실히 필요했다.[2] 다니엘의 모델 개발과 관련해서 MIT 대학교의 생물학 교수였고, 지금은 머크사의 연구개발실 사장인 피터 킴은 2008년 12월 9일 그의 연구개발 관련 공식발표 자리에서 이 회사의 연구개발 프로젝트를 위해서 효과적인 포트폴리오 경영이 필요하다고 다음과 같이 그의 의견을 발표했다.

"우리들은 R&D 활동을 분산시키고 있는 중이고, 기술적인 변화를 추진하고 있는 중이며, 그리고 머크사 내에 R&D 혁신을 정착시키기 위해서 상호

보완적인 R&D 활동들을 수행해오고 있는 중이다" 그리고 "우리들의 과학적 분산정책의 전략은 머크사 내에 혁신적 연구활동이 활발하게 이루어지도록 사내 분위기를 조성하는 것이고, 투자가 점차적으로 집중되고 있는 특수 의약산업 분야에서 머크사가 독보적인 존재가 되도록 각 연구팀한테 지속성이 강한 연구개발 및 지원방법을 제공하는 것이다."

이러한 상황을 모델링하는 문제에 직면하였을 때, 우리들이 올바른 방향으로 가고 있는지를 확인하기 위해서 우리들은 서너 개 시제품을 제작해서 시험해 보았었다. 나는 이러한 목적을 달성하기 위해서 샌프란시스코에 있는 머크사에서 근무하고 있는 비즈니스 통합 수석이사인 앤드류 레비치와 한 팀이 되어 초기 모델 개발단계에서 자주 발생하는 치명적 오류들을 서로 직접 머리를 마주하고 함께 해결했다. 앤드류의 고등학교 경력은 나와 내 아버지의 경우와 거의 비슷하다. 그는 고등학교시절 졸업을 하지 않고, 바로 미 해군에 입대를 해서 병참 부대원으로 근무를 하였다. 그리고 군 복무 후, 그는 리하이 대학교에서 MBA 학위를 취득하기는 하였으나, 사실 그는 미 해군에 근무할 당시에 시뮬레이션 기법에 관심을 갖게 되었다.

나는 앤드류와 둘이서 다음과 같이 작동되는 방법으로 스프레드시트 프로그래밍 작업을 시작한 후 4시간 만에 첫 번째 시제품을 만들어 내었다. 이 방법의 첫 번째 단계는 둘이서 생각을 정리할 것이 있으면, 우리들은 사무실을 나와 산책을 하면서 모델 개발 중 발생된 문제들에 관하여 서로 자유롭게 토의를 하였다. 그리고 두 번째 단계는 일단 우리들이 토의한 문제에 관한 아이디어가 정리되면, 우리들은 각자 컴퓨터로 돌아가서 서로 토의한 문제의 아이디어에 관해서 키보드로 메시지를 주고받으면서 상대방 아이디어의 장단점을 검증하였다. 이러한 작업을 시작한 후 수분 내에 우리들은 크누스가 제시한 5단계 모델 개발 중 마지막 단계에 이르게 되었고, 그 다음에는 처음부터 크누스의 5단계 모델 개발 과정을 다시 시작하였다.

나는 다니엘 즈와일더, 스테판 스콜츠, 그리고 다른 여러 사람들과 위와 같은 방법으로 일을 해오고 있는데, 이러한 방법의 효과성이 다음과 같은 세 가지 이유에 의하여 발생된다는 사실을 알게 되었다. 첫 번째, 우리들이 함께 산보를 하는 동안, 우리들은 우리들의 현안을 분석하기 위해 우리의 두뇌에 의지하기보다 "연필은 목발이고, 계산기는 휠체어이고, 컴퓨터는 앰뷸런스이다"라는 진 울시의 경고에 적응하게 된다. 컴퓨터는 우리들이 생각을 하기 위해 사용되기 보다는 우리들의 생각들을 정리하고 기록하기 위해서 사용되고 있다. 두 번째, 모델링에 관해서 이야기를 하자면, 만약 우리들이 프로그램을 모델링하는 중에 두 사람 모두 동시에 난처한 상황에 처하지 않는다면, 둘 중 한 명은 모델링 작업을 순조롭게 진행할 수 있어서 모델링 작업이 어려운 상황에 처할 확률이 상당히 줄어들게 된다. 세 번째, 모델 개발 중에 우리들 모두가 저지른 실수를 동시에 간과하지 않는다면, 개발 모델 오류가 발생될 확률이 상당히 줄어들게 되었다.

물론 우리 인간들은 언제 어느 때든 실수를 한다. 그런데 우리들이 함께 작업을 하면, 스프레드시트로 작업을 하고 있는 중에 개발 과정이 잘못된 방향으로 가더라도 누군가가 이를 바로 잡을 수 있는 방법을 알아낼 가능성이 매우 높아진다. 그리고 역순으로 모델의 중간결과들을 검토해 가면, 개발 중 모델의 어느 곳이 잘못되었는지를 찾아낼 수 있다. 나와 앤드류가 작업을 했던 것과 같이 시뮬레이션 모델로 이와 같이 역순 작업을 하는 것은 모든 결과들이 단순한 숫자가 아닌 확률분포함수로 주어지기 때문에 매우 어려운 일이다. 그러나 상호교환 작용이 가능한 시뮬레이션 모델 개발에서는 모델 개발 중에 중간 계산 결과를 쉽게 참조할 수 있기 때문에 전통적인 시뮬레이션 모델을 개발하는 경우보다 잘못된 부분을 더 쉽게 찾아낼 수 있다. 예를 들어, 리스크 솔버의 경우 시뮬레이션 모델에 포함된 공식 위로 마우스 커서를 움직이면 작은 히스토그램이 화면에 나타나서 모델 사용자들이 육안으로도 시뮬레이션 오류를 쉽게 찾아낼 수 있다.

2005년 내가 다니엘과 쉘 정유사에서 새로운 모델을 개발하면서 초기에 위와 유사한 방법을 사용하자, 우리들이 완성하고자 한 최종 모델과 우리들이 모델 개발을 시작한 후 바로 완성한 모델 시제품이 거의 비슷했다. 이 당시 쉘 정유사와 비교해 머크사 내에는 모델 개발에 관한 지식이 훨씬 더 널리 퍼져 있었고, 그리고 우리들은 머크사에서 경영 도구로 사용하도록 우리들이 완성한 모델 원형을 그들에게 넘겨줄 필요가 있었다. 이러한 계획은 원래 시범용으로 개발하기로 한 포트폴리오의 일부에 지나지 않는 개발작업이었다.

Book

시뮬레이션에 대한 잠수함 승무원들의 철학

앤드류 레비치 지음

1980년 초반 나는 다니엘 웹스터(탄도 미사일 잠수함)의 선상 승무원으로 복무하는 동안 처음으로 시뮬레이션의 파워를 알게 되었다. 이때, 우리들은 시뮬레이션을 실행하기 위해서 컴퓨터를 사용하지 않고, 수작업으로 시뮬레이션을 실행했다. 우리들이 실행한 시뮬레이션 시나리오들은 우리들이 적의 잠수함에 발각되는 상황, 명령을 받고 적의 잠수함에 미사일을 발사하는 상황, 그리고 우리들 잠수함이 적의 발포, 바닷물의 잠수함 내부로의 침수, 그리고 오작동 등으로 받게 되는 다양한 형태의 손실 상태에서 잠수함이 정상적으로 작동될 수 있는 가능성 등에 관한 것들이었다. 이러한 형태의 시뮬레이션들을 실행해서 얻은 경험이 나중에 복잡한 컴퓨터 시뮬레이션을 실행하는 데 필요한 나의 기본적인 철학이 되었다. 시뮬레이션 실행 시에 정확한 시뮬레이션 입력 데이터를 얻을 필요는 없고, 이보다는 시뮬레이션 입력 데이터들 간의 상호관계성을 이해하고, 시뮬레이션 결과들을 모델링 할 때 결과물들 사이에 발생 가능한 상호관계성을 이해하는 것이 더 중요하다는 사실을 나는 이때 알게 되었다.

머크사의 R&D 평가부서와 파이낸스부서 이사인 아론 로젠버그는 개별 투자프로젝트에 재무적 시뮬레이션을 실행한 최초의 전문가이다. R&D 평가와 파이낸스 이사인 그는 뉴욕 대학교의 스턴 경영대학원에서 MBA를 취득한 후 여러 분야에서 다양한 시뮬레이션 모델을 개발한 경험을 가지고 있다. 최근에 아론은 전국 호텔 체인사의 유틸리티(전기 및 물)의 관리자로 근무하면서 호텔에서 사용되는 물 사용량을 예측하기 위해 시뮬레이션 모델을 개발하였는데, 이 모델들은 호텔의 화장실에서 사용되는 물 사용량과 숙박객들이 객실에서 사용하는 물 사용량의 비율을 입력변수로 사용하고 있었다. 그는 이러한 입력변수에 관한 자료를 얻기 위해 호텔 직원들에게 호텔 내에서 사용되는 물 사용량에 관해 설문 조사를 하고 인터넷 리서치를 실행했다고 한다.

Book

확률경영 구조를 사용한 머크사의 경우

아론 로젠버그 지음

상업용 시뮬레이션 패키지가 시장에 출시되기 오래 전 머크사는 확률이론과 몬테카를로 기법을 응용해서 그들이 개발한 신약품의 위험/수익 개요를 이해하려고 노력한 의료 산업계의 선두주자이었다. 그러나 머크사에는 모델 개발 직원들의 노력과 기술적 진보로 모델의 엄청난 발전이 있었음에도 불구하고, 자산 모델들 사이의 상호관계성들을 통합하는 문제가 그들이 해결해야 할 큰 과제이었다. 이 당시 머크사는 모든 프로젝트들로 구성된 포트폴리오를 처리해야 하는 업무를 차치하더라도, 동시에 발생하는 상황들을 시뮬레이션하기 위해 서너 개의 모델들을 통합하기 위해 엄청난 컴퓨팅 파워와 시간을 보내고 있었다.

그런데 어느 날 우리들은 확률경영이라는 매력적인 단순한 개념을 응용해서 이 문제를 해결할 수 있게 되었다. 우리들이 시뮬레이션을 작동한 수분 내에 @Risk 모델들이 미리 시뮬레이션이 된 모든 시나리오들을 수용하였고, DIST를 통해서 결과에는 영향을 미치지 않으면서 이 시나리오들을 통합하였다. 현재 우리들은 값비싼 컴퓨팅 파워와 소프트웨어에 투자를 하지 않고서도 모든 개발 프로젝트들의 시뮬레이션들을 서로 연계시킬 수 있는 시스템을 확보하고 있다. 이러한 개념들과 도구들의 덕택으로 머크사는 앞으로 포트폴리오 경영 기법을 확실하게 한 단계 업그레이드시킬 것이다.

지금 아론은 여러 프로젝트들로 구성된 R&D 파이프라인을 토대로 새로운 형태의 흐름을 시뮬레이션하고 있다. 그는 이미 @Risk를 사용해서 다양한 형태의 신약개발 프로젝트의 시뮬레이션 모델들을 개발하였고, 모든 사람들이 편리하게 사용할 수 있도록 이 모델들을 확률경영 구조로 통합시키고 있는 중이다.

이제 우리들은 두 가지 수수께끼 문제를 가지게 되었다. 이 모델의 시제품은 청사진일 뿐이었다. 아론은 소규모 집단의 프로젝트들에 시나리오 라이브러리를 제공할 수 있었지만, 이보다 그에게 더 필요했던 것은 현장의 문제들이 해결될 수 있도록 그가 위에서 논한 모든 요소들을 통합시키는 것이었다. 그래서 이 모델 시제품과 라이브러리는 리페이쳉, 프라산나 데쉬판데, 내킨 스리옵초이로 구성된 분석적인 모델링을 하는 팀으로 전달되었다. 이러한 현 상황에서 이제 내가 할 수 있는 것은 이들의 작업결과를 기다리는 것뿐이었다. 나와 서너 명의 프로그래머들이 이 팀에 약간의 도움을 주고, 그리고 이 모델에 관해서 짧은 시간 동안 교육을 했을 뿐이었는데도, 우리들이 기대했던 것보다 이들은 상당한 수준의 성과를 달성하였다. 이것은 부모가 대학에 합격한 자녀를 보는 것과 같이 희비가 엇갈리는 경험과 같았었다. 한편 만약 독자 여러분이 이들이 달성한 성과에 대해 이들이 얼마나 흥분했는지를 알게 되면, 여러분 스스로 매우 놀랄 것이다. 그러나 여러분이 이와 같은 어렵고 힘든 작업에 관계하지 않았다는 사실 그 자체에 감사하는 편이 차라리 나을 것이다.

위와 같은 머크사의 사내 모델 개발 분위기 때문에 전 세계에서 근무하는 엔지니어들로부터 추정 오일 매장량을 전해 받은 데이터를 토대로 시나리오 라이브러리를 생성하고 모델을 실행하는 쉘 정유사의 경우보다 머크 제약사에서는 모든 프로그램 개발 과정이 기업 내의 전 분야에서 더 신속하고 광범위하게 사용되고 있다. 이 두 회사를 적절하게 비교한 사람이 다니엘 즈와일더이다(즈와일더의 짧은 글이 다음 쪽에 있다).

최고확률경영자의 확률 조정

1970년대 이후 심리학자들은 개인마다 심하게 차이가 나는 우리들의 확률추정능력에 관해서 연구를 해오고 있다. 이런 연구가 진행되는 이유는 우리들의 확률 추정능력이 훈련을 통해서 향상될 수 있다는 학술적 증거가 있기 때문이다.[3] 《측정방법과 위험관리의 실패: 실패원인과 해결방법(How to Measure Anything and Failure of Risk Management: Why It's Broken and How to Fix It)》[4]의 저자인 더그 후버드(Doug Hubbard)에 의하면, 사설 마권영업자들이 회사의 경영자들보다 확률추정을 더 잘하고 있는 반면, 불행하게도 의사들은 확률추정에 있어서 매우 미숙하다고 한다.

후버드는 위험성이 높은 IT 프로젝트를 컨설팅하는 업무를 주로 해왔는데, 그의 주요 컨설팅 업무 중 한 분야가 기업 관리자들이 특정한 사건의 확률을 추정하도록 그들을 훈련시키는 것이다.

후버드는 "불확실성을 모델링하는 대부분의 분석가들은 소위 특정 분야의 전문가라는 사람들로부터 교육받은 확률에 전적으로 의존하고 있다"고 한다. 그러나 그의 통제하에 실시된 실험에서 90퍼센트 신뢰도를 확신하는 기업 경영자들이 확률을 올바르게 추정한 경우가 60퍼센트 이하밖에 안 된다고 한다.

Book 머크사에 분산형 확률경영

다니엘 즈와일더 지음

내가 2008년 초 머크사의 연구 실험실에 합류했을 때, 피터 킴에게 보고를 하면서 포트폴리오를 모델링하는 것이 가능할 뿐 아니라 이 모델링이 필요하다는 사실이 분명해졌다. 지금은 대규모 시뮬레이션 모델을 유지하기가 단순화해졌고, 전사적으로 시나리오 라이브러리들을 공유하는 것 또한 가능해지는 수준까지 기술이 발전해 있다. 그러나 이와 같은 기술적인 발전을 별도로 제외하더라도 "포트폴리오 경영"을 실행시키기 위해 머크사의 다양한 부서들의 협력이 필요했던 이유는 쉘 정유사의 경우보다 머크사에서는 확률분포함수를 이용해서 시뮬레이션하는 방법이 긴급했기 때문이다. 이러한 관점에서 머크사의 확률경영의 성공은 앤드류, 아론, 리페이, 프라산나, 내킨 등의 개발자들에 의한 모델 개발과 머크사가 과학자들과 경영자들에게 포트폴리오와 평균의 함정 개념들을 가르치는 교육의 효율성에 달려 있다고 할 수 있다. 불확실성이 큰 세상에서 기술이란 단지 프로젝트 의사결정자들의 의사결정 습관을 프로젝트들의 우선순위를 결정하는 행위로부터 각 프로젝트들이 포트폴리오에 미치는 영향의 크기를 측정하는 행위로 변화시키게 하는 필요조건은 되겠지만 충분조건은 되지 못하고 있다.

아이러니하게도, 후버드는 "지나친 자신감을 가지고 있는 모델 개발자들이 개발한 다수의 모델에 사용된 변수들 때문에 모든 리스크 분석 산업에서 불확실성과 위험을 지속적으로 과소평가해 오고 있다"는 사실에 주목하고 있다.

후버드는 많은 기업 경영자들이 확률추정에 관한 조정교육을 서너 시간만 받게 되면, 그들의 확률 추정 능력은 급속하게 향상될 수 있다고 믿고 있다. 이렇게 높은 교육효과는 후버드가 확률추정훈련 참가자들에게 실시하는 단순한 테스트를 통해서 달성되고 있다.

후버드는 "나는 시어즈 타워의 높이나 혹은 OX 문제를 특정 분야 전문가들 내에서 그들이 90퍼센트 신뢰도 구간으로 각 문제에 관한 답을 추정해 보라고 한다"라고 그의 교육훈련과정을 기술하였다. 후버드에 의하면, 이러한 훈련을 받은 참가자들이 처음에는 그들에게 주어진 확률추정문제에 그들이 생각했던 것보다 더 많이 틀린 추정치를 제시하게 되지만, 곧바로 그들의 정확한 확률 추정능력이 향상된다고 한다. 후버드는 확률추정치의 정확도를 향상시키는 훈련에서 질문의 난이도는 문제가 되지 않는다고 하면서, "한 영역에서 정확하게 확률을 조정할 수 있으면, 다른 모든 영역에서 요구되는 정확한 확률조정도 향상이 된다"고 한다. 이와 같이 몇 가지 쉬운 질문에 대한 추정 훈련을 실행한 후, 후버드는 앞 장에서 기술한 시장예측처럼 확률추정 훈련 참가자들에게 그들이 원하는 곳에 실질적으로 돈을 걸게 하고, 난이도가 한 단계 높은 질문을 이들에게 한다고 한다.

후버드는 "확률조정훈련은 CPO들에게 가장 기본적인 기능이여야 한다. 그렇지만 이들에게 이보다 더 중요한 사항은 이들이 확률조정 훈련을 받은 참가자들을 어떻게 확률추정자로 인증해야 하는지를 이해하는 것이다"라고 한다.

이제 여러분이 아직 확률조정 훈련을 받지 않았다고 가정해 보자. 그러면 이러한 가정이 여러분으로 하여금 불확실성에 대한 확률분포함수 대신에 하나의 숫자인 평균값을 계속해서 사용해야 한다는 사실을 의미하는 것일까? 절대로 그래서는 안 될 것이다.

호루라기를 불 것인가, 말 것인가, 그것이 문제로다

나는 2009년 2월 초 비즈니스 관계로 뉴욕을 방문한 적이 있었다. 세계 경제 상황이 정상적인 경우라면 뉴욕은 매우 활기가 넘쳐야 할 곳인데, 시간이 지날수록 더욱 좋지 않은 세계 경제 뉴스 때문에 그 당시 이곳은 어두운 그림자가 드리워져 있었다. 최근 이처럼 황폐해진 금융 산업 분야에서 참가한 두 그룹의 경영자들을 대상으로 내가 강연을 했을 때, 나는 이들이 어떻게 이 세계적 금융사태에 대처하고 있는지가 궁금하였다. 버니 매도프의 폰지 계획과 같은 사건이 계속해서 발생하는 경우와, 그리고 반드시 하나의 인플레이션화된 자산으로 귀결되게 되어 있는 주택담보증권과 주택대출을 해준 은행들의 경우를 차치하고라도, 1장에 기술되었듯이 손해가 발생될 수도 있는 경우를 반영하지 못하는 S&P사의 리스크 모델과, 31장에 기술된 평균 오일 가격을 토대로 유전개발자산의 가치를 계산하는 모델에 관해서 SEC(미 증권거래위원회－역주)가 내린 평가에 왜 어느 누구도 아무런 경고를 하지 않았는지, 나는 내 세미나 참석자들에게 질문을 하지 않을 수 없었다. 왜 이러한 금융사태가 도래할 것이라고 경고를 한 집단이 한 곳도 없었단 말인가?

나는 이 질문에 관해서 내 세미나의 참가자들이 답을 할 것이라고 기대하지 않았었지만, 그러나 다행스럽게도 한 참가자로부터 위 질문들에 관한 대답을 얻게 되었다. 그는 마크 퍼맨이라는 사람으로, 그는 내 질문에 대해 그가 오랜 기간 동안 여러 대기업에서 얻은 경험을 토대로 답을 해주었다. 강연이 끝난 후 나는 그와 함께 아래와 같이 그의 생각에 관해서 대화를 나누었다.

투자자들은 투자위험이 본질적으로 부정적인 요소가 아니라는 사실을 잊지 말아야 한다. 투자자들이 이러한 사실을 올바르게 인식하기 위해서는 모든 투자에는 위험이 필수적으로 동반된다는 사실을 인정하고, 위험을 확실하게 이해하고, 측정할 줄 알아야 한다. 그리고 만약 사람들이 투자를 하지 않으면, 사회는 분명히 멈추게 되어 있다. 또한 리스크가 제 눈에 안경이라는 사실과 주식시장의 상장회사들이 리스크에 대해

취해야만 할 태도가 그들 회사의 주주들이 기대하는 것이라는 사실도 잊지 말아야 한다. 회사에 이익을 발생시키기보다는 자신의 일자리를 유지하기에 더 많은 관심을 가지고 있는 회사의 경영자들과 달리, 일반적으로 여러 회사에 분산투자를 하고 있는 주주들은 먼저 그들 회사가 비즈니스 리스크를 효과적으로 관리하여 투자자들이 그들 회사에 투자하도록 바람직한 투자환경을 조성해 주기를 원하고 있다.

Book 손들어 보기
마크 퍼맨 지음

모든 조직들이 알 수 없는 사실로 알 수 없는 상황에 직면하기도 하지만, 그러한 조직의 어디엔가는 사실이 알려져 있음에도 불구하고 관리되지 않는 리스크들이 있을 수 있다. 이러한 리스크들은 인식될 수 있지만 관리가 되지 못해서 조직 파괴에 큰 영향을 미치고 있다.

왜 이러한 사태가 발생하는가? 나는 회사의 리스크 관리와 가장 근접한 거리에 있으면서 회사 발전에 가장 많은 관심을 가지고 있는 회사 내 스마트한 사람들이 투자위험에 관해 적절한 시기에 경고를 하지 않는 이유가 회사의 도산과 함께 그들의 일자리도 없어질 것을 두려워하고 있기 때문이라는 사실을 최근에 알게 되었다.

나는 권력 앞에서 진실을 말하지 못하게 하는 아이디어와 투쟁하면서 내 인생의 상당한 시간을 보내왔다. 나의 이러한 투쟁의 결과, 최근에 나는 우리들이 진실을 말하는 두려움을 극복하기 위해서는 우리들이 예전과 달리 좀더 효과적인 표현방법이 필요하다는 사실을 깨닫게 되었다.

정말로 위험한 것은 리스크가 명확하게 이해가 되지 않을 때이고, 더욱 고약스러운 경우는 사전 경고가 시장에 잘못 전달될 때이다. 그러나 우리 사회에서 불확실성과 위험을 소통하는 잘못된 방법 때문에, 불행하게도 매도프의 사기성 투자계획이 폭로되기 전 지난 10년 동안 이러한 사건 발생 가능성에 관해서 지속적으로 경고를 해온 해리 마코폴로스와 같은 사람이 그가 근무했던 회사에서 해고되는 것은 식은 죽 먹듯 쉬운 일이었다.[5]

제47장

내 아버지에 대한 회상

내 아버지가 1954년에 저술한 《통계학의 토대(The Foundations of Statistics)》의 표지에 "불확실성하에서 이성적 의사결정을 내리기 위한 통계학의 비판적 검토"라는 문구가 쓰여 있다.[1] 이 책에서 확률은 주관적인 것으로 기술되어 있고, 갬블링 장에서 발생하는 사건으로 표현되어 있다. 그 당시 이 책의 내용에 관해서 많은 논란이 있었는데, 아직도 이 책의 많은 내용들이 여러 사람들에 의해 수용되고 못하고 있다. 그러나 지금은 앞에서 기술된 시장예측 문제를 해결하기 위해서는 확률에 관한 내 아버지의 견해가 학계와 현장에서 폭넓게 받아들어지고 있다. 나에게 이 책은 너무나 수학적으로 복잡하고 어려워서, 나는 이 책의 내용 중 극히 일부만을 이해할 수 있을 뿐이다.

그래서 나는 내 아버지의 논문들 중에서 내가 알지 못하고 있었으나, 그러나 이해하기가 가장 쉬운 《통계학의 변화하는 토대(The Shifting Foundations of Statistics)》라는 논문을 마이클 슈레지(Michael Schrage)[2]가 발견했을 때 매우 기뻐했다. 이 논문은 바로 내 코앞에 있는 내 아버지의 기념 컬렉션 출간물 736페이지 속에 숨겨져 있었던 것이다. 이 논문이 여러 저자들의 컬렉션으로 1977년 출간되었기 때문에, 나는 1971년 내 아버지가 돌아가시기 바로 전에 쓴 것으로 추측하고 있다. 이 논문은 복잡한 수리적 내용으로 기술된 이전의 그의 여러 출간물들과 달리 내가 이해하기 쉽게 기술되어 있다. 나는 대학에서 통계학 필수 수강과목을 제외하고는 통계학 관련 과목을 전혀 수강한 적이 없다. 내가 이 논문을 읽고 난 후, 나는 내가 아버지와 통계학에 관해 얼마나 대화를 하지 않았었는지를 알게 되었다.

그러나 나는 내 아버지와 열성적으로 과학에 관해 토론을 했던 때를 지금도 생생하게 기억하고 있다. 그때가 내가 박사학위 논문의 수학적 복잡성과 관련된 첫 번째 결과의 증명을 바로 끝낸 후였는데, 이때 나는 내 아버지와 이 증명에 대하여 서로 토론을 하기로 약속을 하였다. 나는 내가 첫 번째 학위논문 결과를 증명한 것에 대해서 나 자신이 자랑스러웠었고, 내 인생에서 처음으로 수학에 관해서 토론할 목적으로 내 아버지와 단 둘이 함께하기로 하였던 것이다. 나의 수리적 증명은 결코 통계학과는 관련이 없는 것이었으나, 우리는 서로가 이러한 학문적인 토론시간을 갖는 것을 서로에게 감사하게 생각하였다. 이 토론이 끝난 후 2주 만에 내 아버지는 심장발작으로 이 세상을 떠나셨다. 그나마 아버지의 심장발작이 2주 전에 발생하지 않았다는 사실이 나에게는 얼마나 다행이었는지 모르겠다. 아이러니하게도, 내 아버지가 세상을 떠난 1년 후에, 내 박사학위 논문주제가 갑자기 통계분야로 선회를 하게 되었지만, 그때는 이 논문 주제에 관해서 아버지와 토론을 할 수 있기를 마음속으로만 간절히 소망할 수밖에 없었다.

이와 같은 연유로 해서, 내가 이 책을 거의 마무리해 가는 시점에 슈레지가 현재 통계학이 걷고 있는 길을 수정해서 미래의 통계학이 어느 방향으로 가야 할지를 기술한 내 아버지 논문을 나에게 전했던 것이다. 비록 내가 돌아가신 아버님에게 어떤 질문도 할 수 없는 상황이지만, 그래도 아버지로부터 통계학에 관해서 다시 들을 수 있는 이 현실이 나에게는 얼마나 감사한 일인지를 말로 표현할 수 없다.

나는 아버지로부터 개인적으로는 전혀 들어보지를 못했던 몇 가지 내용들을 이 논문을 통해서 접하고는 매우 놀라웠다.

첫 번째, 내 아버지가 "사람들이 이해할 수 있는 방법으로 사람들 마음속에 데이터를 갖다 놓는 예술"이라고 기술한 서술 통계학에서 그는 그래프, 차트, 그리고 다른 형태들이 미래의 통계학분야에서 중요한 위치를 차지할 것이라는 사실을 일찍이 인식하고 있으셨던 것이다. 그것이 바로 내가 이 책에서 기술한 마인들이다!

내 아버지는 내가 상호교환 작용을 통하여 감각적인 이해력을 개발하는 방법론으로 인식하고 있는 비공식적이고 비체계적인 방법으로 통계자료들을 처리하는 위와 같은 시각화 경향이 통계학을 흥미롭게 배울 수 있도록 새로운 지평선을 열어 줄 것을 이미 예견하고 있었던 것이다.

그리고 내 아버지는 우리들에게 제공되는 정보가치보다 "확률계산비용"이 절대로 커서는 안 된다고 주장하였고, 통계학에서 컴퓨터가 점점 더 중요한 역할을 하고 있음을 확실하게 인지하고 있었다. 내 아버지는 당시 사람들이 현재 그래프 기능이 내장된 45달러짜리 계산기보다 성능이 떨어지는 컴퓨터를 사용했고, 그 컴퓨터를 운영하기 위해서는 1,000만 달러에 상당하는 건물이 필요했고, 그리고 사용자들이 그 컴퓨터를 1시간 사용하는데 1,000달러씩을 지불해야 했던 자유연애시절(결혼을 속박으로 여기고 결혼을 반대한 사회운동시절 – 역주)에 논문들을 작성했음을 상기해 보기 바란다.

그는 항상 새롭게 개발된 기술에 대해 완벽하게 이해를 하고 있었으며, 그리고 기술 기반을 이루고 있는 기본적인 물리학도 폭넓게 이해하고 있었다. 나는 한때 어떤 기술 발전이 그를 가장 인상 깊게 만들었는지 물어 본 적이 있는데, 그러한 기술은 전자식으로 물건을 옮기는 능력을 갖춘 기술이라고 답을 했다. 내가 확신하건대, 그가 믿었던 것처럼 현재 확률분포함수들이 모델 사용자들에게 전달되고 있음을 알게 된다면 그는 매우 기뻐할 것이다.

나는 "통계학의 토대"에 기술된 도전을 받아들임으로써 평균의 함정을 마무리하고자 한다. 이제 다시 내 아버지가 "통계학의 토대"의 초반부에서 인용했고, 내가 이 책의 14장에서 재인용한 두 가지 상반된 격언을 기억해 보기로 하자. "뛰기 전에 살펴라"는 계획을 규정하는 것으로, 즉 불확실한 세계에서 행동을 실행에 옮기기 전에 각 행동의 모든 가능한 결과들을 고려해서 지금 최선의 대안을 선택하라는 것이다. "다리에 왔을 때에만 다리를 건널 수 있다"라는 것은 현재의 상황을 규정하는 것으로 절대로 미래에 결코 발생하지 않을 것으로 추측된 사건들에 관해서는 시간을 허비하지 말라는 것이다. 내 아버지는 이 두 격언들을 소개한 후 다음과 같은 내용을 소개하였다.

> 두 격언이 이러한 식으로 서로 갈등관계를 형성하고 있으면, 두 격언 모두 어느 정도 진실을 포함하고 있기는 하는 것이지만, 두 격언의 공통된 진실이 단순한 격언 하나로 간단히 표현될 수 있는 경우는 거의 있을 수 없을 것이다.

내 아버지의 위와 같은 경고에도 불구하고, 나는 나중에 위 두 격언이 진실하다는 사실을 밝혀보도록 시도해 볼 것이다.

여러분이 다리에 다다르기 전에 다리를 건널 수 있는 옵션들이 많으면 많을수록 여러분은 뛰기 전에 앞을 살펴봐야 할 일이 훨씬 더 많이 줄어들게 될 것이다.

사어 용어풀이

Red Word Glossary

사어	정의	가장 근접한 추천어
가설검증	동일한 사건이 단순히 우연히 발생할 확률을 결정함	그 사건이 우연히 발생한 것인가?
계산법 (Calculus)	연속적인 변화들을 기술하는 수학의 한 분야. 컴퓨터가 있기 전에는 물리학, 엔지니어링, 통계학, 다른 수학 분야에서 계산법이 매우 중요한 역할을 하였다. 아직도 어떤 분야에서는 계산법에 관한 개념들이 필요하다.	추천어 없음
공분산	상관관계를 측정하기 위한 또 다른 증기기관 시대의 계산방법	상호관계성
귀무가설	어떤 사건이 우연에 의하여 발생한다는 가정	명제에 관한 반론적 가설
마코프 체인	모집단의 다양한 군집들의 비율이 시간이 지남에 따라 어떻게 변하는지를 보여주는 수리적 모델의 한 형태	추천어 없음
베이지안 분석	질병 테스트나 혹은 테러리스트들을 분간함에 있어서 거짓 참 문제를 다루고(여러 다른 것들 중에서) 있다. 36장을 참조하기 바란다. 〈그림36.1〉에서 보는 것처럼 베이지안 방법론은 목표물을 맞힐 수 있다는 조건하에 정곡을 명중시킬 수 있는 확률을 토대로 하고 있다.	추천어 없음
볼록함수	기울기가 점증적으로 커지고 있는 선 그래프	상향성 곡선
분산	표준편차가 계산되는 증기시대의 계산법	불확실성 정도
비선형계획법	선형계획법과 같지만 선형관계성에 대한 제약이 없다. 1990년대 초반부터 스프레드시트 환경에서 사용 가능하다.	최적화

사어	정의	가장 근접한 추천어
상관관계	산포도의 점들이 직선을 따라서 놓여 있는 정도를 측정하는 증기기관 시대의 측정치	상호관계성
선형계획법	직선 관계성을 사용하여 문제를 만들 수 있는 방법을 찾을 수만 있다면 자원사용을 최적화할 수 있는 매우 유익한 수리적 기법	최적화
선형함수	기울기가 일정한 선 그래프	직선 관계성
순차적 분석	획득할 수 있는 정보가치가 분석을 계속했을 때보다 적을 경우 분석을 중지된 분석의 형태	추천어 없음
시그마	불확실한 숫자의 불확실한 정도를 측정하는 증기시대의 측정치	불확실성 정도
시나리오 최적화	수백 혹은 수천 개의 가능한 미래 시나리오들을 고려한 최적화 형태	추천어 없음
식스시그마	제품이나 서비스들의 일관성을 향상시키는 품질경영 방법들의 집단	품질관리
옌센 부등식	평균 입력값이 많은 스프레드시트 모델들에서 평균 출력값을 창출해 내지 못하고 있다.	평균의 함정(강형)
오목함수	기울기가 점증적으로 작아지고 있는 선 그래프	하향성 곡선
이성적 기대이론	불확실성하에서 사람들이 최적의 전략들을 계산할 수 있다고 가정한 행동이론(사람들이 명확히 항상 이렇게 하지는 않는다)	만약 결정될 수만 있다면 사람들은 그들의 사리추구를 위해 최선을 다함
임의변수	확률이론에서 사용되는 수리적 구성개념	불확실한 수
임의변수 함수	불확실한 숫자가 입력되고 불확실한 숫자가 출력되는 계산 값의 집합	불확실한 입력을 가지고 있는 스프레드시트 모델
정규분포	충분히 많은 양의 동일한 독립 불확실한 숫자들이 합해지거나 평균화되었을 때 발생하는 확률분포함수	종 모양 확률분포함수

사어	정의	가장 근접한 추천어
중심극한치이론	불확실한 숫자들 합의 형태가 그래프 중간에서 높이 올라가고 있다.	분산화
통계적 의존성	하나의 변수 변화가 다른 변수의 변화를 의미하는 통계적 가능성 정도	상호관계성
표준편차	시그마	불확실성 정도
함수	일정 수자가 입력되고 일정 숫자가 출력되는 계산 값들의 집합	스프레드시트 모델
확률분포함수	불확실한 숫자의 형태 이름. 평균의 함정을 개선하기 위해서 우리들이 채택해야만 하는 유일한 공식 사어이다.	확률분포함수
확률적	불확실성과 동일	불확실성
회귀분석	오차를 최소화하기 위해서 데이터 점들에 대한 맞춤선	산포도의 직선 맞춤
효용이론	리스크 태도를 보여주는 경제적 이론	리스크 태도
F 검정	어떤 사건이 우연히 발생했는지를 테스트하는 방법	추천어 없음
p값	어떤 사건이 우연히 발생할 확률	우연발생확률
SLURP 대수의 근본적인 정체성	시나리오 라이브러리를 토대로 하고 있는 경우 시뮬레이션 모델들이 통합되는 이유를 설명하고 있다.	추천어 없음
T 검증	어떤 사건이 우연히 발생했는지를 테스트하는 한 방법	추천어 없음

미주

지은이의 글

1. A. F. M. Smith, *The Writings of Leonard Jimmie Savage—A Memorial Collection* (Washington, DC: American Statistical Association and The Institute of Mathematical Statistics, 1981), p. 29.
2. Ibid., p. 14.
3. Sam L. Savage, "The Flaw of Averages," Soapbox column, *San Jose Mercury News*, October 8, 2000.

글을 시작하며

1. "Daniel Kahnemann: The Sveriges Riksbank Prize in Economic Sciences in Memory of Alfred Nobel 2002," Nobelprize.org, http://nobelprize.org/nobel_prizes/economics/laureates/2002/kahneman-lecture.html
2. Daniel Kahneman, Amos Tversky, and Paul Slovic (Eds.), *Judgment Under Uncertainty: Heuristics and Biases* (New York: Cambridge University Press, 1982).
3. Malcom Gladwell, *Blink—The Power of Thinking Without Thinking* (Boston: Little Brown and Company, 2005).

제1장

1. Sam L. Savage, "The Flaw of Averages," Soapbox column, *San Jose Mercury News*, October 8, 2000.
2. Sam L. Savage, "The Flaw of Averages," *Harvard Business Review*, November 2002, pp. 20-21.
3. Patrick Leach, *Why Can't You Just Give Me the Number?* (Gainesville, FL: Probabilistic Publishing, 2006).
4. "S&P/Case-ShillerHomePriceIndices,"Standard&Poor's," http://www2.standardandpoors.com/portal/site/sp/en/us/page.topic/indices_csmahp/0,0,0,0,0,0,0,0,0,2,1,0,0,0,0,0.html
5. Benita D. Newton (staff writer), "All-You-Can-Eat Was Too Much," *St. Petersburg Times*, September 26, 2003.
6. William K. Stevens, "When Scientific Predictions Are So Good They're Bad," Tuesday Science Desk, *The New York Times*, September 29, 1998.
7. Philippe Jorion, *Big Bets Gone Bad: Derivatives and Bankruptcy in Orange*

County (New York: Academic Press, 1995).
8. Ibid.
9. Daniel H. Pink, *A Whole New Mind* (New York: Riverhead Books, 2005).

제2장

1. "The 3rd Annual Awards," PCMag.com, http://www.pcmag.com/article2/0,1895,1177271,00.asp
2. Lindo Systems, www.LINDO.com

제3장

1. Palisade Corporation home page, http://palisade.com/
2. Oracle home page, http://www.decisioneering.com/
3. "Monte Carlo Simulation: Get Insight!" AnalyCorp, www.analycorp.com/
4. "Risk Analysis with Interactive Simulation, Stunning Graphics, Lightning-Fast Simulation Optimization," Solver.com, http://solver.com/risksolver.htm
5. Doug Hubbard, *The Failure of Risk Management: Why It's Broken and How to Fix It*, (Hoboken, NJ: John Wiley & Sons, Inc., 2009)
6. Sam Savage, Stefan Scholtes, and Daniel Zweidler, "Probability Management," *ORMS Today*, Vol. 33, No.1 (February 2006).
7. Sam Savage, Stefan Scholtes, and Daniel Zweidler, "Probability Management, Part 2," *ORMS Today*, Vol. 33, No. 2 (April 2006).

제4장

1. Russell Freedman, *The Wright Brothers, How They Invented the Airplane* (New York: Holiday House, 1991).
2. "Extreme Programming," Wikipedia, http://en.wikipedia.org/wiki/Extreme_Programming
3. Lego Shop page, http://shop.lego.com/Product/?p=10177
4. Michael Schrage, *Serious Play: How the World's Best Companies Simulate to Innovate* (Cambridge, MA: Harvard Business School Press, 2000).

제6장

1. Perhaps today's most famous informational designer is Edward R. Tufte. See http://www.edwardtufte.com/tufte/
2. Richard Dawkins, *The Selfish Gene* (New York: Oxford University Press, 1976).
3. Vijay Govindarajan and Chris Trimble, *Ten Rules for Strategic Innovators: From Idea to Execution* (Cambridge, MA: Harvard-Business School Publishing, 2006).

4. Bradley Efron, "Vignettes," *Journal of the American Statistical Association*, Vol. 95, No. 452 (December 2000), p. 1293.

제8장

1. Sam L. Savage, "Statistical Analysis for the Masses," *Statistics in Public Policy*, edited by Bruce Spencer (New York: Oxford University Press, 1998).
2. A. Ingolfsson, "Obvious Abstractions: The Spinner Experiment," *Interfaces*, Vol. 29, No. 6 (1999), pp. 112-122.
3. D. Zalkind, "Another Take on the Spinner Experiment," *Interfaces*, Vol. 29, No. 6 (1999), pp. 122-126.
4. Nassim Nicholas Taleb, *The Black Swan, The Impact of the Highly Improbable* (New York: Random House, 2007).
5. Gary Klein, *Intuition at Work: Why Developing Your Gut Instincts Will Make You Better at What You Do* (New York: Random House, 2003).

제9장

1. Harry Markowitz, Portfolio Selection: Efficient Diversification of Investments, 2nd ed. (Malden, MA: Blackwell Publishing Professional, 1991)

제11장

1. Illustration from Sam L. Savage, *Decision Making with Insight* (with Insight.xla 2.0 and CD-ROM Second Edition, 2003), Cengage Learning, Florence. KY, Reproduced with permission of the publisher.
2. "Human cyclone hits Lloyds TSB," *The Sunday Times*, December 17, 2006.

제12장

1. Johan Ludwig William Valdemar Jensen, http://www-groups.dcs.st-and.ac.uk/~history/Biographies/Jensen.html
2. Personal correspondence.
3. Note that this should not be confused with the volatility smile associated with stock options.

제13장

1. "Welcome to Applied Quantitative Sciences, Inc.," AQS, www.aqs-us.com
2. Harry Markowitz, "Portfolio Selection," *The Journal of Finance*, Vol. 7, No. 1 (March 1952), pp. 77-9l.
3. Felix Salmon, Recipe for Disaster: The Formula That killed Wall Street, Wired Magazine, February 23,1909.

제14장

1. Leonard J. Savage, *The Foundations of Statistics* (Hoboken, NJ: Wiley & Sons, Inc., 1954).
2. Daniel Kahneman, Paul Slovic, and Amos Tversky, *Judgment Under Uncertainty: Heuristics and Biases* (New York: Cambridge University Press, 1982).
3. Peter C. Fishburn, "Foundations of Decision Analysis: Along the Way," *Management Science*, Vol. 35, No. 4 (April 1989), pp. 387-405.
4. Ronald A. Howard, "Decision Analysis: Applied Decision Theory," *Proceedings of the Fourth International Conference on Operational Research*, edited by David B. Hertz and Jacques Melese (Hoboken, NJ: Wiley-Interscience, 1966), pp. 55-7l.
5. Sam L. Savage, *Decision Making with Insight* (with Insight.xla 2.0 and CD-ROM Second Edition, 2003) Cengage Learning, Florence, KY.
6. "Welcome to DEF," Decision Education Foundation, http://www.decisione-ducation.org/

제15장

1. *Chicago Tribune*, May 28, 1995, section 2, p. 6.
2. Ronald A. Howard, "Information Value Theory," *IEEE Transactions on Systems Science and Cybernetics*, Vol. 2, No. 1 (August 1966).
3. Jack Kneece, *Ghost Army of World War II* (Gretna, LA: Pelican Publishing, 2001).
4. "History" Patten, http://trax4you.com/proofs/patten/pt_history.htm
5. Personal correspondence.

제16장

1. "Welcome!" ProbabilityManagement.org, www.ProbabilityManagement.org
2. Sam Savage, Stefan Scholtes, and Daniel Zweidler, "Probability Management," *ORMS Today*, Vol. 33, No. 1 (February 2006).

제17장

1. Howard Wainer, *Picturing the Uncertain World: How to Understand, Communicate and Control Uncertainty Through Graphical Display* (Princeton, NJ: Princeton University Press, 2009).

제18장

1. C. R. Charig, D. R. Webb, S. R. Payne, and O. E. Wickham, "Comparison of Treatment of Renal Calculi by Operative Surgery, Percutaneous Nephroli-

thotomy, and Extracorporeal Shock Wave Lithotripsy," *Br Med J* (Clin Res Ed) Vol. 292, No. 6524 (March 1986), pp. 879-882.
2. Ken Ross, *A Mathematician at the Ballpark: Odds and Probabilities for Baseball Fans* (New York: Pi Press, 2004), pp. 12-13.

제19장

1. Special thanks to economists Jack Gould of the University of Chicago and Ward Hanson of Stanford University for their insights into this problem.

제20장

1. Sam L. Savage, *Decision Making with Insight* (with Insight.xla 2.0 and CD-ROM Second Edition, 2003), Cengage Learning, Florence, KY.

제21장

1. Stephen M. Pollan and Mark Levine, *Die Broke* (New York: HarperCollins, 1997).
2. "Welcome," Financial Engines, www.FinancialEngines.com
3. William F. Sharpe, "Financial Planning in Fantasyland," Stanford University, http://www.stanford.edu/-wfsharpe/art/fantasy/fantasy.htm

제22장

1. Gordon Crovitz, "The Father of Portfolio Theory on the Crisis," *The Wall Street Journal*, November 3, 2008.

제23장

1. William F. Sharpe, "Capital Asset Prices—A Theory of Market Equilibrium Under Conditions of Risk," *Journal of Finance*, Vol. 19, No. 3 (September 1964), pp. 425-442.
2. William F. Sharpe, *Investors and Markets: Portfolio Choices, Asset Prices, and Investment Advice* (Princeton, NJ: Princeton University Press, 2007).

제25장

1. "Learning Center," Chicago Board Options Exchange, http://www.cboe.com/LearnCenter/default.aspx

제26장

1. Peter Bernstein, *Capital Ideas: The Improbable Origins of Modern Wall Street* (New York: Free Press, 1993).

2. Myron S. Scholes, "Derivatives in a Dynamic Environment," Nobelprize.org, http://nobelprize.org/nobel_prizes/economics/laureates/1997/scholes-lecture.html; Robert C. Merton, "Applications of Option-Pricing Theory: Twenty-Five Years Later," Nobel Lecture, December 9, 1997, http://nobelprize.org/nobel_prizes/economics/laureates/1997/merton-lecture.pdf
3. Fischer Black and Myron S. Scholes, "The Pricing of Options and Corporate Liabilities," *Journal of Political Economy*, Vol. 81, No. 3 (1973), pp. 637-654.
4. Robert C. Merton, "Theory of Rational Option Pricing," *Bell Journal of Economics and Management Science*, Vol. 4, No. 1 (1973), pp. 141-183.
5. "2005 Market Statistics," Chicago Board Options Exchange, http://www.cboe.com/data/marketstats-2005.pdf
6. Roger Lowenstein, *When Genius Failed: The Rise and Fall of Long-Term Capital Management* (New York: Random House, 2000).

제27장

1. Adam Smith (1723-1790), *An Inquiry into the Nature and Causes of the Wealth Nations* 5th ed., edited by Edwin Cannan (London: Methuen and Co., Ltd., 1904). First published in 1776.
2. "Prime Minister Vladimir Putin's Speech at the Opening Ceremony of the World Economic Forum," Davos, Switzerland, January 28, 2009, http://www.weforum.org/pdf/AM_2009/OpeningAddress_VladimirPutin.pdf
3. William F. Sharpe, "Nuclear Financial Economics," http://www.stanford.edu/wfsharpe/art/RP1275.pdf
4. Richard Roll, Richard, "Orange Juice and Weather," *American Economic Review*, Vol. 74, No. 5 (1984), pp. 861-880.
5. James Surowiecki, *The Wisdom of Crowds* (New York: Anchor Books, 2005).
6. "What Is the IEM?" Iowa Electronic Market, http://www.biz.uiowa.edu/iem/
7. Dave Carpenter, "Option Exchange Probing Reports of Unusual Trading Before Attacks," The Associated Press, September 18, 200l. See also "Exchange Examines Odd Jump," *The Topeka Capital Journal*, http://cjonline.com/stories/091901/ter_tradingacts.shtml; Judith Schoolman, "Probe of Wild Market Swings in Terror-Tied Stocks," *New York Daily News*, September 20, 2001, p. 6; James Toedtman and Charles Zehren, "Profiting from Terror?" *Newsday*, September 19, 2001, p. W39.
8. "Welcome to the Options Clearing Corporation," Options Clearing Corporation, http://www.optionsclearing.com/
9. Allen M. Poteshman, "Unusual Option Market Activity and the Terrorist Attacks of September 11, 2001," *The Journal of Business*, Vol. 79 (2006),

pp. 1703-1726.

10. 9-11 Research, "Insider Trading: Pre-9/11 Put Options on Companies Hurt by Attack Indicates Foreknowledge," http://911research.wtc7.net/sept11/stockputs.html
11. National Commission on Terrorist Attacks upon the United States, page 499, paragraph 130, http://www.9-11commission.gov/report/911Report_Notes.htm
12. Justin Wolfers and Eric Zitzewitz, "The Furor over 'Terrorism Futures,'" *Washington Post*, July 31, 2003, p. A19.
13. Robin Hanson, "The Policy Analysis Market (and FutureMAP) Archive," http://hanson.gmu.edu/policyanalysismarket.html
14. Michael Schrage and Sam L. Savage, "If This Is Harebrained, Bet on the Hare," *Washington Post*, August 3, 2003, p. B04. See http://www.washingtonpost.com/wp-dyn/articles/A14094-2003Aug2.html
15. "Update," Tradesports, http://www.tradesports.com/; "Iran and the U.S. Will Hold a Summit Meeting in 2009," http://us.newsfutures.com; "The Foresight Exchange Prediction Market," Foresight Exchange, http://www.ideosphere.com/fx/
16. Justin Lahart, "No Future for Poindexter?" CNNMoney.com, http://money.cnn.com/2003/07/30/markets/poindextercontract
17. Justin Wolfers and Eric Zitzewitz, "Prediction Markets," *Journal of Economic Perspectives*, Vol. 18, No. 2 (Spring 2004); Justin Wolfers and Eric Zitzewitz, "Prediction Markets in Theory and Practice," National Bureau of Economic Research Working Paper series, http://bpp.wharton.upenn.edu/jwolfers/Paper/PredictionMarkets(Palgrave).pdf; Martin Spann and Bernd Skiera, "Taking Stock of Virtual Markets," *ORMS Today*, Vol. 30, No. 5 (October 2003), http://www.lionhrtpub.com/orms/orms-10-03/frfutures.html

제28장

1. Ben C. Ball, "Managing Risk in the Real World," *European Journal of Operational Research*, Vol. 14 (1983), pp. 248-261.
2. Peter L. Bernstein, *Capital Ideas: The Improbable Origins of Modern Wall Street*, rev. ed. (New York: Free Press, 1993).
3. Hiroshi Konno and H. Yamazaki, "Mean Absolute Deviation Portfolio Optimization Model and Its Applications to the Tokyo Stock Market," *Management Science*, Vol. 37, No. 5 (1991), pp. 519-531.
4. Portfolio Decisions, Inc., www.portfoliodecisions.com
5. Ben C. Ball and Sam L. Savage, "Holistic vs. Hele-istic E&P Strategies," *Journal of Petroleum Technology*. Sept 1999.

제29장

1. Sam Savage, Stefan Scheltes, and Daniel Zweidler, "Probability Management, Part 2," *ORMS Today*, Vol. 33, No. 2 (April 2006), p. 60.
2. Sam Savage, Stefan Scholtes, and Daniel Zweidler, "Probability Management, *ORMS Today*, Vol. 33, No. 1 (February 2009), p. 20.

제30장

1. James Scanlan, Abhijit Rao, Christophe Bru, Peter Hale, and Rob Marsh, "The DATUM Project: A Cost Estimating Environment for the Support of Aerospace Design Decision Making," *AIAA Journal of Aircraft*, Vol. 43, No. 4 (2006), pp. 1022-1029.
2. Vanguard Software Corporation, http://www.vanguardsw.com/
3. "California Battered by Storms; Weather Worst in Years," Bloomberg.com, http://www.bloemberg.com/apps/news?pid=20601103&sid=aQI3WxAgwR9c&refer=us

제31장

1. L. T. Johnson, B. Robbins, R. Swieringa, and R. L. Weil, "Expected Values in Financial Reporting," *Accounting Horizons*, Vol. 7, No. 4 (1993), pp. 77-90.
2. "Summary of Statement No. 123: Accounting fer Stock-Based Compensation (Issued 10/95)," Financial Accounting Standards Board, http://www.fasb.org/st/summary/stsumI23.shtml
3. Zvi Bodie, Robert S. Kaplan, and Robert C. Merton. "For the Last Time: Stock Options Are an Expense," *Harvard Business Review* (March 2003).
4. "Statement of Financial Accounting Standards No. 123 (Revised 2004)," Financial Accounting Series, http://www.fasb.erg/pdflfas123r.pdf
5. T. Carlisle, "How Lowly Bitumen Is Biting Oil Reserve Tallies," *The Wall Street Journal*, February 14, 2005.
6. Jeff Strnad, "Taxes and Nonrenewable Resources: The Impact en Exploration and Development," *SMU Law Review*, Vol. 55, No. 4 (2000), pp. 1683-1752.
7. S. L. Savage and M. Van Allen, "Accounting for Uncertainty," *Journal of Portfolio Management*, Vol. 29, No. 1 (Fa11 2002), p. 31.
8. John Cox, Stephen Ross, and Mark Rubinstein, "Optien Pricing: A Simplified Approach," *Journal of Financial Economies*, 7 (1979), p. 229.
9. "Exposure Draft: Preposed Statement of Financial Accounting Standards: Disclosure of Certain Loss Contingencies," Financial Accounting Series, http://www.fasb.org/draft/ed_contingencies.pdf

제32장

1. Sam L. Savage, *Decision Making with Insight* (with Insight.xla 2.0 and CD-ROM Second Edition, 2003), Cengage Learning, Florence, KY.
2. "Jay Forrester, March 1918, Nebraska, USA," http://www.thocp.net/biographies/forrester_jay.html
3. J. W. Forrester, "Industrial Dynamics: A Major Breakthrough for Decision Makers," *Harvard Business Review*, Vol. 36, No. 4 (1958), pp. 37-66.
4. John. D. Sterman, "Modeling Managerial Behavior: Misperceptions of Feedback in a Dynamic Decision Making Experiment," *Management Science*, Vol. 35, No. 3 (1989), pp. 321-339.
5. John D. Sterman, "Teaching Takes Off: Flight Simulators for Management Education: 'The Beer Game,'" http://web.mit.edu/jsterman/www/SDG/beergame.html

제35장

1. W. Allen Wallis, "The Statistical Research Group, 1942-1945," *Journal of the American Statistical Association*, Vol. 75, No. 370 (June 1980), pp. 320-330.
2. A. F. M. Smith, *The Writings of Leonard Jimmie Savage—A Memorial Collection* (Washington, DC: American Statistical Association and The Institute of Mathematical Statistics, 1981), pp. 25-26.
3. M. Friedman and L. J. Savage, "Utility Analysis of Choices Involving Risk," *Journal of Political Economy*, Vol. 56, No. 4 (1948), pp. 279-304; M. Friedman and L. J. Savage, "The Expected-Utility Hypothesis and the Measurability of Utility," *Journal of Political Economy*, Vol. 60 (1952), pp. 463-474.
4. W. Allen Wallis, "The Statistical Research Group, 1942-1945: Rejoinder," *Journal of the American Statistical Association*, Vol. 75, No. 370 (June 1980), pp. 334-335.

제36장

1. *USA Today*, November 7, 2007, p. 1A.
2. XVIII Airborne Corps and Fort Bragg Provost Marshall Office, *Commander's Handbook-Gangs & Extremist Group—Dealing with Hate*, http://www.bragg.army.mil/PSBC-PM/ProvostMarshalDocs/ GangsAndExtremist.pdf
3. Matt Apuzzo and Lara Jakes Jordan, "Suicide Latest Twist in 7-year Anthrax Mystery," Associated Press, August 1, 2008.
4. "Health Statistics: Suicides (per Capita) (Most Recent) by State," Statemaster.com, http://www.statemaster.com/graph/hea_sui_percap-health-suicides-per-capita

5. Armen Keteyian, "Suicide Epidemic Among Veterans," CBS News, November 13, 2007, http://www.cbsnews.com/stories/2007/11/13/ cbsnews_investigates/printable3496471.shtml
6. Sam Savage and Howard Wainer, "Until Proven Guilty: False Positives and the War on Terror," *Chance Magazine*, Vol. 21, No. 1 (2008), p. 55.
7. Lawrence M. Wein, Alex H. Wilkins, Manas Baveja, and Stephen E. Flynn, "Preventing the Importation of Illicit Nuclear Materials in Shipping Containers," *Risk Analysis*, Vol. 26, No. 5 (2006), pp. 1377-1393.
8. "Nunn-Lugar Cooperative Threat Reduction Program," Support Nunn-Lugar, http://nunn-Iugar.com/
9. "Cocaine: Strategic Findings," National Drug Intelligence Center, http://www.usdoj.gov/ndic/pubs11/18862/cocaine.htm
10. Personal correspondence.
11. "Rumsfeld's War-on-Terror Memo," *USA Today*, http://www.usatoday.com/news/washington/executive/rumsfeld-memo.htm
12. Mark Mazzetti, "Spy Agencies Say Iraq War Worsens Terrorism Threat," The New York Times, September 24, 2006.
13. Paul Stares and Mona Yacoubian, "Terrorism as Virus," Washingtonpost.com, August 23, 2005, http://www.washingtonpost.com/wp-dyn/content/article/2005/08/22/AR2005082201109.html
14. For a discussion of Markov chains, see Sam L. Savage, D*ecision Making with Insight*, with Insight.xla 2.0 and CD-ROM, 2nd ed. (Florence, KY: Cengage Learning, 2003).
15. Fareed Zakaria, "Learning to Live with Radical Islam," *Newsweek*, March 9, 2009.
16. Army Field Manual No. 3-24, Marine Corps Warfighting Publication No. 3-33.5, 15 December 2006.

제37장

1. Harwell, Mark A., *Nuclear Winter: The Human and Environmental Consequences of Nuclear War* (New York: Springer-Verlag, 1984).
2. "Vostok Ice Core Stable Isotope Data," National Oceanic and Atmospheric Administration Satellite and Information Service, http://www.ncdc.noaa.gov/paleo/icecore/antarctica/vostok/vostok_isotope.html
3. Clifford Krauss, Steven Lee Myers, Andrew C. Revkin, and Simon Romero, "The Big Melt as Polar Ice Turns to Water, Dreams of Treasure Abound," The *New York Times*, October 10, 2005.
4. G. Hardin, "The Tragedy of the Unmanaged Commons," *Trends in Ecology & Evolution*, Vol. 9 (1994), p. 199.
5. "MIT Climate Online: Greenhouse Gas Emissions Simulator," http://web.mit.

edu/jsterman/www/GHG.html
6. "Cleaning Up," *The Economist Magazine*, June 2, 2007, p. 13.

제38장

1. "Do Breast Self-Exams Do Any Good?" *Time Magazine*, July 15, 2008.
2. Allison Van Dusen, "Do You Need a Prostate Cancer Screening?" Forbes Magazine, August 8, 2008.
3. Alan Zelicoff and Michael Bellomo, *More Hanm Than Good* (New York: American Management Association, 2008).
4. S. J. Gould, "The Median Isn't the Message," *Discover*, June 1985, pp. 40-42.
5. S. J. Gould, *Full House: The Spread of Excellence from Plato to Darwin* (New York: Harmony Books, 1996).
6. "Medical Guesswork: From Heart Surgery to Prostate Care, the Health Industry Knows Little About Which Common Treatments Really Work," *Business Week*, May 29, 2006, http://www.businessweek.com/magazine/content/06_22/b3986001.htm
7. "Markov Models," David M. Eddy: Mountains, Math and Medicine, http://www.davidmeddy.com/Markov_modeling.htm
8. Interview with David M. Eddy, "Healthcare Crisis: Who's at Risk?" http://www.pbs.org/healthcarecrisis/Exprts_intrvw/d_eddy.htm
9. John F. Brewster, M. Ruth Graham, and W. Alan, C. Mutch, "Convexity, Jensen's Inequality and Benefits of Noisy Mechanical Ventilation," *J. R. Soc. Interface*, Vol. 2, No. 4 (2005), pp. 393-396.
10. What Price ValuJet? By Michael Kinsley Saturday, July 6, 1996.

제39장

1. C. Wedekind, T. Seebeck, F. Bettens, and A. J. Paepke, "MHC-Dependent Mate Preferences in Humans," *Proc Biol Sci.*, Vol. 260, No. 1359 (June 22, 1995), pp. 245-249.
2. Nicholas Wade, "Pas de Deux of Sexuality Is Written in the Genes," *The New York Times*, April 10, 2007.

제40장

1. James Surowiecki, *The Wisdom of Crowds* (New York: Anchor Books, 2005).
2. Stephen M. Stigler, *The History of Statistics: The Measurement of Uncertainty Before 1900* (Cambridge, MA: Harvard University Press, 1986).
3. Stephen M. Stigler, "Stochastic Simulation in the Nineteenth Century,"

Statistical Science, Vol. 6, No. 1 (1991).

4. Francis Galton, "Dice for Statistical Experiments," *Nature*, Vol. 42 (1890), pp. 13-14.
5. "New Senate Chair Retains Touch of Youthful Rebellion," Stanford Online Report, http://news-service.stanford.edu/news/1998/october141/efron1014.html
6. Bradley Efron, "Bootstrap Methods: Another Look at the Jackknife," *The Annals of Statistics*, Vol. 7, No. 1 (1979), pp. 1-26; B. Efron and R. J. Tibshirani, *An Introduction to the Bootstrap* (New York: Chapman & Hall, 1993).
7. Bradley Efron, "The Bootstrap and Modern Statistics," *Journal of the American Statistical Association*, Vol. 95, No. 452 (December 2000), pp. 1293-1296.
8. Julian L. Simon and Allen Holmes, "A Really New Way to Teach (and Do) Probability and Statistics," *The Mathematics Teacher*, Vol. 62 (April 1969), pp. 283-288.
9. Julian L. Simon, *Resampling: The New Statistics*, 2nd ed. (Arlington, VA: Resampling Stats Ine., 1997).

제41장

1. Alva Noë, *Action in Perception* (Cambridge, MA: MIT Press, 2004).
2. Jeff Hawkins and Sandra Blakeslee, *On Intelligence* (New York: Owl Books, 2005).
3. John W. Tukey, *Exploratory Data Analysis* (Reading, MA: Addison-Wesley, 1977).
4. JMP home page, http://jmp.com/
5. Edward R. Tufte, *The Visual Display of Quantitative Information*, 2nd ed. (Cheshire, CT: Graphics Press, 1992), http://www.edwardtufte.com/tufte/books_vdqi
6. Darrell Huff, *How to Lie with Statistics* (New York: W. W. Norton, 1993).
7. Tom Robbins, *Even Cowgirls Get the Blues* (Boston: Houghton Mifflin, 1976).
8. John Cassidy, "Mind Games: What Neuroeconomics Tells Us About Money and the Brain," *The New Yorker*, September 18, 2006, http://www.newyorker.com/archive/2006/09/18/060918fa_fact

제42장

1. http://archive.ite.journal.informs.org/VollNo2/Savage/Savage.php
2. Vensim, Ventana Systems, Inc., http://vensim.com/

제43장

1. "Document Information: A Million Random Digits with 100,000 Normal Deviates," Rand Corporation, http://www.rand.org/pubs/monograph_reports/MR1418/index.html
2. Janet Tavakoli, *Structured Finance and Collateralized Debt Obligations*, 2nd ed. (Hoboken, NJ: Wiley, 2008).
3. Analytica, Lumina, http://lumina.com/
4. "DE Histograms," www.aecouncil.com/data_analysis

제45장

1. Don Tapscott and Anthony B. Williams, *Wikinomics: How Mass Collaboration Changes Everything* (Woodlands, TX.: Portfolio, 2006).
2. Solver.com home page, www.Solver.com
3. "Oracle and Crystal Ball," Oracle, www.crystalball.com
4. Vanguard Software home page, http://www.vanguardsw.com/
5. Palisade Corporation home page, www.palisade.com

제46장

1. Joe Nocera, "Risk Mismanagement," *The New York Times*, January 4, 2009.
2. Financial News, "Merck Outlines Long-Term Prospects and Progress on Strategic Plan at 2008 Annual Business Briefing," Merck home page, http://www.merck.com/newsroom/press_releases/financial/2008_1209.html
3. B. Fischhoff, L. D. Phillips, and S. Lichtenstein, "Calibration of Probabilities: The State of the Art to 1980," in *Judgement Under Uncertainty: Heuristics and Biases*, edited by D. Kahneman and A. Tversky (New York: Cambridge University Press, 1982).
4. Doug Hubbard, *How to Measure Anything: Finding the Value of "Intangibles" in Business* (New York: Wiley, 2009).
5. Allan Chernoff, Sr., "Madoff Whistleblower Blasts SEC," CNNMoney, http://money.znn.com/2009/02/04/news/newsmakers/madoff_whistleblower/index.htm

제47장

1. Leonard J. Savage, *The Foundations of Statistics* (Hoboken, NJ: Wiley, 1954).
2. Leonard J. Savage, "The Shifting Foundations of Statistics," in *Logic, Laws and Life*, edited by R. Colodny (Pittsburgh, PA: University of Pittsburgh Press, 1977).

찾아보기

ㄷ

ㄹ

ㄴ ㅁ

ㅂ

ㅅ

ㅇ

기타

깊고 그윽한 수학의 향기 경문수학산책

1. 수학의 위대한 순간들

Great Moments in Mathematics

하워드 이브스 지음 | 허민 · 오혜영 옮김 | 644쪽

"수학은 어떻게 생겼는가?"에 대한 깊은 통찰과 혜안. 호머 시대의 전설로 시작하는 이 책은 다양한 수학적 결과의 역사적 배경을 알기 쉽게 설명하며, 그와 연관된 수학자들에 대한 흥미로운 일화를 알려준다.

2. 수학: 새로운 황금시대(제2판)

Mathematics: The New Golden Age-2nd

키스 데블린 지음 | 허민 옮김 | 416쪽

1960~85년 동안 현대 수학에서 이루어진 발전에 초점을 맞추고 있다. 특히 각 장은 기본적인 내용을 미리 설명하고 역사적인 발전 과정을 통해 이야기하고자 하는 주제에 접근하기 때문에 일반 독자도 큰 어려움 없이 현대 수학의 묘미를 느낄 수 있다.

3. 수학의 천재들(개정판)

Journey Through Genius: The Great Theorems of Mathematics

윌리엄 던햄 지음 | 조정수 옮김 | 512쪽

인류 역사를 거슬러 오르는 수학의 걸작품. 수학의 역사에서 가장 중요하면서 독창적인 논리적 증명들을 탐구하고 이러한 증명의 정리들이 왜 수학사에서 중요성을 가지는지, 그리고 어떻게 수학자들이 절박한 논리적 쟁점들을 해결했는지 살펴본다.

4. 수학사

An Introduction to the History of Mathematics

하워드 이브스 지음 | 이우영 · 신항균 옮김 | 632쪽

수학의 역사적 발전 과정을 통해 실증적인 통찰력을 가지게 하고, 수학의 총체적 특성과 본질을 파악하는 데 중요한 단서를 제공한다. 수학사는 단순한 수학적 발견의 기록이나 미래를 예측하기 위한 수단으로써 가치보다는 수학 그 자체의 본질을 위한 도구로써 그 가치가 인정되고 다루어져야 한다는 사실을 일깨워준다.

5. 수학의 기초와 기본 개념

Foundations and Fundamental Concepts of Mathematics

하워드 이브스 지음 | 허민 · 오혜영 옮김 | 598쪽

수리철학 과목에 가장 근접한 교과서, 혹은 입문서의 역할을 하고도 남는 책. 수학의 사상과 그 변천 과정을 알아볼 수 있다. 수학의 기본 개념들을 학부 수학과 학생의 수준에 맞추어 저술했다.

6 · 7. 수학적 경험(상 · 하)

The Mathematical Experience

로이벤 허시 지음 | 양영오 · 허민 옮김 | 350쪽 내외

1996 우수학술도서상과 1983년 미국 도서상을 수상한 이 책에 대하여 한 저명한 수학 월간지는 "진정한 보석, 현대의 명작"이라며 극찬을 아끼지 않았다. 종교, 철학, 교육 등 여러 분야에서의 수학에 대한 논쟁을 탐구하는 저자의 풍부하고도 정교한 감각이 유난히 돋보인다.

깊고 그윽한 수학의 향기 경문수학산책

8. 수학: 양식의 과학
Mathematics: the Science of Patterns
키스 데블린 지음 | 허민 · 오혜영 옮김 | 468쪽

저자는 수학을 '양식의 과학'이라 정의하고, 이 정의를 핵심적인 주제로 선택해서 셈(자연수), 추론(언어, 논리학, 집합론), 운동(미적분학), 형태(기하학), 대칭(대수학), 위치(위상수학) 등으로 서술한다.

9. 인간적인, 너무나 인간적인 수학
Bridges to Infinity
마이클 길렌 지음 | 박영훈 옮김 | 238쪽

수학은 인간이 만든 아름답고도 깊은 세계이지만 많은 사람들은 단순한 기능이나 도구로만 여기면서 이를 외면해왔다. 저자는 일반인들이 가지는 수학불안증은 수학이 어떤 학문인지 잘 모르기 때문에 생긴다고 주장한다. 이 책에서는 기호를 사용하지 않고도 수학의 개념을 쉽게 전달하고 있다.

10. 20세기 수학의 다섯 가지 황금률
Five Golden Rules: Great Theories of 20th-Century Mathematics
존 캐스티 지음 | 한태식 · 권기호 · 김정헌 옮김 | 392쪽

1999 좋은책 100선(중앙일보 선정)
수학에 대한 전문 지식이 없는 일반 독자들에게 금세기에 이룩한 수학자들의 업적 중에서 가장 뛰어난 다섯 가지(게임이론, 위상수학, 특이점이론, 계산이론, 최적화이론)를 제시하고 이에 대한 현대적 감각에 어울리는 다양한 예제를 통해 흥미와 품위를 돋워준다.

11. 아름다운, 너무나 아름다운 수학
The Universe and the Teacup
K.C. 콜 지음 | 박영훈 옮김 | 278쪽

제19회 한국과학기술도서상 수상
많은 사람들이 가지고 있는 수학에 대한 두려움을 분석하고 이를 해소하기 위해 출간된 다른 책들과는 분명히 다르다. 이 책은 수학이 우리의 머리뿐만 아니라 가슴을 구성하는 부분이라는 것을 보여주고 있다. 저자의 폭넓고 특유의 재치와 거침없는 언변이 눈길을 끈다.

12. 수학세계 탐험기
All the Math That's Fit to Print
키스 데블린 지음 | 허민 · 오혜영 옮김 | 558쪽

1983~89년까지 영국의 가디언 지에 연재했던 수학과 컴퓨터에 관한 글을 모은 것으로, 수학세계에서 다루어지고 있는 광범위한 주제를 재치 있고 흥미로우며 읽기 쉽게 설명하고 있다. 수의 아름다운 양식, 소수, 원주율 등과 같은 수학의 전통적인 주제뿐만 아니라 팔팅스의 정리 및 리만의 추측과 같이 심오한 결과와 미해결 문제를 누구나 이해할 수 있도록 설명하고 있다.

13 · 14. 수학의 역사(상 · 하)
A History of Mathematics
칼 보이어 · 유타 메르츠바흐 지음 | 양영오 · 조윤동 옮김 | 570쪽 내외

제41회 한국백상문화상 출판상 수상
누구나 알기 쉬운 수학 역사 길잡이. 이집트로부터 20세기 중반까지 수학이 발달해온 과정을 연대순으로 폭넓게 개괄하여, 수학사에 대한 전반적인 이해를 가능하게 한다.

깊고 그윽한 수학의 향기 경문수학산책

15. 물질, 정신 그리고 수학
Matier A Pense
장 피에르 상제 · 알랭 콘느 지음 | 강주헌 옮김 | 368쪽

파스퇴르 연구소 분자 신경생물학실장, 콜레주 드 프랑스의 세포 커뮤니케이션 연구소장인 장-피에르 상제와, 콜레주 드 프랑스의 분석기하학 연구소장이며 필즈상 수장자인 알랭 콘느가 수학과 자연, 현실과 이성, 인공지능, 수학과 진화론 등의 문제를 두고 격렬하고도 근사한 논쟁을 벌인다. 두 거장의 깊은 생각과 정확한 논리성이 독자를 경탄과 흥분으로 몰아넣는다.

16. 오일러가 사랑한 수 e
e : The Story of a Number
엘리 마오 지음 | 허민 옮김 | 368쪽

로그의 밑인 e에 대한 명쾌하고 정확한 해설과 여러 가지 여담과 역사적 사실을 흥미롭게 서술했다. 페트르 베크만의 《파이의 역사》와 견줄 만한 책이다.

17. 파이의 역사
A History of π
페트르 베크만 지음 | 박영훈 옮김 | 280쪽

1,900년 동안이나 타의 추종을 불허하는 방법으로 값을 발견하고자 한 아르키메데스의 이야기에서부터 악마의 수라 비난했던 중세 주교들의 이야기, 이미 4,000년 전에 이집트인들이 발견한 값을 책으로 출간하면서 야단법석을 떨었던 클리블랜드의 어떤 사업가 이야기에 이르기까지, 역사를 관통하며 펼쳐졌던 원주율 π에 관한 수많은 사건과 일화가 흥미롭게 전개된다.

18. 신의 베틀
The Loom of God: Mathematical Tapestries at the Edge of Time
클리퍼드 픽오버 지음 | 이상원 옮김 | 464쪽

수학과 종교는 분리된 것인가? 무한성을 이해하려는 수학적인 의문은 신을 이해하려는 종교적 시도와 여러 면으로 맞닿아 있다. 종교와 수학 모두 인간과 우주, 그리고 무한성 사이의 관계를 탐구한다. 양자 모두 비밀스러운 상징과 의식을 가지고 있으며 불가해한 언어를 보유한다. 우리 마음 속 깊숙한 곳에서 작용하면서 상상력을 자극한다는 점도 같다.

19. 수리철학의 기초
Introduction to Mathematical Philosophy
버트런드 러셀 지음 | 임정대 옮김 | 280쪽

1919년 처음 출판되어 수학의 기초론에 관한 철학적 사상의 결정적인 역할을 해온, 버트런드 러셀의 명저. 이 책은 1986년에 처음 번역되었지만 전면적으로 다시 번역하고, 수학기초론의 3대 입장인 논리주의, 직관주의, 형식주의의 개요를 소개하여 논리주의를 다른 두 사상과 비교하여 이해하는 데 도움이 되도록 덧붙였다.

20. 자연, 예술, 과학의 수학적 원형
A Beginner? Guide to Constructing the Universe: The Mathematical Archetypes of Nature, Art, and Sciences
마이클 슈나이더 지음 | 이충호 옮김 | 392쪽

2002년 문화관광부 우수학술도서 선정
꽃, 조가비, 결정, 식물, 인체에서 발견할 수 있고, 속담이나 동화, 신화, 종교, 마술, 건축의 상징 언어로 표현된 수학적 원리들을 탐구하기 위해 1에서 10까지의 수들을 살펴보는 철학적 여행. 우리가 학교에서 배우는 것과는 아주 다른 시각에서 바라본 것이지만, 우주를 통해 반복적으로 나타나고 인간사에 내재하는 패턴들을 포괄적으로 파악하게 해주는 안내자 역할을 한다.

21. 수학이란 무엇인가?

What is Mathematics? 2nd Ed.

리처드 쿠랑 · 버트 로빈스 지음 | 박평우 외 옮김 | 이언 스튜어트 개정 | 704쪽

번뜩이는 수학의 보석을 한데 모은 위대한 고전. 형식적 수학은 철자법이나 문법과 같다. 즉, 국지적인 법칙들을 올바르게 응용하는 문제이다. 의미 있는 수학은 저널리즘과 같다. 수학은 흥미로운 이야기를 들려준다. 어떤 저널리즘과는 달리 그 이야기는 참이어야만 한다. 최선의 수학은 문학과 비슷하다. 즉, 수학은 목전의 인생에 이야기를 공급하며, 그 이야기 속에 당신을 지적으로, 감성적으로 함몰시킨다.

22. 수학과 음악

Emblems of Mind: The Inner Life of Music and Mathematics

에드워드 로스스타인 지음 | 장석훈 옮김 | 284쪽

음악은 귀에 들리는 수, 수는 숨겨진 음악. 이 책은 수학과 음악을 비교하면서 제기되는 가설로 인해 흥미롭다. 저자가 의도했던 바는 실제로 이 양쪽 분야에 모두 발을 담그고 있는 것이 어떤 것인지 그리고 그것이 요구하는 속성이 무엇이며, 다른 가운데 비슷한 점이 무엇인지를 이해하는 것이다.

23. 20세기 수학의 다섯 가지 황금률 Ⅱ

Five More Golden Rule Ⅱ

존 캐스티 지음 | 한태식 · 권기호 · 김정헌 옮김 | 352쪽

매듭이론이 새로운 약품 개발에 어떻게 기여하는지, 천문학자들이 호프의 분기정리를 이용하여 행성의 움직임을 알아내는 법, 우주여행에 필요한 제어이론의 중요성에 대한 강조에 이르기까지 캐스티는 20세기 현대 수학의 흥미진진한 세계를 쉽게 이해할 수 있게 하며, 이러한 내용이 우주의 비밀을 풀어내는 데 어떻게 도움이 되는지를 알려준다.

24. 도대체 수학이란 무엇인가?

What is Mathematics, Really?

로이벤 허시 지음 | 허민 옮김 | 628쪽

2004년 대한민국학술원 우수학술도서

수학의 전통적인 견해에 대한 도전! 본격적인 인본주의 수리 철학서. 수리 철학에 대한 가장 철저하고 포괄적인 탐구서이며, 수학자와 철학자 모두의 필독서이다. 저자는 연구 수학자로서의 경험을 철학적으로 적절하고 날카로운 감각과 결합시켜서, 모든 철학자의 공헌(또는 결함)을 간결하고 예리하게 잘 제시하고 있다.

25. 허수 이야기

An Imaginary Tale: The Story of $\sqrt{1}$

폴 나힌 지음 | 허민 옮김 | 360쪽

상상의 수, 허수 i에 숨겨진 이야기. 고대 이집트의 파피루스와 1세기 알렉산드리아의 헤론까지 거슬러 올라가 허수 i의 숨겨진 역사를 추적한다. 그리고 그 뒤 $\sqrt{1}$이 이 세상에 등장해서 진정한 의미가 받아들여지고, 수학의 영광스러운 새로운 세계가 열린 과정을 흥미롭게 이야기한다.

26. 문화 속의 수학

Mathematics Elsewhere

마샤 애셔 지음 | 김이경 옮김 | 296쪽

수학을 통한 독특한 문화 체험. 지정학적으로 다양한 문화, 즉 아프리카의 보라나와 말라가시, 오세아니아의 통가나 마셜 제도, 남부 인도의 타밀, 서유럽의 바스트, 인도네시아의 발리족과 코디족의 생활에서 엿볼 수 있는 수학의 원리를 추적한다.

27. 수학, 천상의 학문

Pi in the Sky: Counting, Thinking, and Being

존 배로 지음 | 박병철 옮김 | 416쪽

인간은 수학을 발명했는가? 아니면 자연적으로 존재하던 수학이 어느 날 우리에게 발견된 것인가? 누구나 쉽게 떠올릴 수 있을 법한 질문이지만, 그 해답이 어느 쪽으로 내려지느냐에 따라 우리의 우주관과 인간관은 크게 달라진다. 플라톤의 이데아, 곧 천상의 세계에 존재하는 수학에 대한 궁극적인 질문과 해답.

28. 원의 역사

A History of The Circle

어니스트 지브로스키 지음 | 김창호 · 연윤정 옮김 | 300쪽

과학 기술, 문화, 역사, 그리고 자연과학에서 원에 대한 흥미로운 이야기. 고대 수학자로부터 20세기의 시공간에 대한 이론에 이르기까지, 지브로스키는 원의 연구가 자연계 일반에 대한 학문에 얼마나 막대한 공헌을 하였는가를 탐구한다.

29. 수학, 문명을 지배하다

Mathematics in Western Culture

모리스 클라인 지음 | 박영훈 옮김 | 664쪽

2006년 대한민국학술원 우수학술도서

수학을 매개로 짚어본 서양 철학사이자 과학사, 문화사. 모리스 클라인은 이 책을 통해 왜곡된 수학의 진정한 모습을 우리에게 보여주려는 시도를 하였다. 즉, 인류 문명, 특히 서양 문명의 형성 곳곳에 수학이 어떻게 자리 잡았는지 저자의 해박한 지식을 동원하여 설파함으로써 사람 냄새를 맡을 수 있는 수학의 모습을 보여준다.

30. 무한의 편린

Fragments of Infinity: A Kaleidoscope of Math and Art

이바스 피터슨 지음 | 김승욱 옮김 | 296쪽

수학과 예술이 만나서 펼치는 무한한 상상력의 세계. 미술관에 가서 수학적인 것과 마주치게 되리라고 기대하는 사람은 아마 거의 없을 것이다. 얼핏 생각해도 비록 수학과 미술이 다 같은 인간 지성의 산물이긴 하지만 두 사이에 어떤 공통점은 없을 듯하기 때문이다.
하지만 이 책을 통해 미술관에 전시된 예술품들을 수학적인 시각으로 보고 나면 미술을 전혀 다른 관점에서 재발견하게 될 것이다.

깊고 그윽한 수학의 향기 경문수학산책

31. 플래터랜드

FLATTERLAND: Like Flatland, Only More So

이언 스튜어트 지음 | 이한음 옮김 | 400쪽

1884년 에드윈 A. 애벗이 지은 《플랫랜드; 다양한 차원의 이야기》의 후속작으로 현대 수학의 가장 까다로운 개념들을 흥미롭고도 쉽게 접할 수 있게 했다. 독특한 주인공과 위트가 넘치는 색다른 줄거리를 통해서, 이 책은 우리가 현재 이해하고 있는 우주의 모양과 기원, 공간과 시간과 물질의 본질뿐 아니라 현대 기하학과 그것이 어디에 응용되는지를 탐구한다. 《이상한 나라의 앨리스》의 전통을 따라, 현실의 본질을 탐구하는 이 책은 현대 고전의 반열에 들 것이다.

32. 아프리카 수학

AFRICA COUNTS: Number and Pattern in African Cultures, 3rd

클라우디아 자슬라브스키 지음 |
김성희 · 김진호 · 박현미 · 안희진 · 유대현 옮김 | 378쪽

이 책은 아프리카 민족들이 수학이라는 학문에 끼친 공헌에 대해 기술하고 있다. 수체계의 발달 과정사, 수 이름, 시간 계산, 몸짓 수세기 등 다양한 민속수학을 조사하고, 연구하고, 정리하고, 분석한 결과가 이 책이다. 또한 아프리카인들이 주로 즐기는 '만카라'라는 게임에 내재되어 있는 수학, 아프리카판 '한붓그리기', 아프리카의 각 민족들의 생활용품에 담겨진 기하적 의미, 삶 속에 등장하는 수의 의미 등을 기록하고 있다.

33. 수학자 대 수학자

GREAT FEUDS IN MATHEMATICS

핼 헬먼 지음 | 노태복 옮김 | 378쪽

이 책은 수학자들의 불화와 다툼 그리고 반목에 관한 내용이다. 숭고한 논리와 비범한 창의력으로 절대적인 진리를 추구한다고 여겨지는 수학자들도 시기와 질투, 비방과 음모, 표절과 가로채기 그리고 승패를 둘러싼 다툼은 피할 수 없는 숙명이었다. 저자 헬먼은 다툼과 반목으로 얼룩진 수학사의 뒷골목을 면밀히 파헤쳐, 진리의 탐구자이기 이전에 인간일 수밖에 없는 그들의 모습을 있는 그대로 살려낸다. 지극히 객관적인 시선으로 때로는 자신의 느낌을 재치 있게 더하면서 저자는 독자들을 고상한 수학 레스토랑의 부엌 뒤쪽으로 안내한다.

34. 수학사대전

김용운 지음 | 734쪽

수학만을 아는 수학자란 있을 수 없다. 수학은 인간의 지적 활동의 핵으로서 문화 전반에 영향을 주었으며, 문화현상에서 끊임없는 자극을 받아왔다. 이 책은 수학에 대해 지적 호기심을 가지고 철학적인 사유를 즐기려는 사람, 수학을 통해 문화 현상을 상징적으로 파악하려는 사람들의 궁금증을 풀어준다. 수학사를 과거의 수학자들에 얽힌 한낱 '이야깃거리'와 수학상의 업적을 나열하고, 그 내용을 소개하는 '수학 연대기' 정도로 여기는 수학사에 대한 잘못된 선입견을 벗어나 인문학적 수학의 재미를 느끼게 될 것이다.

깊고 그윽한 수학의 향기 경문수학산책

35. 독일 수학 시간 여행
- 가우스에서 힐베르트까지 -

신동우 · 임완권 지음 | 616쪽

수학의 황금시대를 이끌었던 독일 수학

이 책은 현대수학에 절대적인 영향을 미친 19세기와 20세기 초반 독일 수학 연구의 흐름과 독일 수학자들에 의하여 발전된 이론의 간략한 생성 과정을 소개하고 있다. 독일의 저명한 대학들에서 활동했던 수학자들의 생애와 업적들을 특히 매 10년마다 나누어서 묘사함으로써 수학의 발전사를 가능하면 역동적으로 느껴질 수 있도록 구성하였다. 이 책을 준비하면서 저자들은 150여 년 간 가장 국력이 강했던 독일이란 국가의 흥망성쇠가 수학 발전의 속도에 얼마나 밀접하게 연결되어 있었는가를 전달하고자 했다.

36. 수학자는 어떻게 사고하는가
How Mathematicians Think

윌리엄 바이어 지음 | 고중숙 옮김 | 544쪽

수학은 인류가 영위하는 가장 엄밀한 학문이다. 그 논리는 극도로 정교하고 치밀하여 실낱같은 허점도 없다. 그리하여 인간 사고의 숭고한 전형으로 여겨지고 있다. 그런데 수학의 진정한 면모는 과연 이것뿐일까? 수학이 그렇다면 인간의 사고도 마냥 숨 막히도록 논리적이어야만 할까? 놀랍게도 그 답은 단연 "아니오"이다. 실로 수학은 자유와 논리의 놀라운 이중주이다. 윌리엄 바이어스 교수는 이 기이한 논리적 모순과 역설 속에서 꽃피는 인간 창의력의 본질을 바로 이러한 음률을 따라 펼쳐낸다. 수학은 물론 인간 사고의 전반에 깊은 관심을 가진 영혼들에게 이 책은 소중한 사색의 원천이 될 것이다.

37. 최상의 최소
When Least is Best

폴 나힌 지음 | 권오남 · 김성옥 · 주미경 · 오혜미 옮김 | 416쪽

우리 주변의 물리와 수학이 깊이 얽혀 있는 문제들

날아가는 총알의 사진을 찍는 가장 최선의 방법은 무엇일까? 왜 빛은 최소의 시간으로 유리를 통과할까? 도보여행자가 숲속에서 길을 잃지 않을 수 있는 방법은 무엇일까? 미래에 무지개의 모습은 지금과 같을까? 왜 비눗방울은 최소한의 넓이로 이루어져 있을까? 이 책은 수학사로 구성되었지만, 많은 수학자들의 단순한 전기(傳記)나 에세이는 아니다. 지난 20세기 동안 수많은 유명 수학자들이 극값을 주제로 연구한 것에 대한 기술적인 이야기이므로, 많은 수학이 들어 있다.

38. 추상대수학의 역사
A History of Abstract Algebra

이스라엘 클라이너 지음 | 김부윤 · 정영우 옮김 | 416쪽

이 책은 추상대수학의 입문서가 아니라 추상대수학의 많은 기본 개념과 결과, 그리고 이론들의 역사를 설명하고 있다. 이 책의 주된 테마는 '추상적인' 대수학의 개념들이 '구체적인' 몇몇 문제를 풀기 위한 시도로부터 어떻게 생겨났는가를 보여주는 것이며, 그래서 "고도의 추상화는 구체적인 사실에 대한 사고를 제어하는 진짜 무기이다."라고 하는 화이트헤드의 말을 입증하는 것이다. 다르게 말하면, "실제적인 것만큼 좋은 이론은 아무것도 없다."는 것을 보여주고 있다.

깊고 그윽한 수학의 향기 경문수학산책

39. 휜, 비틀린, 꼬인 공간의 신비

THE SHAPE OF INNER SPACE: String Theory and The Geometry of The Universe's Hidden Dimensions

싱퉁 야우, 스티브 네이디스 지음 | 고중숙 옮김 | 552쪽

이 책은 독자들에게 먼저 칼라비-야우다양체에 대한 그의 연구를 이해하는 데에 필요한 기하와 위상수학을 소개하고 이어서 이 분야에서 이루어진 발전을 설명한다. 그런 다음 저자는 그의 증명이 수학과 물리가 긴밀하게 얽힌 세계로 스며들면서 발휘한 엄청난 충격에 대해 이야기한다. 결국 이 책은 물리와 기하가 어떻게 만나고 이로 인해 우주에 대한 새로운 그림이 어떻게 도출되었는지에 대한 이야기이다. 이는 흥미롭고, 도전적이고, 지금껏 한 번도 전해지지 않은 이야기이다.

40. 유클리드 데이터

Euclid's Data: The Importance of Being Given

크리스천 마리누스 테이즈벡 지음 | 서보억·김동근 옮김 | 424쪽

이 책의 원문은 파푸스가 밝힌 《분석의 보고》라는 책의 목록 중 맨 앞에 나오는 유클리드의 《자료론(The Data)》이다. 오랫동안 《원론》의 보조도구로 사용되어 왔지만, 이 책에 담긴 '주어진'이란 의미는 세상에 알려지지 못했다. 수학 문제에서 '주어진 대상'은 문제해결에 가장 중요한 열쇠를 지니고 있다는 측면에서, 《자료론》에 대한 수학적 · 철학적 이해는 수학 교육에 중요한 가치를 지닐 것이다. 이제 '주어진'의 세계를 풀 열쇠가 무엇인지 살펴보자.

41. 평균의 함정

The Flaw of Averages

샘 L. 새비지 지음 | 김규태 옮김 | 552쪽

기업경영의 의사결정 분야, 정부정책의 의사결정 분야, 그리고 우리 개인의 일상생활에서 매일같이 이루어지고 있는 의사결정 영역 등에서 다양한 통계적 불확실성 문제가 발생하고 있다. 평균에 대한 예리한 관찰력을 토대로 매우 흥미롭게 기술된 샘 새비지의 이 책은 의사결정에 영향을 미치는 불확실성을 효과적으로 다룰 수 있는 통찰력과 실질적으로 현장에서 유용하게 사용될 수 있는 유용한 여러 기법들을 독자들에게 제공해 주고 있다. 나는 불확실성하에서 이루어지는 의사결정에 관심 있는 많은 독자들에게 이 책을 강력하게 추천한다.

42. 신의 존재에 대한 괴델의 수학적 증명

현우식 지음 | 248쪽

불완전성 정리로 수학적 진리에 대한 생각을 바꾸어 놓은 위대한 수학자 괴델. 그가 타계한 후 발견된 메모에서 신의 존재에 대한 증명이 발견된다. 여기에서 괴델은 모든 긍정성을 가진 존재로 신을 정의하고, 다섯 개의 공리와 세 개의 정의와 두 개의 정리를 가지고 신의 존재를 증명한다. 괴델의 합리적 수학신학은 불완전성 정리와 존재론적 증명을 포함하고 있으며, 우리에게 다음과 같은 메시지를 남겨준다. "실재로서의 신은 존재한다. 그리고 신에 대한 우리의 인식은 불완전하다."